Foxtable
数据库应用开发宝典

贺辉　周菁 © 著

人 民 邮 电 出 版 社
北 京

图书在版编目（CIP）数据

Foxtable数据库应用开发宝典 / 贺辉，周菁编著
. -- 北京 : 人民邮电出版社，2019.1（2022.5重印）
ISBN 978-7-115-49789-5

Ⅰ. ①F… Ⅱ. ①贺… ②周… Ⅲ. ①关系数据库系统
—程序设计 Ⅳ. ①TP311.138

中国版本图书馆CIP数据核字(2018)第240551号

内 容 提 要

Foxtable是一款国产软件，它与Excel非常类似，不同的是，Foxtable既是办公软件，也是二次开发平台。从应用角度来说，无论是数据录入、查询、统计还是报表生成，Foxtable都比Excel更加强大和易用；从开发角度来说，Foxtable又是一个高效的.net平台开发工具，用户在开发过程中只需关注商业逻辑，无需纠缠于具体功能的实现。

全书共分3篇9章，详细介绍了Foxtable在日常数据应用、桌面程序开发、B/S及手机端程序开发上所必须掌握的一些基本知识、操作技巧及开发思路，非常适合职场数据管理人员、高等院校信息管理专业师生及程序开发爱好者阅读。

◆ 编　　著　贺　辉　周　菁
　责任编辑　李永涛
　责任印制　马振武

◆ 人民邮电出版社出版发行　　北京市丰台区成寿寺路11号
　邮编 100164　　电子邮件 315@ptpress.com.cn
　网址 http://www.ptpress.com.cn
　固安县铭成印刷有限公司印刷

◆ 开本：787×1092　1/16
　印张：37.5　　　　　　2019年1月第1版
　字数：886千字　　　　2022年5月河北第7次印刷

定价：99.00元

读者服务热线：(010)81055410　印装质量热线：(010)81055316
反盗版热线：(010)81055315
广告经营许可证：京东市监广登字20170147号

Foxtable

大易至简，行于表上

如果有人告诉你，有这样一款软件，不管你有没有基础，只需一周左右的时间就能让你成为一个数据管理高手，而且其数据录入之快捷、统计查询之强大、报表输出之多样，目前市面上的软件无出其右；同时只要你愿意，它可以立即变身为一个开发平台，而且从PC到手机、从C/S到B/S、从客户端到服务端、从单机到局域网再到互联网、从常规的数据管理到文档管理、从单业务管理系统到企业整套ERP，包括企业IM，它都能胜任开发，并且可以编译成独立的可执行文件。它不仅简单，而且高效，高效到一人可抵一个小团队；它能让一个完全没有接触过编程的职场菜鸟，在3个月甚至更短的时间内蜕变为一个管理软件开发的全栈工程师。

你可能不会相信，真的有这样的软件吗？有，它就是Foxtable！

简单和强大永远是矛盾的，但Foxtable却在二者中取得了很好的均衡，使得二者不再是完全对立的两面，下面通过一些常用的功能看看Foxtable如何将看似强大的功能做到极致的简单。

1. 轻松输入

用Excel实现下拉列表输入相当复杂，但是在Foxtable中却异常简单，以下图的“学历”列为例，只需在列属性设置中将其下拉列表框设置为“博士”“硕士”“本科”“大专”“高中”“初中”“小学”，即可用下拉列表形式输入学历。

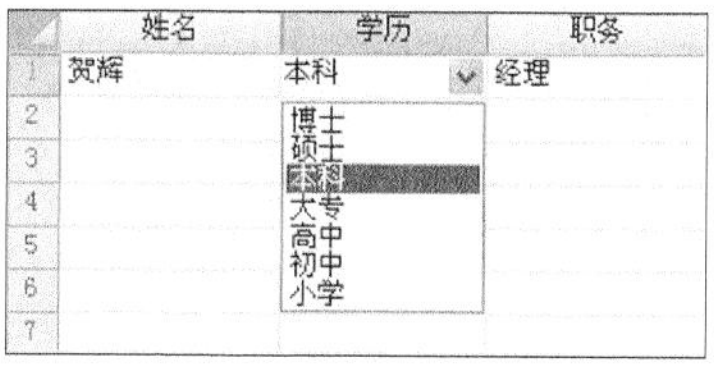

如果在设置列表项目的同时需要将扩展列类型设置为“多值字段”，就可以从下拉列表框中选择多个值输入，如下图的“负责人”列。

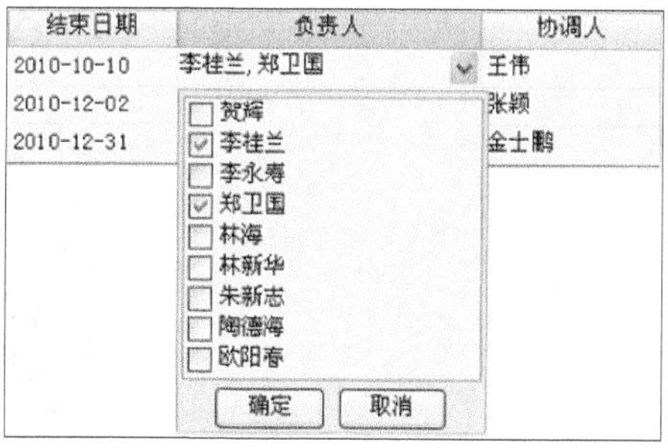

对于日期列和数值列，如果在列属性设置中将“使用内置输入器”设置为True，则可以使用下

拉日历或计算器输入数据，如下图的“入职日期”列。

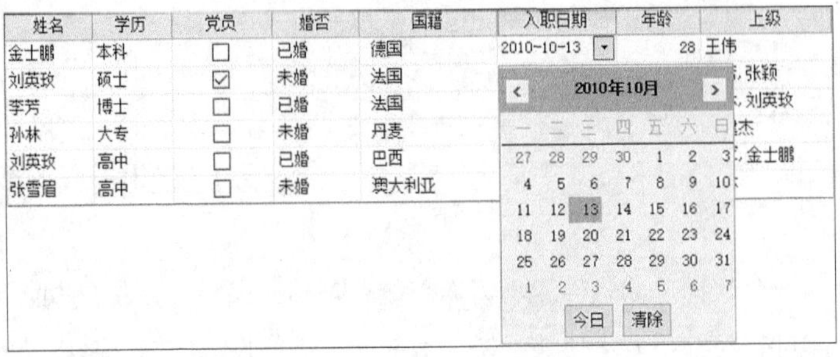

更令人拍案叫绝的是，Foxtable可以使用目录树作为下拉列表。例如，下图的“大类”列就设置了目录树列表，单击目录树中的某个节点，能够同时输入“大类”“二类”“三类”这3列的数据。

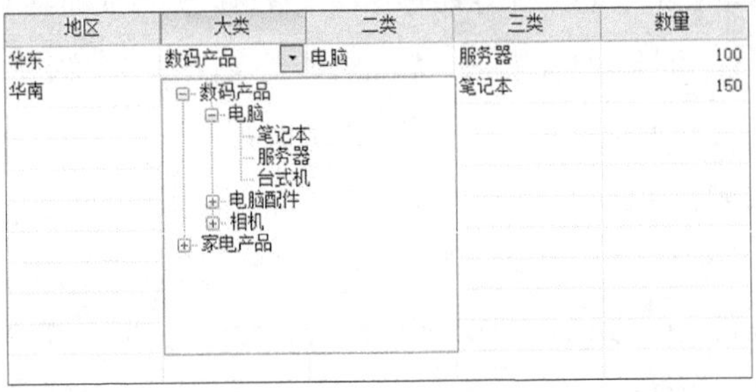

下拉列表还可以是一个表，如下图所示。

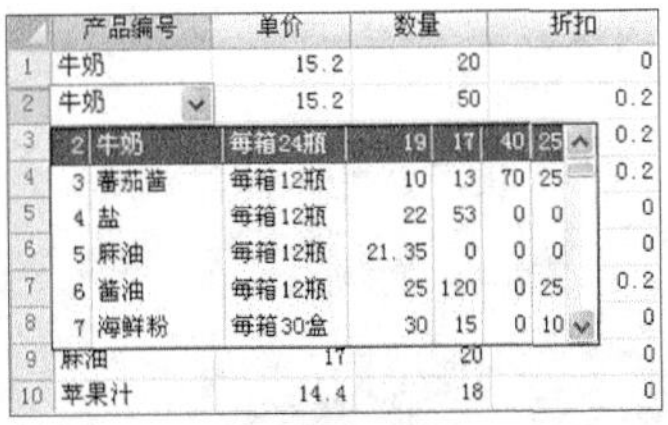

要完成这些看似复杂的功能，并不需要编写任何代码，只需进行一些简单的设置即可。

Foxtable内置了图片和备注编辑窗口，可以很方便地编辑长文本和管理图片，如下图所示。

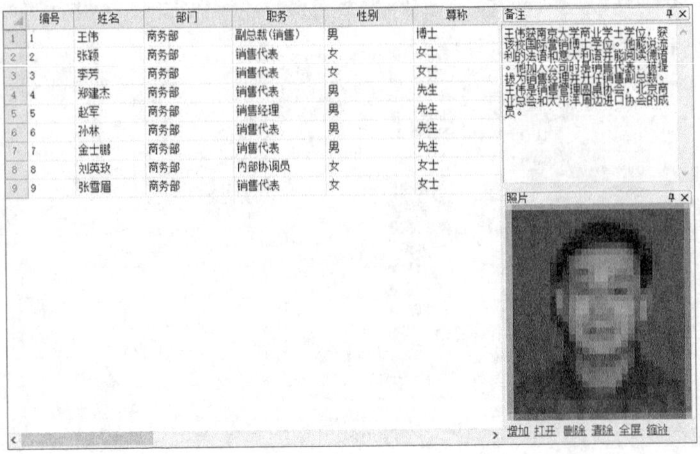

图片的管理是通过扩展列类型实现的，在一个单元格中可以插入多个图片，此外，也可以将列扩展为文件列，这样就可以管理任何类型的文档，如下图所示。

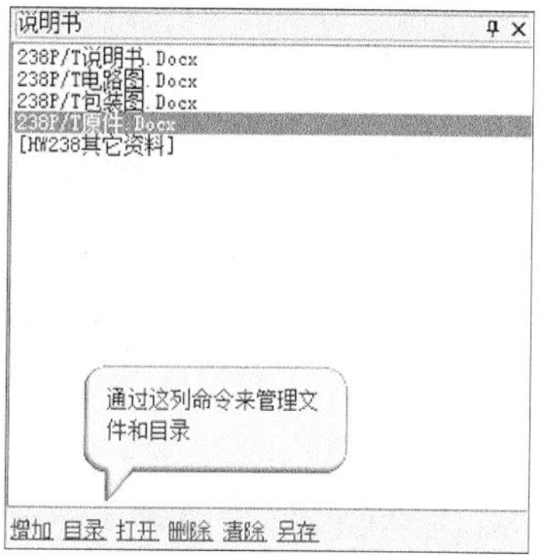

2. 轻松统计

有下图所示的一个订单表。

	产品	客户	雇员	单价	数量	金额	日期
1	PD05	CS03	EP04	30	650	19500	2009-01-02
2	PD03	CS04	EP01	13.5	610	8235	2009-01-02
3	PD02	CS04	EP04	25.5	342	8721	2009-01-02
4	PD01	CS01	EP05	18	968	17424	2009-01-03
5	PD02	CS02	EP04	27.5	733	20157.5	2009-01-03
6	PD03	CS03	EP04	12.5	595	7437.5	2009-01-03
7	PD05	CS02	EP02	28.5	698	19893	2009-01-04
8	PD01	CS01	EP04	18	10	180	2009-01-04
9	PD05	CS01	EP02	28.5	554	15789	2009-01-04
10	PD03	CS05	EP03	12.5	247	3087.5	2009-01-04
11	PD05	CS01	EP05	31.5	243	7654.5	2009-01-04
12	PD03	CS04	EP02	13	227	2951	2009-01-04

假定你需要得到下图所示的统计分析结果。

	年	月	数量			金额		
			值	同比	环比	值	同比	环比
1	2009	1	41426			931199.5		
2	2009	2	44734		7.99%	1022233		9.78%
3	2009	3	42236		-5.58%	934657		-8.57%
4	2009	4	43971		4.11%	955745.5		2.26%
5	2009	5	39369		-10.47%	889428		-6.94%
6	2009	6	39201		-0.43%	876667.5		-1.43%
7	2009	7	39295		0.24%	895298		2.13%
8	2009	8	51104		30.05%	1151191		28.58%
9	2009	9	51236		0.26%	1102699.5		-4.21%
10	2009	10	33347		-34.91%	720452		-34.66%
11	2009	11	41818		25.40%	933640		29.59%
12	2009	12	37859		-9.47%	901345.5		-3.46%
13	2010	1	44005	6.23%	16.23%	932355	0.12%	3.44%
14	2010	2	29402	-34.27%	-33.18%	685339.5	-32.96%	-26.49%
15	2010	3	39801	-5.77%	35.37%	815941	-12.70%	19.06%
16	2010	4	41544	-5.52%	4.38%	944243.5	-1.20%	15.72%
17	2010	5	42099	6.93%	1.34%	919495.5	3.38%	-2.62%
18	2010	6	34300	-12.50%	-18.53%	708997	-19.13%	-22.89%
19	2010	7	43653	11.09%	27.27%	948762	5.97%	33.82%
20	2010	8	46453	-9.10%	6.41%	1072998.5	-6.79%	13.09%
21	2010	9	37710	-26.40%	-18.82%	840816	-23.75%	-21.64%
22	2010	10	47441	42.26%	25.80%	1019797	41.55%	21.29%
23	2010	11	38726	-7.39%	-18.37%	874931.5	-6.29%	-14.21%
24	2010	12	39758	5.02%	2.66%	863164	-4.24%	-1.34%

要在Excel中完成这样的统计，相信对于绝大多数的用户来说，都是一件不可能完成的任务。而在Foxtable中，不用编写任何代码，只需简单地单击几次鼠标，在菜单中执行分组统计命令，然后按下图所示进行设置，最后单击【确定】按钮即可。

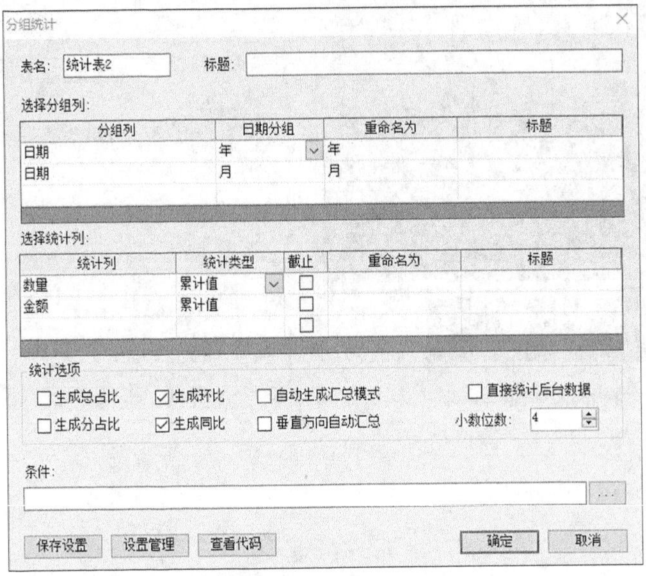

如果要编写代码完成上述统计，即使对资深程序员也是一件颇费时间的任务，代码至少百行以上，而在Foxtable中则只需寥寥几行：

```
Dim g As New GroupTableBuilder("统计表1", DataTables("订单"))
g.Groups.AddDef("日期", DateGroupEnum.Year, "年")
g.Groups.AddDef("日期", "月")
g.Totals.AddDef("数量")
g.Totals.AddDef("金额")
g.SamePeriodGrowth = True   '开启同比分析
g.CircleGrowth = True       '开启环比分析
g.Build()
MainTable = Tables("统计表1")
```

上述代码只有9行，而且无任何复杂的逻辑，普通用户经过简单的基础学习就能掌握。实际上，我们并不需要自己编写代码，因为单击设置窗口的【生成代码】按钮，即可根据现有设置自动生成上述代码。

再例如，假定要得到下图所示的每年各产品的销量、占比及各产品的总销量和总占比。

	产品	2009年		2010年		合计	
		数量	占比	数量	占比	数量	占比
1	PD01	89911	17.78%	104032	21.45%	193943	19.58%
2	PD02	100881	19.95%	99629	20.55%	200510	20.24%
3	PD03	90767	17.95%	103251	21.29%	194018	19.59%
4	PD04	113819	22.51%	81370	16.78%	195189	19.71%
5	PD05	110218	21.80%	96610	19.92%	206828	20.88%
6	合计	505596	100.00%	484892	100.00%	990488	100.00%

同样只需单击几次鼠标或使用不到10行的代码即可完成。

```
Dim g As New CrossTableBuilder("统计表1", DataTables("订单"))
g.HGroups.AddDef("产品")
g.VGroups.AddDef("日期", DateGroupEnum.Year, "{0}年_数量")
g.Totals.AddDef("数量", "数量")
g.HorizontalTotal = True
g.VerticalTotal = True
g.VerticalProportion = True
g.Build()
MainTable = Tables("统计表1")
```

以上只是Foxtable统计功能的牛刀小试，Foxtable内置合计模式、汇总模式、分组统计、交叉统计等多个统计工具，以前需要数小时甚至数天才能完成的统计，现在可以随时信手拈来。

3. 轻松报表

以Excel为代表的电子表格制表功能强大，可以设计出非常复杂的报表，但在数据输入、查询和统计分析方面，远不如数据库软件强大便利，而Foxtable则结合了二者的优势，可以直接利用Excel设计报表模板，然后根据此模板批量生成报表，如下图所示。

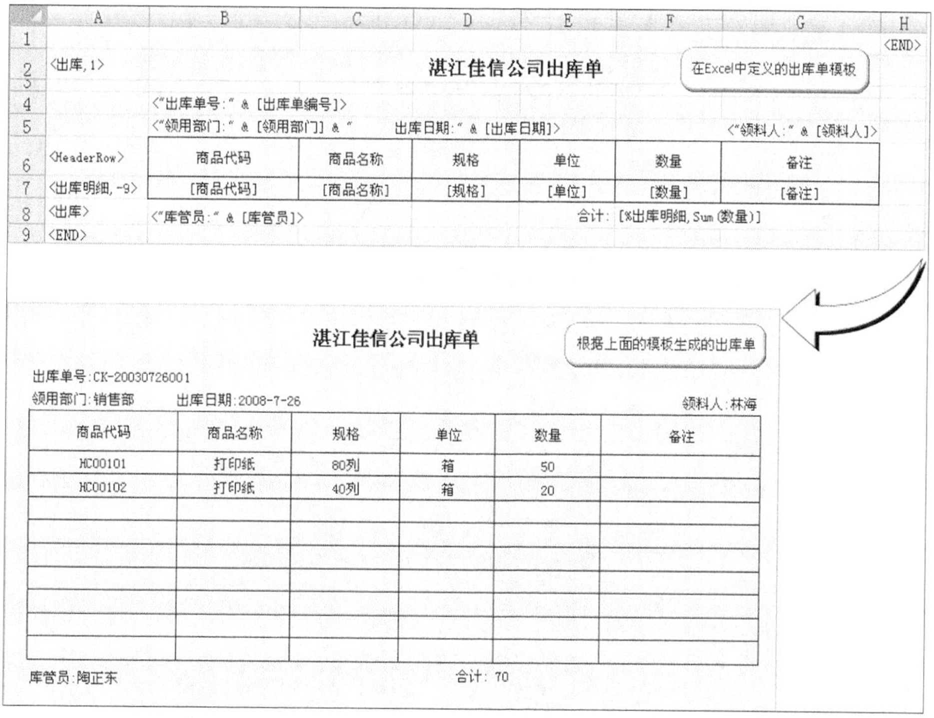

Foxtable还可以利用Word设计报表模板，如下图所示。

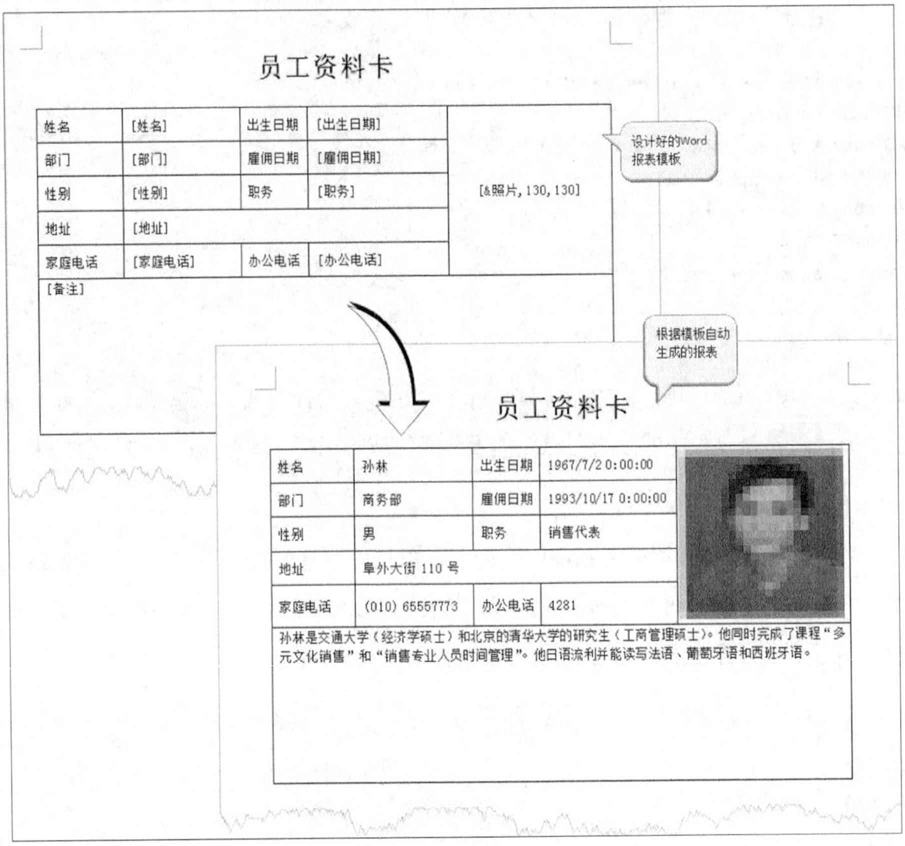

4. **轻松查询**

和统计功能一样，Foxtable查询功能之强大、智能和方便，可以说到了令人难以置信的程度，以日期查询为例，假定日期列中某个单元格的值为“2018-9-18”，右击此单元格，弹出的筛选菜单如下图所示。

由图可见，可以通过菜单筛选出等于、早于或晚于此日期的行，也可以筛选出和此日期同年、同月、同日、同季度或同星期的行，还可以直接筛选出指定季度或月份的行。例如，单击上图菜单

的【范围之内】命令，可以弹出下图所示的对话框用于筛选指定日期范围内的行。

不仅是日期列，字符列和数值列同样有类似的智能筛选功能。包括智能筛选在内，Foxtable合计提供了10种筛选功能，其中最为方便的是筛选树。可以根据数据表的任意列生成一个目录树，然后单击相应的节点，即可筛选出对应的行。例如，下图筛选出了2009年1月产品为“PD03”的销售记录。

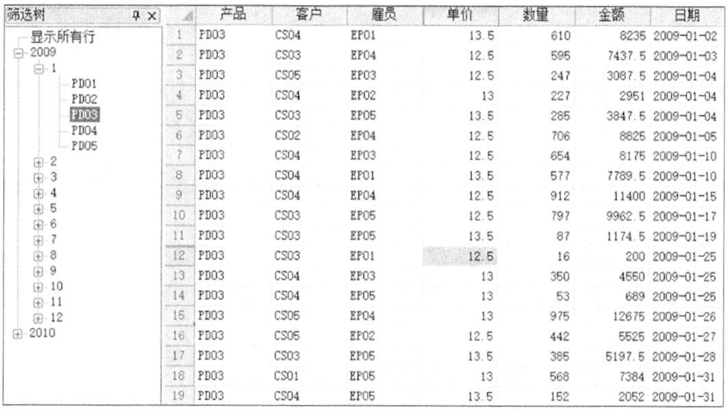

5. 界面设计

Foxtable的初始界面虽然类似于电子表格，看起来就是一个普通的应用软件，但实际上Foxtable还是一个真正的开发平台，提供了非常强大的菜单和窗口设计功能，以下两图就是基于Foxtable设计的两个窗口，前者为主界面，后者为数据输入对话框。

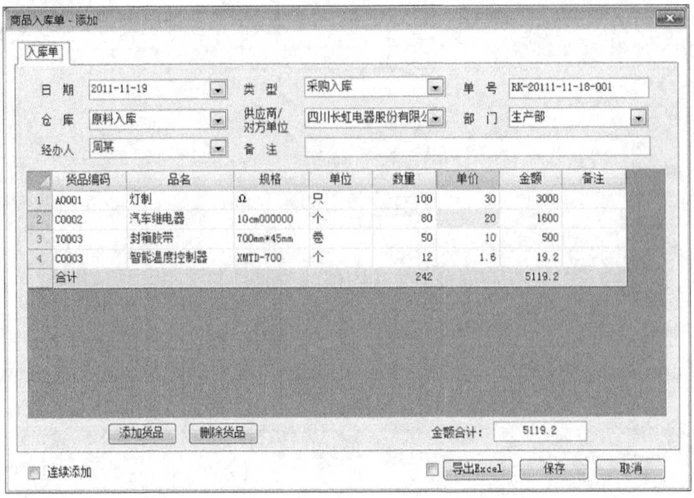

与普通的管理软件二次开发平台不同，Foxtable具备编译功能，能将设计好的系统编译成可执行文件，成为独立的软件，脱离Foxtable运行，所以完全可以基于Foxtable开发商业软件，实际上有相当多的软件公司和咨询公司正在使用Foxtable进行开发。

6．B/S和手机开发

Foxtable内建Web服务及手机网页生成功能，普通用户即使完全不懂网页设计，也能基于Foxtable快速开发出手机端的管理系统。下面就来演示Foxtable在这方面到底有多简单。

首先在项目的AfterOpenProject事件中输入以下代码：

```
HttpServer.Prefixes.Add("http://*/")
HttpServer.WebPath = "d:\web"
HttpServer.Start()
```

上面用3行代码就完成了一个Web服务器的搭建工作，这应该是目前最简单的Web服务器搭建方法。

然后将HttpRequest事件代码设置如下：

```
Dim wb As New WeUI
wb.AddForm("","form1","addnew.htm")
With wb.AddInputGroup("form1","ipg1","新增订单")
    .AddSelect("cp","产品","PD01|PD02|PD03|PD04|PD05")
    .AddInput("gy","雇员","text")
    .AddInput("kh","客户","text")
    .AddInput("dj","单价","number")
    .AddInput("zk","折扣","number")
    .AddInput("sl","数量","number")
    .AddInput("rq","日期","date")
End With
With wb.AddButtonGroup("form1","btg1",True)
    .Add("btnok","确定")
End With
e.WriteString(wb.Build)
```

以上代码用于生成网页，现在在本机打开浏览器，输入地址“http://127.0.0.1/”，即可看到下图所示的网页。

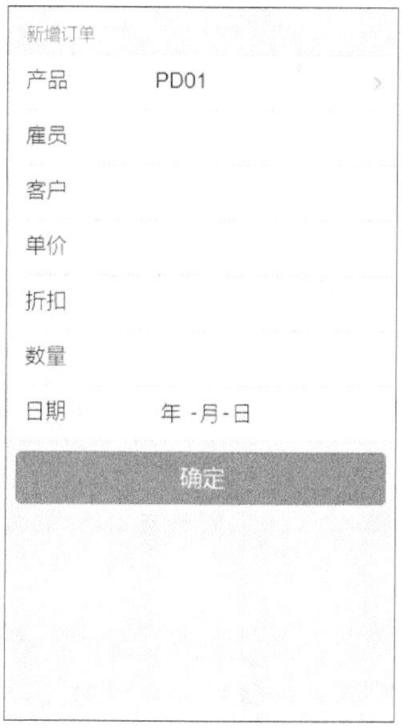

我们只用18行代码就完成了Web服务端的架设及客户端网页的生成。因为代码编写全部在Foxtable中完成，不需要借助其他平台，所以也不需要额外学习，只需掌握Foxtable即可。如果按常规方式自行编码，不仅代码量10倍于此，而且涉及的知识面非常多，需要很长的学习周期，一般用户很难掌握，这也是为什么手机端管理软件的开发往往只有少数专业人士掌握的原因。

7．企业IM

Foxtbale内置即时通信功能，可以用不到30行的代码，快速搭建一个企业内部的IM系统。下图所示为内置的企业IM聊天窗口。

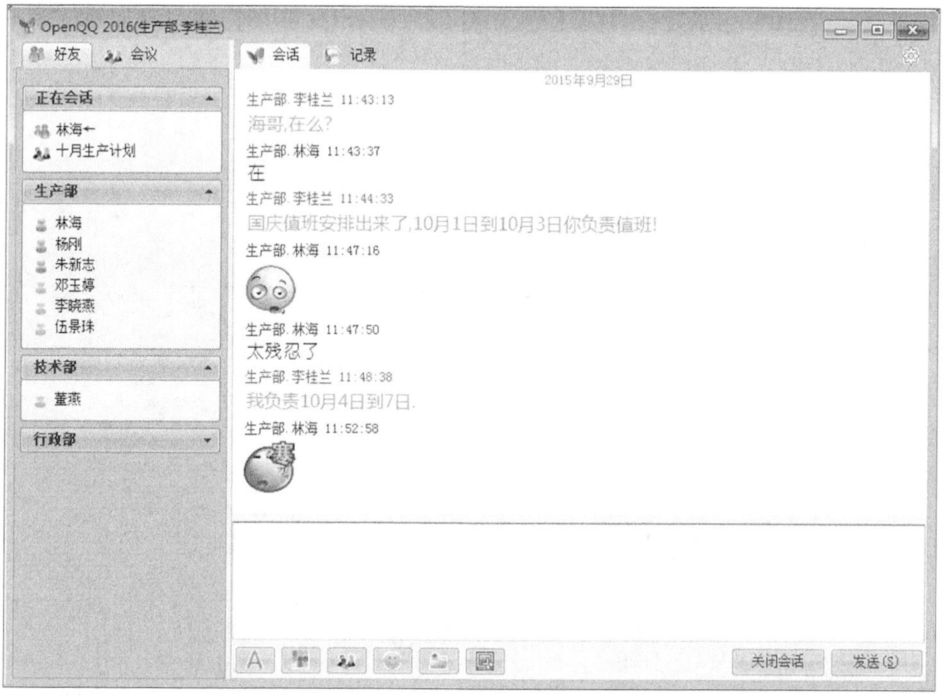

值得一提的是，这个内置的IM系统可以和基于Foxtable开发的管理系统紧密结合起来，实现消息、数据和文档的自动收发，还可以直接和微信进行通信。

8．大数据管理

企业的数据量通常以百万行甚至千万行计算，对于这种级别的数据量，采用Excel管理是不可能的，但Foxtable却能轻松应对。Foxtable能连接局域网或互联网数据库，包括Access、SQL Server和Oracle等主流数据库，将外部数据库中的表添加到Foxtable中时，可以选择初始不加载数据或只加载少量数据（这一点很重要），然后通过代码或菜单设置加载树，如可以按下图所示的订单表设置加载树。

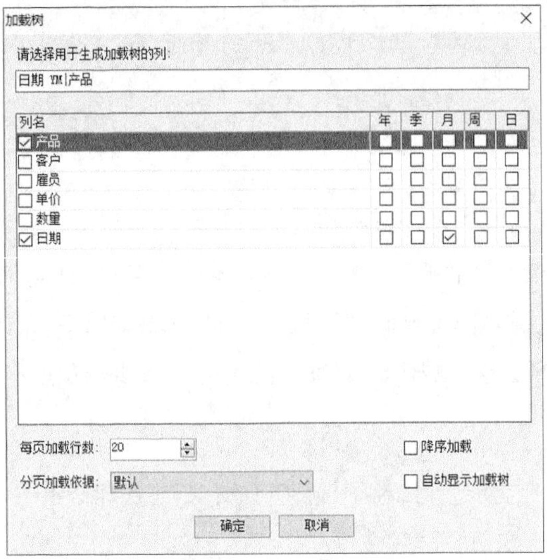

可以勾选“自动显示加载树”复选框，这样打开项目时就能自动生成加载树；或者在AfterOpenProject事件中加上以下代码：

```
Tables("订单").OpenLoadTree("日期 YM|产品",150,50)
```

表示根据日期（按年月）和产品生成加载树，加载树的宽度为150个像素，每页加载50行数据。下图所示为生成的加载树。

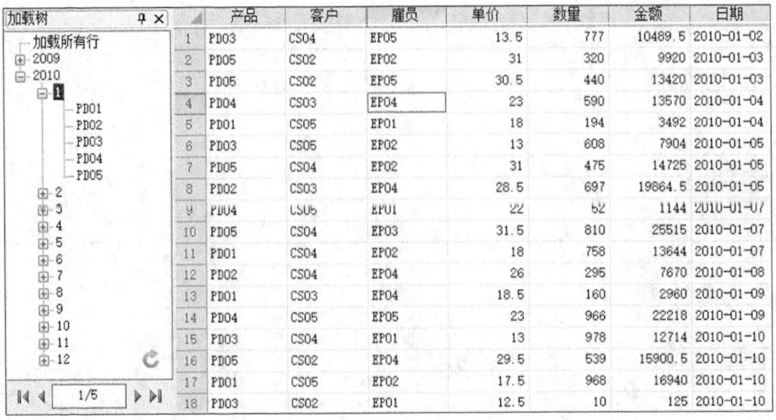

加载树
加载所有行
2009
2010
1
PD01
PD02
PD03
PD04
PD05
2
3
4
5
6
7
8
9
10
11
12
1/5
产品 客户 雇员 单价 数量 金额 日期
1 PD03 CS04 EP05 13.5 777 10489.5 2010-01-02
2 PD05 CS02 EP02 31 320 9920 2010-01-03
3 PD05 CS02 EP05 30.5 440 13420 2010-01-03
4 PD04 CS03 EP04 23 590 13570 2010-01-04
5 PD01 CS05 EP01 18 194 3492 2010-01-04
6 PD03 CS05 EP02 13 608 7904 2010-01-05
7 PD05 CS04 EP02 31 475 14725 2010-01-05
8 PD02 CS03 EP04 28.5 697 19864.5 2010-01-05
9 PD04 CS05 EP01 22 52 1144 2010-01-07
10 PD05 CS04 EP03 31.5 810 25515 2010-01-07
11 PD01 CS04 EP02 18 758 13644 2010-01-07
12 PD02 CS04 EP04 26 295 7670 2010-01-08
13 PD01 CS03 EP04 18.5 160 2960 2010-01-09
14 PD04 CS05 EP05 23 966 22218 2010-01-09
15 PD03 CS04 EP01 13 978 12714 2010-01-10
16 PD05 CS02 EP04 29.5 539 15900.5 2010-01-10
17 PD01 CS05 EP02 17.5 968 16940 2010-01-10
18 PD03 CS02 EP01 12.5 10 125 2010-01-10

加载树和前面介绍的筛选树有些类似，但是筛选树是筛选已经加载的数据，而加载树是从后台加载符合条件的数据，而且可以分页加载。例如，在上图单击2010年1月的节点，即可加载该月的订单，该月的订单不止50行，可以通过目录树下方的按钮加载不同页面的数据，而且Foxtable的筛选和统计都可以直接针对后台所有数据，所以分页加载并不会对日常使用带来任何影响。有了加载树功能，Foxtable可以让一个普通用户，在几分钟内就能搭建完成一个基于互联网的大数据管理系统，而且不用编写任何代码。

9. 无需留恋VBA

如果你是Excel或Word的资深用户，一定会留恋VBA，实际上你的VBA知识在Foxtable中一样有用。将原来的VBA代码稍作修改，就可用于Foxtable中。这样，除了Foxtable本身提供的Excel或Word报表功能外，还可使用VBA无所拘束地操控它们。

例如，在Foxtable中运行以下代码，将自动创建一个新的Excel工作簿文件：第1个工作表的名称为“测试表”，同时在A1单元格写入内容“我是用来测试的单元格”，保存的文件名为“d:\test.xls”：

```
Dim App As New MSExcel.Application
Dim Wb As MSExcel.Workbook = App.WorkBooks.Add
Wb.WorkSheets(1).name = "测试表"
Wb.WorkSheets(1).range("A1").Value = "我是用来测试的单元格"
Wb.SaveAs("d:\test.xls")
App.Quit
```

由此可见，Foxtable已经针对国人的数据使用习惯及各种不同的应用场景，在Excel的基础上做了大量的功能优化、提炼及扩展。从某种程度上说，超越Excel已为事实。例如，在Excel中处理海量数据是很不方便的，尽管后来推出了PowerQuery与PowerPivot两个插件，但在职场环境中能熟练使用它们的仍然寥寥无几。而Foxtable的“数据展示面”虽然还是Excel（包括快速移动光标、快速复制单元格等操作方法甚至和Excel一模一样），但它的“芯”已经变为数据库，加上扩展的各种模块化功能，这样做起商业智能分析（BI）来才会更加顺畅、便捷、简单。

这里仅仅是让大家对Foxtable的定位和特点有个初步的了解，以坚定读者继续学习的决心。事实上，随着学习的深入，你会发现Foxtable所提供的功能远远不止于此。本书由Foxtable软件作者贺辉及资深用户周菁合作完成，尽管期间已数易其稿，但疏漏及错误之处仍在所难免，恳请广大读者批评指正。

作者

2018年7月

目录

第1篇 “职场小白”秒变“数据大咖”

第3篇 “职场程序员”秒变“网站后端工程师”

1

第1篇

"职场小白"秒变"数据大咖"

Foxtable和Excel非常类似，既可作为数据类的办公软件使用，也可作为桌面程序的二次开发平台。但是，通过Excel处理大批量数据时，没有相当水平的"职场小白"是很难玩转的；而Foxtable却将Excel、Access、Foxpro等优势融合在一起，无论是数据输入、查询、统计还是报表生成，都显示出前所未有的强大和易用，使得普通用户无需编写任何代码，即可轻松完成复杂的数据管理工作，秒变"数据大咖"不再遥不可及！

第1章 初识Foxtable

Foxtable是一款完全国产化的软件，在其官网首页上有很醒目的软件下载按钮，单击该按钮即可下载试用版以体验Foxtable的各种功能。安装、使用过程中如遇到任何问题，可随时到官方论坛发帖提问。

Foxtable正常运行时的界面参见下图。

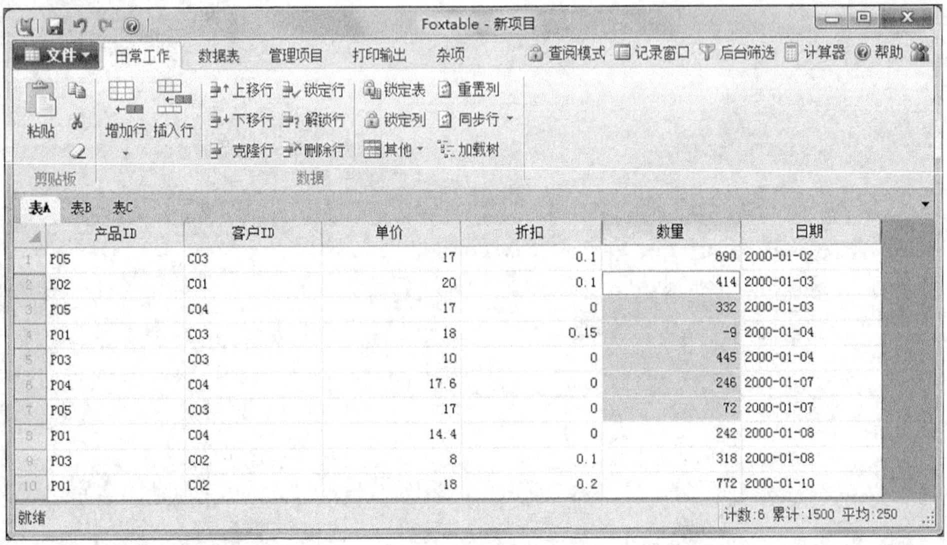

很显然，整个Foxtable的工作区是由三大部分组成的：最上面的部分为菜单区；中间为数据区；最下面为状态栏。是不是和Excel长得非常像？Excel初始打开时默认有“Sheet1”“Sheet2”“Sheet3”这3个表，Foxtable也有3个表；Excel拖曳单元格区域可以自动计算，Foxtable也一样可以。

当然，这还仅仅只是表面上的“形似”，数据处理起来就会发现有太多本质上的不同。

1.1 菜单

Foxtable中绝大多数的操作都可以通过菜单来完成，现在先来看一下Foxtable的菜单构成。

由下图可见，Foxtable的菜单界面和Office 2007之后的版本非常相似，都是采用的Ribbon风格。

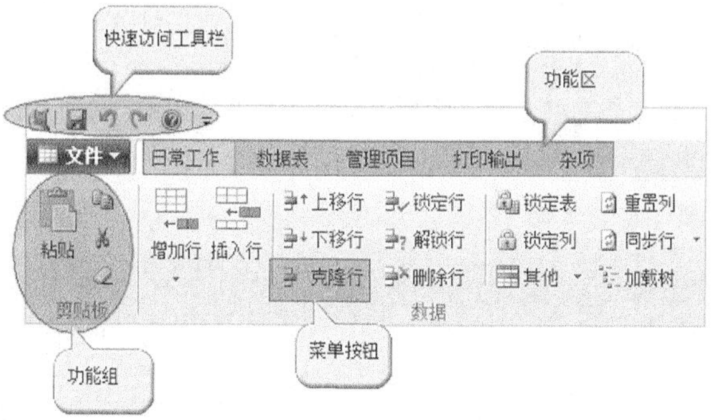

1.1.1 菜单构成

Foxtable的菜单和传统菜单有所不同，它包含以下几个部分。

❶ 功能区

系统菜单默认包括【日常工作】【数据表】【管理项目】【打印输出】【杂项】这5个功能区；而每一个功能区又是由功能组构成的。例如，【日常工作】功能区，包含剪贴板、数据、排序与筛选、数据统计、编辑、窗口等功能组；通过功能区和功能组可以将各种按钮按照功能分类，有序地组合起来。

当用户仅需将Foxtable作为办公软件使用时，仅【日常工作】一个功能区即可完成平时90%的工作任务。

❷ 快速访问工具栏、配置栏和文件菜单

快速访问工具栏位于窗口的左上角，配置栏位于窗口的右上角，如下图所示。

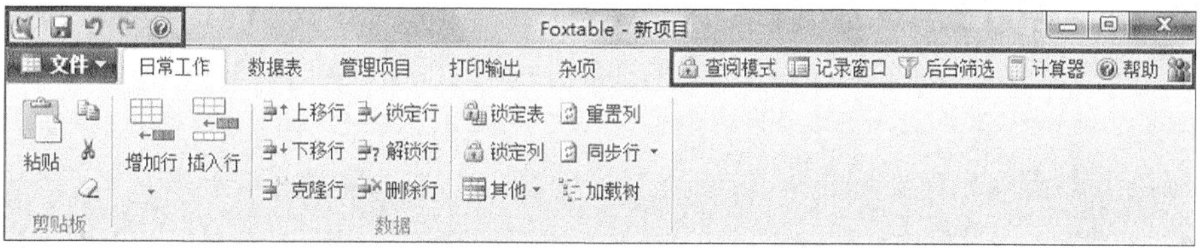

单击【文件】按钮，将出现与文件和打印相关的命令。

1.1.2 按钮

菜单功能区中的每个功能组都包括很多操作按钮，这些按钮可分为以下3种类型。

❶ 标准按钮

绝大部分按钮都是标准按钮，单击标准按钮即可执行某一项操作，如【复制】【剪切】【粘贴】等。

❷ 下拉按钮

单击下拉按钮将出现下拉菜单，用以选择具体的操作，如【数据】功能组中的【其他】按钮。

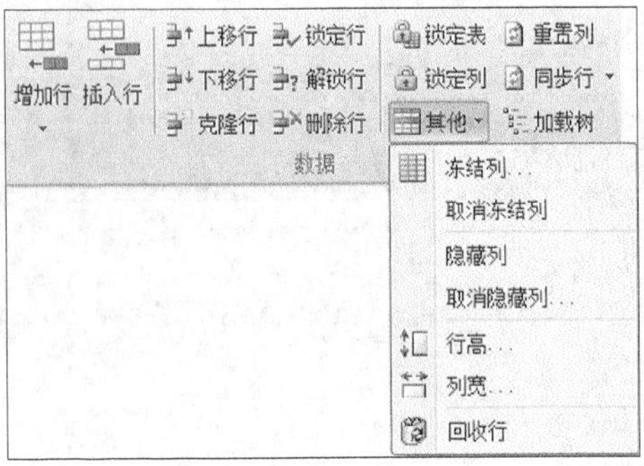

❸ 组合按钮

组合按钮其实就是标准按钮和下拉按钮的组合。组合按钮分为两部分，单击上半部分会立即执行某项操作；而单击下半部分将出现一个下拉菜单，用以选择执行更多的相关操作。

例如，【数据】功能组中的【增加行】按钮就是一个组合按钮。单击该按钮的上半部分，将直接增加一行；单击该按钮的下半部分，将出现一个下拉菜单，用以选择增加一行还是增加多行，如下图所示。

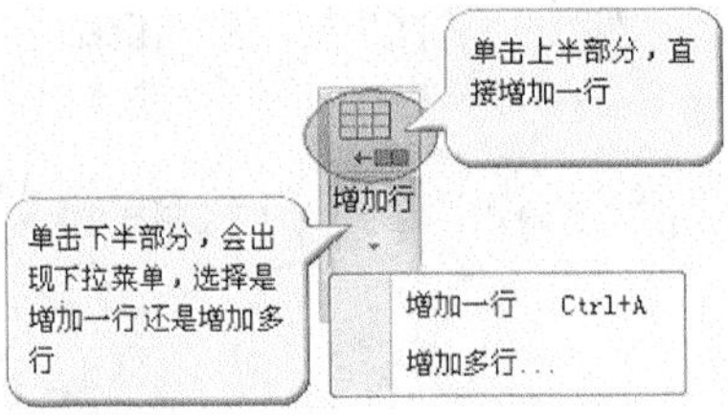

1.2 创建数据表结构

虽然Foxtable在外观上和Excel非常相似，但本质上是完全不同的：Excel是电子表格，而Foxtable则使用数据库。

以数值“2018年12月1日”为例，由于Excel并没有严格的数据类型限制，在表格中可能输入“20181201”，也可能输入“2018121”“12/01/2018”或者“18.12.1”，甚至直接是英文或汉字，这就会给后期的数据处理带来很大的麻烦。为提升数据输入的准确率，Excel数据管理员一般会通过设置公式等方法来限定数据的有效性（Excel 2013以后的版本称为“数据验证”）。尽管如此，往往还是会出现“百密一疏”的情况，到最后出统计报表时仍然避免不了再走一遍“数据规范化”的流程。

而Foxtable采用的数据库管理方式，其最大特点就是规范化。比如，日期列就只能输入日期格式的数据，数值列只能输入数值，字符列只能输入字符串……，既然如此，当使用Foxtable来管理数据时，首先就应该创建数据表结构，并给相应的列指定数据类型。

现以Excel下图所示数据表为例，看看它们在Foxtable中是怎样进行管理的。

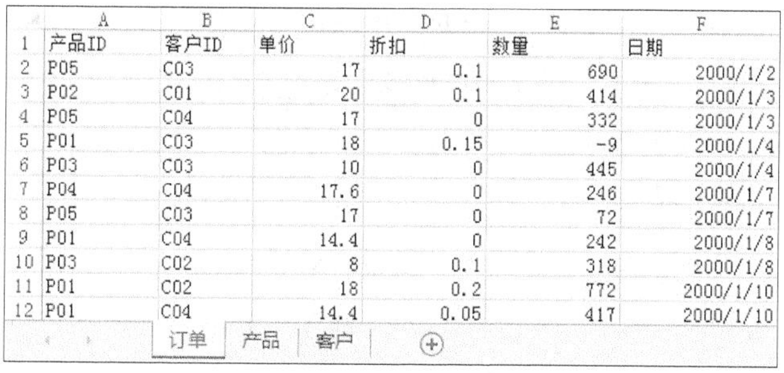

	A	B	C	D	E	F
1	产品ID	客户ID	单价	折扣	数量	日期
2	P05	C03	17	0.1	690	2000/1/2
3	P02	C01	20	0.1	414	2000/1/3
4	P05	C04	17	0	332	2000/1/3
5	P01	C03	18	0.15	-9	2000/1/4
6	P03	C03	10	0	445	2000/1/4
7	P04	C04	17.6	0	246	2000/1/7
8	P05	C03	17	0	72	2000/1/7
9	P01	C04	14.4	0	242	2000/1/8
10	P03	C02	8	0.1	318	2000/1/8
11	P01	C02	18	0.2	772	2000/1/10
12	P01	C04	14.4	0.05	417	2000/1/10

订单 产品 客户

1.2.1 创建表结构的4种方法

要在Foxtable中创建一个新的表结构是很简单的，常用以下4种方法。

❶ 在新建项目时创建或修改表结构

单击【文件】中的【新建】命令按钮，可在“创建项目”对话框中创建表，如下图所示。

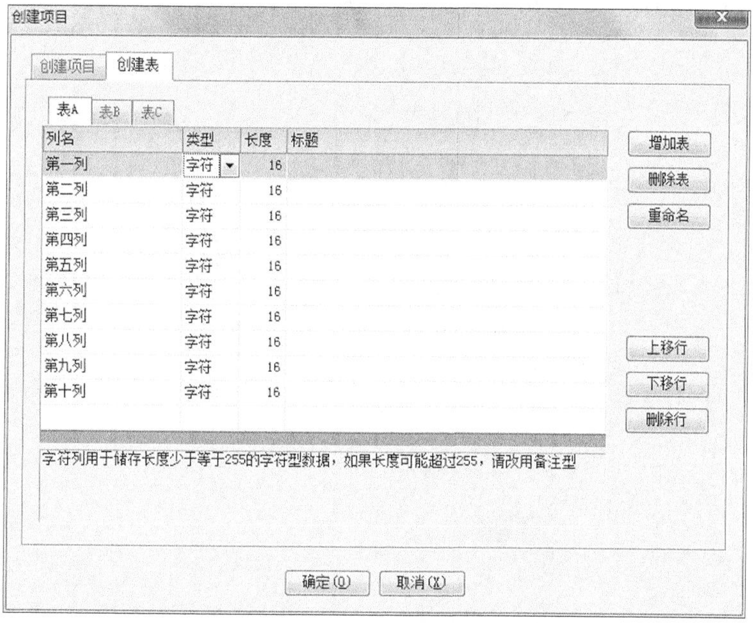

其中，“表A”“表B”“表C”是Foxtable自动生成的3个数据表，每个表的列数默认为10。在这个对话框中，既可以通过单击【增加表】【删除表】或【重命名】按钮对表进行管理（比如仅保留“表A”并将其重命名为“订单”），也可以单击【上移行】或【下移行】按钮调整选定表的列顺序，单击【删除行】按钮将不需要的列删除。如果要设置的列数量大于10，可以将光标定位在最后一行的尾部，按“Enter”键或按“↓”键即可自动增加一列；如要修改指定行上的“列名”“长度”或“标题”，只需在相应单元格上双击，列类型的可选择项则有10个。

请注意，这里的“列名”不能以数字开头，更不能全是数字，也不能包括空格和各种符号（但可以使用下划线）；“列标题”则没有任何限制，只要你觉得能准确地表达出语义就好。而且，“列标题”是可选的，当标题省略时，将自动以列名称作为标题在表格中显示。

由于Foxtable兼有办公软件和开发平台两种功能，当需要使用Foxtable开发自己的管理系统时，建议将“列名”设置为具有一定语义的英文单词或是简洁的中文。即便使用中文作为列名，也要注意简洁，因为这样更便于后期编写程序代码。

例如，有个用于保存客户名称的列，可以将列名设为拼音的简称“kh”，也可以设置为英文“custom”，而列标题可设为“客户”，这样在后期的程序编码中将直接使用“kh”或“custom”，但用户看到的列标题仍然是很容易理解的“客户”。当然，为了后期项目维护的方便，尽量还是不要使用太过简洁的列名，如“kh”之类的。事实上，对于习惯于Office办公软件的用户来说，直接使用简洁的中文名称也是不错的选择。

当后期需要修改标题时，比如觉得用“客户名称”可能更为合适，那么只需将列标题改为“客户名称”即可，原来编写的程序代码无需作任何修改，因为列名并没有发生变化，标题的修改不会对系统的正常运行产生任何影响。

❷ 在当前项目中创建表结构

如果用户希望直接在当前打开的项目中创建新表，可通过【数据表】功能区的【表相关】功能组进行操作，如下图所示。

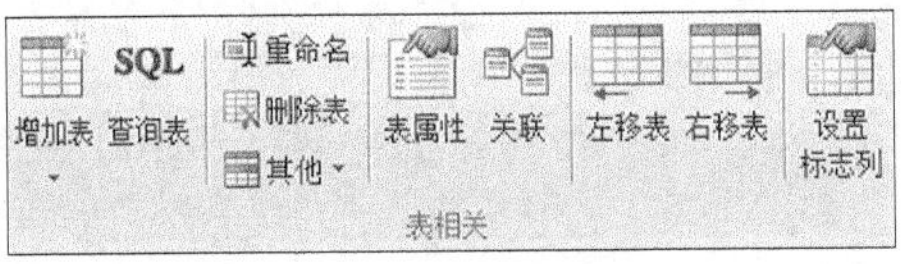

很显然，所有涉及当前项目数据表的增加、删除、重命名、复制、移动等操作，都集中在这个功能区中。单击【增加表】按钮，系统将弹出下图所示的增加表对话框。

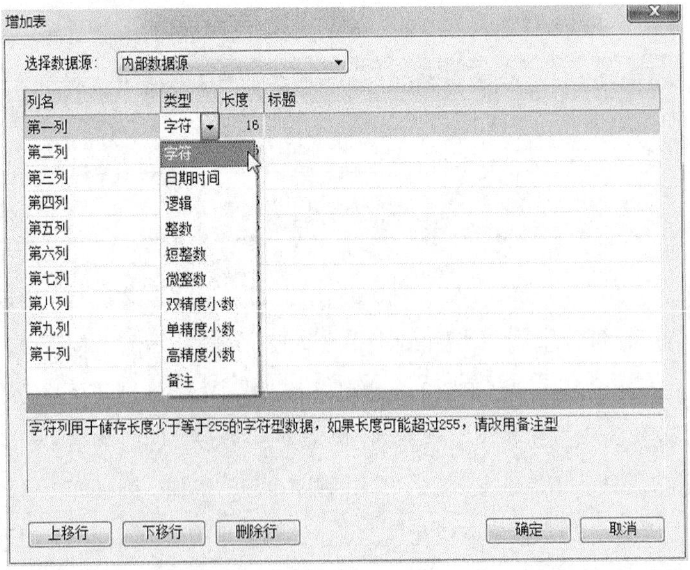

默认情况下，Foxtable在增加表时会自动生成10个列字段，可以根据需要对其进行修改。具体操作方法与新建项目时的修改表结构相同。

表结构设置完毕，单击【确定】按钮，还将弹出表名及表标题的设置对话框，如下图所示。

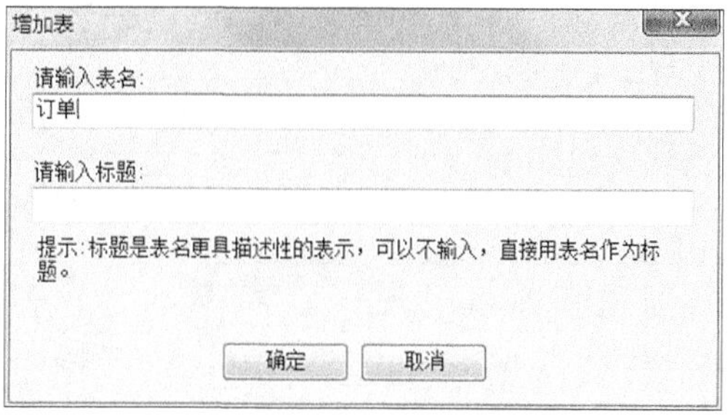

关于表名和表标题的输入规则与“列名”“列标题”完全相同。

在新表创建之后，如果不再需要系统自动生成的“表A”“表B”和“表C”，可分别选中它们，然后单击【删除表】按钮予以删除。删除表时一定要慎重，因为这种操作是不可逆的，如下图所示。

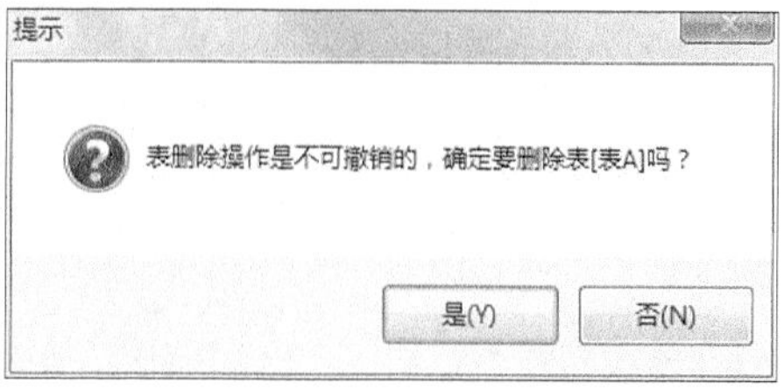

选择表时，既可使用鼠标单击表标题的方法，也可单击表标题所在位置右侧的下拉箭头，在弹出的下拉列表框中进行选择（这在项目中存在很多表时会非常方便）。

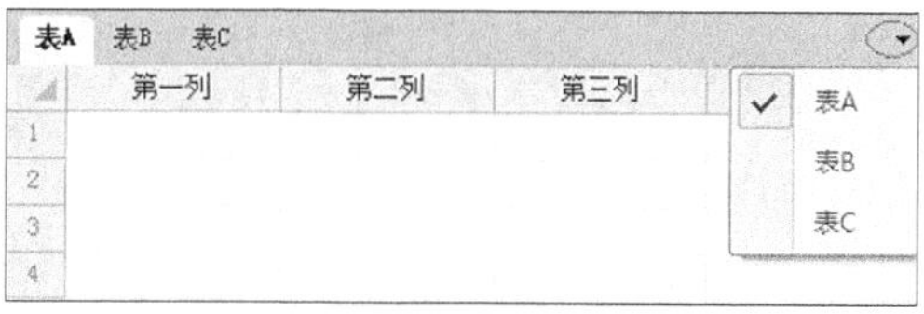

❸ 在当前项目中以修改表结构的方式创建表

如果不喜欢上述两种创建表的方式，也可以在Foxtable默认生成的3个表的基础上直接修改，当表数量不够时再单击【增加表】按钮添加。

假如希望修改“表A”的结构，可先选中该表，然后单击【数据表】功能区的【表相关】功能组中的【其他】按钮，如下图所示。

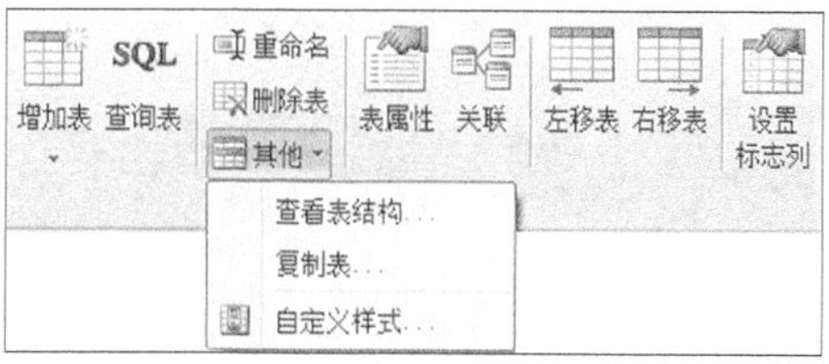

这是下拉菜单按钮，执行【查看表结构】命令。如要修改第一列，只需在相应的行上双击，即可弹出“更改列 第一列”对话框，这样就可以修改“第一列”的相关设置。如下图所示。

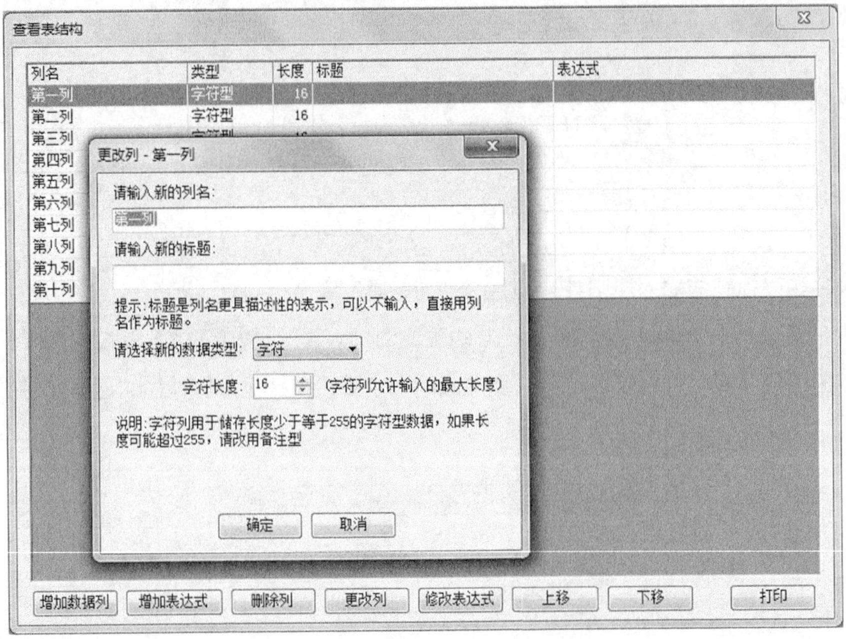

假如将“表A”修改为处理订单数据的表结构，那么还应该给该表重新设置一个更具语义的表名。单击菜单【数据表】→【表相关】中的【重命名】命令按钮，在打开的对话框中进行设置，如下图所示。

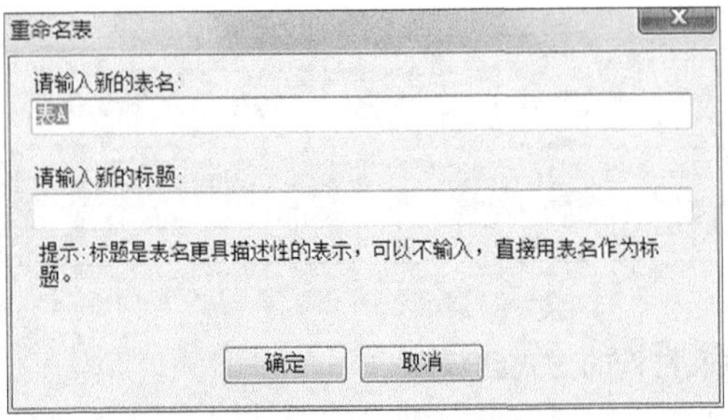

关于表名和表标题的重命名规则与“列名”“列标题”完全相同。

❹ 在当前项目中以复制方式创建表

如果要创建的表结构和现有的表大同小异，可以采用“复制表”的方式创建新表。【复制表】按钮在功能区【数据表】→【表相关】的【其他】下拉菜单中，如下图所示。

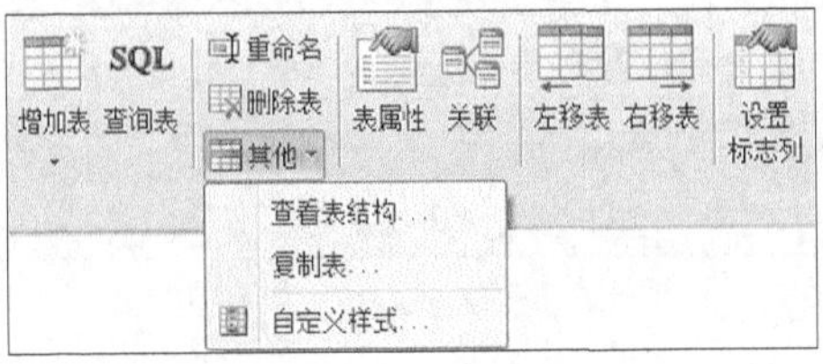

假如要在“订单”表的基础上创建一个结构基本雷同的新表，可以先选中“订单”表，然后单击【复制表】按钮，如下图所示。

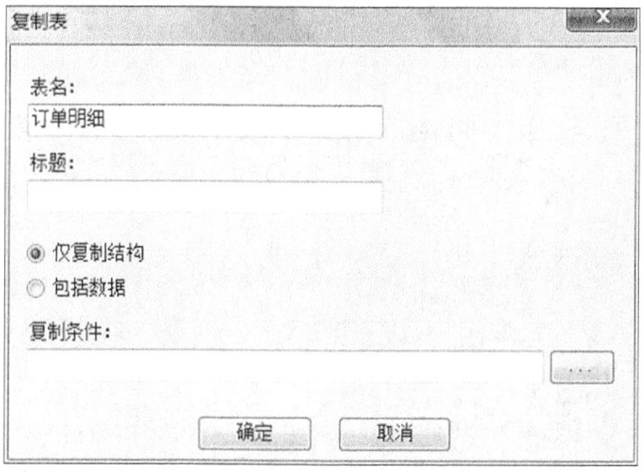

如果选中“仅复制结构”单选钮，那么将自动创建一个结构完全相同的空表，后续再对该复制后的表稍作修改即可。复制表时，也可以选择连同表中的数据一起复制。关于复制条件方面的知识，可参考1.4节。

1.2.2　数据表的列类型

在Foxtable中，数据表的列类型共有四大类、10小类，如下表所示。

数据类型		说明
字符型	字符	用于储存长度小于等于255的字符型数据，实际可存储长度由用户在设计表时指定；如果长度可能超过255，应改用备注型；单个字符，不管是中文字符还是英文字符，在计算长度时均为1
	备注	用于输入超过255个字符的文本内容
日期型	日期时间	默认只允许输入日期。如果要同时输入时间，需修改属性设置
逻辑型	逻辑型	只有两个值，分别为True(是)和False(否)
数值型	微整数	介于0 ~ 255之间的整数
	短整数	介于-32768 ~ 32767之间的整数
	整数	介于-2147483648 ~ 2147483647之间的整数，超过此范围的整数可以考虑用双精度小数代替
	单精度小数	有效数字为7位
	双精度小数	有效数字为15位
	高精度小数	高精度小数有高达28位的有效数字，适用于要求使用大量有效的整数及小数位数没有舍入错误的财务计算，可存储的小数位数默认为4，可根据需要调整

由上表可以看出，数值型列共有6种，除了整数和小数的差别外，主要是范围和精度的差别：范围越大，精度(有效数字)越高，那么占据的存储空间就越大，处理速度也就越慢。特别是高精度小数，除非确有需要；否则不要选用。那么究竟怎么选择呢？有个简单的方法：没有小数的列选择整数型，有小数的列选择双精度小数型，这会符合绝大多数场合的需要。唯一需要注意的是，整数的范围并不大，在-2147483648 ~ 2147483647之间，如超出此范围，可用双精度小数代替。

小数的有效数字是指从左边第一个不是0的数字算起，直到最后一个数字，就是一个数值的有效数字。例如，1.324的有效数字是4位(1、3、2、4)，1.3240的有效数字是5位(1、3、2、4、0)，而0.024的有效数字是两位(2、4)。明白了有效数字的概念，有助于选择合理的小数类型。例如，对于订单表中的折扣列，范围在0～1之间，精度通常不会超过3个有效数字，那么选用单精度类型完全符合要求。

现以订单表为例，假如采用之前所介绍的第二种方法来创建表，应当把“产品ID”“客户ID”设置为字符型，长度为3；“单价”和“折扣”设置为单精度小数，“数量”设置为短整数，“日期”设置为日期时间型，如下图所示。

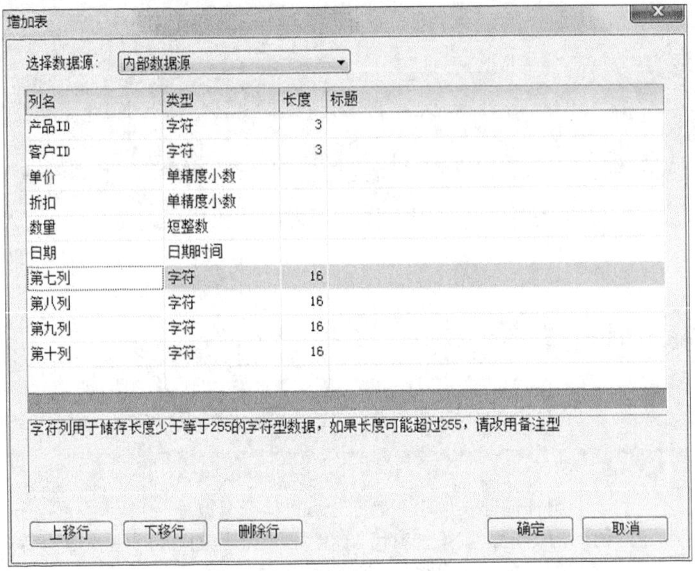

由于“订单”表只有6列，而Foxtable默认生成的表有10列，后面多余的4列可以单击【删除行】按钮予以删除。修改后的“订单”表结构如下图所示。

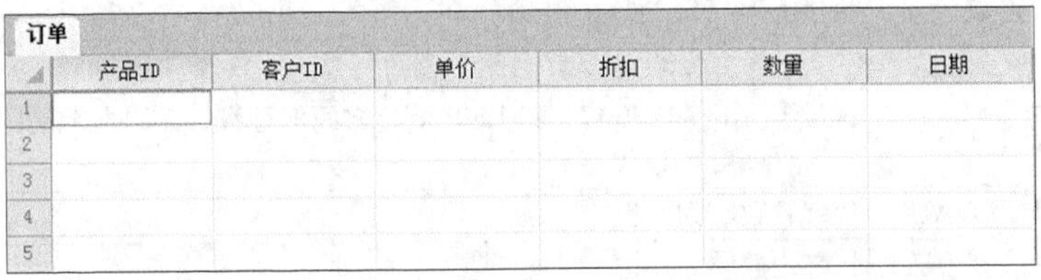

同理，根据Excel中另外两个数据表“产品”“客户”的数据内容，再分别添加两个表，即“产品”和“客户”表，如下图所示。

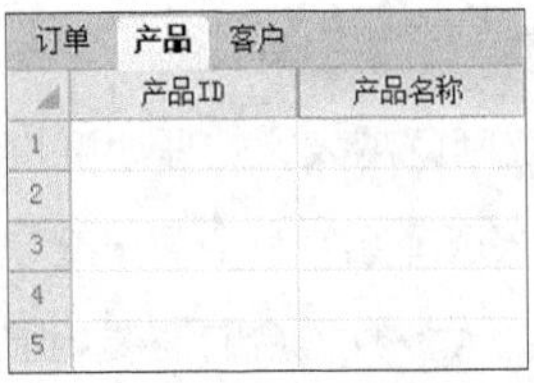

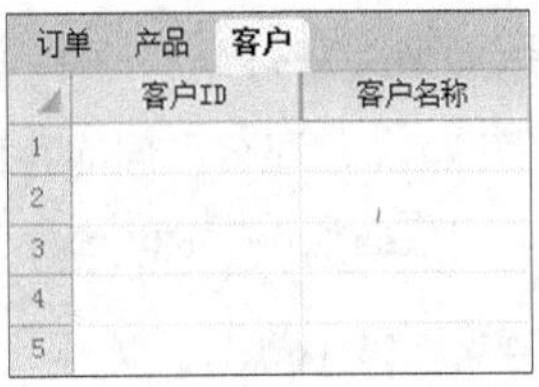

在数据表全部创建完成后，如果需要调整它们的位置，可在【数据表】功能区的【表相关】

功能组中单击【左移表】按钮，将当前选中的数据表向左移动，单击【右移表】按钮可向右移动。除了菜单方式外，也可以通过拖动的方式来移动表。例如，要将“订单”表移动到“客户”表的后面，可以用鼠标选择“订单”表后按住鼠标左键不放，然后向右拖动到合适位置释放鼠标即可。

1.2.3 快速修改表结构

在实际工作中，如果仅仅只是对指定表的某个列进行处理，可直接单击【数据表】功能区的【列相关】功能组中的相关命令按钮进行快速操作，如下图所示。

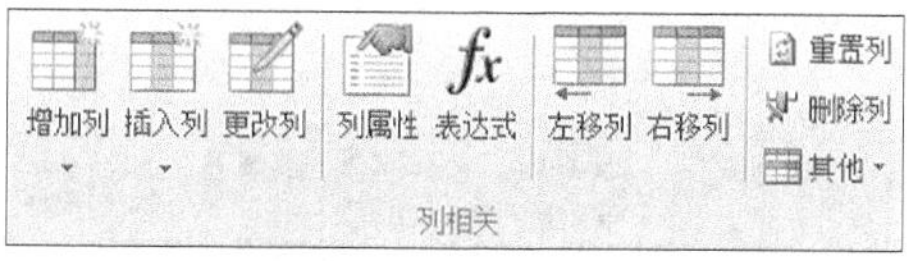

例如，单击【增加列】按钮将在当前表的最后位置添加一列，单击【插入列】按钮将在当前光标所在列的前面插入一列，单击【更改列】按钮可重新设置当前光标所在列的表名、表标题及数据类型和长度，单击【删除列】按钮可删除当前光标所在列，单击【左移列】和【右移列】按钮可将当前光标所在列进行左移和右移。

至于列相关的其他操作，如【表达式】【重置列】【列属性】等，后面还将有专门讲解。

1.2.4 关于表结构需要注意的几个问题

❶ 不要忘记设置主键

对于数据管理来说，主键是一个非常重要的概念。

我们每个人都有一个身份证号码，每个身份证号码都是唯一的，在正常情况下，不会再有其他人的身份证号码与你相同，这个号码就是我们的“身份标识”，是社会生活能有序进行的基础。

同样，数据表中的每一行记录都应该有一个主键值，这个主键值都是唯一的。不同的行其主键值绝对不会相同，所以行的主键值类似人的身份证号码，是行的“身份标识”，是数据管理能有序进行的基础。因此，在创建表时应该指定一列用于存储行的主键值，这一列就是主键列。

可能有的读者会问，之前在创建数据表时并没有设置主键的选项啊，那怎么处理？事实上，凡是通过Foxtable创建的数据表，都会自动生成一个名为“_Identify”的列，这就是主键列，每增加一行，该列的值就会自动在上一行的基础上加1，所以对于每一行来说，“_Identify”列的值都不会相同，是有效的“身份标识”。

出于安全考虑，凡是命名为“_Identify”的列，在修改表结构时都会被自动隐藏，以免用户误操作；由于该列仅用于数据行标识，日常操作中很少会用到，因而在显示的数据表中同样会被隐藏。

❷ 列名称最好使用有意义的英文单词或简洁的汉字，一旦设置就不要随便修改

列名、列标题的设置规则与表名、表标题完全一致。

如果担心这样的列名在数据展示时不够直观，可以在创建表时给每个列设置列标题。列标题是列名更具描述性的表示，没有任何书写规则上的限制。

❸ 对于复杂层次关系的列可使用多层表头

要实现多层表头的效果，只需在列名称或者列标题中包含下划线“_”即可。当然，最好是在列标题中使用下划线，如下图所示。

列名	类型	长度	标题
product	字符型	16	产品
eq1	字符型	16	东部_一季度
eq2	字符型	16	东部_二季度
eq3	字符型	16	东部_三季度
eq4	字符型	16	东部_四季度
wq1	字符型	16	西部_一季度
wq2	字符型	16	西部_二季度
wq3	字符型	16	西部_三季度
wq4	字符型	16	西部_四季度

其中，东部用east中的e表示，西部用west中的w表示，季度用q表示，列标题用下划线进行分层。显示效果如下图所示。

	产品	东部				西部			
		一季度	二季度	三季度	四季度	一季度	二季度	三季度	四季度
1									
2									
3									

❹ 谨慎使用标志列

Foxtable有两个专门的标志列名称：一个是“_Locked”，这是一个逻辑类型的列，用于标识数据行的锁定状态；另一个是“_SortKey”，这是一个高精度的小数列，用于标识数据行在表中的显示位置，以实现数据插入功能。这两个标志列和主键“_Identify”列一样，在修改表结构或显示数据表时都是自动隐藏的。

- 锁定标志列：_Locked

正常情况下，对任何一个数据表的数据行，随时都可锁定，锁定后的数据行不能再修改。如果这个表在创建时没有添加“_Locked”列，则在项目退出后重新进入时，那些锁定的行会自动解锁，仍然可以编辑。这是因为数据表没有办法记录当时的锁定状态。

如要永久记录数据行的锁定状态，只需在对应的数据表结构上增加一个列“_Locked”。

- 插入标志列：_SortKey

由于数据库本身并不存在记录插入这样的说法，每一条新增加的记录都是按顺序添加到数据表的最后一行。但在实际工作中，有时又会用到这样的功能：比如，公司已经输入了全部的人员名单，这个名单是按照职务高低顺序输入的；后来公司新来一位领导，按职位属于公司第二把手，这就需要输入到第二个人的前面，此时插入功能就派上用场了。

为实现这样的插入功能，就必须在对应的数据表结构上增加一个列“_SortKey”。说白了，这种插入也是变通方法实现的，它在数据库中仍然排在最后一行，只不过在显示数据时按“_SortKey”排序罢了。

很明显，为了实现上述两个功能，数据表上都要单独增加相应的标志列。如果数据量非常大，可能就会占用比较多的资源。因此，除非非常有必要；否则就不要使用这样的标志列。

默认情况下，凡通过Foxtable创建的数据表都会自动增加上述两个标志列。如果想在数据表中取消这样的功能，可单击【数据表】→【表相关】→【设置标志列】命令按钮，然后根据需要选择需要开启的功能，如下图所示。

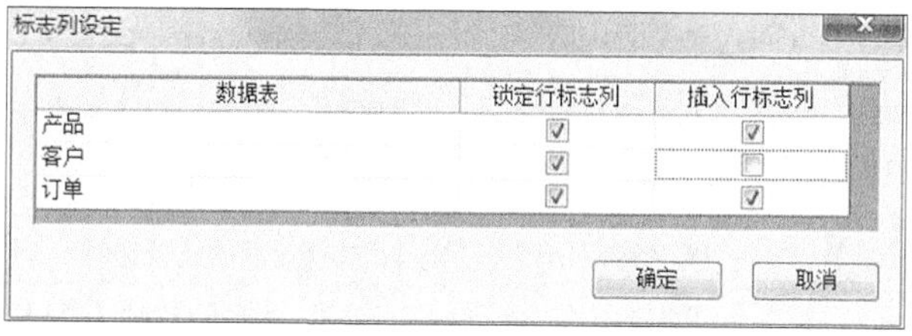

上图中取消了“客户”表的“插入行标志列”的勾选，单击【确定】按钮后，该表中的“_SortKey”列将被删除，那么以后在“客户”表中编辑数据时就不能再使用“插入行”的功能；同样地，如果将“产品”表的“锁定行标志列”取消勾选，那么该表的“_Locked”列也会被删除，日常操作时即使在该表中锁定了某个数据行，但在项目文件重启后仍然会失效。

取消后当然也可以再加上。例如，再次勾选“客户”表的“插入行标志列”复选框，单击【确定】按钮后就会在该表中重新加上“_SortKey”列，插入行功能生效。添加“_Locked”列的方法同理。

尽管标志列的设定看起来非常方便，但在使用时仍然要慎重。一旦设置就不要再轻易修改，尤其是在有大量数据时。

❺ 自动隐藏列

综上所述，Foxtable提供了3个专用的列名，即_Identify、_Locked、_SortKey，这3个列名默认情况下都是隐藏的，对普通用户是不可见的。

在创建数据表时，如果将列名以“sys_”开头，则该列同样会被自动隐藏，如sys_标记。

需要注意的是，这种隐藏仅仅是针对非开发者而言的。对于开发者来说，以字符“sys_”开头的系统列，和普通列无异，仍然可以显示，也可以对其进行更改（初次打开Foxtable时默认都是使用开发者身份。至于开发者和非开发者的区别第3章将有讲述）。

1.3 向数据表添加数据

之前的所有操作仅仅是建立了数据表结构。表结构建立起来之后，就可以在其中添加数据了。

1.3.1 直接输入数据

和Excel一样，可以直接在Foxtable的数据表中输入数据。

不同的是，由于Foxtable在数据表中事先定义了每列的数据类型，在相应的列中只能输入指定类型的数据。

例如，在订单表中，如果想在单价、折扣或数量列输入字符（包括汉字）是输入不进去的；同理，如果在日期列输入非日期格式的内容也是不会被接受的。这样就很好地避免了Excel中“群类乱舞”现象的发生。

❶ 单元格选择与快速移动操作

当需要在数据表中进行编辑、修改、复制、粘贴或删除时，首先要做的就是选择要操作的对象。在Foxtable中，选定数据或单元格的方法如下表所示。

若要选择	应执行
单元格中的文本	选中并双击该单元格，再选取其中的文本
单个单元格	单击相应的单元格，或按箭头键移动到相应的单元格
某个单元格区域	单击区域的第一个单元格，再拖动鼠标到最后一个单元格
较大的单元格区域	单击区域中的第一个单元格，再按住“Shift”键单击区域中的最后一个单元格。也可以在单击第一个单元格后，先滚动到最后一个单元格所在的位置，再按“Shift”键并单击
数据表中的所有单元格	单击左上角的固定单元格
整行或整列	单击行号或列标题
相邻的行或列	在需要选择的行号或列标题位置拖动鼠标；或者先单击选中起始行（列），然后再按住“Shift”键并单击要结束的行（列）
增加或减少活动区域中的单元格	按住“Shift”键并单击需要包含在新选定区域中的最后一个单元格
取消单元格选定区域	单击表中的任意单元格

和Excel类似，在Foxtable的数据表中也可使用以下方法快速移动光标。

按“Ctrl + ↑”组合键移到同一列的第一个单元格。

按“Ctrl + ↓”组合键移到同一列的最后一个单元格。

按“Home”键或按“Ctrl + ←”组合键移到同一行的第一个单元格。

按“End”键或按“Ctrl + →”组合键移到同一行的最后一个单元格。

按上、下、左、右箭头键可以分别向上、向下、向左、向右移动单元格。

❷ 数据编辑操作

- 常规输入操作

选择要输入数据的单元格，直接输入数据即可。输入完成后按“Enter”键或“Tab”键将自动移动到右边的单元格；当移动到数据行的最后一个单元格时，按“Enter”键或“Tab”键将自动移动到下一行的第一个单元格。

当需要在单元格中换行时，可同时按“Ctrl+Enter”组合键，换行输入内容。当然，我们并不建议这样做，关于长文本的处理，本书第2章将给出完美的解决办法。

如果要修改数据，可在选择要修改的单元格后，按空格键或“F2”键进入修改状态，也可双击单元格进入编辑状态，并会将光标置于双击位置。

复制数据时，可以先选择要复制的单元格或单元格区域，按“Ctrl+C”组合键复制到剪贴板；

然后单击要粘贴到的单元格，按“Ctrl+V”组合键。也可使用鼠标右键菜单或者【日常工作】功能区的【剪贴板】功能组中的按钮。当直接按“Ctrl+D”组合键时，可以将上一行相同位置单元格的内容复制到当前单元格，这是一种快速复制方法。

编辑修改数据时，如果在按“Enter”键或“Tab”键之前想撤销正在输入的内容，可按“Esc”键；也可单击快速访问栏中的【撤销】按钮。如果要撤销多步输入操作，反复单击【撤销】按钮即可，如下图所示。

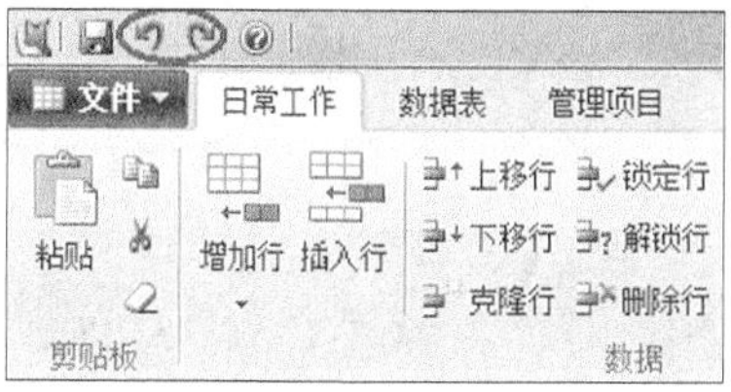

在上图所示的椭圆形区域中，左侧的按钮为【撤销】，右侧的按钮为【重做】。

- 编辑功能组

在【日常工作】功能区的【编辑】功能组中，还有一系列常用的编辑功能，如下图所示。

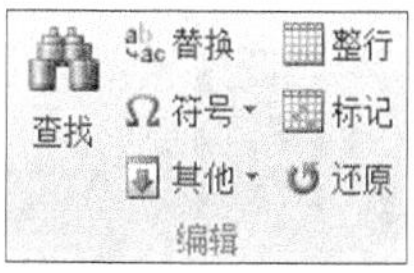

○ 查找与替换

这是很多编辑类软件都有的功能，Foxtable中的用法也大同小异，如下图所示。

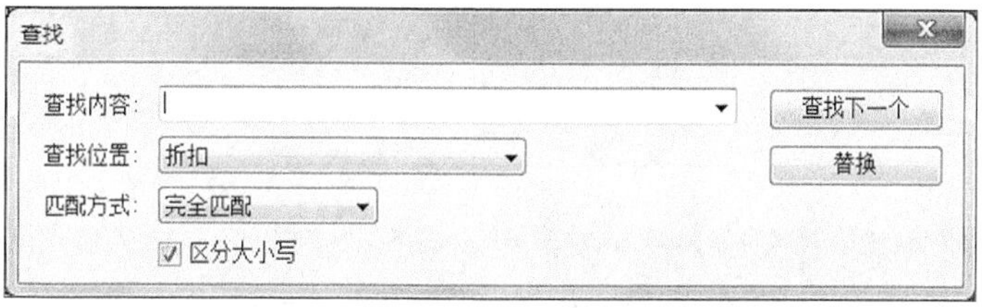

这里的查找位置可以选择要查找的列，匹配方式有以下4种。

完全匹配：单元格内容必须和查找内容完全相同，才算符合条件。

开始位置：单元格内容以查找内容开头即可。例如，若查找“abc”，那么“abcde”也是符合条件的。

结束位置：单元格内容以查找内容结尾即可。例如，若查找“abc”，那么“xyzabc”也是符合条件的。

任意位置：只要单元格内容包含查找内容即可。例如，若查找“abc”，那么“abcde”“xyzabc”“xabcy”等都是符合条件的。

如果单击【替换】按钮，则此查找窗口自动增加“替换”的内容，如下图所示。

替换方式有两种，分别是：全部内容和匹配内容。

全部内容：原内容将完全被替换。例如，匹配方式为任意位置，查找内容为“PTD”，替换内容为“UTC”，那么查找到的“HAPTD”都会被替换为“UTC”。

匹配内容：原内容中只有和查找内容匹配的部分才会被替换。例如，匹配方式为任意位置，查找内容为“PTD”，替换内容为“UTC”，查找到的“HAPTD”会被替换为“HAUTC”。

○ 插入符号

单击该按钮，出现插入符号窗口。双击其中的任一符号，即可将该符号插入到所选定的单元格中，如下图所示。

请注意，这些符号都保存在Foxtable安装目录下的文件SYMBOL.TXT中，可通过修改这个文件，加入自己的常用符号、删除不常用的符号。如果单击“更多符号”按钮，还将弹出字符映射表，以方便查找自己需要的其他字符。

○ 标记与还原

当单击【标记】按钮时，所有在表中被修改过的单元格都会被标记出来，如下图所示，有4个单元格的内容被修改过。

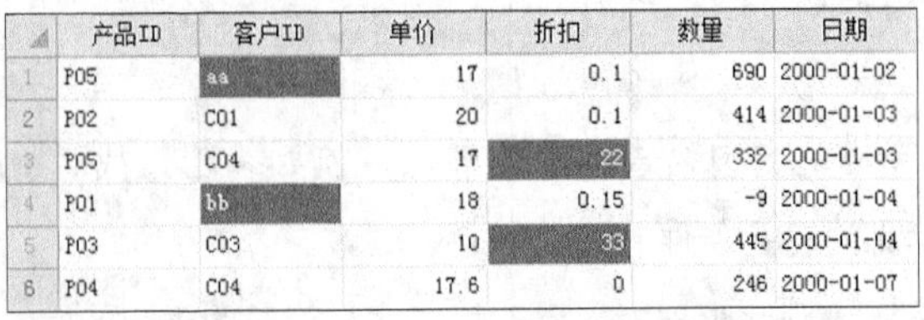

	产品ID	客户ID	单价	折扣	数量	日期
1	P05	aa	17	0.1	690	2000-01-02
2	P02	C01	20	0.1	414	2000-01-03
3	P05	C04	17	22	332	2000-01-03
4	P01	bb	18	0.15	-9	2000-01-04
5	P03	C03	10	33	445	2000-01-04
6	P04	C04	17.6	0	246	2000-01-07

如果需要撤销对某指定单元格的修改，可以先选定此单元格，然后单击【还原】按钮。很显

然，这种处理方法要比标准的撤销按钮方便得多。因为撤销按钮只能逐步撤销上一步的操作，而无法单独跨步直接撤销对某个单元格的修改。

如果选定某个区域后，再单击【还原】按钮，将撤销该区域内的所有修改。

○　序列填充、重复填充与快速清零

这3种编辑处理方法都在【日常工作】功能区的【编辑】功能组的【其他】下拉菜单中，如下图所示。

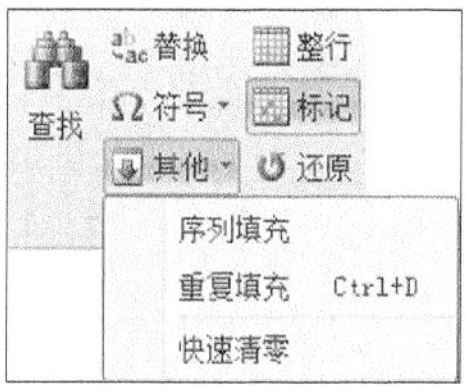

这里的【序列填充】和【重复填充】都是垂直方向的，也就是只能在某一列中向下填充。

序列填充：在填充区域的前两个单元格中，输入序列中的头两个值，如“001”“002”（也可以包括前缀，如“A01”“A02”）；然后选定整个要填充的区域，单击【序列填充】命令即可在所选定的区域自动按相应的序列顺序填充内容。

重复填充：在填充区域的第一个单元格输入要填充的值，然后选定整个要填充的区域，单击【重复填充】命令或按“Ctrl+D”组合键即可。

例如，在“客户ID”列先输入C01和C03，然后选择10行要填充的区域，如下图所示。

产品ID	客户ID
P05	C01
P02	C03
P05	
P01	
P03	
P04	
P05	
P01	
P03	
P01	

执行【序列填充】命令后的效果如下图所示。

产品ID	客户ID
P05	C01
P02	C03
P05	C05
P01	C07
P03	C09
P04	C11
P05	C13
P01	C15
P03	C17
P01	C19

由于“C01”和“C03”的序列间隔为2，因此，后面的填充内容会顺序加2；如果执行【重复填充】命令，则所有的填充区域都会填入“C01”。

快速清零：将选定区域内数值内容为0的单元格内容全部清除，原来为0的单元格将变成空值。

❸ 数据行操作

默认情况下，Foxtable新建的数据表中只有10条记录，当需要增加记录时，可通过【日常工作】功能区的【数据】功能组中的按钮进行操作，如下图所示。

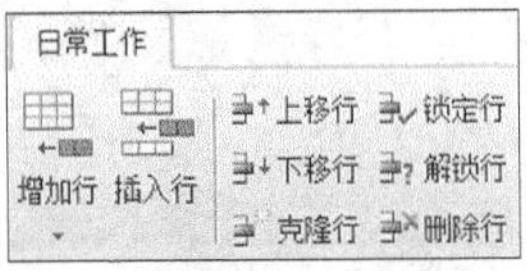

也可在任意的行号或单元格上，通过选择右键菜单进行处理，如下图所示。

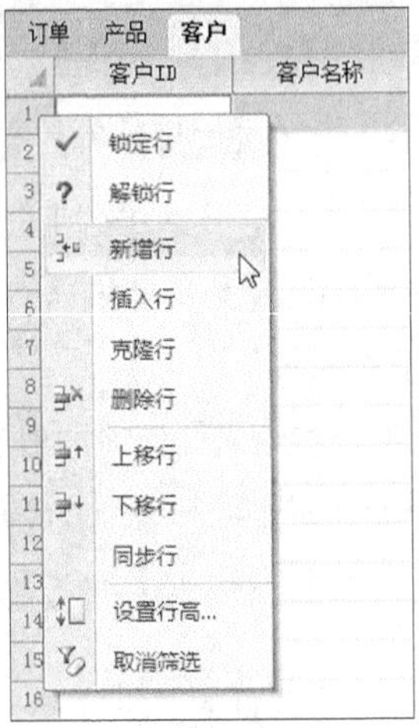

需要注意的是，这里的【插入行】【上移行】【下移行】命令需要在表结构中设置了“插入行标志列”才能有效，【锁定行】【解锁行】命令需要设置“锁定行标志列”才能永久保存。

以下是Foxtable在处理数据行时的两个特别功能。

- 行号颜色

默认情况下，数据表的左边会显示每条记录的行号。行号的颜色是有特殊意义的，不同的颜色表示不同的行状态。

其中，灰色表示该行被锁定，既无法编辑也无法删除；橙色表示该行内容被修改了；红色表示这是新增行；蓝色表示这是保存在数据库中的原始行。

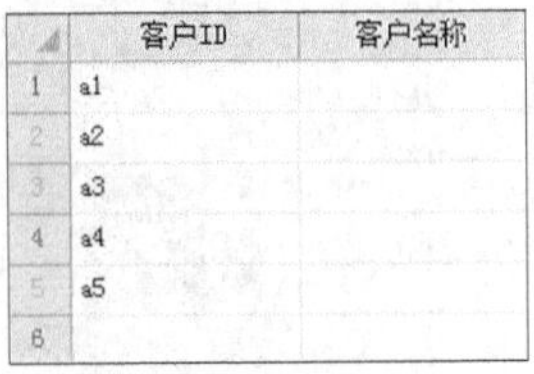

在上图中，第2～3行的行号为橙色，表示这是被修改过的行；第5行是灰色，表示该行被锁定；第6行是红色，表示新增加的行；第1行和第4行为已经保存到数据库中的原始数据，既未被修

改，也没被锁定。

数据编辑完成后，一旦按“Ctrl+S”组合键或者单击窗口左上方的【保存】按钮，除了锁定行的行号继续为灰色外，其他所有行的行号都将变为蓝色，表示全部数据已同步保存到数据库中（被锁定的行如果在锁定前发生了更改，更改后的数据仍然会保存且继续保持锁定）。

请注意，锁定行在被解锁之后，即使没有对该行作任何手工修改，其行号颜色也会变为橙色。这是因为，从锁定到解锁，其状态已经发生了改变，数据库中的“_Locked”值由True变成了False。同样，对新增行锁定时，行号也只是在原来的红色基础上加灰，只有保存后才会完全变为灰色。

- 整行突出显示

在编辑和查看数据时，如果表很宽，左右滚动表格时，很容易将相邻行的数据误作本行的数据。为避免此情况，可使用【整行】命令以突出显示。

单击【日常工作】功能区的【编辑】功能组中的【整行】按钮，如下图所示。

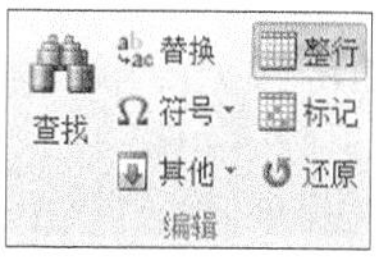

那么当前表中的光标所在行就会突出显示（整行都有一种淡红色的背景），如下图所示。

	产品ID	客户ID	单价	折扣	数量	日期
1	P05	C03	17	0.1	690	2000-01-02
2	P02	C01	20	0.1	414	2000-01-03
3	P05	C04	17		332	2000-01-03
4	P01	C03	18	0.15	-9	2000-01-04
5	P03	C03	10		445	2000-01-04

1.3.2 导入现有数据

如果已经有了现成的数据，可以不用再重复输入，将现有数据导入到Foxtable中即可。

例如，在Excel中已经有了现成的3个数据表，而且之前的数据表都是按照这3个表的结构来创建的，则可采用以下方法将数据导入到Foxtable中。

❶ 复制粘贴法

在Excel中选择要复制的内容区域（注意不要选择标题行，因为Foxtable的表结构中已经有独立的标题行了），按“Ctrl+C”组合键复制到剪贴板；然后在Foxtable相应数据表中选择目标区域的第一个单元格，按“Ctrl+V”组合键即可将剪贴板上的内容复制过来，如下图所示。

订单 产品 客户

	产品ID	客户ID	单价	折扣	数量	日期
1	P05	C03	17	0.1	690	2000-01-02
2	P02	C01	20	0.1	414	2000-01-03
3	P05	C04	17	0	332	2000-01-03
4	P01	C03	18	0.15	-9	2000-01-04
5	P03	C03	10	0	445	2000-01-04

使用此方法时需要注意以下两点。

第一，要复制的表结构必须和Foxtable中的数据表结构完全一致，且列顺序相同；否则复制过来后将会出现错位现象。

第二，Foxtable数据表默认只有10行记录。当要复制的数据行大于10时，应在Foxtable中先行给数据表增加行数。如本例，Excel的订单表数据共有864行，要把这些内容全部复制过来，必须给Foxtable中的订单表增加854行。增加多行的方法：单击【日常工作】功能区的【数据】功能组中的【增加行】按钮，选择【增加多行】命令，如下图所示。

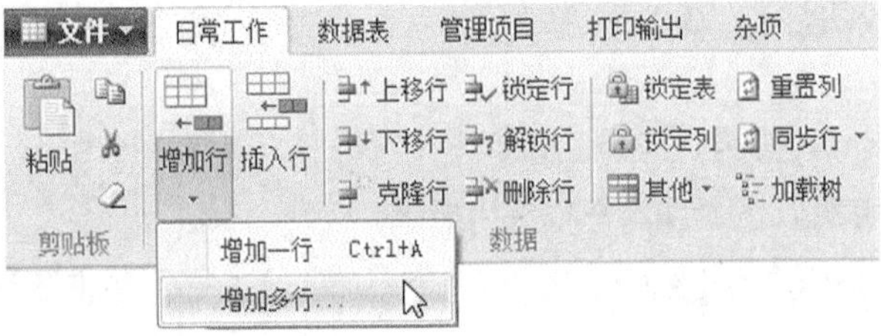

由于Foxtable每次最多只能增加300行，因此当需要增加854行的数据记录时就要执行多次【增加多行】命令。

❷ 导入法与合并法

如果现有数据量非常大，采用复制粘贴法就会非常不方便。如上例，虽然数据只有800多行，在Foxtable里就要至少先执行3次的【增加多行】命令，如果数据量上十万甚至更多，那岂不要把人搞死？因此，复制粘贴法仅适用于很少量的数据，大批量的数据要使用导入法或合并法。

这两种方法都在【杂项】功能区中，如下图所示。

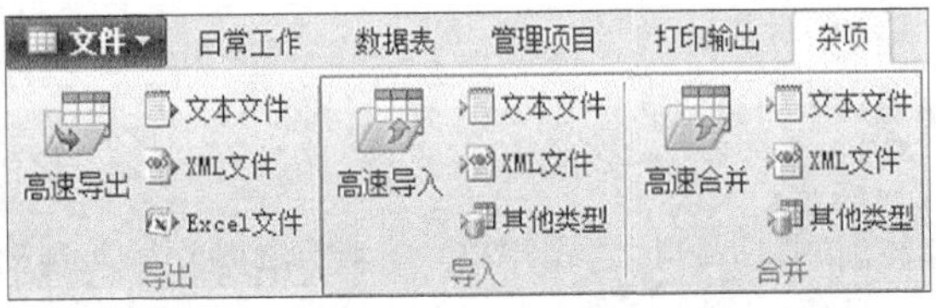

其中，【高速导入】按钮用于导入最常见的4种类型文件，包括Excel中的xls和xlsx格式文件、Access中的mdb和accdb格式文件、dBase中的dbf文件以及文本txt格式文件。为方便操作，还有专门的【文本文件】【XML文件】及【其他类型】导入按钮。

“合并”与“导入”的命令按钮完全相同，仅仅是将导入改为合并而已。那么，“合并”与“导入”的区别在哪儿呢？

“导入”是将外部数据表的结构和数据一同添加到Foxtable中，导入完成后将自动在Foxtable项目中创建一个新表来保存数据；而“合并”仅仅是将外部数据添加到Foxtable已经存在的数据表中。

仍以之前的Excel文件为例，如果单击【高速导入】按钮，将首先弹出【打开】对话框用来选择文件，如下图所示。

这里选择“测试数据.xls”文件。单击【打开】按钮，将列出该文件中包含的所有工作表，如下图所示。

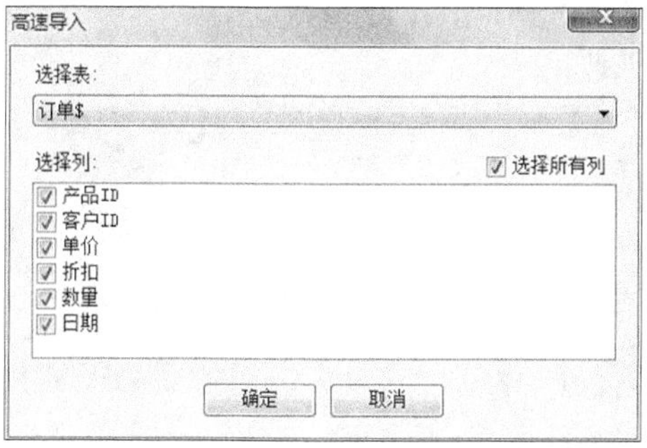

需注意，Excel文件所列出的工作表中可能会有多个同名表，它们的区别仅仅在于是否有“$”后缀，一般选择带“$”后缀的数据表即可。如本例就选择导入“订单$”而不是“订单”。选择要导入的工作表后，还将列出该表所包含的全部列。如果不需导入某些列的数据，可将其勾选取消。一旦单击【确定】按钮，将弹出【增加表】设置对话框，如下图所示。

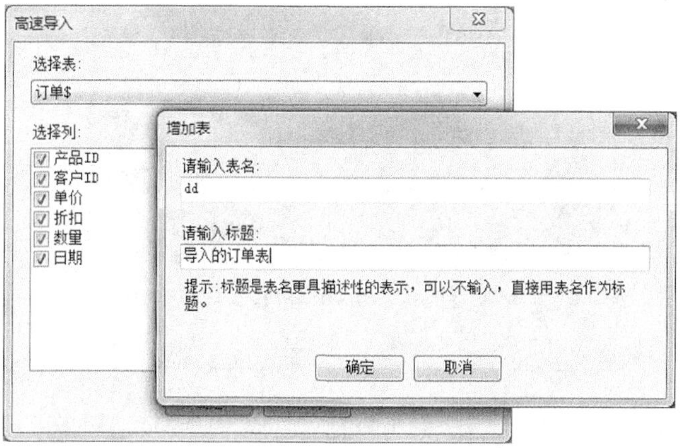

设置好表名，单击【确定】按钮将自动把Excel文件中的订单表数据以指定的表名称导入到Foxtable项目中。该表导入完成后，将弹出“是否继续导入其他表”的提示对话框，如此反复就能将所需要的全部数据表都导入进来。下图就是导入后的“订单”表数据，全部共864行。

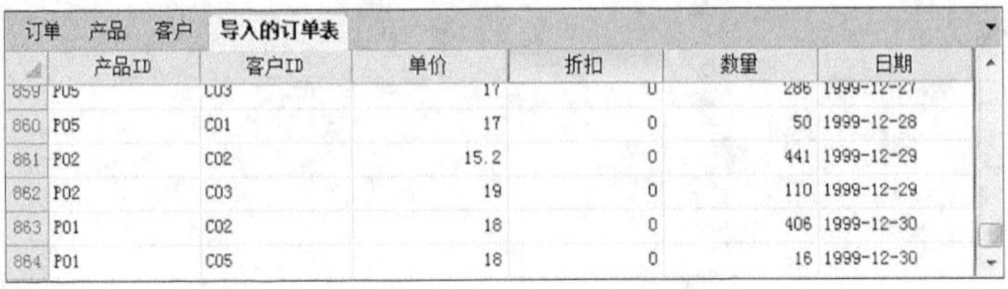

如果不希望在Foxtable中新建数据表，而是仅仅将数据合并到现有的数据表中，可以使用“合并”功能。例如，将外部数据合并到Foxtable现有的“订单”表中，可以先在Foxtable中选择该表，然后单击【高速合并】按钮，在弹出的对话框中选择文件“测试数据.xls”和工作表“订单$”，如下图所示。

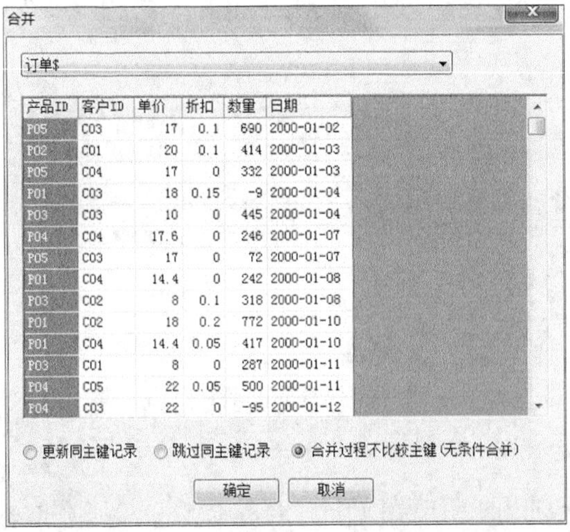

合并数据时会自动比较列名，只有在Foxtable的数据表中存在同名列时才会合并。如上图所示，由于Excel文件中的列名和Foxtable中的订单表列名完全匹配，因而这些同名列的数据会全部合并过来；如果选择合并Excel中的“产品$”表，如下图所示。

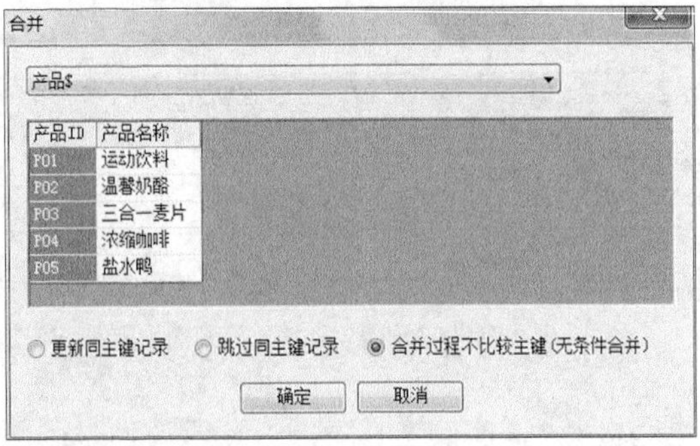

由于该表只有一列“产品ID”和Foxtable中的“订单”表相匹配，因而只有该列数据会被合并

进来，其他列全部为空。合并后的效果如下图所示。

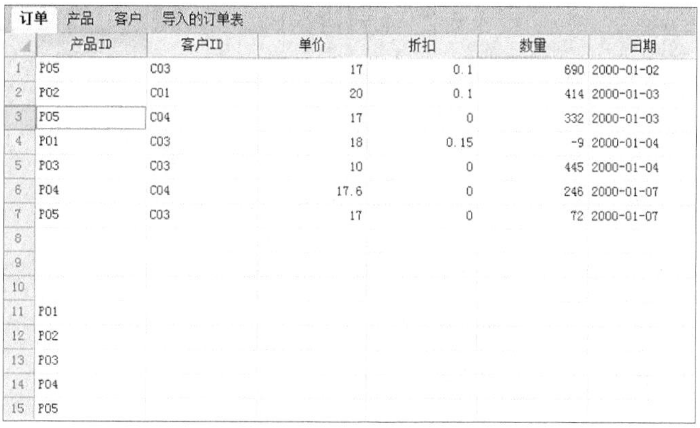

订单 产品 客户 导入的订单表

	产品ID	客户ID	单价	折扣	数量	日期
1	P05	C03	17	0.1	690	2000-01-02
2	P02	C01	20	0.1	414	2000-01-03
3	P05	C04	17	0	332	2000-01-03
4	P01	C03	18	0.15	-9	2000-01-04
5	P03	C03	10	0	445	2000-01-04
6	P04	C04	17.6	0	246	2000-01-07
7	P05	C03	17	0	72	2000-01-07
8						
9						
10						
11	P01					
12	P02					
13	P03					
14	P04					
15	P05					

其中，行号为红色的数据记录是新合并进来的数据。很显然，合并数据时不会对数据表中的原有记录产生影响，仅仅是在当前表中增加记录而已。

至于合并时的主键选择项，这些功能留待第3章再来讲解。这主要因为以上示例所合并的仅仅是Excel格式的文件，而Excel并不是严格意义上的数据库，它不存在主键之说，因而这些主键选择项对于Excel来说没有任何意义。

1.4 数据列与表达式列

1.4.1 数据列

之前在创建或修改数据表结构时，用到的都是普通数据列，这些列都可直接输入数据，所输入的全部内容也都将物理保存在项目文件中。

1.4.2 表达式列

所谓的表达式列，其内容是由一个表达式计算得出的。这些内容并不会进行物理保存，仅在运行时动态生成。这和Excel中的公式计算是一样的道理。

以Excel的订单表为例，假如希望通过单价、折扣和数量得到金额的值，可以先在G2单元格设置计算公式，然后按住G2单元格右下角的加号（填充柄）向下拖曳即可得到结果（或者双击填充柄），如下图所示。

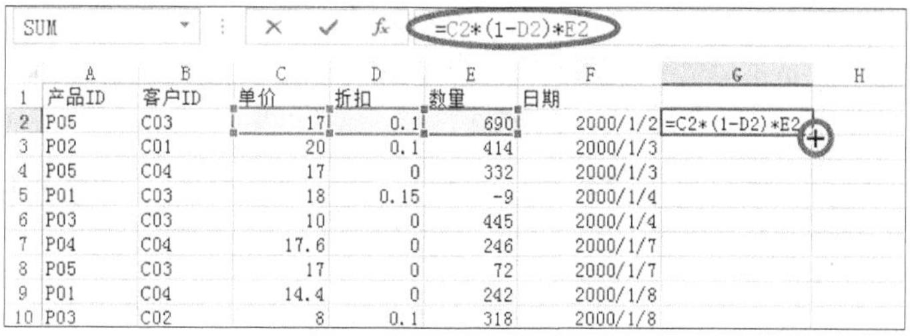

SUM | =C2*(1-D2)*E2

	A	B	C	D	E	F	G	H
1	产品ID	客户ID	单价	折扣	数量	日期		
2	P05	C03	17	0.1	690	2000/1/2	=C2*(1-D2)*E2	
3	P02	C01	20	0.1	414	2000/1/3		
4	P05	C04	17	0	332	2000/1/3		
5	P01	C03	18	0.15	-9	2000/1/4		
6	P03	C03	10	0	445	2000/1/4		
7	P04	C04	17.6	0	246	2000/1/7		
8	P05	C03	17	0	72	2000/1/7		
9	P01	C04	14.4	0	242	2000/1/8		
10	P03	C02	8	0.1	318	2000/1/8		

拖曳或双击后得到的金额数值如下图所示。

	A	B	C	D	E	F	G
1	产品ID	客户ID	单价	折扣	数量	日期	
2	P05	C03	17	0.1	690	2000/1/2	10557
3	P02	C01	20	0.1	414	2000/1/3	7452
4	P05	C04	17	0	332	2000/1/3	5644
5	P01	C03	18	0.15	-9	2000/1/4	-137.7
6	P03	C03	10	0	445	2000/1/4	4450
7	P04	C04	17.6	0	246	2000/1/7	4329.6
8	P05	C03	17	0	72	2000/1/7	1224
9	P01	C04	14.4	0	242	2000/1/8	3484.8
10	P03	C02	8	0.1	318	2000/1/8	2289.6

此时，如果单击金额列的任意一个单元格，其上方的编辑栏显示的都是计算公式而不是具体的值，这就表明该列数据并不是物理存在的，而是根据其他列的内容动态生成的。

Foxtable的表达式列也是同样的道理。

例如，在订单表中增加一个表达式列：单击【数据表】功能区的【表相关】功能组中的【其他】命令按钮，选择下拉菜单中的【查看表结构】命令，或者直接单击【数据表】功能区的【列相关】功能组中的【增加列】按钮，选择下拉菜单中的【表达式列】命令，如下图所示。

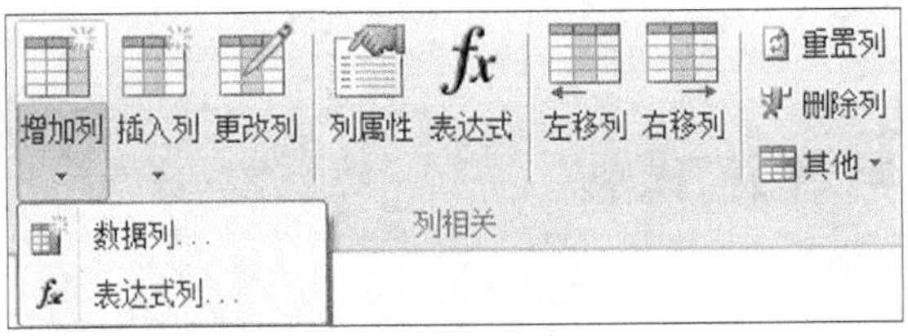

弹出对话框如下图所示，先设置列名和数据类型。

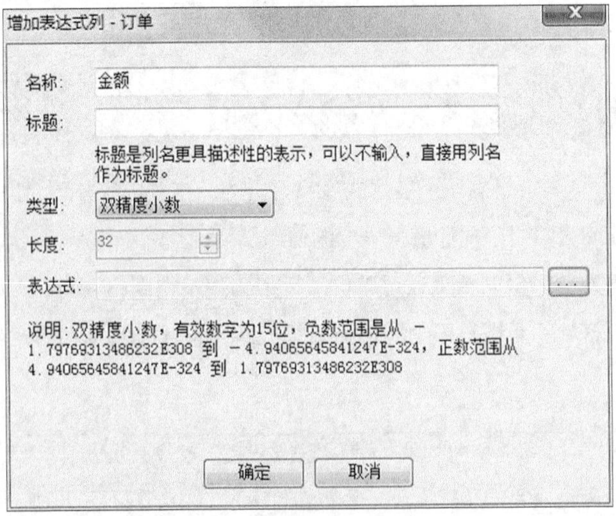

然后单击“表达式”输入框右侧的【…】按钮，打开【表达式生成器】对话框，如下图所示。

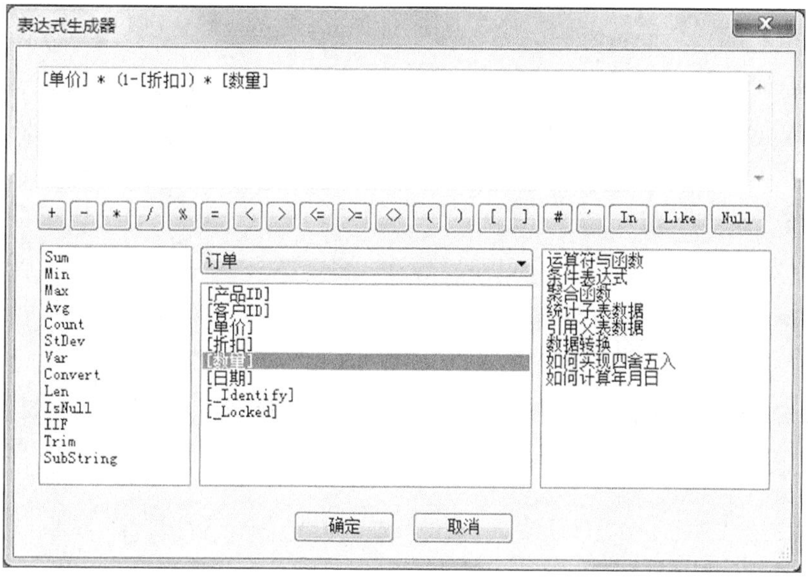

其中，表达式编辑框下方的一排按钮为常用运算符，单击即可添加到编辑框中；下方左侧列表框列出的为常用函数，中间列表框列出的为当前数据表已经存在的数据列，双击均可添加到编辑框中；下方右侧列表框列出的为在线帮助，双击相应选项可查看具体的帮助内容。

需注意，字段名称列表中的“_Identify”和“_Locked”是隐藏列，其作用在之前的“创建数据表结构”一节中有过详细讲解。

表达式编辑完成后，单击【确定】按钮，将生成一个表达式列，如下图所示。

订单 产品 客户

	产品ID	客户ID	单价	折扣	数量	日期	金额
1	P05	C03	17	0.1	690	2000-01-02	10557.00
2	P02	C01	20	0.1	414	2000-01-03	7452.00
3	P05	C04	17	0	332	2000-01-03	5644.00
4	P01	C03	18	0.15	-9	2000-01-04	-137.70
5	P03	C03	10	0	445	2000-01-04	4450.00
6	P04	C04	17.6	0	246	2000-01-07	4329.60
7	P05	C03	17	0	72	2000-01-07	1224.00
8	P01	C04	14.4	0	242	2000-01-08	3484.80

上图中，“金额”列的值就是根据其他列的值动态生成的。只要相关列的数据发生变化，该列数据也会自动即时更新。当需要修改表达式列的列名、标题或数据类型时，可以单击菜单上的【更改列】命令按钮；当需要修改表达式时，可单击【fx表达式】命令按钮。

注意：**当表达式列没有设置计算公式时，虽然可以输入数据，但这些数据并不会被保存；已经设置了计算公式的表达式列，虽然手工可以修改列中的数据，但按“Tab”键或“Enter”键确认时仍然会自动还原为公式计算。**

表达式不仅可以用于生成表达式列，还可用于条件设置等其他场合。例如，复制“订单”表时，可同时设置要复制的数据条件，如下图所示。

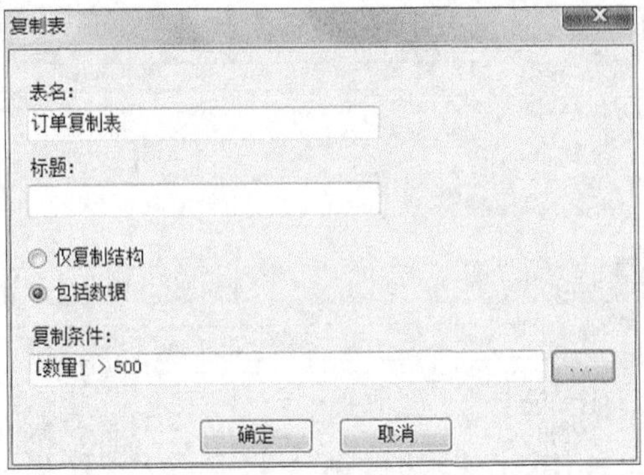

需注意，这里设置的条件只能使用数据列，不能使用表达式列。如上图所示，假如将条件改为：

```
[金额] > 500
```

单击【确定】按钮将不会有任何结果，这是因为“金额”列是表达式列！而且，在复制完成的数据表中表达式列不会被复制。

1.4.3 表达式编写规则

表达式由运算符、列名称及函数组成。首先说明一点，这些都是不区分大小写的。例如，运算符“In”可写成“in”，列名“产品ID”可写成“产品id”，函数“Len”可写成“len”等。

❶ 运算符

如同前面的“表达式生成器”对话框所示，常用的运算符有20个，实际数量比20个还要多。具体可分为以下几类。

- 算术运算符

此类运算符共有5个，分别为+（加）、-（减）、*（乘）、/（除）、%（取余数）。

其中，前4个都很好理解，第5个表示取余数：当使用%计算的结果为0时，表明前一个数可以被后一个数整除。例如，5 % 2的结果为1，表示5除以2的余数是1。

需要注意的是，使用%时，前后两个数字必须是整数，如5.1%2就会提示错误。

再如，将订单表中的“金额”列表达式改为：

```
[折扣] % [单价]
```

同样也会出错。这是因为折扣和单价列并不完全是整数。

- 比较运算符

此类运算符共有8个，一般需要配合表达式函数来使用。具体包括=（等于）、<（小于）、>（大于）、<=（小于等于）、>=（大于等于）、<>（不等于）、In（包含）、Like（匹配）。

其中，前6个运算符同样很好理解，例如：

```
[数量] < 100
```

现重点学习后面两个运算符。

○ In：用来判断某一个值是否为指定的多个值中的任何一个

例如，以下3个表达式就分别使用了字符、数值和日期3种数据类型进行判断，以表示指定列的值是否在所列举的范围之中：

```
[产品ID] In ('P01','P02','P03')
[数量] In (170,500,820)
[日期] In ('7/2/2012', #7/12/2012#, #2012-8-10#)
```

很显然，当使用In时，如果指定值为字符，要用单引号括起来；如果为日期，可用单引号或#号，日期值可以是“年-月-日”，也可以是“月/日/年”；其他类型数值可直接写。当判断的内容中有英文字母时，是不区分大小写的。例如，上面的第一行代码，当“产品ID”为p01、p02或p03时，也是符合判断条件的。

当指定的字符本身就带有单引号时，编写表达式时要用两个单引号代替。例如，以下代码表示判断标题名称是否为“你在用'foxtable'吗”：

```
[标题名称] In ('你在用''foxtable''吗')
```

由于这里只有一个判断值，因此也可以写成：

```
[标题名称] = '你在用''foxtable''吗'
```

如果在In运算符之前加上Not关键词，表示不在指定的数值中。例如：

```
[产品ID] Not In ('p01','p02','p03')
```

○ Like：使用“*”或“%”通配符比较字符串

在这种比较中，“*”和“%”是可以互换的，表示任意个数的字符，且只能用在开头或者结尾。例如，判断以“P”开头的“产品ID”：

```
[产品ID] Like 'P%'
```

再如，判断是否以单引号结尾：

```
[产品ID] Like '*'''
```

需注意，在字符串的中间是不允许使用通配符的。如果要将通配符作为比较内容的一部分，必须使用中括号括起来，这样就会将“*”和“%”还原为普通的字符。例如，判断“产品ID”是否以“A*”开头：

```
[产品ID] Like 'A[*]%'
```

和In一样，Like运算符的前面也可以加上Not关键词，表示不类似的意思。例如：

```
[产品ID] Not Like '*A*'
```

- 连接运算符

在之前所举的表达式示例中，已经多次用到这种连接运算符。例如，[]用于连接列名称或者将“*”“%”还原为普通字符，单引号“ ‘”用于连接字符串，“#”用于连接日期。此外，还有以下几种常用的连接运算符。

()：用于组合表达式或者强制改变优先级。例如，之前用于计算金额列的表达式为：

```
[数量] * [单价] * (1 - [折扣])
```

And：前后连接的表达式必须同时满足。例如，“产品ID”以P开头、同时数量小于500：

```
[产品ID] Like 'P%' And [数量] < 500
```

Or：前后连接的表达式只需满足一个即可。例如，“产品ID”以P开头或者数量小于500：

```
[产品ID] Like 'P%' Or [数量] < 500
```

计算表达式值时And优先于Or，可使用括号来强制改变这种优先级。例如：

```
([产品ID] ='P01' Or [产品ID] ='P02') And [数量] < 500
```

❷ 列名称

当在表达式中需要用到列名时，列名称最好用方括号括起来，尽管这并不是必需的。

但是，当列名称中含有一些特殊字符时，列名则必须用中括号括起来。关于这一点将在第3章中再作详细说明。

❸ 表达式函数

在“表达式生成器”对话框中，下方左侧的列表框就是一些常用的表达式函数。具体可分为以下几种。

- 聚合函数

此类函数一般用于数据统计，共有7个，即Sum（求和）、Avg（平均）、Min（最小值）、Max（最大值）、Count（计数）、Var（方差）、StDev（标准偏差）。

其中，最后两个函数是用于测量数值型数据离散程度的重要指标，一般用于专业性较强的数理统计，日常工作中很少用到，基本可以忽略。

需要说明的是，表达式中的聚合函数很少在单独的数据表中使用，它一般用于关联表的统计。关于这方面的知识将在“表间关联”一节中学习。

- IIF函数

该函数使用频率很高，如果表达式的计算结果为True，则返回一个指定值；否则将返回另一个指定值。例如，将“金额”列的表达式修改为：

```
IIF([单价] = 0, Null ,[单价] * (1 - [折扣]) * [数量])
```

该表达式的意思是，如果“折扣”列的值为0，那么“金额”就设置为Null；否则就以单价、折扣、数量三列的乘积生成“金额”值。

在列表达式中，Null用于表示空值，也就是什么都没有。

- IsNull函数

该函数用于判定一个指定表达式的值是否为空值。如果不为空，则返回表达式的值；否则返回一个替代值。例如，将下图所示的第3行和第5行“折扣”为0的值按“Delete”键删除，它们就变成了空值。

	产品ID	客户ID	单价	折扣	数量	日期	金额
1	P05	C03	17	0.1	690	2000-01-02	10557.00
2	P02	C01	20	0.1	414	2000-01-03	7452.00
3	P05	C04	17		332	2000-01-03	
4	P01	C03	18	0.15	-9	2000-01-04	-137.70
5	P03	C03	10		445	2000-01-04	

然后将"金额"列的表达式修改为:
[单价] * (1 - [折扣]) * [数量]。

执行后发现，第3行和第5行“金额”列的值仍然是空。此种情况表明，只要表达式中存在空值，那么它的计算结果肯定也为空。如果希望将空值列正常参与运算，有以下两种处理方法。

第一种，使用IIF函数：

```
[单价] * (1 - IIF([折扣] Is Null, 0,[折扣])) * [数量]
```

该表达式的重点在于加粗的部分：如果“折扣”为空值，就以0替代；否则仍然取原来的折扣值。如果判断不为空，可使用Is Not Null。

第二种，使用IsNull函数：

```
[单价] * (1 - IsNull([折扣],0)) * [数量]
```

这里IsNull函数的意思是：如果“折扣”为空，那么就以0替代；否则仍然用原来的折扣值。

很显然，使用Is Null语句返回的是一个逻辑值；而使用IsNull函数则直接返回具体的数值。虽然仅有一个空格之差，但意义却完全不同！

以上两种方式的处理结果都是一样的，如下图所示。

	产品ID	客户ID	单价	折扣	数量	日期	金额
1	P05	C03	17	0.1	690	2000-01-02	10557.00
2	P02	C01	20	0.1	414	2000-01-03	7452.00
3	P05	C04	17		332	2000-01-03	5644.00
4	P01	C03	18	0.15	-9	2000-01-04	-137.70
5	P03	C03	10		445	2000-01-04	4450.00

- 字符处理函数

这方面的表达式函数有3个，即Trim（移除字符串的前后空格）、Substring（从字符串中的指定位置开始返回指定长度的子字符串）、Len（返回字符串的长度）。

例如，再增加一个临时的字符型表达式列，如下图所示。

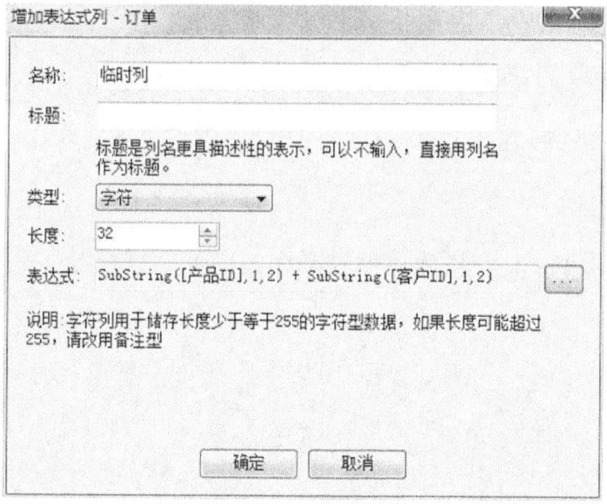

这里表达式的意思是，取“产品ID”列和“客户ID”列的前两个字符并进行拼接（Substring

的起始位置是从1开始的）。生成的表达式列效果如下图所示。

	产品ID	客户ID	单价	折扣	数量	日期	金额	临时列
1	P05	C03	17	0.1	690	2000-01-02	10557.00	POCO
2	P02	C01	20	0.1	414	2000-01-03	7452.00	POCO
3	P05	C04	17		332	2000-01-03	5644.00	POCO
4	P01	C03	18	0.15	-9	2000-01-04	-137.70	POCO
5	P03	C03	10		445	2000-01-04	4450.00	POCO

- Convert转换函数

该函数可以将表达式转换为指定的数据类型。其语法格式为：

```
Convert(expression,type)
```

其中，参数expression为要转换的表达式；type为转换成的数据类型。可转换的数据类型包括以下几种。

System.String:字符型

System.DateTime:日期时间型

System.Boolean:逻辑型

System.Byte:微整数

System.Int16:短整数

System.Int32:整数

System.Int64:长整数

System.Single:单精度小数

System.Double:双精度小数

System.Decimal:高精度小数

其中，只有“System.Int64”和Foxtable数据表中的列类型不存在对应关系。该类型表示长整数，其值介于-9 223 372 036 854 775 808 ~ +9 223 372 036 854 775 807之间。在Foxtable数据表中，此范围的整数一般是用双精度小数代替。

Convert函数除了可以转换数据类型外，还可变相实现一些其他功能。例如，列表达式并没有提供专门的四舍五入函数，只能用Convert函数来间接实现。假如将金额列保留两位小数，表达式可修改为：

```
Convert([单价] * (1 - IsNull([折扣],0)) * [数量] * 100, 'System.Int64')/100
```

该表达式的意思是，先将得到的计算结果乘以100，再转换为长整数；然后再以这个长整数除以100，得到的数据肯定最多只有两位小数。同理，如果要保留3位小数，将表达式中的100改为1000即可，其余类推。

再比如，利用数据表中隐藏的自动编号列“_Identify”，可以生成指定格式的编号列。假如希望编号列能够按照下面的格式显示：

```
MP0001
MP0002
⋮
MP0011
MP0012
```

```
⋮
MP0123
MP0124
⋮
MP9998
MP9999
```

这种编码的规则是：前面是两个字母“MP”，后接4个数字，当数字的长度没有达到4位时要自动补充0。实现此目的的重点在于如何根据“_Identify”的值来确定补充多少个0：当“_Identify”的值是一位数时，要加3个0；是两位数时，加2个0；是3位数时加1个0。由此可见，需要补充的0的数量为：用4减去“_Identify”值的长度。用代码表示为：

```
4 - Len(Convert([_Identify],' System.String' ))。
```

把这个长度用到Substring函数中，就表示要从字符串“0000”中截取的长度，也就是需补充多少个0：

```
Substring( '0000' , 1, 4 - Len(Convert([_Identify],' System.String' )))
```

然后再在其前面加上字符串“MP”、在尾部加上“_Identify”列的值即可：

```
'MP' + Substring('0000', 1, 4 - Len(Convert([_Identify],'System.String'))) + Convert([_Identify], 'System.String')
```

运行效果如下图所示。

	产品ID	客户ID	单价	折扣	数量	日期	金额	临时列
1	P05	C03	17	0.1	690	2000-01-02	10557.00	MP0001
2	P02	C01	20	0.1	414	2000-01-03	7452.00	MP0002
3	P05	C04	17		332	2000-01-03	5644.00	MP0003
4	P01	C03	18	0.15	-9	2000-01-04	-137.70	MP0004
5	P03	C03	10		445	2000-01-04	4450.00	MP0005
6	P04	C04	17.6	0	246	2000-01-07	4329.60	MP0006
7	P05	C03	17	0	72	2000-01-07	1224.00	MP0007
8	P01	C04	14.4	0	242	2000-01-08	3484.80	MP0008
9	P03	C02	8	0.1	318	2000-01-08	2289.60	MP0009
10	P01	C02	18	0.2	772	2000-01-10	11116.80	MP0010

如果要将编码的数字固定为6位，可将上述表达式中的“0000”改为“000000”，将4改为6。因而这种自动编号的表达式是可以通用的。

需要注意的是，当在列表达式中使用Convert函数进行数据类型转换时，日期型的数据只能与字符串进行转换，逻辑型数据只能与字符串及整数类型（Byte、Int16、Int32、Int64）进行转换。

1.4.4 表达式列和数据列的相互转换

单击【数据表】功能区的【列相关】功能组中的【其他】按钮，将弹出表达式列与数据列相互转换的下拉菜单，如下图所示。

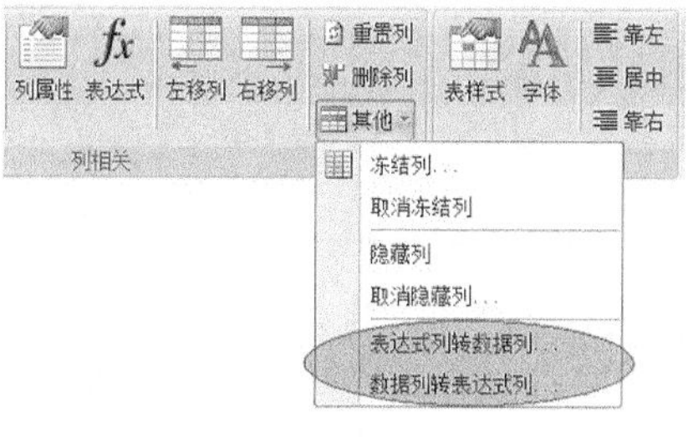

❶ 当数据列转换为表达式列时，该数据列中的原有内容将全部消失，因为表达式列只能通过设置的表达式来动态生成数据。

❷ 同理，当表达式列转换为数据列时，由于该列的表达式已经被删除，因此数据一样会消失。既然已经转换为数据列，就只能自行编辑输入数据。

不论是数据列转换为表达式列，还是表达式列转换为数据列，一旦确定转换，Foxtable都会自动重新打开当前项目。

1.5 表间关联

顾名思义，表间关联就是在多个表之间建立一种联系。

例如，在之前所创建的“产品”“客户”“订单”这3个表中，“订单”表中的每一个订单都分别在“产品”表和“客户”表中有对应的行。也就是说，每一个订单都会对应一个产品和一个客户。同样，“产品”表或者“客户”表中的每一行会在“订单”表中有若干条的对应记录（也就是订单）。如果能够在“产品”表与“订单”表、“客户”表与“订单”表之间建立关联，这些表就可以相互引用数据或者快速查阅关联数据。

1.5.1 设置表间关联

在【数据表】功能区的【表相关】功能组中，单击【关联】按钮。弹出“表间关联”对话框后，再单击【增加】按钮即可设置表间关联，如下图所示。

关于设置关联的一些重要概念说明。

❶ 父表与子表

在"编辑关联"对话框中，左侧用于设置父表及关联列，右侧用于设置子表及关联列。那么，如何选择父表和子表呢？

仍以"产品"表和"订单"表为例。"订单"表中的每一条记录只能对应"产品"表中的一个产品（记录），而每一个产品在"订单"表中可能对应多个记录（订单），就像一个父亲可以有多个儿子，而一个儿子只能有一个父亲一样，这种一对多的关系就称为父子关系。很明显，在"产品"表和"订单"表之间建立关联时，"产品"表是父表，"订单"表是子表，它们通过"产品ID"列就可建立关联。

在Foxtable中，这种父子关系的约束其实并不是很严格的。也就是说，子表中的一条记录，也可以在父表中对应有多条记录。例如，一个作者可以写多本书，而一本书也可以有多个作者，不过实际应用时这种情况并不多见。

在上图中，父表和子表是通过"产品ID"列进行关联的。两个表的关联列名称未必完全相同，仅仅是本例中"产品"和"订单"表恰好都使用了相同的列名称而已：假如将父表的"产品ID"列改为"产品编号"，那么就可以设置父表的"产品编号"列和子表的"产品ID"列进行关联。尽管父表和子表的关联列名称可以不同，但其数据类型必须相同，且不能把表达式列作为关联列使用。

关联列数量不限，可根据需要随意增加。一般建议关联列的数量不要超过两个。

❷ 关联选项

关联设置对话框有两个选项，分别是【同步更新关联列内容】和【同步删除关联行】。

- 同步更新关联列内容。

如果选中此复选框，在父表修改某行关联列内容后，子表中对应行的关联列内容会同步更新，使得两个表之间的关联行始终保持联系。例如，"产品"表和"订单"表通过"产品ID"建立了关联，如果修改"产品"表中的"产品ID"，那么"订单"表中相对应的"产品ID"也会自动作出修改。

- 同步删除关联行。

如果选中此复选框，在父表中删除某行，在子表中对应的关联行会同步删除。例如，"产品"表和"订单"表通过"产品ID"建立了关联，如果在"产品"表中删除某产品，那么"订单"表中此产品的全部订单也会被自动删除。

❸ 设置关联名称

由于这是一个新创建的表间关联，单击【确定】按钮后，系统将提示输入一个关联名称，以方便后期的使用和管理。这个名称是自定义的，其命名规则和表名、列名完全一致，只要自己能够准确地理解其语义即可。例如，产品的英文是"product"，订单是"order"，可以简单地将它们之间的关联命名为"po"。表间关联创建之后，系统会自动生成一个关联表，如下图所示。

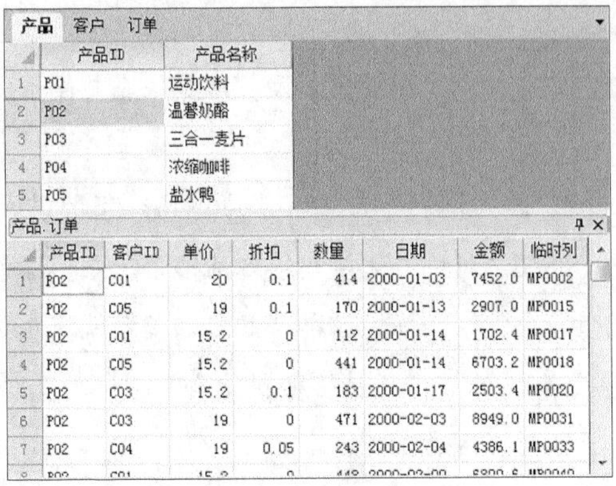

产品 客户 订单

	产品ID	产品名称
1	P01	运动饮料
2	P02	温馨奶酪
3	P03	三合一麦片
4	P04	浓缩咖啡
5	P05	盐水鸭

产品.订单

	产品ID	客户ID	单价	折扣	数量	日期	金额	临时列
1	P02	C01	20	0.1	414	2000-01-03	7452.0	MP0002
2	P02	C05	19	0.1	170	2000-01-13	2907.0	MP0015
3	P02	C01	15.2	0	112	2000-01-14	1702.4	MP0017
4	P02	C05	15.2	0	441	2000-01-14	6703.2	MP0018
5	P02	C03	15.2	0.1	183	2000-01-17	2503.4	MP0020
6	P02	C03	19	0	471	2000-02-03	8949.0	MP0031
7	P02	C04	19	0.05	243	2000-02-04	4386.1	MP0033

其中，显示在父表下方的“产品.订单”就是系统自动生成的关联表，这个关联表的名称为父表标题和子表标题的两者相连，因此显示为“产品.订单”。此时，在“产品”表中单击不同的记录行时，关联表会同步显示与当前“产品ID”相关联的订单记录。如上图所示，由于父表中的“产品ID”为“P02”，因而关联表就会从子表中调取与“P02”相关联的全部订单记录并给予显示。

❹ 不同的关联选项对管理表数据的影响

如果在创建关联时，没有选中【同步更新关联列内容】复选框，那么在父表上对关联列的任何修改都不会影响到子表。例如，将父表中的“P02”改为“A02”，这样修改之后，由于子表没有对应的“产品ID”为“A02”的记录，因而关联表不会有任何记录显示，如下图所示。

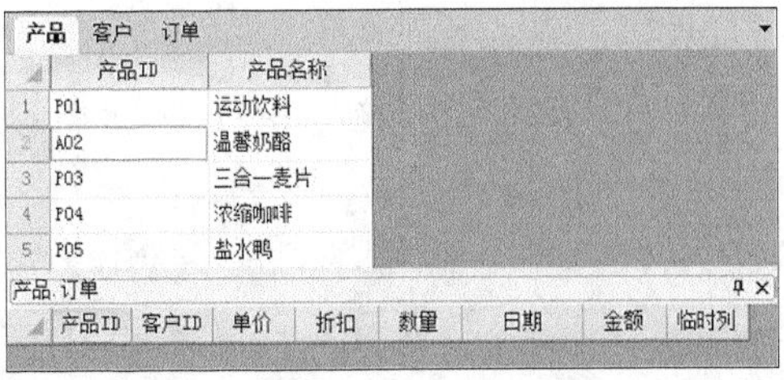

产品 客户 订单

	产品ID	产品名称
1	P01	运动饮料
2	A02	温馨奶酪
3	P03	三合一麦片
4	P04	浓缩咖啡
5	P05	盐水鸭

产品.订单

	产品ID	客户ID	单价	折扣	数量	日期	金额	临时列

如果在创建关联时，选中【同步更新关联列内容】复选框，那么在父表修改关联列内容后，子表中相对应的关联内容也会同步更新。例如，在父表中将“P02”改为“A02”，子表中的“P02”也将被同步更改为“A02”，这样就可以使两个表之间的关联行始终保持联系，如下图所示。

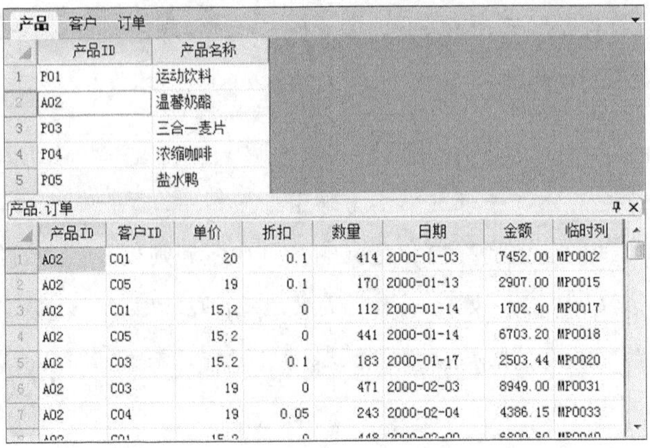

产品 客户 订单

	产品ID	产品名称
1	P01	运动饮料
2	A02	温馨奶酪
3	P03	三合一麦片
4	P04	浓缩咖啡
5	P05	盐水鸭

产品.订单

	产品ID	客户ID	单价	折扣	数量	日期	金额	临时列
1	A02	C01	20	0.1	414	2000-01-03	7452.00	MP0002
2	A02	C05	19	0.1	170	2000-01-13	2907.00	MP0015
3	A02	C01	15.2	0	112	2000-01-14	1702.40	MP0017
4	A02	C05	15.2	0	441	2000-01-14	6703.20	MP0018
5	A02	C03	15.2	0.1	183	2000-01-17	2503.44	MP0020
6	A02	C03	19	0	471	2000-02-03	8949.00	MP0031
7	A02	C04	19	0.05	243	2000-02-04	4386.15	MP0033

需要注意的是，父表中的关联列内容可以修改，但不能将其内容删除，而且也无法删除，子表则没有此限制。例如，想将上图父表中的“A02”单元格内容进行删除是做不到的，只能进行修改，也就是内容不得为空。如果一定要删除，只能删除“A02”的所在行。

同样地，在删除父表中的数据行时，关联表数据会受到【同步删除关联行】选项的影响。其原理与“同步更新关联列内容”相同。

这里还要补充说明一点，由于关联表数据是基于其他表的，在关联表中对所做的任何修改都会同步体现到相对应的数据表中。例如，上图关联表中的“P02”都被改成了“A02”，而这个关联表是基于“订单”生成的，因而“订单”表中的“P02”也都改成了“A02”，如下图所示。

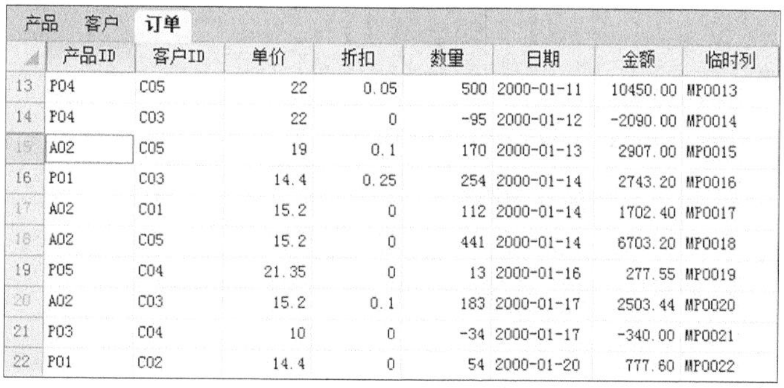
产品 客户 订单

	产品ID	客户ID	单价	折扣	数量	日期	金额	临时列
13	P04	C05	22	0.05	500	2000-01-11	10450.00	MP0013
14	P04	C03	22	0	-95	2000-01-12	-2090.00	MP0014
15	A02	C05	19	0.1	170	2000-01-13	2907.00	MP0015
16	P01	C03	14.4	0.25	254	2000-01-14	2743.20	MP0016
17	A02	C01	15.2	0	112	2000-01-14	1702.40	MP0017
18	A02	C05	15.2	0	441	2000-01-14	6703.20	MP0018
19	P05	C04	21.35	0	13	2000-01-16	277.55	MP0019
20	A02	C03	15.2	0.1	183	2000-01-17	2503.44	MP0020
21	P03	C04	10	0	-34	2000-01-17	-340.00	MP0021
22	P01	C02	14.4	0	54	2000-01-20	777.60	MP0022

再如，在关联表中增加行时，关联列的内容会自动输入，这个增加的行同样会体现在其对应的数据表中。而且，这种自动输入并不会受到是否选中【同步更新关联列内容】复选框的影响。

如下图所示，由于父表中的关联列内容为“B02”，那么当在关联表中新增数据行时，与其相关联的“产品ID”列会自动填上“B02”；如果设置的关联列有多个，则多个关联列都会自动完成输入。

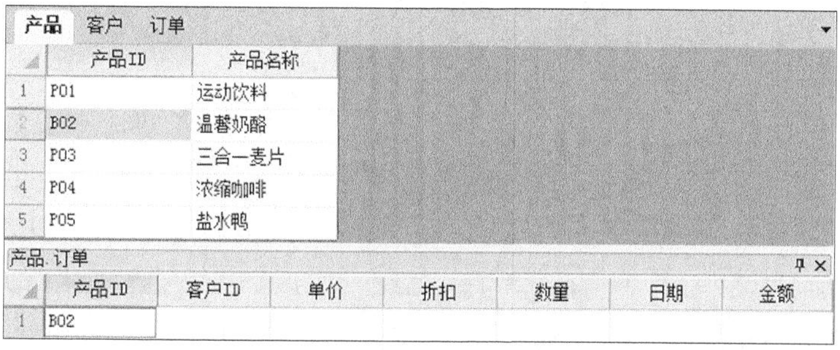
产品 客户 订单

	产品ID	产品名称
1	P01	运动饮料
2	B02	温馨奶酪
3	P03	三合一麦片
4	P04	浓缩咖啡
5	P05	盐水鸭

产品.订单

	产品ID	客户ID	单价	折扣	数量	日期	金额
1	B02						

假如父表和子表都有“产品ID”和“产品名称”列，同时希望在关联表新增行时，这两列都能自动输入，那么在建立父子关联时，仍然只需选择能唯一区分每一行的列（如“产品ID”），无需同时选择“产品ID”和“产品名称”列。如要实现“产品名称”的自动输入，可采用表达式列实现。

1.5.2 关联表生成模式

在关联设置窗口中，还可以设置关联模式，如下图所示。

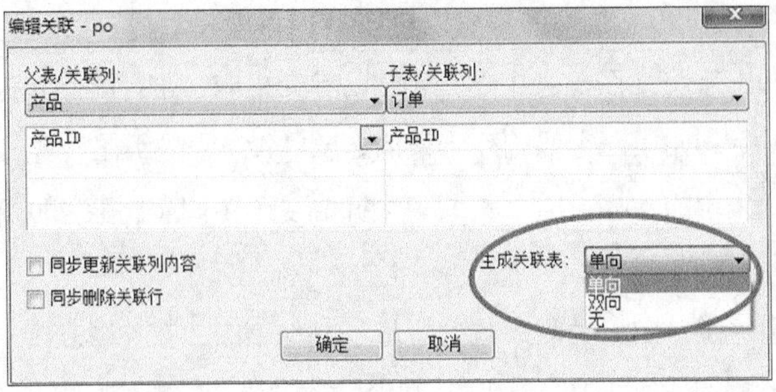

关联表有3种生成模式，分别为“单向”“双向”“无”。现仍以“产品”表和“订单”表的关联为例。

❶ “单向”模式

此为默认模式。在单向生成模式下，“产品”表的底端会出现一个关联表，标题为“产品.订单”；但“订单”表的底端并不会出现关联表。

如果希望在“订单”表中单击某个数据行，同样可以查看该订单所对应的产品资料时，可使用双向模式。

❷ “双向”模式

在双向生成模式下，无论是父表还是子表，其下方都会出现一个关联表。其中，父表下方的关联表显示的是子表数据，子表下方的关联表显示的是父表数据。

如下图所示，当在“订单”中单击“产品ID”为“P05”的数据行时，关联表会显示与之对应的父表记录。

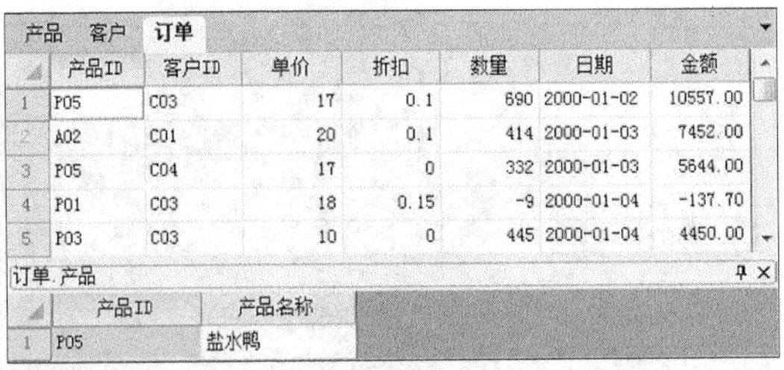
产品 客户 订单

	产品ID	客户ID	单价	折扣	数量	日期	金额
1	P05	C03	17	0.1	690	2000-01-02	10557.00
2	A02	C01	20	0.1	414	2000-01-03	7452.00
3	P05	C04	17	0	332	2000-01-03	5644.00
4	P01	C03	18	0.15	-9	2000-01-04	-137.70
5	P03	C03	10	0	445	2000-01-04	4450.00

订单.产品

	产品ID	产品名称
1	P05	盐水鸭

关联表的标题名称变为“订单.产品”，它是通过子表标题与父表标题拼接而成的。

为了更清楚地看到双向模式下的关联表生成情况，再将“客户”表和“订单”表建立双向关联，并将其关联名称命名为“co”（c表示客户“customer”，o表示订单“order”），如下图所示。

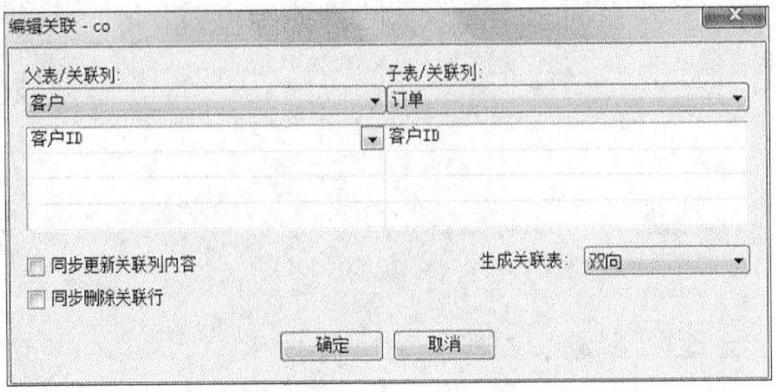

确定后就会发现，每个数据表的下方都会出现两个关联表，如下图所示。

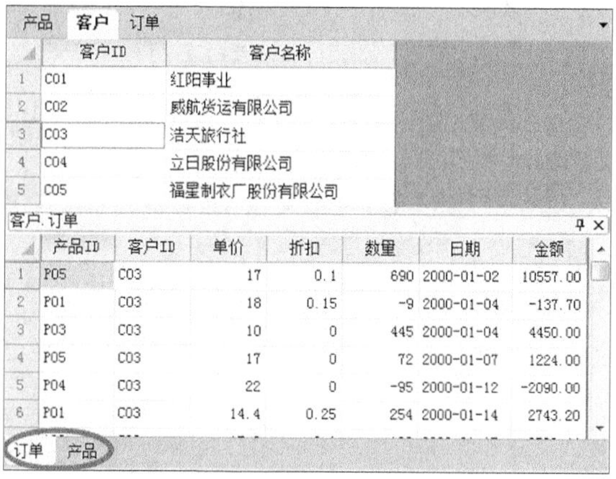

在上图中，当在上方的“客户”表中单击不同的数据行时，下方的“客户.订单”将显示与之相关联的订单数据，这是因为“客户”表与“订单”表是父子关系，它们通过“客户ID”列建立了关联；当在下方的“客户.订单”表中单击不同数据行时，下方的“产品”表又会显示与之相关联的产品数据，这是因为关联表“客户.订单”是基于订单表生成的，而“订单”表与“产品”表又通过“产品ID”列建立了双向关联，如下图所示。

由于“客户.订单”表中所单击的数据行“产品ID”的值为“P05”，因而这里的“产品”表显示的就是与之相对应的数据记录。

如果不喜欢这种关联表的显示方式（同样的位置只能独立显示一个关联表，查看其他关联表时需单击下面的表名称切换），也可以在关联表中单击鼠标右键，选择快捷菜单【停靠位置】→【独立停靠】命令，这样会更直观一些（关于窗口停靠方面的知识将在下一章学习），如下图所示。

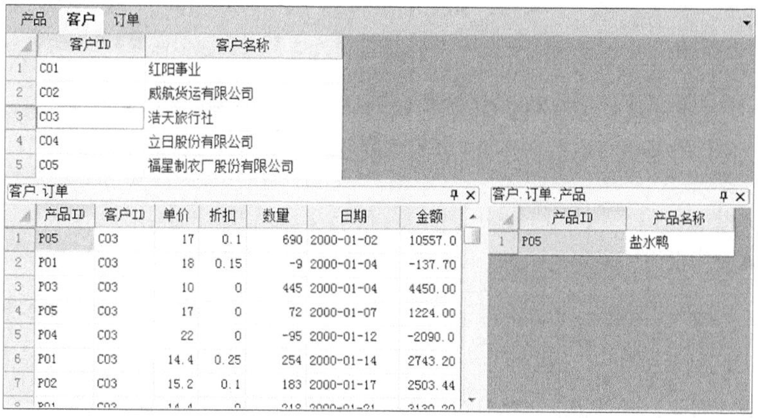

由此可见，双向生成模式可以为使用带来很多便利，使得无论选择哪一个表，所有相关的数据

都可以信手拈来。再如，在“产品”表中，单击任意一个产品，可看到与产品相关的所有订单；单击“订单”中的任意一个订单，又能立刻显示与该订单相关的客户资料，如下图所示。

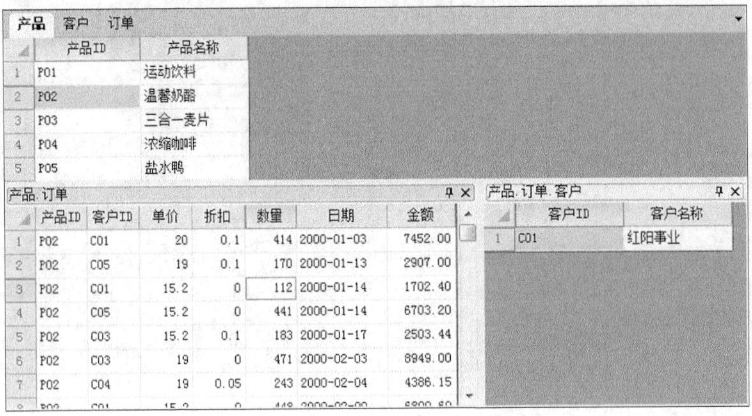
产品 客户 订单

	产品ID	产品名称
1	P01	运动饮料
2	P02	温馨奶酪
3	P03	三合一麦片
4	P04	浓缩咖啡
5	P05	盐水鸭

产品.订单

	产品ID	客户ID	单价	折扣	数量	日期	金额
1	P02	C01	20	0.1	414	2000-01-03	7452.00
2	P02	C05	19	0.1	170	2000-01-13	2907.00
3	P02	C01	15.2	0	112	2000-01-14	1702.40
4	P02	C05	15.2	0	441	2000-01-14	6703.20
5	P02	C03	15.2	0.1	183	2000-01-17	2503.44
6	P02	C03	19	0	471	2000-02-03	8949.00
7	P02	C04	19	0.05	243	2000-02-04	4386.15

产品.订单.客户

	客户ID	客户名称
1	C01	红阳事业

同理，在“订单”表中，单击任意一个订单，即可马上看到与该订单相关联的产品和客户信息，如下图所示。

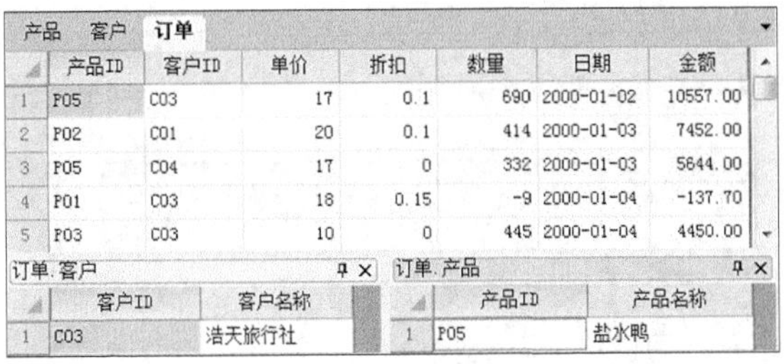
产品 客户 订单

	产品ID	客户ID	单价	折扣	数量	日期	金额
1	P05	C03	17	0.1	690	2000-01-02	10557.00
2	P02	C01	20	0.1	414	2000-01-03	7452.00
3	P05	C04	17	0	332	2000-01-03	5644.00
4	P01	C03	18	0.15	-9	2000-01-04	-137.70
5	P03	C03	10	0	445	2000-01-04	4450.00

订单.客户

	客户ID	客户名称
1	C03	浩天旅行社

订单.产品

	产品ID	产品名称
1	P05	盐水鸭

很显然，如果将双向改为单向，那么就只会在“产品”和“客户”的下面生成两个关联表，“订单”不会生成关联表，也就无法做到双向生成那样的环环相扣、数据信手拈来。但是，双向模式下，随着关联的增加，表的数量也会按平方数增长；若项目中产生太多表，就可能会影响到运行效率。

如上例，分别在“产品”表和“订单”表之间、“客户”表和“订单”表之间建立两个关联，那么在双向生成模式下，系统会产生2×3=6个关联表，加上原来的3个数据表，合计就有9个表；而单向生成模式下只会产生两个关联表，加上原来的3个数据表，合计5个表，远远低于双向生成的表数据量。假如以后再把数据表增加到5个、建立4个关联，而这4个关联都选择了双向生成，那么就将产生4×5=20个关联表，加上原有的5个数据表，合计就有25个表，多么可怕！

当然，实际使用时是否开启双向生成完全根据自身的硬件性能及需求而定，只要不去滥用双向生成就好。

❸ “无”模式

如果生成模式选择“无”，那么不管是“产品”表和还是“订单”表，底端都不会出现关联表，这样既不能在选择某产品时查看订购此产品的订单，也不能在选择某订单时查看其对应产品的资料。

你也许会感到奇怪，既然如此，那还建立关联干什么？

其实建立关联，有时并不仅仅是为了方便查看关联数据，更重要的是在关联表之间相互进行数据的引用和计算。如果建立关联的目的仅仅只是为了引用或统计数据，那么就直接将生成模式选择为“无”吧！

1.5.3 多级关联与同表关联

❶ 多级关联

如果“表A”和“表B”建立了关联，“表B”和“表C”建立了关联，也就是A是B的父表，B又是C的父表，三者的关系类似于“父(表A) → 子(表B) → 孙(表C)”这样的关系。

在双向生成模式下，将生成6个关联表，分别如下。

“表A”生成两个关联表：“表A.表B”、“表A.表B.表C”。

“表B”生成两个关联表：“表B.表A”、“表B.表C”。

“表C”生成两个关联表：“表C.表B”、“表C.表B.表A”。

在单向生成模式下，将生成3个关联表，分别如下。

“表A”生成两个关联表：“表A.表B”、“表A.表B.表C”。

“表B”生成一个关联表：“表B.表C”。

“表C”不生成任何关联表。

由此可见，单向生成并非每个关联只生成一个关联表，而是按照“父 → 子 → 孙”这样的路径逐级生成；而双向生成除了这条路径外，还多了反向的“孙 → 子 → 父”的路径，所以生成的关联表数量至少要翻倍。

❷ 同表关联

表间关联一般是将两个不同的表通过关联列联系起来。在实际建立关联时，父表和子表也可以是同一个表，这就是“同表关联”。使用同表关联时需要注意以下几点。

第一，双向生成对于同表关联无效，即使选择双向生成，Foxtable还是会按照单向生成模式生成关联表。

第二，建立同表关联时父表和子表的关联列必须不同。

例如，有一个“员工表”，其中有一列名为“上级”，用于输入此员工的直接上司的姓名；另有一列为“姓名”列，用于输入全部员工的姓名（包括所有的上级）。

现在新建一个关联，父表为“员工表”，关联列为“姓名”；子表同样是“员工表”，关联列为“上级”，这样在单击某个员工时会自动列出此员工的所有直接下属，如下图所示。

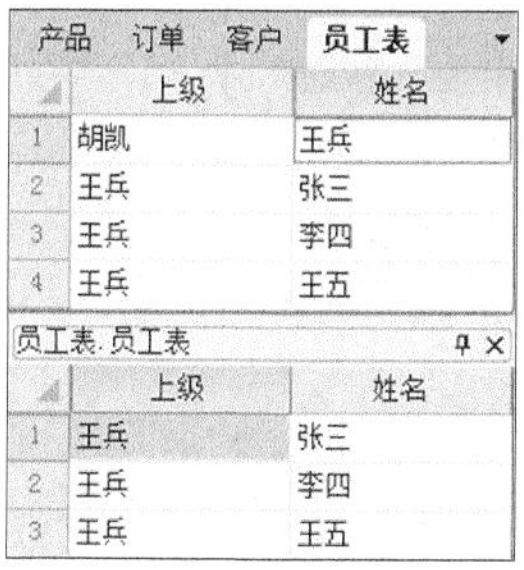

但是，如果在父表中单击除姓名为“王兵”以外的其他行时，关联表内容都为空。这是因为，其他员工姓名没有出现在“上级”列中。

同表关联在实际工作中极少用到，了解即可。

1.5.4 关联表的数据引用与统计

仍以之前的“产品”“客户”和“订单”表为例。假如已经创建了两个关联：一个是“产品”与“订单”通过“产品ID”列建立的关联，关联名称为“po”；另一个是“客户”与“订单”通过“客户ID”列建立的关联，关联名称为“co”。由于这里的关联仅仅用于不同表之间的数据引用和统计，因此在建立以上两个关联时，生成关联表的模式选择为“无”。

❶ 引用父表数据

在“po”和“co”两个关联中，“订单”表都是作为子表出现的。在这个表中，不论是“产品ID”还是“客户ID”，都只能显示具体的ID号。如果要在此表中同时显示具体的产品名称或客户名称，就可以通过引用父表数据的方法实现。

首先，在“订单”表中添加一个表达式列，列名为“产品名称”，然后编辑列表达式，如下图所示。

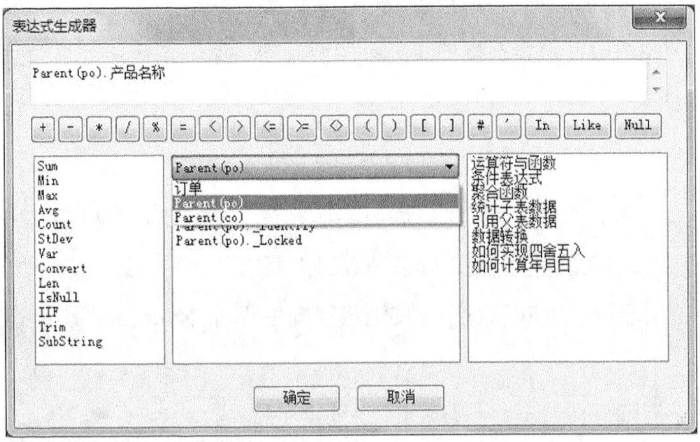

在该生成器对话框中，可选择的表有3个：一个是“订单”，也就是当前表；另外两个分别是“Parent(po)”和“Parent(co)”，也就是与当前表存在关联关系的两个父表。其中，“Parent(po)”表示产品表（关联名称为po），“Parent(co)”表示客户表（关联名称为co）。

由于要引用“产品”表中的数据，因而这里就选择“Parent(po)”。选择该父表后，列表框将显示该表中的所有列名称，如下图所示。

如果要引用该表中的“产品名称”数据，只需双击“Parent(po).产品名称”即可。

表达式设置完成后单击【确定】按钮，“订单”表将自动增加一个表达式列“产品名称”，该列的内容就取自产品表中的“产品名称”。同理，再增加一个表达式列“客户名称”，其内容取自客户表的“客户名称”列，如下图所示。

产品　客户　订单

	产品ID	客户ID	单价	折扣	数量	日期	金额	产品名称	客户名称
1	P05	C03	17	0.1	690	2000-01-02	10557.00	盐水鸭	浩天旅行社
2	P02	C01	20	0.1	414	2000-01-03	7452.00	温馨奶酪	红阳事业
3	P05	C04	17	0	332	2000-01-03	5644.00	盐水鸭	立日股份有限公司
4	P01	C03	18	0.15	-9	2000-01-04	-137.70	运动饮料	浩天旅行社
5	P03	C03	10	0	445	2000-01-04	4450.00	三合一麦片	浩天旅行社
6	P04	C04	17.6	0	246	2000-01-07	4329.60	浓缩咖啡	立日股份有限公司
7	P05	C03	17	0	72	2000-01-07	1224.00	盐水鸭	浩天旅行社
8	P01	C04	14.4	0	242	2000-01-08	3484.80	运动饮料	立日股份有限公司
9	P03	C02	8	0.1	318	2000-01-08	2289.60	三合一麦片	威航货运有限公司
10	P01	C02	18	0.2	772	2000-01-10	11116.80	运动饮料	威航货运有限公司

如此一来，“订单”表不仅能显示“产品ID”“客户ID”，也能同时显示它们对应的“产品名称”和“客户名称”了。

在引用父表数据时，如果当前表只有一个父表，列表达式可以简写为“Parent.产品名称”或“Parent.客户名称”。由于本例的订单表存在两个父表，因此“po”或“co”是不能省略的，必须通过关联名称来指定从哪个父表中引用数据。

此外，对于这种父表与子表之间的数据引用，父子之间必须是严格的一对多关系。理由很明显，如果不是一对多的关系，而是多对多的关系，那么子表在引用数据时，就不知道该引用父表中哪一条记录的数据了，从而导致错误。

❷ 统计子表数据

假如想在父表中统计相关联的子表数据，也是一样的处理方法。例如，现在想在“产品”表中统计不同产品的销售数量，可以在“产品”表中增加一个名称为“数量”的表达式列，如下图所示。

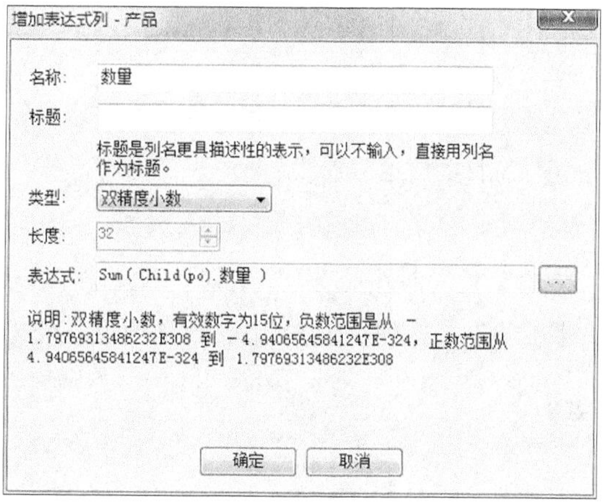

需注意，这里的表达式使用了聚合函数Sum，表示对指定的列求和：Sum(Child(po).数量)。这里的Child表示的是子表。

由于“产品”表只有一个子表，因此，该表达式也可以简写为“Sum(Child.数量)”。

用同样的方法，也可以再增加一个“金额”表达式列，对子表中的“金额”进行统计。统计结果如下图所示。

产品 客户 订单

	产品ID	产品名称	数量	金额
1	P01	运动饮料	44628	686138.796
2	P02	温馨奶酪	74160	1208222.29
3	P03	三合一麦片	28655	251482.6
4	P04	浓缩咖啡	23177	436330.84
5	P05	盐水鸭	40397	750256.2925

列表达式可用的其他聚合函数还有Avg（平均）、Min（最小值）、Max（最大值）、Count（计数）、StDev（标准偏差）、Var（方差），如在“客户”表中再增加下图所示的列表达式。

查看表结构

列名	类型	长度	标题	表达式
客户ID	字符型	3		
客户名称	字符型	16		
单价_最高价	单精度小数			Max(Child(co).单价)
单价_最低价	单精度小数			Min(Child(co).单价)
单价_平均价	单精度小数			Avg(Child(co).单价)
订单_数量	微整数			Count(Child(co).客户ID)
订单_最高量	整数			Max(Child(co).数量)
订单_最低量	整数			Min(Child(co).数量)

增加数据列 增加表达式 删除列 更改列 修改表达式 上移 下移 打印

上图中所有的表达式列都是新增的，列表达式在右侧。执行后的效果如下图所示。

产品 客户 订单

	客户ID	客户名称	单价			订单		
			最高价	最低价	平均价	数量	最高量	最低量
1	C01	红阳事业	22	8	15.6019	104	788	-96
2	C02	威航货运有限公司	22	8	16.6069	204	1116	-85
3	C03	浩天旅行社	22	10	17.9839	224	1075	-149
4	C04	立日股份有限公司	22	10	17.6107	224	827	-101
5	C05	福星制衣厂股份有限公司	22	9	17.8963	108	773	-103

必须说明的是，通过聚合函数统计子表数据，只能是无条件的。但在实际工作中，有条件的统计非常普遍，怎样才能实现条件统计呢？这就需要采取一种变通的方法。

比如，“订单”表中有个用于记录“是否付款”的逻辑列，已付款的为True，未付款的为False。如果想在“产品”表中统计“已付款”和“未付款”的订单金额，就可以先在“订单”表中增加一个表达式列“已付款金额”，此列可作为统计过渡列使用。其表达式为：

```
IIF([是否付款] = True,[金额],Null)
```

也可简写为：

```
IIF([是否付款],[金额],Null)
```

执行后的效果如下图所示（如觉得此过渡列在“订单”表中显得多余，可将其隐藏）。

	产品ID	客户ID	单价	折扣	数量	日期	金额	是否付款	已付款金额
1	P05	C03	17	0.1	690	2000-01-02	10557.00	☐	
2	P02	C01	20	0.1	414	2000-01-03	7452.00	☑	7452
3	P05	C04	17	0	332	2000-01-03	5644.00	☑	5644
4	P01	C03	18	0.15	-9	2000-01-04	-137.70	☐	
5	P03	C03	10	0	445	2000-01-04	4450.00	☑	4450
6	P04	C04	17.6	0	246	2000-01-07	4329.60	☐	
7	P05	C03	17	0	72	2000-01-07	1224.00	☐	
8	P01	C04	14.4	0	242	2000-01-08	3484.80	☑	3484.8

然后再在“产品”表中增加两个表达式列对此过渡列进行统计。这两个表达式列一个是“已付款金额”，一个是“未付款金额”。它们的表达式分别为：

```
Sum(Child(po).已付款金额)
Sum(Child(po).金额) - Sum(Child(po).已付款金额)
```

执行效果如下图所示。

产品 客户 订单

	产品ID	产品名称	数量	金额	已付款金额	未付款金额
1	P01	运动饮料	44628	686138.796	22298.4	663840.396
2	P02	温馨奶酪	74160	1208222.29	34005.64	1174216.65
3	P03	三合一麦片	28655	251482.6	20165	231317.6
4	P04	浓缩咖啡	23177	436330.84	16735.4	419595.44
5	P05	盐水鸭	40397	750256.2925	17082.55	733173.7425

是不是觉得有点麻烦且不太方便？确实如此，毕竟表达式所支持的函数有限，而且限制比较多，对于一些较为复杂的统计要求，有时会显得无能为力。

其实，Foxtable有两种方式来实现计算和统计：一种是利用刚才的表达式；另一种就是利用代码。表达式使用简单，计算速度快，即使10万行的计算也可以瞬间完成，而且不占据存储空间，仅仅在运行时生成计算结果；而用代码计算具备无比的灵活性，可以随心所欲，只要代码写得合理，运行速度一样快捷，但这就需要用到编程知识了。

关于编程，这是Foxtable作为开发平台使用时才用到的知识，本书第2篇将专门学习。

1.6 其他常用操作

1.6.1 表样式

在本章“向数据表添加数据”一节中，我们知道了不同行号颜色所代表的意义，如红色为新增行、橘黄色为发生修改的行等。这些都属于样式的范畴，如果你愿意，可以自行在“表样式”中修改这些默认设置。

“表样式”在【数据表】功能区的【样式】功能组中，如下图所示。

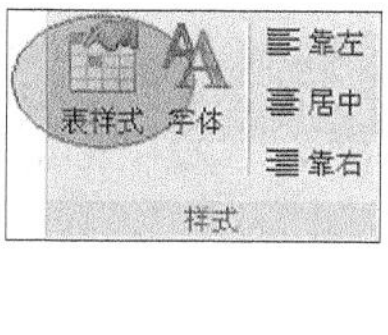

需注意，此功能组中的【字体】设置对当前表中的全部数据有效，【靠左】【居中】【靠右】对选中的当前列有效，【表样式】则主要用于控制当前表中不同组成部分的外观，如行号、网格线、标题区等。

单击【表样式】按钮，将弹出设置对话框。在该对话框中包括“样式设置”和“配色方案”两个选项卡，可以控制表格外观的方方面面，如下图所示。

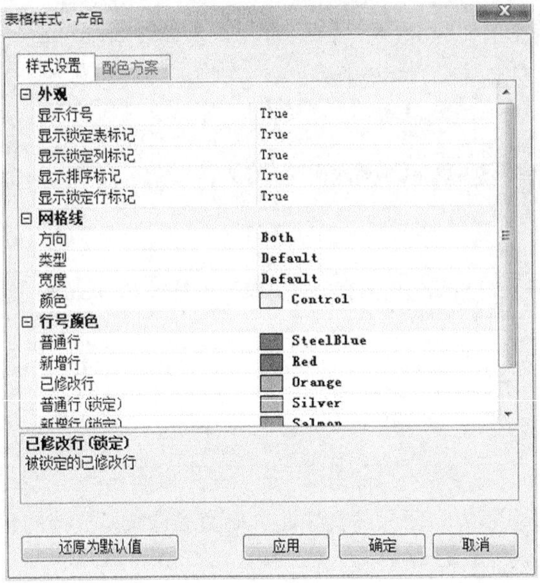

由于当前打开的数据表为“产品”，因而弹出的设置对话框在修改后仅对“产品”表有效。

❶ 样式设置

“样式设置”选项卡中的每项属性都是自我描述性的，很容易理解。例如，要更改新增行的行号颜色，只需在“行号颜色”这组属性中选择“新增行”选项，然后修改其颜色即可。

如果对某个属性的具体意义不是很清楚，可以更改该属性的值，然后单击【应用】按钮，即可看出更改该属性所带来的变化。

默认情况下，数据表是显示行号的。在显示行号时，数据行是否被锁定就通过行号的颜色来表示；如果想通过标记来表示数据行是否被锁定，就必须将“显示行号”设置为False。如下图所示，被锁定的行以勾号做标记，其他行为空白。很显然，通过行号颜色来表示行状态更直观。

	产品ID	产品名称	数量	金额	已付款金额	未付款金额
	P01	运动饮料	44628	686138.796	22298.4	663840.396
	P02	温馨奶酪	74160	1208222.29	34005.64	1174216.65
✓	P03	三合一麦片	28655	251482.6	20165	231317.6
	P04	浓缩咖啡	23177	436330.84	16735.4	419595.44
	P05	盐水鸭	40397	750256.2925	17082.55	733173.7425

除了锁定行可以显示标记外，当锁定列、锁定表、排序数据时也可以显示标记。关于这方面的应用稍后讲解。

❷ 配色方案

在“配色方案”选项卡中提供了涉及数据表12大类区域的背景及字体颜色的配色方案。通过这些方案可以控制表中所有区域的背景颜色和字体颜色。单击【应用】按钮即可看到设置效果，可随心所欲地去设置，单击【还原为默认值】按钮，就能回到初始状态（同时将“样式设置”及“配色方案”两个选项卡中的所有属性都还原为默认值），如下图所示。

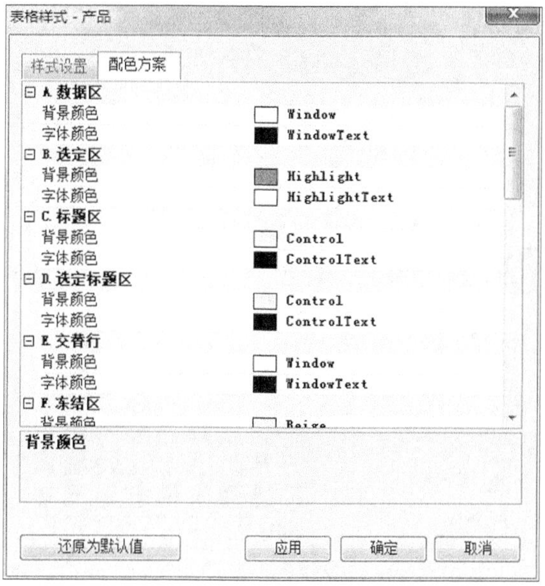

配色方案的12大类区域具体包括以下内容。

- 数据区：表数据区。
- 选定区：表格内的选择区域。
- 标题区：表格标题区，包括列标题和行标题（行号列）。
- 选定标题区。包括选定行、选定列及选定区域时所对应的列标题和行标题。
- 交替行：交替显示的数据行。
- 冻结区：数据表中的冻结列。关于冻结列方面的知识稍后将学到。
- 焦点单元格：光标所在的单元格。
- 已修改单元格：发生修改的单元格。此样式效果只有在启用【标记】状态按钮时才有效，具体可参考“向数据表添加数据”一节。
- 当前行：光标所在的数据行。此样式只有在启用【整行】突出显示时才有效，具体可参考“向数据表添加数据”一节。
- 总计行：在数据表进入“合计模式”或“汇总模式”时自动增加的总计行。至于“合计模式”或“汇总模式”将在下一章讲解。
- 小计行：在数据表进入“汇总模式”时所自动增加的小计行，可设置最多达6级汇总下的小计行样式，分别为小计0 ~ 5。
- 空白区：表格数据没有覆盖到的其他空白区域。

例如，默认情况下，表格空白区都是灰色背景，如下图所示。

如果修改空白区的配色方案，将其背景颜色设置为浅黄色，如下图所示。

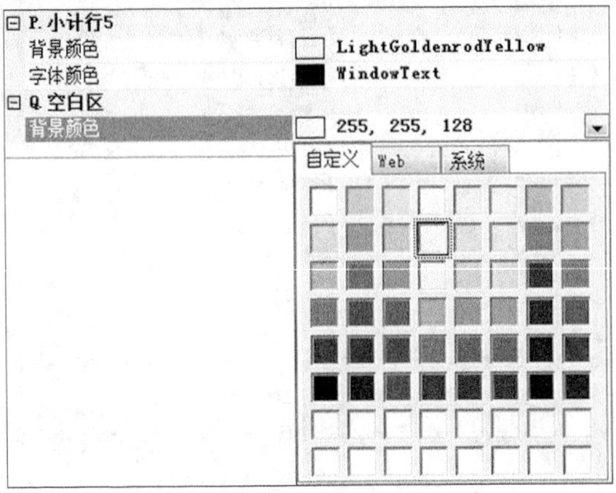

那么，数据表外围的空白区域就会显示为浅黄色，如下图所示。

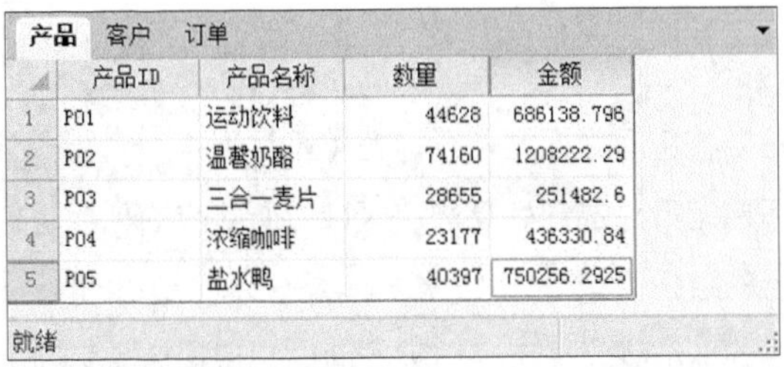

事实上，在实际应用中，需要更改默认配色方案的时候并不多，只有以下两种配色方案较常用：

第一，交替行。

默认的交替行背景颜色和数据区是一样的，因而无法体现出交替行效果。如要使用交替行，只需将其背景或字体设置成与数据区不一样的颜色即可，如下图所示。

第二，当前行。

每当单击到其他数据行时，这个数据行就变成了当前行，这个数据行也就会以指定的样式显示。由于默认的当前行背景颜色比较浅，可以将其适当加深，如下图所示。

	产品ID	产品名称	数量	金额
1	P01	运动饮料	44628	686138.796
2	P02	温馨奶酪	74160	1208222.29
3	P03	三合一麦片	28655	251482.6
4	P04	浓缩咖啡	23177	436330.84
5	P05	盐水鸭	40397	750256.2925

此外，上述12类配色方案中的选定区、标题区和选定标题区，在默认情况下设置是无效的，因为这涉及数据表的界面风格问题。

1.6.2 表属性

在【数据表】功能区的【表相关】功能组中单击【表属性】按钮，即可对当前数据表进行属性设置。下图所示为对“产品”表所进行的设置。

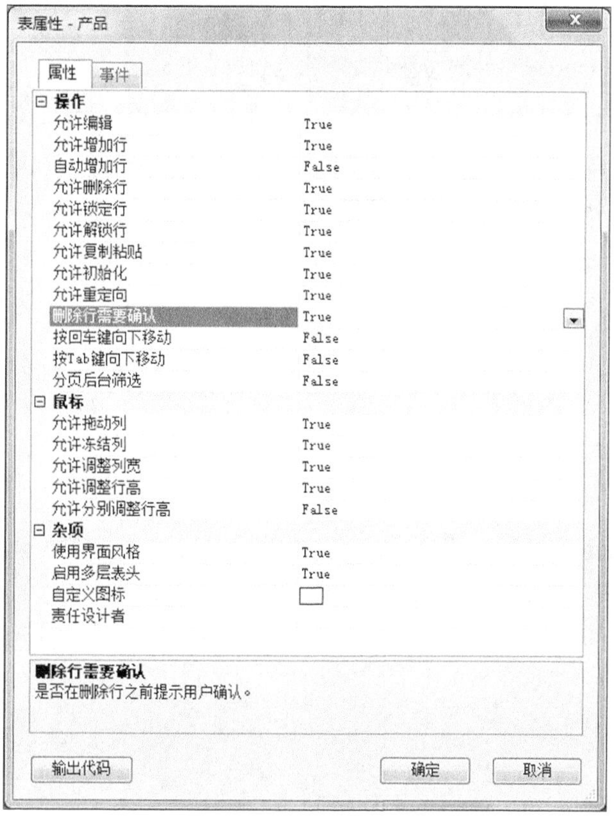

❶ 操作属性

- 允许编辑：如设置为False，当前表将不能修改，也就是锁定表。由于此功能很常用，因而菜单及配置栏都提供了相关的功能按钮，如下图所示。

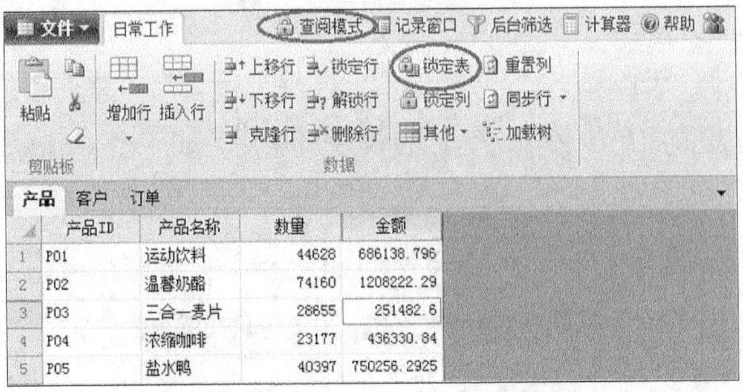

需要说明的是，菜单中的【锁定表】命令，主要用于临时锁定，重新打开项目时仍然会回到非锁定状态；而表属性中一旦将“允许编辑”设置为False就会永久锁定。

单击菜单中的【锁定表】按钮和配置栏中的【查阅模式】按钮都可锁定表，再单击一次取消锁定。它们的不同之处在于：【锁定表】仅锁定当前数据表，而【查阅模式】是锁定所有表。数据表被锁定后，左上角将出现一个锁形标记。如不希望出现此标记，可在表样式中设置取消。

- 允许增加行：设置为False时将不能增加数据行。
- 自动增加行：设置为True时，当光标移动到最后一行的最后一个单元格时，按“Enter”键可自动增加一行数据记录，以提高数据输入效率。
- 允许删除行：设置为False时将不允许删除当前表中的数据记录。
- 允许锁定行：设置为False时将不允许锁定当前表中的数据记录。
- 允许解锁行：设置为False时将不允许对锁定的记录解锁。
- 允许复制粘贴：设置为False时将不允许复制粘贴表中的数据，防止重要数据被复制。
- 允许初始化：设置为False时将不允许对此表进行初始化，也就是清空表中的全部记录。关于初始化方面的知识可参考第3章。
- 允许重定向：关于重定向方面的知识，可参考第3章。
- 删除行需要确认：设置为False时将在删除数据行时不给任何提示，直接删除。
- 按“Enter”键向下移动：默认情况下，在表中按“Enter”键，光标向右移动；如将此属性设置为True，将向下移动。
- 按“Tab”键向下移动：“Tab”键在默认情况下的移动方向与“Enter”键相同。如将此属性设置为True，将向下移动。
- 分页后台筛选：设置为True时将允许用户通过菜单直接筛选后台数据。关于后台数据方面的知识可参考第3章。

❷ 鼠标属性

关于鼠标方面的属性设置共有5个，分别如下。

- 是否允许通过鼠标拖动列标题来调整列位置。
- 是否允许通过鼠标拖动调整冻结的列数。
- 是否允许通过鼠标拖动来调整列宽。
- 是否允许通过鼠标拖动来调整行高。

● 是否允许通过鼠标拖动来分别调整每一行的高度。

关于列方面的操作稍后将专门学习，这里重点看一下如何调整行高。默认情况下，调整行高是对表中的全部数据行进行统一处理的（标题行的高度单独设置，不会与数据行混在一起）。当需要调整表格中的数据行高度时，可将鼠标指针移到行号列的行分界线处，此时鼠标指针形状变为上下箭头样式，拖动鼠标至所需行高即可，如下图所示。

	产品ID	产品名称	数量	金额
1	P01	运动饮料	44628	686138.796
2	P02	温馨奶酪	74160	1208222.29
3	P03	三合一麦片	28655	251482.6
4	P04	浓缩咖啡	23177	436330.84
5	P05	盐水鸭	40397	750256.2925

但这样拖动所改变的行高将对所有的数据行有效。如果仅需调整其中某一行的行高，可将“允许分别调整行高”设置为True，调整后的效果如下图所示。

	产品ID	产品名称	数量	金额
1	P01	运动饮料	44628	686138.796
2	P02	温馨奶酪	74160	1208222.29
3	P03	三合一麦片	28655	251482.6
4	P04	浓缩咖啡	23177	436330.84
5	P05	盐水鸭	40397	750256.2925

需注意，以上光标属性的设置仅仅与鼠标操作有关。例如，将“允许调整行高”属性设置为False，这仅仅只是限制了使用鼠标拖动来调整行高而已，但【日常工作】功能区的【数据】功能组中的行高设置功能仍然可以使用，如下图所示。

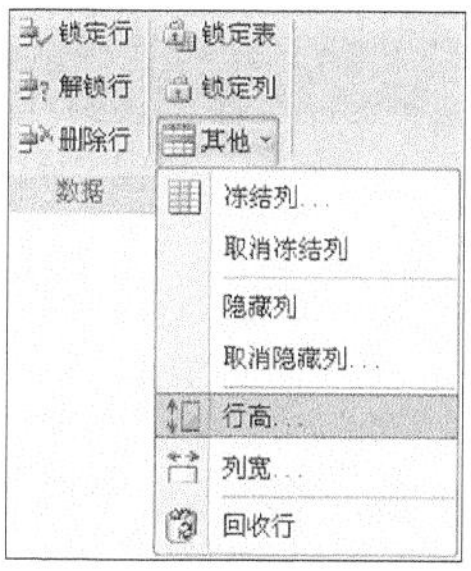

在行号上单击右键，选择快捷菜单中的【设置行高】命令也是执行的相同行高设置功能，如下图所示。

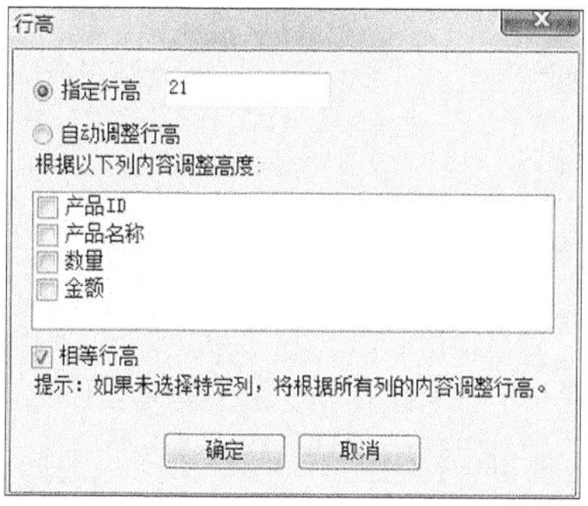

其中，“指定行高”用于精确地设置行高，默认为21像素；“自动调整行高”用于根据指定的列内容来调整高度，这里可以选择根据哪些列的内容来自动调整行高。自动调整之后，所有行的高度都会等于最高的那一行，如果希望各行分别调整行高，可以取消勾选“相等行高”复选框。

例如，把“产品名称”列的宽度缩窄，然后选中“自动调整行高”单选钮，如下图所示。

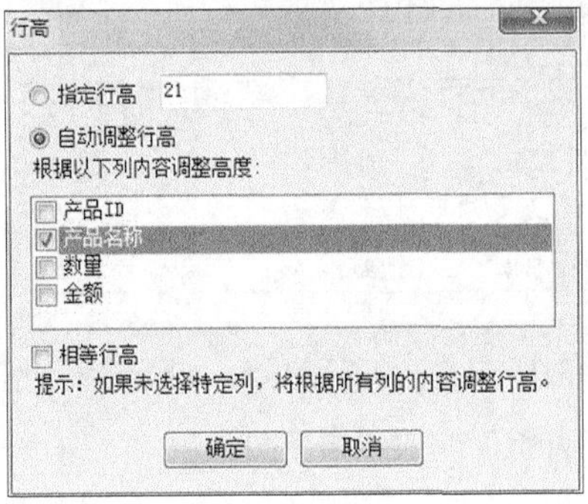

自动调整后的行高显示效果如下图所示。

	产品ID	产品名称	数量	金额
1	P01	运动饮料	44628	686138.796
2	P02	温馨奶酪	74160	1208222.29
3	P03	三合一麦片	28655	251482.6
4	P04	浓缩咖啡	23177	436330.84
5	P05	盐水鸭	40397	750256.2925

由于没有勾选“相等行高”复选框，因此只有第三行的高度变大以适应内容，其他行的高度仍然正常显示。

❸ 杂项属性

这方面的属性有4个。

- 使用界面风格。该属性默认为True，数据表的界面风格如上图所示。由于此界面风格下的表格标题及选择区域样式都是固定的，因此，表样式配色方案中的选定区、标题区和选定标题区设置无效。假如需要修改标题的配色样式，就必须将此属性设置为False。下图所示为重新设定标题及选择区配色方案后的应用效果。

	产品ID	产品名称	数量	金额
1	P01	运动饮料	44628	686138.796
	P02	温馨奶酪	74160	1208222.29
	P03	三合一麦片	28655	251482.6
	P04	浓缩咖啡	23177	436330.84
5	P05	盐水鸭	40397	750256.2925

在上图中，选择区域的背景颜色改成了粉红色，标题背景改成了红色，选定标题区则被改为红底黑字。

- 启用多层表头。多层表头是通过在列名称或列标题中包含下划线“_”来实现的，如将此属性设置为False，则列名称或列标题中所包含的下划线将被作为普通字符处理，这样也就关闭了多层表头的显示效果。关于多层表头方面的知识可参考“创建数据表结构”一节。

- 自定义图标。默认情况下，表标题前面是不显示图标的。如要显示图标，需先在【管理项目】功能区的【项目属性】的界面属性组中将“显示图标”改为True，然后再在表属性中设置“自定义图标”（关于项目属性方面的知识将在第3章中学习），如下图所示。

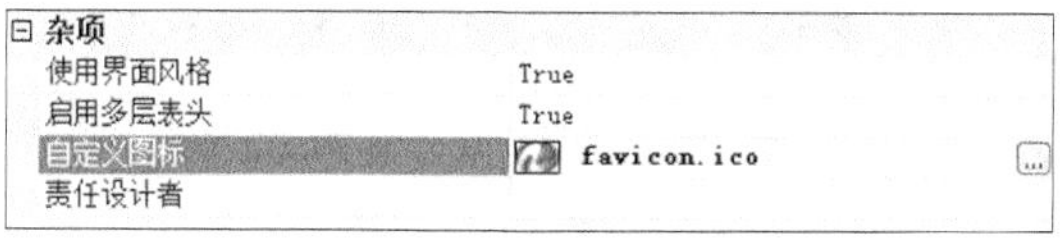

需要特别说明的是，在上述设置窗口中，单击右侧的【…】按钮可选择要使用的图标文件。这些文件不管它们原来的位置在哪里，一旦为Foxtable所用，都会被自动复制到Foxtable项目文件所在目录相应的子文件夹下。以后Foxtable项目再运行时，将仅使用这些新复制的文件，和原来的文件不再有任何联系。这样做的好处就是，可以很方便地将自己制作的Foxtable项目移植到任何电脑的任何目录（只要将整个项目文件目录打包即可），而无需再考虑项目所引用的第三方文件来自哪里。

以这里所选择的文件为例，由于是图片性质的第三方文件，因而会自动复制到项目所在目录的Images子目录下。应用后的效果如下图所示。

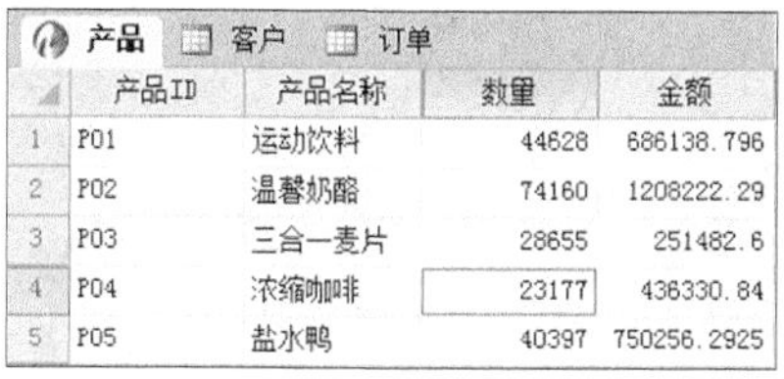

	产品ID	产品名称	数量	金额
1	P01	运动饮料	44628	686138.796
2	P02	温馨奶酪	74160	1208222.29
3	P03	三合一麦片	28655	251482.6
4	P04	浓缩咖啡	23177	436330.84
5	P05	盐水鸭	40397	750256.2925

由于仅在“产品”表的表属性中自定义图标（图标大小建议为16×16），因而，另外两个表都会自动使用默认图标。

- 责任设计者。此属性仅在将Foxtable作为开发平台使用，且为多人协同开发时才会用到。

1.6.3 列日常操作

之前所学习的关于数据列方面的操作，还仅仅局限于数据表结构方面，如设置列名、列标题、列数据类型、列表达式、添加列、删除列、更改列等。由于数据表结构并不是需要经常改动的，因而之前学习的这些列操作功能都集中在【数据表】功能区的【列相关】功能组中。而现在开始学习的列操作，都是日常工作中经常要用到的，因而都放到了【日常工作】功能区的【数据】功能组中，如下图所示。

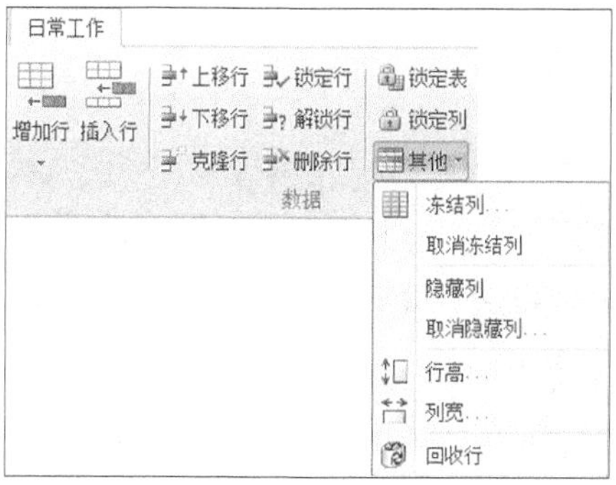

❶ 调整列宽

和行高的调整方式一样，将光标放到要调整列的右边界，光标形状将变为左右箭头形式，然后开始拖动，直到达到所需列宽后松开鼠标即可，如下图所示。

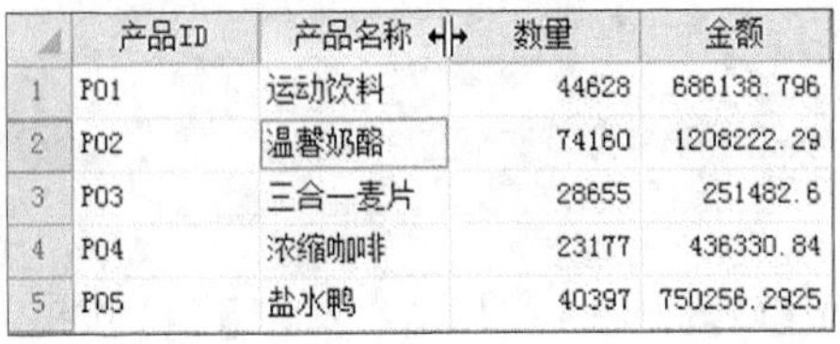

如果希望列宽自动匹配列内容的宽度，可在出现左右箭头时双击，列宽将会自适应内容的宽度。

如果希望同时调整连续多列的宽度，可按住其中一列的标题向左或向右拖动。选择好多列后，在其中任何一个列的右边界处拖动改变列宽，则所选中的列都会调整为一样的列宽；双击则全部自适应列宽，如下图所示。

需要注意的是，如果当前表已经在“表属性”中将鼠标的“允许调整列宽”设置为False，那么这里将无法使用鼠标方式来改变列宽（不会出现左右方向的箭头），只能通过菜单【日常工作】功能区的【数据】功能组中的【其他】按钮或列右键菜单中的【列宽】命令进行调整，如下图所示。

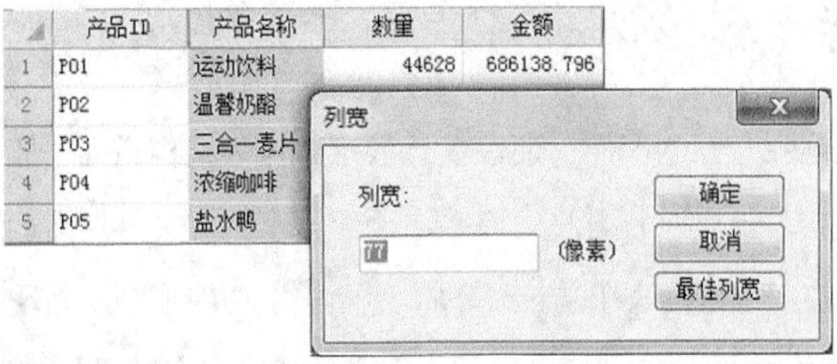

在这里可以设置具体的宽度，也可以单击【最佳列宽】按钮让列宽度自动适应内容。

❷ 调整列位置

先单击要调整列的列标题，然后再次单击并按住鼠标左键即可进行左右拖动，拖动过程中会动态显示目标位置，到达目标位置后松开鼠标即可。

需注意，调整列位置时，在列标题上执行的是两次单击；如果第一次单击后就直接按住鼠标右键拖动，只能是选中多列。

如果要同时调整连续多列的列位置，可以先选定多列，然后再单击其中任意列的列标题按住鼠标左键拖动即可。

和“调整列宽”一样，如果在“表属性”中将鼠标的“允许拖动列”设为False，那么这里将无法使用鼠标的方式来调整列位置，只能通过【数据表】功能区的【列相关】功能组或列右键菜单中的相应命令来调整，如下图所示。

❸ 冻结列

对于一个有很多列的表，可以冻结左边的部分列。这样在左右滚动表时，被冻结的列不会随其他列滚动，而是一直显示在表的最左边。

冻结列只能从最左边的第一列开始：将鼠标光标移到行号列的右边界，此时鼠标光标将变为锁形状，按住鼠标左键向右拖动，到达要冻结的最后一列松开鼠标即可，如下图所示。

	产品ID	产品名称	数量	金额
1	P01	运动饮料	44628	686138.796
2	P02	温馨奶酪	74160	1208222.29
3	P03	三合一麦片	28655	251482.6
4	P04	浓缩咖啡	23177	436330.84
5	P05	盐水鸭	40397	750256.2925

被冻结的列将以与其他数据区相区别的背景颜色显示。如果对Foxtable默认提供的背景颜色不满意，也可通过“表样式”的配色方案重新设置，以改变冻结区的背景颜色和字体颜色。

当需要调整冻结列的范围时，可将鼠标光标移到冻结区和非冻结区的分界区，此时鼠标光标将变为锁形状，按住鼠标左键左右拖动即可调整冻结区的列数，如下图所示。

	产品ID	产品名称	数量	金额
1	P01	运动饮料	44628	686138.796
2	P02	温馨奶酪	74160	1208222.29
3	P03	三合一麦片	28655	251482.6
4	P04	浓缩咖啡	23177	436330.84
5	P05	盐水鸭	40397	750256.2925

如要取消冻结，只需在鼠标光标变为锁形状态时，按住鼠标左键向左拖动，到达行号列后松开鼠标即可取消全部的冻结列。

和“调整列宽”“调整列位置”一样，如果在“表属性”中将鼠标的“允许冻结列”设为False，那么这里将无法使用鼠标的方式来冻结列，只能通过菜单【日常工作】功能区的【数据】功能组的【其他】按钮或选择列右键菜单中的【冻结列】和【取消冻结列】命令进行设置。

❹ 锁定列

数据表可以锁定，数据行可以锁定，列同样可以锁定。

单击菜单【日常工作】功能区的【数据】功能组中的按钮或者选择列右键菜单中的【锁定列】命令，即可将光标所在的当前列锁定，被锁定的列将无法进行编辑修改，如下图所示。

	产品ID	产品名称	数量	金额
1	P01	运动饮料	44628	686138.796
2	P02	温馨奶酪	74160	1208222.29
3	P03	三合一麦片	28655	251482.6
4	P04	浓缩咖啡	23177	436330.84
5	P05	盐水鸭	40397	750256.2925

被锁定的列在列标题处会有一个锁形标记。如果不希望出现此标记，可以在“表样式”设置中将“显示锁定列标记”设置为False。

如要取消锁定，只需再次单击菜单中的【锁定列】按钮（如果使用列右键菜单，可选择【解锁列】命令）。

❺ 隐藏列

对于数据表中不需要显示的一些列，可以将其隐藏。例如，之前在学习关联表的按条件统计汇总时，为了在“产品表”中得到已付款金额和未付款金额，就在“订单表”中增加了一个名称为“已付款金额”的表达式列。此列仅作统计时的过渡列使用，无需展示给用户，完全可以将其隐藏。

要隐藏该列也很简单，只要先将其选中，然后在菜单【日常工作】功能区的【数据】功能组的【其他】按钮或选择列右键菜单中的【隐藏列】命令即可。

需注意，【隐藏列】仅仅是将该列置于不可见状态，但该列数据仍然是存在的，不会影响数据统计等操作。如果要将其再次显示，可以单击【取消隐藏】按钮，如下图所示。

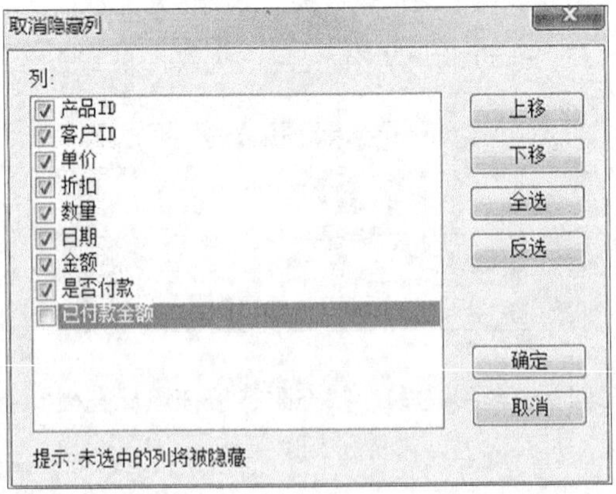

显而易见，“取消隐藏列”对话框还同时兼有“隐藏列”和“调整列位置”的功能。如果要隐藏多列，而且是非连续的，使用“取消隐藏列”对话框更方便。

【列日常操作】小结

以上就是关于“列”方面最常用的5种操作。为方便使用，在列标题上单击鼠标右键可列出与上述5种操作相关的全部命令，如下图所示。

如果在表格的任意单元格上单击鼠标右键，则这里的“列相关”命令下还会同时列出与调整表结构相关的常用子命令，如增加列、删除列、更改列等。

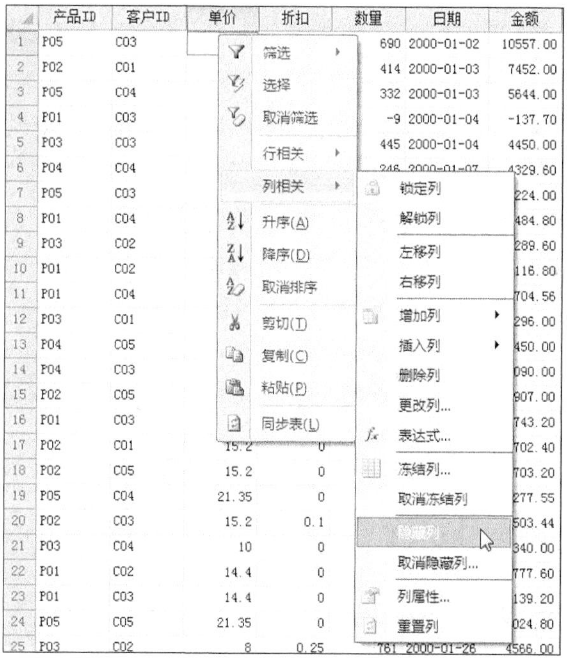

因此，在Foxtable中，善用、多用右键菜单，不仅有助于更快地熟悉软件操作，更能大大提高工作效率。

第2章 Foxtable特技

第1章已经初步了解了Foxtable在Excel的外表下进行数据库管理方面的基础知识。到现在为止，我们还看不到很明显的Foxtable优越之处，尽管其关联表功能已经小胜了Excel一筹。

本章将全面学习Foxtable在日常数据处理方面的“独门绝技”，相信你在学完本章之后基本可以秒变“数据大咖”了。

2.1 快捷高效的数据输入方式

用过Excel的人都知道，要想在Excel中使用下拉列表等快捷输入方式，是需要有相当技术功底的，一般都要由熟悉Excel VBA的人来开发专门的输入程序。再者，数据输入的有效性也很难保证，因为绝大多数的职场办公人士并不会使用Excel中那些令人眼花缭乱的函数和公式，而数据验证则是必须配合函数才能完成的。

现在改用Foxtable来进行数据输入处理，看看它到底强在哪里。

之前已经学习过“表属性”，要在Foxtable中定义输入方式则只能通过列属性来完成。这是因为不同数据类型的列可设置的输入方式是不同的。

2.1.1 列表项目

列表项目是Excel中很常用的数据输入方式，必须通过数据验证及函数、公式的配合才能实现。而在Foxtable中，列表项目只是快速输入数据最基本的一种方式，设置起来非常简单。

现以产品表为例，介绍设置“产品名称”列的列表项目的方法。这是一个字符串类型的列，通过列表项目可以提高数据输入速度，还能减少输入错误。选定“产品名称”列，打开“列属性”设置对话框，如下图所示。

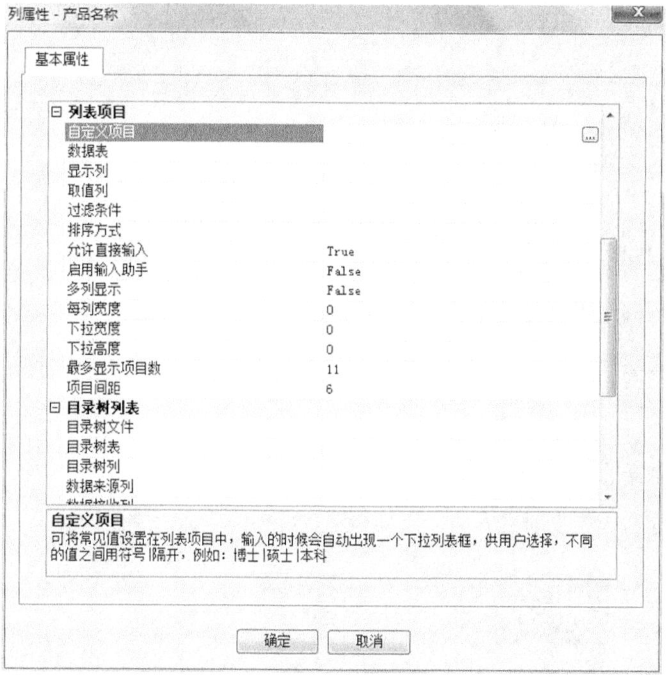

❶ 自定义项目

单击“自定义项目”所在行的【…】按钮，直接在弹出的对话框中输入列表项目，不同的项目之间可以换行，也可以用符号“|”隔开，如下图所示。

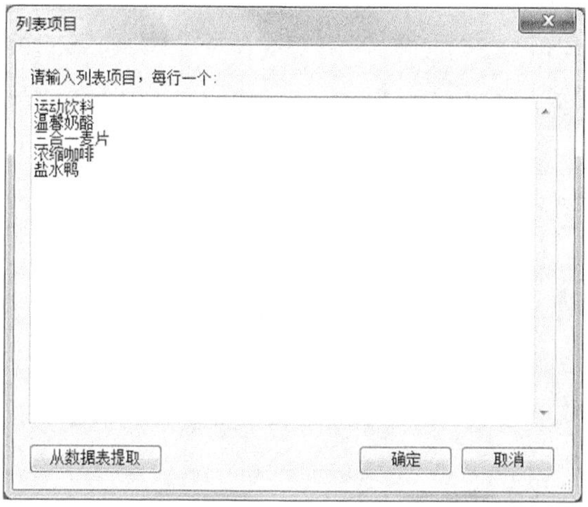

单击【确定】按钮之后，产品表的“产品名称”列将自动生成列表项目，如下图所示。

产品ID 产品名称 数量 金额 C01数量
1 P01 运动饮料 44628 59907.2 1100
2 P02 温馨奶酪 74160 104127.91 9407
3 P03 三合一麦片 28655 10989.4 9072
4 P04 23177 50819.56 1241
5 P05 40397 48426.88 2459
浓缩咖啡
三合一麦片
温馨奶酪
盐水鸭
运动饮料

如果列表项目来自于某个数据表，也可单击【从数据表提取】按钮，如下图所示。

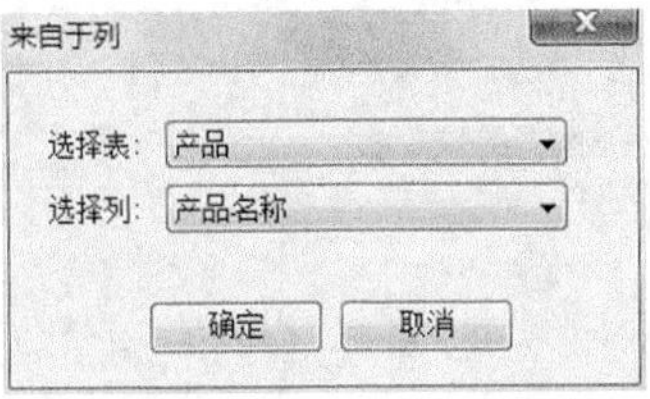

这里的数据表可以是其他表，也可以是当前表自身。设置完成后，将自动从指定表的指定列提取不重复的值填充到当前自定义的列表项目中。其实，这种自定义列表项目的方法，在Foxtable中还有一种专门的“来自于现有数据”的列表项目生成方式。

❷ 来自于现有数据的项目

仍以“产品名称”的列表项目为例，如果希望从现有的数据表中生成，可以按下图所示处理。

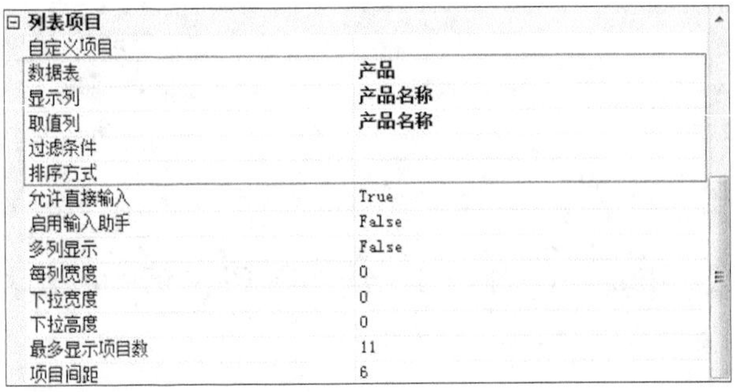

默认情况下，列表项目中的“显示列”和“取值列”是一样的。如果希望“显示列”和“取值列”来自于不同的列，则可以分别设置。例如，订单表中有一个“产品ID”列，其列表项目来自于产品表的“产品ID”列，如果“显示列”和“取值列”都设为“产品ID”，那么从下拉列表框中选择正确的“产品ID”可不容易，你也许知道“浓缩咖啡”的“产品ID”是“P04”，但是，如果这里的产品有成千上万，你能知道所有产品的编号吗？

最好的办法是将“显示列”设为“产品名称”，“取值列”设为“产品ID”，这样下拉列表框显示的是“产品名称”，而单击取值时，填入单元格的却是该产品所对应的“产品ID”，如下图所示。

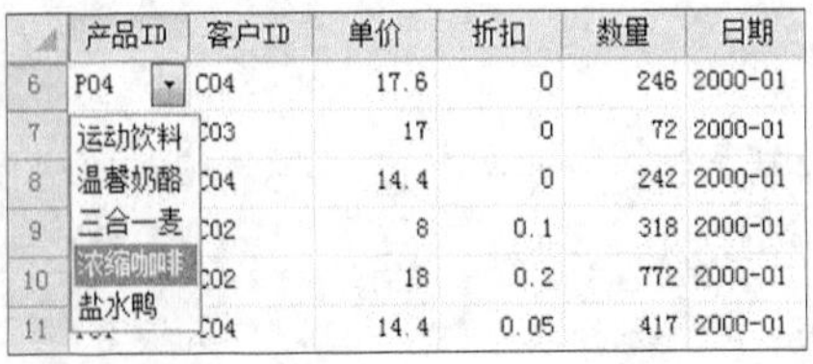

产品ID 客户ID 单价 折扣 数量 日期
6 P04 C04 17.6 0 246 2000-01
7 C03 17 0 72 2000-01
8 C04 14.4 0 242 2000-01
9 C02 8 0.1 318 2000-01
10 C02 18 0.2 772 2000-01
11 C04 14.4 0.05 417 2000-01
运动饮料
温馨奶酪
三合一麦
浓缩咖啡
盐水鸭

当列表项目来自于现有数据时还有下面两个可选属性可以设置。

- 过滤条件。用于设置获取现有数据的条件，设置条件的方法与上一章学习的表达式完全一样。例如，仅列出“产品ID”不等于P04和P05的产品列表，可以将条件设置为：

```
[产品ID] Not In ('P04','P05')
```

- 排序方式。默认情况下，列表项目是按照取值列的内容来排序的，通过此属性可以改变这种默认的排序。例如，列表项目的取值列为“产品ID”，显示列为“产品名称”，下拉列表框中显示的“产品名称”会根据“产品ID”来排序。如果希望下拉列表中的内容能够直接按照“产品名称”来排序，只需将排序方式属性设为“产品名称”。默认的排序是升序ASC；如果希望按降序排序，可以在排序列名后面加上DESC，如下图所示。

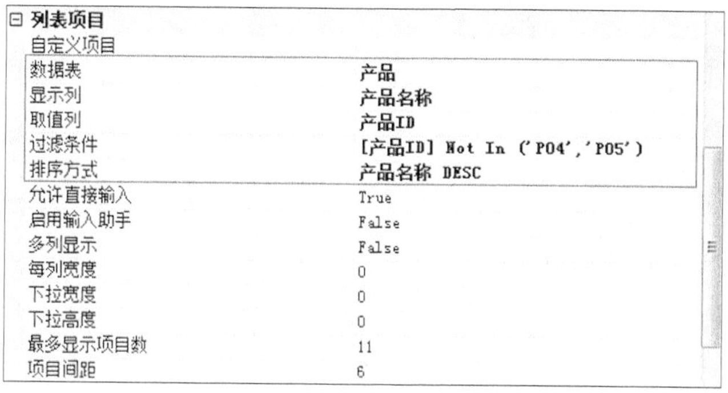

需要注意的是，当对同一个列既设置了自定义项目，也设置了来源于现有数据的指定列时，则自定义的列表项目会自动失效。

在实际工作中使用列表项目进行输入时，除了可以使用鼠标来选择，也可以通过键盘操作且效率更高。键盘操作方式为：进入单元格后先按空格键进入编辑状态；如果当前单元格内容为空，再次按空格键会自动展开下拉列表框；如果当前单元格内容不为空，按“Ctrl+Enter”组合键可展开下拉列表框；然后按上下箭头键选择项目，按空格键或者按“Enter”键确认选择。

❸ 列表项目其他设置

在列属性的“列表项目”中还有一些其他设置项，用于控制在使用列表项目时的输入动作。

- 允许直接输入

默认情况下，用户不仅可以从列表项目中选择内容，还可以直接输入不在列表项目中的内容。

如果希望只从列表项目中选择内容，不能直接输入，可以将此属性设为False。

当不允许直接输入时，不论当前单元格有无内容，都可直接按两次空格键展开下拉列表框。

- 启用输入助手

如果列表项目有上百个甚至更多，那么从中找出自己需要的并不容易，但直接输入又难免会出现输入错误。对于电脑来说，“北京市公安局”和“北京公安局”可是完全不同的两个值，这时就可以启用输入助手了。

首先将“启用输入助手”设置为True，将启动两个辅助性的输入功能。

第一，首字符快速输入法。在单元格输入第一个字符，系统会自动输入第一个以该字符开始的项目，同时筛选出所有以该字符开始的项目供选择。此时，既可以直接按“Enter”键或按“Tab”键接受自动输入的项目，也可以从筛选出来的列表项目中选择。例如，在下图中，只是输入了一个字符"盐",但是系统却自动输入了第一个以"盐"开头的项目"盐卤豆腐",同时列出了所有以"盐"开头的项目供选择。

	产品ID	产品名称	数量	金额	CO1数量
1	P01	运动饮料	44628	59907.2	1100
2	P02	温馨奶酪	74160	104127.91	9407
3	P03	三合一麦片	28655	10989.4	9072
4	P04	浓缩咖啡	22931	50819.56	1241
5	P05	盐水鸭	40397	48426.88	2459
6		盐卤豆腐 ▼			
		盐卤豆腐			
		盐水鸭			

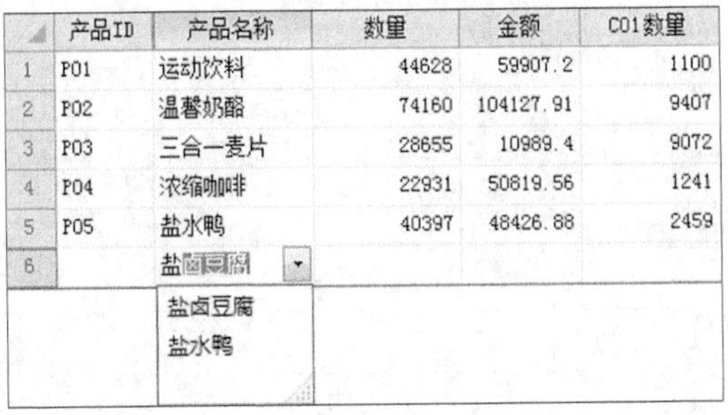

如果你希望输入的正好就是第一个项目,可直接按"Enter"键或按"Tab"键确认,如不是就按上下键在筛选后的项目中选择;也可接着第一个"盐"字继续输入其他字符。很显然,随着输入字符的增多,将会更精确地定位出你可能要输入的项目。

第二,高级筛选输入法。刚刚学习的快速输入方法,只能筛选出以输入字符开始的列表项目;如果希望筛选出包括输入字符的所有项目,可以按"Ctrl+Enter"组合键。

例如,同样输入"盐"字,只是因为按 "Ctrl+Enter"组合键,即可列出所有包括"盐"字的项目,如下图所示。

	产品ID	产品名称	数量	金额	CO1数量
1	P01	运动饮料	44628	59907.2	1100
2	P02	温馨奶酪	74160	104127.91	9407
3	P03	三合一麦片	28655	10989.4	9072
4	P04	浓缩咖啡	23177	50819.56	1241
5	P05	盐水鸭	40397	48426.88	2459
6		盐 ▼			
		盐水鸭			
		盐卤豆腐			
		椒盐虾			

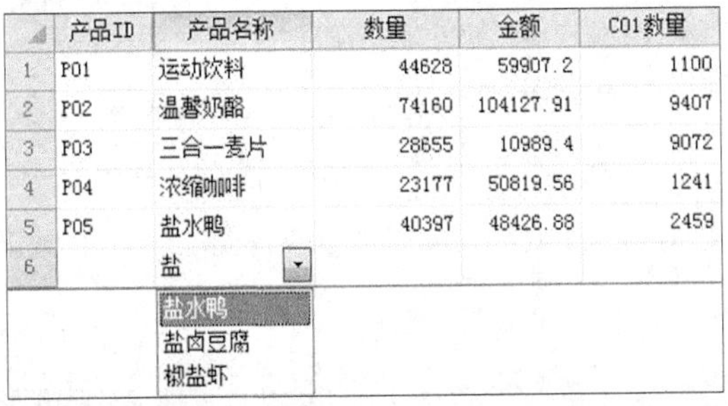

- 多列显示

默认情况下,下拉列表只显示一列。如果下拉列表的项目很多,也可以设置多列显示,如下图所示。

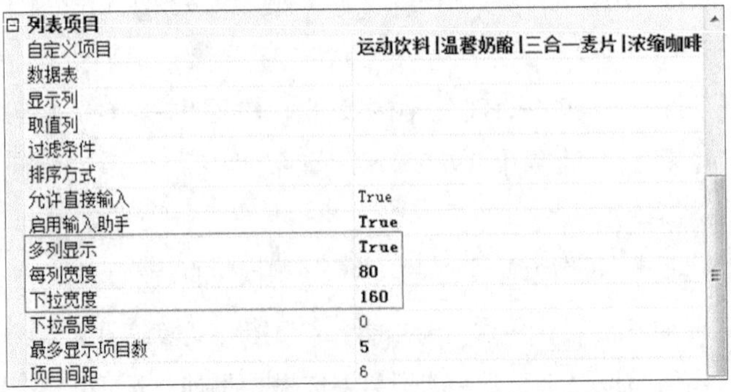

列表项目	
自定义项目	运动饮料\|温馨奶酪\|三合一麦片\|浓缩咖啡
数据表	
显示列	
取值列	
过滤条件	
排序方式	
允许直接输入	True
启用输入助手	**True**
多列显示	**True**
每列宽度	**80**
下拉宽度	**160**
下拉高度	0
最多显示项目数	5
项目间距	6

如上图所示,由于将"多列显示"属性设置为True,因而要同时设置"每列宽度"和"下拉宽

度”。其中，“下拉宽度”应该等于“每列宽度 * *N*”（*N*为希望显示的列数）。这里将每列宽度设置为80像素，如果分两列显示，则“下拉宽度”应为160像素，如下图所示。

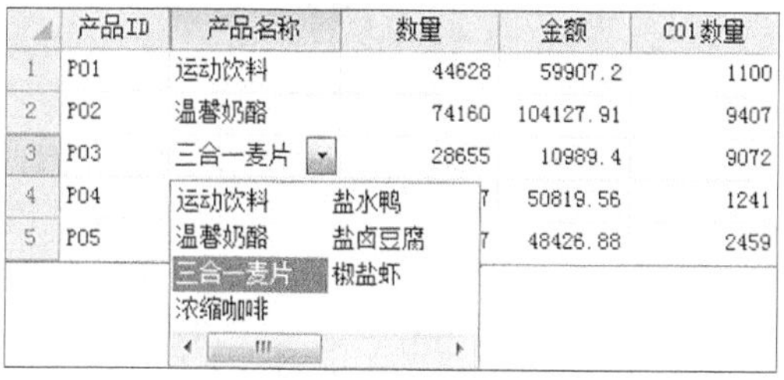

- 控制下拉列表框大小

以下属性用于精确控制下拉列表框的大小，其实使用这些属性的机会并不多。

- 下拉宽度。该属性在“多列显示”时已经用过。默认值为0，表示自动使用当前列的宽度。
- 下拉高度。默认值为0，其高度由“最多显示项目数”决定。如果所设置的高度不足以显示“最多显示项目数”指定的项目数，将自动加大高度。
- 最多显示项目数。默认值为11，也就是最多显示11项列表项目，当多于此数量时其余的项目需要滚动显示。
- 项目间距。默认值为6。仍以上图为例，如果将项目间距扩大一倍，改为12，则效果如下图所示。

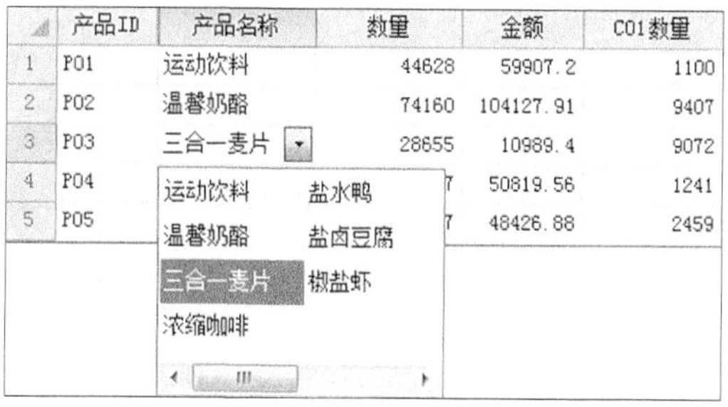

2.1.2 目录树列表项目

目录树列表能够更加高效地输入数据。和列表项目相比，目录树列表具备两点优势：一是可以一次性地输入多列内容；二是可以对候选项目进行分组，以便快速定位到要输入的项目。

❶ 文件型目录树

现以Foxtable安装目录下的CaseStudy文件夹中自带的“文件型目录树”项目文件为例，在该文件夹中同时提供了一个文件，即product.foxtr，该文件就是用来保存目录树内容的纯文本文件。虽然可以以其他任何第三方的文本编辑工具打开它，但由于使用了Foxtable的特定格式，为了更好地对目录树内容进行管理，建议还是使用Foxtable专门提供的“目录树”工具来进行处理。

在【杂项】功能区的【工具】功能组中选择【工具】下拉菜单中的【编辑目录树】命令，如下图所示。

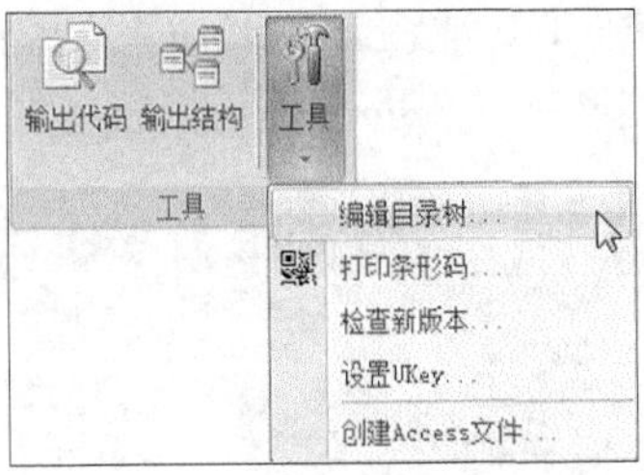

在弹出的【目录树编辑器】对话框中，不仅可以创建目录树文件，也可以打开一个现有的目录树文件进行修改。在该对话框中单击【打开】按钮，选择打开product.foxtr文件，如下图所示。

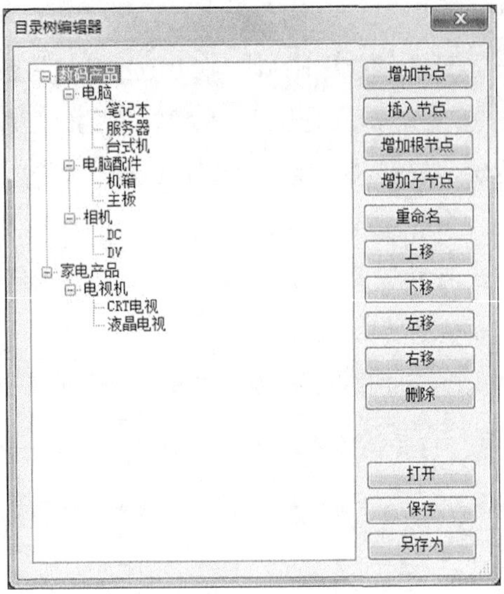

在该对话框中，既可增加根节点和子节点，也可增加同级节点，还能重命名节点、删除节点及移动节点。编辑完成后，可保存到原文件或另存到一个新命名的文件。

由上图同时可以看出，product.foxtr是一个包含三级节点的目录树文件。

要在Foxtable的数据表中调用这个目录树文件进行输入也很简单，选中需要弹出目录树列表的列，设置“列属性”中的“目录树列表”即可，如下图所示。

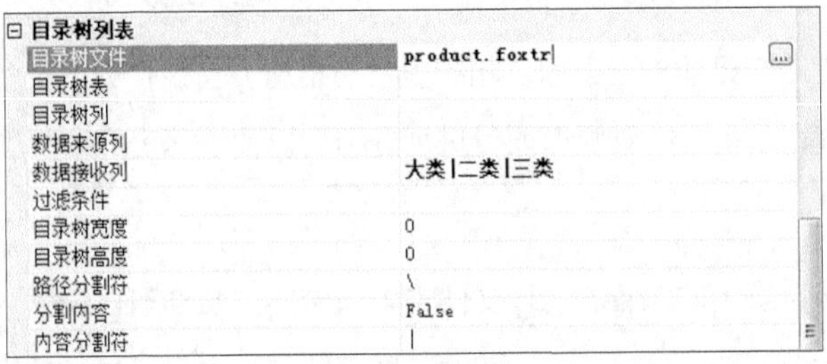

这里的设置只需两步：第一步选择要使用的目录树文件；第二步设置数据接收列。由于目录树文件共有三级节点，因此接收的数据列最多可以设置3个。

由于这里所使用的目录树文件来自于外部，Foxtable对它仍然采用了和上一章“表属性”→“自定义图标”相同的处理方式，只不过复制过来的存放子目录从Images变成了

Attachments。关于Foxtable对所引用外部文件的处理方式，具体可参考第1章中的相关说明，这种处理方式后面还将多次遇到，请务必有所了解。

目录树列表在数据输入时的效果如下图所示。

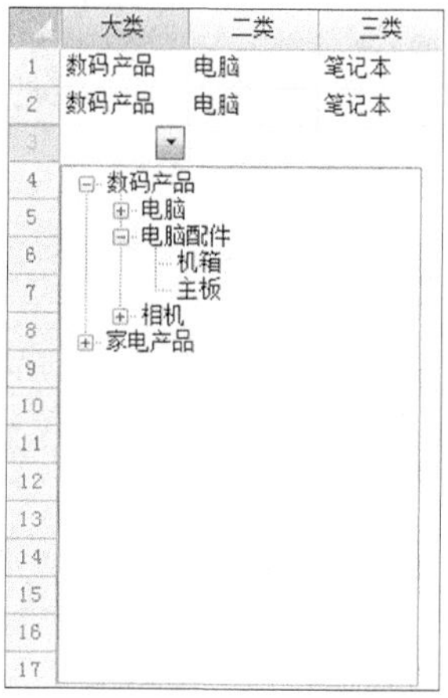

当单击第三级节点时（如“机箱”），将在当前行自动填入3列数据；当单击第二级节点时（如“电脑配件”），将自动填入两列数据；如果仅单击根节点（如“数码产品”），将只填入第一列的“大类”数据。

这里还有个问题，有时并不是所有层级的节点都是需要输入到数据表中的。如果要忽略某层级的节点，可以在设置数据接收列时对应不输入该层级的接收列。

例如，不输入“二类”列的内容，可以将数据接收列改为“大类||三类”。这样在输入时即使单击了目录树的第三级节点，“二类”列的内容仍然不会自动输入。同理，如果将数据接收列改为“||三类”，则只有第三级节点才会输入到数据表中。

如果不太喜欢在目录树中设置太多层级的节点，也可只设置两级：第一级为根节点，第二级节点包含多列指定内容，且以自定义的符号隔开，如类似于下图所示的目录树结构。

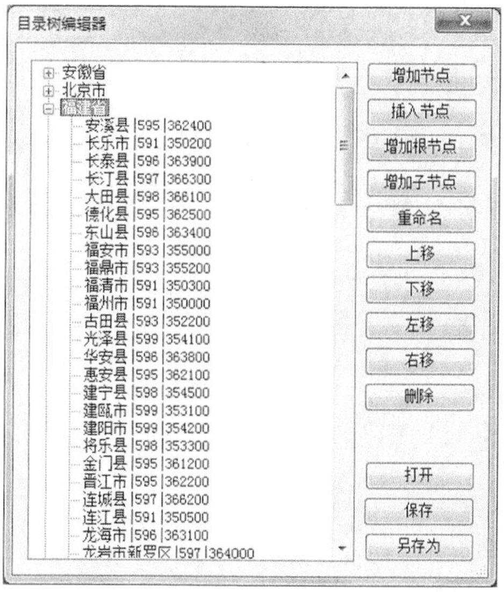

当在数据表中引用此目录树文件时，同样先选择文件名称，然后再设置数据接收列，分割内容为True，并指定内容分割符为“|”，如下图所示。

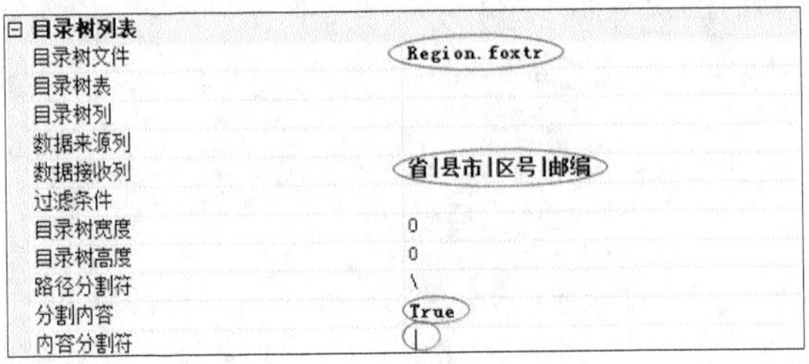

经过上述设置，当在数据表中选择某个节点时，二级节点的内容能够对应地输入到县市、区号、邮编3列中，如下图所示。

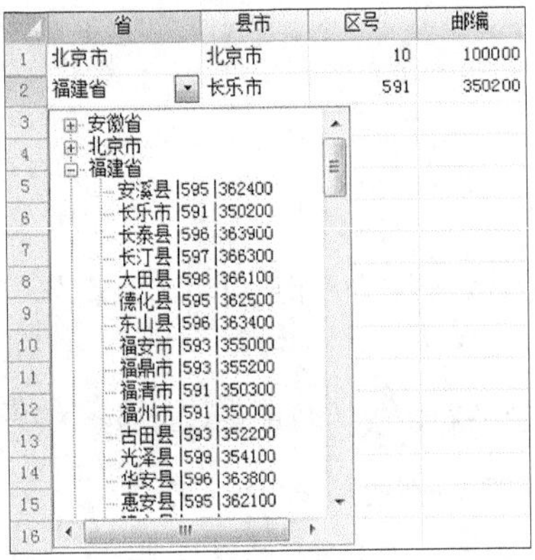

❷ 数据表型目录树

顾名思义，数据表型目录树就是将目录树的来源由文本文件改为数据表。

例如，有一个行政区域表，如下图所示。

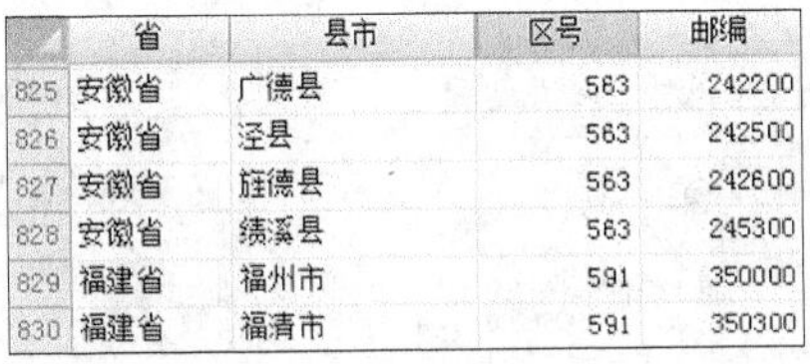

	省	县市	区号	邮编
825	安徽省	广德县	563	242200
826	安徽省	泾县	563	242500
827	安徽省	旌德县	563	242600
828	安徽省	绩溪县	563	245300
829	福建省	福州市	591	350000
830	福建省	福清市	591	350300

希望在输入数据时可以根据该数据表自动生成目录树，用于输入省和县市列的内容。为此，可以在数据输入表的“省”列设置下图所示的列属性。

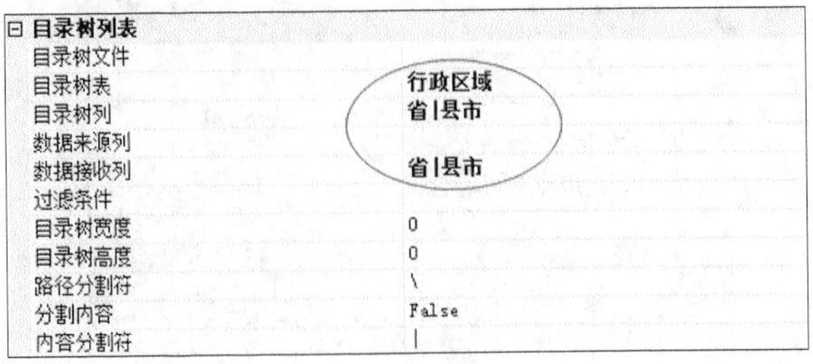

这样就可生成包含“省”和“市县”两级节点的目录树用于数据输入，如下图所示。

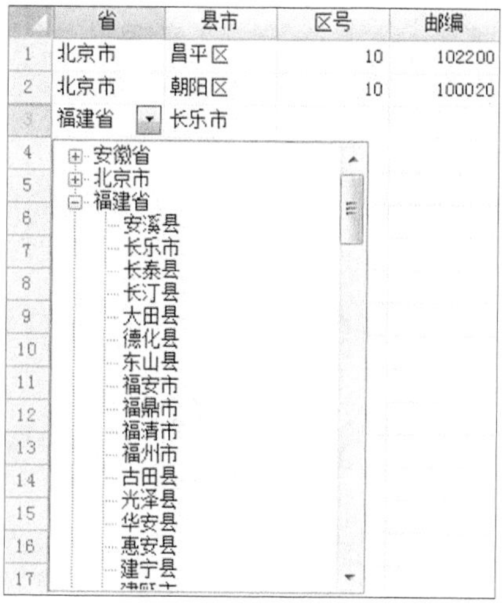

和文件型目录树不同的是，由于数据表可包含的列很多，即使某些列没有参与目录树的生成，但依然可以通过指定“数据来源列”的方式参与数据输入，如下图所示。

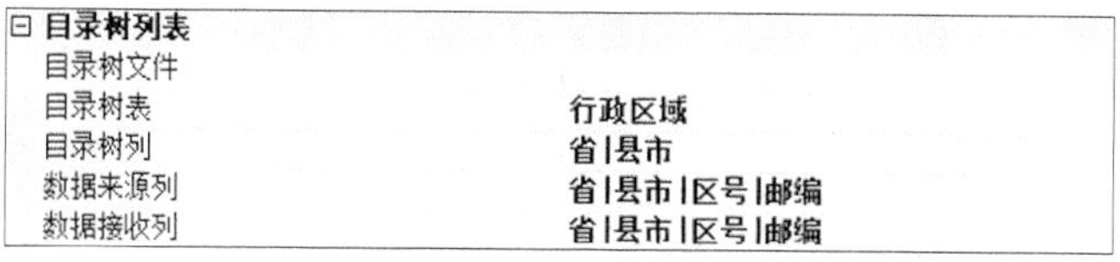

由于“数据来源列”增加到4列，因而“数据接收列”也要同步增加到4列，两者必须一一对应。虽然“目录树”列仍然是两列，但可以自动输入的列却扩大到了4个，区号和邮编两列的数据也能自动填入。效果如下图所示。

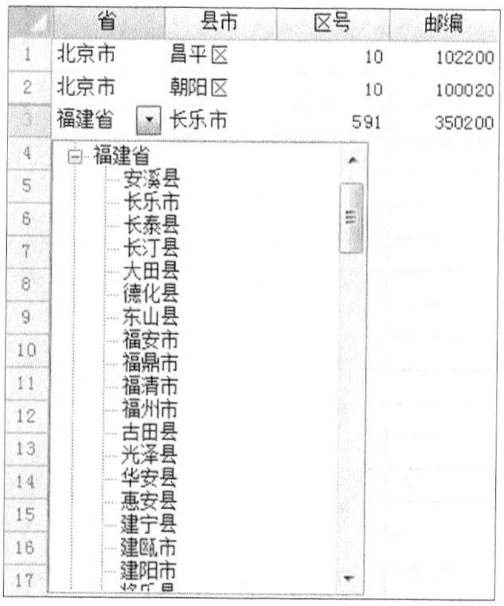

和文件型目录树一样，目录树表也可以将多列内容合并到一个列中，只需在设置目录树列表时将分割内容设置为True并指定内容分割符即可，如将行政区域表的内容结构调整为下图所示。

	省	县市
826	安徽省	泾县|563|242500
827	安徽省	旌德县|563|242600
828	安徽省	绩溪县|563|245300
829	福建省	福州市|591|350000
830	福建省	福清市|591|350300
831	福建省	长乐市|591|350200
832	福建省	闽侯县|591|350100

可将“省”的列属性设置如下图所示。

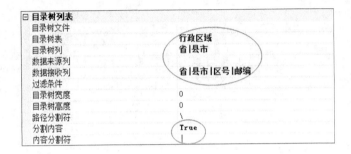

目录树列表	
目录树文件	
目录树表	行政区域
目录树列	省|县市
数据来源列	
数据接收列	省|县市|区号|邮编
过滤条件	
目录树宽度	0
目录树高度	0
路径分割符	\
分割内容	True
内容分割符	|

运行效果如下图所示。

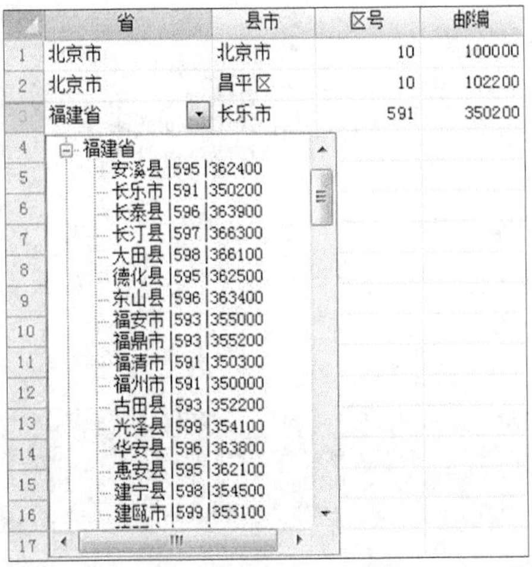

省
县市
区号
邮编
北京市 北京市 10 100000
北京市 昌平区 10 102200
福建省 长乐市 591 350200
福建省
安溪县|595|362400
长乐市|591|350200
长泰县|596|363900
长汀县|597|366300
大田县|598|366100
德化县|595|362500
东山县|596|363400
福安市|593|355000
福鼎市|593|355200
福清市|591|350300
福州市|591|350000
古田县|593|352200
光泽县|599|354100
华安县|596|363800
惠安县|595|362100
建宁县|598|354500
建瓯市|599|353100

和文件型目录树不同的是，数据表型目录树还可以将所有节点内容都放到同一列中。例如，将之前的产品文件放到一个“分类”表中，该表只有一列，如下图所示。

	分类
1	数码产品|电脑|笔记本
2	数码产品|电脑|台式机
3	数码产品|电脑|服务器
4	数码产品|相机|DC
5	数码产品|相机|DV
6	家电产品|电视机|液晶电视
7	家电产品|电视机|CRT电视
8	数码产品|电脑配件|机箱
9	数码产品|电脑配件|主板

如果需要根据这一列的内容来生成一个多层的目录树，可以按下图所示进行设置。

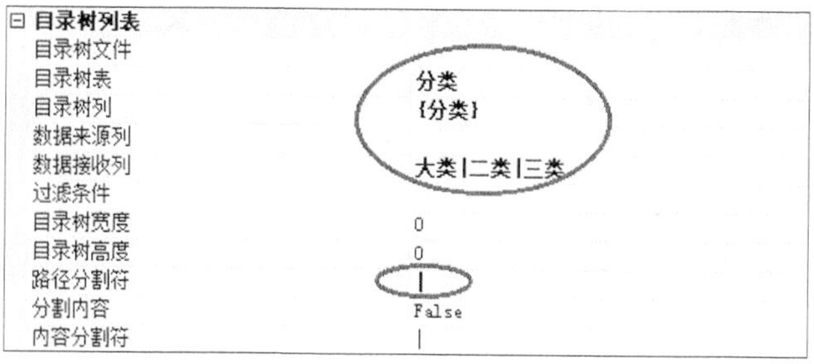

这里有两点需要注意：一是目录树列名必须用大括号{}括起；二是必须指定目录树列的节点分割符号（路径分隔符），这里是“|”。输入效果如下图所示。

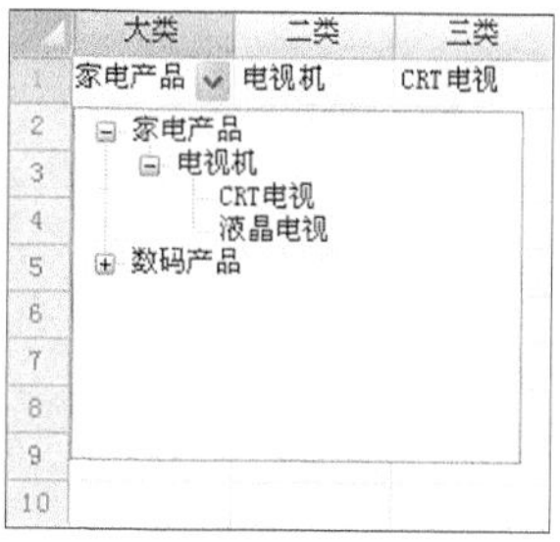

至于目录树列表中的“过滤条件”“目录树宽度”“目录树高度”等属性，其作用与列表项目相同，不再赘述。

2.1.3 数据字典与图形字典

数据字典就是在数据表的单元格中以一个更具描述性的内容来代替其真正的值进行显示；而图形字典的作用与之类似，只不过显示的不是字符，而是用更为直观的图形来表示。

例如，订单表有个“产品ID”列，虽然通过列表项目能够有效解决“产品ID”的输入问题，但是在订单表中查阅数据时看到的只能还是“产品ID”，很难将其和实际的产品名称联系起来。你也许会说，订单表中直接增加一个“产品名称”列不就行了吗？也可以使用之前学过的关联表啊。这样当然可以，下面再提供另一种不用增加列的解决办法。

订单表正常显示的内容如下图所示。

	产品ID	客户ID	单价	折扣	数量	日期
1	P05	C03	17	0.1	690	2000-01-02
2	P02	C01	20	0.1	414	2000-01-03
3	P05	C04	17		332	2000-01-03
4	P01	C03	18	0.15	-9	2000-01-04
5	P03	C03	10		445	2000-01-04

现在看看如何利用数据字典功能，将该表中的“产品ID”列显示为更直观的“产品名称”。

❶ 标准数据字典

选中“产品ID”列，单击菜单中的【列属性】按钮，将“数据字典”属性的值设置为“标准”。此时，【列属性】设置对话框将自动增加一个“数据字典”选项卡，如下图所示。

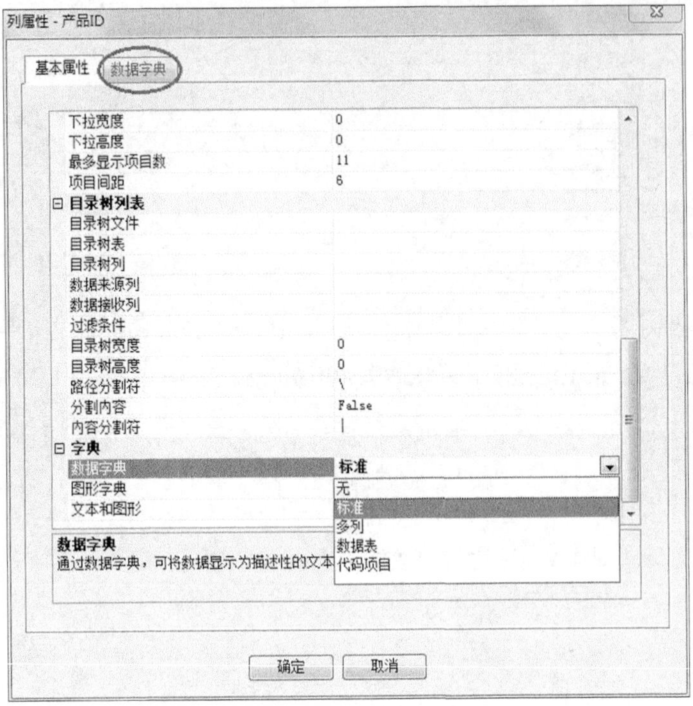

需注意，这个新增加的“数据字典”选项卡是随着所选择的不同数据字典属性值而有所变化的。如果将数据字典的属性值设置为“无”，该选项卡会自动消失，表示没有在该列使用数据字典。

在“数据字典”选项卡中设置数据字典，如下图所示。

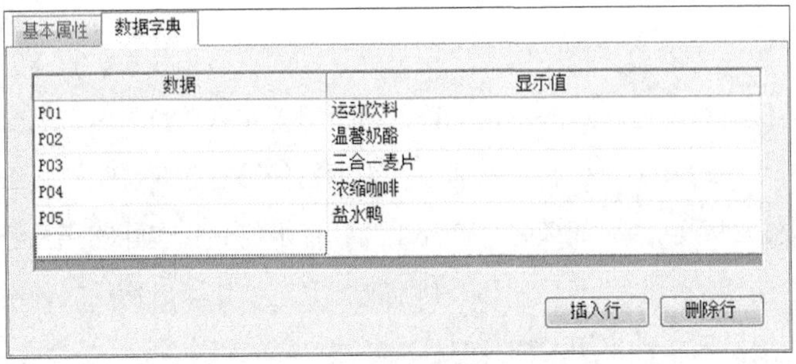

数据字典设置完成后，“产品ID”列会自动按照设定的内容将其显示为具体的产品名称，如下图所示。

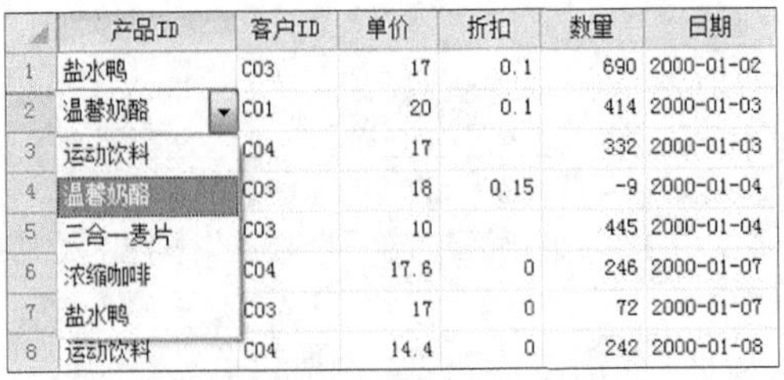

产品ID 客户ID 单价 折扣 数量 日期
1 盐水鸭 C03 17 0.1 690 2000-01-02
2 温馨奶酪 C01 20 0.1 414 2000-01-03
3 运动饮料 C04 17 332 2000-01-03
4 温馨奶酪 C03 18 0.15 -9 2000-01-04
5 三合一麦片 C03 10 445 2000-01-04
6 浓缩咖啡 C04 17.6 0 246 2000-01-07
7 盐水鸭 C03 17 0 72 2000-01-07
8 运动饮料 C04 14.4 0 242 2000-01-08

很显然，现在的“产品ID”列不仅已经显示为具体的产品名称，同时还提供了列表项目的输入功能。为了验证该列的实际值仍然是“产品ID”，可自行增加一个表达式列来获取“产品ID”列的

值，这时就可以看到表达式列的内容确实是“产品ID”，而不是所显示的产品名称，这表明数据字典已经在发挥作用。

由此可见，数据字典是下拉列表的扩展，它不仅具备下拉列表的输入功能，而且具备类似字典的“翻译”功能。

❷ 多列数据字典

将“数据字典”的属性值改为“多列”，设置窗口如下图所示。

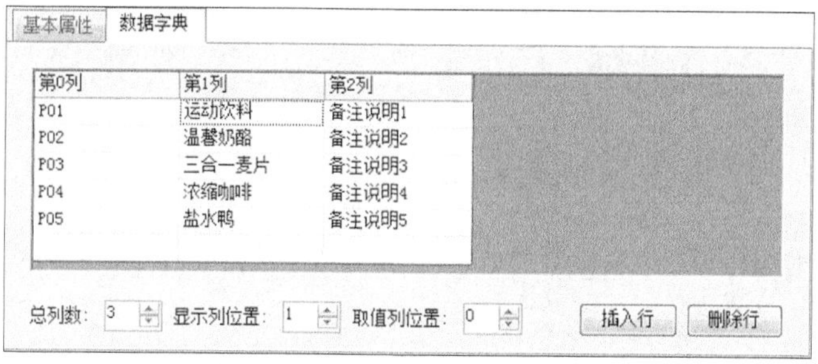

多列数据字典中，显示列和取值列的位置默认都是0，也就是自动取字典中第一列的值。本例对默认值进行了修改，设置“显示列位置”为1、“取值列位置”为0。运行效果如下图所示。

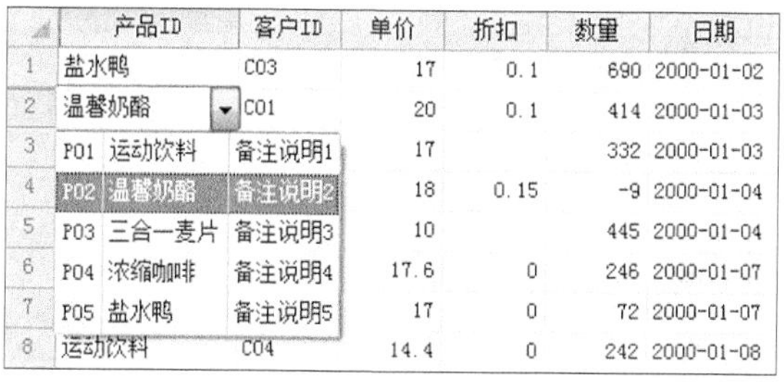

在这样的数据输入方式中，数据字典的第3列可作为输入时的参考信息。

❸ 数据表数据字典

如果多列数据字典中的内容已经存在于现成的数据表中，使用数据表数据字典会更加简单，如下图所示。

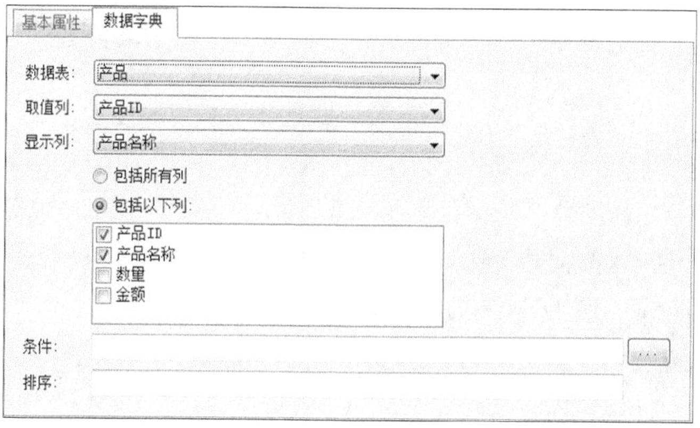

由于产品表中的“数量”和“金额”列无需体现在数据字典的列表窗口中，因而就不用选择；这里的“条件”和“排序”与“来自于现有数据”的列表项目设置方法完全相同，此略。数据输入效果如下图所示。

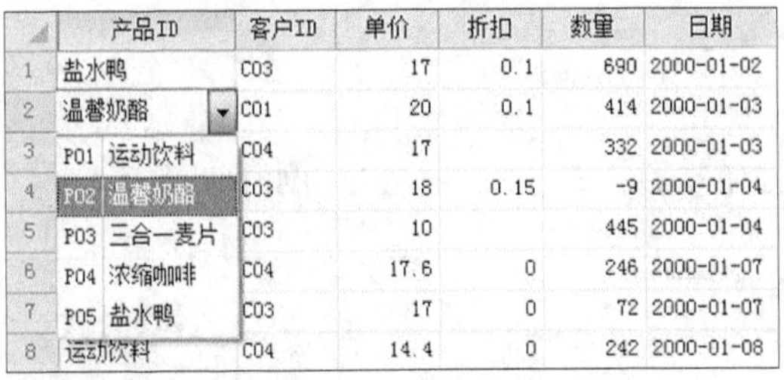

	产品ID	客户ID	单价	折扣	数量	日期
1	盐水鸭	C03	17	0.1	690	2000-01-02
2	温馨奶酪	C01	20	0.1	414	2000-01-03
3		C04	17		332	2000-01-03
4		C03	18	0.15	-9	2000-01-04
5		C03	10		445	2000-01-04
6		C04	17.6	0	246	2000-01-07
7		C03	17	0	72	2000-01-07
8	运动饮料	C04	14.4	0	242	2000-01-08

❹ **代码项目**

代码项目就是用一些简单的代码来表示具体的项目内容。当输入数据时，只需输入简单的代码，系统会自动将该代码转换为对应的项目。因此，严格意义上来说，代码项目并不属于数据字典。

例如，设置下图所示的“代码项目”。

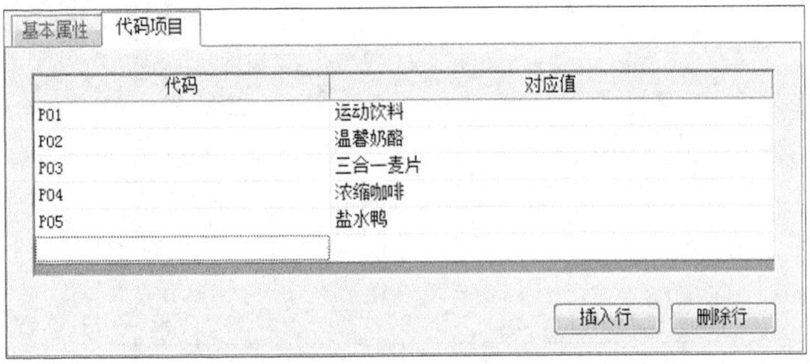

代码	对应值
P01	运动饮料
P02	温馨奶酪
P03	三合一麦片
P04	浓缩咖啡
P05	盐水鸭

需注意，这里设置的内容虽然和标准数据字典相同，但由于这是代码项目，因而在输入时它所起到的并不是“翻译”效果，而是直接的输入效果。如下图所示，当在单元格中输入“P01”，只要按“Enter”键或按“Tab”键确认即可，当前单元格内容就会自动被替换为“运动饮料”。这个“运动饮料”不再是显示的值，而是当前单元格的实际值。

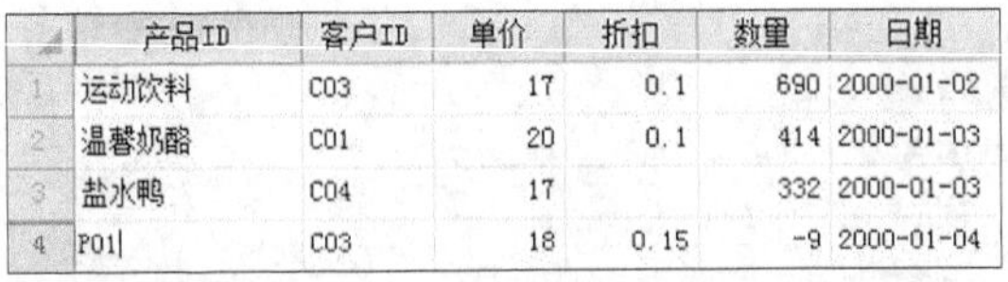

	产品ID	客户ID	单价	折扣	数量	日期
1	运动饮料	C03	17	0.1	690	2000-01-02
2	温馨奶酪	C01	20	0.1	414	2000-01-03
3	盐水鸭	C04	17		332	2000-01-03
4	P01	C03	18	0.15	-9	2000-01-04

实际应用中，这里的代码既可以使用英文字母和数字的组合，也可以单纯的使用数字。但由于数字过于抽象，不便于记忆，最好使用带有语义的拼音缩写。例如，ydyl表示“运动饮料”，wxnl表示“温馨奶酪”等，这样在输入时只要使用拼音的首字母即可。

事实上，由于有了强大的标准、多列及数据表式的“数据字典”，这种“代码项目”的使用场合并不多。

❺ 图形字典

图形字典就是以更直观的图形来表示数据。例如，商品名称数据表中的“水果名称”列就可以用图标来表示，这样看起来一目了然，如下图所示。

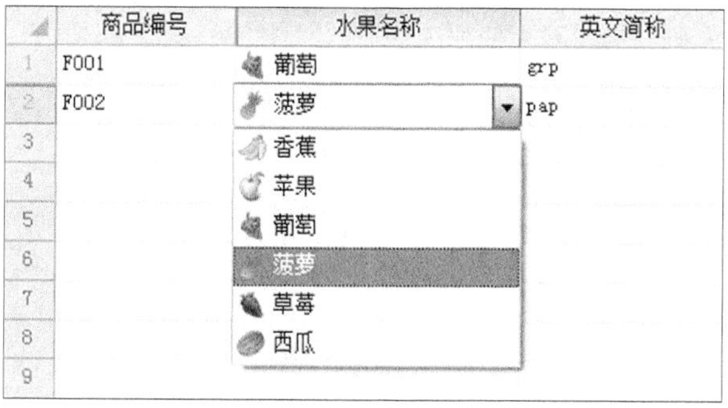

要实现这样的效果，其实非常简单，只需两步。第一步设置“水果名称”列的“图形字典”属性为“有”，如下图所示。

第二步设置【图形字典】选项卡中的具体值及显示图片，如下图所示。

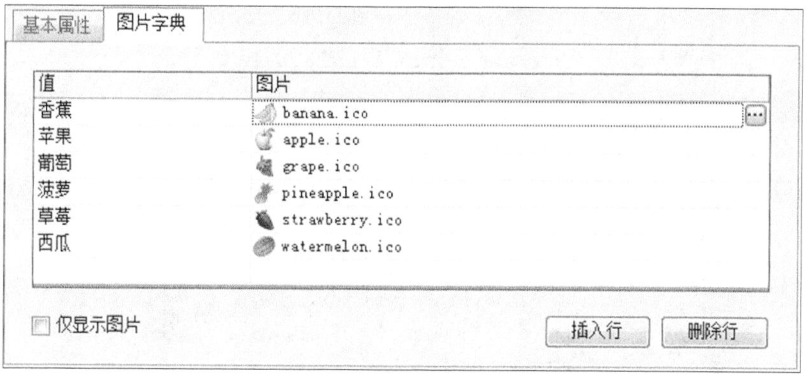

在该设置对话框中单击【…】按钮可选择要使用的图片文件。和目录树列表所用到的文件一样，这些图片文件同样会被自动复制到Foxtable项目文件所在目录的子文件夹Images下。不同的是，目录树列表复制的是到Attachments文件夹，而图形字典是复制到Images文件夹。

如果想在“水果名称”列中只显示图片而不显示文字，可以勾选【仅显示图片】复选框，也可将字典中的“文本和图形”属性设置为False，两者的作用是一样的。和数据字典类似，图形字典仅仅是将显示的内容换为图片而已，“水果名称”列的真实值仍然是上图中所设定的具体文字。

需要注意的是，当对同一个数据列既设置了“数据字典”，又设置了“图形字典”时，则只有“图形字典”有效。

2.1.4 数值列和日期列的内置输入器

之前所用到的列表项目、目录树列表和字典，一般都是用于字符型数据的快速输入和显示。对于数值型和日期型的数据列，则可直接使用内置输入器。

例如，要在“单价”列使用内置输入器，可先选中此列，然后打开“列属性”设置窗口，如下图所示。

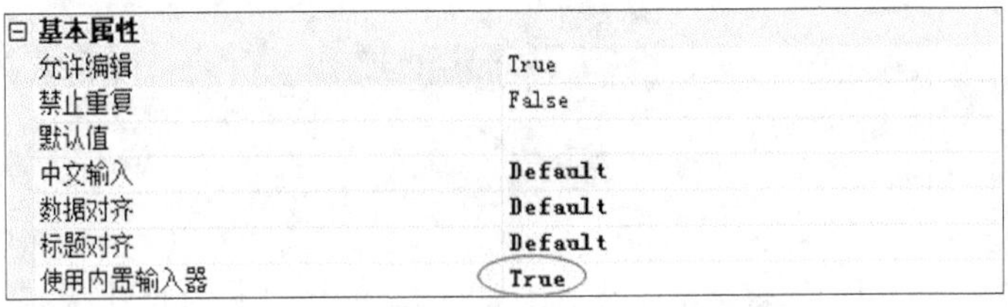

将这里的“使用内置输入器”设置为True，那么就可在数据表中使用内置输入器进行数值输入了，如下图所示。

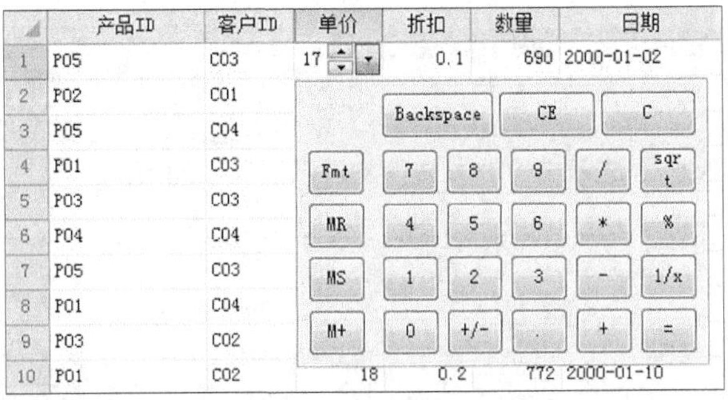

使用同样的方法，也可对“日期”列设置并使用内置输入器，如下图所示。

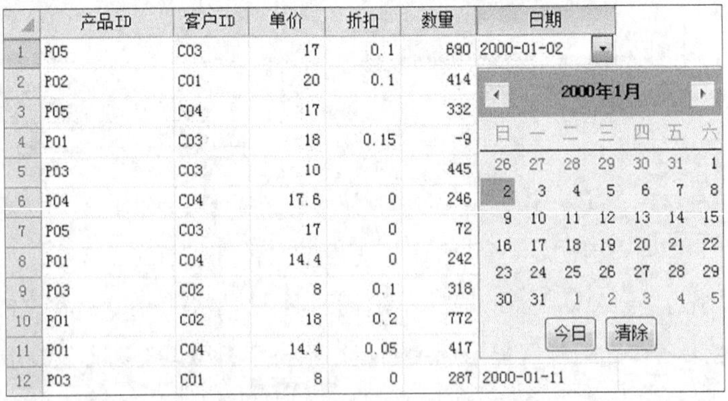

此外，针对一些临时性的数据计算，还可使用Foxtable自带的计算器。这个计算器有点特殊，它可直接使用当前数据表的数值列参与计算，而且还能将计算结果写入当前表的当前单元格，如下图所示。

如上图所示，数据表中当前行的“单价”为17，乘以2得到的结果为34；再次单击计算器中的【计算到表】按钮，就自动把该值填入到当前行的当前单元格中。这个当前单元格的所在列是“折扣”，“折扣”的值发生变化之后自动触发“金额”列的表达式，因而“金额”的值就变为191896。

单击配置栏中的【计算器】按钮，可打开上图所示的狐狸计算器，如下图所示。

2.1.5 逻辑列的数据输入

逻辑类型的数据列只有两个值，即True和False，如下图中的“审核”列所示。

	产品ID	客户ID	单价	折扣	数量	日期	审核
1	P05	C03	17	0.1	690	2000-01-02	☐
2	P02	C01	20	0.1	414	2000-01-03	☐
3	P05	C04	17		332	2000-01-03	☑
4	P01	C03	18	0.15	-9	2000-01-04	☑
5	P03	C03	10		445	2000-01-04	☐

默认情况下，逻辑列是以检查框的形式显示的。检查框被选中表示True；否则表示False。通过单击检查框可在True与False间切换。

如果你希望用字符型形式表示逻辑值，一样可通过列属性设置来实现。例如，将单元格值为True时显示为“已审核”，为False时显示为“未审核”，设置如下图所示。

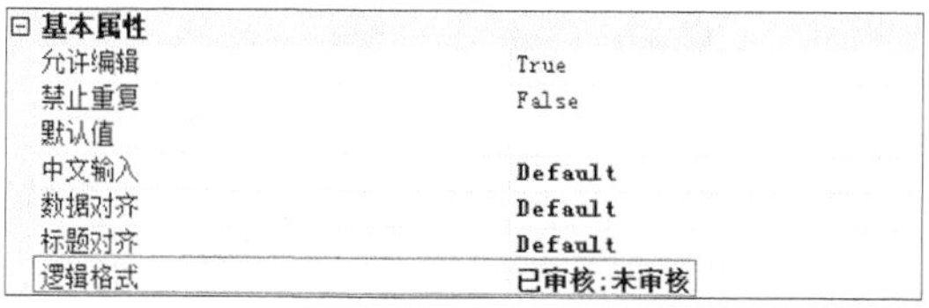

需注意，这里的“已审核”与“未审核”之间是用分号（;）分隔的。效果如下图所示。

	产品ID	客户ID	单价	折扣	数量	日期	审核
1	P05	C03	17	0.1	690	2000-01-02	未审核
2	P02	C01	20	0.1	414	2000-01-03	未审核
3	P05	C04	17		332	2000-01-03	已审核
4	P01	C03	18	0.15	-9	2000-01-04	已审核
5	P03	C03	10		445	2000-01-04	未审核

当逻辑列以设定的格式显示时，其真实的值仍然是True和False。由于已经没有了检查框，当需要改变值时必须使用双击单元格或按空格键的方式。

2.1.6 数据输入控制

在日常的数据输入中，对于任意数据类型的单元格，都可通过键盘操作的方式来实现快速输入。具体操作方式：进入单元格后先按空格键进入编辑状态；如果当前单元格内容为空，再次按空格键会自动展开下拉列表框或其他输入器。因此，一定要善用、活用空格键。

Foxtable除了根据不同的数据类型列提供一些专门的输入工具外，还设置了一些非常实用的输入控制选项，这些选项一般都在“列属性”的基本属性中，如下图所示。

⊟ 基本属性	
允许编辑	True
禁止重复	False
默认值	
中文输入	**Default**
数据对齐	**Default**
标题对齐	**Default**

❶ 允许编辑

上一章学习过“锁定列”和“取消锁定列”，通过改变列属性中的“允许编辑”，也可起到同样的效果。

❷ 禁止重复

此属性默认为False。如果设置为True，将禁止在指定列中输入重复内容。

对于一些编号性的数据列，如订单编号、身份证号、员工编号等，应该将此属性设置为True，以避免出现重复的号码。当输入的内容出现重复时，系统会给出提示；在未完成正确的内容输入之前，将不能离开正在输入的单元格。

例如，将“日期”列的禁止重复属性设置为True，一旦输入重复的日期时给出的提示如下图所示。

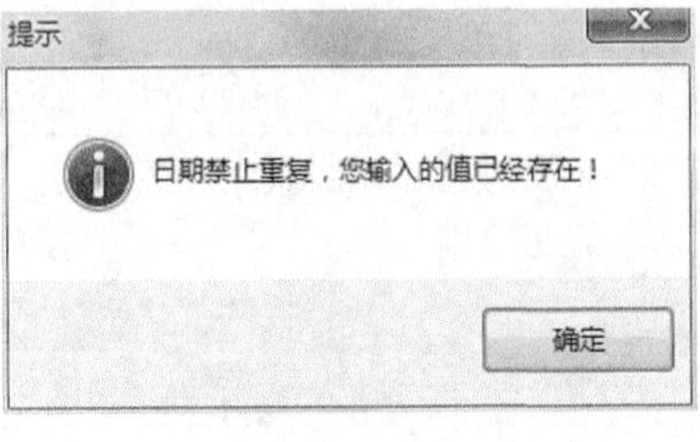

❸ 默认值

“默认值”属性是一个表达式。当新增一行时，会自动计算该表达式，并将计算结果填入指定的列中。

需注意，这里的表达式采用的是VBScript语法，它与上一章学过的表达式并不完全一样。例如，希望新增一行时，日期列能够自动填入系统当前日期，只需将该列的默认值属性设为：

```
Date()
```

再如，有一个字符型的“结算方式”列，默认的结算方式为现金，可将该列的默认值属性设置为：

```
"现金"
```

由于默认值是一个表达式，设置字符型的默认值时一定要加上双引号；如果是数值，直接输入即可。

❹ 中文输入

通过此属性，可以控制选择某一列时是自动打开或关闭中文输入法，还是保持当前状态不变。例如，对于姓名列，可将此属性设置为True，因为我们大部分人的姓名是中文的；而对于产品型号列，应设置为False，因为型号一般由字母和数字组成。有了此属性，就可以避免手工切换中英文输入，从而提高输入效率。

该属性有以下3个可选值。

Default：保持当前输入法状态不变。

True：打开中文输入法。

False：关闭中文输入法。

此属性相当于模拟“Shift”键，一般使用Default即可，系统会根据不同类型的数据列自动选择，无需对此专门设置。但有时在数值列输入第一个数字无效，只是使单元格进入编辑状态，如发生此情况，应将该列的中文输入属性设置为False。

❺ 数据对齐与标题对齐

默认情况下，数值型的数据靠右对齐，其他类型的数据靠左对齐；而标题全部是居中对齐。通过“数据对齐”和“标题对齐”属性，可设置它们的对齐方式。该属性有4个可选值。

Default：默认。

Left：靠左。

Center：居中。

Right：靠右。

此外，通过【数据表】功能区的【样式】功能组中的如下图所示的3个按钮，也可设置数据对齐方式。

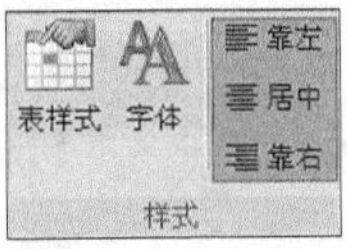

❻ 针对不同类型数据列的输入控制

针对不同数据类型的列，可设置的列属性项目是不同的。以下就是针对不同的数据类型列才有的输入控制属性。

- 字符型列的“输入掩码”

输入掩码可以规范和校验用户所输入的数据，该属性仅在字符型的列中才会出现。

可作为输入掩码使用的字符如下表所示。

字符	说明
0	数字（0~9，必需项，不允许使用加号 [+] 与减号 [-]）
9	数字或空格（可选项，不允许使用加号和减号）
#	数字或空格（可选项，允许使用加号和减号）
L	字母（A~Z，必需项）
?	字母（A~Z，可选项）
A	字母或数字（必需项）
a	字母或数字（可选项）
&	任一字符或空格（必需项）
C	任一字符或空格（可选项）
. , : ; - /	小数点占位符及千位、日期与时间的分隔符
<	将所有字符转换为小写
>	将所有字符转换为大写
\	使接下来的字符以表意字符显示（如\A 只显示为 A）

其中，必需项的字符，是指实际输入时必须输入的字符；可选项则可输可不输，没有输入时以下划线“_”代替。例如，“产品型号”列的格式由3个字母、一个横线、两个数字组成，如“KLU-73”，可以将该列的输入掩码设置为“AAA-00”；如果要求3个字母必须为大写，那么掩码可以设置为“>AAA-00”。

对于设置了掩码的字符列，如果实际输入时不符合规范，将不允许离开当前正在编辑的单元格。

- 数值型列的“数值格式”

数值型列具体包含6种类型。其中，整数有3个（微整数、短整数和整数）；小数也有3个（单精度小数、双精度小数和高精度小数）。关于列数据类型方面的知识，可参考第1章“创建数据表结构”一节。

对于每一个具体的数值型列，可设置的“数值格式”也是不一样的。例如，所有的小数列（包含单精度、双精度和高精度），可设置的项目都有6项，如下图所示。

⊟ 数值格式	
最大小数位数	4
固定小数位数	False
显示千位分隔符	False
按百分比格式显示	False
显示货币符号	False
自定义货币符号	

整数列则只有4项，如下图所示。和小数列相比，没有了“最大小数位数”“固定小数位数”和“按百分比格式显示”，却多了“固定整数位数”。很显然，这些属性的增减都是由小数和整数的特性所决定的。

⊟ 数值格式	
固定整数位数	0
显示千位分隔符	False
显示货币符号	False
自定义货币符号	

到了微整数和短整数，则又变成了3项。和整数相比，它们少了第一个属性“固定整数位数”。

以下是数值型列所用到的全部“数值格式”属性。

- 最大小数位数。只有小数型的列才会出现此属性，用于设置允许输入的最大小数位数，修改该属性不会影响现有数据的值。例如，列中某单元格内容为1.234，如果将最大小数位数修改为2，该单元格将显示1.23，但是它的值还是1.234。可是，一旦对现有数据进行修改，或者输入新的数据，系统都会自动按照所设置的最大小数位数来进行四舍五入。同样假定最大小数位数为2，如果输入1.234，那么单元格存储和显示的值都是1.23；如果输入1.236，那么该列存储和显示的值都是1.24。
- 固定小数位数。只有小数型的列才会出现此属性，该属性默认为False。如果设置为True，值的实际小数位数小于最大小数位数时，会自动在后面补0，凑够至最大小数位数。例如，某单元格的值是1.23，假定最大小数位数为3，那么该单元格显示的内容是1.230，而不是1.23。
- 固定整数位数。只有整数型的列才会出现此属性。默认值为0，表示不固定显示整数位数。假如将此属性设置为3，那么数值1将显示为001。
- 显示千位分隔符。如果设置为True，那么每3位整数中间将插入一个千位分隔符，如1,234。
- 按百分比格式显示。如果设置为True，会自动将数值乘以100，然后加上百分比符号显示，如0.231将显示为23.1%。
- 显示货币符号。是否在数值前显示货币符号，如￥234。
- 自定义货币符号。默认的货币符号为￥，利用此属性可修改为你所需要的货币符号，如$。

仍以订单表为例，当未设置数值格式时，表中的“单价”和“折扣”列有的显示为一位小数，有的显示两位小数，感觉很凌乱。如果将其统一保留两位小数，可以按下图所示进行设置。

⊟ 数值格式	
最大小数位数	2
固定小数位数	True
显示千位分隔符	False
按百分比格式显示	False
显示货币符号	False
自定义货币符号	

确认后的显示效果如下图所示。

	产品ID	客户ID	单价	折扣	数量	日期
86	P02	C02	15.20	0.00	-41	2000-03-16
87	P02	C04	19.00	0.20	-16	2000-03-16
88	P02	C05	15.20	0.20	199	2000-03-16
89	P05	C01	21.35	0.10	125	2000-03-16
90	P01	C02	14.40	0.00	582	2000-03-17

数值型列所用到的全部数值格式属性中，除“最大小数位数”外，其他各种属性仅仅影响数据的显示格式，并不会对真实的数据产生任何影响。例如，将“数量”列的固定整数位数设置为5，则显示效果如下图所示。

	产品ID	客户ID	单价	折扣	数量	日期
95	P04	C03	22.00	0.10	00145	2000-03-19
96	P05	C03	21.35	0.00	00148	2000-03-19
97	P04	C04	22.00	0.00	00088	2000-03-20
98	P05	C04	17.00	0.00	00018	2000-03-21
99	P01	C03	18.00	0.00	00273	2000-03-24

很显然，“固定整数位数”更适应于各种编号性质的列。

- 日期时间型列的“日期时间格式”

只有选定列是日期时间型时，才会出现此属性。例如，选中订单表中的日期列，列属性设置窗口如下图所示。

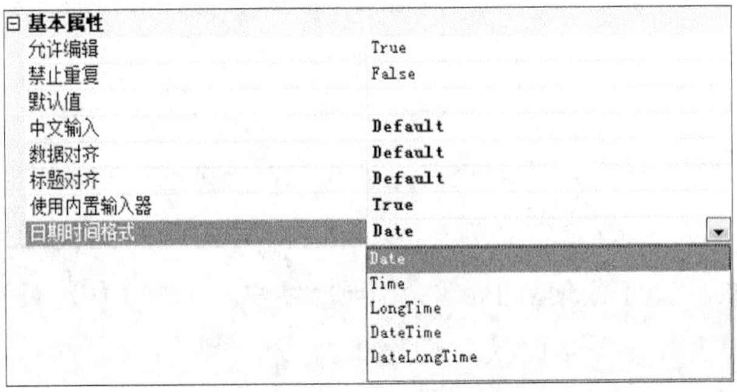

默认情况下，日期时间格式为“Date”，也就是标准的日期格式。在这种格式中，只能输入日期而不能输入时间。如需同时输入并保存时间，可选择以下4种格式。

DateTime：短日期时间格式，包括日期和时分，如2008-12-31 9:45。

DateLongTime：长日期时间格式，包括日期和时分秒，如2008-12-31 9:45:30。

Time：短时间格式，仅包括时分，如12:59。

LongTime：长时间格式，包括时分秒，如12:59:21。

- 备注型列的“列窗口”

对于需要输入换行或者可能超过255个字符的字符列，在创建数据表结构时，应该将此列设置为“备注型”。一旦设置为备注型后，系统将自动为此列创建一个窗口，以方便对备注内容进行查询或修改，如下图所示。

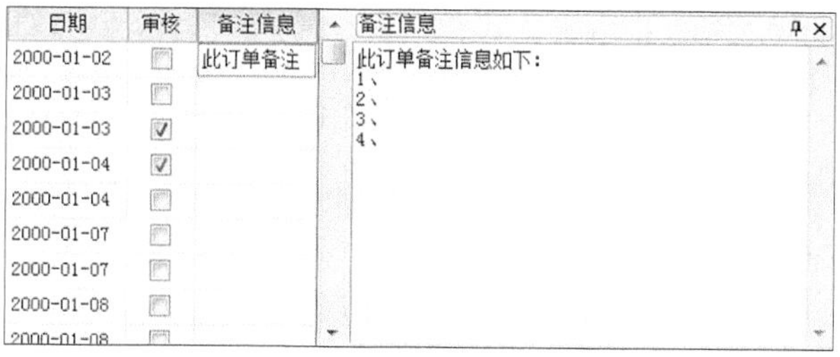

对于备注型列，列属性中有一组专门针对“列窗口”的设置属性，如下图所示。

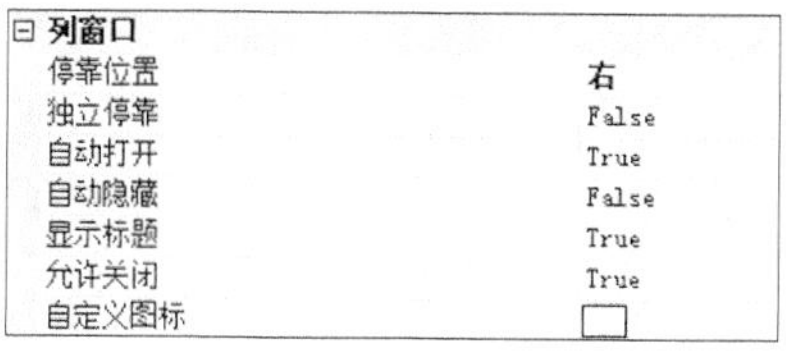

- 停靠位置。默认停靠位置是靠右，可选值有左、右、上、底。该属性在设置后需重新打开项目或窗口时才会生效。
- 独立停靠。默认情况下，所有窗口都是停靠在一起，每次只能显示其中一个，这时就需要单击窗口标题进行切换。例如，在订单表中再增加两个备注列，即“其他备注1”和“其他备注2”，它们的停靠效果如下图所示。

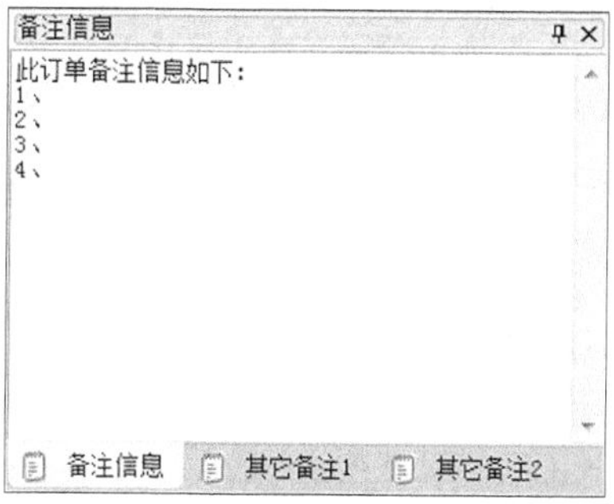

如果将“备注信息”列的独立停靠属性设置为True，则效果如下图所示。

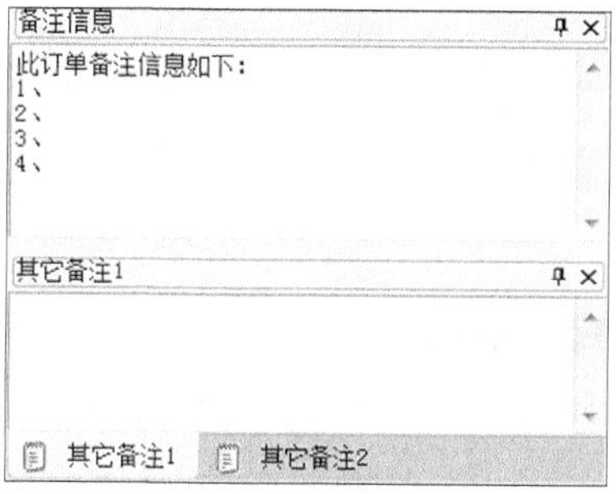

- 自动打开。默认情况下，项目文件打开后同时自动打开列窗口。将此属性设置为False，将不会自动打开。
- 自动隐藏。此属性设置为True时，打开的列窗口自动处于隐藏状态。实际上，对于任何一

个已经打开并正常显示的列窗口，都可随时单击标题行上的隐藏按钮予以隐藏，如下图所示。

窗口被隐藏时，仅显示列窗口标题；将光标移动到相应的窗口标题上稍微停留一会，该窗口又会自动打开，如下图所示。

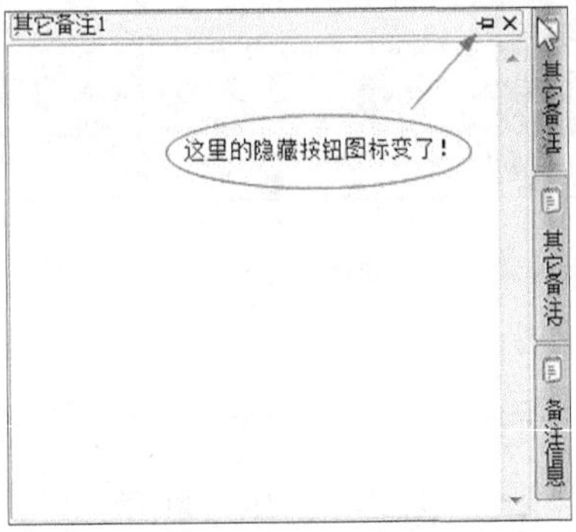

需注意，这种打开仅仅是临时性的，一旦将光标移出列窗口，该窗口又会自动恢复隐藏。如要重新打开列窗口并让其正常显示，可再次单击已经发生变化的隐藏按钮。

- 显示标题。如果不希望在列窗口显示标题栏，可将此属性设置为False。
- 允许关闭。如果希望列窗口一直显示并避免误关闭操作，可将此属性设置为False，标题栏将不会显示关闭按钮。
- 自定义图标。设置方法与表属性中的“自定义图标”完全相同，具体可参考第1章内容。图标设置完成后，必须重新打开项目或窗口才会生效。

需要注意的是，当在同一个停靠位置显示多个列窗口时，它们的标题栏位置也都是相同的。虽然每个列窗口可分别设置不同的属性，但当它们在同一个位置显示时，“自动隐藏”“显示标题”和“允许关闭”3个属性会以最后一个打开的列窗口设置为准。例如，有两个列窗口都停靠在右边，如果第一个打开的窗口“显示标题”为False，第二个为True，那么当关闭第二个列窗口时，第一个列窗口的标题仍然会显示。因此，对于同一停靠位置的列窗口，最好相关设置也相同，以免出现这样或那样的问题。

❼ 巧用列表项目实现普通字符型列的长文本编辑

众所周知，对于需要输入长文本尤其是需要有换行内容的字符列，通常的做法是将其数据类型设为备注型，这样就会自动生成一个相应的列窗口。如果你不喜欢这样的列窗口，但同时又不喜欢“Ctrl+Enter”这样的单元格内换行方式（单元格内换行，必须调整行高才能看到效果，视觉感受不是太好），那么就可以使用列表项目来变相实现可视化的长文本编辑效果。

例如，将“备注列2”的数据类型改为字符型，列长度设置为200，然后通过“列属性”将该列的自定义列表项目设置为“...”，这样当选择该列中的任一单元格时，单元格右边都会出现一个按钮，单击该按钮，将弹出输入窗口，如下图所示。

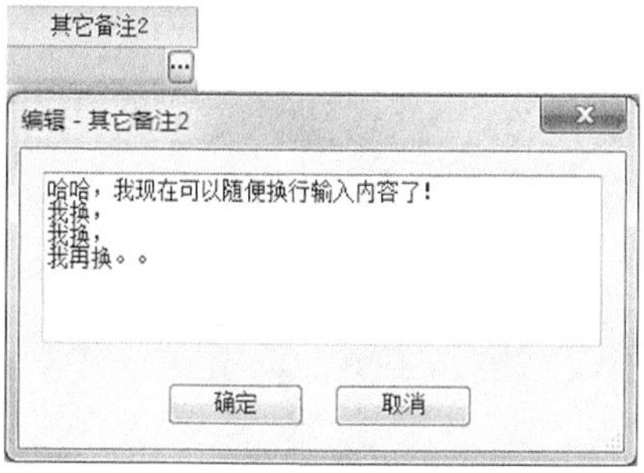

如果想通过键盘操作，那么跟其他普通的内置输入器一样，按空格键将自动弹出输入窗口。

需要注意的是，此方法只能在窗口中输入内容。如果希望能同时在单元格中输入，可将自定义的列表项目改为“|...”。但此方法有个不便的地方是，当需要使用窗口输入时，只能用鼠标单击单元格右边的按钮，而不能通过空格键直接呼出。对于喜欢键盘操作的用户来说，可能会有些效率上的影响。

2.1.7 列扩展功能

尽管Foxtable本身已经提供了多个列类型，但为了更好的用户体验以及更好的数据管理性能，Foxtable还针对不同的列类型继续做了一些扩展。

列扩展功能仍然在“列属性”中设置，仅对4种数据类型的列有效，即字符型、备注型、整数型和双精度型。也就是说，只有这4种类型的列才能设置扩展属性，如下图所示。

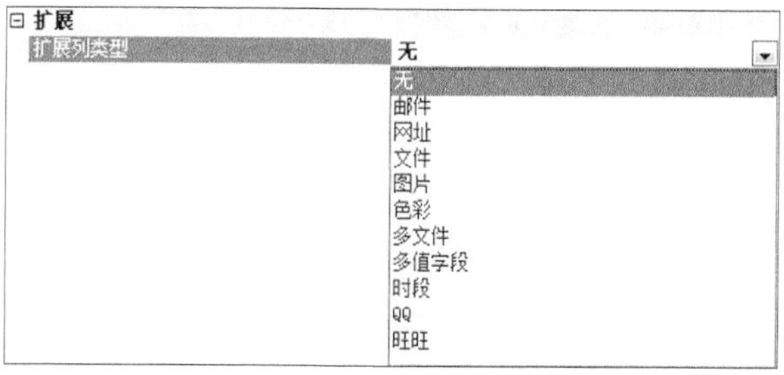

❶ 邮件、网址、QQ、旺旺

如果希望单击单元格就可访问所输入的邮件地址、网址，或者打开QQ、旺旺进行对话，只需将扩展列类型设置为邮件、网址、QQ或旺旺即可。

此扩展适用于字符型的列类型，如下图所示。

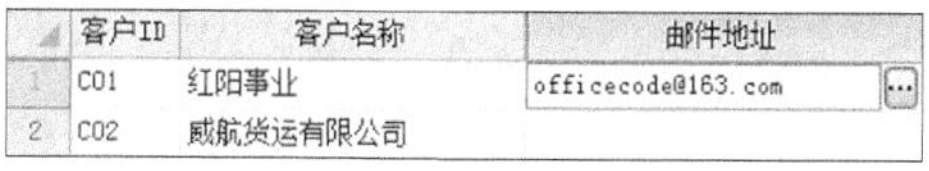

客户ID
客户名称
邮件地址
1
C01
红阳事业
officecode@163.com
2
C02
威航货运有限公司

一旦对选定列做了扩展，该列中的当前单元格都会自动增加一个【…】操作按钮。如上图右

侧所示，单击该按钮将自动调用默认的客户端邮件（如OutLook、FoxMail等)向该邮件地址发送邮件。这种处理方式其实比Excel更好，不至于单击到单元格时就立即跳转，可有效避免误操作。

❷ 色彩

只有整数型的列才可以扩展为色彩。这是因为，每一种颜色都可以转换为一个整数来表示，如下图所示。

	产品ID	产品名称	颜色
1	P01	运动饮料	…
2	P02	温馨奶酪	

单击【 … 】操作按钮将弹出颜色对话框供选择颜色。如果增加一个表达式列来查看颜色列的值，就会发现它的真实值其实就是一个整数。如果将其复制粘贴到其他普通的单元格中也能看到真实值。

以上图为例，这个以红色显示的单元格，其真实值是“-65536”。

❸ 时段

双精度小数类型的列可扩展为“时段”，也就是可以“时:分:秒 毫秒”的格式显示数据，如下图所示。

	时段	值	说明
1	12	43200	12小时
2	12:30	45000	12小时30分钟
3	12:30:45	45045	12小时30分钟45秒
4	12:30:45 500	45045.5	12小时30分钟45秒零500毫秒
5	00:30	1800	30分钟
6	00:30:45	1845	30分钟45秒
7	00:00:45	45	45秒
8	00:00:00 800	0.8	800毫秒
9	198	712800	198小时
10	198:45:00 800	715500.8	198小时45分零800毫秒

虽然表格中的“时段”列显示的是一个个的时段长度，但其真实的值就是双精度小数。以“12:30:45”为例，这个时段表示的时长是12个小时30分钟45秒，其真实的值为：

```
12 * 3600 + 30 * 60 + 45 = 45045（秒）
```

很显然，“时段”列的实际值是以秒作单位的。

❹ 多值字段

字符型或备注型的列可扩展为多值字段，用于多值数据输入。此扩展须配合列表项目一起才能完成设置。例如，将“备注信息”列扩展成多值字段，如下图所示。

⊟ **扩展**	
扩展列类型	**多值字段**
多值分隔符	,
⊟ **列表项目**	
自定义项目	a|b|c|d|e
数据表	
显示列	
取值列	
过滤条件	
排序方式	
允许直接输入	True

这里的“多值分隔符”是指当输入数据时所选择多值之间的分隔符；输入时的可选值在列表项目中设置，既可使用自定义的列表项目，也可从现有的数据表中提取，上图中的所有列表项目属性都是可用的，没有列出的部分在多值字段中无效（如“启用输入助手”等）。

多值字段在数据输入时的效果如下图所示。

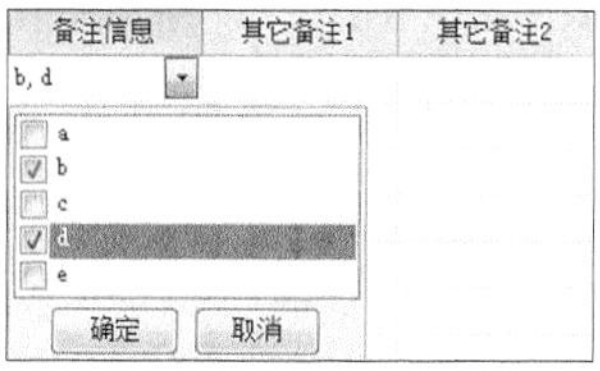

需注意，多值字段最终的值跟输入过程中单击选择的顺序密切相关。假如先勾选d、再勾选b，则确定后输入的值为“d,b”。

❺ 文件和图片

字符型或备注型的列还可扩展为文件及图片，从而将你的数据管理立即提升到各种数据与文档的综合管理；而且，不仅可以管理本地的文件和图片，远程服务器上的文件及图片一样能纳入到你的项目管理中。

文件与图片的扩展共有3种，即文件、图片、多文件，如下图所示。

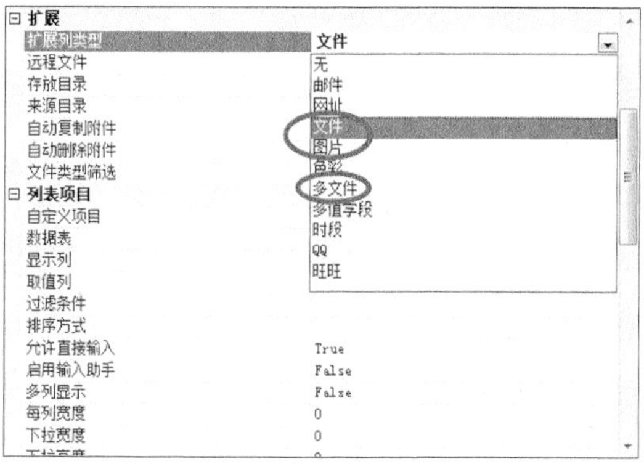

由于这方面的知识点比较多，而且已经不再是单纯的数据输入，故单列一节来专门学习（具体可参考下一节内容）。

2.1.8 数据回收

众所周知，在日常的数据输入过程中，如果要撤销对某指定单元格的修改，可以使用快速访问栏中的“撤销”按钮或者【编辑】功能组中的【还原】按钮，如下图所示。

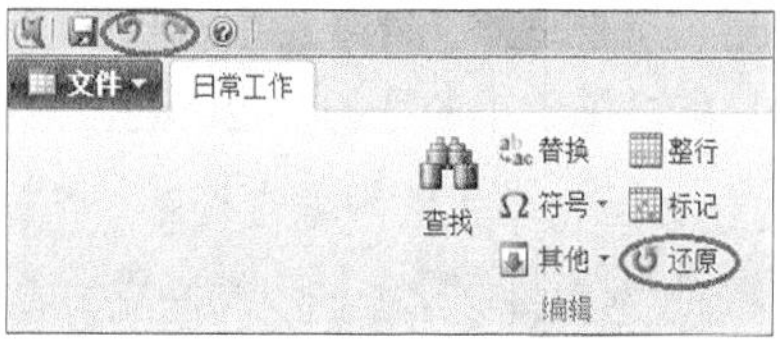

这些操作仅仅对单元格或单元格区域有效。如果不小心删除了一些数据行呢？撤销或还原就无能为力了。

为了能够给用户一个“悔过”的机会，Foxtable专门提供了“回收行”功能，此功能在【日常工作】功能区的【数据】功能组中的【其他】下拉菜单中，如下图所示。

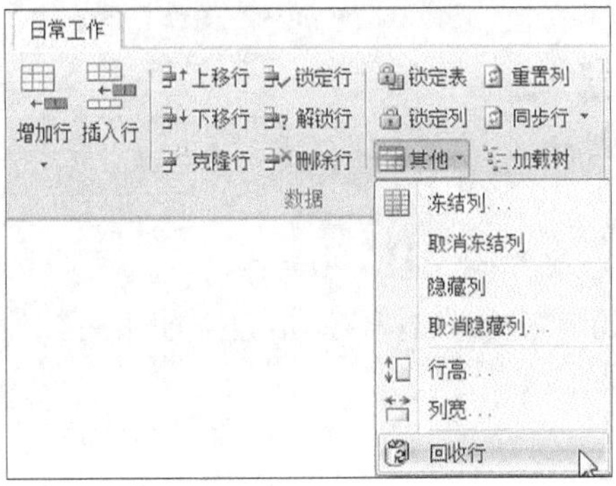

例如，将产品表中的后面3行数据删除，如下图所示。

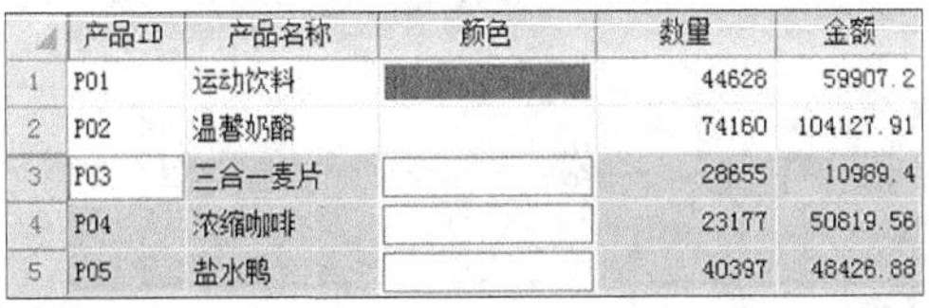

	产品ID	产品名称	颜色	数量	金额
1	P01	运动饮料		44628	59907.2
2	P02	温馨奶酪		74160	104127.91
3	P03	三合一麦片		28655	10989.4
4	P04	浓缩咖啡		23177	50819.56
5	P05	盐水鸭		40397	48426.88

删除后突然发现删错了，这时就可以通过“回收行”功能将它们从回收站里再“捡”回来，如下图所示。

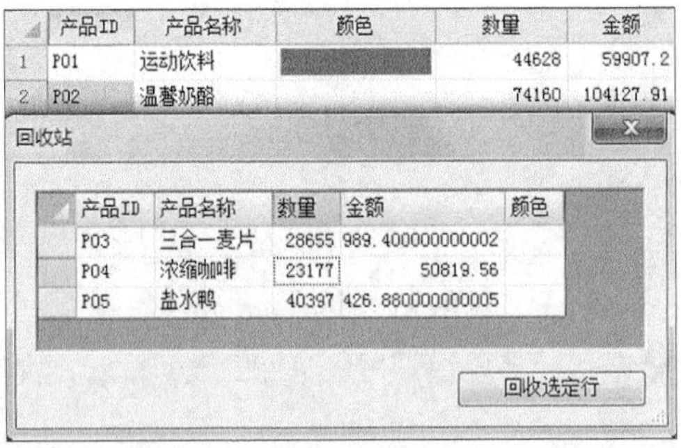

产品ID	产品名称	数量	金额	颜色
P03	三合一麦片	28655	989.400000000002	
P04	浓缩咖啡	23177	50819.56	
P05	盐水鸭	40397	426.880000000005	

“回收站”里“躺着”刚刚删除的3条数据记录。如果要全部捡回来，可以单击回收站表格左上角的固定单元格选中全部记录；如果只需捡回部分记录，可按住表格左侧的行号列拖曳选择。选择完成后单击【回收选定行】按钮即可。

需要说明的是，回收行功能仅在数据没有保存前有效。如果删除数据行后，接着就执行了“保存”操作，这就相当于把回收站里的内容清空了，当然无法再回收。另外，如果数据行在删除之前被修改过，回收回来的数据行也只能是修改前的数据（也就是已经“保存”的数据）。

细心的读者也许会发现，为什么回收站里的数据结构跟“产品”表不一样？比如，颜色列在“产品”表中是排在第3列的，而回收站里排到了最后；“产品”表中的金额列最多只显示了两位小数，而回收站里却有很多位。其实，回收站里显示的才是最真实、最原始的数据和结构，而“产品”表作为数据表展示给用户时，受到了列属性设置的制约，其目的是为了体现出更友好的交互界面。

例如，颜色列是通过【插入列】的方式添加的。但在数据库中，根本不存在“插入”的说法，这个在上一章学习“插入行”时已经接触过；而回收站呈现的是原始数据。因此，“颜色”列就排在最后了。

不论“回收站”中的显示效果如何，只要回收到数据表之后，仍然会恢复正常的“产品”表数据展示。

2.2 灵活方便的文档资料管理

Foxtable不仅是一款优秀的数据处理软件，同时也是一款拿来就能用的文档管理系统。例如，只要在项目中建立一个员工数据表，然后加上适当的列属性设置，一个简单易用的人事档案系统就建立了，如下图所示。

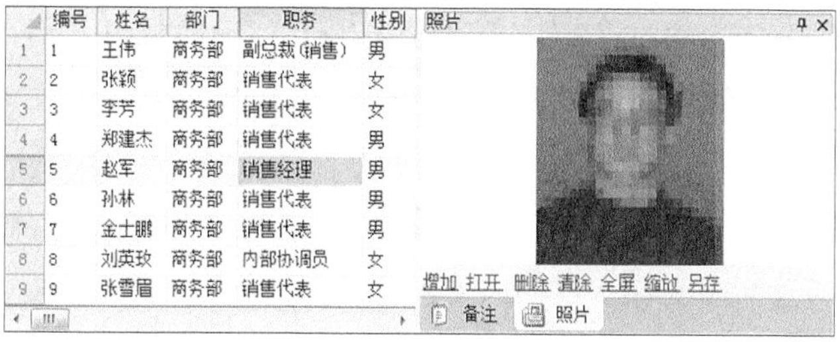

本节重点学习“列扩展”属性中的文件和图片管理。

需要注意的是，只有字符型或备注型的列才可做文件及图片方面的扩展。当使用字符列时，其字段长度应该足够长，以免在存放多文件时因为长度不够而导致错误。

2.2.1 单文件输入管理

单文件型列用于管理单个文件或单个目录。默认设置如下图所示。

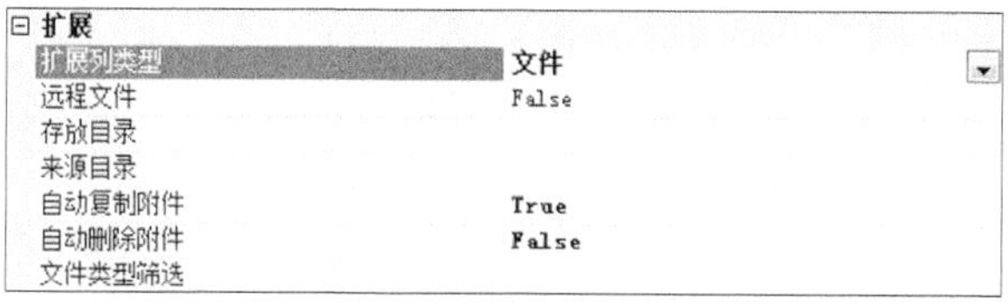

当列扩展设置为“文件”时，表示可以在指定列的当前单元格中插入单个文件或单个目录。数据输入界面如下图所示。

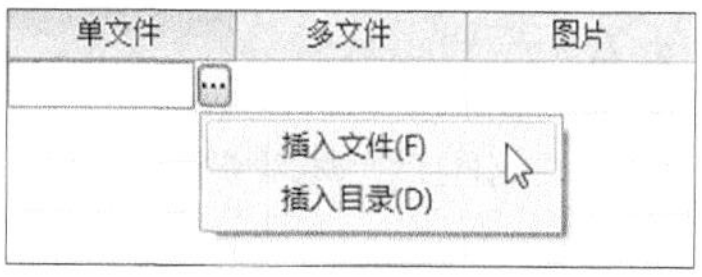

虽然可以直接在单元格中输入内容，但并不建议这样做。因为一个完整的文件名是需要包含路径的；否则无法正常访问。

当选择【插入文件】命令时，将弹出文件选择窗口；选择完成，指定的文件自动会被复制到当前Foxtable项目文件所在目录的Attachments文件夹，原来的文件已经与此没有任何联系。这种处理方式和之前“表属性”的自定义图标、“列窗口”中的自定义图标、“目录树列表”中的目录树文件是一个道理。

由于Attachments是默认的文件存放路径，因而单元格内容中不会再保存具体的路径信息。文件插入完成后，再次单击操作按钮【…】时，弹出的菜单已经发生变化，如下图所示。

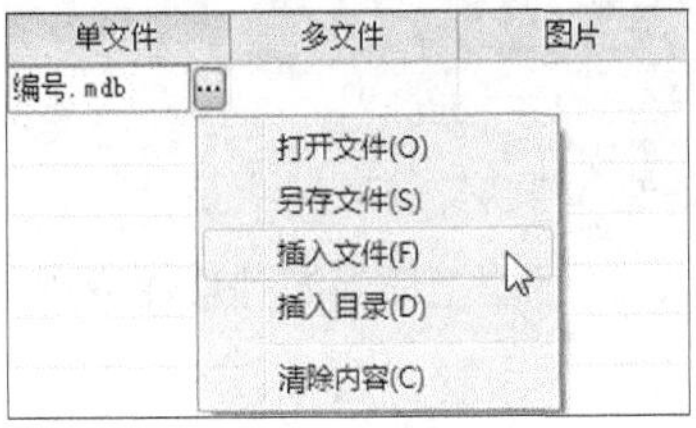

由于当前单元格已经有了插入的文件，因此又多出了【打开文件】【另存文件】和【清除内容】3个命令。其中，【清除内容】命令仅指清除当前单元格的内容，已经复制过来的文件会依然保留。

当单击【插入目录】命令时，将弹出文件夹选择窗口。如下图所示，就插入了“D:\Test”目录，该目录自动用中括号括了起来。当单击【打开目录】命令时，将自动进入D盘的Test文件夹，如下图所示。

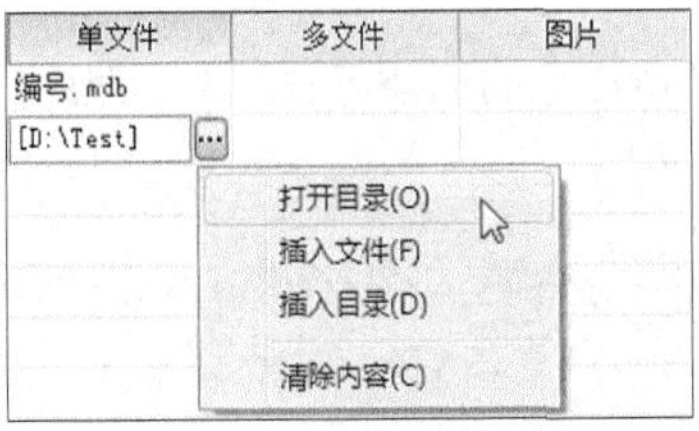

如果对同一个单元格反复执行【插入文件】或【插入目录】命令，则新插入的内容将自动覆盖原来的内容。现在回头再来看一下列扩展中的相关属性设置。

❶ **远程文件**

此属性设置为True时，将对远程服务器上的文件进行管理。关于远程文件的操作，稍后再专门讲解。

❷ **存放目录**

默认情况下，插入的文件都会自动复制一份到Attachments目录中。如果希望将这些附件保存到其他地方，可以通过此属性进行设置。

该属性的值可以是绝对路径，如d:\temp；也可以是相对路径，如temp。当使用相对路径时，系统会在Attachments中再创建一个下级子目录（如temp）。

不过，此属性一般仅需在共享使用文件时才要设置，设置的存放目录也应该是局域网内的共享路径，如\\Server\temp。

❸ 来源目录

如果每次都需要从固定的目录中插入文件，那么可以在此属性中指定来源目录。这样每次插入文件时，都会自动打开这个目录，无需再去手工选择。

❹ 自动复制附件

默认情况下，插入文件时是自动复制附件的。该属性共有3个可选值。

Default：弹出【确认】对话框，由用户选择是否复制附件。

True：直接复制附件。

False：不复制附件。

如果将此属性设置为False，那么所有的操作都是针对源文件的。一旦源文件路径发生变化，将出现打开等错误。因此，强烈建议不要取消复制附件，一般直接使用默认的True即可。

例如，当把“自动复制附件”属性设置为Default时，每次插入文件都会弹出下图所示提示对话框。

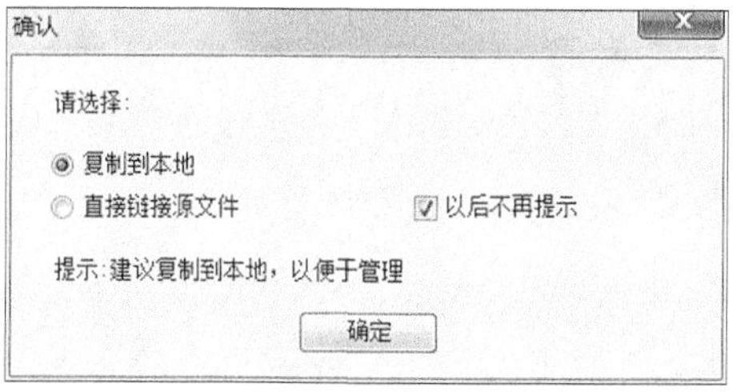

如果选中【复制到本地】单选钮且同时勾选了【以后不再提示】复选框，则系统会自动将“自动复制附件”属性设置为True；如果选中【直接链接源文件】单选钮且勾选【以后不再提示】复选框，“自动复制附件”属性会自动重新设置为False。

当此属性设置为False时，插入的文件将包含完整的源路径，如下图所示。

❺ 自动删除附件

该属性有3个可选值，用于决定删除文件列内容时的对应操作。

Default：弹出【确认】对话框，由用户选择是否删除本地附件。

True：直接删除本地附件。

False：仍然保留本地附件。

按照Foxtable的官方说明，此属性应该仅对复制后的文件有效。但实测表明，如果将“自动复制附件”设置为False、“自动删除附件”设置为True，当使用单元格按钮中的【清除内容】删除文件时，原有位置的文件依然会被删除，请务必切记此种特殊情况（使用Delete等方式直接清除单元格内容时，源文件会正常保留）。

❻ 文件类型筛选

该属性用于指定插入文件时的文件类型，也就是仅列出指定扩展名的文件。

该属性的设置包含两个部分，即文件类型说明及筛选模式，它们之间用符号“|”隔开。其中，文件类型说明可自由定义，筛选模式的格式为“*.扩展名”。例如，限制只能插入文本文件，可设置为：

```
文本文件|*.txt
```

当需要指定多个文件类型时，不同的扩展名之间要用分号（;）隔开。例如：

```
图片文件|*.bmp;*.jpg;*.gif
Office文档|*.xls;*.doc;*.mdb
```

也可同时设置多个过滤器，多个过滤器之间用符号“|”隔开。例如：

```
Excel文件|*.xls|Word文件|*.doc|Access文件|*.mdb
```

2.2.2 多文件输入管理

当扩展列类型为“文件”时，只能管理单个文件或单个目录。如要涉及多文件或多目录的管理，可将“扩展列类型”设置为“多文件”，如下图所示。

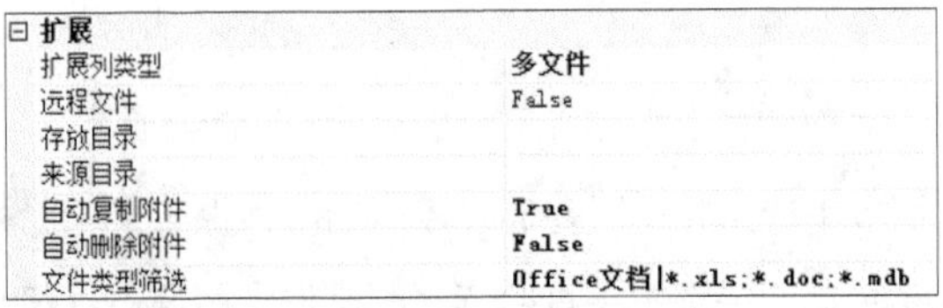

很显然，“多文件”同样有6个属性可做设置，这些属性与“单文件”中的相关属性作用完全相同。不同的是，对于“多文件”类型的扩展列，会自动生成一个列窗口用于管理文件或目录，如下图所示。

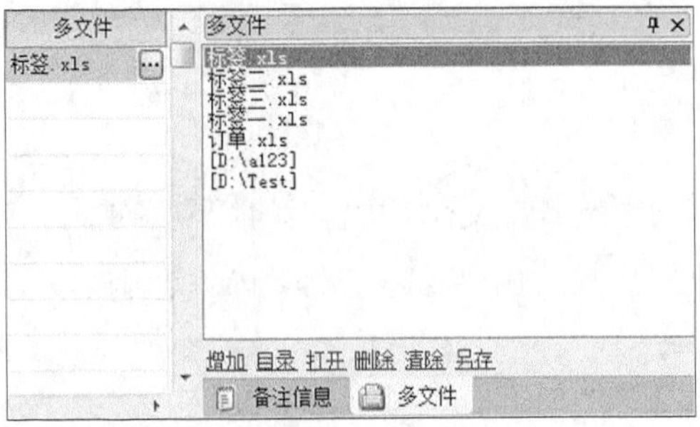

单击单元格上的【…】按钮，也同样会弹出一个多文件或多目录的管理对话框，如下图所示。

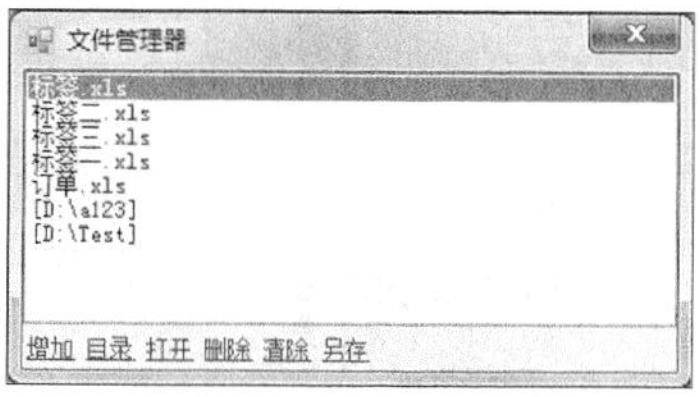

此对话框与列窗口中显示的内容完全相同，操作命令也完全一样，只不过这是一个模式类型的对话框，在关闭该对话框前将无法进行其他的菜单或数据表操作。以下是对话框中所包含的命令说明。

❶ 增加

该命令用于弹出【文件】对话框，可选择一个或多个文件（选择多个文件时可配合“Ctrl”键或“Shift”键），如上图中的所有Excel文件。

❷ 目录

该命令用于增加目录，如上图中以中括号括起来的都是目录。

❸ 打开

打开选定的文件或者目录，也可以直接在文件或目录名称上双击打开。

❹ 删除

删除选定的文件或者目录。

❺ 清除

清除所有文件或者目录。

❻ 另存

另存选定的文件。

2.2.3 图片输入管理

“图片”型的列扩展设置方式和前面两种类型完全相同，管理方式与“多文件”大同小异。它也会生成一个列窗口，只不过因为图片的特性，会同时出现图片的预览缩略图而已。如下图所示，当前单元格存入了多个图片文件。

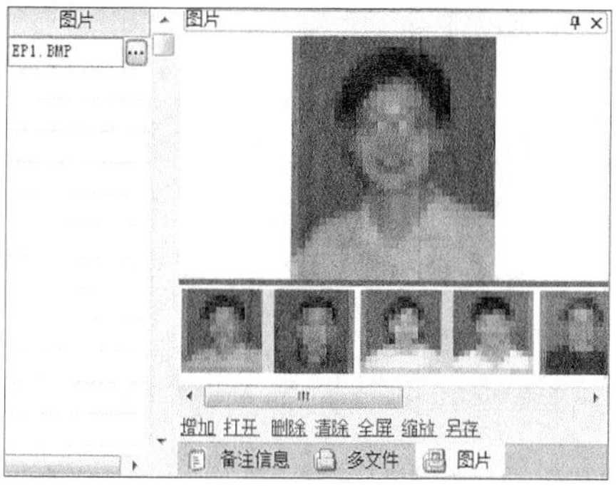

同样地，单击单元格上的【…】按钮，一样会弹出【图片管理器】对话框，如下图所示。

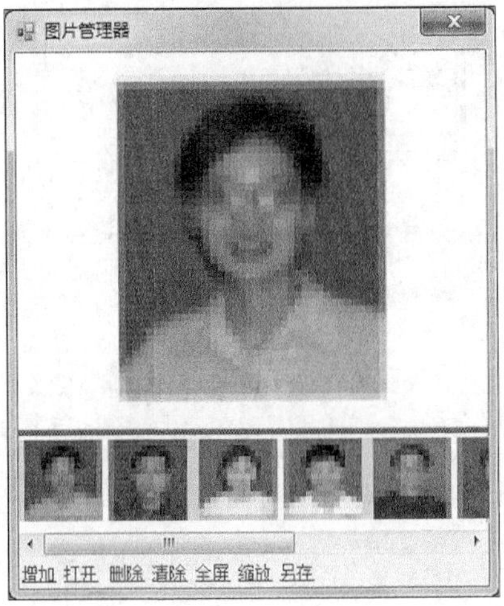

当选中某个图片时，该图片右上角会添加一个红色圆点表示选中标记，同时在窗口中以自适应的方式缩放显示该图片。与“文件管理器”相比，“图片管理器”少了【目录】按钮，多了【全屏】和【缩放】按钮。

❶ 全屏

以全屏方式查看图片。此时，将自动进入“图片浏览”对话框。

由于该对话框默认是全屏显示的，不太方便在数据表中选择记录行，因此该对话框中增加了【上一条】【下一条】按钮，单击这两个按钮可查看上一条或下一条数据记录所对应的图片，如下图所示。

❷ 缩放

以原始尺寸显示选中的图片。再次单击此按钮，又将以缩放形式显示图片。

2.2.4 远程文件（图片）管理

本节之前所学习的“文件”“多文件”和“图片”扩展列，其管理方式都是基于本地的。即便是将存放目录和来源目录设置为局域网内的某个共享文件夹，它仍然是基于本地的。事实上，Foxtable本身已经内嵌了FTP客户端的功能，使用此功能不仅可以共享远程服务器上的任何文档，还可以对远程文件进行管理（如新建文件夹、上传文件、删除文件等）。最主要的是，这些管理能与本地的数据结合起来，使之成为一个真正功能完备的文档管理系统。

❶ 单文件的远程管理

单文件的远程管理要将“扩展列类型”设置为“文件”，“远程文件”设置为“True”，如下图所示。

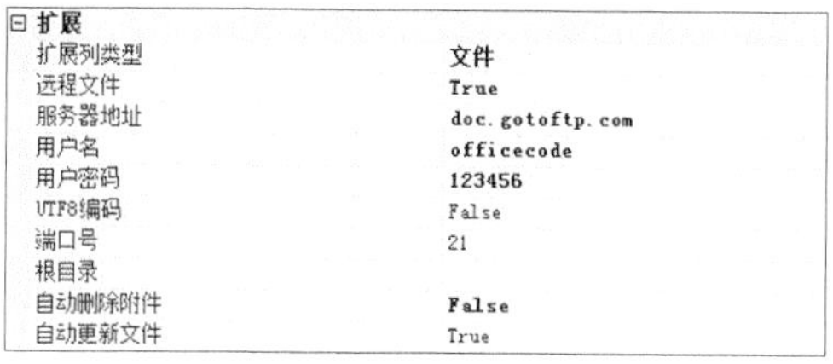

和本地化的单文件管理方式相比，以上可设置属性有以下变化。

第一，没有了“存放目录”“来源目录”“自动复制附件”和“文件类型筛选”4个属性。由于现在处理的是远程文件，这4种属性显然都不适合再使用了。

第二，增加了“服务器地址”“用户名”“用户密码”“端口号”“UTF8编码”“根目录”和“自动更新文件”7个属性。其中，前3个属性是必需的，应根据实际情况设置；“端口号”默认为21，如不是此默认值可自行修改；“UTF8编码”是指你所用的FTP服务器编码方式，当出现乱码时可将此属性改为“True”；至于“根目录”和“自动更新文件”属性的作用稍后再来探讨。

如此设置之后，单击单元格上的【…】按钮，弹出的菜单和本地方式是完全一样的，如下图所示。

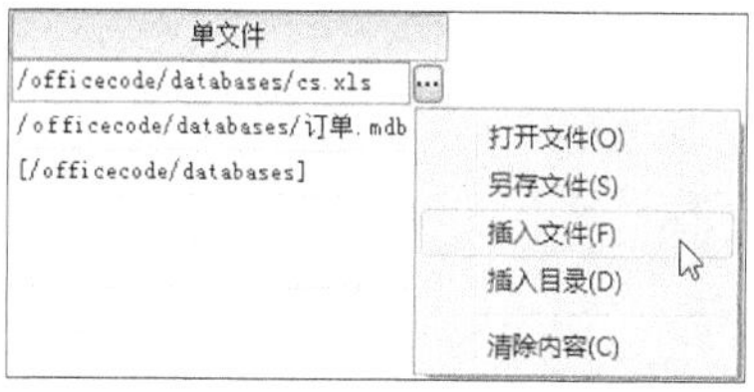

可是，一旦单击【插入文件】或【插入目录】命令，此时打开的不再是本地的文件对话框，而是专门用于选择远程文件或目录的对话框，如下图所示。

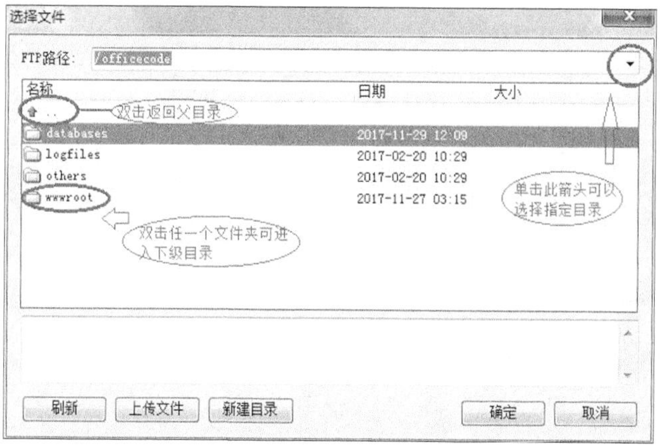

该对话框所列出的文件目录就是你所指定的FTP服务器上的目录。双击其中的任意一个文件夹将进入其对应的下级目录，需要选择某个文件时，双击即可自动填入到当前单元格；如果需要同时选择多个文件，可使用Ctrl或Shift组合键选定多个文件后再单击【确定】按钮（对于"单文件"扩展列，只会将第一个文件选中并填入到相应的单元格中）。

上图同时表明，FTP服务器能够访问到的资源可能很多。为保证服务器数据安全，还可通过设置扩展属性中的"根目录"方式来限制用户访问权限。例如，将"根目录"属性设置为"/officecode/databases"，那么用户将只能访问、管理databases目录下的文件（含子目录）。

如果要插入目录，需要先双击进入指定的文件夹，然后再单击【确定】按钮。插入的内容就是上图"FTP路径"框中所显示的内容，只不过对话框名称改成了"选择目录"，而且列表中只有目录，没有文件，且操作按钮只保留了【确定】和【取消】。

如果你有本地文件要上传到FTP服务器，可以先进入到相应的文件夹，然后单击【上传文件】按钮选择本地要上传的文件即可；如果单击【新建目录】按钮，将在当前文件夹中新建一个子文件夹。

如果当前单元格插入的是远程目录。如下图所示，那么，执行【打开目录】命令时，其弹出的也不再是本地的目录对话框，而是"远程文件管理器"对话框。

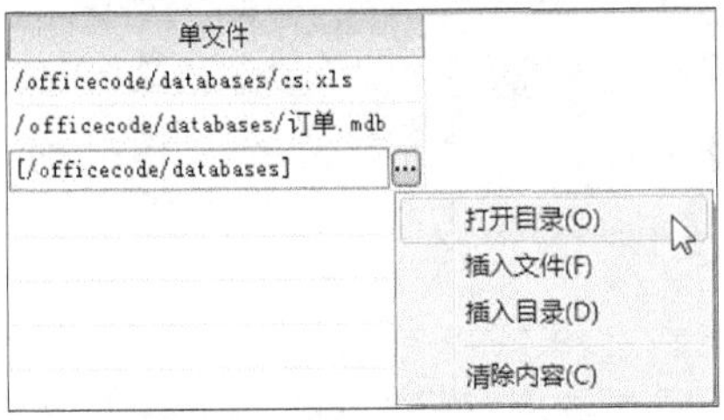

在这个管理器中，将列出该远程目录下的所有文件或文件夹，如下图所示。

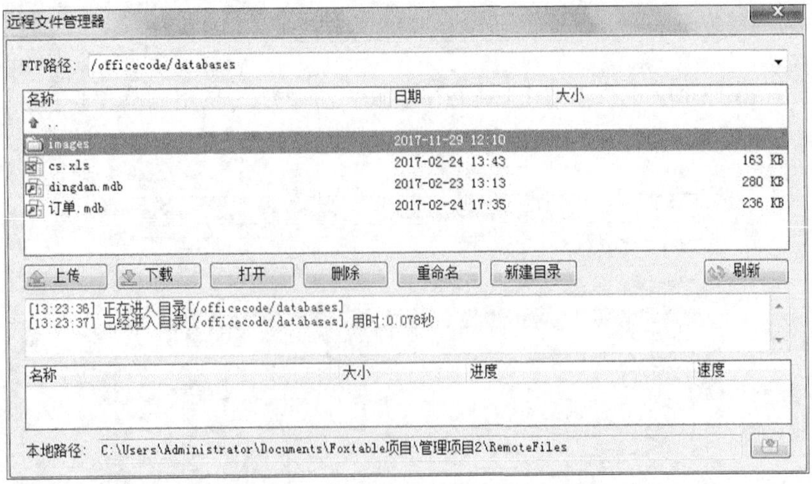

这个"远程文件管理器"其实就相当于一个传统的FTP客户端，在这里可以上传、下载、打开、删除、重命名文件，也可以新建目录。至于这里的"本地路径"是干什么用的，我们稍后再来

探讨。

由此可见，单文件的远程管理和本地化管理，其数据表上的按钮操作菜单都是一样的，仅仅是以下两方面的差别。一方面，插入文件或目录时，弹出的本地文件对话框改成了远程的“选择文件”或“选择目录”对话框；另一方面，打开指定目录时，本地打开的是资源管理器，而远程弹出的是“远程文件管理器”对话框。

❷ 多文件及图片的远程管理

这两种列扩展的“列属性”设置方法和单文件完全相同，无非是将“扩展列类型”由文件改成多文件或图片而已。

它们也同样会生成列窗口，而且单元格操作按钮上的菜单命令与本地完全一致。但是，列窗口中的命令按钮却已经发生改变。

- 【多文件】列窗口增加了【管理】和【重连】两个命令按钮，如下图所示。

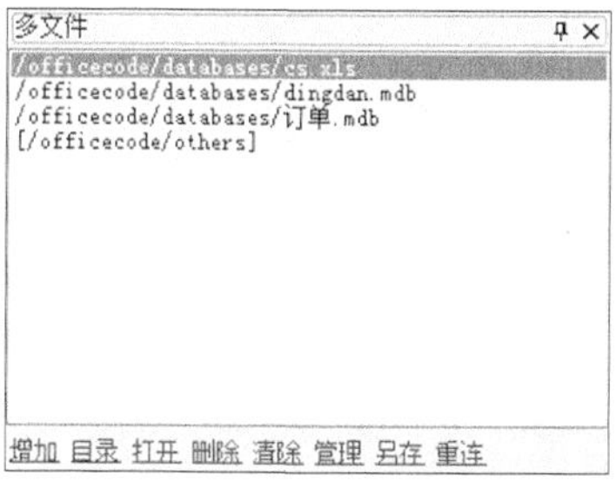

单击【增加】按钮将弹出“选择文件”对话框，单击【目录】按钮将弹出“选择目录”对话框，单击【管理】按钮将弹出“远程文件管理器”对话框。这些弹出的对话框均与“单文件”远程方式下的对话框完全相同，操作方法也完全一样。【重连】则用于重新连接FTP服务器，其他操作按钮的作用均与本地多文件列窗口中的同名按钮相同。

- 【图片】列窗口增加了【管理】【重连】和【更新】3个命令按钮，如下图所示。

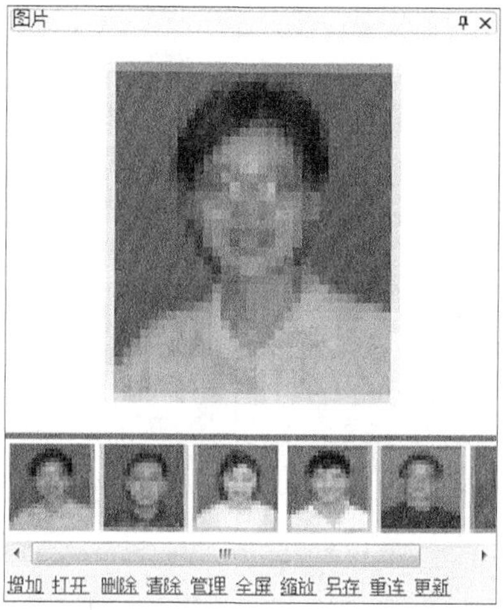

这里的【增加】【管理】【重连】按钮的作用与上同，其他操作按钮的作用也与“本地图片”

列窗口中的同名按钮一致，新增的【更新】按钮稍后再作讲解。

❸ 本地文件与远程文件的处理异同

无论是之前用到的“表属性”→“自定义图标”“列属性”→“列窗口”→“自定义图标”“列属性”→“目录树列表”→“目录树文件”“列属性”→“字典”→“图形字典”，还是本节学习的“列属性”→“扩展列类型”中的文件、多文件或图片，都很好地体现了Foxtable在使用外部文件时的“断开”原则：也就是尽量将用到的外部文件复制到当前Foxtable项目所在的相应子目录中，以避免因为外部文件的调整导致项目运行不正常，也就是尽量与源文件断开！

由于“文件”“多文件”“图片”扩展列中用到的文件属于资源型外部文件，为尊重用户使用习惯，同时也是为了方便用户更灵活地存储这些文件，因而在插入本地文件或图片时，是可以自由选择复制还是不复制的。但对于远程服务器上的文件来说，由于远程访问需要受限于网络等各种因素，为保证项目稳定运行，通过远程插入的文件或图片必须下载到本地，这样即使在没有网络时也可正常使用已经保存到本地的文件。因此，对于远程方式下的“文件”“多文件”“图片”扩展列来说，都不再有“自动复制附件”属性，只要插入了远程的文件或图片，都会自动下载到本地Foxtable项目文件所在目录的RemoteFiles子文件夹中，这个也正是“远程文件管理器”中所显示的本地路径。

但这里同样有个问题：对于已经下载到本地的远程文件，当再次访问此文件时，难道还要继续下载？这样不仅浪费网络流量，更影响文件访问效率！为此，Foxtable专门针对远程文件（图片）增加了“自动更新文件”属性：该属性默认为True，当打开某个远程文件时，系统首先会在本地的RemoteFiles目录中查找此文件；如果本地存在此文件，会将此文件和FTP上的文件进行比较：如果FTP上的文件比较新，将重新从FTP下载并打开此文件；否则直接打开本地文件。如果将此属性设置为False，将关闭上面所述的文件自动比较和更新功能，始终优先使用本地文件：当本地文件存在时，不论它新旧与否都是直接打开；只有本地不存在此文件时才会从FTP上下载并打开。

此外，Foxtable还专门针对图片型的扩展列增加了一个“自动下载图片”的属性，如下图所示。

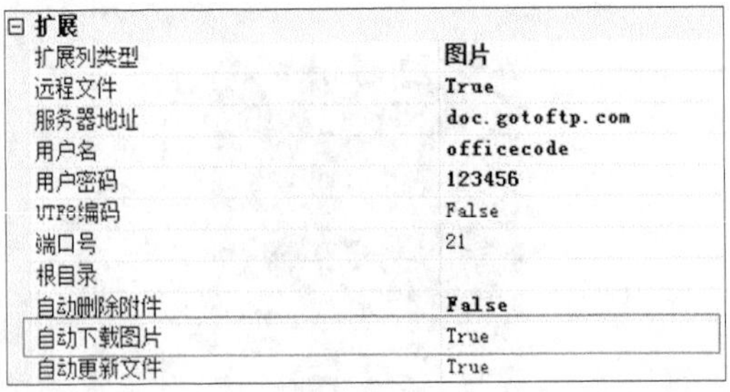

默认情况下，该属性的值为True，也就是自动从FTP下载并显示图片。如果你的网速不错而且所使用的图片不是太大，会感觉和管理本地图片的效率差不多。如果你的网速不是很快或者不太稳定，建议将此属性设置为False。

一旦将“自动下载图片”属性设置为False，那么就关闭了图片的自动下载功能。此时，不论是在列窗口还是在图片管理器中增加FTP图片时，都仅仅在数据表中记录文件名称，不会自动下载此图片文件到本地，如下图中的“EP9.BMP”所示。

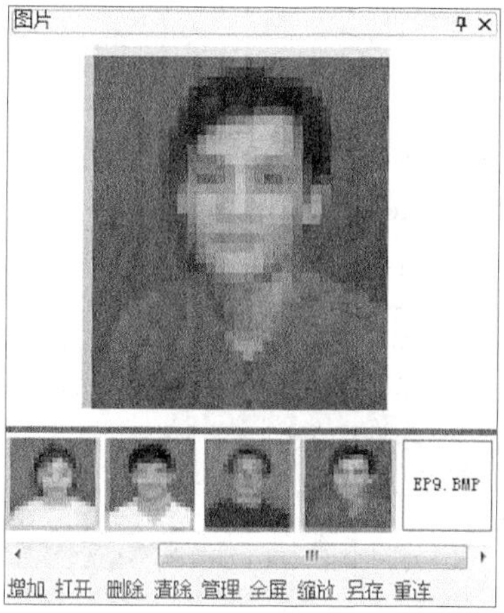

对于这种只有文件名、没有下载具体文件的图片，只有双击文件名才会从FTP下载；所有已经下载到本地的图片都会自动显示，即使在图片上双击也不会重新下载，只会打开。如果要强制重新下载图片，可以按住“Ctrl”键的同时再双击。

另外，当“自动下载图片”属性设置为False时，“图片管理器”和列窗口中都会减少一个【更新】按钮（读者可以将此图和上幅图片进行比较）。该按钮只有在“自动下载图片”属性为True时才会出现，它的作用和“Ctrl+双击”组合键相同，都是用于强制重新下载图片，只不过此按钮更新的是当前单元格中的所有图片。

2.3 独具特色的窗口操作

截至目前，已经接触到了Foxtable中的多种窗口。除了Foxtable系统本身提供的各种对话框外，用户可以用来输入或管理数据的窗口主要包括两大类，即关联表窗口和列窗口。

Foxtable的【日常操作】功能区中也提供了专门的【窗口】操作菜单，如下图所示。

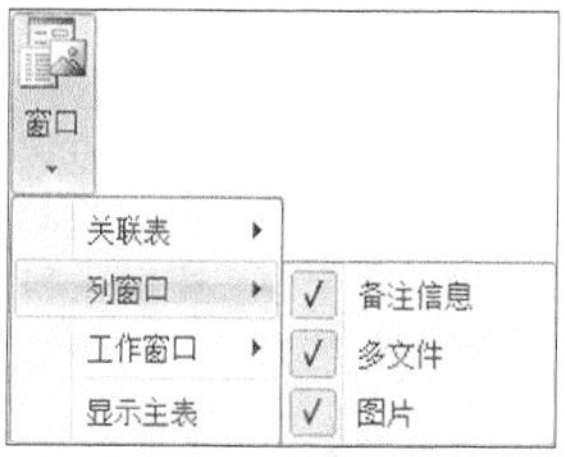

很显然，Foxtable中供用户操作的窗口分为三大类，即关联表窗口、列窗口和工作窗口。除了工作窗口需要在Foxtable编程中创建外，其他两大类窗口都是随着用户的各种日常操作而自动生成。

2.3.1 关联表窗口

关联表方面的知识已经在第1章中辟出了专门一节来做过详细讲解，它其实提供了一种便捷的多表数据管理方式（包括跨表数据的关联输入）。对于关联表来说，只有在设置关联时使用了单向或双向生成模式，才会生成关联表窗口。

当一个数据表存在多个关联表窗口时，默认是并列显示的，如下图所示。

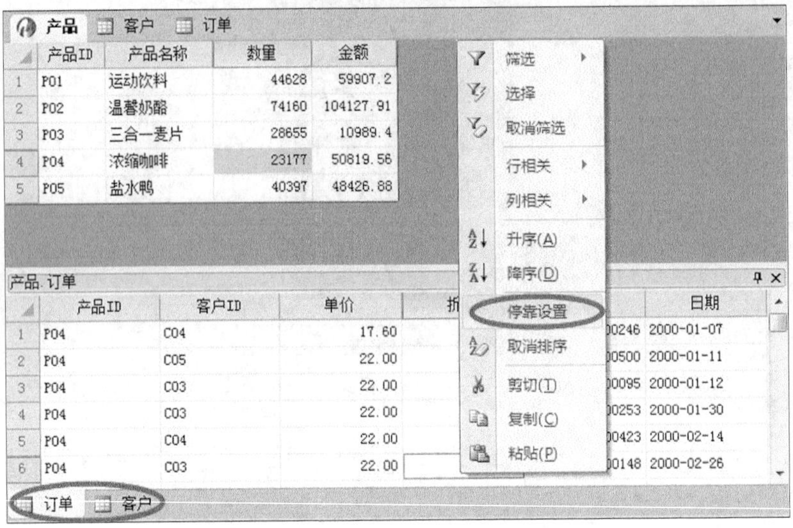

如果关联表的列数较多，用默认方式比较好，因为可以同时查看关联表中更多的列数；如果关联表的列数较少，那么最好通过设置让关联表以平铺的方式显示，这样可以同时查看两个甚至更多关联表的内容。

❶ 通过菜单方式设置

对于任何一个关联表，其右键菜单中都有【停靠设置】命令。通过此命令可以重新安排当前关联表的显示位置和排列方式。

选择【停靠位置】命令，将弹出下图所示的设置对话框。

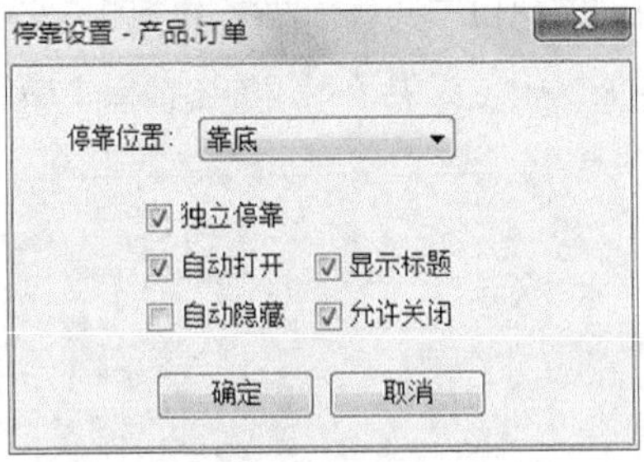

看了此窗口的设置项目，是不是有种似曾相识的感觉？是的，这里的设置项和【列窗口】中的设置项意思完全相同，只不过关联表窗口是通过右键菜单中的【停靠位置】命令进行设置，而列窗口是通过【列属性】中的属性进行设置。由此可见，关联表窗口和列窗口在性质上是完全一样的，都属于停靠窗口（也就是沿着数据表的外围进行停靠，可上、可下、可左、可右）。

由于关联表是基于其他数据表派生而来的，因而无法对关联表再单独设置列属性，只能通过此方法处理。假如要将上述两个关联表并排显示，可勾选“独立停靠”复选框，效果如下图所示。

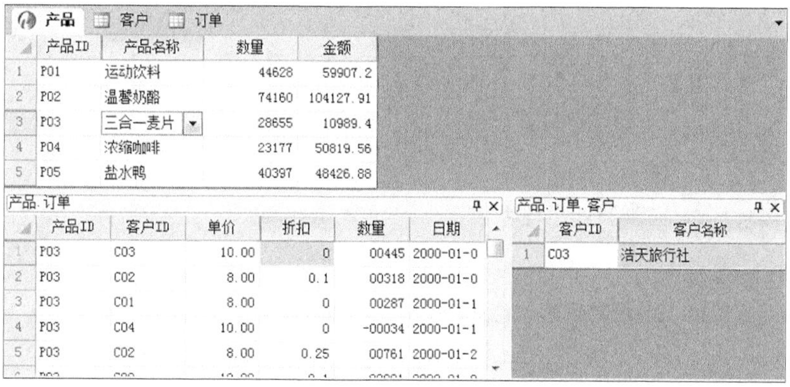

如果将关联表隐藏，则呈现的是下图所示效果。将光标移动到相应的关联表上稍微停留一会，它会和列窗口一样再次显示。

❷ 通过鼠标拖曳方式设置

按住关联表下方的标题页签进行拖曳，也能实现类似的平铺效果。

如果当前表既有关联表窗口，也有其他列窗口，通过设置或拖曳一样可以将关联表和其他列窗口混合停靠在一起。

如下图所示，这是常规的停靠效果（关联表窗口在下方，列窗口在右侧）。

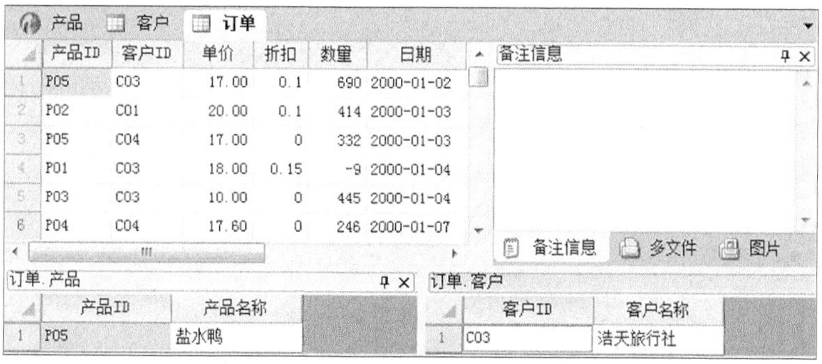

如果将3个列窗口也设置在底端显示，则效果如下图所示。

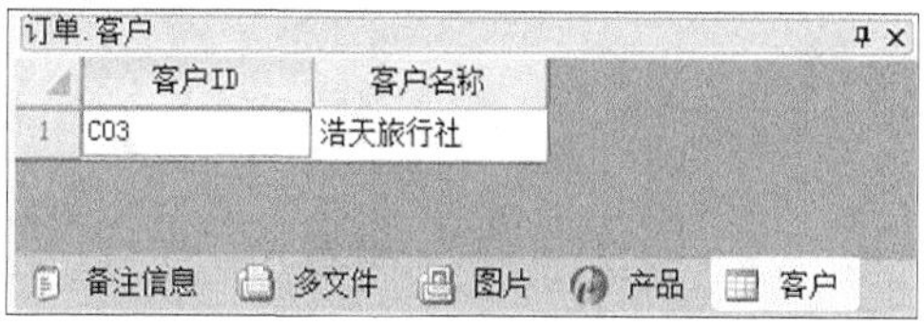

很显然，这里的两个关联表虽然分别是“订单.产品”和“订单.客户”，当它们显示在右侧时，会自动和其他列窗口停靠在一起，而且显示的关联表名称变为“产品”“客户”。

2.3.2 列窗口

列窗口主要包括以下3种，即备注型数据列的列窗口、扩展列为“多文件”或“图片”类型的列窗口。

列窗口的停靠位置、是否隐藏等是通过【列属性】设置的，如下图所示。

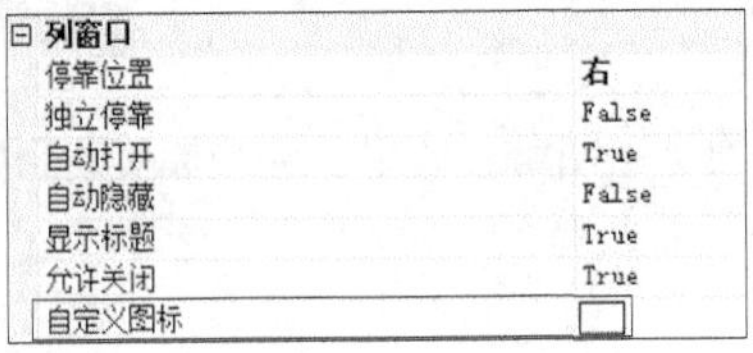

通过和关联表窗口的对比可以发现，列窗口不仅包含了关联表窗口中的所有设置项目，而且还增加了一个“自定义图标”选项。

对于已经拥有了列窗口的数据列，它们在数据表中已无显示的必要，建议将这些进行隐藏，这样会给用户提供一个更加简洁而清爽的操作界面。

不同类型列窗口的使用在上一节中都已经系统学习过，此处此略。

2.3.3 窗口的关闭与打开

默认情况下，关联表窗口在使用单向或双向生成模式创建关联时会自动打开，列窗口也会在表结构或列属性设置完成后自动打开。

这些窗口在关闭之后，可通过【日常工作】功能区的【窗口】按钮将其再次打开。需要注意的是，该下拉菜单中所列出的窗口是动态的，它会随着当前数据表的变化而变化，如下图所示。

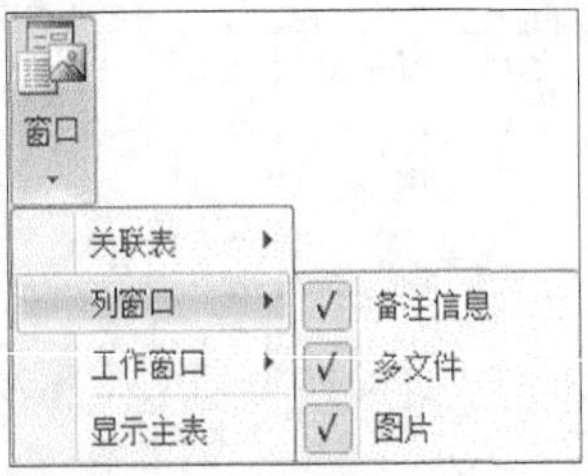

如上图所示，它表明当前数据表共有3个列窗口，即备注信息、多文件和图片。窗口名称前面带勾号标记时，表明该窗口已经打开；没带此标记表明已关闭，单击即可再次打开。

同样地，将光标移动到关联表时，将自动列出当前数据表的全部关联表窗口。

2.3.4 记录窗口

如果一个表有很多列，将不得不左右滚动才能查看全部数据，以至经常顾此失彼，而Foxtable

的记录窗口可以轻松解决这个问题，如下图所示。

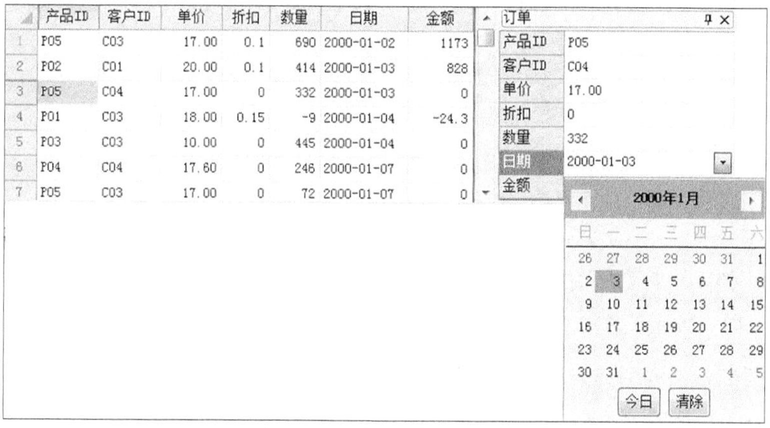

上图表明，记录窗口是以垂直方式显示数据，每次只显示一条记录，在记录窗口中依然可以正常编辑和输入数据。

记录窗口同样属于停靠窗口，但不能通过设置或拖动的方式调整其停靠位置（默认独立显示在数据表的右侧），只能隐藏或关闭。对于任何一个数据表，都可通过配置栏的【记录窗口】按钮将其打开，再次单击该按钮即可关闭（或者单击窗口上的关闭按钮），如下图所示。

为了使记录窗口更好地满足使用需求，数据表中的每个列还可专门针对记录窗口做一些更具个性化的设置。这些设置都在“列属性”中，具体包括3个方面，如下图所示。

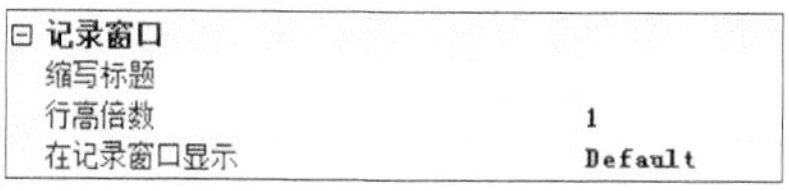

- 缩写标题。过长的列标题肯定是不适合记录窗口的，可通过此属性设置一个较短的标题，仅用于在记录窗口中显示。
- 行高倍数。设置当前列在记录窗口显示时，行高是默认行高的多少倍。
- 在记录窗口显示。默认情况下，数据表中已经隐藏的列不会在记录窗口显示，可以通过此属性明确设置某列是否出现在记录窗口。该属性有3个选项，即Default（默认）、True（强制显示）、False（强制隐藏）。

2.4 信手拈来的数据查询

数据查询中最常用的功能就是排序和筛选。此类功能在Excel中实现起来很方便，但Foxtable

和Excel相比，其操作更具人性化，也会更加的让你体会到什么才是真正的“信手拈来”。

Foxtable关于排序和筛选的操作按钮都在【日常工作】功能区的【排序与筛选】功能组中，如下图所示。

上述功能组中的一些常用功能（如升序、降序、筛选等）在列右键菜单和单元格、区域右键菜单中也有列出，日常工作中可根据自身需要随时调用。

需注意，与数据查询相关的还有一个功能——“查找”，该功能仅仅是将光标定位到所查找到的数据行，并没有数据过滤及筛选功能。关于查找方面的知识可参考第1章的“向数据表添加数据”一节。

2.4.1 数据排序

数据排序都是针对某一列或多列进行的。当需要对指定列进行排序时，必须首先选中它们。

❶ 单列排序

选中要排序列的列标题或者该列中的任意一个单元格，然后单击【升序】或【降序】按钮。

如果想通过键盘快速操作，可以按住“Ctrl”键单击列标题：第一次单击时按升序排序，再次单击时变为降序，可如此反复切换。

❷ 多列排序

如果是连续的多列，可按住列标题选定这些列；也可在表格中选定单元格区域，则这些区域所对应的列都是选中的，接着再单击【升序】或【降序】按钮。例如，下图就是同时对“单价”和“折扣”列的升序排序结果。

	产品ID	客户ID	单价 ↓	折扣 ↓	数量	日期
822	P04	C05	22.00	0.05	585	2000-07-11
823	P04	C05	22.00	0.05	586	1999-01-11
824	P04	C05	22.00	0.05	524	1999-07-11
825	P04	C04	22.00	0.1	423	2000-02-14
826	P04	C03	22.00	0.1	145	2000-03-19

对于连续的多列，其排序顺序为表格中的列顺序，与选定列时的先后顺序无关。如上图所示，即使是从“折扣”列向左拖动选定“单价”列，当执行排序操作时，仍然是先按“单价”排序，再按“折扣”排序。也就是说，在“单价”相同的情况下再按“折扣”排序。

现在希望作以下修改：先按“折扣”列排序，在折扣相同的情况下，再按“单价”排序，怎么处理？

这个其实正是非连续多列的排序方法，只要分别执行一次排序命令即可：先选中“单价”列，执行一次排序；再选中“折扣”列，再执行一次排序。结果如下图所示。

	产品ID	客户ID	单价 ↓	折扣 ↓	数量	日期
850	P05	C02	21.35	0.25	336	1999-09-29
851	P05	C05	21.35	0.25	203	1999-10-03
852	P04	C02	22.00	0.25	280	2000-04-19
853	P04	C05	22.00	0.25	328	2000-04-20

注意：**在多列排序时，不能使用“Ctrl+单击列标题”的方法，此方法会自动恢复为单列排序。**

❸ 取消排序

一旦在表格中执行了排序操作，菜单上的【切换】状态按钮就会变为选中状态。单击此按钮，可以使数据表在“排序”与“非排序”间进行切换。

此外，菜单上还有一个【取消】按钮，也可用于取消排序，但它没有切换功能。

需注意，菜单上的【排序与筛选】功能组有两个取消按钮，不要把它们搞混淆了（另外一个是用于取消筛选的），如下图所示。

❹ 排序标记

进行过排序的列标题右侧会出现一个箭头，这个箭头就是排序标记。其中，下箭头表示升序（由低到高），上箭头表示降序（由高到低）。

如果不希望显示排序标记，可在表样式设置中将“显示排序标记”属性设置为False。

❺ Excel的特别之处

如果你是一个特别钟情于Office的办公能手，这里需要特别指出Excel在排序中的特别之处。例如，同样的数据，Excel可以仅对选中的区域排序，如下图所示。

	A	B	C	D
1	产品ID	客户ID	单价	折扣
2	P05	C03	17	0.1
3	P02	C01	20	0.1
4	P05	C04	17	0
5	P01	C03	18	0.15
6	P03	C03	10	0

排序后的效果（仅仅是选定区域发生了排序上的变化，区域之外的内容没有任何改动），如下图所示。

	A	B	C	D
1	产品ID	客户ID	单价	折扣
2	P05	C03	17	0.1
3	P02	C01	20	0.1
4	P05	C03	18	0
5	P01	C04	17	0.15
6	P03	C03	10	0

由于Foxtable的数据库特性，它无法做到像Excel一样仅仅对某个选定区域的数据进行排序而不扩展到所有列、所有行。也就是说，即使你在Foxtable中只选定了部分区域，但执行排序时仍然针对的是该区域所对应的列，排序后的结果将影响到该表中的全部数据行。

2.4.2 数据筛选

❶ 智能筛选

该功能在菜单中所对应的按钮是【筛选】，如下图所示。

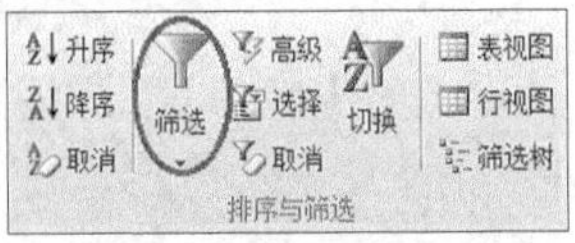

这是一个智能化的下拉菜单按钮。智能化的表现就在于，下拉菜单中的命令不是固定的，它会随着选定单元的内容及所在列数据类型的不同，而出现不同的筛选命令。例如，当前单元格的内容是“P05”，该单元格所对应的“产品ID”列是字符型的列，那么这个下拉菜单所显示的命令如下图所示。

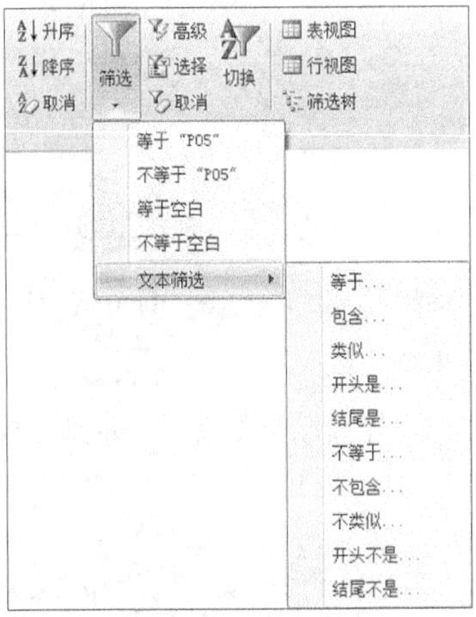

为方便用户的操作，该智能菜单按钮同样会出现在单元格的右键菜单中，且功能更加丰富。

- 字符列的智能筛选

上图所示为一个字符列内容的智能筛选菜单。弹出此菜单后，可根据需要执行以下操作。

- 如果要筛选出所有“产品ID”等于“P05”的订单记录，可以选择【等于P05】命令。
- 如果要筛选出非“P05”的所有订单记录，可选择【不等于P05】命令。
- 如果要筛选出当前列内容为空或不为空的记录，可选择【等于空白】或【不等于空白】命令。
- 指向【文本筛选】命令，还将列出很多子命令，如等于、包含、类似等，几乎囊括了任何可能的文本筛选命令。例如，要筛选的是“产品ID”中所有包含“P”的记录，可单击【包含】命令，然后输入查询关键字即可，如下图所示。

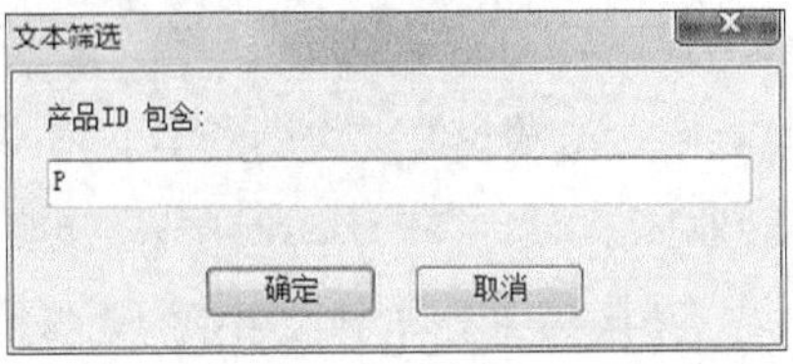

- 数值列的智能筛选

假定在数量列中选择一个单元格的内容为690，智能化的下拉菜单内容如下图所示。

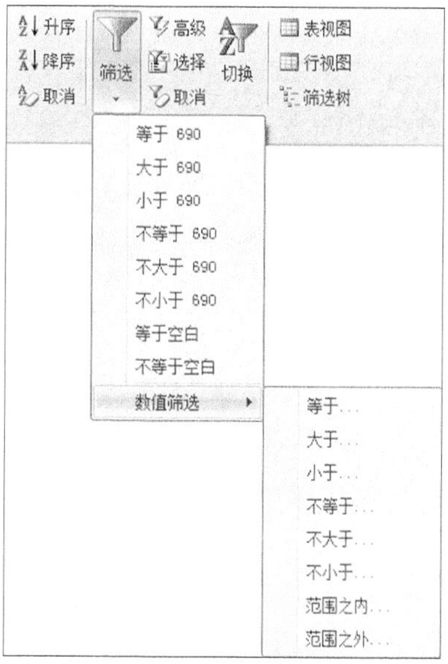

- 日期列的智能筛选

假定在日期列中选择一个单元格的内容为“2000-01-02”，则智能化的下拉菜单内容如下图所示。

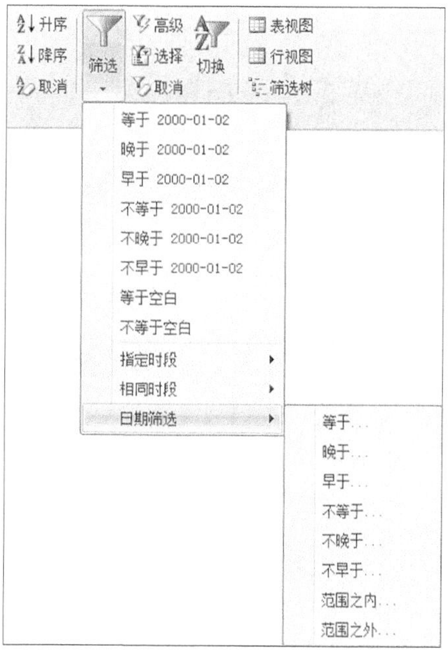

其中，【指定时段】包括以下菜单命令：第一到第四季度的4个季度选项、一到十二月的12个月份选项。假如要筛选日期在第二季度的数据，只需选择【第二季度】命令即可。

【相同时段】包括以下菜单命令：同年、同季、同月、同周、同日共5个子命令。假如当前单元格内容为“2000-01-02”，如果选择【同年】命令，将筛选出所有年份为2000的全部数据。

【日期筛选】包括的下级菜单命令如上图所示。假如要指定一个日期范围，可选择【范围之内】命令，如下图所示。

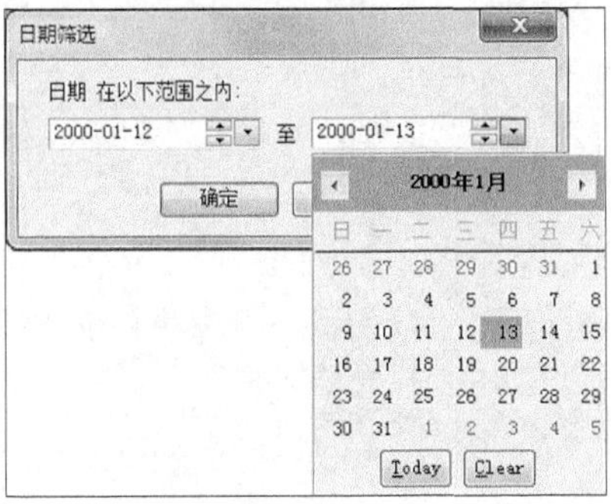

单击【确定】按钮，将筛选出日期范围在“2000-01-12”到“2000-01-13”之间的全部数据记录。

- 逻辑列的智能筛选

逻辑列的智能筛选非常简单，只有两个命令，如下图所示。

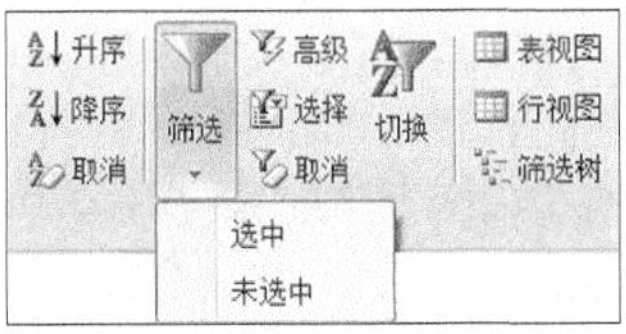

选择【选中】命令，将筛选出所有逻辑值为True的数据记录；选择【未选中】命令，将筛选出所有逻辑值为False的记录。

❷ 按值筛选

按值筛选对应的是菜单中的【选择】命令，单元格右键菜单中也包含此命令。

例如，希望筛选出某几个产品的订单记录，可先选择“产品ID”列，然后选择【选择】命令，如下图所示。

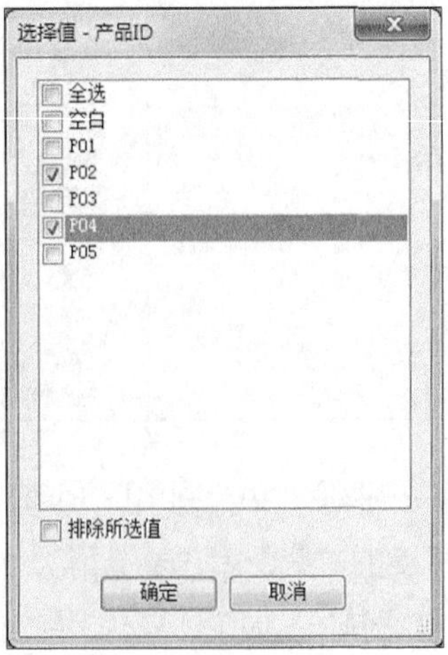

在选择了“P02”和“P04”之后，单击【确定】按钮即可筛选出P02和P04的所有订单记录；如果希望筛选出不包含指定值的数据记录，可勾选“排除所选值”复选框，然后单击【确定】按钮。

和智能筛选一样，这里也可以筛选出内容为空或不为空的记录，只要选择【空白】值即可。

❸ 高级筛选

当筛选条件需要多列内容进行组合时，单一步骤的智能筛选或按值筛选已经无法满足需求。此时可以分步操作。比如，要筛选出“产品ID”为P02、“客户ID”为C03的所有记录，可以先在“产品ID”列筛选出P02的记录，然后再到“客户ID”列筛选出C03的记录。经过这两个步骤后，所得到的就是需要的筛选结果，因为筛选条件是可以继承并进行叠加的。

如果你觉得这种多步操作比较麻烦，而且有些筛选条件可能是经常要用的，就可以使用高级筛选功能，如下图所示。

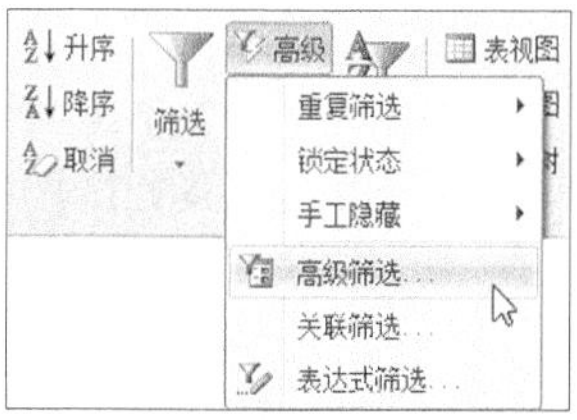

高级筛选作为使用频率非常高的一种查询过滤功能，同样包含在单元格右键菜单中。其设置对话框如下图所示。

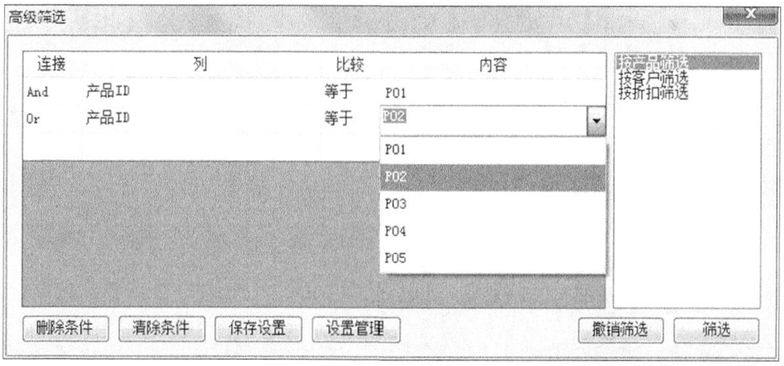

如上图所示，单击【筛选】按钮，将过滤出“产品ID”等于P01或P02的所有数据。

【高级筛选】设置对话框中，每一行都是一个筛选条件，它们通过不同的方式连接起来。连接方式有两种，即And和Or。如果连接方式为And，则只有同时满足所连接的条件才算符合条件；如果连接方式为Or，记录只需满足所连接条件中的任何一个就算符合条件。

所设置的筛选条件可以保存，以方便在后期需要时调用。如上图所示，就保存了3个高级筛选，即按产品筛选、按客户筛选、按折扣筛选。当需要使用其中的某个筛选时，可直接在名称上双击，即可调出该筛选所设置的全部条件，单击【筛选】按钮，也可重新修改后保存。保存修改时，仍然单击【保存设置】按钮，此时可通过下拉列表框选择要覆盖的高级筛选名称，单击【确定】按钮即可，如下图所示。

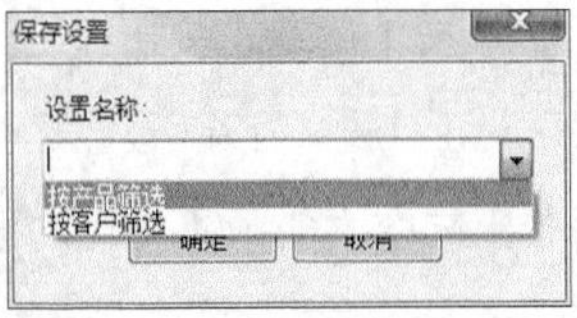

需要说明的是，高级筛选和“智能筛选”“按值筛选”不同，这里的筛选条件不会叠加已经执行的筛选。例如，订单表之前已经执行过一次“客户ID”为C03的智能筛选或按值筛选，那么表中显示的就全部是“客户ID”为C03的数据记录；此时如果再执行上面的高级筛选，它会无视之前的筛选效果，仍然在全部的客户中过滤“产品ID”为P01或P02的记录。

简而言之，高级筛选在执行筛选之前，会先行清空之前的所有过滤条件。

❹ 关联筛选

对于任何两个数据表，不论它们之间是否建立了关联，都可使用关联筛选来快速找出匹配或者不匹配的数据记录。

例如，要在“订单”表中根据本表的“产品ID”列筛选出和“产品”表的“产品ID”列不存在匹配关系的数据记录，可以按下图所示设置。

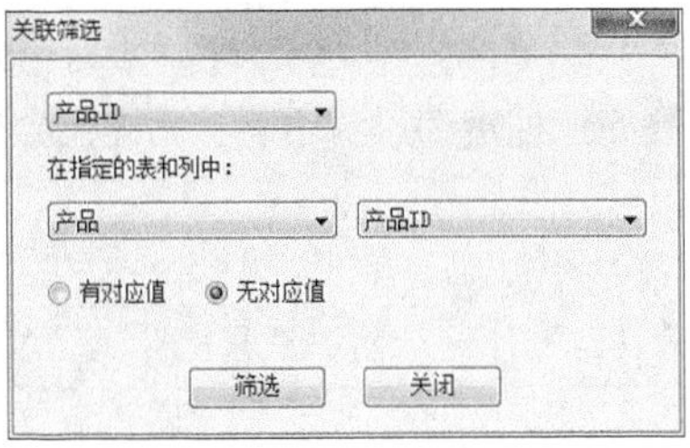

在进行关联筛选时，两个表的比较列名称可以不相同，但数据类型必须相同，且一定要有某种内在联系；否则，这种筛选是没有任何意义的。

关联筛选和“智能筛选”“按值筛选”一样，会在已有的筛选条件基础上叠加执行。

❺ 重复值筛选、锁定状态筛选和手工隐藏数据行

这3种筛选方式仅在一些特殊的情况下才会用到，而且能在已有的筛选条件基础上叠加执行。它们都包含在【高级】下拉菜单中，如下图所示。

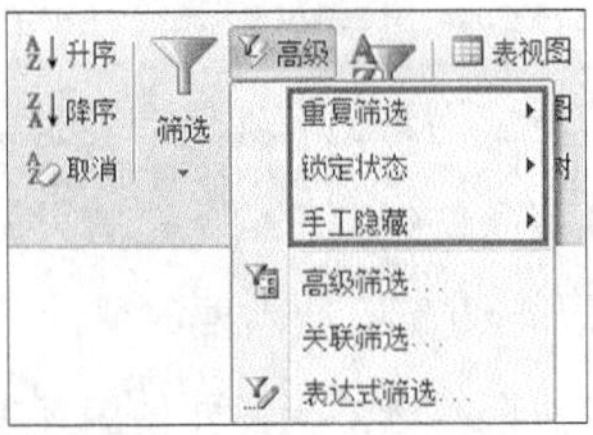

其中，“重复筛选”和“锁定状态”筛选使用频率比较高，同样也包含在单元格右键菜单中。

- 重复值筛选

重复筛选包含4个下级菜单项目，即显示重复值、排除重复值、显示唯一值、显示冗余值。

- 显示重复值：如果当前列中某一个单元格的内容是唯一的，那么该单元格所在行将被隐藏。也就是说，单元格的内容至少在当前列中出现两次，该单元格所在的行才会显示。

- 排除重复值：如果当前列中有多个单元格具备某一相同的值，将只显示其中一个单元格所在的行。

- 显示唯一值：如果当前列某一单元格的值是唯一的，不存在重复，那么该单元格所在的行将显示；否则被隐藏。

- 显示冗余值。如果当前列中有*N*（*N*>1）个单元格具备某一相同的值，将只显示其中*N*-1行。

如下图所示，如果在初始表的第一列进行筛选，当“显示重复值”时，由于3和4不重复，所以被过滤掉；当“排除重复值”时，由于1和2都有重复，所以只显示一个；当“显示唯一值”时，由于1和2有重复，所以只显示3和4；当“显示冗余值”时，由于1和2都有3个重复值，其中有两个是冗余的（3-1=2），因此筛选后的数据记录为4行数据。

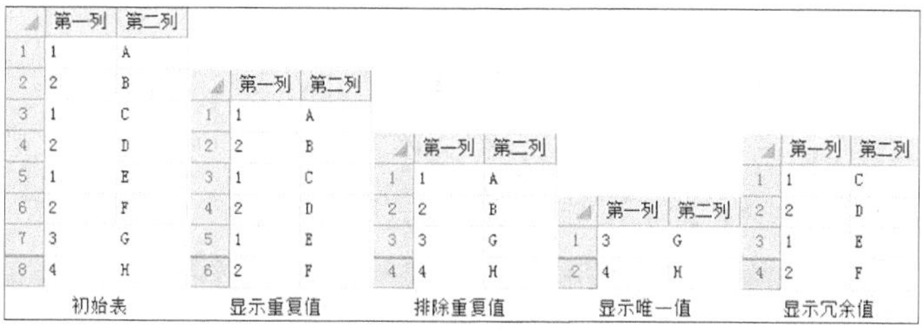

初始表

	第一列	第二列
1	1	A
2	2	B
3	1	C
4	2	D
5	1	E
6	2	F
7	3	G
8	4	H

显示重复值

	第一列	第二列
1	1	A
2	2	B
3	1	C
4	2	D
5	1	E
6	2	F

排除重复值

	第一列	第二列
1	1	A
2	2	B
3	3	G
4	4	H

显示唯一值

	第一列	第二列
1	3	G
2	4	H

显示冗余值

	第一列	第二列
1	1	C
2	2	D
3	1	E
4	2	F

建议读者认真比较上图中的“显示重复值”和“显示冗余值”，以体会两者之间的差别。

- 锁定状态筛选

数据行的锁定状态都记录在列“_Locked”中。由于该列是隐藏的，日常工作中无法通过智能筛选或高级筛选进行处理，只能使用此方法。

锁定状态筛选包含两个菜单命令：“已锁定行”用于筛选所有被锁定的数据记录；“未锁定行”用于筛选出所有未被锁定的数据记录。

- 手工隐藏筛选

手工隐藏就是强制隐藏所选中的数据记录。由于筛选的本质就是将不需要的记录行隐藏掉，因此，这种手工隐藏同样属于筛选的范畴。

不论是通过行号拖曳还是单元格拖曳，其对应的记录行都可手工隐藏。“手工隐藏”包含两个下级菜单命令，即隐藏选定行、隐藏未选定行。

❻ 表达式筛选

表达式筛选是继上述各种筛选之后的终极解决方案。当以上各种方式都无法解决自己的表内数据筛选需求时，可使用此筛选。表达式筛选和高级筛选一样，会直接对全部的数据记录进行筛选，不会叠加已有的筛选条件。

事实上，之前所用到的各种筛选方式，其最终结果也都是在系统内部先生成一个表达式，然后再执行筛选操作。例如，在订单表中先通过智能筛选方式，筛选出“产品ID”等于“P01”“客户ID”等于“C03”的数据记录，此时如果选择【表达式筛选】命令，就能看到这个智能筛选所生成的表达式，如下图所示。

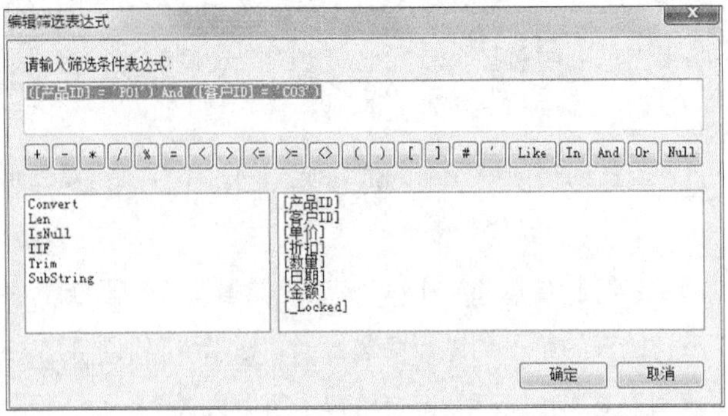

同样地，对于按值筛选、高级筛选等，在这个对话框中也一样能看到它们所生成的筛选表达式。至于关联、重复值、手工隐藏等一些特别的筛选方式，此对话框同样会显示，只不过这些表达式使用的都是一些系统内部命令而已。

因此，当你暂时还不太熟悉如何编写筛选表达式时，可以先使用其他的筛选方式来完成筛选，然后再选择【表达式筛选】命令查看其具体写法并稍作修改即可。例如，通过菜单【锁定状态—未锁定行】筛选出所有未被锁定的记录后，选择【表达式筛选】命令可看到表达式代码如下：

```
([_Locked] = False Or [_Locked] Is Null)
```

如果想获得“产品ID”等于“P01”且未被锁定的记录，可以将上述表达式修改为：

```
([_Locked] = False Or [_Locked] Is Null) And [产品ID] = 'P01'
```

其实，筛选表达式的编写规则和第1章学习的表达式完全相同，而且还更加简单一些。比较两种表达式的编辑对话框就能发现，第1章所学习的表达式中的7个聚合函数在筛选表达式中消失了，只剩下了后面的6个函数。这倒并不是说聚合函数不能用在筛选表达式中，而是因为这些聚合函数一般仅用于关联表的数据统计，故不再列出。

❼ 行视图筛选

行视图是Foxtable中一个非常独特的功能，它能够快速列出不同状态的行，而且能在已有的筛选条件基础上叠加执行。

行视图按钮同样位于【日常工作】功能区的【排序与筛选】功能组中，如下图所示。

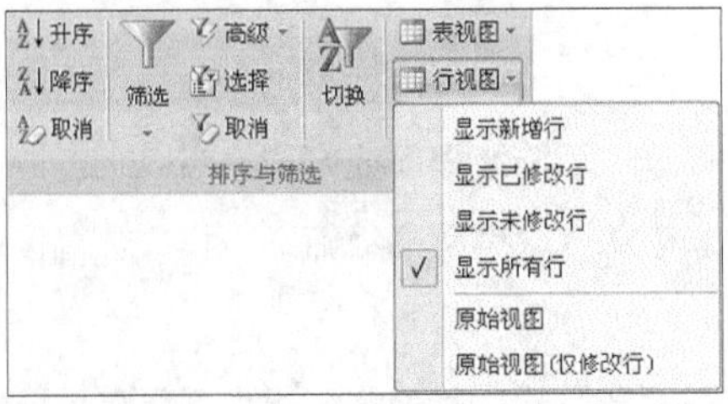

- 显示新增行：显示自上次保存以来新增加的行。
- 显示已修改行：显示自上次保存以来修改过的行。

- 显示未修改行：显示自上次保存以来没有修改过的行。
- 显示所有行：回到正常状态，也就是各种状态的记录行全部显示，这也是默认状态。
- 原始视图：显示除新增行之外的所有行。
- 原始视图（仅修改行）：显示已经修改过的行。

其中，两个原始视图的显示内容都是修改前的，而不是现在的。例如，下图是通过其他筛选方式得到的“产品ID”为P02的数据记录。

	产品ID	客户ID	单价	折扣	数量	日期
1	P02	C01	20.00	0.1	414	2000-01-03
2	P02	C05	19.00	0.1	170	2000-01-13
3	P02	C01	15.20	0	112	2000-01-14
4	P02	C05	15.20	0	441	2000-01-14
5	P02	C03	15.20	0.1	183	2000-01-17

把这里折扣为0的两条记录的数量都改成100。需注意，修改后的数据记录行号颜色已经变为橙色，如下图所示。

	产品ID	客户ID	单价	折扣	数量	日期
1	P02	C01	20.00	0.1	414	2000-01-03
2	P02	C05	19.00	0.1	170	2000-01-13
3	P02	C01	15.20	0	100	2000-01-14
4	P02	C05	15.20	0	100	2000-01-14
5	P02	C03	15.20	0.1	183	2000-01-17

在正常的编辑模式下，如果要查看哪些数据被修改，一般是先选中修改过的单元格区域，然后使用【标识】按钮。但【标识】只能以高亮的形式显示出已经修改过的单元格，如要查看其修改前的内容，必须使用【还原】。可是，一旦执行了【还原】，修改后的内容就没了。

现在，如果执行【原始视图】命令或【原始视图（仅修改行）】命令，则会将原来的内容显示出来，如下图所示。

	产品ID	客户ID	单价	折扣	数量	日期
1	P02	C01	20.00	0.1	414	2000-01-03
2	P02	C05	19.00	0.1	170	2000-01-13
3	P02	C01	15.20	0	112	2000-01-14
4	P02	C05	15.20	0	441	2000-01-14
5	P02	C03	15.20	0.1	183	2000-01-17

原始视图

	产品ID	客户ID	单价	折扣	数量	日期
1	P02	C01	15.20	0	112	2000-01-14
2	P02	C05	15.20	0	441	2000-01-14

原始视图（仅修改行）

尽管正常显示的表格中已经将“数量”修改为100，但原始视图中的数据仍然是修改前的数据，这就是“原始视图”的作用。如要显示修改后的数据，可以选择【行视图】下拉菜单第一个命令到第四个命令中的任一命令。例如，执行【显示已修改行】命令，效果如下图所示。

	产品ID	客户ID	单价	折扣	数量	日期
1	P02	C01	15.20	0	100	2000-01-14
2	P02	C05	15.20	0	100	2000-01-14

行视图筛选在数据输入过程中能起到很重要的作用，它可以非常高效地帮助你完成核对、校验等一系列的检查性工作。

❽ 取消筛选

一旦在表格中执行了筛选操作，菜单上的【切换】状态按钮就会变为选中状态。单击此按钮，可以使数据表在“筛选”与“非筛选”间进行切换。

此外，菜单上还有一个【取消】按钮，也可用于取消筛选，但它没有切换功能。需注意，菜单上的【排序与筛选】功能组有两个【取消】按钮，不要把它们搞混淆了（另一个是用于取消排序的），如下图所示。

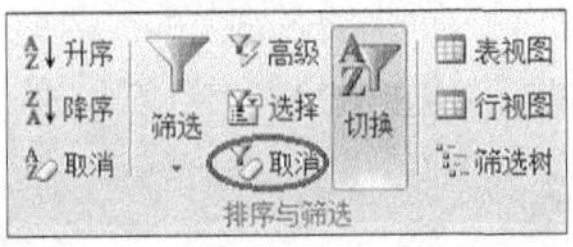

筛选被取消之后，单击【切换】按钮将无法回到上一次的筛选。如果查看“筛选表达式”即可发现，该表达式内容已经被清空。因此，通过删除筛选表达式内容的方式也是可以取消筛选的。

至于行视图的筛选，其取消方式为选择该按钮下拉菜单中的【显示所有行】命令，上图中的【取消】及【切换】对行视图无效。

2.4.3 表视图

表视图就是将指定表中的一些设置保存下来，这样即可方便后期再次使用时快速调用。

例如，已经筛选出“订单”表中ID号为“P01”的产品，并对全部记录按照数量进行了排序。如果这种操作是经常要用到的，可以将其保存到一个自定义名称的表视图中，如P01。同理，可以再定义P02、P03、P04等多个表视图。当以后需要再次执行同样的操作时，只要选择打开指定的视图名称，而无需再次去重复执行筛选或排序操作。“表视图”功能在【日常工作】功能区的【排序与筛选】功能组中，如下图所示。

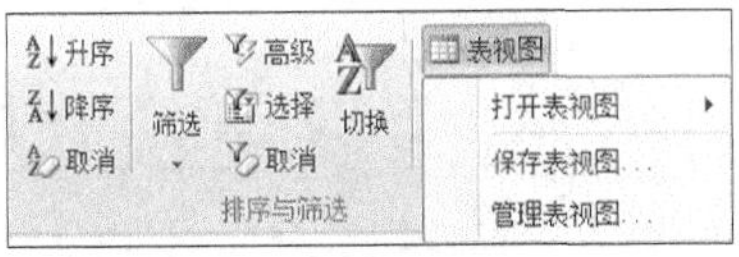

❶ 保存表视图

首先选择好表，选择【保存表视图】命令，在弹出的对话框中输入视图名称，选择要保存的项目，单击【确定】按钮即可，如下图所示。

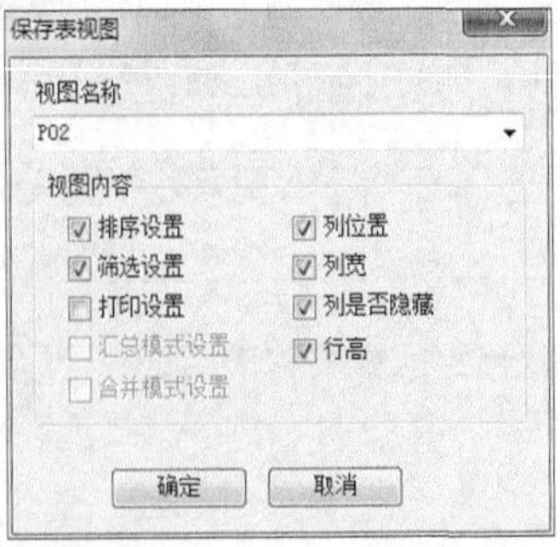

如果要修改表视图，可在视图名称下拉列表框中选择表视图名称，单击【确定】按钮后，当前的设置将覆盖原来的同名视图设置。

由上图同时可以看出，除了排序和筛选外，之前学习过的列位置、列宽、行高等方面的表格调整也可以自由选择是否同时保存到表视图中，这样就可以基于同一个表，生成*N*个结构完全不同的表视图，从而满足自己各种数据查询的需要。

例如，当需要以“客户”为重点来查看数量和金额时，可以将该列调整到最左边的位置，或者直接将无关列隐藏，这样呈现的数据表可能只有3列。一旦将这些设置保存为视图，即使当前表显示的是10列甚至更多，只要选中此视图，就会立即切换到自己重点关注的3列！

至于此视图中的“汇总模式设置”“合并模式设置”和“打印设置”3个选项，稍后将学习到，这里简单知道即可。

❷ 打开表视图

光标指向【打开表视图】命令，会列出所有已经定义好的视图名称，单击其中之一，即可在当前表中自动应用指定表视图中的各种设置。

❸ 管理表视图

单击【管理表视图】命令，可以删除、重命名视图。

2.4.4 筛选树

“筛选树”能够以目录的形式快速筛选出所需要的数据，是所有筛选方式中最为方便的，如下图所示。

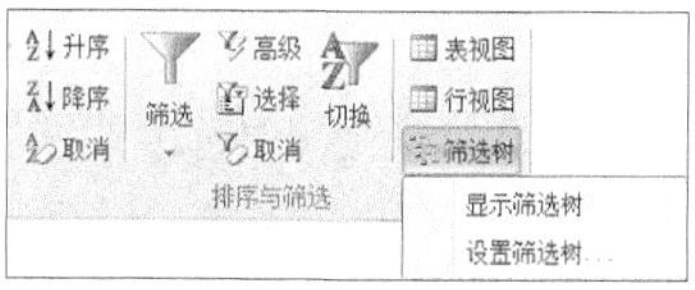

❶ 设置筛选树

执行【设置筛选树】命令，系统将自动根据当前表的数据结构生成“筛选树”设置对话框。例如，对于“订单”表，设置对话框如下图所示。

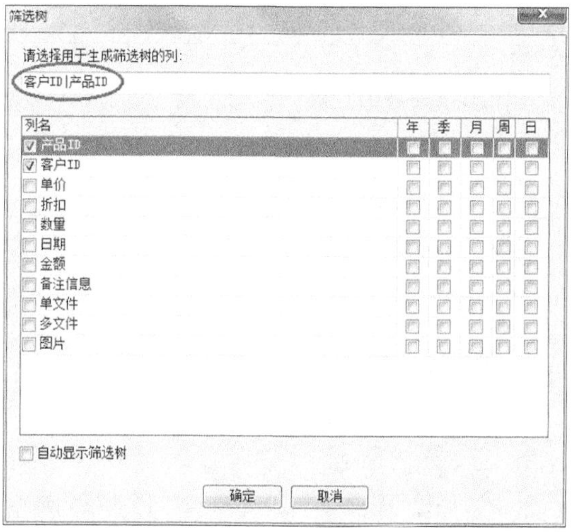

和之前用到的“列扩展”→“多字段”输入中的选择方式一样，这里的勾选顺序将直接影响最终的筛选树生成效果（应注意查看图中所标示出的列顺序）。如上图所示，由于先勾选的“客户ID”，后勾选的“产品ID”，那么生成的筛选树将把“客户ID”作为根级节点，“产品ID”变为二级节点，如下图所示。

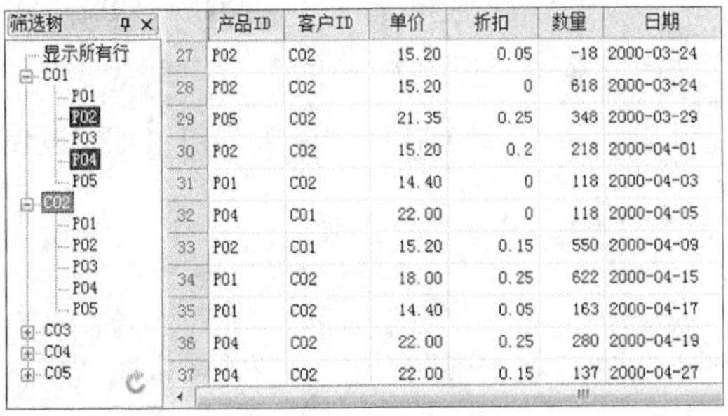

当单击“筛选树”中的某个节点时，表中自动筛选出与之相对应的记录。如要同时筛选多个节点下的数据，可先按住“Ctrl”键，再依次单击各节点。如上图就同时筛选出了一级节点“C01”下面的P02、P04数据以及另外的一级节点“C02”下的所有数据。此时，如果打开表达式筛选窗口，就会发现该筛选树生成的表达式是这么一长串字符：

```
[产品ID] = 'P02' And [客户ID] = 'C01' or ([产品ID] = 'P04' And [客户ID] = 'C01') or ([客户ID] = 'C02')
```

是不是非常方便？当然，如果你想在筛选树的基础上叠加使用其他方式，一样是可以的，请随意！

❷ 关于日期的筛选

当在筛选树中使用“日期”型的列时，默认会同时选中“月”选项，如下图所示。

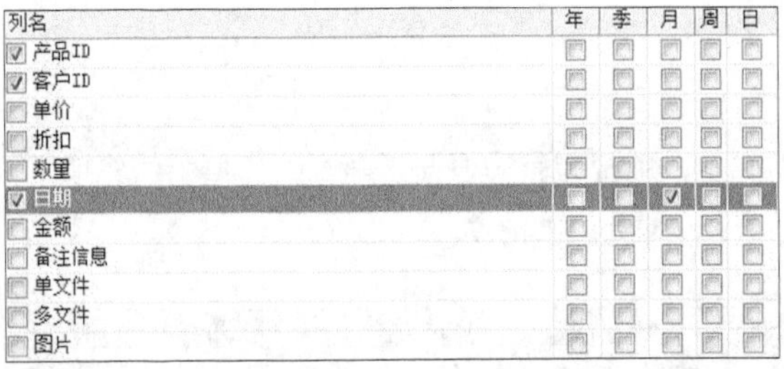

如果不希望使用月份来分组，也可改用其他，如年、季、周、日等。运行效果如下图所示。

这里单击的是2000。由于它表示的是年份，因而会筛选出一级节点为“C01”、二级节点为“P01”中所有年份为2000的数据。如果仅需查看2000年中某个具体月的数据，再单击某个月即可。

如果不希望按日期中的任何一种类型来分组，可将“年”“季”“月”“周”“日”中的勾选全部取消，仅选择日期型的列名。效果如下图所示。

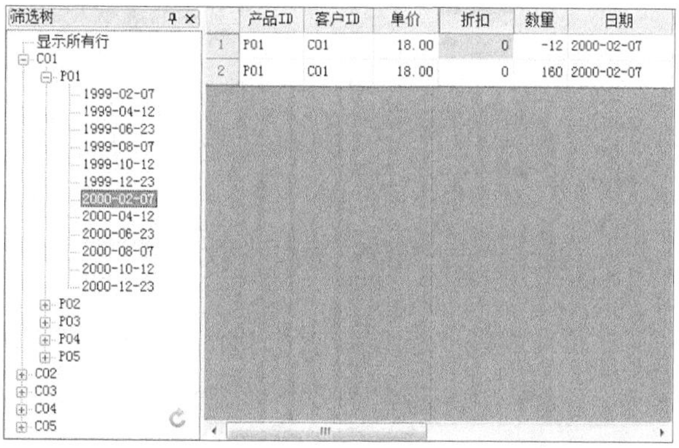

当直接以“日期”列作为筛选树的生成列时，应务必注意其“列属性”中的“日期时间格式”。如果该列保存的仅仅是日期，但却使用了DateTime的时间格式，那么筛选树所生成的日期节点中将包含很多的0。虽然不影响使用，可毕竟交互体验不太好。

❸ 筛选树的显示与刷新

筛选树的设置和宽度是可以保存到项目中的。只需在设置完成后，单击“保存”按钮，那么下次打开项目时，即可按照之前的设置和宽度打开筛选树，无需重复设置；如果希望打开项目后，筛选树可以自动显示，那么需在设置时勾选【自动显示筛选树】复选框。

由于筛选树在本质上仍属于停靠窗口（和之前用到的关联表窗口、列窗口都是一样的性质），因此它也是可以隐藏或关闭的。当筛选树关闭时，可通过菜单执行【显示筛选树】命令让其再次显示。

筛选树右下方还有一个“刷新”按钮，该按钮仅在当前表数据发生改变时才会用到（如对数据进行修改、增加或删除数据行等），以便及时将修改后的表数据内容同步体现到筛选树中。

2.5 可视化的查询表生成器

之前所学习的排序、筛选等功能都是在一个指定的表内进行的。虽然有个关联筛选，但它也仅仅是将其他表作为一个参照，最终的筛选还是在当前表内。

查询表就完全不同，它可以将单表或多表的数据查询结果组合起来，并存放在一个单独的表中。查询表的生成方式和表达式列有些类似，仅仅是来源不同而已：表达式列基于其他列，而查询表是基于其他表。两者的共同特征是都不能编辑修改。

【查询表】在【数据表】功能区的【表相关】功能组中，如下图所示。

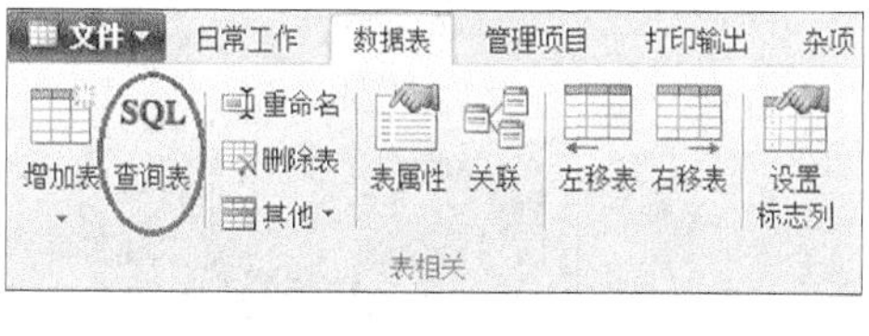

单击【查询表】按钮，将弹出下图所示的【查询表管理】对话框。

当单击【增加】按钮时，将增加新的查询表。查询表和其他普通的数据表一样，可设置名称及标题，并以并列的方式显示在一起；单击标题页签时，可在不同的表之间切换。不同的是，查询表有专门的管理对话框，在这个对话框中可修改、删除或重命名查询表，如上图所示。当然，也可以通过【表相关】功能组中的按钮对其进行操作，如【重命名】【删除表】【查看修改表结构】等。

需要注意的是，查询表不能使用【复制表】功能，表中的数据列不能通过【列相关】中的增加列、删除列、修改列等命令直接对其操作（表达式列除外），此外的其他各种用法与正常的数据表无异。

单击【查询表管理】对话框中的【增加】按钮，将出现两种增加查询表的方式，如下图所示。

2.5.1 查询表生成器

执行【查询表生成器】命令，将弹出【查询表生成器】对话框，如下图所示。

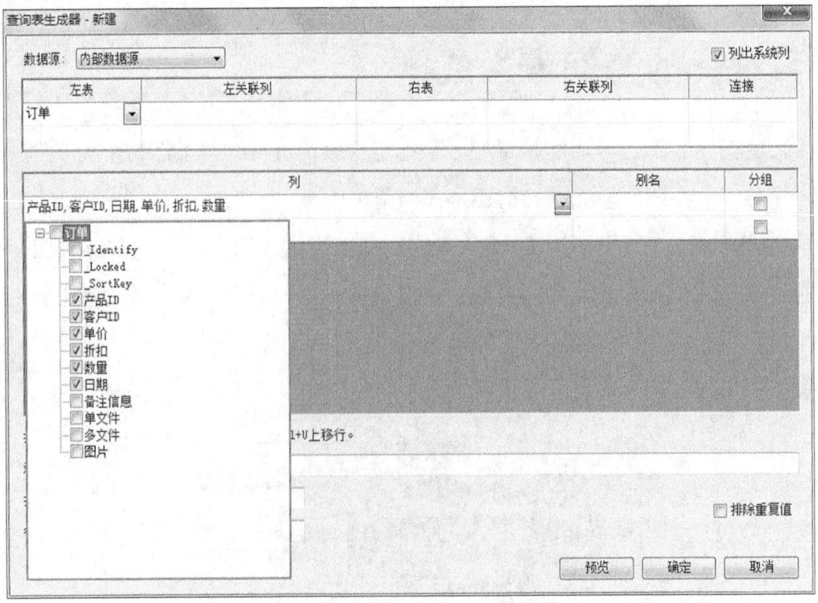

查询表既可根据单表也可根据多表生成。如上图所示，“左表”和“右表”仅仅是对参与生成表的称呼，只要右表为空，就是从单表生成查询表。在上图中，由于只在“左表”中设置了“订单”，右表为空，因此，这个即将生成的查询表就是基于单表的，后面的所有设置项全部都来源于“订单”表。

❶ 列出系统列

该选项位于对话框的右上角。在Foxtable中，凡是通过系统本身创建的数据表，默认都会自动增加3个系统列，即_Identify、_Locked和_SortKey。如果勾选此复选框，那么在选择列时将列出这3个列（如上图中的下拉列表）；如果取消勾选此复选框，这3个系统列会被隐藏。

❷ 选择列

单击“列”的下拉箭头，将弹出下拉列表框。需注意这个下拉列表框中不会出现表达式列。也就是说，表达式列在查询表中是不能使用的。

当需要选中全部列时，单击表名称前面的复选框即可；否则就可根据自己需要的先后顺序依次选中希望出现在查询表中的列。如上图所示，尽管日期列在“订单”表中的位置是靠后的，但由于在选择列时将它排在了单价的前面，因此，在最终生成的查询表中，所选中的列将按照以下顺序显示：产品ID、客户ID、日期、单价、折扣、数量。

单击【预览】按钮，可以看到即将生成的查询表，如下图所示。

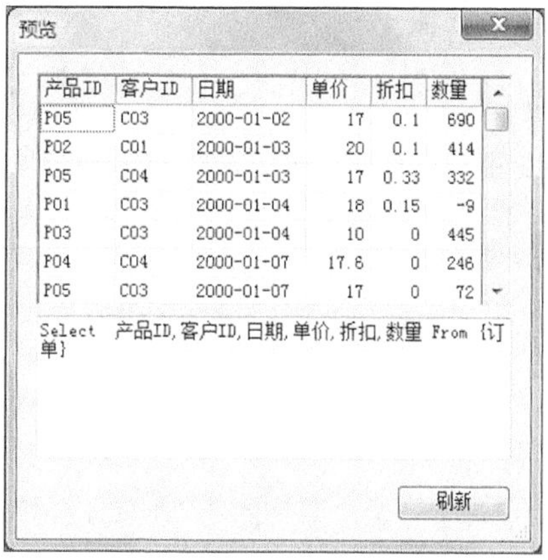

很显然，没有选中的列就不会出现在查询表中。如果不是单击的【预览】按钮而是单击【确定】按钮，将弹出查询表的名称及标题设置对话框，如下图所示。

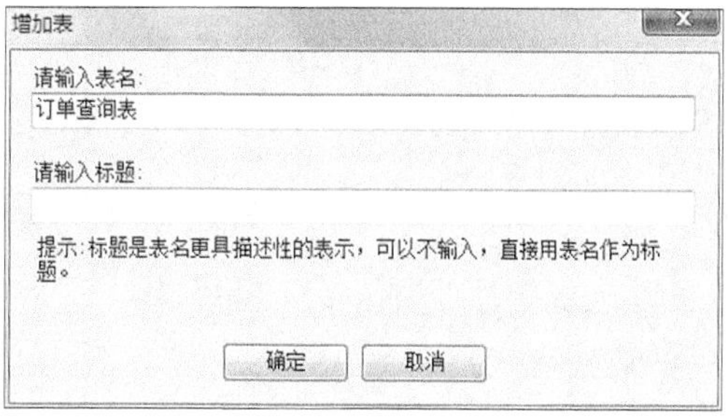

这里的命名规则和第1章学习的创建普通数据表中的规则完全一致。确定后，项目中显示的表将由3个变为4个，如下图所示。

产品　客户　订单　订单查询表

	产品ID	客户ID	日期	单价	折扣	数量
1	P05	C03	2000-01-02	17	0.1	690
2	P02	C01	2000-01-03	20	0.1	414
3	P05	C04	2000-01-03	17	0.33	332
4	P01	C03	2000-01-04	18	0.15	-9

从表面上看，查询表和其他正常的数据表没什么两样，除了它左上角有个锁形标记之外。事实上，如果单击【日常工作】功能区的【锁定表】按钮，查询表也可以解锁。即便如此，修改后的查询表数据仍然无法保存，只能在项目没关闭前临时使用这些修改数据。一旦项目重启，查询表仍然恢复原样，毕竟它是基于其他表生成的。只要基表（原始表）的数据未做修改，查询表中的数据就不会有任何改变。

这里生成的“订单查询表”只有6列。如果你愿意，可以重新指定并组合来源表中的任意列，从而派生出*N*个查询表。这就是说，对于任意一个基础的数据表，都可按自身需求随意生成多个查询表。

❸ 使用别名

选择列时是可以指定别名的。但这种指定只能是给一个具体的列，而不能是多个列。即使给了多个列，也仅对最后一个列有效，如下图所示。

列	别名	分组
产品ID,客户ID,日期,单价,折扣,数量	销售数量	☐

最终生成的查询表将只有最后一列的“数量”被改为“销售数量”，如下图所示。

	产品ID	客户ID	日期	单价	折扣	销售数量
1	P01	C01	1999-02-07	18	0	-49
2	P01	C01	1999-02-07	18	0	162

实际上，别名一般用于动态生成的其他列中，这些动态生成的列类似于表达式列，但却要使用SQL中的语法。因为查询表的本质是用SQL语句完成的，之前学习的表达式编写规则在这里并不适用。

例如，原始的“订单”表中是没有“金额”列的（即使有通过表达式生成的“金额”列，在查询表中也是不能使用的），现在希望在生成的查询表中增加此列。设置如下图所示。

列	别名	分组
产品ID,客户ID,日期,单价,折扣		☐
数量	销售数量	☐
单价*折扣*数量	销售金额	☐

这样在生成的查询表中就会增加一个“销售金额”列，如下图所示。

	产品ID	客户ID	日期	单价	折扣	销售数量	销售金额
1	P05	C03	2000-01-02	17	0.1	690	1173
2	P02	C01	2000-01-03	20	0.1	414	828
3	P05	C04	2000-01-03	17	0.33	332	1862.52
4	P01	C03	2000-01-04	18	0.15	-9	-24.3

由于这里的别名仍然使用的是SQL规则，因此，它可以不受第1章所讲的列名定义规范的限制，别名中使用数字开头甚至空格及各种符号都是可以的。当然，为了后期代码开发的方便，最好不要这么做。

❹ 分组统计

查询表生成器不仅可以根据原始表生成指定列的源数据，还可以直接生成统计表。既然是数据统计，那就肯定离不开聚合函数，表达式中的常用聚合函数在这里同样可用，包括sum、avg、max、min、count等。

例如，要根据“产品ID”和“客户ID”分组，生成“数量”和“金额”的合计数据，可在查询表生成器中设置，如下图所示。

列	别名	分组
产品ID,客户ID		☑
sum(数量)	销售数量	☐
sum(单价*折扣*数量)	销售金额	☐

其中，“产品ID”和“客户ID”作为分组列，该行后面的“分组”标识必须要勾选；“数量”和“金额”作为统计列，要使用相应的聚合函数。生成的查询表如下图所示。

	产品ID	客户ID	销售数量	销售金额
1	P01	C01	1100	1157.184
2	P01	C02	15785	27296.1002
3	P01	C03	7494	17720.1002
4	P01	C04	13630	13157.8201

不仅动态生成的列可以使用表达式，分组列同样可以使用表达式，只不过这里的表达式遵循的都是SQL语句中的规则。例如，在原来的分组基础上再加一个按年份的分组，如下图所示。

列	别名	分组
产品ID,客户ID		☑
Year(日期)	年份	☑
sum(数量)	销售数量	☐
sum(单价*折扣*数量)	销售金额	☐

由于原始表中只有“日期”列，没有“年份”列，因而只能通过表达式从日期列中获取年份然后进行分组。生成的查询表如下图所示。

	产品ID	客户ID	年份	销售数量	销售金额
1	P01	C01	1999	654	538.704
2	P01	C01	2000	446	618.48
3	P01	C02	1999	7532	13374.3601
4	P01	C02	2000	8253	13921.7401
5	P01	C03	1999	3472	8413.2001

是不是觉得“销售金额”列的小数位数有点乱？没关系，查询表一样可以设置列属性，将其小数位数指定成固定的位数就可以了。

❺ 查询条件与排序

假如只希望统计2000年的数据，查询出来的数据同时按“金额”排序，可以在查询表生成器中再加上下图所示的设置。

条件:	year(日期)=2000	
排序:	sum(单价*折扣*数量) desc	☐ 排除重复值
行数:		

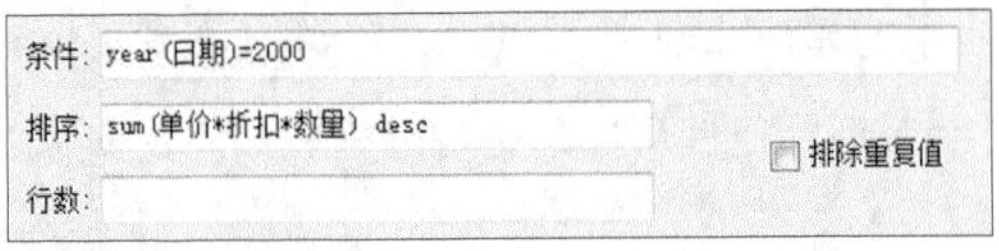

由于原始表中没有年份列，条件中只能使用"year(日期)"表达式；同理，由于原始表中没有"金额"列，用于排序的此列也只能用表达式。当没有指定排序类型时，默认按升序排列（ASC）；上图使用了DESC，表示的是降序排列。生成的查询表如下图所示。

	产品ID	客户ID	年份	销售数量	销售金额
1	P02	C02	2000	8597	16629.75
2	P02	C03	2000	12914	14558.94
3	P01	C02	2000	8253	13921.74
4	P04	C02	2000	3468	13640.88
5	P05	C02	2000	5442	13193.30

可能有的读者会困惑：为什么这个表中的"销售金额"列没有排序标记？请大家务必理解一点：这里的排序是在生成查询表时就已经处理好的，也就是说，该表从一出生就是排序过的，而其他的任何手工排序都是后天的。假如现在再对"销售数量"列降序排序，该列就会出现排序标记；一旦取消此列排序，该表又将恢复到按"销售金额"从高到低的原始排序状态。

在生成查询表时，也可以设置获取的记录数。例如，上面的统计结果得到的全部记录数是25条，如果仅需要前面的3条，可以将行数栏设置为3；指定的行数也可以是百分比，假如要获取10%的记录，可以将行数设置为"10 percent"，那么查询表生成的记录就是3条（25×10%=2.5≈3）。

❻ 排除重复值

查询表中的排除重复值和上一节学习的重复筛选并不是一回事。重复筛选判断的是单元格数据，而这里判断的是指定的所有列数据。

例如，当仅指定一列的排除重复值时，设置如下图所示。

列	别名	分组
产品ID		☐
		☐

提示：按Delete删除行，按Ctrl+D下移行，按Ctrl+U上移行。

条件:	
排序:	
行数:	☑ 排除重复值

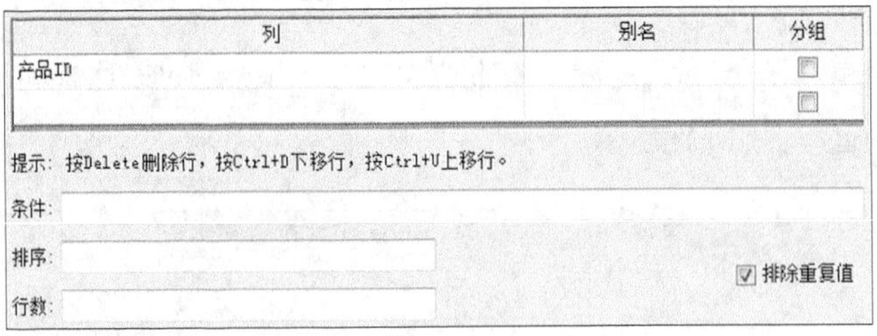

得到的查询表内容如下图所示。

	产品ID
1	P01
2	P02
3	P03
4	P04
5	P05

如果将设定的列改为"产品ID,客户ID"，得到的就是25条记录。这是因为"产品ID"的不

重复值有5条，每个"产品ID"又有5个不重复的"客户ID"，因此总数是25条（每条记录都不重复），如下图所示。

	产品ID	客户ID
1	P01	C01
2	P01	C02
3	P01	C03
4	P01	C04
5	P01	C05
6	P02	C01
7	P02	C02
8	P02	C03
9	P02	C04
10	P02	C05
11	P03	C01
12	P03	C02
13	P03	C03
14	P03	C04
15	P03	C05
16	P04	C01
17	P04	C02
18	P04	C03
19	P04	C04
20	P04	C05
21	P05	C01
22	P05	C02
23	P05	C03
24	P05	C04
25	P05	C05

除了【排除重复值】命令，使用分组也可达到同样的效果。例如，将列设置为"产品ID,客户ID"，同时勾选"分组"复选框，即使不设置统计列，仍然可以获取"产品ID"和"客户ID"列的不重复值，得到的查询表数据记录与上图完全相同。

2.5.2　Select语句生成方式

查询表生成器中所用到的各种设置，恰恰正是SQL语言中select语句最常用的组成部分。

Foxtable是基于数据库的管理开发工具，而SQL则是用于访问和处理数据库的标准计算机语言，它不仅可以查询数据，还能向数据库中添加、更新、删除数据。其中，查询数据就是通过SQL语言中的select语句完成的。

之前学习的"查询表生成器"，其实就是以一种可视化的方式来动态生成select语句，最终得到的查询表结果还是由select语句完成的，如在"查询表生成器"中设置了下图所示项目。

左表	左关联列	右表	右关联列	连接
订单				

列	别名	分组
产品ID,客户ID		☑
year(日期)	年	☑
sum(数量)	销售数量	☐
sum(单价*折扣*数量)	销售金额	☐
		☐

提示：按Delete删除行，按Ctrl+D下移行，按Ctrl+U上移行。

条件：year(日期)=2000

排序：sum(单价*折扣*数量) desc　　　　　　　　☐ 排除重复值

行数：3

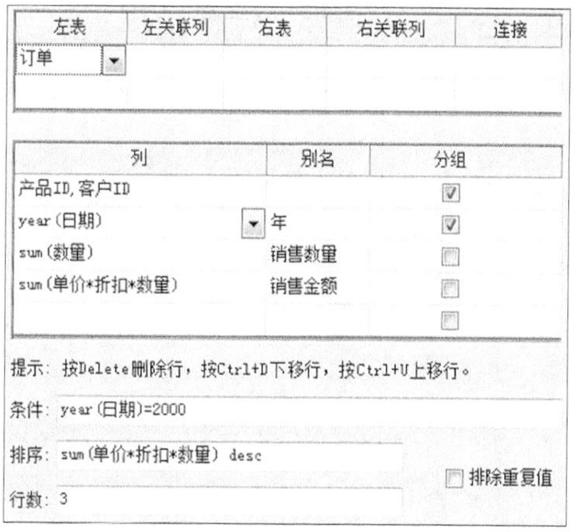

当单击“预览”按钮时，弹出的对话框如下图所示。

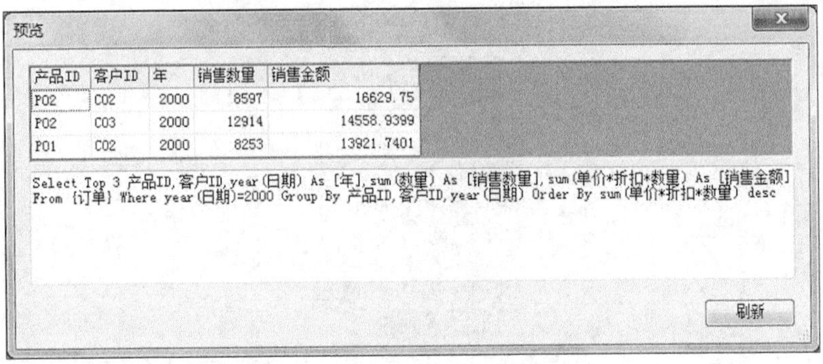

其中，【预览】对话框的上方为数据查询结果，下方则是通过生成器得到的SQL语句。

如果改用【Select语句】的查询表增加方式，然后将上述SQL语句复制并粘贴过来则如下图所示。

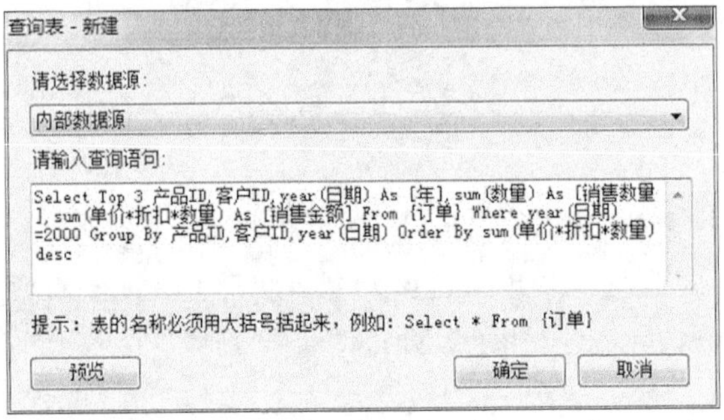

同样可以生成一个统计查询表，如下图所示。

	产品ID	客户ID	年	销售数量	销售金额
1	P02	C02	2000	8597	16629.75
2	P02	C03	2000	12914	14558.94
3	P01	C02	2000	8253	13921.74

select语句并不是本书的学习重点。关于这方面的知识可参考Foxtable自带的电子版帮助文件。

2.5.3 基于多表生成查询表

现在再回到本节一开始提到的问题：如何将“产品”表和“客户”表中的产品名称、客户名称连同“订单”表中的其他数据一起显示到一个查询表中？如下图所示。

	产品ID	产品名称
1	P01	运动饮料
2	P02	温馨奶酪
3	P03	三合一麦片
4	P04	浓缩咖啡
5	P05	盐水鸭

产品表

	客户ID	客户名称
1	C01	红阳事业
2	C02	威航货运有限公司
3	C03	浩天旅行社
4	C04	立日股份有限公司
5	C05	福星制衣厂股份有限公司

客户表

	产品ID	客户ID	单价	折扣	数量	日期
1	P05	C03	17.00	0.1	690	2000-01-02
2	P02	C01	20.00	0.1	414	2000-01-03
3	P05	C04	17.00	0.33	332	2000-01-03
4	P01	C03	18.00	0.15	-9	2000-01-04
5	P03	C03	10.00	0.28	445	2000-01-04

订单表

简而言之，就是如何将“订单”表中两个ID列分别显示为另外两个表中所对应的“产品名称”和“客户名称”。这就涉及多表数据查询的问题。

通过分析发现，“订单”表中的数据通过“产品ID”列和“产品”表建立关系，通过“客户ID”列和“客户”表建立关系。假如要建立“订单”表和“产品”表的关联，可以在查询表生成器中作下图所示的设置。

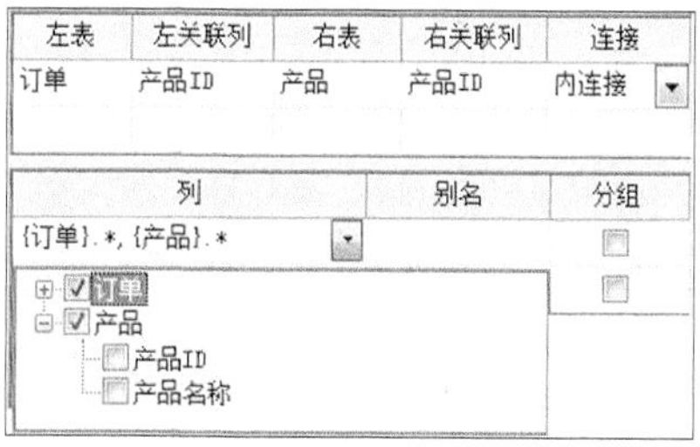

需注意，这里的设置与它们之前是否建立过关联没有任何关系，以上设置仅仅用于生成查询表，与第1章学习的关联表是两回事，更不会生成关联表窗口。用于建立联系的“左关联列”和“右关联列”，它们的列名称未必相同，但其数据类型必须相同。

以上设置将显示两个表中的所有列。为了让数据看起来更加一目了然，将显示的列重新设置如下图所示。

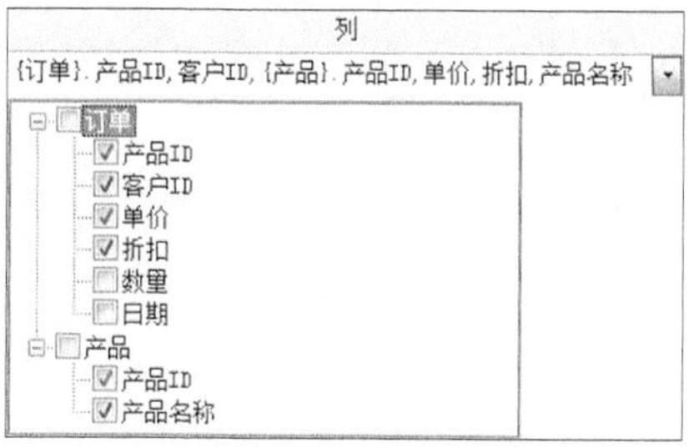

在下拉列表框中完全可以根据自身需要在两个表中交叉选择列，最终所生成查询表中的列顺序将完全依照单击选择时的顺序。如上图所示，先是选中了“订单”表中的“产品ID”和“客户ID”，然后选中了“产品”表中的“产品ID”，接着又回头选中了“订单”表中的“单价”和“折扣”，最后到“产品”表中再选中“产品名称”。最后生成的查询表列顺序为“{订单}.产品ID,客户ID,{产品}.产品ID,单价,折扣,产品名称”，共6列。

细心的读者也许会问：为什么生成的列名中，有的带表名，有的不带表名呢？这是因为多个数据表可能存在列名相同的情况。对于多表中的同名列，当它们显示在同一个查询表中时，必须加上表名进行区分；否则系统将无法知道这个列是来源于哪个表而导致错误。如上例，所选择的6个列中只有“产品ID”列是同名的，因此也就只有这两个列的前面加上了表名。其中，“{订单}.产品ID”表示来源于“订单”表，“{产品}.产品ID”表示来源于“产品”表。预览效果如下图所示。

订单_产品ID	客户ID	产品_产品ID	单价	折扣	产品名称
P01	C04	P01	18	0	运动饮料
P01	C04	P01	18	0	运动饮料
P01	C04	P01	14.4	0.05	运动饮料
P01	C03	P01	14.4	0.25	运动饮料
P01	C02	P01	14.4	0	运动饮料
P01	C03	P01	14.4	0	运动饮料

这就是生成的查询表预览效果。其中，以红框表示的两列来自于产品表，其他列来自于订单表，这样就把两个表中的数据组合到了一起，它们通过“产品ID”建立关联关系。如果不希望在查询表中显示“产品ID”列，可将上述显示的列重新设置为“产品名称,客户ID,单价,折扣”。由于这里已经没有同名列，因此无需再加上任何表名，如下图所示。

产品名称	客户ID	单价	折扣
运动饮料	C02	18	0
运动饮料	C02	14.4	0.15
温馨奶酪	C02	19	0.05
温馨奶酪	C04	15.2	0.2

同理，可以将“订单”表与“客户”表通过“客户ID”列建立关联，然后在查询表中显示“客户名称”。具体设置如下图所示。

左表	左关联列	右表	右关联列	连接
订单	产品ID	产品	产品ID	内连接
订单	客户ID	客户	客户ID	内连接

列	别名	分组
产品名称,客户名称,单价,折扣,数量,日期		☐
		☐

最终生成的查询表如下图所示。

	产品名称	客户名称	单价	折扣	数量	日期
103	温馨奶酪	红阳事业	19	0.2	144	2000-11-12
104	浓缩咖啡	红阳事业	22	0	118	2000-04-05
105	运动饮料	威航货运有限公司	14.4	0	168	2000-10-03
106	三合一麦片	威航货运有限公司	8	0.25	753	1999-01-26

使用生成器创建基于多表的查询时，必须注意以下3点。

第一，对于3个表及以上的多表查询，新增加的连接设置行中右表必须是新增的，左表则必须是之前已经添加过的表。例如，上例所创建的多表查询中，由于在第一行已经添加了“订单”表和“产品”表，那么在第二行再次添加其他表时，左表必须是之前出现过的（如订单表），另一个是新增的（如客户表）。再如，将上面的设置改为下图所示。

左表	左关联列	右表	右关联列	连接
订单	产品ID	产品	产品ID	内连接
产品	产品ID	客户	客户ID	内连接
这是上一行已有的		这是新增加的表		

仍然可以正常运行，只不过得到的查询表结果为空而已（因为“产品ID”和“客户ID”并没有相匹配的记录）。

第二，左表和右表的关联列名称可以相同，也可以不同；但它们的数据类型必须相同。关联列可以设置多个，且左右关联列的数量必须一致且一一对应。例如，左关联列设置了3个列，右边也要有3个。

第三，究竟哪个表应该放左表、哪个表放右表，并没有特别的要求，其最终查询结果完全取决于连接方式。由于Foxtable本身提供的“查询表生成器”最终还是通过生成SQL语句来得到查询表的，为了更灵活地获取数据，强烈建议读者使用select语句的方式来处理多表查询中的连接问题。

2.6 随心所欲的数据统计与图表

众所周知，Excel中的数据透视表功能非常强大。但是，Foxtable一样不弱，某些方面甚至更强。

Foxtable的数据统计与图表功能都集中在【日常工作】功能区的下图所示的两个工作组中。

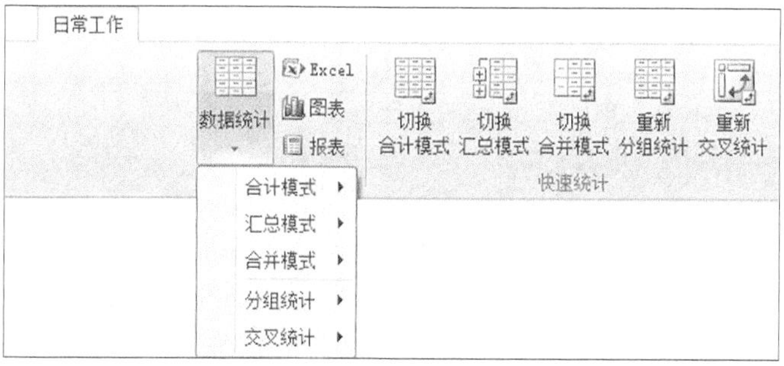

其中，左侧的【数据统计】功能组用于设置并执行各种统计，右侧的【快速统计】功能组用于切换各种统计模式或者重新进行统计。

单击【数据统计】按钮时，将弹出包括各种统计功能的下拉菜单。该菜单中【合计模式】【汇总模式】和【合并模式】命令用于执行表内统计，也就是将统计结果和原来的表数据混合在一起；【分组统计】和【交叉统计】命令则将统计结果单独保存到另外的一个数据表中。

2.6.1 表内统计

表内统计共有3种，即合计模式、汇总模式和合并模式。

❶ 合计模式

合计模式设置起来非常简单。当处于合计模式时，会在表格下方自动增加一个合计行。

假如当前选中的数据表是“订单”，单击菜单中的【合计模式】→【设置合计模式】命令。如下图所示。

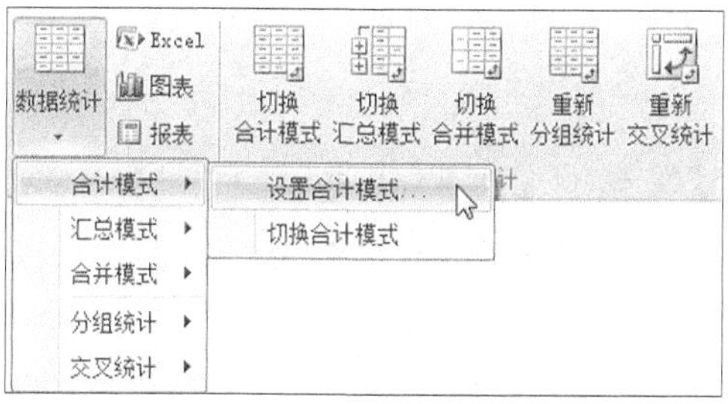

系统会自动列出当前表中所有的数值型列（包括数值型的表达式列），如下图所示。

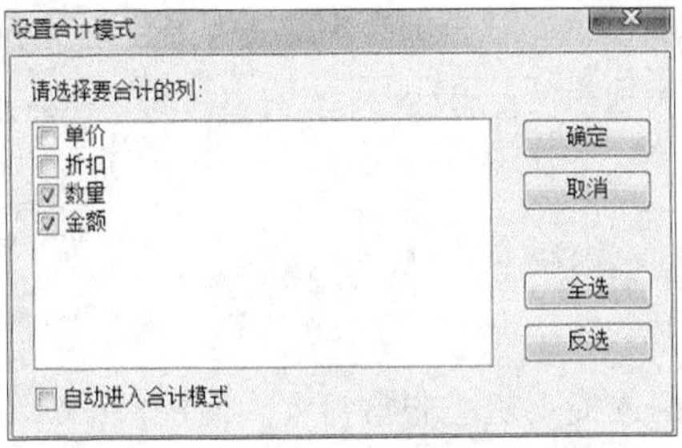

其中，“单价”“折扣”和“数量”都是普通的数据列，“金额”是表达式列。勾选“数量”和“金额”，单击【确定】按钮后，将在“订单”表的最后增加一个“合计”行，如下图所示。

	产品ID	客户ID	单价	折扣	数量	日期	金额
858	P05	C02	17.00	0.2	18	1999-12-25	61.20
859	P05	C03	17.00	0	286	1999-12-27	0.00
860	P05	C01	17.00	0	50	1999-12-28	0.00
861	P02	C02	15.20	0	441	1999-12-29	0.00
862	P02	C03	19.00	0	110	1999-12-29	0.00
863	P01	C02	18.00	0	406	1999-12-30	0.00
864	P01	C05	18.00	0.18	16	1999-12-30	51.84
	合计				211017		274322.82

看起来这个功能很普通，但在实际使用时却非常灵活。比如，在表中进行数据筛选，那么“合计”行中的统计数据会自动变为当前筛选行的合计；如果在表中插入、删除或修改了指定统计列的数据，合计结果也会即时刷新。

再比如，将“产品”表和“订单”表建立关联，并选中关联表，对其设置合计模式。每当在“产品”表中单击不同行时，关联表不仅会动态显示其对应的订单记录，同时还能生成“合计”，如下图所示。

	产品ID	产品名称
1	P01	运动饮料
2	P02	温馨奶酪
3	P03	三合一麦片
4	P04	浓缩咖啡
5	P05	盐水鸭

产品.订单

	产品ID	客户ID	单价	折扣	数量	日期	金额
96	P04	C01	17.60	0.1	95	1999-11-25	167.20
97	P04	C04	17.60	0	257	1999-11-25	0.00
98	P04	C02	22.00	0.25	546	1999-12-02	3003.00
99	P04	C03	22.00	0	368	1999-12-15	0.00
100	P04	C02	17.60	0.2	257	1999-12-23	904.64
	合计				23177		50819.56

查询表同样可以设置合计模式，无非不能保存而已。

如果希望每次打开项目后，当前表能够自动进入合计模式，可以勾选【自动进入合计模式】复选框。

如果希望取消合计模式，可以单击【数据统计】→【合计模式】→【切换合计模式】命令，执行该命令后，当前表将恢复到原始状态。如果觉得使用下拉菜单比较麻烦，也可直接单击【快速统计】功能组中的【切换合计模式】按钮，每单击一次都将在合计模式与普通模式之间进行切换，如下图所示。

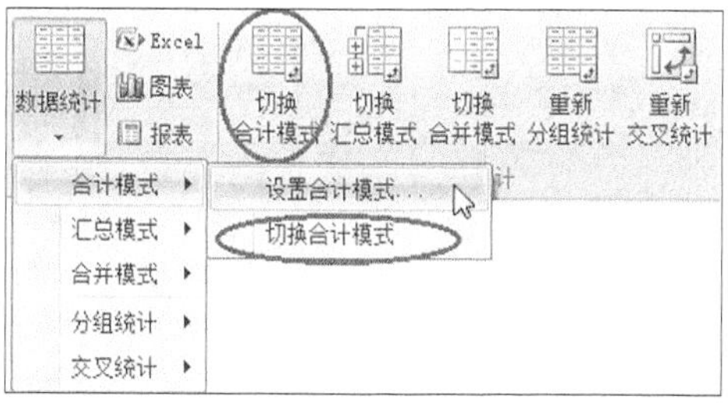

很显然，通过【快速统计】功能组中的切换按钮进行操作是最方便的。需注意，该按钮切换的合计模式始终是最近一次的设置。如果当前表没有设置过合计模式，那么单击切换按钮时将自动弹出设置窗口。

❷ 汇总模式

汇总模式比合计模式强大得多。在汇总模式下，不仅可以在当前表的最后增加汇总行，同时还可以按指定的列进行分组。

和合计模式不同，处于汇总模式下的表其数据是只读的。要增加、删除或修改数据，必须先退出汇总模式。要退出汇总模式，同样单击对应的切换按钮即可。

在菜单的【日常工作】功能区的【数据统计】功能组中，单击【数据统计】按钮，指向【汇总模式】命令，弹出与汇总模式相关的下拉菜单，如下图所示。

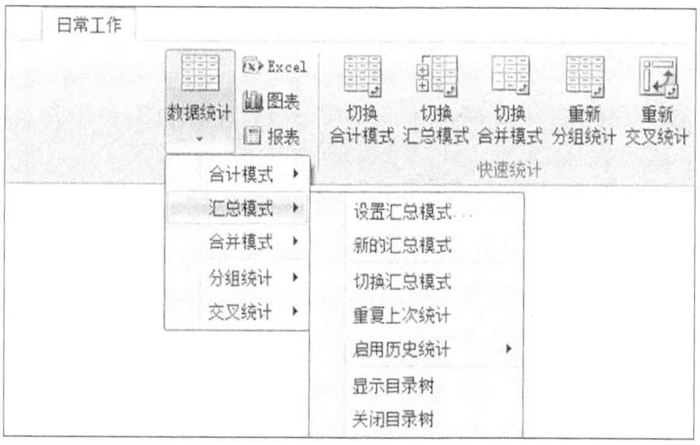

下拉菜单中的各命令说明如下。

【设置汇总模式】：打开汇总模式设置对话框，并加载最近一次统计的设置。

【新的汇总模式】：打开汇总模式设置对话框，不加载最近一次统计的设置。

【切换汇总模式】：可反复在汇总模式和普通模式下切换，该命令和“快速统计”→“切换汇总模式”按钮功能相同。例如，为了输入新的数据，可以先单击该按钮退出汇总模式；新数据输入完成后，再次单击该按钮重新进入汇总模式，以便得到最新的统计结果。

【重复上次统计】：根据最近一次的设置，重新进入汇总模式。

【启用历史统计】【显示目录树】和【关闭目录树】：这3个命令将在接下来的统计设置中一

并说明。

【设置汇总模式】对话框如下图所示。

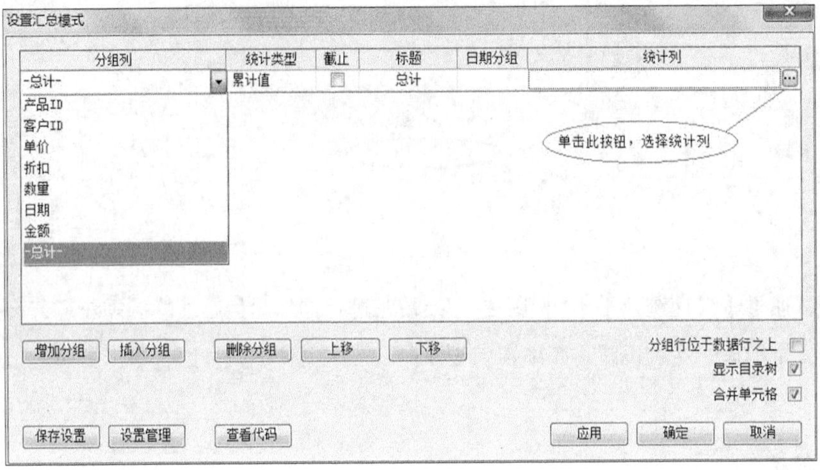

- 设置统计类型和统计列

“统计类型”和“统计列”应该是首先要设置的项目，因为不论如何分组，“统计类型”和“统计列”都应该是相同的。

当设置“统计类型”和“统计列”时，最好将分组列设置为“-总计-”。这是因为，“总计”是最大的分组，该分组设置好之后再添加的其他分组会自动从“总计”分组中继承这些设置。

“统计类型”默认为“累计值”，其他还有平均值、最大值、最小值、记录数、百分比、标准偏差、总体标准偏差、采样方差、总体方差。在这些“统计类型”中，除了“百分比”外，其他都是select语句中用到的聚合函数类型。

“统计列”可设置多个，单击“统计列”所在单元格右边的【…】按钮将弹出【选择统计列】对话框，如下图所示。

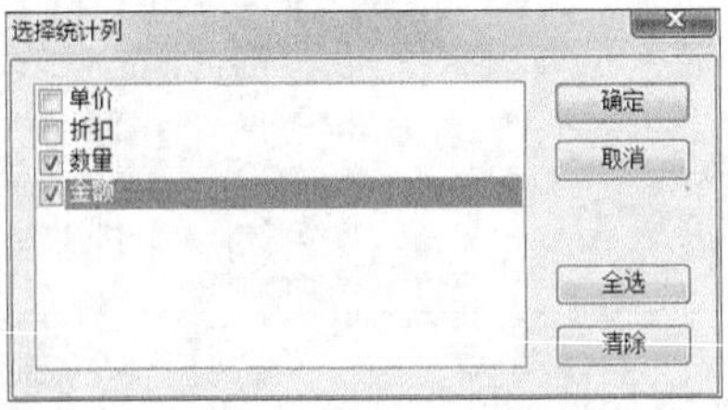

单击【确定】按钮，所选择的“数量”“金额”将被填入到“统计列”中。

需要注意的是，【选择统计列】对话框中的可选列与所设置的“统计类型”密切相关。除了“记录数”外，其他的所有统计类型将仅仅列出数值列。如果当前表没有任何数值型的列，将只能统计记录数而无法完成其他类型的统计。

其实这也很好理解。比如像累计、平均、百分比这些项目的统计，如果不是数值又怎么能统计呢?

- 设置“分组列”

“分组列”是通过下拉列表框选择的，下拉列表框中自动包含当前表的所有列（系统列除外）

及“-总计-”列。

分组列每次只能选择一个，当需要多级分组时，需要单击【增加分组】按钮。

每次增加的“分组列”，都默认设置为“-总计-”，对应的标题为“总计”。当需要改变分组列时，可以单击下拉列表框重新选择。

分组列可以添加任意多个，但要注意分组的位置，应按照从小到大的顺序排列，“-总计-”列要放到最后。排列时可单击【上移】【下移】按钮，也可使用【插入分组】或【删除分组】按钮。

当设置的分组列不是“-总计-”时，“标题”自动设置为“{0} 小计”，这里的“{0}”表示分组名称。例如，当生成汇总模式时，如果某个分组的名称为“PD05”，那么分组标题将显示为“PD05 小计”。

假如在“订单”表中作下图所示设置。

分组列	统计类型	截止	标题	日期分组	统计列
客户ID	累计值	☐	{0} 小计		数量,金额
产品ID	累计值	☐	{0} 小计		数量,金额
-总计-	累计值	☐	总计		数量,金额

则生成的汇总模式效果如下图所示。

1 2 *	产品ID ↓	客户ID ↓	单价	折扣	数量	日期	金额
860	P05	C05	21.35	0	123	1999-07-22	0.00
861	P05	C05	17.00	0	643	1999-09-30	0.00
862	P05	C05	21.35	0.25	203	1999-10-03	1083.51
863	P05	C05	21.35	0.15	293	1999-11-12	938.33
864	P05	C05	21.35	0.2	385	1999-11-25	1643.95
⊟	C05 小计				5963		11755.31
⊟	P05 小计				40397		48426.91
	总计				211017		274322.82

- 目录树操作

当在【设置汇总模式】对话框中勾选了【显示目录树】复选框之后，汇总模式会在左侧显示目录树，这样就能让我们像使用Windows资源管理器一样方便地查看数据。如上图所示，由于之前设置了两列分组，因而在左侧目录树的顶部单击【1】时将仅显示一级分组的统计数据，单击【2】显示二级分组的统计数据，单击【*】展开全部的分组统计和原始数据。

当显示分组数据时，也可单击目录树中的【+】号展开当前节点所对应的下级数据，如下图所示。

1 2 *	产品ID ↓	客户ID ↓	单价	折扣	数量	日期	金额
⊞	P01 小计				44628		59959.04
⊞	P02 小计				74160		104127.91
⊞	C01 小计				9072		1844.80
⊞	C02 小计				8990		7537.60
⊞	C03 小计				4301		5.00
⊞	C04 小计				2738		1602.00
⊞	C05 小计				3554		0.00
⊟	P03 小计				28655		10989.40
⊞	P04 小计				23177		50819.56
⊞	P05 小计				40397		48426.91
	总计				211017		274322.82

如上图所示，当单击【P03小计】节点时，就自动展开该节点下的所有二级分组数据。此时，如果再单击二级节点中的任一个【+】号，又将展开该节点下的全部原始明细数据。

如果不需要这样的目录树，可在【设置汇总模式】对话框中取消“显示目录树”复选框的勾选；或者直接在菜单中执行【显示目录树】→【关闭目录树】命令。

- 分组行显示位置及合并单元格设置

这两项设置如下图所示。

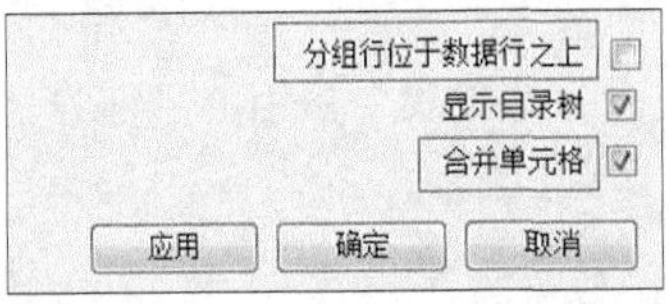

默认情况下，汇总模式下的分组统计行是显示在原始明细数据的下方的。在汇总模式中，这些原始的明细数据记录也被称为数据行。

如果勾选【分组行位于数据行之上】复选框，则显示效果如下图所示。

1 2 *	产品ID ↓	客户ID ↓	单价	折扣	数量	日期	金额
	总计				211017		274322.82
⊟	P01 小计				44628		59959.04
⊞	C01 小计				1100		1157.18
⊟	C02 小计				15785		27296.10
17	P01	C02	14.40	0	582	2000-03-17	0.00
18	P01	C02	18.00	0	444	2000-03-19	0.00
19	P01	C02	14.40	0	118	2000-04-03	0.00

如果取消【合并单元格】复选框的勾选，则分组行不会合并单元格，如下图所示。

1 2 *	产品ID ↓	客户ID ↓	单价	折扣	数量	日期	金额
	总计				211017		274322.82
⊟	P01 小计				44628		59959.04
⊞	C01 小计				1100		1157.18
⊟	C02 小计				15785		27296.10
17	P01	C02	14.40	0	582	2000-03-17	0.00
18	P01	C02	18.00	0	444	2000-03-19	0.00
19	P01	C02	14.40	0	118	2000-04-03	0.00

- 对同一分组进行多种类型的统计

由于统计类型是单选的，当需要对同一个分组进行多种类型的统计时，可以增加多个同名分组列。

例如，要在总计和分组中同时增加对“单价”水平的统计，设置如下图所示。

分组列	统计类型	截止	标题	日期分组	统计列
产品ID	最大值	☐	{0} 最高价		单价
产品ID	最小值	☐	{0} 最低价		单价
产品ID	平均值	☐	{0} 平均价		单价
产品ID	累计值	☐	{0} 小计		数量,金额
-总计-	最大值	☐	最高价		单价
-总计-	最小值	☐	最低价		单价
-总计-	平均值	☐	平均价		单价
-总计-	累计值	☐	总计		数量,金额

虽然看起来设置了很多个项目，实际上只有两个分组列，只是它们的“统计类型”和“统计

列"不同而已。生成的汇总模式效果如下图所示。

1	*	产品ID	↓	客户ID	单价	折扣	数量	日期	金额
⊞		P01 最高价			18.00				
		P01 最低价			14.40				
		P01 平均价			16.70				
		P01 小计					44628		59959.04
⊞		P02 最高价			20.00				
		P02 最低价			15.20				
		P02 平均价			17.66				
		P02 小计					74160		104127.91
⊞		P03 最高价			10.00				
		P03 最低价			8.00				
		P03 平均价			9.48				
		P03 小计					28655		10989.40
⊞		P04 最高价			22.00				
		P04 最低价			17.60				
		P04 平均价			20.94				
		P04 小计					23177		50819.56
⊞		P05 最高价			21.35				
		P05 最低价			17.00				
		P05 平均价			19.63				
		P05 小计					40397		48426.91
		最高价			22.00				
		最低价			8.00				
		平均价			17.26				
		总计					211017		274322.82

- 按日期分组

当选择的分组列为日期型时，还可指定按什么时段来进行统计，如下图所示。

分组列	统计类型	截止	标题	日期分组	统计列
日期	累计值	☐	{0}月 小计	月	数量,金额
日期	累计值	☐	{0}年 小计	年 ▼	数量,金额
-总计-	累计值	☐	总计	年 ▲	数量,金额
				周	
				日	
				时	
				分	
				秒 ▼	

如上图所示，这里的日期先是按年分组，然后再按月分组。生成的汇总模式效果如下图所示。

1	2	*	产品ID	客户ID	单价	折扣	数量	日期 ↓	金额	
	⊞		12月 小计				6019		9774.56	
⊟			1999年 小计				105639		136244.72	
	⊞		1月 小计				7305		10212.30	
	⊞		2月 小计				9577		6101.39	
	⊞		3月 小计				9173		10161.60	
	⊞		4月 小计				11048		19553.91	
	⊞		5月 小计				9660		13152.38	
	⊞		6月 小计				6688		9358.15	
	⊞		7月 小计				7017		9852.78	
	⊞		8月 小计				8511		5655.88	
	⊞		9月 小计				9138		10253.67	
	⊞		10月 小计				10609		19983.42	
	⊞		11月 小计				11125		14942.13	
	⊞		12月 小计				5527		8850.50	
⊟			2000年 小计				105378		138078.10	
			总计				211017		274322.82

需要说明的是，当有多个分组列时，日期型的分组必须是最小的分组，也就是应该排在所有分组设置中的第一行；否则汇总模式将无法生成。例如，在日期分组的下面再加一个“产品ID”分组，则在应用该设置时会给出错误提示，如下图所示。

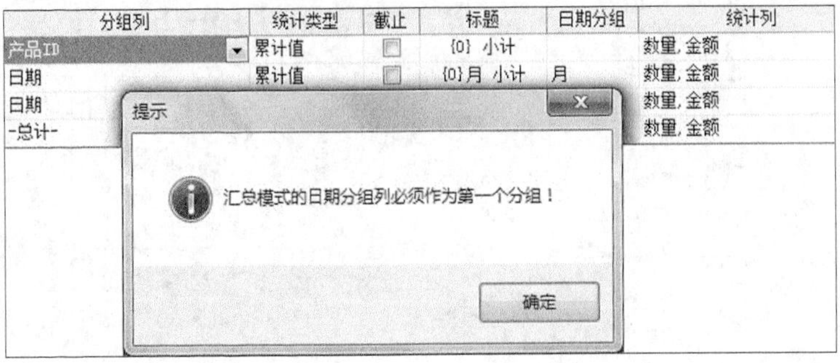

分组列	统计类型	截止	标题	日期分组	统计列
产品ID	累计值	☐	{0} 小计		数量,金额
日期	累计值	☐	{0}月 小计	月	数量,金额
日期					数量,金额
-总计-					数量,金额

当确实有此需求时，可以考虑在表中增加一个表达式列。用表达式取得相应的时段数据后（如年、月、日等），再将该表达式列作为分组列使用。

- “截止”统计

汇总模式默认是各个分组独自统计，可是有时需要的并非是每个分组的统计结果，而是截止到当前分组时的累计统计结果。

例如，对同一个“产品ID”列进行两次分组，其中一次选中“截止”，如下图所示。

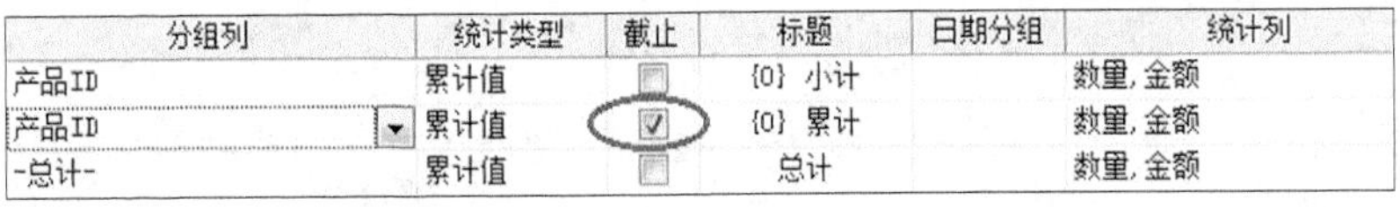

分组列	统计类型	截止	标题	日期分组	统计列
产品ID	累计值	☐	{0} 小计		数量,金额
产品ID	累计值	☑	{0} 累计		数量,金额
-总计-	累计值	☐	总计		数量,金额

得到的汇总模式效果如下图所示。

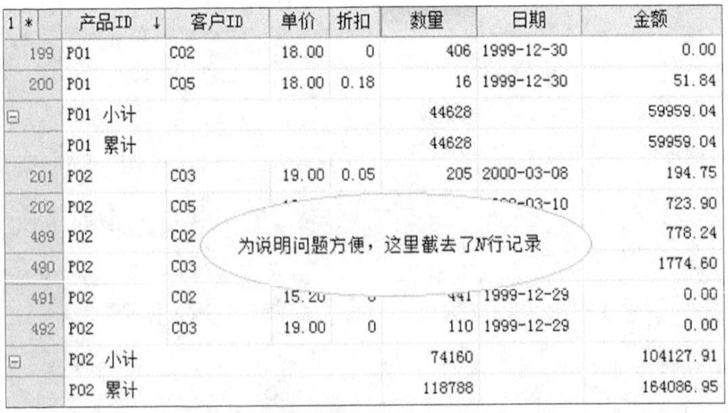

	产品ID	客户ID	单价	折扣	数量	日期	金额
199	P01	C02	18.00	0	406	1999-12-30	0.00
200	P01	C05	18.00	0.18	16	1999-12-30	51.84
⊟	P01 小计				44628		59959.04
	P01 累计				44628		59959.04
201	P02	C03	19.00	0.05	205	2000-03-08	194.75
202	P02	C05				-03-10	723.90
489	P02	C02					778.24
490	P02	C03					1774.60
491	P02	C02	15.20	0	441	1999-12-29	0.00
492	P02	C03	19.00	0	110	1999-12-29	0.00
⊟	P02 小计				74160		104127.91
	P02 累计				118788		164086.95

其中，P01的“数量”小计值为44628，“金额”为59959.04，由于P01是第一个分组行，因此P01的累计值和小计相同。当到了P02时，其小计值分别是74160和104127.91，但累计值已经变为118788和164086.95，这个累计值就是通过当前小计加上之前小计得到的。后面的P03、P04、P05同理。

“截止”统计一般更常用于日期型的分组。例如，从年初到当前月的统计效果，如下图所示。

	产品	客户	雇员	单价	折扣	数量	金额	日期
1	PD04	CS04	EP05	17.6	0	240	4224	1999-01-07
2	PD01	CS04	EP05	14.4	0	200	2880	1999-01-08
3	PD01	CS02	EP05	14.4	0	100	1440	1999-01-20
4	PD03	CS02	EP05	8	0.25	700	4200	1999-01-26
	1月 小计					1240	12744	
	1月 累计					1240	12744	
5	PD01	CS05	EP05	18	0	200	3600	1999-02-01
6	PD02	CS04	EP05	19	0	100	1900	1999-02-21
7	PD01	CS02	EP05	14.4	0.15	150	1836	1999-02-22
	2月 小计					450	7336	
	2月 累计					1690	20080	
8	PD05	CS03	EP05	21.35	0.1	200	3843	1999-03-11
9	PD01	CS03	EP05	18	0	100	1800	1999-03-24
10	PD02	CS02	EP05	15.2	0	600	9120	1999-03-24
11	PD05	CS02	EP05	21.35	0.25	300	4803.75	1999-03-29
	3月 小计					1200	19566.75	
	3月 累计					2890	39646.75	

- 汇总模式设置管理

如果需要经常进行某种设置的统计，可单击【保存设置】按钮将其保存起来，以方便后期调用，如下图所示。

至于这里的【查看代码】，主要方便后期进行二次开发时使用。当把Foxtable作为数据类的办公软件使用时，此按钮可以忽略。

- 保存设置：单击【保存设置】按钮，输入名称后单击【确定】按钮即可。
- 修改设置：设置好相关选项后，单击【保存设置】按钮，选择之前曾经保存过的设置名称，单击【确定】按钮即可覆盖原来的设置。
- 设置管理：单击【设置管理】按钮，可以删除、重命名已经保存的设置。
- 调用设置：在菜单的【日常工作】功能区单击【数据统计】按钮，选择【汇总模式】命令，指向【启用历史统计】子命令，会列出所有保存过的设置名称。单击其中一个，即可自动根据该设置进入汇总模式，如下图所示。

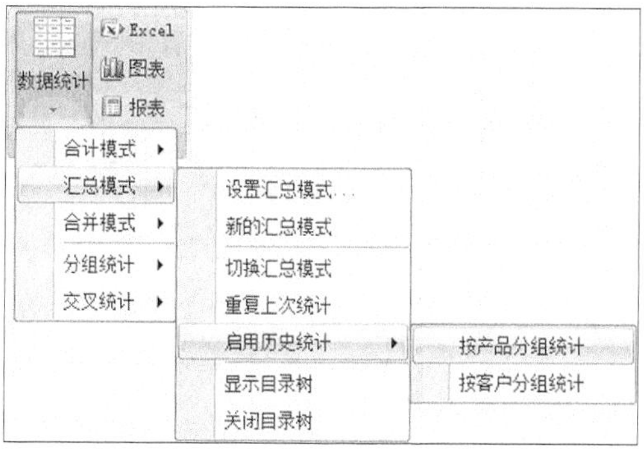

❸ 合并模式

在Excel中合并很少量的同类项数据很简单。但是，数据一多就会比较麻烦。例如，“订单”表多达800多行记录，假如想合并“客户ID”列的所有同类项，手工合并的效率可想而知；如要快速合并，只能使用分类汇总或辅助列的方法来处理。总之，不论怎么处理，在Excel中要实现这样的合并效果还是要经过好几个步骤的。Foxtable就简单了，仅仅是单击几次鼠标的事。

单击【日常工作】功能区的【数据统计】按钮，将光标指向【合并模式】，如下图所示。

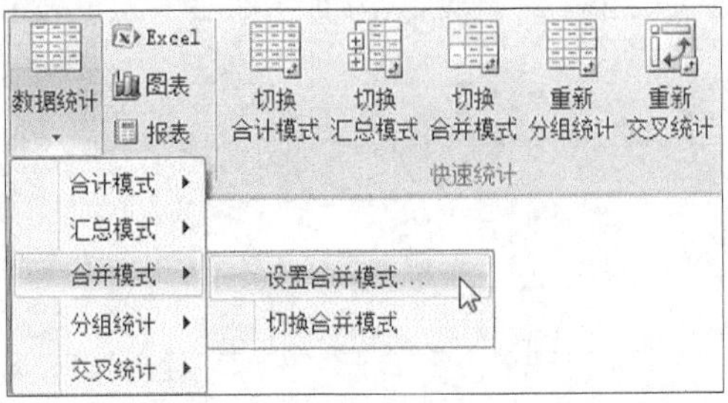

执行【设置合并模式】命令后，会出现下图所示的【设置合并模式】对话框，选择要合并的列，单击【确定】按钮即可。

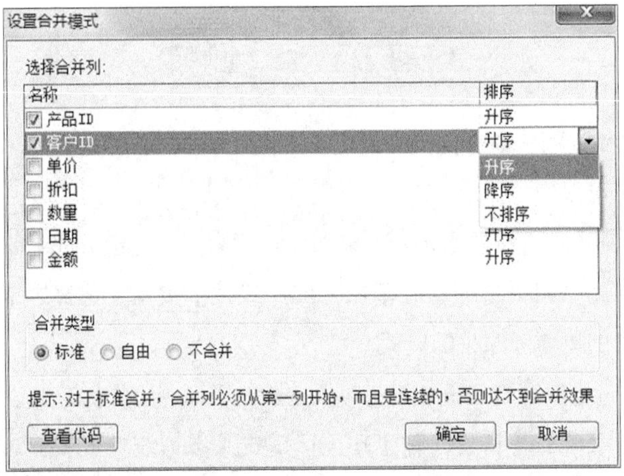

其中，“合并类型”分为3种。

● 标准：此种合并方式要求左边的单元格必须已经合并过。如上图所示的设置，由于和“客户ID”列相邻的“产品ID”也已经被选择，所以采用此种方式合并是有效的，如下图所示。

	产品ID ↓	客户ID ↓	单价	折扣	数量	日期	金额
784			21.35	0	267	1999-10-20	0.00
785			21.35	0.05	122	1999-10-23	130.24
786		C03	21.35	0.1	96	1999-10-29	204.96
787			17.00	0	173	1999-11-01	0.00
788			17.00	0	286	1999-12-27	0.00
789	P05		17.00	0	18	2000-03-21	0.00
790			17.00	0.15	248	2000-04-01	632.40
791		C04	17.00	0	332	2000-01-03	0.00
792			21.35	0	13	2000-01-16	0.00
793			21.35	0	680	2000-02-01	0.00

如果仅选择“客户ID”列，不选择“产品ID”列，则此种方式无效。

● 自由：只需当前列中的内容相同，相邻单元格即可合并。例如，在上述设置中仅选择“客户ID”列，不选择“产品ID”列，效果如下图所示。

	产品ID	客户ID ↓	单价	折扣	数量	日期	金额
751	P03		10.00	0.15	201	1999-11-30	301.50
752	P05		17.00	0	114	1999-12-05	0.00
753	P02	C04	19.00	0	48	1999-12-06	0.00
754	P02		19.00	0.25	177	1999-12-12	840.75
755	P03		10.00	0	128	1999-12-13	0.00
756	P05		21.35	0	204	1999-12-15	0.00
757	P02		19.00	0.15	254	2000-03-10	723.90
758	P02	C05	15.20	0.2	199	2000-03-16	604.96
759	P02		19.00	0	223	2000-03-25	0.00
760	P05		17.00	0	718	2000-03-30	0.00

- 不合并：此种方式下不会合并任何单元格，仅对选定的列进行排序而已。此选项很少用，因为远不如直接使用“Ctrl+单击列标题”的方式来得方便。

与“合计模式”和“汇总模式”一样，“合并模式”也可单击相应的切换按钮在合并模式与普通模式间进行切换。

❹ 合计模式与汇总模式下的样式设置

不论是“合计模式”下自动添加的“合计行”，还是“汇总模式”下自动添加的“分组行”和“总计行”，如果你对它们的样式不满意，可随时通过【表格样式】对话框中的【配色方案】选项卡对它们进行修改。需注意，这里的设置仅针对所选定的表，不同的表样式要分别设置。

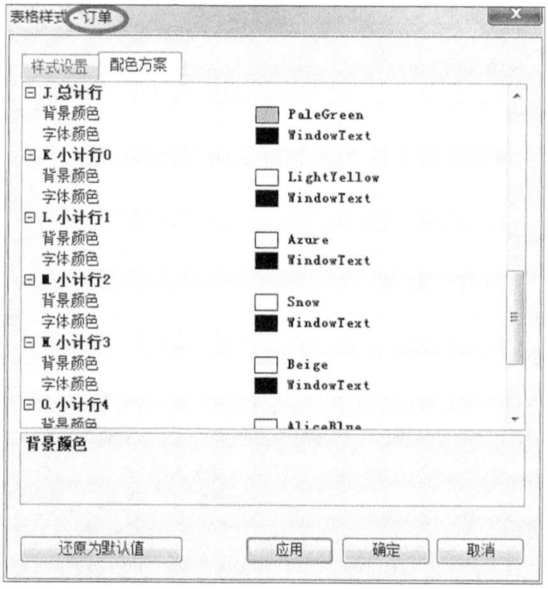

2.6.2 将统计结果保存到单独的表

在Excel中使用数据透视功能进行统计时，既可将统计结果保存到当前表中，也可以保存到新表。Foxtable同样可以，这样就能实现统计表与原始表的数据分离，而且操作起来更简单、功能更强大！

单击【日常工作】功能区的【数据统计】按钮，将光标指向【分组统计】或【交叉统计】以执行所需命令，如下图所示。

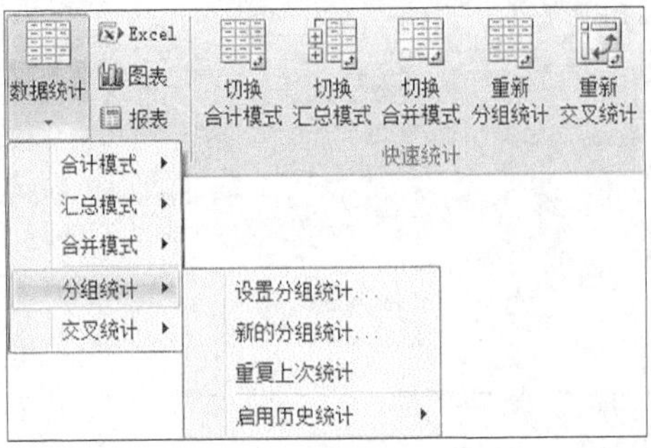

不论是“分组统计”还是“交叉统计”，其下级子菜单都有4项。关于这些下级菜单的意义及使用方法，与之前学习的“汇总模式”完全相同。

唯一有所区别的是，“合计模式”“汇总模式”和“合并模式”由于是在表内操作的，因而可以在不同的模式间进行切换；而这里的“分组统计”和“交叉统计”是将统计结果保存到新的表中，因而不存在表内数据模式的切换，最多是重新执行统计而已。

❶ 分组统计

“分组统计”设置对话框如下图所示。

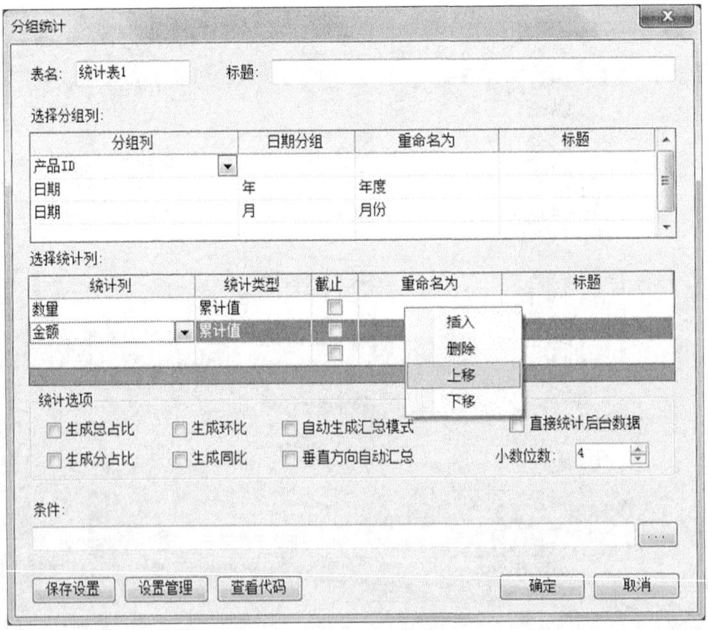

这里的“分组列”和“统计列”的设置方法和“汇总模式”大同小异。区别在以下几个方面。

第一，当需要调整“分组列”“统计列”的顺序时，这里是在任意单元格上单击鼠标右键弹出快捷菜单，而“汇总模式”是在设置窗口上直接设有操作按钮。

第二，这里的“日期分组”可以放前面也可以放后面，不像“汇总模式”有着严格的限制。

第三，这里的“统计类型”只有“累计值、平均值、记录数、最大值、最小值”，不像“汇总模式”那么丰富。

第四，此设置中的每一个分组及统计项目都会作为单独的列出现在表中。如上图所示，分组列有3项，统计列有两项，则生成的统计表就会有5列。正是由于这个原因，当对同一个列进行多次分组或统计时，应为其重新设置列名。例如，上图中的“分组列”就用“日期”进行了两次分组，按年分组时，将生成的列名设置为“年度”；按月分组时，将列名设置为“月份”。当然，如果你觉得有必要，也可重新设置专门用于显示的列标题。

第五，生成的统计表名称是自定义的，默认以“统计表*N*”的方式自动添加到其他表的后面，如统计表1、统计表2、统计表3等。如果后面设置的统计表名称和之前的统计表名称重复，将自动删除原来的同名统计表并重新生成新的统计表；如果和统计表之外的其他表重名，则会在给出警告提示后自动取消统计。

以上图设置为例，其生成的统计结果如下图所示，这样就在其他表的后面自动添加了“统计表1”。

产品 | 客户 | 订单 | 统计表1

	产品ID	年度	月份	数量	金额
22	P01	2000	10	2133	3769.56
23	P01	2000	11	1955	2502.9
24	P01	2000	12	1477	1818.828
25	P02	1999	1	1204	1275.88
26	P02	1999	2	3511	3867.64
27	P02	1999	3	2871	3400.0499
28	P02	1999	4	5644	9691.71

再如，之前在汇总模式中对“单价”列所进行的“最高价”“最低价”及“平均价”的统计，如果改用分组统计将更加直观。设置如下图所示。

统计列	统计类型	截止	重命名为	标题
单价	最大值	☐	最高价	
单价	最小值	☐	最低价	
单价	平均值	☐	平均价	

统计结果如下图所示。

	产品ID	年度	月份	最高价	最低价	平均价
22	P01	2000	10	18	14.4	16.92
23	P01	2000	11	18	14.4	16.65
24	P01	2000	12	18	14.4	17.4
25	P02	1999	1	20	15.2	16.92
26	P02	1999	2	19	15.2	18.1857
27	P02	1999	3	19	15.2	17.4167

“汇总模式”中的“截止”统计在这里一样可以使用。例如，上述分组列不变，仅将“统计列”改用下图所示设置。

统计列	统计类型	截止	重命名为	标题
数量	累计值	☐	数量_当前值	
数量	累计值	☑	数量_累计值	
金额	累计值	☐	金额_当前值	
金额	累计值	☑	金额_累计值	

统计结果如下图所示。

	产品ID	年度	月份	数量		金额	
				当前值	累计值	当前值	累计值
22	P01	2000	10	2133	19405	3769.56	26070.0122
23	P01	2000	11	1955	21360	2502.9	28572.9122
24	P01	2000	12	1477	22837	1818.828	30391.7402
25	P02	1999	1	1204	1204	1275.88	1275.88
26	P02	1999	2	3511	4715	3867.64	5143.52
27	P02	1999	3	2871	7586	3400.0499	8543.5699

是否有点“数据玩弄自如”的感觉？当然，这还不是最重要的，现在来看看各种统计选项的设置。

- 生成总占比

如选中此复选框，将自动生成所有统计列在总计中的占比数据，如下图所示。

	产品ID	年度	月份	数量				金额			
				当前值	占比	累计值	占比	当前值	占比	累计值	占比
22	P01	2000	10	2133	1.01%	19405	9.20%	3769.56	1.37%	26070.0122	9.50%
23	P01	2000	11	1955	0.93%	21360	10.12%	2502.9	0.91%	28572.9122	10.42%
24	P01	2000	12	1477	0.70%	22837	10.82%	1818.828	0.66%	30391.7402	11.08%
25	P02	1999	1	1204	0.57%	1204	0.57%	1275.88	0.47%	1275.88	0.47%
26	P02	1999	2	3511	1.66%	4715	2.23%	3867.64	1.41%	5143.52	1.88%
27	P02	1999	3	2871	1.36%	7586	3.60%	3400.0499	1.24%	8543.5699	3.11%

- 生成分占比

如选中此复选框，将自动生成所有统计列在每个上级分组中的占比数据，如下图所示。

	产品ID	年度	月份	数量						金额					
				当前值	占比		累计值	占比		当前值	占比		累计值	占比	
					产品ID	年度		产品ID	年度		产品ID	年度		产品ID	年度
1	P01	1999	1	1798	4.03%	8.25%	1798	8.25%	8.25%	3958.2001	6.60%	13.39%	3958.2001	13.39%	13.39%
2	P01	1999	2	1682	3.77%	7.72%	3480	15.97%	15.97%	-17.28	-0.03%	-0.06%	3940.9201	13.33%	13.33%
3	P01	1999	3	2560	5.74%	11.75%	6040	27.72%	27.72%	3503.7	5.84%	11.85%	7444.6201	25.18%	25.18%
4	P01	1999	4	1814	4.06%	8.32%	7854	36.04%	36.04%	3618	6.03%	12.24%	11062.6201	37.42%	37.42%
5	P01	1999	5	2156	4.83%	9.89%	10010	45.94%	45.94%	2362.86	3.94%	7.99%	13425.4801	45.41%	45.41%
6	P01	1999	6	935	2.10%	4.29%	10945	50.23%	50.23%	514.26	0.86%	1.74%	13939.7401	47.15%	47.15%
7	P01	1999	7	1927	4.32%	8.84%	12872	59.07%	59.07%	3225.6	5.38%	10.91%	17165.3401	58.06%	58.06%
8	P01	1999	8	1567	3.51%	7.19%	14439	66.26%	66.26%	369.36	0.62%	1.25%	17534.7001	59.30%	59.30%
9	P01	1999	9	1986	4.45%	9.11%	16425	75.38%	75.38%	2571.3	4.29%	8.70%	20106.0001	68.00%	68.00%
10	P01	1999	10	2035	4.56%	9.34%	18460	84.71%	84.71%	4457.52	7.43%	15.08%	24563.5201	83.08%	83.08%
11	P01	1999	11	1849	4.14%	8.49%	20309	93.20%	93.20%	2906.1	4.85%	9.83%	27469.6201	92.91%	92.91%
12	P01	1999	12	1482	3.32%	6.80%	21791	100.00%	100.00%	2097.6841	3.50%	7.09%	29567.3042	100.00%	100.00%
13	P01	2000	1	1948	4.37%	8.53%	1948	8.94%	8.53%	3969.5401	6.62%	13.06%	3969.5401	13.43%	13.06%

由于该表是根据“产品ID”“年度”和“月份”进行的三级分组，因而得到的统计值是具体到月份的。如要计算这些月份值在不同分组中的占比，就要按“产品ID”和“年度”两种情况分别处理。

如上图所示，第一行数据中的“产品ID”是P01，“年度”是1999，“数量”值是1798。那么，该数量值在“产品ID”中的占比就是1798和P01的总计值进行对比，得到的数据是4.03%；在年度中的占比就是1798和1999年的总计值进行对比，得到的数据是8.25%。同样地，再来看第12行的数量累计值：由于该列数据采用的是截止统计，而该行数据是1999年12月的，因而其年度累计占比为100%。

- 生成环比

如选中此复选框，将自动生成所有统计列的环比数据。

环比是指本期相对于上期的增长率。例如，本月对上月、本季对上季、本年对上年等。很显然，环比只能对日期型的分组有效，如下图所示。

	产品ID	年度	月份	数量				金额			
				当前值	环比	累计值	环比	当前值	环比	累计值	环比
1	P01	1999	1	1798		1798		3958.2001		3958.2001	
2	P01	1999	2	1682	-6.45%	3480	93.55%	-17.28	-100.44%	3940.9201	-0.44%
3	P01	1999	3	2560	52.20%	6040	73.56%	3503.7	-20376.04%	7444.6201	88.91%
4	P01	1999	4	1814	-29.14%	7854	30.03%	3618	3.26%	11062.6201	48.60%
5	P01	1999	5	2156	18.85%	10010	27.45%	2362.86	-34.69%	13425.4801	21.36%
6	P01	1999	6	935	-56.63%	10945	9.34%	514.26	-78.24%	13939.7401	3.83%
7	P01	1999	7	1927	106.10%	12872	17.61%	3225.6	527.23%	17165.3401	23.14%
8	P01	1999	8	1567	-18.68%	14439	12.17%	369.36	-88.55%	17534.7001	2.15%
9	P01	1999	9	1986	26.74%	16425	13.75%	2571.3	596.15%	20106.0001	14.66%
10	P01	1999	10	2035	2.47%	18460	12.39%	4457.52	73.36%	24563.5201	22.17%
11	P01	1999	11	1849	-9.14%	20309	10.02%	2906.1	-34.80%	27469.6201	11.83%
12	P01	1999	12	1482	-19.85%	21791	7.30%	2097.6841	-27.82%	29567.3042	7.64%
13	P01	2000	1	1948	31.44%	1948	-91.06%	3969.5401	89.23%	3969.5401	-86.57%

- 生成同比

如选中此复选框，将自动生成所有统计列的同比数据。

同比是指本期相对于去年同期的增长率，也只能对日期型的分组有效。很显然，这样的统计只有在跨年数据中才会有效。如下图所示，由于“订单”表中仅包含1999年和2000年的数据，因而只有2000年的统计数据才会生成同比。

	产品ID	年度	月份	数量				金额			
				当前值	同比	累计值	同比	当前值	同比	累计值	同比
1	P01	1999	1	1798		1798		3958.2001		3958.2001	
2	P01	1999	2	1682		3480		-17.28		3940.9201	
3	P01	1999	3	2560		6040		3503.7		7444.6201	
4	P01	1999	4	1814		7854		3618		11062.6201	
5	P01	1999	5	2156		10010		2362.86		13425.4801	
6	P01	1999	6	935		10945		514.26		13939.7401	
7	P01	1999	7	1927		12872		3225.6		17165.3401	
8	P01	1999	8	1567		14439		369.36		17534.7001	
9	P01	1999	9	1986		16425		2571.3		20106.0001	
10	P01	1999	10	2035		18460		4457.52		24563.5201	
11	P01	1999	11	1849		20309		2906.1		27469.6201	
12	P01	1999	12	1482		21791		2097.6841		29567.3042	
13	P01	2000	1	1948	8.34%	1948	8.34%	3969.5401	0.29%	3969.5401	0.29%
14	P01	2000	2	1342	-20.21%	3290	-5.46%	45.36		4014.9001	1.88%
15	P01	2000	3	2855	11.52%	6145	1.74%	3569.4	1.88%	7584.3001	1.88%
16	P01	2000	4	2030	11.91%	8175	4.09%	3810.96	5.33%	11395.2601	3.01%

- 自动生成汇总模式

如选中此复选框，将自动在生成的统计表中启用汇总模式，它其实帮助我们省去了再次设置汇总模式的麻烦，且默认不显示目录树，如下图所示。

	产品ID ↓	年度 ↓	月份	数量		金额	
				当前值	累计值	当前值	累计值
115	P05	2000	7	853	11416	929.9	12936.4253
116	P05	2000	8	2287	13703	661.2275	13597.6528
117	P05	2000	9	2337	16040	3191.825	16789.4778
118	P05	2000	10	1131	17171	1990.7351	18780.2129
119	P05	2000	11	2428	19599	5257.4376	24037.6505
120	P05	2000	12	756	20355	10.2	24047.8505
	小计 2000			20355		24047.8505	
	小计 P05			40397		48426.9081	
	总计			211017		274322.8233	

当需要显示目录树时，可单击【日常工作】功能区的【数据统计】按钮，光标指向【汇总模

式】，选择【显示目录树】命令，结果如下图所示。

1 2 *	产品ID ↓	年度 ↓	月份	数量		金额	
				当前值	累计值	当前值	累计值
115	P05	2000	7	853	11416	929.9	12936.4253
116	P05	2000	8	2287	13703	661.2275	13597.6528
117	P05	2000	9	2337	16040	3191.825	16789.4778
118	P05	2000	10	1131	17171	1990.7351	18780.2129
119	P05	2000	11	2428	19599	5257.4376	24037.6505
120	P05	2000	12	756	20355	10.2	24047.8505
⊟	小计 2000			20355		24047.8505	
⊟	小计 P05			40397		48426.9081	
	总计			211017		274322.8233	

当需要退出汇总模式时，同样可执行【切换汇总模式】命令；或者，在分组统计设置中取消勾选【自动生成汇总模式】复选框并重新生成统计表。

- 垂直方向自动汇总

如选中此复选框，将自动在生成的统计表中增加一个合计行。在生成的统计表中启用合计模式也可实现同样的效果。

- 直接统计后台数据

此选项留到下一章再来学习。

- 统计条件

可以在“条件”编辑框中直接输入，也可单击右侧的【…】按钮通过生成器输入。输入统计条件时，必须遵循表达式中的语法规则。

❷ 交叉统计

交叉统计就是在原来的水平分组基础上再增加一个或多个垂直分组列，使得统计结果可以以交叉表的形式展现出来。

其设置对话框如下图所示。

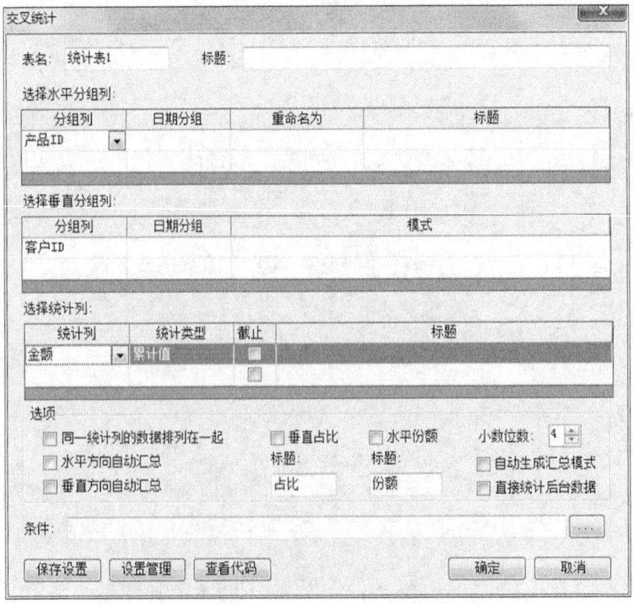

此设置得到的统计结果如下图所示。

	产品ID	C01	C02	C03	C04	C05
1	P01	1157.1841	27296.1004	17720.1001	13157.82	627.84
2	P02	17277.5798	32275.2999	28359.9698	13849.0998	12365.9604
3	P03	1844.8	7537.6	5	1602	0
4	P04	1399.2001	29239.7607	5489.0002	5825.6001	8866.0001
5	P05	1473.15	25296.9206	7473.9275	2427.6002	11755.3101

和“分组统计”相比，“交叉统计”最明显的变化就是增加了垂直分组列的设置。不同的垂直分组列所生成统计表的列数是不一样的，这也就带来了垂直列的标题设置问题。以下是垂直列列标题的生成规则。

第一，当统计列只有一项时，垂直列的列标题完全由垂直分组列中所设置的模式决定。

如上图所示，由于统计列只设置了“金额”，那么该统计列中的标题不论设置与否都会被忽略；而垂直分组列中的模式默认为“{0}”，表示每一个具体的垂直分组值。

假如将上述设置中的模式写为“{0}”，将标题写为“金额值”，则统计结果中的列标题不会有任何变化；如果将相关设置改为下图所示的内容。

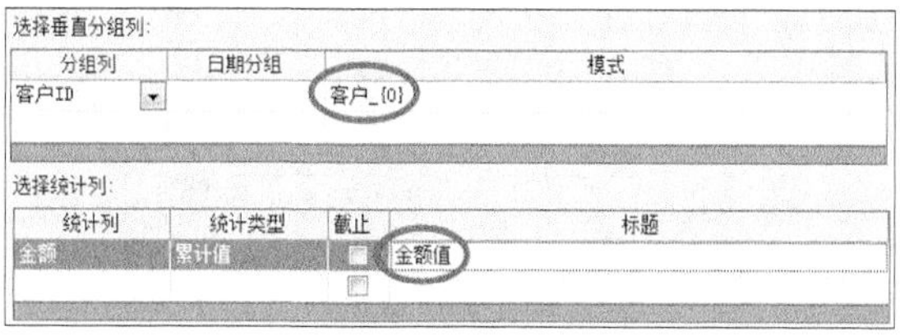

则生成的列标题如下图所示。

	产品ID	客户				
		C01	C02	C03	C04	C05
1	P01	1157.1841	27296.1004	17720.1001	13157.82	627.84
2	P02	17277.5798	32275.2999	28359.9698	13849.0998	12365.9604
3	P03	1844.8	7537.6	5	1602	0
4	P04	1399.2001	29239.7607	5489.0002	5825.6001	8866.0001
5	P05	1473.15	25296.9206	7473.9275	2427.6002	11755.3101

很显然，模式中的设置已经生效，而统计列中设置的标题仍然被忽略。

第二，当统计列有一个以上的设置项时，垂直列的列标题则由垂直分组中的模式和统计列中的标题共同决定。

例如，将上述两项设置再改为下图所示。

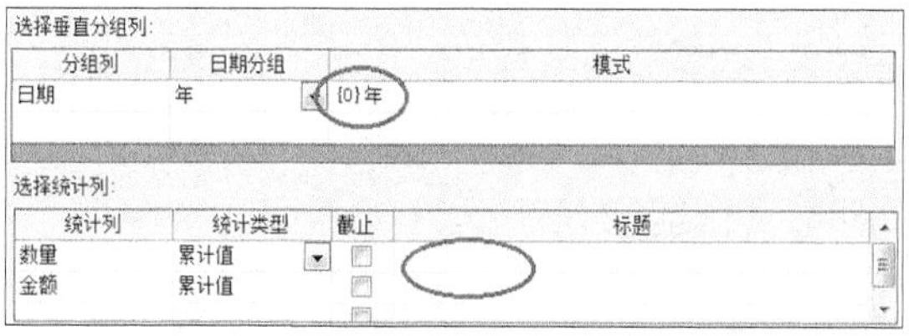

尽管“统计列”中的“标题”没有设置，但生成的统计表仍然会自动调用指定的统计列名称，如下图所示。

产品ID	1999年		2000年	
	数量	金额	数量	金额
P01	21791	29567.3043	22837	30391.7404
P02	37148	51492.8999	37012	52635.01
P03	14448	5103.3	14207	5886.1
P04	12210	25702.1606	10967	25117.4006
P05	20042	24379.0578	20355	24047.8506

当然，此时如果给统计列重新指定标题，则在生成的统计表中会生效。尤其是在使用多个相同的统计列时，务必要重新指定标题。例如，重新作下图所示的设置。

选择水平分组列:

分组列	日期分组	重命名为	标题
产品ID			
日期	月	月	

选择垂直分组列:

分组列	日期分组	模式
日期	年	{0}年

选择统计列:

统计列	统计类型	截止	标题
数量	累计值	☐	当月
数量	累计值	☑	累计

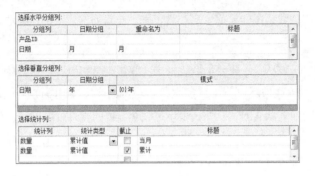

其中，水平分组列增加了一个按“月”统计的“日期”列，垂直分组列仍按年份不变，“统计列”则使用了两个“数量”列（有一个用于“截止”统计）。统计结果如下图所示。

产品ID	月	1999年		2000年	
		当月	累计	当月	累计
P01	1	1798	1798	1948	1948
P01	2	1682	3480	1342	3290
P01	3	2560	6040	2855	6145
P01	4	1814	7854	2030	8175
P01	5	2156	10010	1388	9563
P01	6	935	10945	1472	11035
P01	7	1927	12872	2069	13104
P01	8	1567	14439	1368	14472
P01	9	1986	16425	2800	17272
P01	10	2035	18460	2133	19405
P01	11	1849	20309	1955	21360
P01	12	1482	21791	1477	22837
P02	1	1204	1204	1320	1320
P02	2	3511	4715	3559	4879
P02	3	2871	7586	2301	7180

第三，当垂直列为逻辑型数据时，可通过设置使其标题变得更加“友好”。

假定“订单”表有个逻辑列，名为“是否审核”。当统计是否审核的“记录数”时，一般都是按下图所示进行设置。

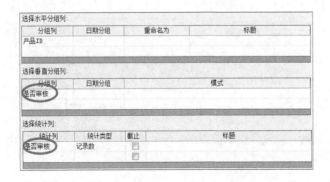

选择水平分组列:

分组列	日期分组	重命名为	标题
产品ID			

选择垂直分组列:

分组列	日期分组	模式
是否审核		

选择统计列:

统计列	统计类型	截止	标题
是否审核	记录数	☐	

得到的结果如下图所示。

	产品ID	是否审核	
		1	2
1	P01	198	2
2	P02	292	
3	P03	99	1
4	P04	99	1
5	P05	170	2

很显然，这样的标题是很不直观的。可以在模式中将逻辑列标题修改为“|”的格式，其中第一部分表示值为True时的标题，第二部分表示值为False时的标题，如下图所示。

分组列	日期分组	模式
是否审核		已审核|未审核

最后得到的统计结果如下图所示。

	产品ID	未审核	已审核
1	P01	198	2
2	P02	292	
3	P03	99	1
4	P04	99	1
5	P05	170	2

现在重点来看一下各个统计“选项”。

- 同一统计列的数据排列在一起

默认情况下，统计结果是按照垂直分组列中的不同值进行排列的。例如，之前按年份进行垂直分组的统计表中，由于只有1999年和2000年两个值，所以统计表就按此生成列。

如果选中此复选框，则统计表会改按统计列重新生成，如下图所示。

	产品ID	月	当月		累计	
			1999年	2000年	1999年	2000年
1	P01	1	1798	1948	1798	1948
2	P01	2	1682	1342	3480	3290
3	P01	3	2560	2855	6040	6145
4	P01	4	1814	2030	7854	8175
5	P01	5	2156	1388	10010	9563
6	P01	6	935	1472	10945	11035
7	P01	7	1927	2069	12872	13104
8	P01	8	1567	1368	14439	14472
9	P01	9	1986	2800	16425	17272
10	P01	10	2035	2133	18460	19405
11	P01	11	1849	1955	20309	21360
12	P01	12	1482	1477	21791	22837
13	P02	1	1204	1320	1204	1320
14	P02	2	3511	3559	4715	4879
15	P02	3	2871	2301	7586	7180

- 水平方向与垂直方向的自动汇总

当选中此两个复选框的其中一个或两个时，生成的统计表将自动在底部增加合计行或者在右侧增加合计列，如下图所示。

	产品ID	月	1999年		2000年		合计	
			当月	累计	当月	累计	当月	累计
53	P05	05	2475	8548	2293	9093	4768	4768
54	P05	06	950	9498	1470	10563	2420	2420
55	P05	07	1205	10703	853	11416	2058	2058
56	P05	08	2339	13042	2287	13703	4626	4626
57	P05	09	1960	15002	2337	16040	4297	4297
58	P05	10	1409	16411	1131	17171	2540	2540
59	P05	11	2508	18919	2428	19599	4936	4936
60	P05	12	1123	20042	756	20355	1879	1879
61	合计		105639		105378		211017	211017

- 垂直占比

当选中此复选框时，每一个垂直分组列都将增加一列垂直方向的占比数据，如下图所示。

	产品ID	月	1999年				2000年			
			当月	当月占比	累计	累计占比	当月	当月占比	累计	累计占比
1	P01	1	1798	8.25%	1798	8.25%	1948	8.53%	1948	8.53%
2	P01	2	1682	7.72%	3480	15.97%	1342	5.88%	3290	14.41%
3	P01	3	2560	11.75%	6040	27.72%	2855	12.50%	6145	26.91%
4	P01	4	1814	8.32%	7854	36.04%	2030	8.89%	8175	35.80%
5	P01	5	2156	9.89%	10010	45.94%	1388	6.08%	9563	41.88%
6	P01	6	935	4.29%	10945	50.23%	1472	6.45%	11035	48.32%
7	P01	7	1927	8.84%	12872	59.07%	2069	9.06%	13104	57.38%
8	P01	8	1567	7.19%	14439	66.26%	1368	5.99%	14472	63.37%
9	P01	9	1986	9.11%	16425	75.38%	2800	12.26%	17272	75.63%
10	P01	10	2035	9.34%	18460	84.71%	2133	9.34%	19405	84.97%
11	P01	11	1849	8.49%	20309	93.20%	1955	8.56%	21360	93.53%
12	P01	12	1482	6.80%	21791	100.00%	1477	6.47%	22837	100.00%

- 水平份额

当选中此复选框时，每一个垂直分组列都将增加一列水平方向的份额数据，如下图所示。

	产品ID	月	1999年				2000年			
			当月	当月份额	累计	累计份额	当月	当月份额	累计	累计份额
1	P01	1	1798	48.00%	1798	48.00%	1948	52.00%	1948	52.00%
2	P01	2	1682	55.62%	3480	51.40%	1342	44.38%	3290	48.60%
3	P01	3	2560	47.28%	6040	49.57%	2855	52.72%	6145	50.43%
4	P01	4	1814	47.19%	7854	49.00%	2030	52.81%	8175	51.00%
5	P01	5	2156	60.84%	10010	51.14%	1388	39.16%	9563	48.86%
6	P01	6	935	38.85%	10945	49.80%	1472	61.16%	11035	50.20%
7	P01	7	1927	48.22%	12872	49.55%	2069	51.78%	13104	50.45%
8	P01	8	1567	53.39%	14439	49.94%	1368	46.61%	14472	50.06%
9	P01	9	1986	41.50%	16425	48.74%	2800	58.50%	17272	51.26%
10	P01	10	2035	48.82%	18460	48.75%	2133	51.18%	19405	51.25%
11	P01	11	1849	48.61%	20309	48.74%	1955	51.39%	21360	51.26%
12	P01	12	1482	50.08%	21791	48.83%	1477	49.92%	22837	51.17%

其他几个选项，如“自动生成汇总模式”“直接统计后台数据”和统计“条件”的用法与分组统计完全相同。

❸ 统计表与临时表

无论是分组统计还是交叉统计，它们所生成的统计表都是临时性质的，这些表仅用于展示统计结果。即使单击了“保存”按钮，一旦重新打开项目，仍然会自动消失。

但是，在原始表中所做的各种设置，只要将其进行保存，那么就是永久性的。例如，在“订单”表中保存了两个统计设置，随时可通过菜单执行这两项统计，如下图所示。

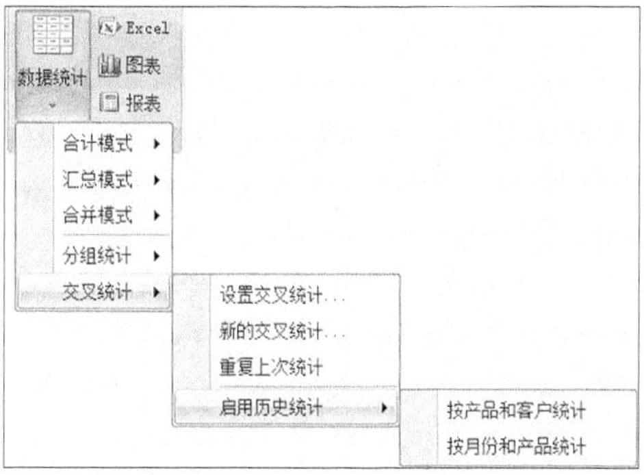

尽管统计表是临时性的，但它却是可编辑的。可以在表中对统计数据进行随意修改或添加、删除记录，以便满足自己的数据需要。如果要永久保存统计表中的数据，可单击下图所示的【Excel】命令按钮将其输出为Excel文件。

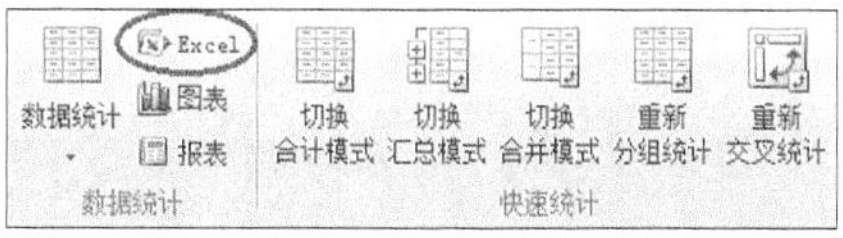

导出数据时，可设置相关的选项，以便让Excel中的数据仍然保留统计表中的数据格式，设置如下图所示。

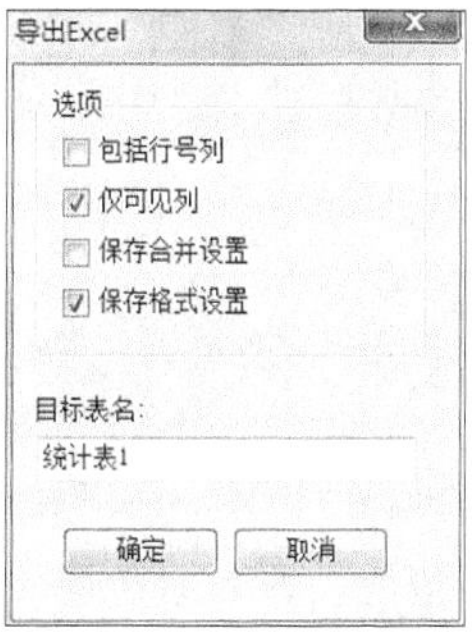

导出后的Excel数据如下图所示。

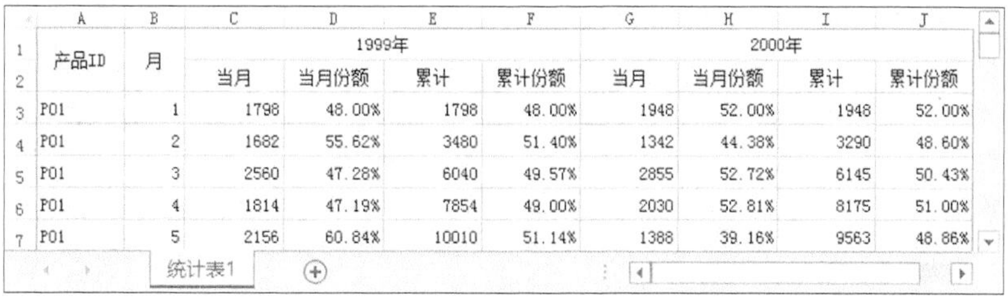

	A	B	C	D	E	F	G	H	I	J
1	产品ID	月	1999年				2000年			
2			当月	当月份额	累计	累计份额	当月	当月份额	累计	累计份额
3	P01	1	1798	48.00%	1798	48.00%	1948	52.00%	1948	52.00%
4	P01	2	1682	55.62%	3480	51.40%	1342	44.38%	3290	48.60%
5	P01	3	2560	47.28%	6040	49.57%	2855	52.72%	6145	50.43%
6	P01	4	1814	47.19%	7854	49.00%	2030	52.81%	8175	51.00%
7	P01	5	2156	60.84%	10010	51.14%	1388	39.16%	9563	48.86%

由此可见，统计表中的多层表头、百分比格式的数据等都可以原样导出到Excel文件中！

除了通过分组统计或交叉统计自动生成临时表外，也可以在项目中主动地建立临时表，以满足自己临时性的数据处理需要。创建临时表命令在【数据表】功能区的【表相关】功能组中，单击【增加表】按钮，选择相应命令，如下图所示。

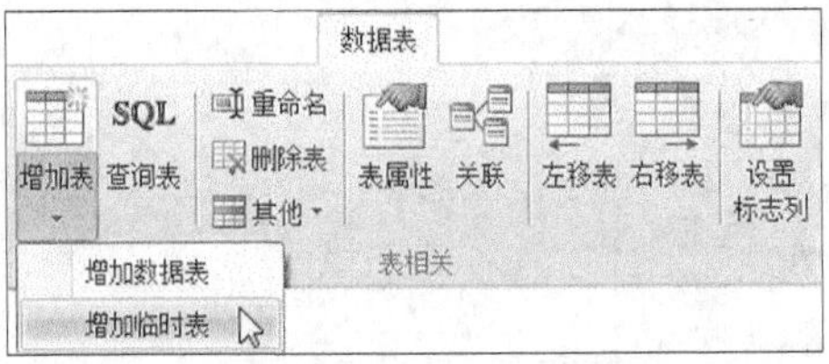

需要说明的是，凡手工方式创建的临时表，可以永久保存在项目中，也可以对其修改表结构、设置列属性等，所有的这些操作看起来与普通数据表无异。唯一的区别在于，在该表中输入的数据、新增或删除的记录等，在重启项目后都会消失，数据记录的初始状态始终保持为10个空行，且行号为红色，如下图所示。

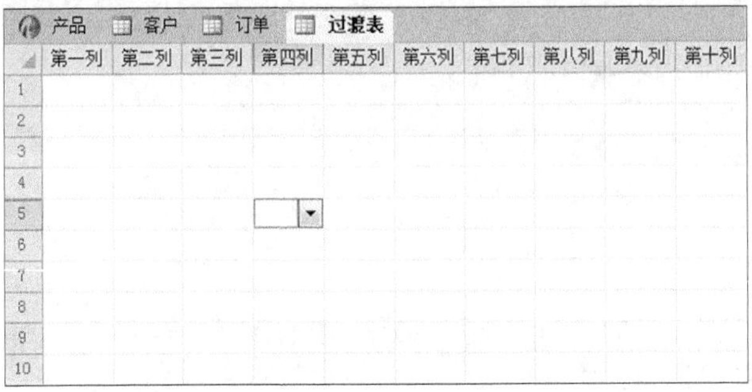

简单地说，手工方式创建的临时表，除了数据不能保存外，其他方面与普通的数据表完全相同，一般适用于临时性的项目功能测试或数据过渡之用；而通过统计功能自动创建的临时表，连表带数据统统不会保存。

2.6.3 筛选树与数据统计

利用筛选树可以很快捷地对特定数据进行统计。因为无需再重新设置统计条件。

例如，要统计比较相邻两年的第三季度各月销售数据，只需在筛选树中选择这两年的7～9这3个月份节点，如下图所示。

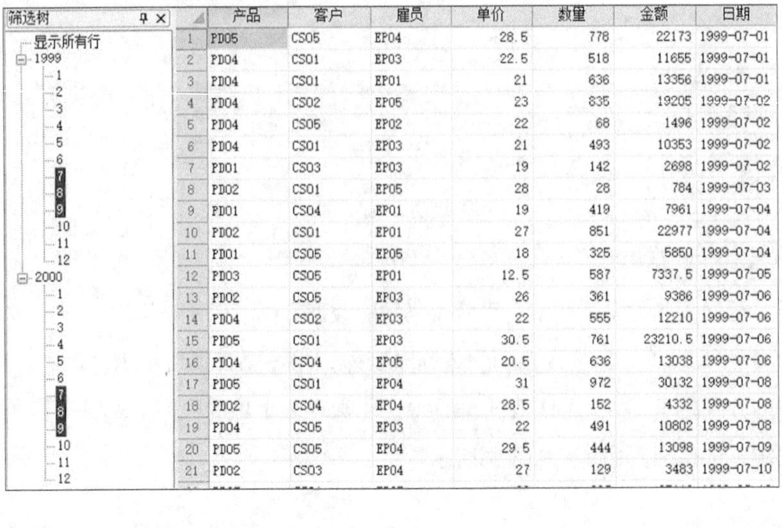

	产品	客户	雇员	单价	数量	金额	日期
1	PD05	CS05	EP04	28.5	778	22173	1999-07-01
2	PD04	CS01	EP03	22.5	518	11655	1999-07-01
3	PD04	CS01	EP01	21	636	13356	1999-07-01
4	PD04	CS02	EP05	23	835	19205	1999-07-02
5	PD04	CS05	EP02	22	68	1496	1999-07-02
6	PD04	CS01	EP03	21	493	10353	1999-07-02
7	PD01	CS03	EP03	19	142	2698	1999-07-02
8	PD02	CS01	EP05	28	28	784	1999-07-03
9	PD01	CS04	EP01	19	419	7961	1999-07-04
10	PD02	CS01	EP01	27	851	22977	1999-07-04
11	PD01	CS05	EP05	18	325	5850	1999-07-04
12	PD03	CS05	EP01	12.5	587	7337.5	1999-07-05
13	PD02	CS05	EP03	26	361	9386	1999-07-06
14	PD04	CS02	EP03	22	555	12210	1999-07-06
15	PD05	CS01	EP03	30.5	761	23210.5	1999-07-06
16	PD04	CS04	EP05	20.5	636	13038	1999-07-06
17	PD05	CS01	EP04	31	972	30132	1999-07-08
18	PD02	CS04	EP04	28.5	152	4332	1999-07-08
19	PD04	CS05	EP03	22	491	10802	1999-07-08
20	PD05	CS05	EP04	29.5	444	13098	1999-07-09
21	PD02	CS03	EP04	27	129	3483	1999-07-10

然后根据产品（水平分组）按年月（垂直分组）对数量进行交叉统计，设置如下图所示。

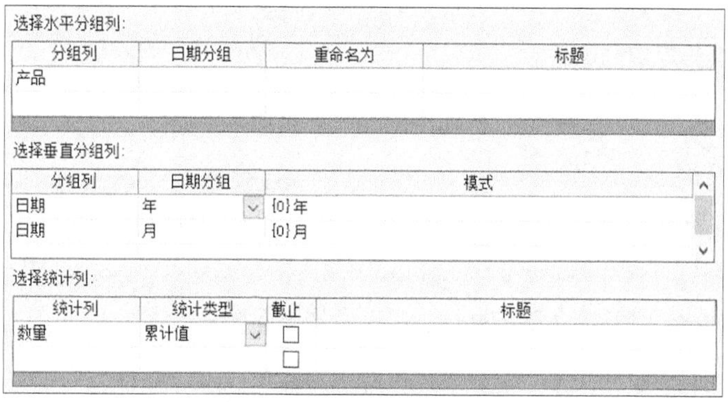

得到的统计结果如下图所示。

	产品	1999年			2000年		
		7月	8月	9月	7月	8月	9月
1	PD01	5204	8103	11014	6861	6830	9805
2	PD02	6807	9755	8657	12682	8774	8897
3	PD03	6088	8579	10107	12709	9137	5660
4	PD04	11864	13565	12863	3821	7926	6915
5	PD05	9332	11102	8595	7580	13786	6433

事实上，不仅仅是筛选树，还可以对其他任何方式的筛选结果直接进行各种数据统计。

2.6.4 区域数据自动统计

默认情况下，选定连续的多个数值型单元格，状态栏右侧会出现选定单元格的数值统计结果如下图所示。

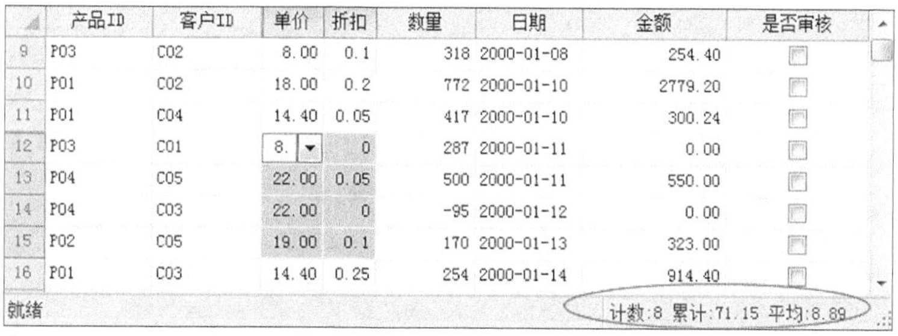

	产品ID	客户ID	单价	折扣	数量	日期	金额	是否审核
9	P03	C02	8.00	0.1	318	2000-01-08	254.40	
10	P01	C02	18.00	0.2	772	2000-01-10	2779.20	
11	P01	C04	14.40	0.05	417	2000-01-10	300.24	
12	P03	C01	8.	0	287	2000-01-11	0.00	
13	P04	C05	22.00	0.05	500	2000-01-11	550.00	
14	P04	C03	22.00	0	-95	2000-01-12	0.00	
15	P02	C05	19.00	0.1	170	2000-01-13	323.00	
16	P01	C03	14.40	0.25	254	2000-01-14	914.40	

就绪 计数:8 累计:71.15 平均:8.89

如要调整区域数据自动统计项目，可在【杂项】功能区的【自动计算】功能组中进行选择，如下图所示。

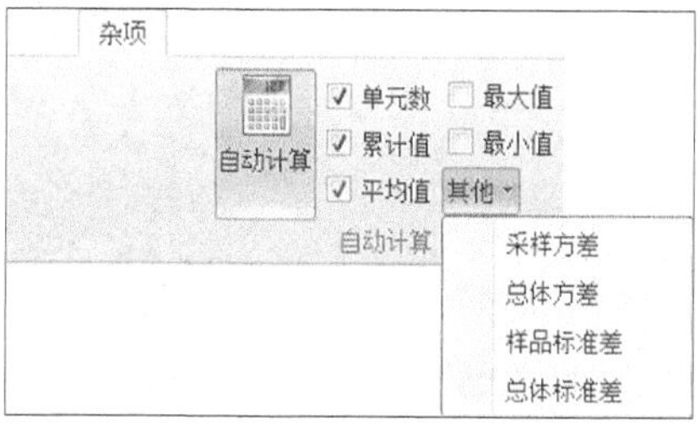

也可单击【自动计算】状态按钮在启动与停止之间进行切换。

需要说明的是，自动计算仅针对数值型的列数据有效。如果是字符列，即使选定区域的内容是数字，右下角也不会出现统计结果。

2.6.5 图示数据

客观地说，Foxtable自带的图示数据功能比较单一，远没有Excel灵活、强大。但由于Excel VBA代码稍作修改即可直接在Foxtable中运行，因而可以在后期的代码编程中直接调用Excel丰富的图表功能，这就为Foxtable的功能扩展提供了无限的可能性。

Foxtable生成图表非常简单。例如，统计表如下图所示。

	产品ID	数量	金额
1	P01	44628	59959.0447
2	P02	74160	104127.9098
3	P03	28655	10989.4
4	P04	23177	50819.5612
5	P05	40397	48426.9084

单击【日常工作】功能区的【数据统计】功能组中的【图表】按钮，见下图。

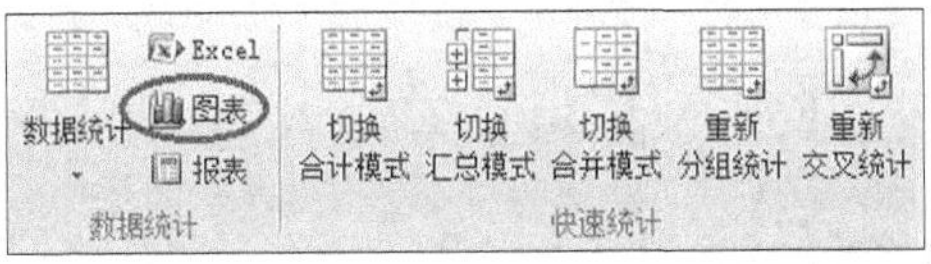

然后按下图所示选择X轴和Y轴的绑定列。

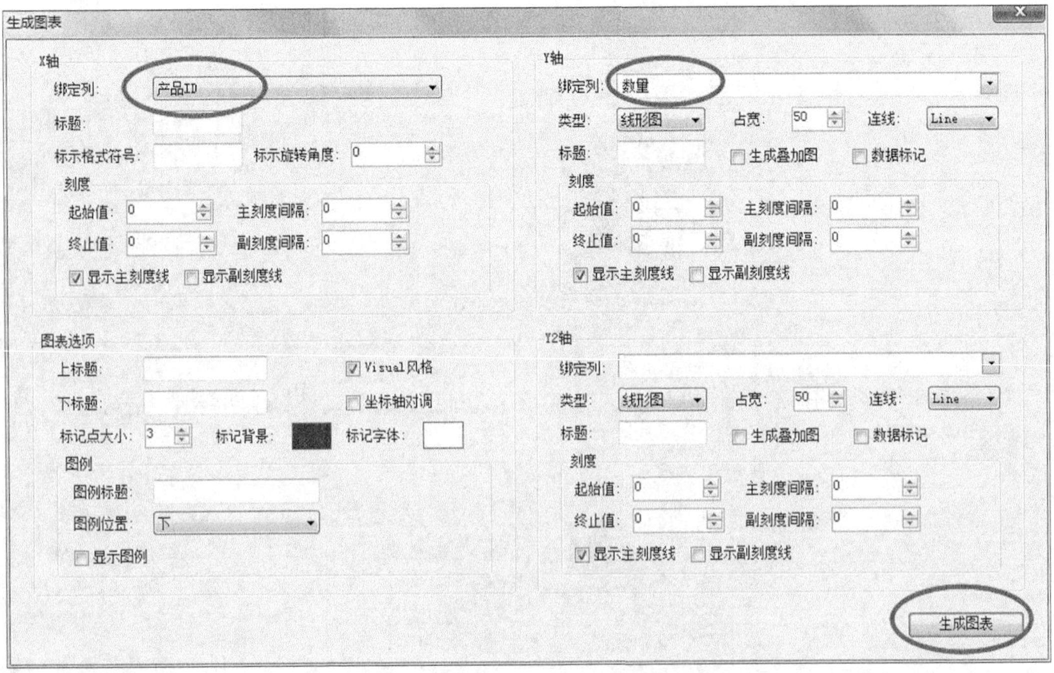

最后单击【生成图表】按钮，即可弹出下图所示的统计结果。

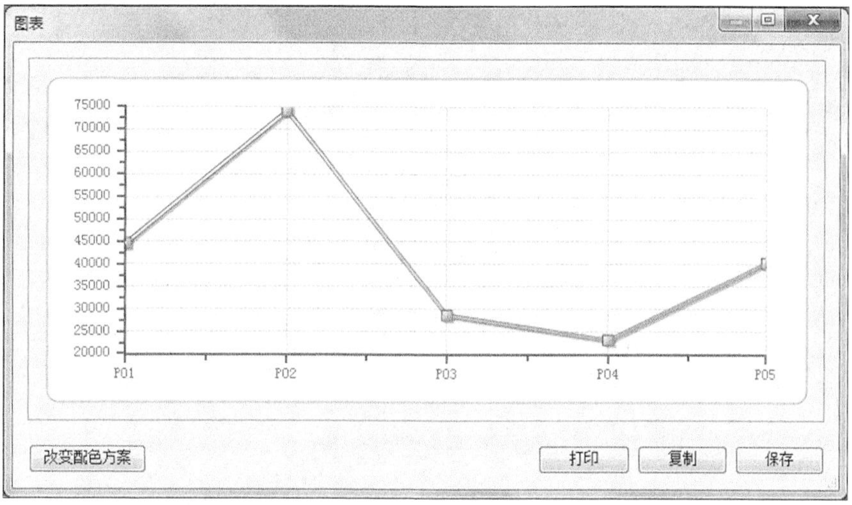

由于上图所示数据的操作非常简单，而且不是本书的学习重点，更不能算是Foxtable的特技，故此只简单提及一下。如需了解这方面更多的内容，可参考Foxtable官方帮助文件。

2.7 可与Office办公软件无缝衔接的数据输出

在经过输入、查询、统计等一系列的操作之后，对于工作上所需要的数据就可以进行输出以便提供给相关部门人员使用。

数据输出只是一个笼统的说法，它其实包含多种表现形式。比如，打印成纸质报表，这是传统意义上的输出，其好处是便于案头使用、传阅及存档；导出到通用的办公格式文件（如Excel或Word），则相当于纸质报表的电子版，它不仅方便在公司内部的OA或邮件系统内转发，更是现代企业无纸化办公的必然选择；即便是将数据另存为一种小型的数据库（如Access），也同样是一种输出，因为这样做可以方便携带和共享使用数据。

具体来看，Foxtable的数据输出有5种，即打印、导出、Excel报表、Word报表和专业报表。

2.7.1 打印数据

和其他任何一款常用的办公软件一样，Foxtable也自带打印功能，如下图所示。

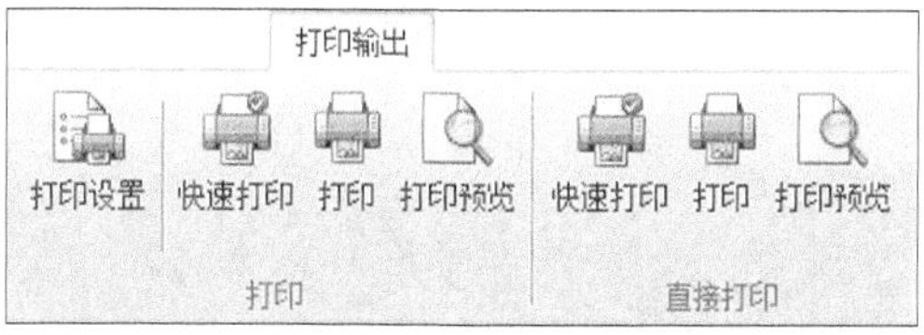

需要说明的是，以上打印命令都是针对所选中的表而言的。例如，当前数据表为“订单”时，则打印设置仅对订单表有效；执行“打印预览”或“直接打印”时，输出的也都是订单表的数据。当切换到其他表时，调用的则是其他表的相应设置。

单击【打印设置】按钮，弹出的设置对话框如下图所示。

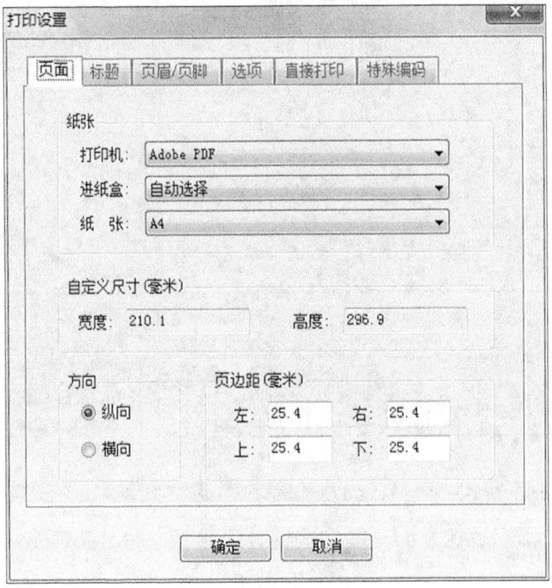

除了【页面】选项卡设置与常规的办公软件基本相似外，其他各项都要使用Foxtable独有的设置方式。

❶ 标题

通常将【主标题】设置为“[TableCaption]”，表示当前表的表标题。

【副标题】显示在标题下方，分左、中、右三部分，最常用的是中副标题。

【后间距】指的是标题和随后内容之间的距离。

标题默认只在首页打印，如果希望每页都打印，就不要勾选“仅在首页打印标题”复选框，如下图所示。

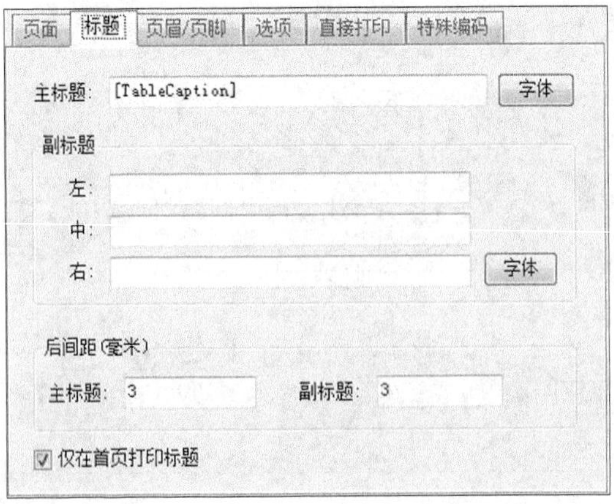

❷ 页眉页脚

页眉和页脚分为左、中、右三部分，如下图所示。

“页眉”的“后间距”表示页眉和正文之间的距离。

“页脚”的“前间距”表示正文和页脚之间的距离。

“分割线”选项用于决定是否在正文和页眉页脚之间显示一条细横线。

“页脚”默认仅设置“右边”的部分，其设置内容为“第[PageNo]页，共[PageCount]页”。其中，[PageNo]表示页码，[PageCount]表示总页数。

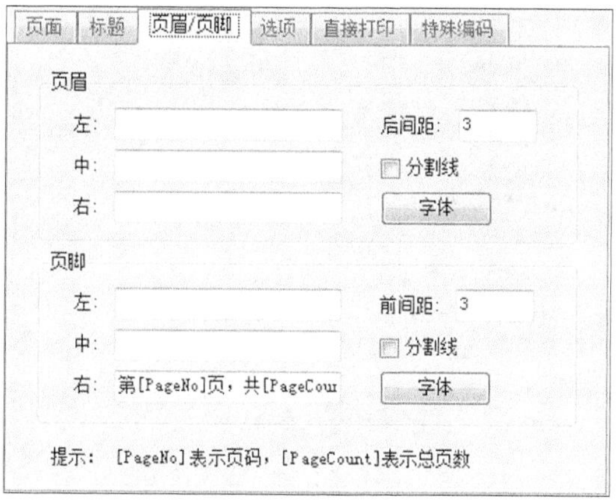

关于特殊编码的使用说明，可打开【特殊编码】选项卡查看，如下图所示。

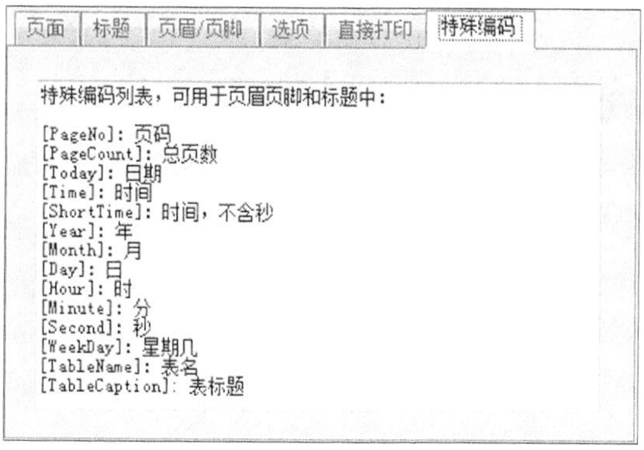

❸ 选项

打开【选项】选项卡，如下图所示。其中各选项说明如下。

适应页宽：自动缩小或加宽表格，使得表格的宽度恰好等于页宽。

自动扩展：当表格宽度小于页宽时，是否自动加宽最后一列，使得表格的宽度恰好等于页宽。

调整字体：自动调整表宽时，字体大小是否也随之调整。

自动换行：备注列的内容是否自动换行打印。

自动行高：备注列的内容超出列宽时是否自动调整行高，以容纳所有备注内容。

重复标题行：是否在每一页都打印标题行。

打印行号列：是否打印行号列。

重复行号列：当表格宽度超出页宽，必须水平换页时，是否在水平分页上打印行号列。

重新编号：打印选定行时，是否重新编排行号。例如，选定7、8、9这3行打印，打印出来的行号也是7、8、9，如果选中此复选框，那么打印出来的行号是1、2、3。

“应用样式”和“执行DrawCell事件”需要用到开发篇的知识，此略。除上述选项外，还可以设置水印图片。

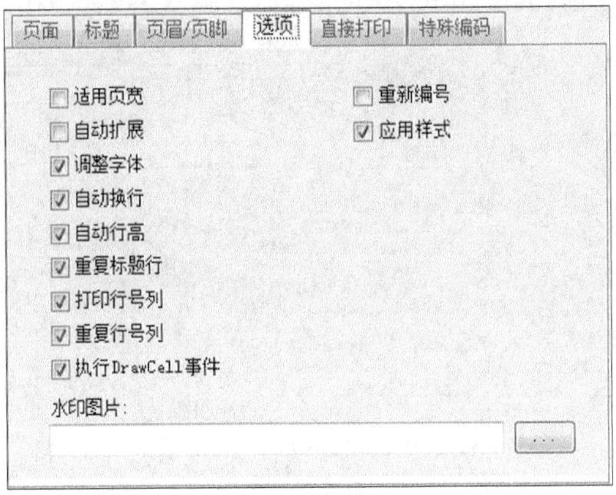

❹ 直接打印

直接打印是另一种打印方式，完全忠实于你所看到的表。它相当于对当前表截图后再打印。“直接打印”没有标题，但是可以设置页眉和页脚，如下图所示。各选项说明如下。

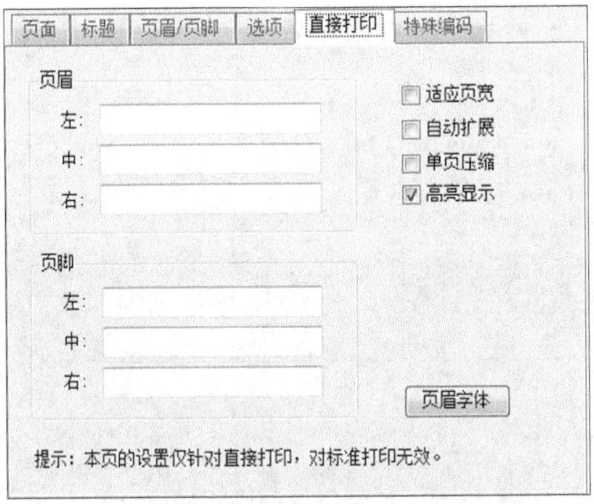

适应页宽：自动缩小或加宽表格，使得表格的宽度恰好等于页宽。

自动扩展：当表格宽度小于页宽时，是否自动加宽最后一列，使得表格的宽度恰好等于页宽。

单页压缩：压缩表格的宽度和高度，使得恰好能在一页打印完成。

高亮显示：打印时是否突出打印选定的单元格。

例如，下图是使用标准打印时的预览效果。

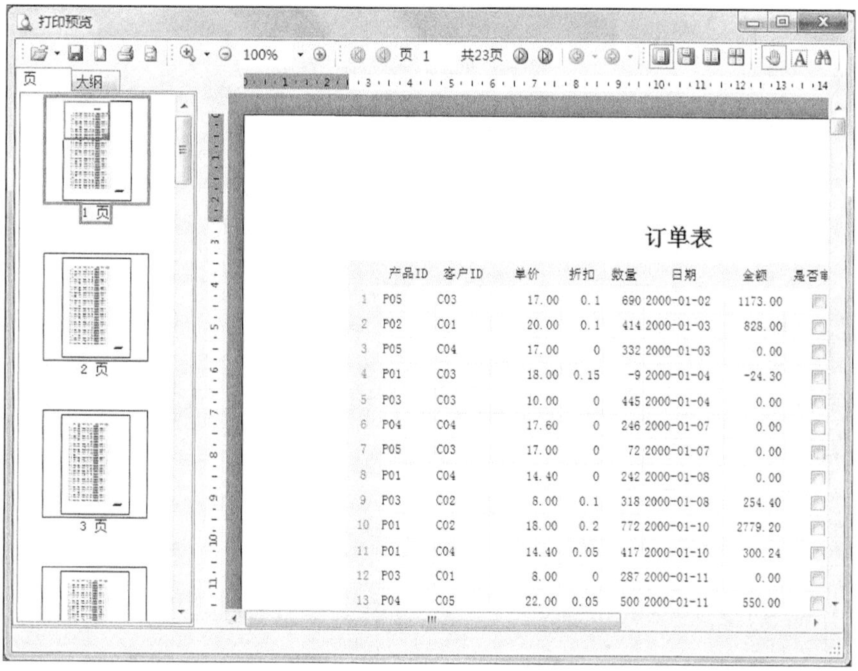

如果使用“直接打印”，则完全忠实于表格的外观样式。例如，下图中的第三行，由于焦点单元格在“单价”列，而该列又使用了内置输入器，因此连下拉箭头都能原样打印出来。

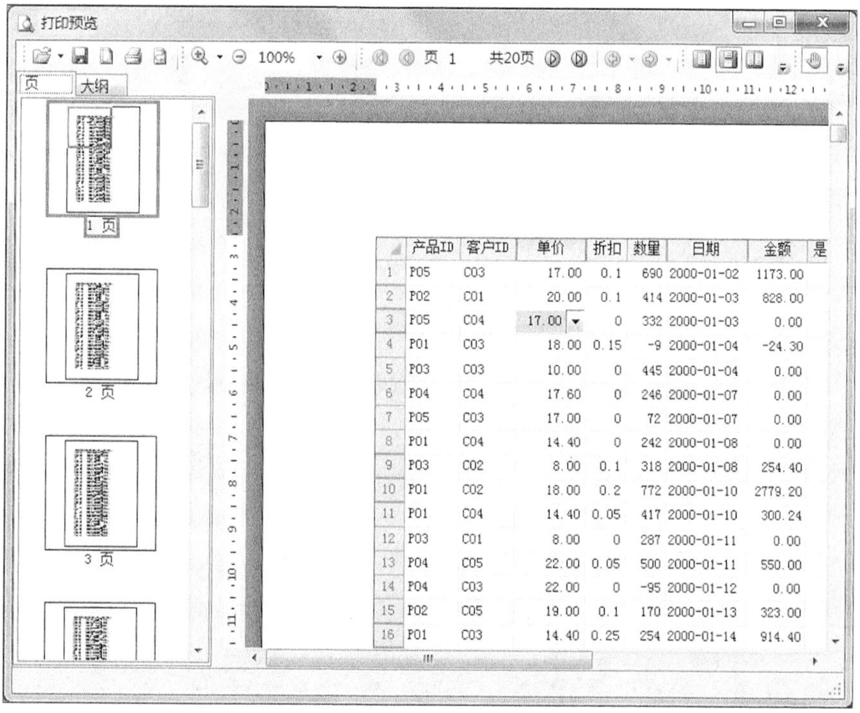

除了常规的表数据打印功能外，Foxtable还提供了以下两个独具特色的打印功能。

- 条形码打印

该功能位于【杂项】功能区的【工具】功能组中，如下图所示。

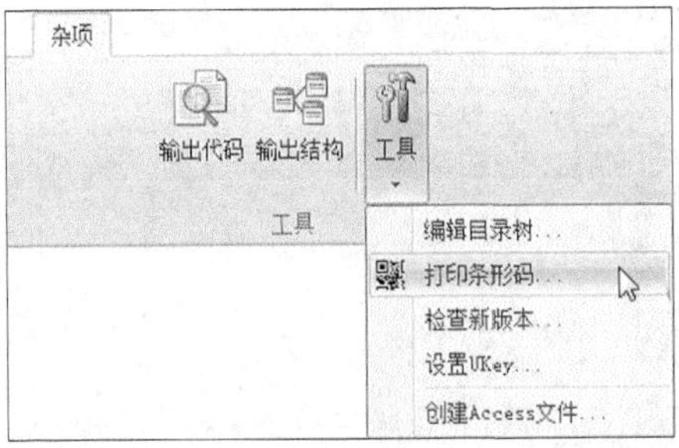

下图所示为打印对话框。

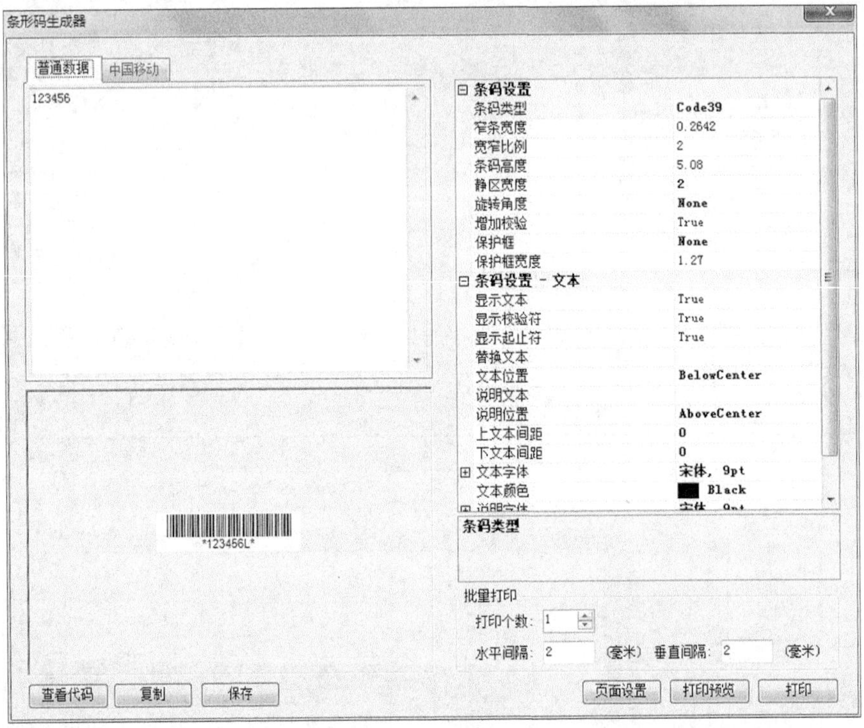

- 票据打印

此功能需配合窗口及代码编程实现，下图就是一个支票打印的示例。

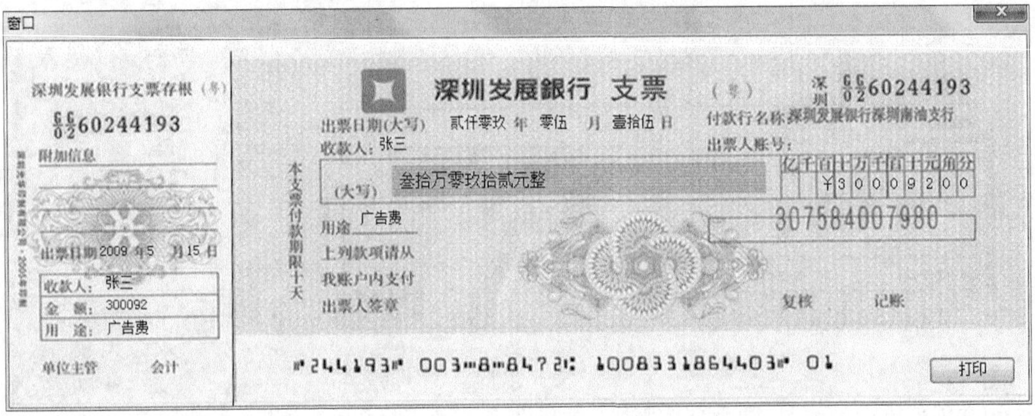

2.7.2 导出数据

在前面1.3节的“向数据表添加数据”中，我们学习过如何往项目文件中导入及合并数据。导出数据与此恰恰相反，它是将项目中的数据导出到外部。

导出数据同样位于【杂项】功能区中，如下图所示。

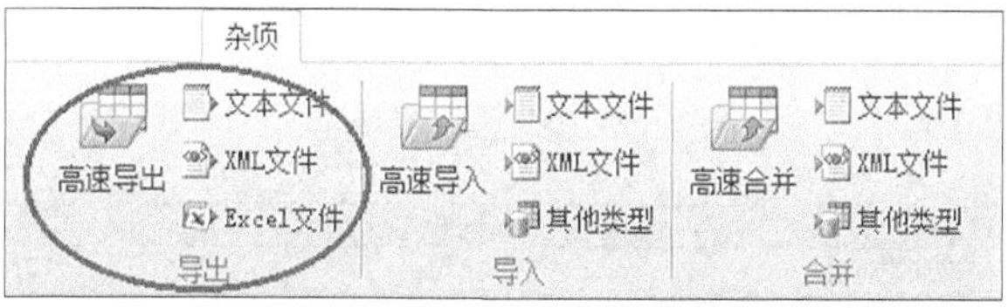

导出数据的原理和导入完全相同。其中，【Excel文件】命令按钮和【日常工作】功能区的【数据统计】功能组中的“Excel”按钮作用是相同的，如下图所示。

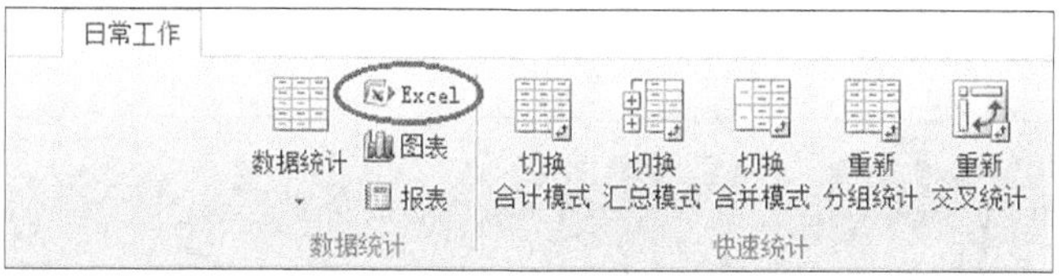

2.7.3 Excel报表、Word报表和专业报表

虽然任何的表数据都可导出为Excel文件，但那仅仅只是数据的导出，无法实现格式化的制表功能。而Excel报表和Word报表却能够以现成的Excel文件或Word文件作为模板，自动从表中提取数据填入到Excel表格或Word文档中，从而实现报表的批量输出甚至是统计数据的二次加工功能。

例如，“订单”表的数据如下图所示。

	产品ID	客户ID	单价	折扣	数量	日期	金额
1	P05	C03	17.00	0.1	690	2000-01-02	1173.00
2	P02	C01	20.00	0.1	414	2000-01-03	828.00
3	P05	C04	17.00	0	332	2000-01-03	0.00
4	P01	C03	18.00	0.15	-9	2000-01-04	-24.30
5	P03	C03	10.00	0	445	2000-01-04	0.00
6	P04	C04	17.60	0	246	2000-01-07	0.00
7	P05	C03	17.00	0	72	2000-01-07	0.00
8	P01	C04	14.40	0	242	2000-01-08	0.00
9	P03	C02	8.00	0.1	318	2000-01-08	254.40
10	P01	C02	18.00	0.2	772	2000-01-10	2779.20

如果使用标准打印或直接打印，最多是加个标题而已。想让打印出来的数据完全按照自己的报表格式根本不可能。现在，首先用Excel制作一个报表模板。由于是在Excel中制作的，因而可以随便使用字体、颜色、单元格格式等各种设置，只要让它完全符合自身的工作要求即可，如下图所示。

	A	B	C	D	E	F	G	H	I
1		订单明细表							<END>
2									
3		产品	客户	单价	折扣	数量	金额	日期	
4	<订单>	[产品,产品名称]	[客户,客户名称]	[单价]	[折扣]	[数量]	[金额]	[日期]	<ALL>
5	<END>								

此模板设置好之后，以后再输出“订单”表数据时，即可根据该模板直接输出Excel报表，如下图所示。

	A	B	C	D	E	F	G
1	订单明细表						
2							
3	产品	客户	单价	折扣	数量	金额	日期
4	盐水鸭	浩天旅行社	17	0.1	690	1173.00	2000/1/2
5	温馨奶酪	红阳事业	20	0.1	414	828.00	2000/1/3
6	盐水鸭	立日股份有限公司	17	0	332	0.00	2000/1/3
7	运动饮料	浩天旅行社	18	0.15	-9	-24.30	2000/1/4
8	三合一麦片	浩天旅行社	10	0	445	0.00	2000/1/4
9	浓缩咖啡	立日股份有限公司	17.6	0	246	0.00	2000/1/7
10	盐水鸭	浩天旅行社	17	0	72	0.00	2000/1/7
11	运动饮料	立日股份有限公司	14.4	0	242	0.00	2000/1/8
12	三合一麦片	威航货运有限公司	8	0.1	318	254.40	2000/1/8
13	运动饮料	威航货运有限公司	18	0.2	772	2779.20	2000/1/10

很显然，任何一个表都可以定义很多个模板，从而也就能批量输出一系列指定格式的报表。

Excel报表、Word报表和专业报表功能位于【日常工作】功能区的【数据统计】功能组中，但这里只能输出已经添加好的报表，如下图所示。

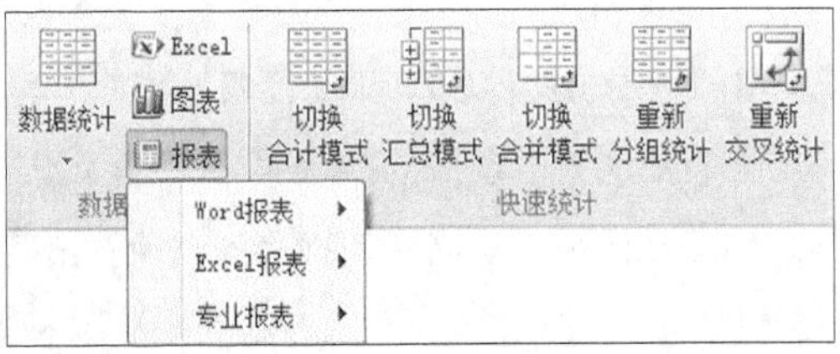

如要对报表进行管理或者设计模板，需要到【打印输出】功能区，如下图所示。

其中，专业报表是需要使用代码编程的。本节仅学习Excel报表和Word报表，这两种报表的菜单操作按钮及处理方法完全一致。

❶ 设计模板

单击Excel报表或Word报表中的设计模板按钮，将弹出下拉菜单，其中包含【新建模板】命令和【打开模板】命令。新建的模板文件必须位于当前项目所在的Attachments文件夹中，如下图所示。

对于已经建立好的模板文件，则可以使用【打开模板】命令查看或重新编辑，如下图所示。

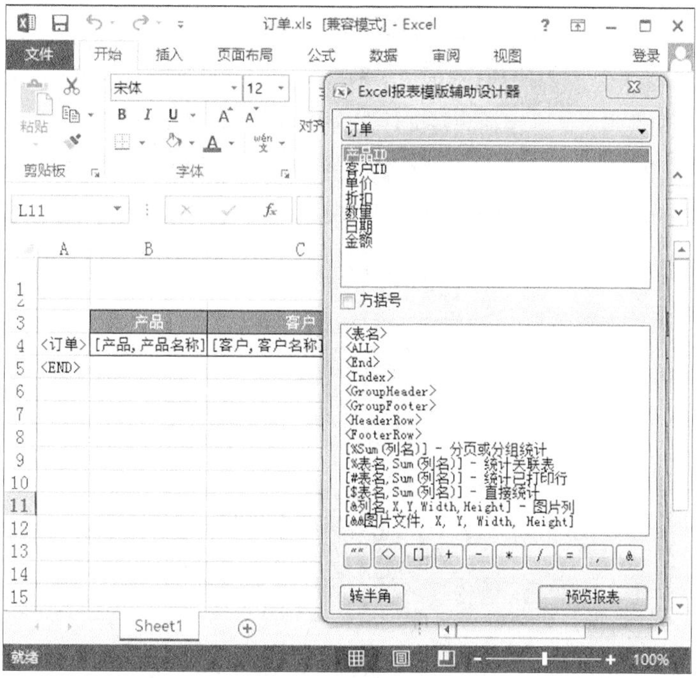

通过菜单的【新建模板】命令只能创建xls和doc格式的模板文件。如果希望创建xlsx、docx格式的文件，可以自己手工在Attachments文件夹创建，然后再通过菜单【打开模板】命令打开。或者不使用菜单命令，自行在Excel或Word中编辑也可。它们的区别在于：通过菜单打开时，会在打开Excel文件的同时附加一个辅助设计器；如果直接双击Excel或Word文件打开，就不会有这个设计器。

❷ 报表管理

模板编辑好后就可以将它绑定到指定的表中，以便根据表中的数据和模板结构来生成报表。

以上述模板为例，由于它是根据“订单”表设计的模板，因此要先选中“订单”表，然后单击菜单中的【报表管理】按钮，打开【Excel报表】对话框，如下图所示。

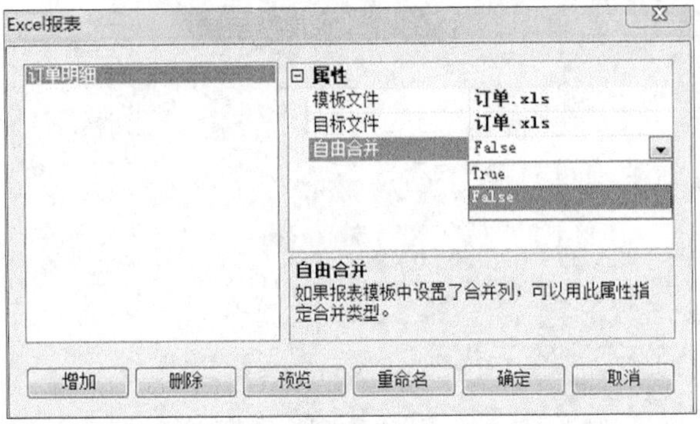

单击【增加】按钮，将为当前表增加一个Excel报表，默认报表名称为“报表1”“报表2”……，单击【重命名】按钮可修改报表名称，也可删除选中的报表。

将新增的“报表1”改名为“订单明细”，然后设置该报表的相关属性。

模板文件：单击该属性右侧的【…】按钮可选择Excel模板文件。如果选择的模板文件不在默认的Attachments目录中，一旦选定也会被自动复制到该文件夹中。

目标文件：该属性用于设置生成Excel报表时所保存的文件名称，生成的文件固定保存在项目所在目录的Reports文件夹中。当存在同名文件时会自动覆盖。

自由合并：默认为False，也就是标准合并。关于标准合并和自由合并的知识，可参考上一节“表内统计”中的“合并模式”。此选项仅在报表模板中设置了合并列时才有效。

如果单击的是【Word报表】功能组中的【报表管理】按钮，则界面如下图所示。

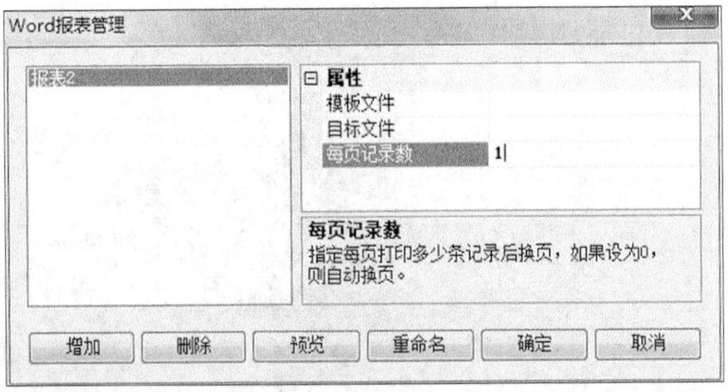

很显然，【Word报表管理】对话框中只有第三个属性和Excel报表不同，模板文件和目标文件的设置方法和Excel报表是完全一样的。如果希望由系统根据Word本身的页面设置自动换页，可将“每页记录数”属性设置为0。

以上设置完成后，单击【预览】按钮可查看输出的报表效果。

❸ 生成报表

在报表管理中添加了报表之后，单击【日常工作】功能区的【数据统计】功能组中的【报表】按钮，或者【打印输出】功能区的【Excel报表】功能组中的【生成报表】按钮（【打印输出】功能区的【Word报表】功能组中的【生成报表】按钮），都可直接输出报表，如下图所示。

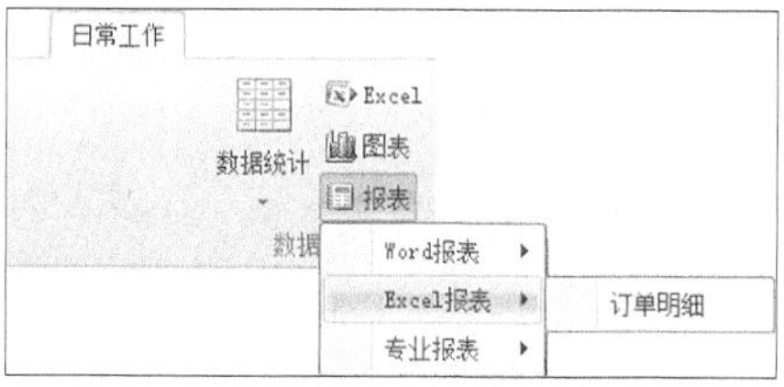

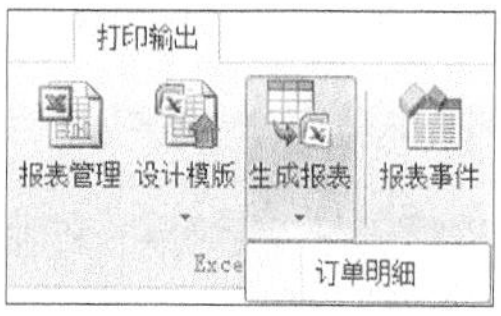

输出的报表为定义模板时的文件格式（Excel或Word），且全部保存在项目所在目录的Reports文件夹中。

由上面的3个步骤可知，模板设计才是生成Excel或Word报表的核心所在。要设计模板，需要具备Office最基本的一些操作技能，如合并单元格、设置单元格边框等。这些都不是本书的重点，现在需要关注的是报表模板的设计规则。

2.7.4 Excel报表模板设计规则

设计模板时强烈建议通过【打印输出】功能区的【设计模板】下拉菜单进入，因为这样可以使用Foxtable专门提供的“Excel报表模板辅助设计器”，如下图所示。

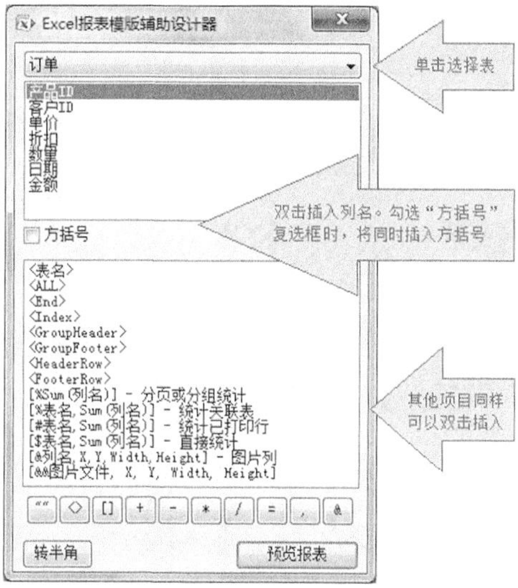

Excel报表模板中使用的各种标记符号必须是半角的。当使用中文输入时有时很难察觉半角与全角的差别，为尽量避免这种错误的发生，模板辅助设计器专门提供了下图所示的两组按钮，建议多使用。

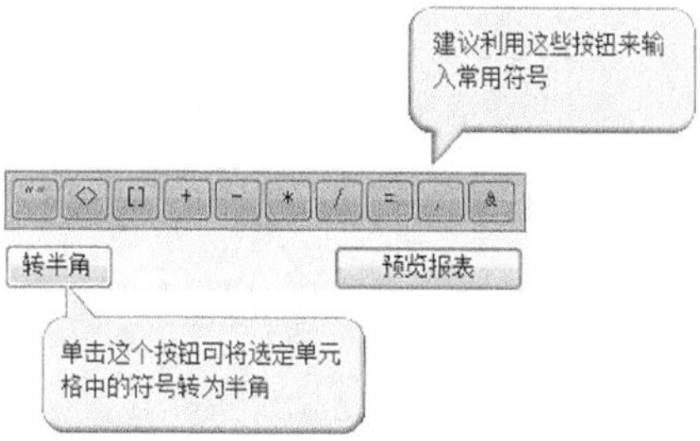

❶ 细节区和数据引用

Excel报表模板的第一列用于定义细节区，细节区的定义格式为：<表名>。

在细节区，可以引用表中的数据，引用数据的格式为：[列名]。

模板中的第一列只能存放标记，即使存放其他内容也不会被输出。

例如，下图中的第4行仅使用了两类标记，就指定了数据明细区。第4行之外的其他行由于没有使用任何标记，在生成报表时将原样输出。

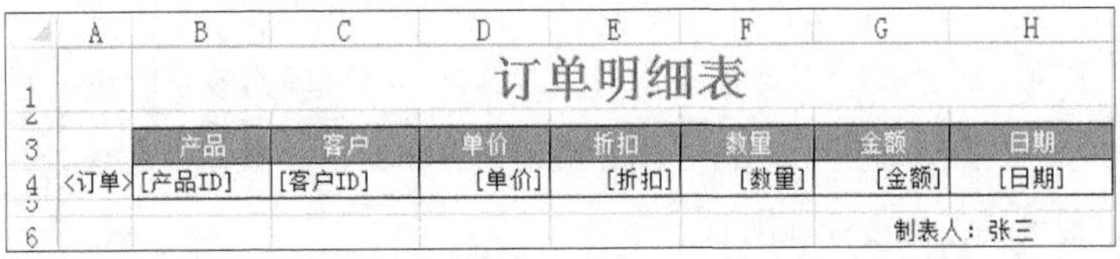

这样，一个最简单的Excel报表模板就已制作完成。当生成报表时，其输出的细节区数据为你所选中的数据行。假如在Foxtable中选择了“订单”表中的3行数据，则生成的报表如下图所示。

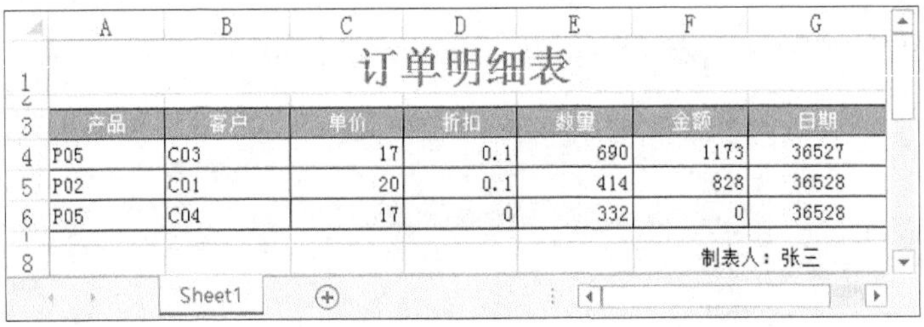

可能有的读者会问：为什么这里的日期变成了数字？还有，数值列可以保留指定的小数位数吗？这些都非常简单，在Excel模板中指定相应单元格的格式即可。

例如，要将日期列显示为日期，可先选中H4单元格，单击鼠标右键，选择快捷菜单中的相应命令进入【设置单元格格式】对话框，如下图所示。

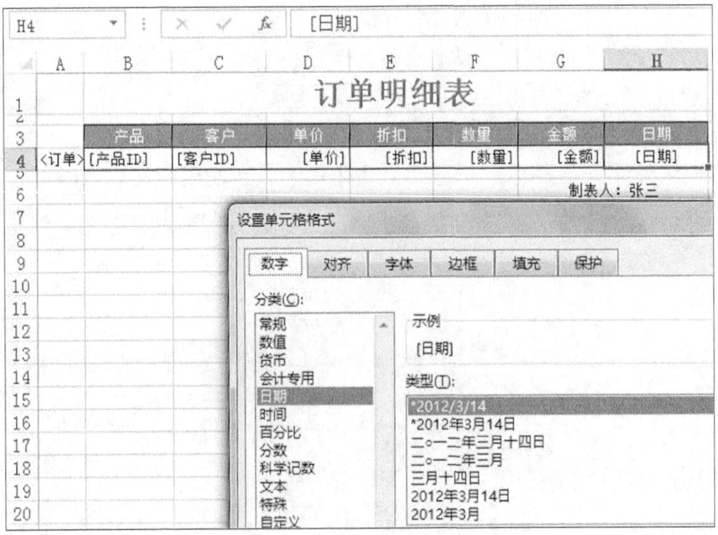

同理，也可以将“单价”“折扣”和“金额”都设置为数值格式，同时保留两位小数。模板修改完成后，重新生成的报表如下图所示。

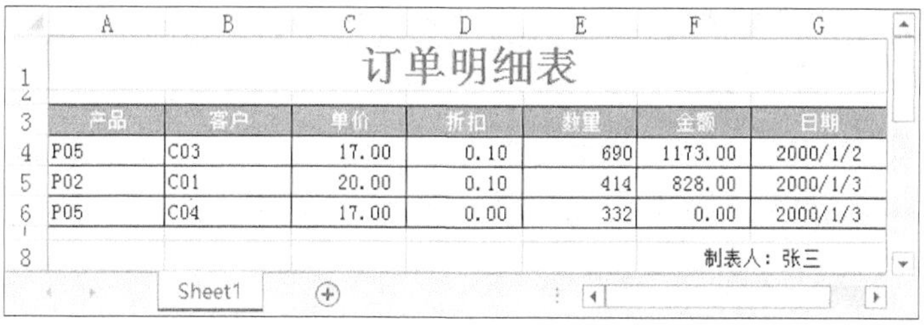

❷ 指定报表有效区域

为了更有效地生成报表，可以在第一行的最后一列以及第一列的最后一行分别输入“<End>”标记，以指定生成报表的有效区域。

生成报表时，“<End>”标记之外的行列（包括“<End>”标记所在的行列）都会被忽略，以避免无关的内容生成到报表中，从而提高报表生成效率，避免一些可能的意外情况发生。

例如，下图所示模板中的第8行尽管有内容，但由于它处在“<End>”标记外，因而在生成报表时并不会输出。

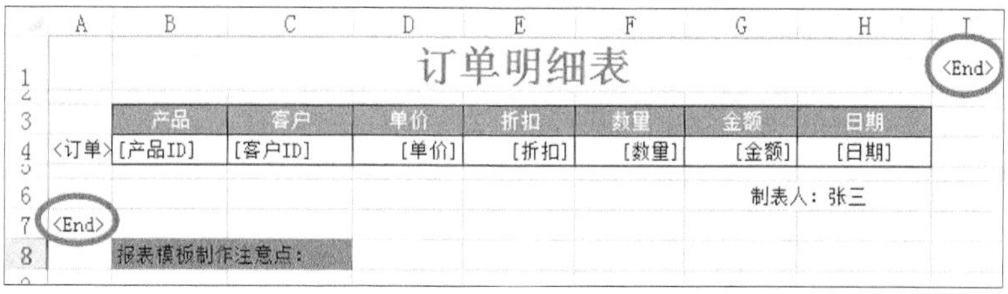

❸ 使用表达式或单元格公式动态生成列数据

Excel模板中可以使用表达式来动态生成列数据。必须强调的是，这里的表达式要使用尖括号括起来；否则在生成报表时不会进行运算，如<[数量] * [单价]>、<"编号:" & [编号]>等。

这里的表达式采用VBScript语法，而且Foxtable还对其进行了扩展。

再如，“订单”表金额列在使用表达式“[单价]*[数量]*[折扣]”计算时，得到的金额只是折扣额度，如希望在生成的报表中使用实收金额，可以按下图所示在模板中设置。

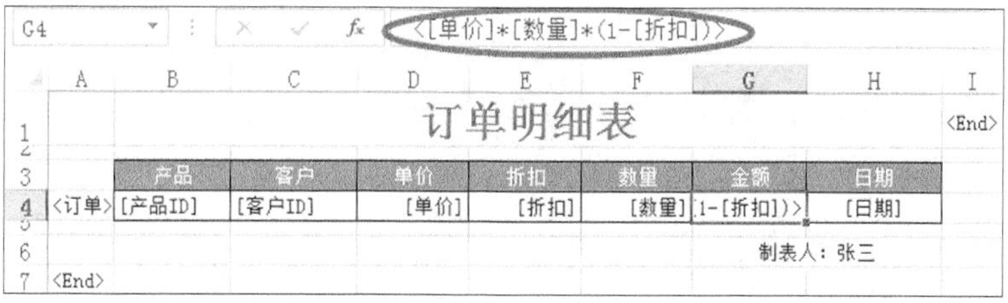

既然是Excel模板，当然也能使用Excel本身的单元格公式，如下图所示。

需要注意的是，当使用表达式时，必须使用尖括号括起来；当使用Excel单元格公式时，必须使用等号，而且引用单元格时要往前移动一格，这是因为生成的Excel报表中会自动将第一列删除。例如，上图中要引用“单价”的值，必须用C4而不是D4，其他类推。

一般来说，Excel本身的单元格公式常用于表头、表尾中，以方便获取单个数据的值，如上图中的D6单元格就是使用“=TODAY()”得到的；很少用于数据的细节区，因为生成报表后还要拖曳单元格才能实现公式的重新计算，如下图所示。

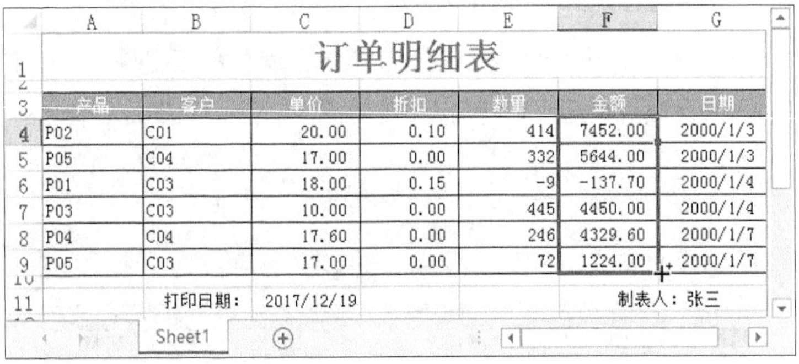

当需要生成“序号”列时，可使用标记“<Index>”，这个就相当于表中的行号，但它是从1开始的，如下图所示。

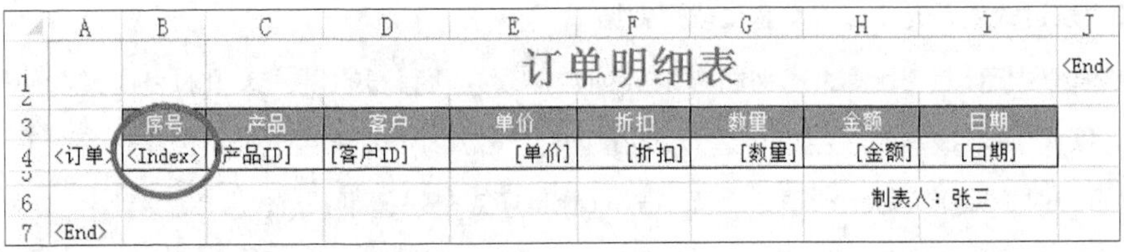

生成报表如下图所示。

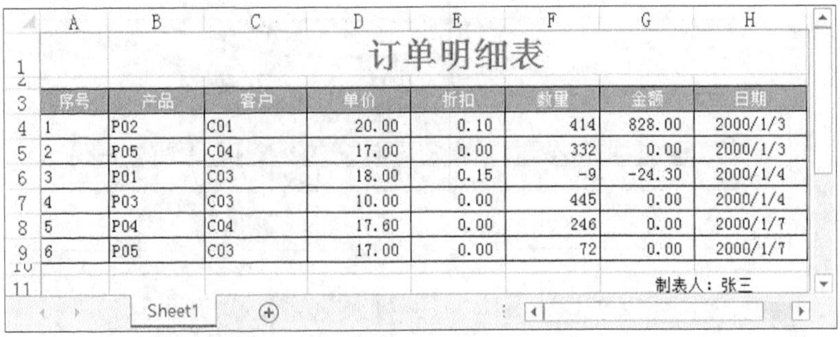

❹ 设置数据输出范围

默认情况下，Excel报表仅输出选定行。可以在模板中设置条件，来指定Excel报表的数据输出范围。

如果要输出全部记录，可在细节区第一行的尾部加上标记“<ALL>”；如果要输出指定条件的记录，在同样的位置加上条件表达式即可。这里的条件表达式完全遵循第1章所学习的表达式规则，如下图所示。

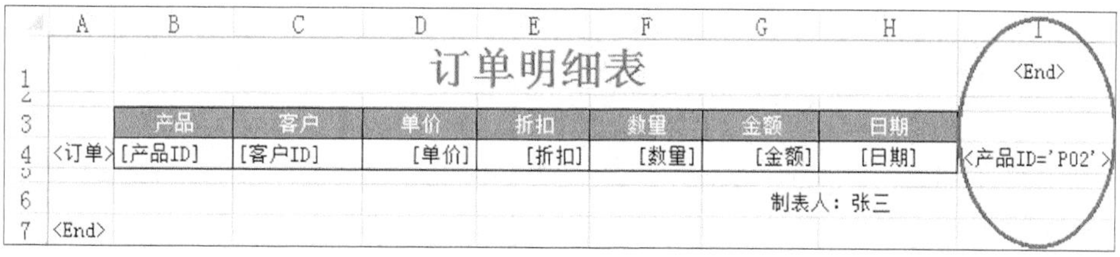

需要特别强调的是，条件标记只有在设置了有效区域时才会生效，且必须和最后一列的“<End>”标记处于同一列。而且，这里的输出条件和指定表中的筛选条件是叠加的。

例如，“订单”表中已经进行过筛选，当前显示的记录都是“产品ID”为“P02”的数据。当模板中的输出范围为“<ALL>”时，打印出的就全部是“产品ID”为“P02”的数据记录；当指定条件为“<产品ID='P03'>”时，则不会输出任何记录。

❺ 设置数据输出顺序

如果需要将输出的数据按指定顺序排列，可以在设置细节区的同时指定排序列。例如，按“数量”排列，如下图所示。

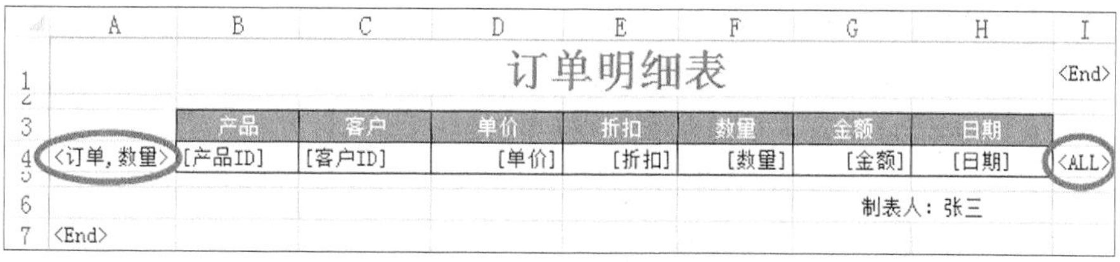

默认为升序排列。如果需要降序，可以这样：<订单,数量 desc>。

多列排序时以“|”分隔，如<订单,数量 desc|日期 desc>。

需要注意是，如果细节区的数据来源于主表而不是关联表，则必须同时加上输出条件，指定的排序列才会生效。当没有条件时，必须加上标记“<ALL>”。

❻ 换页控制

在细节区指定数据来源表时可以给其增加一个参数，用于指定单个页面可以打印细节区的个数。一旦细节区数量达到设定值，将自动插入一个换页符，如下图所示。

	A	B	C	D	E	F	G	H	I
1		订单明细表							<End>
2									
3		产品	客户	单价	折扣	数量	金额	日期	
4	<订单, 10>	[产品ID]	[客户ID]	[单价]	[折扣]	[数量]	[金额]	[日期]	<ALL>
5									
6							制表人：张三		
7	<End>								

则输出的报表如下图所示。

	A	B	C	D	E	F	G
1	订单明细表						
2							
3	产品	客户	单价	折扣	数量	金额	日期
4	P05	C03	17.00	0.10	690	1173.00	2000/1/2
5	P02	C01	20.00	0.10	414	828.00	2000/1/3
6	P05	C04	17.00	0.00	332	0.00	2000/1/3
7	P01	C03	18.00	0.15	-9	-24.30	2000/1/4
8	P03	C03	10.00	0.00	445	0.00	2000/1/4
9	P04	C04	17.60	0.00	246	0.00	2000/1/7
10	P05	C03	17.00	0.00	72	0.00	2000/1/7
11	P01	C04	14.40	0.00	242	0.00	2000/1/8
12	P03	C02	8.00	0.10	318	254.40	2000/1/8
13	P01	C02	18.00	0.20	772	2779.20	2000/1/10
14	P01	C04	14.40	0.05	417	300.24	2000/1/10
15	P03	C01	8.00	0.00	287	0.00	2000/1/11
16	P04	C05	22.00	0.05	500	550.00	2000/1/11
17	P04	C03	22.00	0.00	-95	0.00	2000/1/12
18	P02	C05	19.00	0.10	170	323.00	2000/1/13
19	P01	C03	14.40	0.25	254	914.40	2000/1/14
20	P02	C01	15.20	0.00	112	0.00	2000/1/14
21	P02	C05	15.20	0.00	441	0.00	2000/1/14
22	P05	C04	21.35	0.00	13	0.00	2000/1/16
23	P02	C03	15.20	0.10	183	278.16	2000/1/17
24	P03	C04	10.00	0.00	-34	0.00	2000/1/17
25	P01	C02	14.40	0.00	54	0.00	2000/1/20

Sheet1

请注意，Excel中的分页控制在普通视图模式下是看不到效果的，必须将Excel的视图模式改为“分页预览”，或者直接使用“打印预览”功能。

如果希望打印到最后一页时，可以空行自动补足指定的个数，只需将第二个参数改为负数即可。

如果希望在指定个数的同时再指定排序列，可以这样设置：<订单,数量 desc,10>。

如果希望每页重复打印标题等细节区之外的内容，可以用“<HeaderRow>”指定页首行、用“<FooterRow>”指定页尾行，如下图所示。

	A	B	C	D	E	F	G	H	I
1	<HeaderRow>	订单明细表							<End>
2									
3		产品	客户	单价	折扣	数量	金额	日期	
4	<订单, -10>	[产品ID]	[客户ID]	[单价]	[折扣]	[数量]	[金额]	[日期]	<ALL>
5									
6	<FooterRow>						制表人：张三		
7	<End>								

由于这里的明细区使用了标记“<订单,-10>”，因此在打印到最后一页时会自动补足空行，如下图所示。

	A	B	C	D	E	F	G
1023	订单明细表						
1024	P02	C02	19.00	0.00	405	0.00	1999/12/22
1025	P02	C02	15.20	0.20	256	778.24	1999/12/22
1026	P02	C03	19.00	0.20	467	1774.60	1999/12/22
1027	P05	C01	21.35	0.00	14	0.00	1999/12/22
1028	P01	C01	14.40	0.02	-12	-3.46	1999/12/23
1029	P04	C02	17.60	0.20	257	904.64	1999/12/23
1030	P01	C05	18.00	0.00	581	0.00	1999/12/25
1031	P05	C02	17.00	0.20	18	61.20	1999/12/25
1032	P05	C03	17.00	0.00	286	0.00	1999/12/27
1033	P05	C01	17.00	0.00	50	0.00	1999/12/28
1034						制表人：张三	
1035	订单明细表						
1036	P02	C02	15.20	0.00	441	0.00	1999/12/29
1037	P02	C03	19.00	0.00	110	0.00	1999/12/29
1038	P01	C02	18.00	0.00	406	0.00	1999/12/30
1039	P01	C05	18.00	0.18	16	51.84	1999/12/30
1040							
1041							
1042							
1043							
1044							
1045							
1046						制表人：张三	

第 86 页

第 87 页

Sheet1

细心的读者也许会发现，为什么每页仅重复打印了页标题而没有重复打印表标题？这是因为在上面的模板中仅指定了一个页首行。当要打印的页首行有多行时，要分别在其首部和尾部都加上“<HeaderRow>”；当页尾行有多行时，也是同样的处理方法。

这里还有一种情况就是分割打印。分割就是在同一页中以分割的形式打印输出指定条数的记录。例如，下图所示的报表模板，细节区的设置内容为“<订单,(-4|2)>”，它表示在同一页中以分割的形式打印两次记录数为4条数据的报表。

	A	B	C	D	E	F	G	H	I
1	<HeaderRow>	订单明细表							<End>
3	<HeaderRow>	产品	客户	单价	折扣	数量	金额	日期	
4	<订单,(-4|2)>	[产品ID]	[客户ID]	[单价]	[折扣]	[数量]	[金额]	[日期]	<ALL>
5	<FooterRow>								
6	<FooterRow>						制表人：张三		
7	<End>								

输出的报表如下图所示。

	A	B	C	D	E	F	G
1	订单明细表						
3	产品	客户	单价	折扣	数量	金额	日期
4	P05	C03	17	0.1	690	1173.00	2000/1/2
5	P02	C01	20	0.1	414	828.00	2000/1/3
6	P05	C04	17	0	332	0.00	2000/1/3
7	P01	C03	18	0.15	-9	-24.30	2000/1/4
8							
9						制表人：张三	
10	订单明细表						
12	产品	客户	单价	折扣	数量	金额	日期
13	P03	C03	10	0	445	0.00	2000/1/4
14	P04	C04	17.6	0	246	0.00	2000/1/7
15	P05	C03	17	0	72	0.00	2000/1/7
16	P01	C04	14.4	0	242	0.00	2000/1/8
17							
18						制表人：张三	

第 1 页

Sheet1

❼ 3种统计模式下的数据输出

众所周知，表内统计有3种模式，即合计模式、汇总模式和合并模式。处于这些模式下的表，如果简单地按照上述设置，其总计行、分组行及合并后的单元格并不会在Excel报表中正常输出。要实现类似于这3种模式下的报表效果，必须使用专门的标记。

需要说明的是，以下统计效果均由Excel报表模板自动完成，无需事先进入任何表内统计模式。

- 合计模式报表效果

合计属于统计的一种，都可通过标记“[%统计表达式]”来实现。其中，统计表达式为Sum、Count等聚合函数，如下图所示。

	A	B	C	D	E	F	G	H	I
1		订单明细表							<End>
2									
3		产品	客户	单价	折扣	数量	金额	日期	
4	<订单>	[产品ID]	[客户ID]	[单价]	[折扣]	[数量]	[金额]	[日期]	
5		数量合计		[%Sum(数量)]		金额合计		[%Sum(金额)]	
6	<End>								

与合计模式相比，Excel报表中的合计行可以设置得更加灵活，只要放在明细行下方的任何位置即可，且能随意摆放。输出的报表如下图所示。

	A	B	C	D	E	F	G
1	订单明细表						
2							
3	产品	客户	单价	折扣	数量	金额	日期
4	P02	C01	20.00	0.10	414	828.00	2000/1/3
5	P05	C04	17.00	0.00	332	0.00	2000/1/3
6	P01	C03	18.00	0.15	-9	-24.30	2000/1/4
7	P03	C03	10.00	0.00	445	0.00	2000/1/4
8	P04	C04	17.60	0.00	246	0.00	2000/1/7
9	数量合计		1428		金额合计		803.70

Sheet1

当输出的报表需要分页汇总时，只要在“<FootRow>”标记所在行使用“[%统计表达式]”即可，同时在细节区指定每页输出的细节数量，如下图所示。

	A	B	C	D	E	F	G	H	I
1	<HeaderRow>	订单明细表							<End>
2									
3	<HeaderRow>	产品	客户	单价	折扣	数量	金额	日期	
4	<订单,-5>	[产品ID]	[客户ID]	[单价]	[折扣]	[数量]	[金额]	[日期]	<ALL>
5	<FooterRow>	数量小计		[%Sum(数量)]		金额小计		[%Sum(金额)]	
6		数量合计		[%Sum(数量)]		金额合计		[%Sum(金额)]	
7	<End>								

输出报表如下图所示。

	A	B	C	D	E	F	G
1540	订单明细表						
1541							
1542	产品	客户	单价	折扣	数量	金额	日期
1543	P04	C02	17.60	0.20	257	904.64	1999/12/23
1544	P01	C05	18.00	0.00	581	0.00	1999/12/25
1545	P05	C02	17.00	0.20	18	61.20	1999/12/25
1546	P05	C03	17.00	0.00	286	0.00	1999/12/27
1547	P05	C01	17.00	0.00	50	0.00	1999/12/28
1548	数量小计		1192		金额小计		965.84
1549	订单明细表						
1550							
1551	产品	客户	单价	折扣	数量	金额	日期
1552	P02	C02	15.20	0.00	441	0.00	1999/12/29
1553	P02	C03	19.00	0.00	110	0.00	1999/12/29
1554	P01	C02	18.00	0.00	406	0.00	1999/12/30
1555	P01	C05	18.00	0.18	16	51.84	1999/12/30
1556							
1557	数量小计		973		金额小计		51.84
1558	数量合计		211017		金额合计		274322.82

Sheet1

由上图可以看出，尽管模板中的两行统计项目完全相同，但结果却不一样：使用了“<FootRow>”标记的行得到的是当前页的统计数据；没有使用“<FootRow>”标记的行得到的是全部合计数据，且仅在最后一页时才打印输出。

此外，还有一种情况，就是分页输出时的截止统计效果。这个要实现起来也很简单，使用的标记为：[#表名,统计表达式]，如下图所示。

	A	B	C	D	E	F	G	H	I
1	<HeaderRow>	订单明细表							<End>
2									
3	<HeaderRow>	产品	客户	单价	折扣	数量	金额	日期	
4	<订单,-5>	[产品ID]	[客户ID]	[单价]	[折扣]	[数量]	[金额]	[日期]	<ALL>
5	<FooterRow>	本页数量小计		[%Sum(数量)]		截止本页累计		[#订单,Sum(数量)]	
6	<FooterRow>	本页金额小计		[%Sum(金额)]		截止本页累计		[#订单,Sum(金额)]	
7		全部数量合计		[%Sum(数量)]		全部金额合计		[%Sum(金额)]	
8	<End>								

输出的报表如下图所示。

	A	B	C	D	E	F	G
1711	订单明细表						
1712							
1713	产品	客户	单价	折扣	数量	金额	日期
1714	P04	C02	17.60	0.20	257	904.64	1999/12/23
1715	P01	C05	18.00	0.00	581	0.00	1999/12/25
1716	P05	C02	17.00	0.20	18	61.20	1999/12/25
1717	P05	C03	17.00	0.00	286	0.00	1999/12/27
1718	P05	C01	17.00	0.00	50	0.00	1999/12/28
1719	本页数量小计		1192		截止本页累计		210044
1720	本页金额小计		965.84		截止本页累计		274270.98
1721	订单明细表						
1722							
1723	产品	客户	单价	折扣	数量	金额	日期
1724	P02	C02	15.20	0.00	441	0.00	1999/12/29
1725	P02	C03	19.00	0.00	110	0.00	1999/12/29
1726	P01	C02	18.00	0.00	406	0.00	1999/12/30
1727	P01	C05	18.00	0.18	16	51.84	1999/12/30
1728							
1729	本页数量小计		973		截止本页累计		211017
1730	本页金额小计		51.84		截止本页累计		274322.82
1731	全部数量合计		211017		全部金额合计		274322.82

Sheet1

- 汇总模式报表效果

和总计模式相比，汇总模式中的报表无非是增加了“按指定列进行分组统计”的功能。分组统计通过标记“<GroupHeader>”和“<GroupFooter>”实现。其中，“<GroupHeader>”用在细节区的上面，该标记所在行一般仅用于获取分组列的值；“<GroupFooter>”用在细节区的下面，一般用于生成具体的统计值。

例如，根据“订单”表明细数据来生成按“产品ID”进行分组的统计报表，模板设置如下图所示。

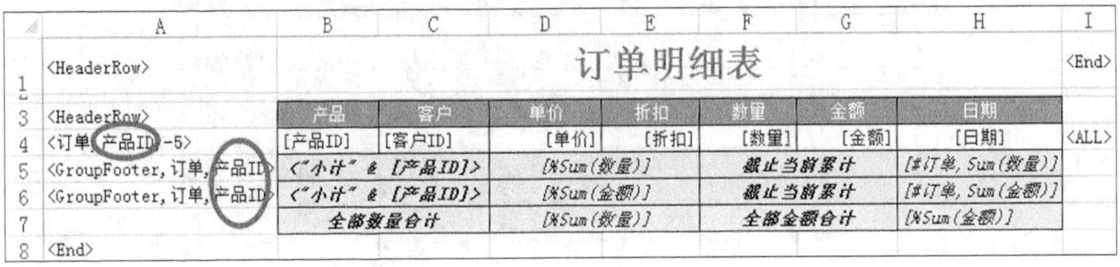

	A	B	C	D	E	F	G	H	I
1	<HeaderRow>	订单明细表							<End>
3	<HeaderRow>	产品	客户	单价	折扣	数量	金额	日期	
4	<订单,产品ID,-5>	[产品ID]	[客户ID]	[单价]	[折扣]	[数量]	[金额]	[日期]	<ALL>
5	<GroupFooter,订单,产品ID>	<"小计" & [产品ID]>		[%Sum(数量)]		截止当前累计		[#订单,Sum(数量)]	
6	<GroupFooter,订单,产品ID>	<"小计" & [产品ID]>		[%Sum(金额)]		截止当前累计		[#订单,Sum(金额)]	
7		全部数量合计		[%Sum(数量)]		全部金额合计		[%Sum(金额)]	
8	<End>								

请注意，这里的“<GroupFooter>”标记必须带两个参数，一个是表名，另一个是列名。由于要打印的分组内容超过了一行，因此使用了两个标记，即<GroupFooter,订单,产品ID>。其中，第一个为开始标记，第二个为结束标记。

此外，明细区还必须同时指定排序列；否则将无法起到分组统计的效果。指定的排序列要和分组列完全相同。由于分组使用的“产品ID”，因而这里也指定的是“产品ID”：<订单,产品ID,-5>。

生成报表的最后一页如下图所示。

	A	B	C	D	E	F	G
1385	订单明细表						
1387	产品	客户	单价	折扣	数量	金额	日期
1388	P05	C01	21.35	0.00	14	0.00	1999/12/22
1389	P05	C02	17.00	0.20	18	61.20	1999/12/25
1390	P05	C03	17.00	0.00	286	0.00	1999/12/27
1391	P05	C01	17.00	0.00	50	0.00	1999/12/28
1392	小计P05		40397		截止当前累计		211017
1393	小计P05		48426.91		截止当前累计		274322.82
1394							
1395	全部数量合计		211017		全部金额合计		274322.82

第 183 页

Sheet1

为什么这里会出现一个空行？这是因为在模板中设置的每页打印数量为-5，这个数量仅仅针对原始数据而言，并不包含分组行。由于最后一页只有4条记录，因此会在分组统计行的后面补足一个空行。事实上，分组统计中的两个标记“<GroupHeader>”和“<GroupFooter>”本身就有换页控制功能，只需再使用可选参数“1”即可。修改后的模板如下图所示。

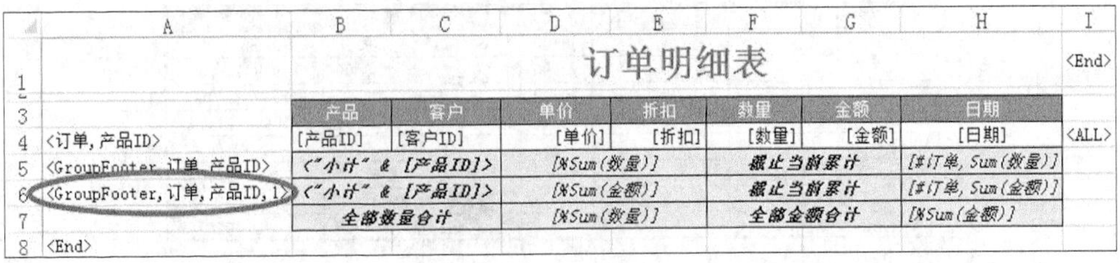

	A	B	C	D	E	F	G	H	I
1		订单明细表							<End>
3		产品	客户	单价	折扣	数量	金额	日期	
4	<订单,产品ID>	[产品ID]	[客户ID]	[单价]	[折扣]	[数量]	[金额]	[日期]	<ALL>
5	<GroupFooter,订单,产品ID>	<"小计" & [产品ID]>		[%Sum(数量)]		截止当前累计		[#订单,Sum(数量)]	
6	<GroupFooter,订单,产品ID,1>	<"小计" & [产品ID]>		[%Sum(金额)]		截止当前累计		[#订单,Sum(金额)]	
7		全部数量合计		[%Sum(数量)]		全部金额合计		[%Sum(金额)]	
8	<End>								

既然不再使用细节区本身的数量来控制换页，那么与之配套使用的“<HeaderRow>”“<FooterRow>”等标记也就被全部删除，仅在最后面的 “<GroupFooter>”标记上加了一个参数“1”。生成报表如下图所示。

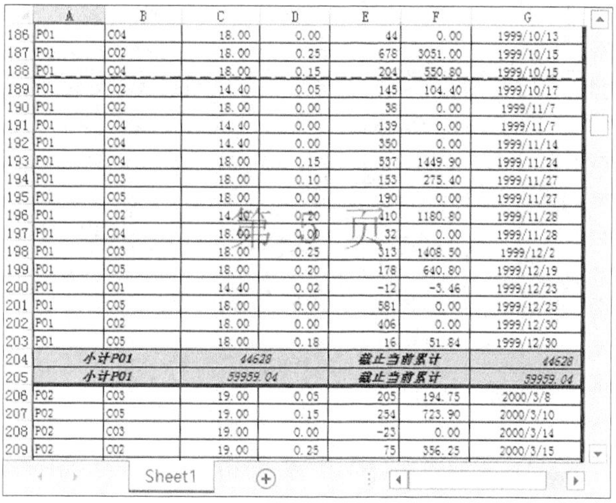

	A	B	C	D	E	F	G
186	P01	C04	18.00	0.00	44	0.00	1999/10/13
187	P01	C02	18.00	0.25	678	3051.00	1999/10/15
188	P01	C04	18.00	0.15	204	550.80	1999/10/15
189	P01	C02	14.40	0.05	145	104.40	1999/10/17
190	P01	C02	18.00	0.00	38	0.00	1999/11/7
191	P01	C04	14.40	0.00	139	0.00	1999/11/7
192	P01	C04	14.40	0.00	350	0.00	1999/11/14
193	P01	C04	18.00	0.15	537	1449.90	1999/11/24
194	P01	C03	18.00	0.10	153	275.40	1999/11/27
195	P01	C05	18.00	0.00	190	0.00	1999/11/27
196	P01	C02	14.40	0.20	410	1180.80	1999/11/28
197	P01	C04	18.00	0.00	32	0.00	1999/11/28
198	P01	C03	18.00	0.25	313	1408.50	1999/12/2
199	P01	C05	18.00	0.20	178	640.80	1999/12/19
200	P01	C01	14.40	0.02	-12	-3.46	1999/12/23
201	P01	C05	18.00	0.00	581	0.00	1999/12/25
202	P01	C02	18.00	0.00	406	0.00	1999/12/30
203	P01	C05	18.00	0.18	16	51.84	1999/12/30
204	小计P01		44628		截止当前累计		44628
205	小计P01		59959.04		截止当前累计		59959.04
206	P02	C03	19.00	0.05	205	194.75	2000/3/8
207	P02	C05	19.00	0.15	254	723.90	2000/3/10
208	P02	C03	19.00	0.00	-23	0.00	2000/3/14
209	P02	C02	19.00	0.25	75	356.25	2000/3/15

很显然，尽管第5页的内容并不足以打满整个页面，但由于在分组行中使用了强制换页，因而每当输出完某个分组的内容时都会自动换页。

如果要在分组行换页时同时打印标题等内容，就需要使用“<GroupHeader>”标记了，如下图所示。

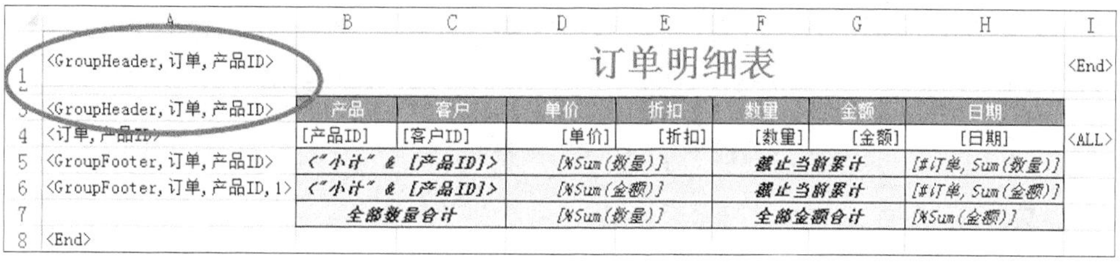

	A	B	C	D	E	F	G	H	I
1	<GroupHeader,订单,产品ID>	订单明细表							<End>
3	<GroupHeader,订单,产品ID>	产品	客户	单价	折扣	数量	金额	日期	
4	<订单,产品ID>	[产品ID]	[客户ID]	[单价]	[折扣]	[数量]	[金额]	[日期]	<ALL>
5	<GroupFooter,订单,产品ID>	<"小计" & [产品ID]>		[%Sum(数量)]		截止当前累计		[#订单,Sum(数量)]	
6	<GroupFooter,订单,产品ID,1>	<"小计" & [产品ID]>		[%Sum(金额)]		截止当前累计		[#订单,Sum(金额)]	
7		全部数量合计		[%Sum(数量)]		全部金额合计		[%Sum(金额)]	
8	<End>								

由于该模板使用了两个“<GroupHeader>”，那么它们之间的内容都会被同时打印出来，如下图所示。

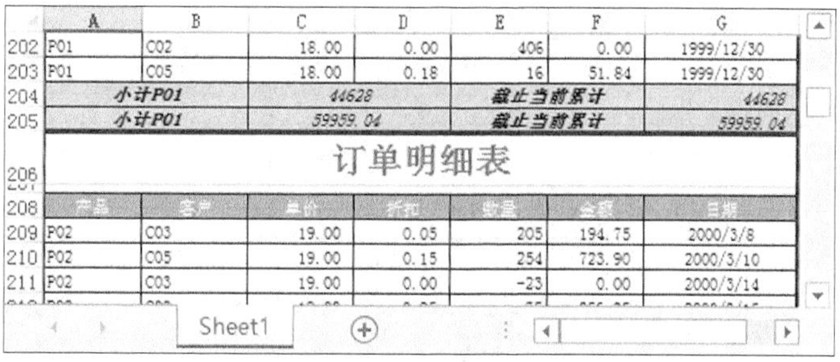

	A	B	C	D	E	F	G
202	P01	C02	18.00	0.00	406	0.00	1999/12/30
203	P01	C05	18.00	0.18	16	51.84	1999/12/30
204	小计P01		44628		截止当前累计		44628
205	小计P01		59959.04		截止当前累计		59959.04
206	订单明细表						
208	[illegible]						
209	P02	C03	19.00	0.05	205	194.75	2000/3/8
210	P02	C05	19.00	0.15	254	723.90	2000/3/10
211	P02	C03	19.00	0.00	-23	0.00	2000/3/14

但这里还有个问题：如此设置仅在分组行换页时才会重复打印标题等分组头，自然换页时并不会打印。例如，最后一页就是自然换页的，这里并没有标题，显得很突兀，如下图所示。

	A	B	C	D	E	F	G
853	P05	C04	21.35	0.00	644	0.00	1999/8/7
854	P05	C03	17.00	0.00	205	0.00	1999/8/20
855	P05	C02	17.00	0.05	-18	-15.30	1999/8/21
856	P05	C02	21.35	0.05	206	222.04	1999/8/24
857	P05	C02	17.00	0.20	235	799.00	1999/8/25
858	P05	C04	21.35	0.00	147	0.00	1999/8/28
859	P05	C03	21.35	0.00	142	0.00	1999/9/3
860	P05	C02	21.35	0.00	358	0.00	1999/9/7
861	P05	C03	21.35	0.10	163	348.01	1999/9/11
862	P05	C01	21.35	0.10	198	422.73	1999/9/16
863	P05	C03	21.35	0.00	89	0.00	1999/9/19
864	P05	C04	17.00	0.00	31	0.00	1999/9/21
865	P05	C02	21.35	0.25	336	1793.40	1999/9/29
866	P05	C05	17.00	0.00	643	0.00	1999/9/30
867	P05	C04	17.00	0.15	163	415.65	1999/10/1
868	P05	C05	21.35	0.25	203	1083.51	1999/10/3
869	P05	C04	17.00	0.00	233	0.00	1999/10/10
870	P05	C03	21.35	0.00	267	0.00	1999/10/20
871	P05	C03	21.35	0.05	182	130.24	1999/10/23
872	P05	C04	21.35	0.00	325	0.00	1999/10/28
873	P05	C03	21.35	0.10	96	204.96	1999/10/29
874	P05	C03	17.00	0.00	173	0.00	1999/11/1
875	P05	C02	21.35	0.15	994	3163.29	1999/11/3
876	P05	C05	21.35	0.15	293	938.33	1999/11/12
877	P05	C02	21.35	0.00	256	0.00	1999/11/17
878	P05	C04	17.00	0.00	290	0.00	1999/11/21
879	P05	C04	21.35	0.00	117	0.00	1999/11/21
880	P05	C05	21.35	0.20	385	1643.95	1999/11/25
881	P05	C04	17.00	0.00	114	0.00	1999/12/5
882	P05	C01	21.35	0.00	437	0.00	1999/12/13
883	P05	C04	21.35	0.00	204	0.00	1999/12/15
884	P05	C01	21.35	0.00	14	0.00	1999/12/22
885	P05	C02	17.00	0.20	18	61.20	1999/12/25
886	P05	C03	17.00	0.00	286	0.00	1999/12/27
887	P05	C01	17.00	0.00	50	0.00	1999/12/28
888	小计P05		40397		截止当前累计		211017
889	小计P05		48426.91		截止当前累计		274322.82
890	全部数量合计		211017		全部金额合计		274322.82

换页位置

Sheet1

如果希望所有的自然换页也都能够重复打印一次分组头，此时可以将GroupHeader的第4个参数设置为“1”，并指定每页的细节区数量。例如，下图所示的模板，不仅给GroupHeader设置了第4个参数（如有多个GroupHeader，只需设置其中任意一个）、指定细节区数量为-10，同时还在分组头中增加一个表达式。

	A	B	C	D	E	F	G	H	I
1	<GroupHeader,订单,产品ID,1>	订单明细表							<End>
2							<"当前分组项目：" & [产品ID]>		
3	<GroupHeader,订单,产品ID>	产品	客户	单价	折扣	数量	金额	日期	
4	<订单,产品ID,-10>	[产品ID]	[客户ID]	[单价]	[折扣]	[数量]	[金额]	[日期]	<ALL>
5	<GroupFooter,订单,产品ID>	<"小计" & [产品ID]>		[%Sum(数量)]		截止当前累计		[#订单,Sum(数量)]	
6	<GroupFooter,订单,产品ID,1>	<"小计" & [产品ID]>		[%Sum(金额)]		截止当前累计		[#订单,Sum(金额)]	
7		全部数量合计		[%Sum(数量)]		全部金额合计		[%Sum(金额)]	
8	<End>								

生成报表如下图所示。

	A	B	C	D	E	F	G
1140	订单明细表						
1141							当前分组项目：P05
1142	产品	客户	单价	折扣	数量	金额	日期
1143	P05	C03	17.00	0.00	286	0.00	1999/12/27
1144	P05	C01	17.00	0.00	50	0.00	1999/12/28
1145							
1146							
1147							
1148							
1149							
1150							
1151							
1152							
1153	小计P05		40397		截止当前累计		211017
1154	小计P05		48426.91		截止当前累计		274322.82
1155	全部数量合计		211017		全部金额合计		274322.82

第 88 页

Sheet1

以上仅仅是单列的分组统计。如要多列分组，可以按下图所示的模板进行设置。

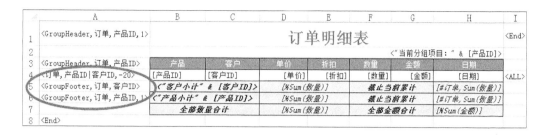

<table>
<tr><th></th><th>A</th><th>B</th><th>C</th><th>D</th><th>E</th><th>F</th><th>G</th><th>H</th><th>I</th></tr>
<tr><td>1</td><td><GroupHeader,订单,产品ID,1></td><td colspan="7">订单明细表</td><td><End></td></tr>
<tr><td>2</td><td></td><td colspan="7"><"当前分组项目：" & [产品ID]></td><td></td></tr>
<tr><td>3</td><td><GroupHeader,订单,产品ID></td><td>产品</td><td>客户</td><td>单价</td><td>折扣</td><td>数量</td><td>金额</td><td>日期</td><td></td></tr>
<tr><td>4</td><td><订单,产品ID|客户ID,-20></td><td>[产品ID]</td><td>[客户ID]</td><td>[单价]</td><td>[折扣]</td><td>[数量]</td><td>[金额]</td><td>[日期]</td><td><ALL></td></tr>
<tr><td>5</td><td><GroupFooter,订单,客户ID></td><td colspan="2"><"客户小计" & [客户ID]></td><td colspan="2">[%Sum(数量)]</td><td colspan="2">截止当前累计</td><td>[#订单,Sum(数量)]</td><td></td></tr>
<tr><td>6</td><td><GroupFooter,订单,产品ID,1></td><td colspan="2"><"产品小计" & [产品ID]></td><td colspan="2">[%Sum(数量)]</td><td colspan="2">截止当前累计</td><td>[#订单,Sum(数量)]</td><td></td></tr>
<tr><td>7</td><td></td><td colspan="2">全部数量合计</td><td colspan="2">[%Sum(数量)]</td><td colspan="2">全部金额合计</td><td>[%Sum(金额)]</td><td></td></tr>
<tr><td>8</td><td><End></td><td></td><td></td><td></td><td></td><td></td><td></td><td></td><td></td></tr>
</table>

在上图所示的模板中，先是按“客户ID”分组，然后按“产品ID”分组；细节区的排序参数也同时加上了所有的分组列，但顺序完全与分组相反：分组要由小到大，而排序要由大到小，因此细节区排序参数要设置为“产品ID|客户ID”。最终得到的报表如下图所示。

	A	B	C	D	E	F	G
1018	订单明细表						
1019							当前分组项目：P05
1020	产品	客户	单价	折扣	数量	金额	日期
1021	P05	C05	21.35	0.15	225	720.56	2000/11/12
1022	P05	C05	21.35	0.20	293	1251.11	2000/11/25
1023	P05	C05	21.35	0.00	175	0.00	1999/1/22
1024	P05	C05	17.00	0.00	773	0.00	1999/3/30
1025	P05	C05	21.35	0.25	185	987.44	1999/4/3
1026	P05	C05	21.35	0.15	303	970.36	1999/5/12
1027	P05	C05	21.35	0.20	266	1135.82	1999/5/25
1028	P05	C05	21.35	0.00	123	0.00	1999/7/22
1029	P05	C05	17.00	0.00	643	0.00	1999/9/30
1030	P05	C05	21.35	0.25	203	1083.51	1999/10/3
1031	P05	C05	21.35	0.15	293	938.33	1999/11/12
1032	P05	C05	21.35	0.20	385	1643.95	1999/11/25
1033							
1034							
1035							
1036							
1037							
1038							
1039							
1040							
1041	客户小计C05		5963		截止当前累计		211017
1042	产品小计P05		40397		截止当前累计		211017
1043	全部数量合计		211017		全部金额合计		274322.82

Sheet1

- 合并模式报表效果

大家知道，表内统计有个合并模式，它会根据左边相邻列是否已经合并而区分为“标准合并”和“自由合并”。Excel报表要实现类似的效果更加简单。

例如，仅选中“订单”表中的下图所示的几行数据，要求输出的报表中对“客户ID”列进行合并。

	产品ID	客户ID	单价	折扣	数量	日期	金额
1	P05	C03	17.00	0.10	690	2000-01-02	1173.00
2	P02	C01	20.00	0.10	414	2000-01-03	828.00
3	P05	C04	17.00	0.00	332	2000-01-03	0.00
4	P01	C03	18.00	0.15	-9	2000-01-04	-24.30
5	P03	C03	10.00	0.00	445	2000-01-04	0.00
6	P04	C04	17.60	0.00	246	2000-01-07	0.00

对于需要合并的列，只要在有效区标记“<End>”的所在行加上标记“<M>”即可，如下图所示。

	A	B	C	D	E	F	G	H	I
1		订单明细表							<End>
3		产品	客户	单价	折扣	数量	金额	日期	
4	<订单>	[产品ID]	[客户ID]	[单价]	[折扣]	[数量]	[金额]	[日期]	
5	<End>		<M>						

当需要合并的列只有一列时，无所谓“标准合并”或“自由合并”，只要相邻的单元格内容相同就会自动合并。生成的报表如下图所示。

	A	B	C	D	E	F	G
1	订单明细表						
3	产品	客户	单价	折扣	数量	金额	日期
4	P02	C01	20.00	0.10	414	828.00	2000/1/3
5	P05	C04	17.00	0.00	332	0.00	2000/1/3
6	P01	C03	18.00	0.15	-9	-24.30	2000/1/4
7	P03		10.00	0.00	445	0.00	2000/1/4
8	P04	C04	17.60	0.00	246	0.00	2000/1/7

Sheet1

可是，一旦同时合并相邻列，它们的区别就显现出来了。例如，现在希望同时合并“产品ID”列，如下图所示。

	A	B	C	D	E	F	G	H	I
1		订单明细表							<End>
3		产品	客户	单价	折扣	数量	金额	日期	
4	<订单>	[产品ID]	[客户ID]	[单价]	[折扣]	[数量]	[金额]	[日期]	
5	<End>	<M>	<M>						

当Excel报表管理中的“自由合并”属性为True时，它就不会考虑相邻列的情况，每个列都自顾自地合并。由于“产品ID”列的所有相邻单元格都不相同，因此该列不会有任何合并，只有“客户ID”列会合并两个单元格，输出的报表效果同上。

当“自由合并”属性为False时，就变成了标准合并。此时它就会参考相邻列的数据，只有前一列和本列内容都相同时才合并。由于选定的5行数据中，所有的“产品ID + 客户ID”的内容都不相同，因此两列都不会合并任何单元格。

很显然，要真正实现有效的合并，应该在明细区对需要合并的列进行排序，这样相同的内容才会放到一起从而实现合并效果，如下图所示。

	A	B	C	D	E	F	G	H	I
1		订单明细表							<End>
3		产品	客户	单价	折扣	数量	金额	日期	
4	<订单,产品ID|客户ID>	[产品ID]	[客户ID]	[单价]	[折扣]	[数量]	[金额]	[日期]	<ALL>
5	<End>	<M>	<M>						

❽ 直接统计报表

上面的3种模式都是在表内处理的数据。如果要直接得到某个表的统计数据表，可以使用以下方式得到：“[$表名,统计表达式]”或“[$表名,统计表达式,统计条件]”。这里的统计表达式依然要使用聚合函数，统计条件则完全遵循列表达式中的规则。

例如，对“订单”表进行数据统计，见下图。

	A	B	C	D	E
1		订单统计表			<End>
2		产品	数量	金额	
3		P01	[$订单,Sum(数量),产品ID='P01']	[$订单,Sum(金额),产品ID='P01']	
4		P02	[$订单,Sum(数量),产品ID='P02']	[$订单,Sum(金额),产品ID='P02']	
5		P03	[$订单,Sum(数量),产品ID='P03']	[$订单,Sum(金额),产品ID='P03']	
6		P04	[$订单,Sum(数量),产品ID='P04']	[$订单,Sum(金额),产品ID='P04']	
7		P05	[$订单,Sum(数量),产品ID='P05']	[$订单,Sum(金额),产品ID='P05']	
8				制表人：张三	
9	<End>				

由于这里使用的是直接统计，没有从订单表中引用任何明细数据，因而无需定义细节区。生成的统计表如下图所示。

	A	B	C
1	订单统计表		
2	产品	数量	金额
3	P01	44628	59959.04
4	P02	74160	104127.91
5	P03	28655	10989.40
6	P04	23177	50819.56
7	P05	40397	48426.91
8			制表人：张三

Sheet1

其实，这种处理方法远不如直接使用分组统计或交叉统计来得方便。当需要获取统计表时，可先在Foxtable中通过分组统计或交叉统计得到结果，然后再针对该统计表制作Excel报表模板，这样的处理方式既简单又快捷。

❾ 关联表报表

假如订单表通过“产品ID”和产品表建立了关联、通过“客户ID”和客户表建立了关联，那么，在设计Excel报表时，既可以在子表中引用父表数据，也可以在父表中引用子表数据。

- 在子表中引用父表数据

例如，之前的订单明细表中，输出的都是“产品ID”和“客户ID”，如果要将它们替换为具体的产品名称或客户名称，可以通过“[父表路径,列名]”的方式引用父表数据。模板如下图所示。

	A	B	C	D	E	F	G	H	I
1		订单明细表							<END>
2									
3		产品名称	客户名称	单价	折扣	数量	金额	日期	
4	<订单>	[产品,产品名称]	[客户,客户名称]	[单价]	[折扣]	[数量]	[金额]	[日期]	<ALL>
5	<END>								

生成的报表如下图所示。

	A	B	C	D	E	F	G
1	订单明细表						
2							
3	产品名称	客户名称	单价	折扣	数量	金额	日期
4	盐水鸭	浩天旅行社	17	0.1	690	1173.00	2000/1/2
5	温馨奶酪	红阳事业	20	0.1	414	828.00	2000/1/3
6	盐水鸭	立日股份有限公司	17	0	332	0.00	2000/1/3
7	运动饮料	浩天旅行社	18	0.15	-9	-24.30	2000/1/4
8	三合一麦片	浩天旅行社	10	0	445	0.00	2000/1/4

Sheet1

如果订单表是通过其他表间接地关联到父表，那么在引用时就要给出完整的路径。如下图所示，A表与D表直接关联，A是D的父表；而B表通过C表与D表关联，B是C的父表，C又是D的父表，见下图。

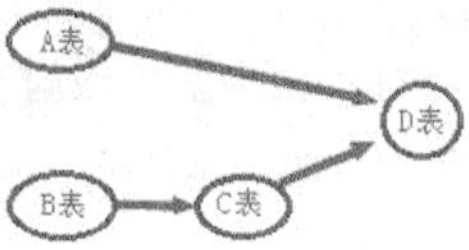

当需要在D表中引用A表和B表的数据时，A表的路径就是“A表”，写法为：[A表,列名]；而B表的路径为“C表.B表”，写法为：[C表.B表,列名]。

- 在父表中引用子表数据

例如，有时希望在父表“产品”中选择不同的数据行时，能直接输出与之关联的所有订单明细数据。设计的模板如下图所示。

	A	B	C	D	E	F	G	H
1								<End>
2	<产品,1>	订单明细表						
3					<"产品名称：" & [产品名称]>			
4		客户名称	单价	折扣	数量	金额	日期	
5	<订单>	[客户,客户名称]	[单价]	[折扣]	[数量]	[金额]	[日期]	
6	<产品>				订单数量合计：	[%订单,Sum(数量)]		
7	<End>							

在上图中，以矩形边框表示的部分是来源于子表的明细数据，其他部分来源于父表。也就是说，这样的报表格式相当于在父表的细节区中嵌套了一个子表的细节区。既然做了嵌套，那么父表的细节区就会有多行，所以分别在父表的细节区首尾处各指定了表名“<产品>”。为了在输出不同的产品明细时可以自动换页，在设置父表的第一个标记时指定数量为1。

假如选中的产品表有两行，如下图所示。

产品 | 客户 | 订单

	产品ID	产品名称
1	P01	运动饮料
2	P02	温馨奶酪
3	P03	三合一麦片
4	P04	浓缩咖啡
5	P05	盐水鸭

则输出的Excel报表如下图所示。

	A	B	C	D	E	F
92	威航货运有限公司	10	0	97	0.00	1999/9/6
93	红阳事业	8	0	484	0.00	1999/9/15
94	威航货运有限公司	10	0	177	0.00	1999/9/18
95	立日股份有限公司	10	0	124	0.00	1999/10/10
96	福星制衣厂股份有限公司	9	0	367	0.00	1999/10/11
97	红阳事业	10	0	314	0.00	1999/10/12
98	立日股份有限公司	10	0.15	-33	-49.50	1999/10/16
99	红阳事业	8	0	731	0.00	1999/10/25
100	浩天旅行社	10	0	117	0.00	1999/11/11
101	浩天旅行社	10	0.1	136	136.00	1999/11/19
102	威航货运有限公司	10	0	431	0.00	1999/11/23
103	立日股份有限公司	10	0.15	201	301.50	1999/11/30
104	立日股份有限公司	10	0	128	0.00	1999/12/13
105				订单数量合计： 28655		
106			订单明细表			
107					产品名称：浓缩咖啡	
108	客户名称	单价	折扣	数量	金额	日期
109	浩天旅行社	17.6	0	393	0.00	2000/3/4
110	浩天旅行社	22	0.1	145	319.00	2000/3/19
111	立日股份有限公司	22	0	88	0.00	2000/3/20
112	立日股份有限公司	17.6	0	246	0.00	2000/1/7
113	福星制衣厂股份有限公司	22	0.05	500	550.00	2000/1/11
114	浩天旅行社	22	0	-95	0.00	2000/1/12
115	浩天旅行社	22	0.2	253	1113.20	2000/1/30

第 3 页

Sheet1

由此可见，第3页及之前的报表都是“三合一麦片”的订单明细，之后的都是“浓缩咖啡”的订单明细。当第一个产品输出完毕时会自动换页。如果希望在输出不同的产品订单明细时也能同时输出标题，只需给嵌套的明细区再指定数量即可。例如，每页输出8条明细记录，同时打印标题，见下图。

	A	B	C	D	E	F	G	H
1								<End>
2	<产品,1>			订单明细表				
3						<"产品名称：" & [产品名称]>		
4	<HeaderRow>	客户名称	单价	折扣	数量	金额	日期	
5	<订单,-8>	[客户,客户名称]	[单价]	[折扣]	[数量]	[金额]	[日期]	
6	<产品>				订单数量合计：	[%订单,Sum(数量)]		
7	<End>							

报表输出效果如下图所示。

	A	B	C	D	E	F
112	客户名称	单价	折扣	数量	金额	日期
113	浩天旅行社	10	0.1	136	136.00	1999/11/19
114	威航货运有限公司	10	0	431	0.00	1999/11/23
115	立日股份有限公司	10	0.15	201	301.50	1999/11/30
116	立日股份有限公司	10	0	128	0.00	1999/12/13
117						
118						
119						
120						
121				订单数量合计： 28655		
122			订单明细表			
123					产品名称：浓缩咖啡	
124	客户名称	单价	折扣	数量	金额	日期
125	浩天旅行社	17.6	0	393	0.00	2000/3/4
126	浩天旅行社	22	0.1	145	319.00	2000/3/19
127	立日股份有限公司	22	0	88	0.00	2000/3/20
128	立日股份有限公司	17.6	0	246	0.00	2000/1/7
129	福星制衣厂股份有限公司	22	0.05	500	550.00	2000/1/11
130	浩天旅行社	22	0	-95	0.00	2000/1/12
131	浩天旅行社	22	0.2	253	1113.20	2000/1/30
132	红阳事业	22	0	118	0.00	2000/4/5
133	客户名称	单价	折扣	数量	金额	日期
134	立日股份有限公司	22	0.1	104	228.80	2000/4/15
135	威航货运有限公司	22	0.25	280	1540.00	2000/4/19

第 13 页 第 14 页

Sheet1

由于这里涉及明细区嵌套，设置起来相对比较复杂。以下几点需特别注意。

第一，有效区域的右侧标记“<End>”不能和细节区的表标记处于同一行，因此，当你既需要使用有效区域标记，又需要使用多行细节区时，必须将第一行作为有效区域的专用行。如果你觉得这样做浪费了一行的打印空间，可以将该行隐藏或调低其高度。

第二，嵌套的细节区不能再另外设置输出条件，其具体的打印内容由所选择的父表数据决定。比如，下图的设置不仅无效，而且还会导致错误。

	A	B	C	D	E	F	G	H
1								<End>
2	<产品,1>	订单明细表						
3					<"产品名称：" & [产品名称]>			
4	<HeaderRow>	客户名称	单价	折扣	数量	金额	日期	
5	<订单,-8>	[客户,客户名称]	[单价]	[折扣]	[数量]	[金额]	[日期]	<ALL>
6	<产品>				订单数量合计：	[%订单,Sum(数量)]		
7	<End>							

第三，上述模板使用了关联表数据统计标记“[%订单,Sum(数量)]”，需注意这里的表名前面使用的是“%”符号，而不是“#”和“$”，后面两种符号分别表示截止统计和直接统计，不要混淆。

和直接统计一样，关联表统计也可以使用第三个参数，用于设置统计条件。其格式为：“[%表名,统计表达式,统计条件]”。

第四，Excel报表中可以同时嵌入多个关联表细节区。

假定表A同时和表B和表C建立关联，在设计报表时可以在表A的细节区中，同时嵌入表B和表C的细节区，如下图所示。

	A	B	C	D
1				<End>
2	<表A>			
3				
4	<表B>			
5				
6	<表C>			
7	<表A>			
8	<End>			

关联表的细节区同样可以包括多行，下图中的表C其细节区就有4行。

	A	B	C	D
1				<End>
2	<表A>			
3				
4	<表B>			
5				
6	<表C>			
7				
8				
9	<表C>			
10	<表A>			
11	<End>			

- 直接引用数据

前面分别学习了如何引用父表和子表数据的方法，其前提是必须建立关联。其实，即便对于一个毫无关系的表，照样可以从中引用数据，尽管这种用法很少见。

直接引用数据的格式为：“[@表名,列名]”或“[@表名,列名,行位置]”或“[@表名,列名,+行位置]”。它和引用关联表数据的区别就在于，表名前面加了一个“@”符号。

其中，行位置是可选的，如果省略，则引用的是指定表中选定行的数据；如果在行位置前面加上符号“+”，则表示相对位置，也就是距离选定行的位置。

假定产品表中当前选定行的位置是3，那么以下标记的意义分别如下。

[@产品,产品名称]：引用第3行的名称列内容。

[@产品,产品名称,+1]：引用第4行的名称列内容。

[@产品,产品名称,+2]：引用第5行的名称列内容。

[@产品,产品名称,9]：引用第10行的名称列内容（由于表中的行号是从0开始的，这里的9就表示第10行）。

直接引用对于关联表也有效。例如，引用关联表“客户”中第4行客户名称的内容：

```
[@客户,客户名称,3]
```

⑩ 多行细节报表

之前学习的引用子表数据就用到了多行细节区，只不过它是采用嵌套的方式植入父表的细节区中。事实上，当数据来源于同一个表时，多行细节区也是很常见的，这方面比较典型的应用就是工资条及卡片式报表。

假如有下图所示的工资表。

	单位	姓名	职务工资	级别工资	基础工资	工龄工资	奖金津贴	教龄津贴	教护工资	特殊津
11	组织部	卫国	289	80			158.1			
12	组织部	罗克	250	190	230	14				
13	人事局	黄平	280	281	230	20				
14	人事局	马五	280	399	230	31				
15	人事局	黄强	250	281	230	28				
16	人事局	张城	197	190	230	24				
17	人事局	龙三	197	231	230	26				
18	人事局	黎六	364	80			190.3			
19	财政局	黄文	250	231	230	19		3	48.1	
20	财政局	杨昌	224	190	230	18			41.4	

不论它有多少个工资构成项目，都可以通过多行细节区的方式将它在工资条中打印出来。例如，下图所示为Excel报表模板。

	A	B	C	D	E	F	G	H	I	J	K	L	M	N	O
1															
2	<工资,7>	单位	姓名	职务工资	级别工资	基础工资	工龄工资	奖金津贴	教龄津贴	教护工资	特殊津贴	物价补贴	技术津贴	山区津贴	<End>
3		[单位]	[姓名]	[职务工资]	[级别工资]	[基础工资]	[工龄工资]	[奖金津贴]	[教龄津贴]	[教护工资]	[特殊津贴]	[物价补贴]	[技术津贴]	[山区津贴]	<ALL>
4		适当补贴	保健津贴	从优待警	警衔津贴	补差工资	补发工资	年终奖金	应发工资	扣所得税	养老保险	扣发合计	实发工资		
5		[适当补贴]	[保健津贴]	[从优待警]	[警衔津贴]	[补差工资]	[补发工资]	[年终奖金]	[应发工资]	[扣所得税]	[养老保险]	[扣发合计]	[实发工资]		
6	<工资>														
7	<End>														

这样就可以每页打印7个工资条。输出的Excel报表效果如下图所示。

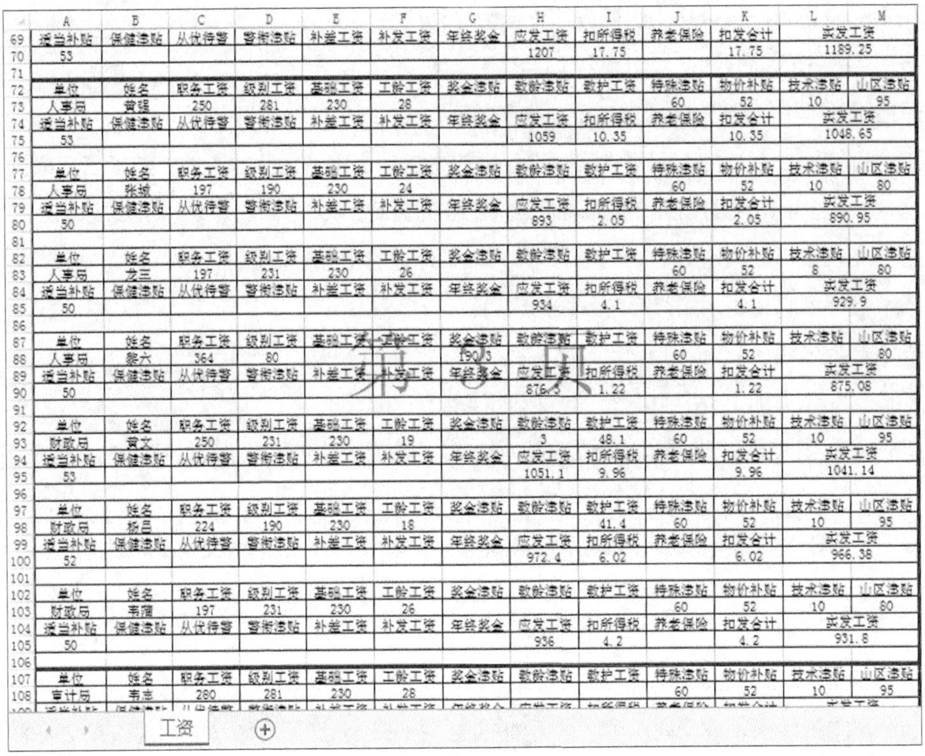

	A	B	C	D	E	F	G	H	I	J	K	L	M
69	适当补贴	保健津贴	从优待警	警衔津贴	补差工资	补发工资	年终奖金	应发工资	扣所得税	养老保险	扣发合计	实发工资	
70	53							1207	17.75		17.75	1189.25	
71													
72	单位	姓名	职务工资	级别工资	基础工资	工龄工资	奖金津贴	教龄津贴	教护工资	特殊津贴	物价补贴	技术津贴	山区津贴
73	人事局	黄强	250	281	230	28				60	52	10	95
74	适当补贴	保健津贴	从优待警	警衔津贴	补差工资	补发工资	年终奖金	应发工资	扣所得税	养老保险	扣发合计	实发工资	
75	53							1059	10.35		10.35	1048.65	
76													
77	单位	姓名	职务工资	级别工资	基础工资	工龄工资	奖金津贴	教龄津贴	教护工资	特殊津贴	物价补贴	技术津贴	山区津贴
78	人事局	张城	197	190	230	24				60	52	10	80
79	适当补贴	保健津贴	从优待警	警衔津贴	补差工资	补发工资	年终奖金	应发工资	扣所得税	养老保险	扣发合计	实发工资	
80	50							893	2.05		2.05	890.95	
81													
82	单位	姓名	职务工资	级别工资	基础工资	工龄工资	奖金津贴	教龄津贴	教护工资	特殊津贴	物价补贴	技术津贴	山区津贴
83	人事局	龙三	197	231	230	26				60	52	8	80
84	适当补贴	保健津贴	从优待警	警衔津贴	补差工资	补发工资	年终奖金	应发工资	扣所得税	养老保险	扣发合计	实发工资	
85	50							934	4.1		4.1	929.9	
86													
87	单位	姓名	职务工资	级别工资	基础工资	工龄工资	奖金津贴	教龄津贴	教护工资	特殊津贴	物价补贴	技术津贴	山区津贴
88	人事局	黎六	364	80			190.3			60	52		80
89	适当补贴	保健津贴	从优待警	警衔津贴	补差工资	补发工资	年终奖金	应发工资	扣所得税	养老保险	扣发合计	实发工资	
90	50							876.3	1.22		1.22	875.08	
91													
92	单位	姓名	职务工资	级别工资	基础工资	工龄工资	奖金津贴	教龄津贴	教护工资	特殊津贴	物价补贴	技术津贴	山区津贴
93	财政局	黄文	250	231	230	19		3	48.1	60	52	10	95
94	适当补贴	保健津贴	从优待警	警衔津贴	补差工资	补发工资	年终奖金	应发工资	扣所得税	养老保险	扣发合计	实发工资	
95	53							1051.1	9.96		9.96	1041.14	
96													
97	单位	姓名	职务工资	级别工资	基础工资	工龄工资	奖金津贴	教龄津贴	教护工资	特殊津贴	物价补贴	技术津贴	山区津贴
98	财政局	杨吕	224	190	230	18			41.4	60	52	10	95
99	适当补贴	保健津贴	从优待警	警衔津贴	补差工资	补发工资	年终奖金	应发工资	扣所得税	养老保险	扣发合计	实发工资	
100	52							972.4	6.02		6.02	966.38	
101													
102	单位	姓名	职务工资	级别工资	基础工资	工龄工资	奖金津贴	教龄津贴	教护工资	特殊津贴	物价补贴	技术津贴	山区津贴
103	财政局	韦溜	197	231	230	26				60	52	10	80
104	适当补贴	保健津贴	从优待警	警衔津贴	补差工资	补发工资	年终奖金	应发工资	扣所得税	养老保险	扣发合计	实发工资	
105	50							936	4.2		4.2	931.8	
106													
107	单位	姓名	职务工资	级别工资	基础工资	工龄工资	奖金津贴	教龄津贴	教护工资	特殊津贴	物价补贴	技术津贴	山区津贴
108	审计局	韦志	280	281	230	28				60	52	10	95

再比如，某公司人力资源部门有下图所示的员工表。

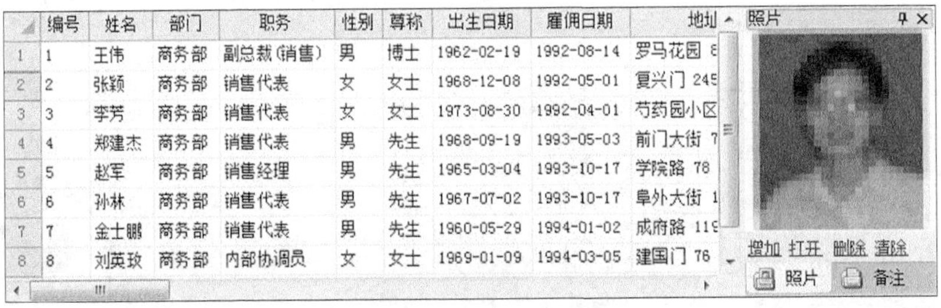

	编号	姓名	部门	职务	性别	尊称	出生日期	雇佣日期	地址
1	1	王伟	商务部	副总裁(销售)	男	博士	1962-02-19	1992-08-14	罗马花园 8
2	2	张颖	商务部	销售代表	女	女士	1968-12-08	1992-05-01	复兴门 245
3	3	李芳	商务部	销售代表	女	女士	1973-08-30	1992-04-01	芍药园小区
4	4	郑建杰	商务部	销售代表	男	先生	1968-09-19	1993-05-03	前门大街 7
5	5	赵军	商务部	销售经理	男	先生	1965-03-04	1993-10-17	学院路 78
6	6	孙林	商务部	销售代表	男	先生	1967-07-02	1993-10-17	阜外大街 1
7	7	金士鹏	商务部	销售代表	男	先生	1960-05-29	1994-01-02	成府路 119
8	8	刘英玫	商务部	内部协调员	女	女士	1969-01-09	1994-03-05	建国门 76

如需要打印每个员工的资料卡，可以按下图所示设置报表模板。

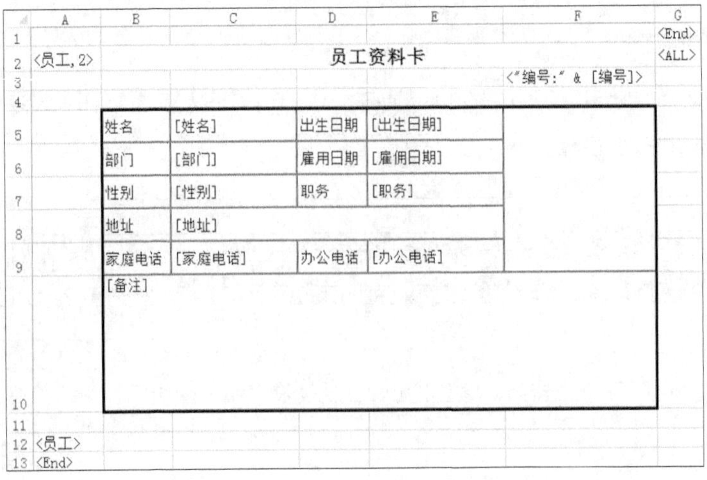

	A	B	C	D	E	F	G
1							<End>
2	<员工,2>			员工资料卡			<ALL>
3						<"编号:" & [编号]>	
4							
5		姓名	[姓名]	出生日期	[出生日期]		
6		部门	[部门]	雇用日期	[雇佣日期]		
7		性别	[性别]	职务	[职务]		
8		地址	[地址]				
9		家庭电话	[家庭电话]	办公电话	[办公电话]		
10		[备注]					
11							
12	<员工>						
13	<End>						

由于在开始的细节区标记中使用了“<员工,2>”，因此每页可以打印两个资料卡。输出效果如下图所示。

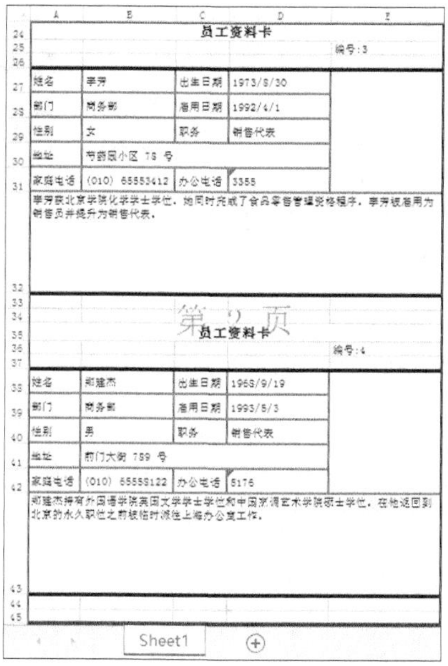

显而易见，对于来自同一个表的数据细节区设计要比之前的关联表简单得多，而且连备注型的字段都可以正常输出。

⓫ 引用图片列

在上面的资料卡示例中，员工照片并没有输出。

Excel报表模板引用图片列的格式为：

```
[&列名, X, Y, Width, Height]
```

其中，X为左边距，Y为上边距，Width为要输出的图片宽度，Height为图片高度，这些参数的计量单位都是像素，如下图所示。

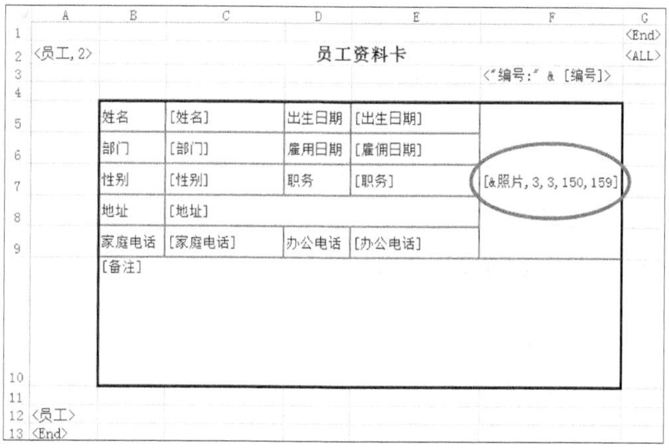

这样设置之后，“照片”列所对应的图片就可以在报表中正常输出了，如下图所示。

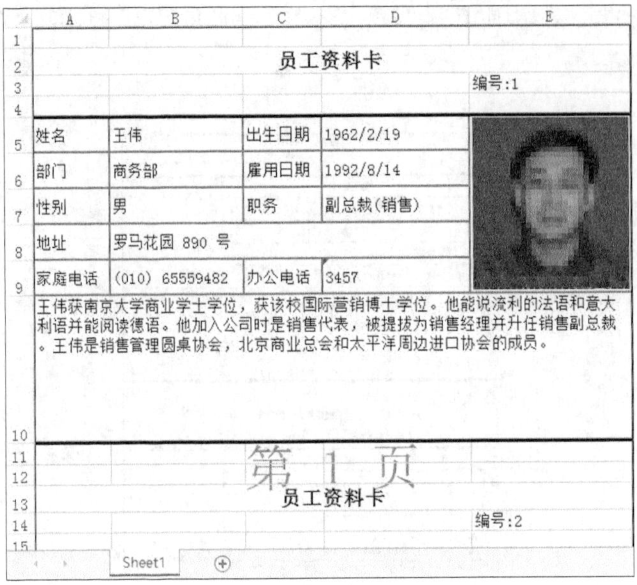

关于图片引用，有以下几种情况需注意。

第一，图片缩放问题。

当没有指定图片的宽度和高度时，引用的图片大小将使用原始尺寸，如[&照片]、[&照片,3,3]。

当仅指定宽度和高度的其中一项、另一项设置为-1时，被设置为-1的项将按比例自动缩放。

例如，“[&照片,3,3,120,-1]”和“[&照片,3,3,-1,100]”，前一个表示输出的图片宽度固定为120，高度则按比例生成（如果图片原本的宽度和高度分别为180和150，那么打印出来的图片，宽度是120，高度是100）；后一个表示输出的图片高度固定为100，宽度按比例生成（如果图片原本的宽度和高度分别为300和200，那么打印出来的图片，宽度是150，高度是100）。

第二，多图片引用问题。

大家知道，图片列的一个单元格可能包含多个图片，采用之前的引用格式只能输出第一个图片。

如要指定输出第几个图片，可以在列名的后面加上“&X”。其中，X是一个整数，表示要打印的图片位置，从0开始编号。例如，“[&照片&1,3,3,150,159]”表示打印第二个图片，“[&照片&2,3,3,150,159]”表示打印第三个图片。

第三，其他表中的图片引用问题。

之前学习的关联表报表中，不仅可以引用关联表中的数据，也可以直接引用其他毫无关系的表中数据，且引用方法还有所不同。图片列同样如此。

如果已经建立了关联，则引用格式为：

```
[父表路径(名称), &列名, X, Y, Width, Height]
```

如果没有建立关联，则引用格式为（即使已经建立了关联的表，也可以使用此格式）：

```
[@表名, &列名, 行位置, X, Y, Width, Height]
```

上述两种格式中，后面4个参数都是可选的，其作用与前面学习的图片相同。行位置可以是绝对位置，也可以是相对位置，具体用法与跨表直接引用数据相同。

需要注意的是，在引用其他表中的图片时，即使是当前行，也必须明确指定行位置。例如：

```
[@员工,&照片,+0]
```

第四，图片文件的直接引用问题。

对于并没有纳入到表中的图片文件，可通过以下方式直接引用：

```
[&&文件名, X, Y, Width, Height]
```

其中，后面4个参数的作用与上同，也是可选的。例如，可以简写为“[&&文件名]”或“[&&文件名, X,Y]”等。

如果图片文件已经保存在项目所在的Images子目录下，则只需指定文件名：

```
[&&mypic.gif, 2, 2]
```

否则就要包括完整的路径。例如：

```
[&&D:\Images\mypic.gif, 2, 2]
```

当然，对于一些固定的图片文件（如报表中显示的公司Logo等），不如在设计模板时直接插入，无需再采用引用的方式。

⑫ 同一细节区引用不同行的数据

多数情况下，同一细节区的数据都是来自于同一个数据行。例如，之前所用到的全部示例都是这样的情况。这里再以日常工作中很常见的标签打印为例。

如果每个订单重复打印4个标签，可以按下图所示设计模板。

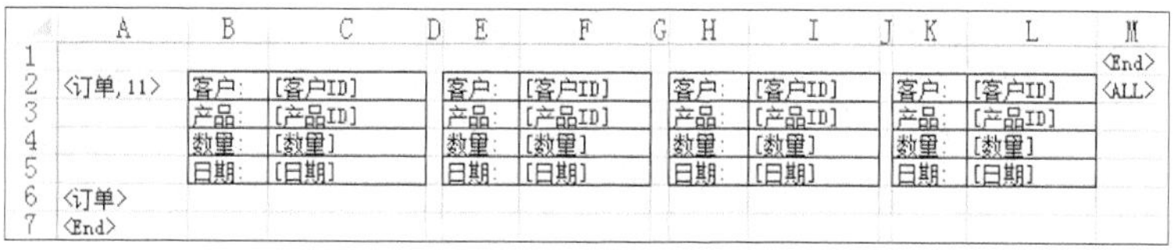

这样就会在每页打印11组标签，每组标签的内容都来自于同一行，也就是每组标签的内容都是相同的。输出结果如下图所示。

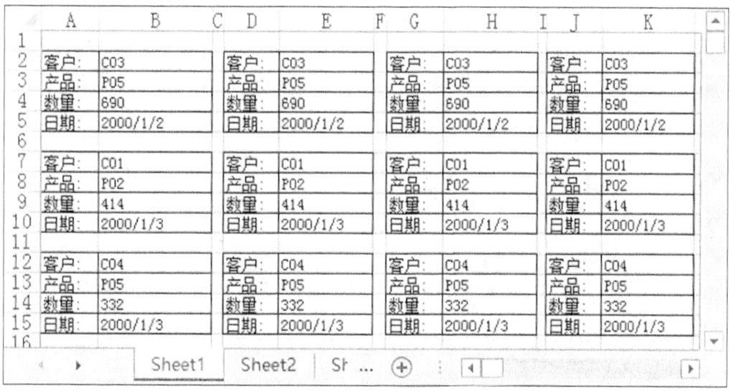

可是，如果希望每组输出的4个标签内容都不同呢？那就要在设定的细节区中使用不同的数据行，这要采取相对定位的引用数据方式：[列名+X]。其中，X是一个整数，表示细节区数据行之后的第几行。

由于同一个细节区不再是对应一个数据行，而是对应多个数据行，所以在定义细节区时还要增加一个参数，用于指定每个细节区所对应的数据行数，该参数以符号@开头。重新设置的报表模板如下图所示。

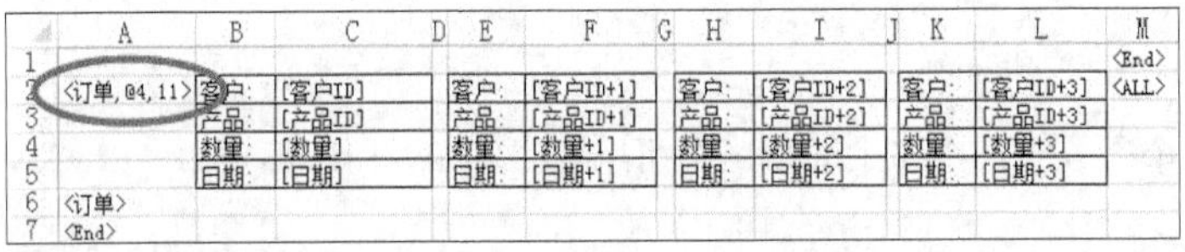

报表输出结果如下图所示。

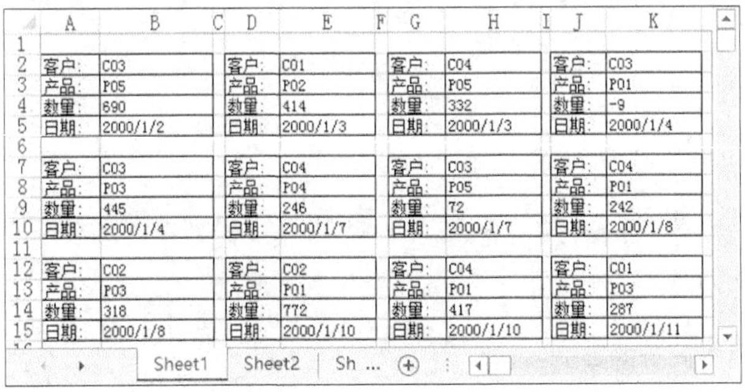

同理，如果希望一个细节区打印4个标签，前两个标签来自一个数据行，后两个标签来自另一个数据行，可以按下图所示设计模板（需注意，这里的“@4”必须改成“@2”；否则将导致数据漏打）。

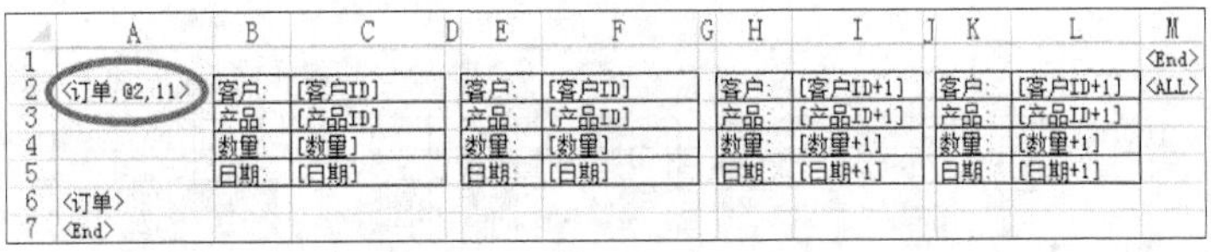

⓭ 票据套打与条形码字体

在Foxtable中实现票据套打的方式有很多种，这里先学习Excel报表的套打方式。

例如，下图中的支票套打，金额的中文大写很简单，使用VBScript中的CUMoney函数即可，如<CUMoney([金额])>。

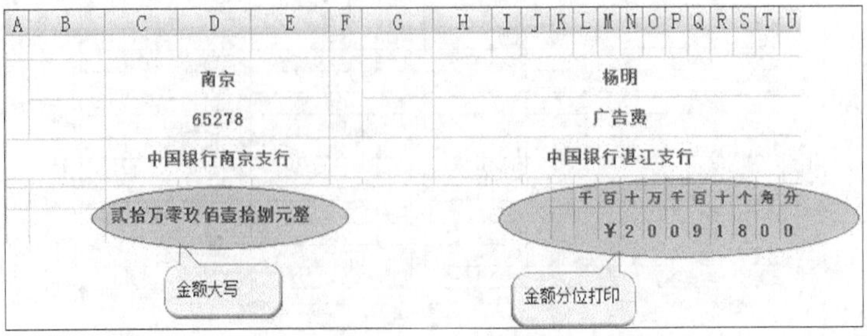

问题在于金额的分位打印。这就需要在设计模板时，给每个对应的单元格分别使用VBScript中的GetDigit函数来逐个设置表达式。看起来虽然复杂，但道理很简单：使用的都是同一个函数，无非指定的位置参数不同而已。

每个单元格所对应的表达式如下表所列。

位	公式
分	<GetDigit([金额],-2,"￥")>
角	<GetDigit([金额],-1,"￥")>
元	<GetDigit([金额],0,"￥")>
十	<GetDigit([金额],1,"￥")>
百	<GetDigit([金额],2,"￥")>
千	<GetDigit([金额],3,"￥")>
万	<GetDigit([金额],4,"￥")>
十万	<GetDigit([金额],5,"￥")>
百万	<GetDigit([金额],6,"￥")>
千万	<GetDigit([金额],7,"￥")>
亿	<GetDigit([金额],8,"￥")>

此外，Excel报表中也可以使用条形码字体，从而在输出的Excel报表中批量生成条形码。由于这方面的应用需求并不是普遍性的，本书略过，具体可参考官方帮助。

⑭ Excel报表模板设计总结

Excel报表是Foxtable中非常重要的一个功能，通过对它的灵活使用，可以满足日常办公中的绝大部分报表需求。由于涉及的知识点比较多，现再简单作一下知识梳理。

Excel报表模板中所输入的单元格内容只能是以下3种，即普通字符（包括固定方式使用的图片）、数据引用、表达式，且不能混排，如下图所示。

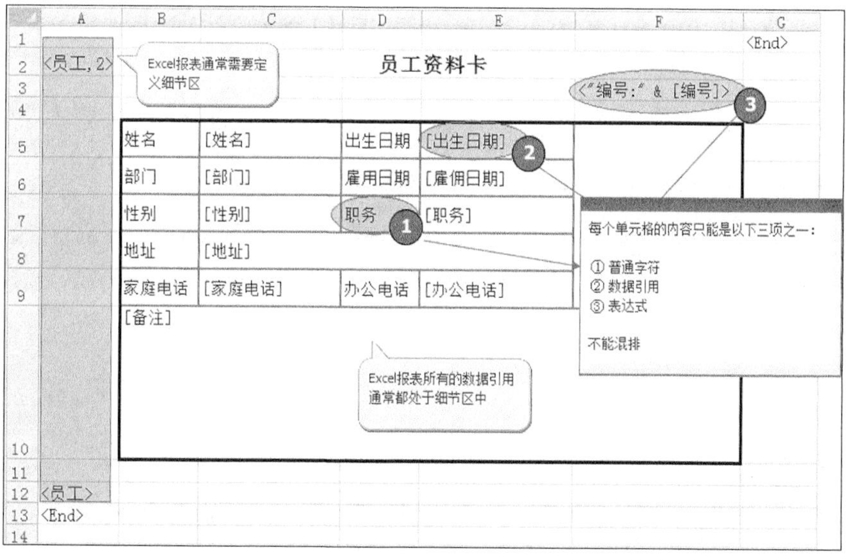

其中，数据引用的特征是外面必须用“[]”括起来，而表达式的特征是使用“<>”括起来。这

里的混排是指将3种类型的单元格内容混合写在一个单元格中，这是不允许的。例如，在同一个单元格中输入“出生日期[出生日期]”，它们只会被作为普通的字符串输出，而无法引用指定的列数据。如需将普通字符和引用数据进行拼接，就需要使用表达式。

【数据引用】小结

Excel报表模板中用到的数据引用标记如下表所列。

数据引用类型		引用格式
列数据引用		[列名]
统计数据引用	分页分组统计	[%Sum(列名)]
	截止统计（打印页统计）	[#表名,Sum(列名)]
	直接统计	[$表名,Sum(列名),统计条件]
	关联表统计	[%表名,Sum(列名),统计条件]
跨表数据引用	关联表	[表名,列名]
	其他任意表（含关联表）	[@表名,列名,行位置]
跨行数据引用		[列名+X]
图片引用	当前表中的图片	[&列名,X,Y,Width,Height]
	关联表中的图片	[父表路径(名称),&列名,X,Y,Width,Height]
	其他表中的图片	[@表名,&列名,行位置,X,Y,Width,Height]
	图片文件	[&&文件名,X,Y,Width,Height]

【表达式】小结

Excel报表模板中用于生成单元格数据的表达式必须使用“<>”号括起来，它遵循的是VBScript语法；而模板中用于指定报表输出范围、直接统计及关联表统计的条件表达式，遵循的则是第1章所学习的表达式语法。两种语法有所不同，千万不能混淆。例如，条件表达式中的字符串使用的是单引号，字符之间的连接使用“+”号；而VBScript语法中的字符使用双引号，字符之间的连接使用“&”号。

普通字符和数据引用都可用于“<>”表达式中，但有一点需要注意：除了最直接的列数据引用外，其他各种引用都必须加上首尾识别符号“*”。

例如，要统计关联表中的金额合计数，并转换为万元，同时保留两位小数，表达式为：

```
<"订单金额合计:" & Round(*[%订单,Sum(金额)]*/10000,2) & "万元">
```

当然，如果不是在表达式中使用这些引用，就无需加“*”号。如下图所示，“数量”合计就是直接使用的统计标记，因而没有加“*”号；而“金额”合计进行了数值转换，使用的是表达式，所以必须加“*”号。

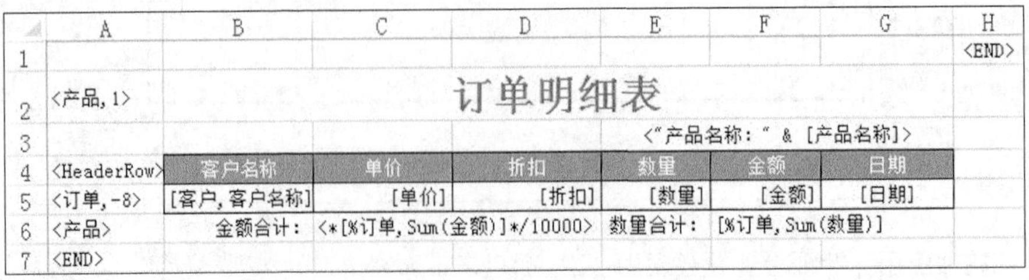

A B C D E F G H
<END>
<产品, 1>
订单明细表
<“产品名称：” & [产品名称]>
<HeaderRow>
客户名称 单价 折扣 数量 金额 日期
<订单, -8>
[客户, 客户名称] [单价] [折扣] [数量] [金额] [日期]
<产品>
金额合计： <*[%订单, Sum(金额)]*/10000> 数量合计： [%订单, Sum(数量)]
<END>

再如，“<>”表达式中判断空值时不能使用Is Null，当需要判断空值时应该写为：

```
<IIF(*[客户,客户名称]* = Null, Null, "客户名称:" & *[客户,客户名称]*)>
```

2.7.5 Word报表模板设计规则

当通过【打印输出】功能区的【设计模板】按钮进入设计模式时，同样可以使用Foxtable专门提供的Word报表模板辅助设计器，如下图所示。

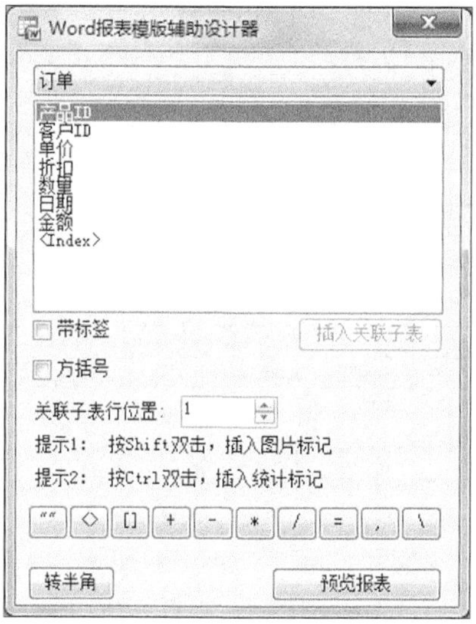

该设计器的用法和Excel报表模板辅助设计器完全相同，且更加简单，因为没有了很复杂的数据引用。同样需要注意的是，Word报表模板中使用的各种标记符号也必须都是半角的，建议多使用设计器下方的两组按钮来输入或转换常用符号。

有了之前Excel报表模板的基础，现在来学习Word报表就会非常简单。

❶ 数据引用标记

数据引用类型		引用格式
列数据引用		[列名]
图片引用	当前表中的图片	[&列名&X,Width,Height]
	父表中的图片	[@&父表表名,列名&X,Width,Height]
	子表中的图片	[@&子表表名,列名&X,行位置,Width,Height]
	图片文件	[&&文件名,Width,Height]
关联表数据引用	父表数据	[@父表表名,列名]
	子表数据	[@子表表名,列名,行位置]
	统计子表数据	[%子表表名,Sum(列名)]

其中，&X用于表示引用第几个图片，默认为0，也就是第一个图片；Width表示图片宽度，Height表示图片高度，单位为磅。

由上表可以发现，Word报表模板中已经没有了分页分组、截止及直接统计的标记符号，更没有跨行引用标记。而且，在Word报表中如要跨表引用数据或图片，只能在已经建立关联关系的表中进行。所以，大家在使用Word报表时一定要摒弃Excel中的细节区概念，因为这里根本不存在细节区，更不能跨表引用毫无关系的表中数据。

例如，为“产品”表建立下图所示的Word模板。

产品 ID	产品名称
[客户 ID]	[客户名称]

假如只在“产品”表中选中一行记录，则输出的报表为一行数据；如果选中3行，则输出的效果如下图所示。

产品 ID	产品名称
C01	红阳事业

产品 ID	产品名称
C02	威航货运有限公司

产品 ID	产品名称
C03	浩天旅行社

也许你会说，怎样才能生成类似于下图所示的报表？

产品 ID	产品名称
C01	红阳事业
C02	威航货运有限公司
C03	浩天旅行社

很抱歉，Word模板实现不了，因为定位和适应场景不同。Word报表适合单条性、资料性的报表输出，像这样传统列表式的报表当然更应该选择使用Excel模板。如一定要在Word报表中实现，只能变通。

除上述表格中的标记外，以“<>”括起来的表达式、“<Index>”顺序号在Word模板中依然可以正常使用，它们的用法与Excel报表完全相同。

通过上表与Excel模板中的标记列表对比还可以发现，引用图片的标记显得尤为复杂。不过也不用担心，当需要引用图片时，可在辅助设计器中按“Shift”键的同时再双击需要的图片列，即可自动插入图片标记；按“Ctrl”键的同时双击某列，可插入统计标记。

❷ 文章套打示例

假如某物业公司需要给小区业主发送缴费通知单，而且公司内部的数据表中有户号、缴费日期等相关列，那么就可以设计类似于下图所示的模板。

缴费通知书

尊敬的 *[户号]* 业主：

感谢您一直以来对物业工作的支持。您交的物业费即将于 *<Format([缴费日期],"yyyy 年 MM 月 dd 日")>* 到期，请在此日期前到管理处缴纳下一年度的物业管理费。

特此通知！

物业管理处
<Format(Date,"yyyy年 MM 月 dd 日")>

在表中选定需要发送通知的数据行，单击【生成报表】按钮即可输出打印Word文档，如下图所示。

缴费通知书

尊敬的 *8 幢3001 室* 业主：

感谢您一直以来对物业工作的支持。您交的物业费即将于 *2017 年12 月31 日* 到期，请在此日期前到管理处缴纳下一年度的物业管理费。

特此通知！

物业管理处
2017 年 12 月 27 日

❸ 卡片式报表示例

如要根据现有的员工表为每个员工建立资料卡纸质档案，设计起来更加简单，无非是先在Word中插入一个表格，然后在设计器中双击插入对应的列名即可，连“<>”表达式都不用写了。

设计的模板如下图所示。

员工资料卡

姓名	[姓名]	出生日期	[出生日期]	[&照片, 90, 100]
部门	[部门]	雇佣日期	[雇佣日期]	
性别	[性别]	职务	[职务]	
地址	[地址]			
家庭电话	[家庭电话]	办公电话	[办公电话]	
[备注]				

生成报表如下图所示。

员工资料卡

姓名	王伟	出生日期	1962-02-19	
部门	商务部	雇佣日期	1992-08-14	
性别	男	职务	副总裁(销售)	
地址	罗马花园 890 号			
家庭电话	(010) 65559482	办公电话	3457	
王伟获南京大学商业学士学位，获该校国际营销博士学位。他能说流利的法语和意大利语并能阅读德语。他加入公司时是销售代表，被提拔为销售经理并升任销售副总裁。王伟是销售管理圆桌协会，北京商业总会和太平洋周边进口协会的成员。				

❹ 关联表报表示例

例如，现有 “出库” 和“出库明细” 两个表，见下图，它们通过“出库单编号” 建立关联。希望在逐条输出“出库”记录时，同时打印对应的明细资料。

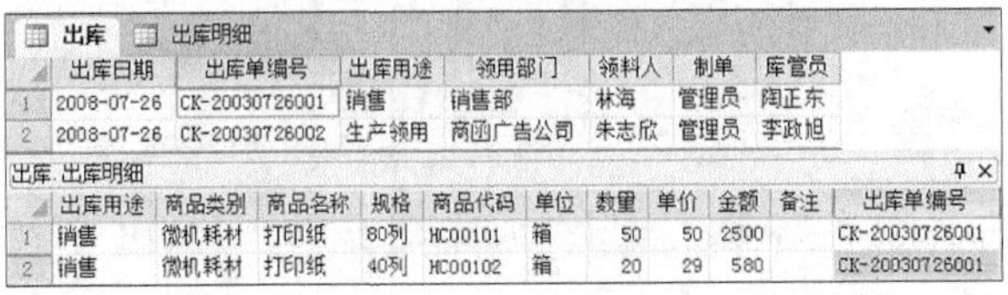

	出库日期	出库单编号	出库用途	领用部门	领料人	制单	库管员
1	2008-07-26	CK-20030726001	销售	销售部	林海	管理员	陶正东
2	2008-07-26	CK-20030726002	生产领用	商函广告公司	朱志欣	管理员	李政旭

出库.出库明细

	出库用途	商品类别	商品名称	规格	商品代码	单位	数量	单价	金额	备注	出库单编号
1	销售	微机耗材	打印纸	80列	HC00101	箱	50	50	2500		CK-20030726001
2	销售	微机耗材	打印纸	40列	HC00102	箱	20	29	580		CK-20030726001

很显然，这是两个父子关系的关联表。首先将需要输出的“出库”表信息添加到模板中，如下图所示。

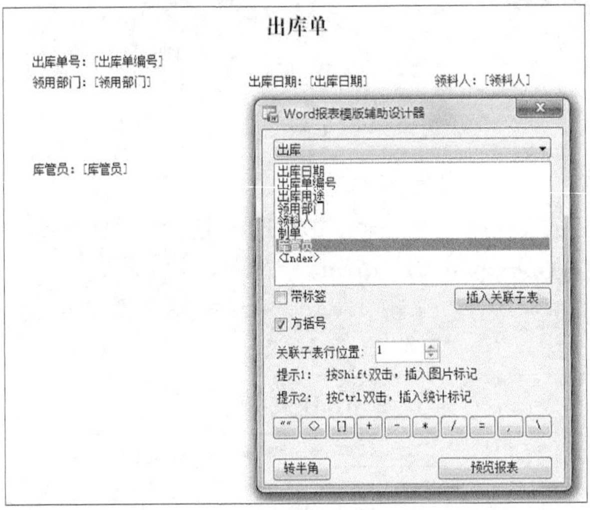

这些都非常简单，双击列名称就可插入。关键是如何把子表的记录插入进来。按照Word报表模板标记中的说明，引用子表数据的格式为“[@子表.列名.行号]”，而上图中的子表数据共2行11列，难道要手工添加2×11=22个数据标记吗？如果子表的数据行更多些，那岂不是非常麻烦？

其实，这些问题早就想到了！看到设计器上的【插入关联子表】按钮没，单击此按钮试试看，弹出下图所示的对话框。

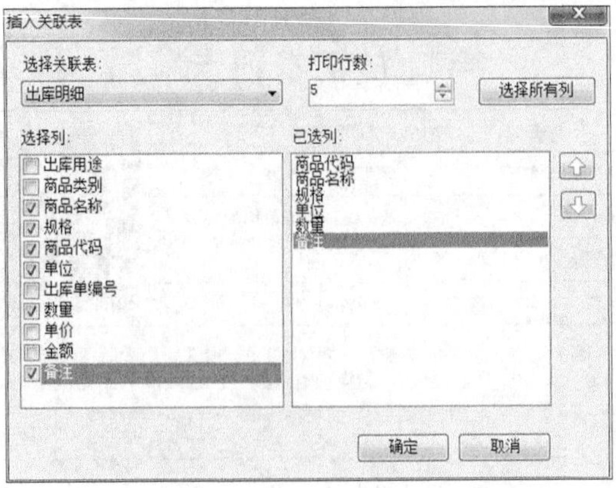

选择要输出的列及需要打印的行数，单击【确定】按钮，即可在模板的光标位置自动生成指定列数和行数的数据表格。关键是引用数据标记也都填好了，如下图所示。

出库单

出库单号：[出库单编号]

领用部门：[领用部门]　　出库日期：[出库日期]　　领料人：[领料人]

商品代码	商品名称	规格	单位	数量	备注
[@出库明细,商品代码,1]	[@出库明细,商品名称,1]	[@出库明细,规格,1]	[@出库明细,单位,1]	[@出库明细,数量,1]	[@出库明细,备注,1]
[@出库明细,商品代码,2]	[@出库明细,商品名称,2]	[@出库明细,规格,2]	[@出库明细,单位,2]	[@出库明细,数量,2]	[@出库明细,备注,2]
[@出库明细,商品代码,3]	[@出库明细,商品名称,3]	[@出库明细,规格,3]	[@出库明细,单位,3]	[@出库明细,数量,3]	[@出库明细,备注,3]
[@出库明细,商品代码,4]	[@出库明细,商品名称,4]	[@出库明细,规格,4]	[@出库明细,单位,4]	[@出库明细,数量,4]	[@出库明细,备注,4]
[@出库明细,商品代码,5]	[@出库明细,商品名称,5]	[@出库明细,规格,5]	[@出库明细,单位,5]	[@出库明细,数量,5]	[@出库明细,备注,5]

库管员：[库管员]　　合计：[%出库明细,Sum(数量)]

上图中以椭圆标识的内容是对子表进行的统计。这是因为父表中并没有数量列，只能通过子表统计生成。最终输出的报表如下图所示。

出库单

出库单号：CK-20030726001

领用部门：销售部　　出库日期：2008-07-26　　领料人：林海

商品代码	商品名称	规格	单位	数量	备注
HC00101	打印纸	80列	箱	50	
HC00102	打印纸	40列	箱	20	

库管员：陶正东　　合计：70

❺ Word报表总结

第一，由于Word报表不存在细节区，因而无法在设计模板时具体指定这个报表属于哪个表。为此，Foxtable会自动认为所有和Word报表相关的操作都是基于当前表的。

例如，当设计“员工资料卡”模板时，首先应该选择员工表，这样模板辅助设计器会自动列出员工表的所有列供选择。同理，当把设计好的模板添加到菜单中，或者基于这个模板预览报表时，也必须确保当前选中的表为员工表。

第二，只有建立了关联关系的表，才能跨表引用数据。如果当前表没有建立关联，或者当前表是作为子表出现的，设计器中的“插入关联子表”按钮会处于不可用状态。

第三，当在“<>”表达式中需要用到“大于”“小于”和“不等于”运算符时，必须遵循以下规则。

- 用于表达式开始标记的“<”后面不能有空格；作为表达式结束标记的“>”前面不能有空格。
- 作为运算符的“< ”“>”和“<>”，前后必须有空格。

例如，以下表达式是正确的：

```
<IIF([成绩] > 60, "及格","不及格")>
<IIF([出生日期] <> #0:00#, CUDATE([出生日期]), "")>
```

以下表达式就是错误的：

```
<IIF([成绩] >60, "及格","不及格")>
<IIF([成绩]> 60, "及格","不及格")>
<IIF([等级]<>"A", "录取","淘汰")>
< IIF([成绩]> 60, "及格","不及格")>
<IIF([成绩]> 60, "及格","不及格") >
```

这里的第三点规则仅适用于Word模板，Excel报表模板无需理会此规则。

第3章　项目管理与数据源

在前面两章的学习过程中，多次用到了“项目所在文件夹”这样的字眼。那么，什么是项目？

项目用英文表示就是project，它是一组用于实现某些功能的程序文件的统称。为什么又要强调“项目所在文件夹”？这是因为，任何一个应用项目，尤其是比较大型的项目，可能会用到几十、几百甚至成千上万个文件，通过文件夹就可对它们进行有效管理。

3.1　创建、打开项目

3.1.1　通过【保存】或【另存为】的方式创建项目

对于初学者来说，我们绝对相信你是通过单击Foxtable程序进入学习的。当需要保存你所输入的各种数据时，肯定会习惯性地使用快速访问栏或文件菜单中的【保存】按钮，如下图所示。

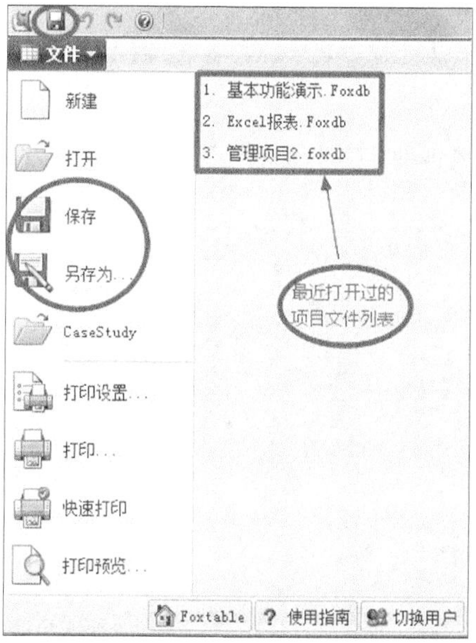

如果保存的是一个新文件，那么将会弹出下图所示的对话框。

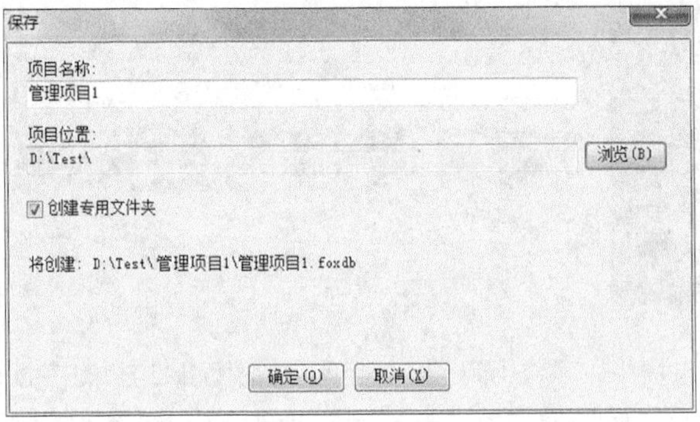

"项目位置"默认为"我的文档"，可单击【浏览】按钮重新指定保存的文件夹。如上图所示，将项目位置设置为"D:\Test\"，"项目名称"为"管理项目1"，那么单击【确定】按钮后，将在指定的文件夹中自动创建一个与项目名称完全相同的专用文件夹。

需注意，对话框中的【创建专用文件夹】虽然看起来是一个复选框，但始终无法取消选中。也就是说，只要创建一个新项目，就必须有一个专用的文件夹。这里所创建的文件名称，其后缀名则根据你所使用的Foxtable版本而有所不同：后缀名为"foxdb"的，表示创建的是开发版文件，此种类型的文件在后期可以编译并脱离Foxtable环境独立运行；后缀名为"table"的，表示创建的是商业版或试用版文件，该类文件只能通过Foxtable程序打开，无法编译，更无法独立运行。

Foxtable开发版和商业版是需要付费购买的，而试用版则可直接到官网下载。

3.1.2 通过【新建】命令创建项目

除了使用【保存】或【另存为】命令之外，也可通过【文件】菜单中的【新建】命令来创建新项目。

此种创建方式除了可以设置各种保存选项外，还可同时设定要创建的表，如下图所示。

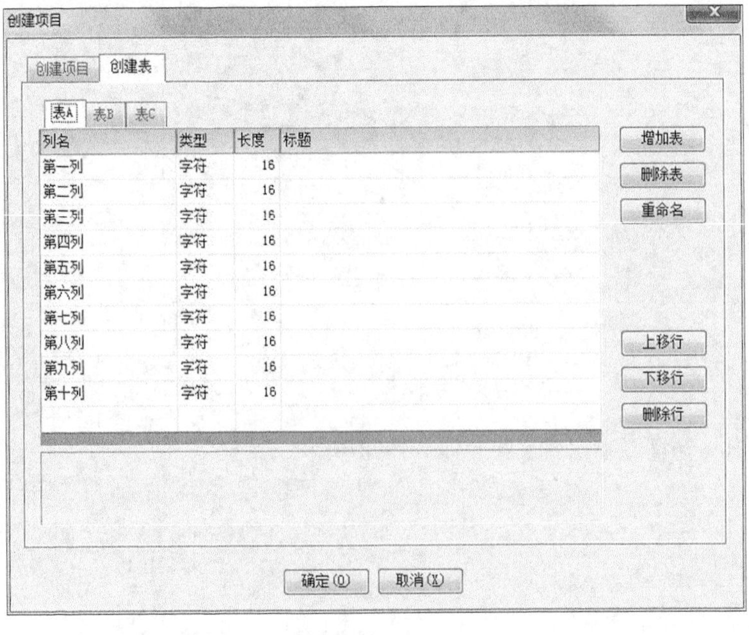

默认情况下，一个新建项目会同时创建“表A”“表B”“表C”这3个数据表，每个数据表有10个数据列。可通过上图所示对话框增加、删除或重命名默认生成的表，也可上移、下移或删除表中的列。关于创建表方面的知识可参考1.2节。

3.1.3 打开已经创建的项目

项目创建好之后，单击【文件】按钮中的【打开】命令，或者在项目列表文件中选择，即可打开已经建立好的项目文件。

3.1.4 项目文件结构解析

默认情况下，当初次建立一个新的项目时，该项目专用文件夹中只会有一个后缀为“foxdb”或“table”的文件和一个“Bin”文件夹，如下图所示。

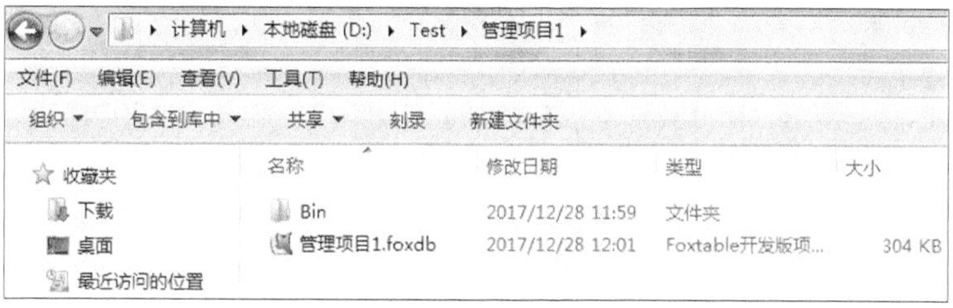

这里的Bin文件夹用于保存用户代码所编译的dll文件，一般不建议删除，因为删除了就要重新编译一次，影响打开速度；只有当遇到一些莫名其妙的问题时才考虑将该文件夹删除，这样就会重新编译一遍所有的代码。

可是，一旦在项目中引用了第三方的资源，该专用文件夹就会自动增加一些子目录，如下图所示。

这里的文件“管理项目2.foxdb”就是本书作者一直在使用的项目测试文件。由于在前面两章知识的学习过程中，引用了大量第三方的文件资源，所以这里就增加了多个文件夹。

Attachments：用于存放项目运行时所用到的所有附件资源，具体包括列属性中的目录树文件、列扩展文件管理中的本地文件和图片、Excel报表模板文件及Word报表模板文件等。

Images：用于存放和项目界面设计相关的所有图片文件，具体包括表属性中的自定义图标、列属性中的图形字典图标、列窗口中的自定义图标以及在后期项目开发过程中所用到的菜单按钮图片、窗口背景图片等。

RemoteFiles：用于存放列扩展中通过远程FTP下载的文件（包括图片），其下级目录结构与远程FTP完全相同。

Reports：仅用于存放通过Excel模板和Word模板输出的各种报表。

当需要将项目移植到其他电脑时，必须将项目文件连同上述目录一并打包；否则将会带来各种问题。如果只想备份数据，那么仅需复制项目文件和Attatchments即可，无需复制所有目录。

3.2 项目管理

项目管理的相关功能都在菜单【管理项目】功能区的【项目】功能组中，见下图。

3.2.1 项目信息

单击【项目信息】按钮，在打开的【版权信息】对话框中可输入一些和版权相关的信息，如下图所示。

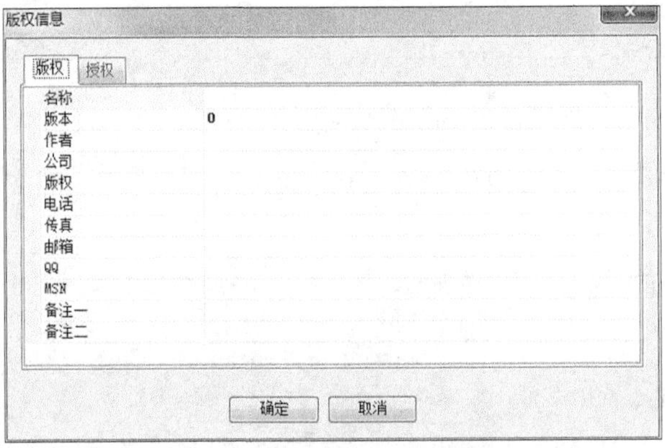

该信息设置并不是必需的，但Foxtable官方在提供某些服务时（如意外情况下的文件损坏），会查看项目信息以确认该项目的版权归属，这样有助于保护用户的开发成果。

如果你是Foxtable的高级开发版用户，弹出的版权信息中还会有“授权”选项卡，如下图所示。

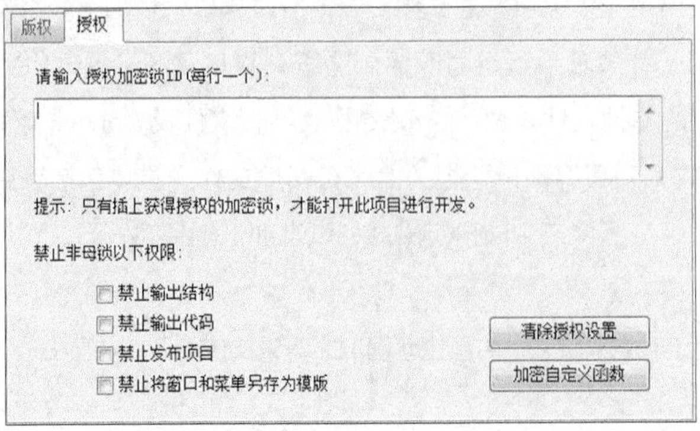

高级开发版用户通过授权功能，可有效防止参与开发的程序员盗用最终的开发成果，可最大限度地保护企业用户的商业利益。

例如，某公司有3个人的开发团队，主管使用高级开发版，团队成员使用普通开发版。在具体授权时，只需主管插上自己专属的高级开发版加密锁，再将其他两位成员的授权ID写入当前项目并设置好权限即可。之后其他人即使拿到此项目文件，或者团队成员本人，只要没有授权的加密锁，都无法打开该项目。

关于团队开发方面的知识，具体可查阅官方文档。

3.2.2 项目属性

在第1章中用过表属性，第2章用过列属性。其中，表属性仅对指定的表有效，列属性仅对指定的列有效。很显然，项目属性就对当前使用的整个项目有效。

例如，在第1章“其他常用操作”的表属性中，即使设置了指定表的图标，但如果不在项目属性中将“显示图标”设置为True，那么设置好的表图标仍然不会显示，而且这种设置是对项目中的全部表有效，因此被称为项目属性。

如下图所示，由于仅在“产品”表的表属性中自定义了图标，而项目中的“显示图标”属性是对所有表有效的，因此另外两个表都会自动使用默认图标进行显示。

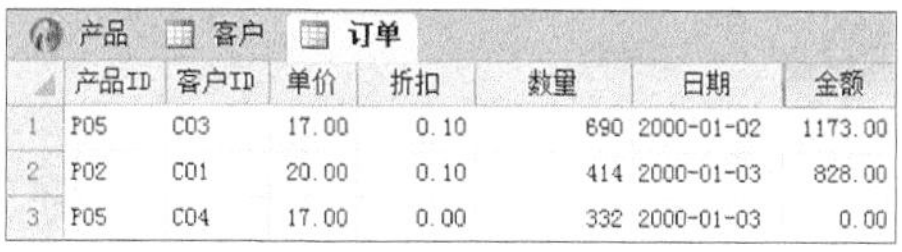

	产品ID	客户ID	单价	折扣	数量	日期	金额
1	P05	C03	17.00	0.10	690	2000-01-02	1173.00
2	P02	C01	20.00	0.10	414	2000-01-03	828.00
3	P05	C04	17.00	0.00	332	2000-01-03	0.00

【项目属性】设置对话框如下图所示。其中，“项目事件”“全局表事件”选项卡留到开发篇中讲述，本节仅学习“项目属性”部分。

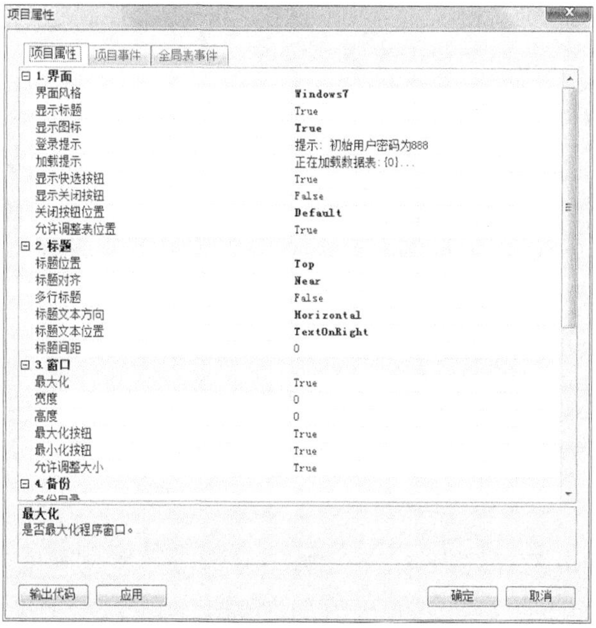

❶ 界面

本组属性用于设置项目界面，且绝大部分和表相关。

- 界面风格。用于指定项目的界面风格，共有7种，默认为Windows 7风格，如下图所示。

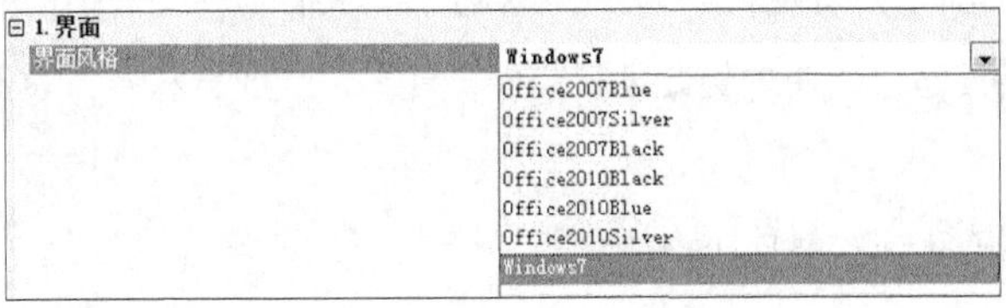

- 显示标题。指是否显示表标题。如果将此属性设置为False，将隐藏表标题，用户无法通过单击表名来选择不同的表，只能通过编写程序代码来切换表。
- 显示图标。指是否在表标题中显示图标。
- 登录提示。设置用户登录窗口的提示信息。默认不会出现登录窗口，除非增加用户或者修改了默认密码。关于项目的用户管理功能将在下一节学习。
- 加载提示。设置在打开项目时加载表的提示信息，用“{0}”表示正在加载的表名。
- 显示快选按钮。是否在表标题右侧显示“快速选择表”的下拉按钮。当显示此按钮时，单击它可快速切换表，尤其是在表数量很多时会非常快捷，如下图所示。

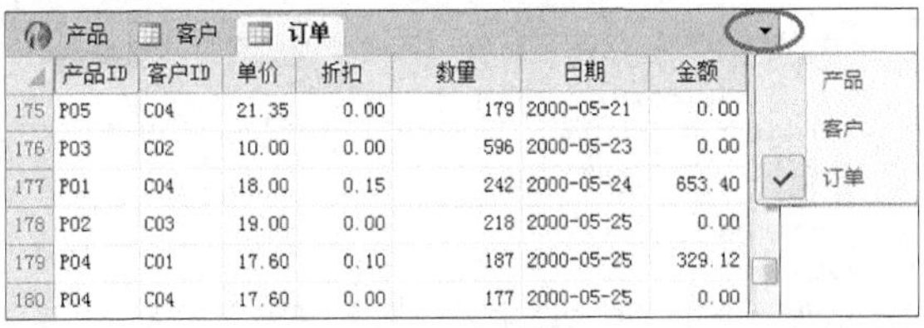

- 显示关闭按钮与关闭按钮位置。默认情况下，表关闭按钮是不显示的；当显示表关闭按钮时又有3个位置可选，如下图所示。

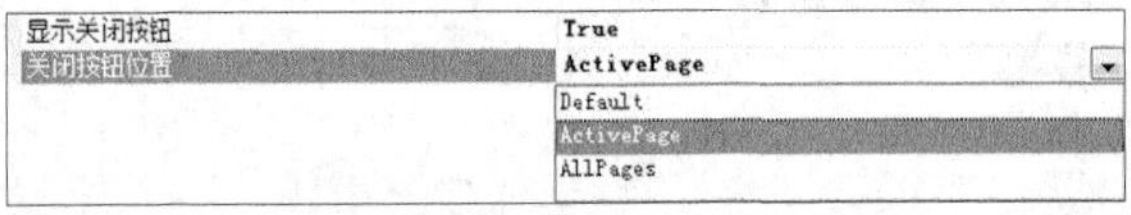

默认情况下，关闭按钮和表快选按钮并列显示在一起。如果将位置设置为“ActivePage”，则只有选中表的标题会显示关闭按钮；如设置为“AllPages”，则所有的表标题都显示关闭按钮。下图就是将位置设置为“ActivePage”的显示效果。

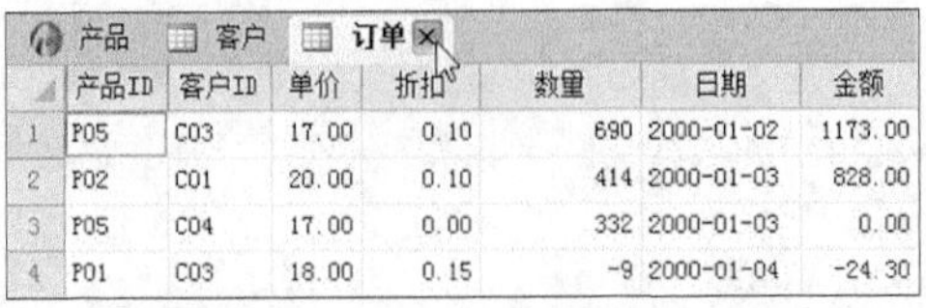

实际上，当用户单击这个按钮时，并不会真正关闭表，而且Foxtable中也不存在关闭表的说法，最多是将其隐藏而已。可问题是，单击该按钮也无法直接隐藏表。那么，这个按钮还有什么作用呢？其实是有作用的，它会触发指定的项目事件。这涉及代码编程方面的知识，待开发篇中再来学习。

- 允许调整表位置。此属性设置为False时，将禁止用户通过鼠标拖动表标题的方式调整表位置。

❷ 标题

本组属性用于设置所有的表标题显示方式。

- 标题位置。共有“Top”“Bottom”“Left”“Right”这4个选项，默认显示在表格上方，也就是“Top”。

- 标题对齐。共有“Near”“Center”“Far”这3个选项，默认为“Near”，也就是就近对齐。例如，将“标题位置”属性设置为“Left”，“标题对齐”属性设置为“Center”，效果如下图所示。

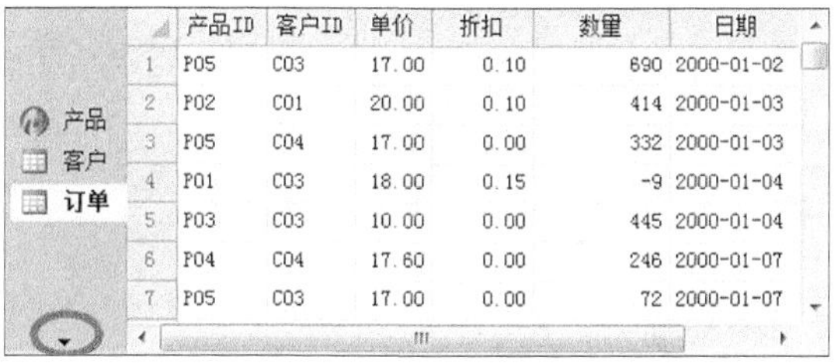

其中，椭圆形标识的箭头符号为快选按钮。

- 多行标题。当全部的表标题无法在窗口中完整显示时，是否可以多行显示标题。默认为False，也就是出现滚动箭头；一旦将此属性设置为True，则“显示快选按钮”及“标题对齐”属性自动无效。例如，将Foxtable主窗口缩小，当“多行标题”属性为True时，尽管将“显示快选按钮”属性设置为True、将“标题对齐”属性设置为“Center”，但标题仍然不会居中，且快选按钮被隐藏，如下图所示。

如将“多行标题”设置为False，则效果如下图所示。

- 标题文本方向。可设置为水平或垂直显示，默认为水平显示。
- 标题文本位置。当同时显示表图标时，标题文本相对于图标的位置。默认为右，也可设置为左或者上、下。
- 标题间距。默认为0。数值越大，则表标题间的间距就越大。

❸ 窗口

本组属性用于设置项目主窗口。这些属性不是即时生效的，只有重新打开项目才会生效。

- 最大化：启动Foxtable后，窗口是否最大化（本组中的其他属性只有在最大化属性为False时才会有效）。
- 宽度：设置窗口的宽度，单位为像素。
- 高度：设置窗口的高度，单位为像素。
- 最大化按钮：是否在窗口标题栏显示最大化按钮。
- 最小化按钮：是否在窗口标题栏显示最小化按钮。
- 允许调整大小：是否允许用户在运行过程中调整主窗口大小。

❹ 备份

本组属性用于设置项目的自动备份。

- 备份目录。用于指定默认的备份文件存放目录。
- 备份周期。用于指定自动备份的周期，有“天”“周”“月”“季”“年”。默认为“无”，也就是不自动备份。
- 包括附件：指定备份时是否包括附件。如果设置为False，将只备份项目文件本身。

需要特别注意的是，不能因为设置了自动备份，就忽视了手工备份，因为自动备份是没有办法将备份文件复制到多个存储介质上的，更无法备份项目用到的外部数据库。

❺ 在线升级

本组属性仅用于使用开发版生成的应用程序在实现分发后的在线升级，具体可查看官方文档。关于Foxtable软件本身的升级，在菜单【杂项】功能区的【工具】功能组中，如下图所示。

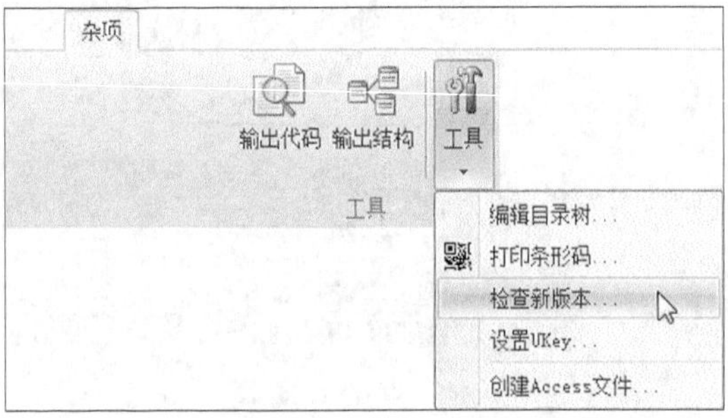

❻ 开发

本组属性和“在线升级”一样，都是项目开发中用到的功能，如下图所示。

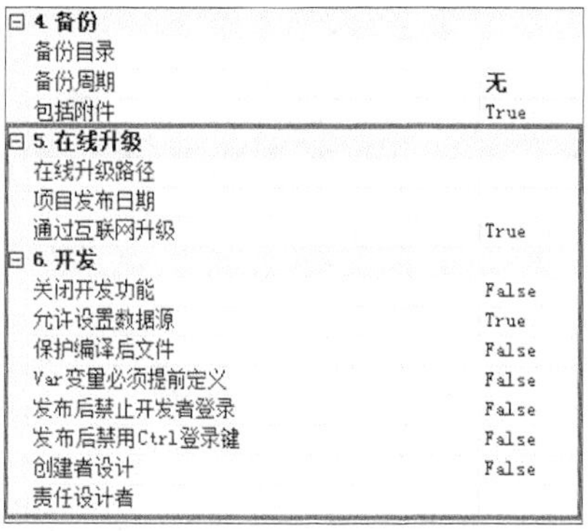

3.2.3 压缩项目

Foxtable虽然界面类似电子表格，但实际上是个纯数据库软件。在Foxtable中，被删除的行或者被删除的表仍然存在数据库中，占据存储空间，直到单击【压缩项目】按钮，这些行才会被真正删除。

如果在删除行后继续增加行，那么新增行会使用被删除行的存储空间，而不会占用新的存储空间，所以【压缩项目】命令通常无需频繁地执行。

压缩项目不仅能够节省存储空间，还能提高查询性能，所以定期执行此命令是有好处的。

需要注意的是，压缩项目仅对内部数据表起作用。如果你有数据表来自于外部数据源，那么应直接在这些软件中执行压缩命令，Access对应的命令是“压缩与修复”，SQL Server对应的命令是“收缩”。至于什么是外部数据源，本章稍后将会学习。

3.2.4 备份项目

单击【备份项目】按钮，将弹出对话框，并自动生成备份文件名，且默认保存在“Foxtable_backup”文件夹中，如下图所示。

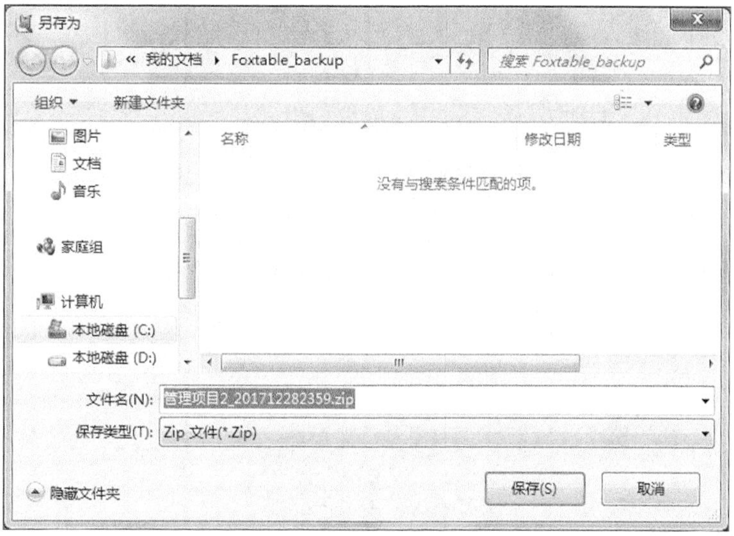

你也可以重新选择备份文件路径，或重新输入备份文件名，单击【保存】按钮即可完成备份。

备份文件的格式为zip，自动生成的备份文件名由当前日期和时间组成。例如，在2017年12月28日23点59分备份，那么默认的备份文件名就是“项目名称_201712282359.zip”。

备份文件内容包括项目文件本身及其所有附件，这样当需要恢复项目时，只需直接将备份文件解压即可，而且所有的数据、设置和附件都不会丢失。

需注意，这里的备份属于手工备份。对于重要的项目，应配合项目属性中的自动备份一起使用，并尽量做到以下几点。

第一，最好按日期顺序保留多个备份，因为并不是所有意外都能被及时发现；如果只保留最近的一个备份，那么已经有问题的备份就会覆盖之前好的备份，导致项目无法安全恢复。

第二，定期将备份文件复制到多个存储介质中，避免因为存储介质的损坏而丢失数据；如果只在本机备份，一旦硬盘损坏，项目文件和备份文件就可能“全军覆没”，带来灾难性的后果。

第三，备份内容不包括外部数据源。如果你有数据来自于外部数据源，那么应另行对这些数据做好备份工作。

3.2.5 发布项目

【发布项目】按钮仅在Foxtable开发版中有效，商业版及试用版是不能将项目发布、并脱离Foxtable独立运行的。至于如何发布项目，开发篇中将有一个小实例带你快速了解。

3.2.6 初始化项目

初始化项目就是清空项目中的全部数据，回到初始状态，如下图所示。

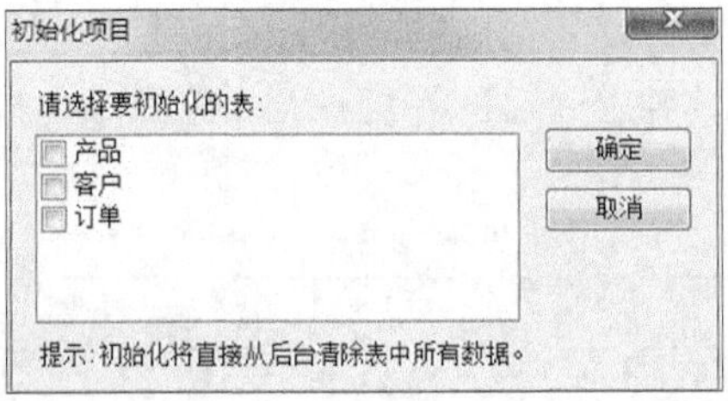

在该对话框中，只有被选中的表，数据才会被清空。

初始化会直接从后台清除表的所有数据，不管这些数据是否已经加载，所以在初始化一个表之前，一定要慎重考虑。

为防止部分重要的表数据被初始化，可以在表属性设置中将其“允许初始化”属性设为False。

3.3 用户管理

默认情况下，不需要输入密码，即可直接打开某个项目。

如果需要使用密码保护项目，只需在用户管理中为此项目增加一个用户，或修改现有用户的属性（如用户名、密码等）即可。

用户管理功能在【管理项目】功能区的【用户】功能组中，如下图所示。

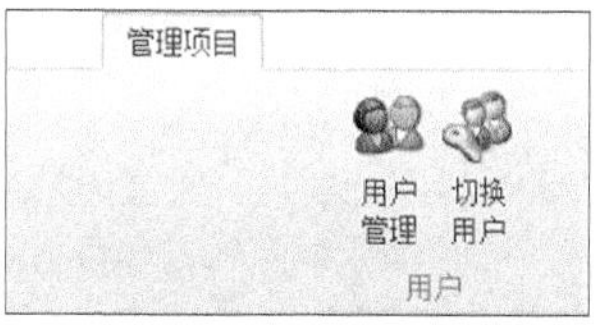

3.3.1 用户管理

单击【用户管理】按钮，将弹出【用户管理】对话框。默认已经有两个用户，分别是“开发者”和“管理员”，如下图所示。

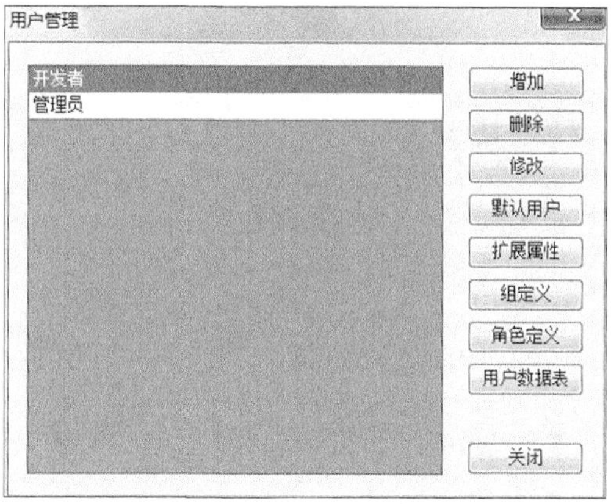

默认情况下，任何一个新建的项目都是以“开发者”的身份进入的，哪怕你仅仅是将Foxtable作为一个普通的数据办公软件来用，初始情况下也仍然是以“开发者”的身份进入的。只不过因为没有新增用户或者修改过初始密码，打开项目时不会弹出登录窗口而已。

由此可见，“开发者”是项目最高级别的用户，它拥有该项目的全部权限。而“管理员”的级别仅次于“开发者”，可替代“开发者”行使用户管理的权限。

例如，单击【切换用户】按钮，使用“管理员”身份登录，见下图。

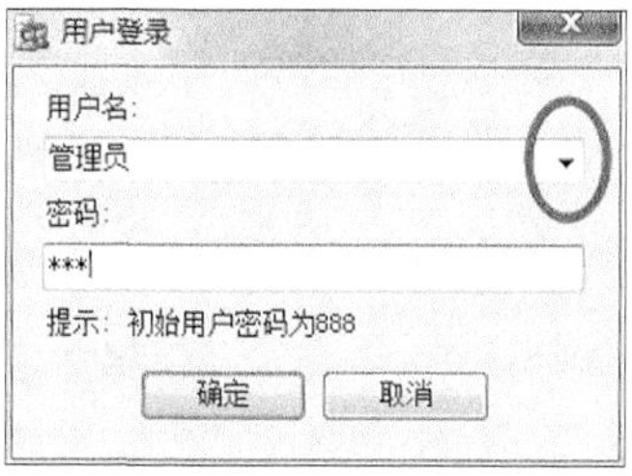

在上图中，单击标示的下拉箭头，可选择用户。当用户切换为“管理员”之后，再次单击【用户管理】按钮，则弹出的对话框如下图所示。

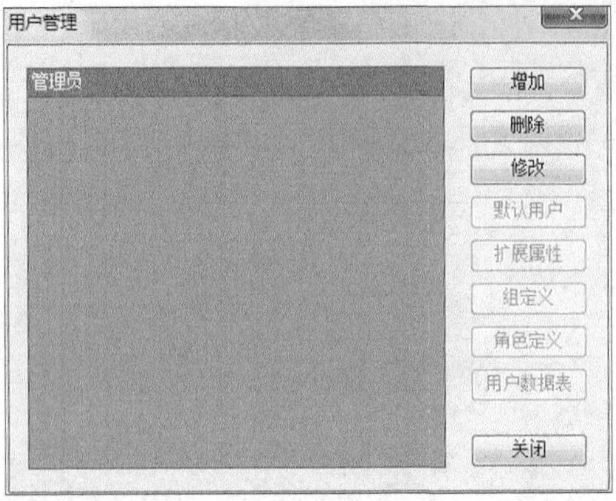

很显然，这里的用户列表中已经没有“开发者”了，而且，“管理员”只有增加、删除、修改用户的权利，不再有其他操作按钮的使用权限。

“开发者”和“管理员”作为项目的系统用户，不能被删除，但可以通过【修改】按钮重新命名。

3.3.2 增加、删除、修改用户

“开发者”和“管理员”都可以增加、删除或修改用户。

❶ 增加用户

单击【增加】按钮，弹出【新增用户】对话框，可增加用户，如下图所示。

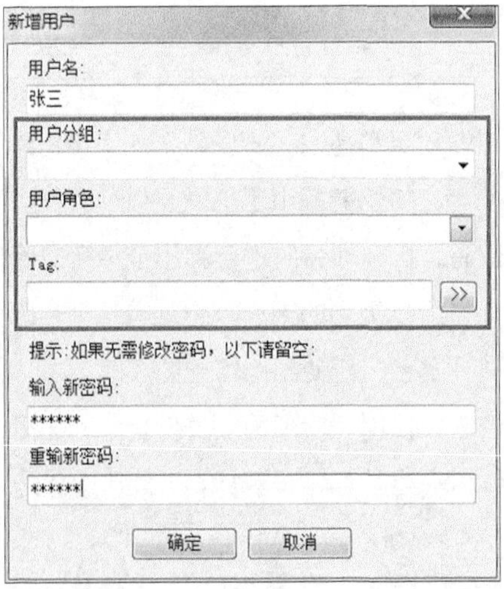

其中，以矩形边框标示的3个设置项，是为后期的项目开发预留的。“用户分组”和“用户角色”既可手工输入，也可从预定义的候选值中选择（稍后将学习到）；而“Tag“编辑框则用于输入分配给该用户UKey的UID，此设置项的用法可参考官方文档。

如果你仅仅是将Foxtable作为类似于Excel的数据办公软件来使用，那么可忽略以上3个设置项（即使设置也没有任何意义）。只要输入“用户名”和“密码”即可新增一个用户。

❷ 删除用户

首先选中某个用户，单击【删除】按钮，即可删除该用户。

如果选中的用户是“开发者”或“管理员”，则单击【删除】按钮后会弹出“不能删除系统用户”的提示。

除了“开发者”和“管理员”之外，其他用户都是普通用户。

❸ 修改用户

首先选中某个用户，单击【修改】按钮，即可修改该用户的相关信息，可修改内容如上图所示。

如果是以普通用户的身份登录，则【用户管理】对话框只有一个“修改”按钮可用，且仅能修改密码。例如，现在以“张三”的身份登录，【用户管理】对话框如下图所示。

单击【修改】按钮，弹出的修改窗口中只有密码项可用，见下图。

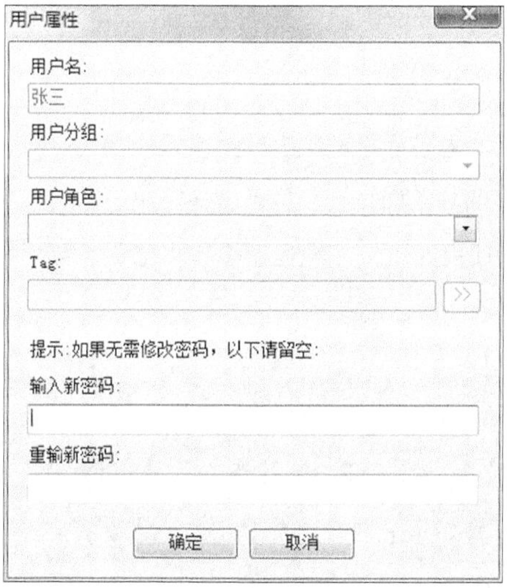

这就是说，普通用户的“用户名”“用户分组”“用户角色”“Tag”等信息只能由“开发者”或“管理员”指定，普通用户是无法修改的。

3.3.3 默认用户

如果你希望在打开项目时不要出现登录窗口，那么就可以指定一个默认的用户来登录。需注意，“开发者”和“管理员”是不能作为默认用户来指定的。

假如要将“张三”作为默认的登录用户，那么就可以先选择这个用户，然后单击【默认用户】按钮即可，如下图所示。

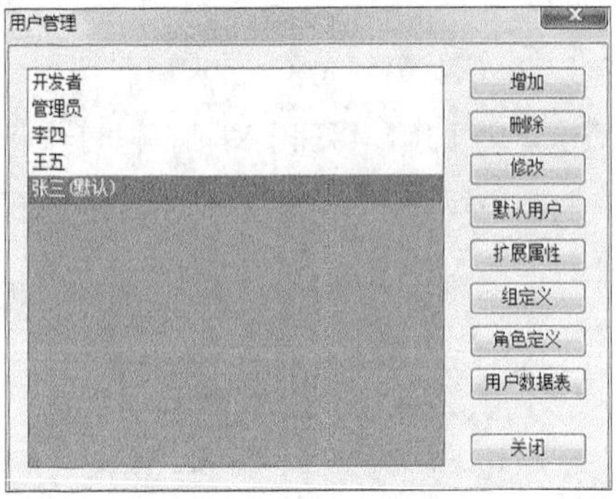

这样设置之后，一旦重新打开此项目，将不再出现登录窗口，而是直接以“张三”的用户名登录。如要取消此用户的默认，可先切换到“开发者”身份登录，然后在【用户管理】对话框中选中此默认用户并再次单击【默认用户】按钮。也可在双击打开项目时，始终按住“Ctrl”键，这样也可弹出正常的用户登录窗口。

3.3.4 扩展属性、组定义、角色定义与用户数据表

这4项功能都是和开发篇相关的。再次强调一遍，如果你仅仅是将Foxtable作为替代Excel的办公软件来使用，那么就无需理会这些设置，关于用户管理方面的知识可到此为止。

❶ 扩展属性

扩展属性就是在登录窗口中增加一些附加的设置，以便在用户打开项目时自动调用这些扩展属性中的参数值，这样就能在后面的开发过程中实现一些特殊功能的需求。

假如希望用户在登录进入项目时，只加载显示当天、当周、当月、当季或当年的订单数据，那么就可以在“扩展属性”中作下图所示的设置。

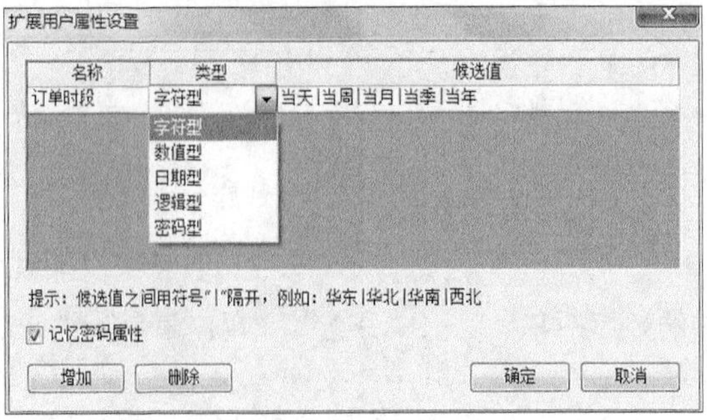

设置之后，不论哪个用户登录都会在登录对话框中多出一个扩展属性的输入框，见下图。

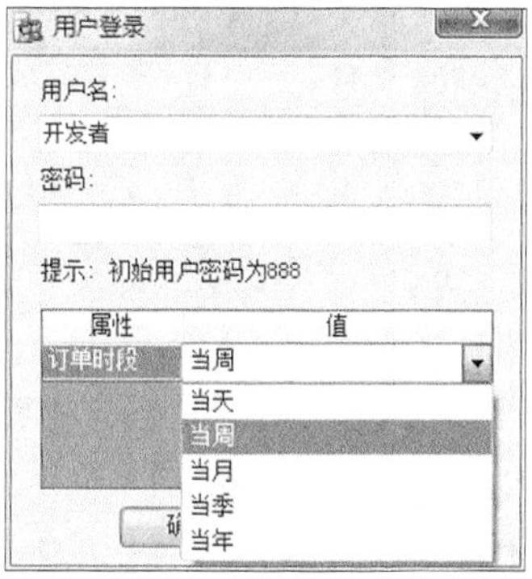

如果没有在扩展属性中设置候选值，那么用户登录时就可以手工输入值；否则就只能从候选值中选择。例如，将扩展属性重新设置如下图所示。

名称	类型	候选值
开始日期	日期型	
结束日期	日期型	

则登录对话框如下图所示。

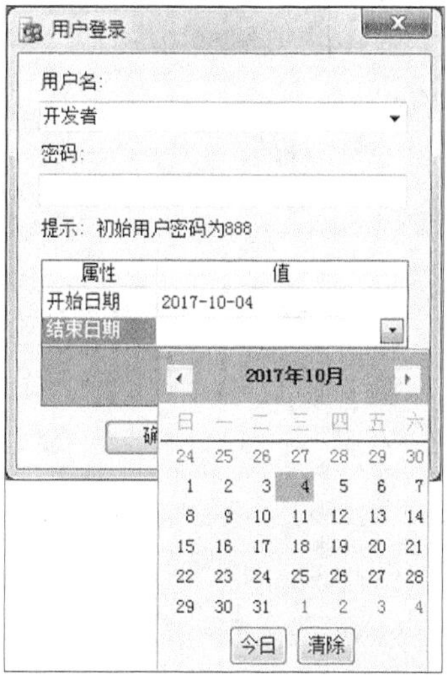

此时，既可手工输入日期，也可单击下拉箭头通过内置输入器输入。

那么，是不是这样设置了之后，单击【确定】按钮进入项目时就自动加载指定时段的数据了？Foxtable当然还无法智能到如此地步！以上操作仅仅给项目提供了一些登录参数，真正要加载显示指定范围内的数据，还需要通过开发篇的事件来处理。

❷ 组定义和角色定义

如果你的项目用户比较多，为便于管理，可以事先定义好“组”及“角色”，然后再新增或修改用户，这样就可以在设置用户信息时直接选择“组”和“角色”了。

“组”一般可以按用户的使用部门或工作职能来划分，如办公室、生产部、销售部、财务部、技术部；“角色”则可按软件的操作权限来划分，如录入、查询、审核、统计、报表。

任何一个用户（包括“开发者”和“管理员”）都只能属于一个分组，但却可以是多个角色。

“组定义”及“角色定义”对话框如下图所示。

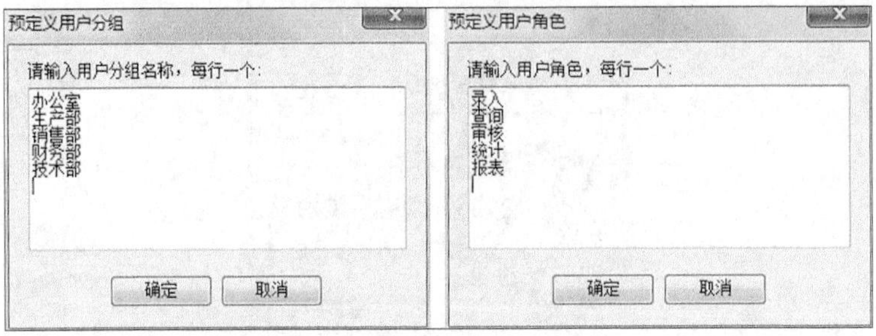

“组”和“角色”预定义完成之后，就可以在设置用户信息时直接选择，如下图所示。

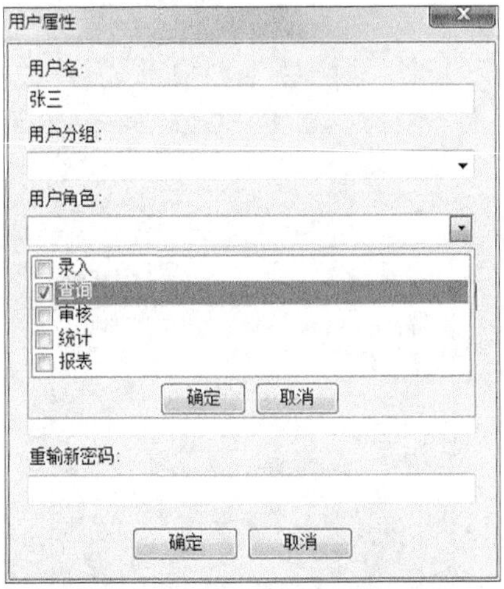

❸ 用户数据表

默认情况下，Foxtable任何新建项目的用户名、用户密码、用户分组、用户角色等数据都是保存在项目文件中的。如果仅仅是单机版的应用项目，这样处理没有问题；但在多用户的网络环境下，这样的用户管理方式就会存在非常大的问题。

比如，某公司通过Foxtable建立了一个应用项目，这个项目有3个人在使用。出于安全考虑，“开发者”或“管理员”在项目中分别为3人设置了不同的用户名和密码。如果这个项目就安装在固定的一台电脑上，3人需要处理数据时都到这台电脑上来操作，那没问题，因为他们不论怎么处理，数据最终还是保存在同一个文件中。

可是，如果将项目分别复制安装到3人各自工作卡位的电脑上，问题就来了。比如，开发者给每个用户设置的默认密码都是“123456”，项目分发到每个人的电脑上之后，这3人同样出于安全考虑，都把默认密码给修改了。一旦开发者将项目文件调整或升级，就要重新将项目分发给他们。由于新项目必须覆盖旧项目，这就导致各用户修改后的密码无效，一切又回到初始状态。这样的做法显然很不合理、更不专业！

实际上，用户名和密码的问题倒是次要的，关键是项目里面的数据。例如，A、B、C 3个用户分别在自己的电脑上输入了本部门的100条数据，如果要将他们的数据整合到一起，只能先分别导出，然后再合并到某一台电脑上，是不是非常麻烦？还有，如果他们需要进行部门之间的数据交叉审核又该怎么办？再各自交换一下工作卡位？很显然，这样的做法并不符合现代办公的规范。而最好的方法就是，把数据单独放到一个地方（如服务器上），3个用户分别通过自己电脑上的Foxtable项目文件来访问这个固定位置的数据。这正是C/S架构模式。其中，C表示Client（客户端），S表示Server（服务器端）。

既然要搭建C/S架构的应用系统，首先要做的就是将数据从Foxtable项目中分离出来。而用户管理中的“用户数据表”，其实就是将用户数据保存到外部的数据源中。

3.4 数据源及网络应用环境

Foxtable项目用于存放数据的地方称为数据源。根据用户工作需要，数据可存放于任何一个地方。

3.4.1 数据源类型

Foxtable项目用到的数据源包括两种，即“内部数据源”和“外部数据源”。

❶ 内部数据源

当通过Foxtable新建任何一个项目时，其默认的“表A”“表B”和“表C”就保存在项目文件中。而这个项目文件就称为“内部数据源”。

例如，单击【文件】菜单中的【新建】命令，弹出【创建项目】对话框，其中有个“创建表”选项卡，通过该选项卡可对默认生成的3个表进行调整，如增加表、删除表、重命名表、修改表结构等。

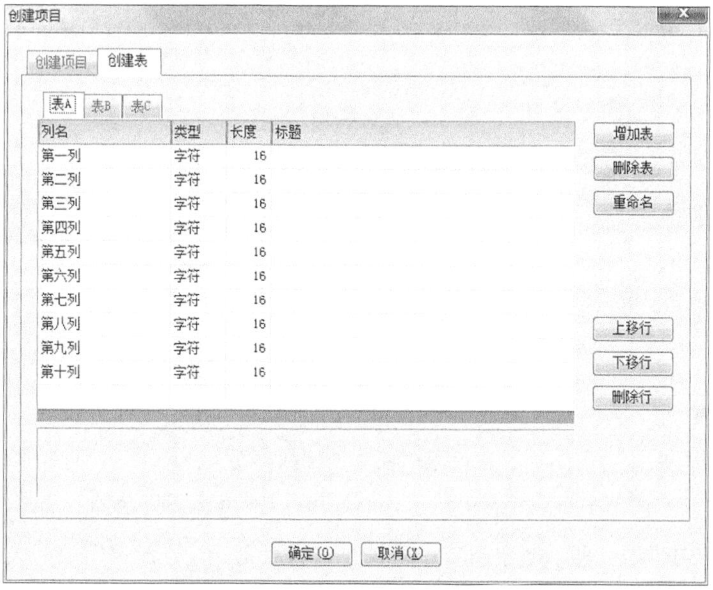

通过这种方式创建的表就是内置的，它就存在于项目文件之中。

而当通过菜单【数据表】功能区中的相关命令"增加数据表"或"增加查询表"时，其默认保存的位置同样是"内部数据源"。例如，下图是"增加表"对话框。

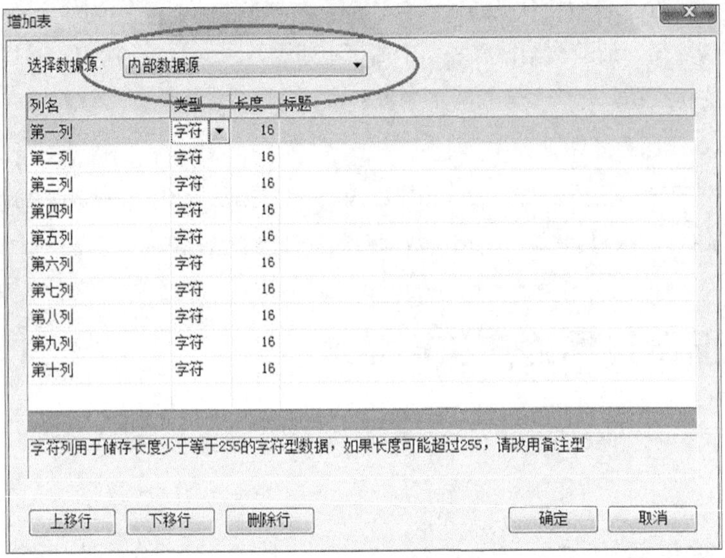

如果要通过菜单【数据表】中的【增加表】命令增加临时表，则临时表保存的位置只能是内部数据源。

再比如，之前一直在使用的"产品"表、"客户"表、"订单"表以及上一节讲到的用户名、用户密码等，都是保存在项目文件中的，它们统统都来源于"内部数据源"。

其实，Foxtable创建的项目文件本身就是Access格式的文件，而Access则是Office办公组件中自带的一种小型数据库。例如，将"项目文件2.foxdb"复制一份并将其扩展名改为"mdb"，见下图。

双击"管理项目2.mdb"文件，就会发现该文件可以正常打开，只不过所有表都被隐藏了而已。

❷ 外部数据源

如果要在网络环境下协同工作，应该考虑使用外部数据源。

外部数据源建议使用Access或者SQL Server，它们都是微软公司的产品。其中，Access是Office办公组件中自带的一种小型数据库，而SQL Server则是用于服务器端的大型数据库管理系统。为了和其他的SQL数据库相区分，SQL Server又被称为MS SQL（MS是微软公司Microsoft的简称）。

当需要使用这些外部数据源时，并不要求本地电脑必须安装Access或MS SQL，只要本机能够通过网络访问到它们即可。其中，局域网环境可以使用Access或者MS SQL作为数据源，而互联网环境则只能使用MS SQL作为数据源。

当然，为了使用上的方便，也可以在本机安装Access或MS SQL：Access包含在Office办公组件中，只要在安装Office时选中Access即可；MS SQL则有多个不同的版本，安装方法也比较复杂。这些都不是本书的学习重点，从略。

3.4.2 外部数据源连接

不论连接哪种外部数据源，都要通过【数据表】功能区的【外部数据源】命令按钮来进行管理，如下图所示。

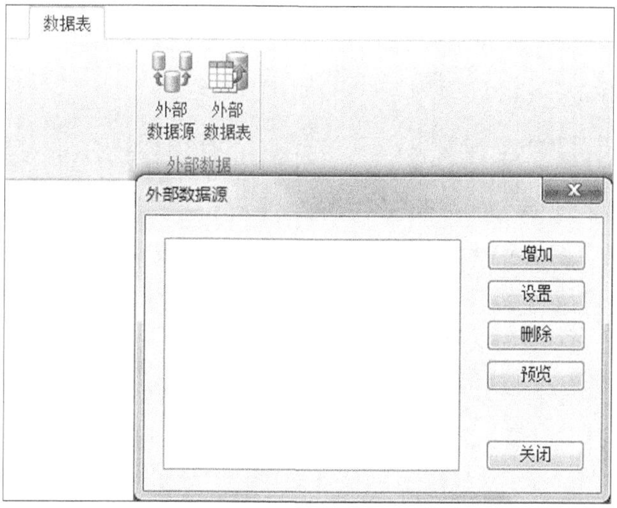

在弹出的“外部数据源”对话框中，【增加】按钮用于增加数据源，增加后的数据源名称将出现在列表框中；【设置】按钮用于对现有的数据源重新设置；【删除】按钮用于删除数据源；【预览】按钮则可以预览指定数据源中的内容。

当单击【增加】按钮时，将弹出下图所示的设置对话框。

在这里，可以手工输入或修改连接字符串，也可单击【生成器】按钮自动生成。当单击【生成器】按钮时，默认连接的就是Access外部数据，如下图所示。

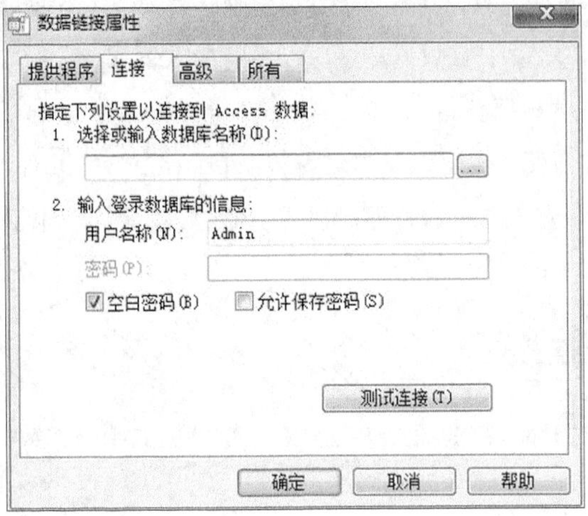

不论连接的是哪种类型数据源，其操作都可在这个“数据链接属性”对话框中设置完成。现重点学习Access、Excel和MS SQL 这3种外部数据源的连接方法。

❶ Access

如要以Access作为数据源，只需将具体的Access文件复制到本机或局域网内任何一个共享文件夹中即可，然后单击上图所示的“…”按钮，选中此Access文件即可。

如果你的电脑上没有安装Access，也可通过【杂项】功能区的【工具】命令按钮创建Access数据库文件，如下图所示。

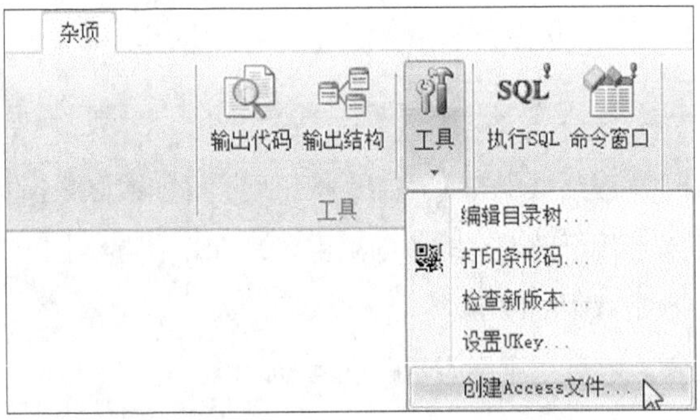

选择【创建Access文件】命令，在弹出的对话框中输入文件名称，将自动创建一个没有包含任何数据表的空文件。

连接Access文件时，有以下几点需要注意。

第一，此方式默认连接的是后缀名为mdb的Access文件（包括97-2000、2002-2003等各种Office版本创建的Access文件）。如果这个Access文件是2007或以上版本创建的，且以accdb为扩展名，就要在“提供程序”选项卡中重新选择程序，如下图所示。

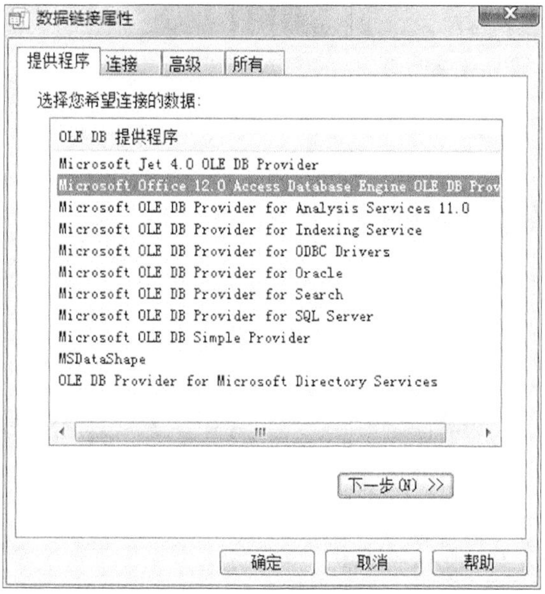

在上图中，第一个选项“Jet 4.0”是Access兼容格式（后缀名为mdb）的数据连接程序，第二个选项“Office 12.0”才是Access 2007及以后版本（后缀名为accdb）的连接程序。当然，如果你使用的是2007或更高版本，但保存的Access文件是mdb兼容格式，在这里选择程序时仍要使用第一个。

如果在上图所示的对话框中没有包含“Office 12.0”的选项，表明你的电脑中没有安装合适的数据访问组件，需要重新安装。

当提供程序为“Jet 4.0”时，可通过窗口方式选择Access文件；当提供程序为“Office 12.0”时，则只能手工输入，如下图所示。

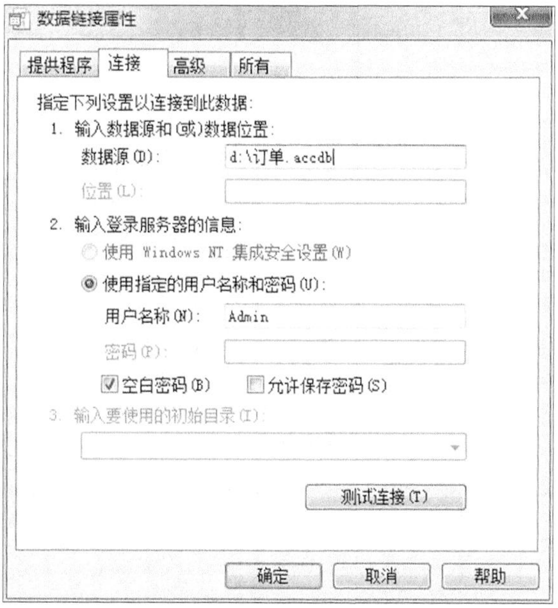

第二，如果Access文件设置有密码，那么可在“所有”选项卡的“Jet OLEDB:Database Password”选项上双击，然后在弹出对话框中输入密码，见下图。

如此设置之后，单击【确定】按钮，将生成下图所示的连接字符串。

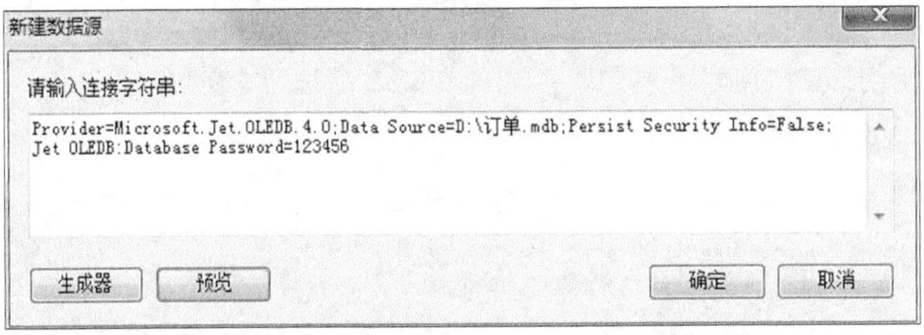

通过分析这个自动生成的连接字符串可以发现，它其实包括4个部分，每部分都以分号（;）隔开：

Provider表示提供的程序，其值为“Microsoft.Jet.OLEDB.4.0”。如果连接的是accdb格式的Access文件，其值为“Microsoft.ACE.OLEDB.12.0”。

Data Source表示要连接的Access文件名称，其值为“D:\订单.mdb”。

Persist Security Info表示外部数据源连接成功后是否继续保存密码信息，其值为False。需注意，这里的密码是指Access数据库系统中的用户和权限密码，它并不针对某个具体的Access文件，默认为空。

Jet OLEDB:Database Password表示数据库密码，其值为“123456”，仅对某个具体的Access文件有效。此密码和“Persist Security Info”中所指的密码并不是一回事，它们在Access中是分别通过下图所示的两个操作按钮设置的。

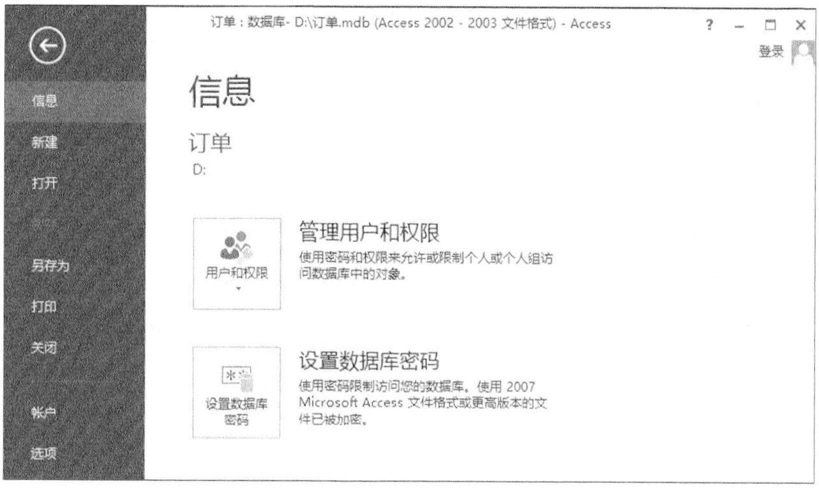

在设置数据链接属性时，Access用户及权限密码所对应的设置项目如下图所示。

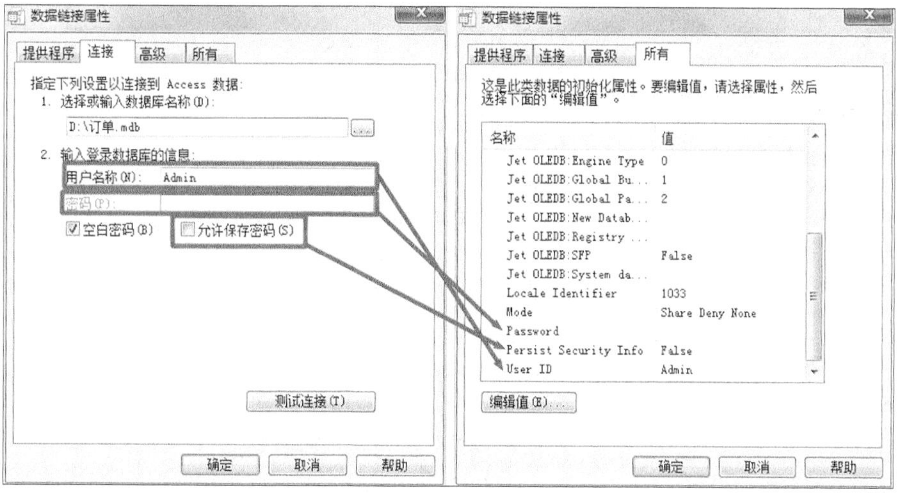

一般情况下，Access的用户和权限密码是不用设置的，而针对某个具体的Access文件设置数据库密码却很常见。应注意这两种密码的区别。

如果连接的Access文件既没有数据库密码，也没有用户权限密码，上述的连接字符串也可以直接简写如下：

```
Provider=Microsoft.Jet.OLEDB.4.0;Data Source=D:\订单.mdb
```

第三，如果需要多人同时对指定的Access文件进行增、删、改、查等操作，就应该将该文件存放到一个共享的文件夹中而不是简单地使用本地路径。

如上图所示，这里连接的文件名为“d:\订单.mdb”。当把Foxtable项目复制到其他电脑中使用时，可能就会出现无法连接的情况，因为其他电脑上的D盘根目录未必就有这个“订单.mdb”文件。因此，对于一个准备在局域网上多人使用的项目，不管Access文件在哪里，都应该考虑通过网上邻居的方式来选择路径和指定Access文件。当然，前提是要将该文件的所在文件夹设置为完全共享，并存放在一个相对固定的电脑上（如公司内部的服务器）。

文件夹共享以后，为减少数据文件被恶意删除的风险，可将共享文件夹进行隐藏。具体操作方法：重命名共享文件夹，并以符号“$”结尾，这样局域网内的其他用户就无法通过“网上邻居”查看到此共享文件夹。需要访问该文件夹时，只能直接输入地址，如\\SERVER\Data$。

❷ Excel

Excel文件也是可以用作数据源的，只不过由于它无法设置主键，Foxtable项目仅能从中读取数据而无法修改、保存数据而已。

如果你使用的是Office 2003及以下版本的Office，只能使用扩展名为xls的Excel文件作为数据源，数据链接属性中提供的程序为“Jet 4.0”，设置方法如下图所示。

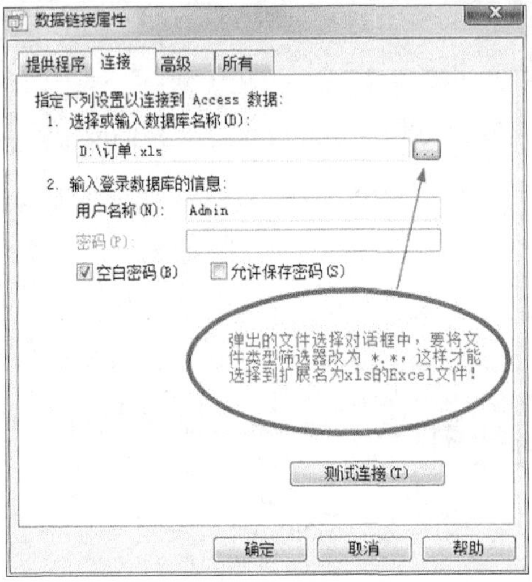

如果你使用的是Office 2007及以上版本，不论连接的是xls格式还是xlsx格式的Excel文件，数据链接属性中的提供程序都必须选择“Office 12.0”，这时只能手工输入Excel文件名称。

Excel文件名称设置完毕后，在“所有”选项卡中双击“Extended Properties”选项，并设置该Excel文件的扩展属性：如果使用的是Office 2003及以下版本，应在这里输入“excel 8.0”，否则输入“excel 12.0”，如下图所示。

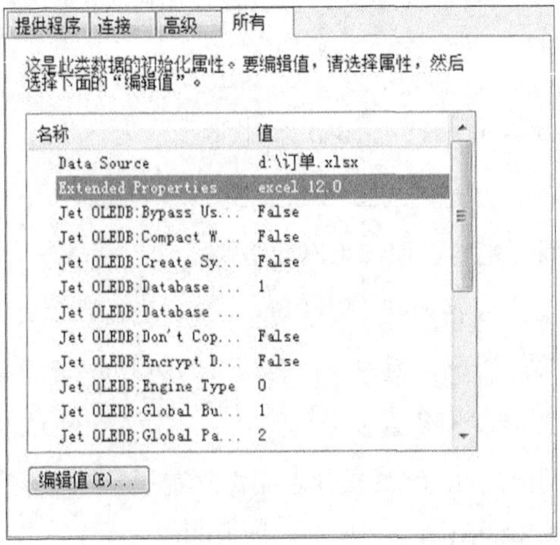

生成的连接字符串如下图所示。

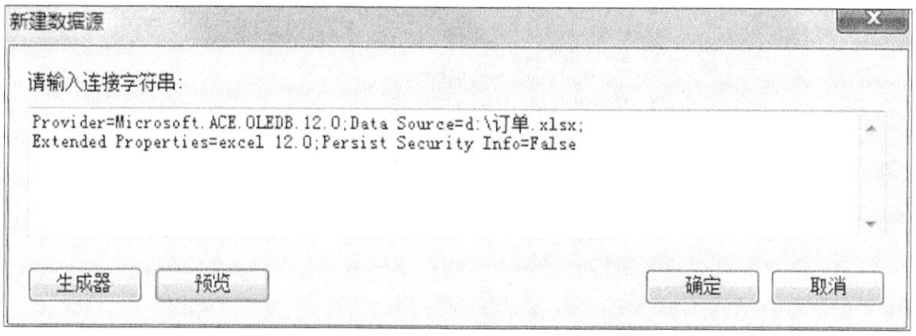

很显然，这里的最后一个属性“Persist Security Info”也是可以删除的。

注意：**如果指定的Excel文件设置了密码，是无法采用类似于Access密码的处理方式建立连接的，只能将密码清除后再作连接。由于Excel无法同步保存Foxtable项目对它所做的任何修改，因而此类文件并不适合外部数据的存储使用，偶尔将其作为数据源读取一些数据还是不错的选择。**

❸ MS SQL

MS SQL有多个不同的版本，目前的最新版本已经到了SQL Server 2017，其他常用的版本还有SQL Server 2000、2005、2008、2012、2014、2016等。当然，MS SQL并不是版本越新越好，关键是适用！

在将MS SQL作为外部数据源时，【数据链接属性】对话框中的提供程序选项卡中必须选择“OLE DB Provider for SQL Server”选项，如下图所示。

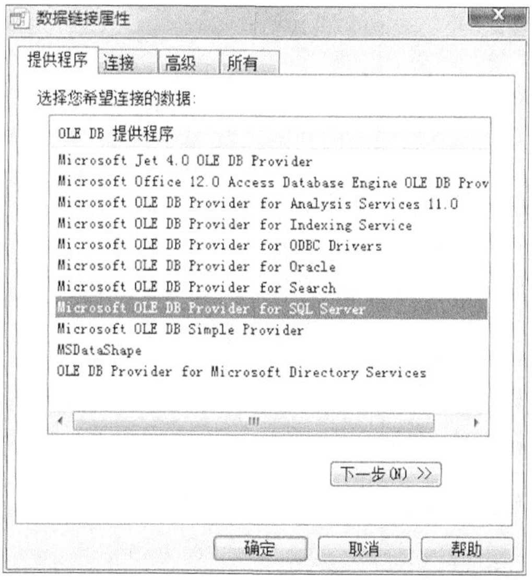

然后设置“连接”选项卡属性中的服务器名称、用户名、密码及所使用的数据库，如下图所示。

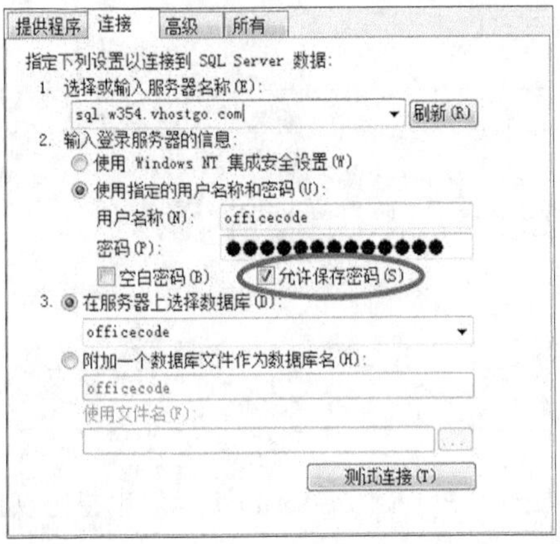

上图所使用的数据库服务器就是远程的。用户名和密码设置正确后，单击“在服务器上选择数据库”旁边的下拉按钮将弹出所有的数据库列表，选择好需要的数据库后，单击【测试连接】按钮将给出“测试连接成功”的提示，设置完成。

需要注意的是，如果采用指定的用户名和密码登录，【允许保存密码】复选框必须选中！

生成的连接字符串如下图所示。

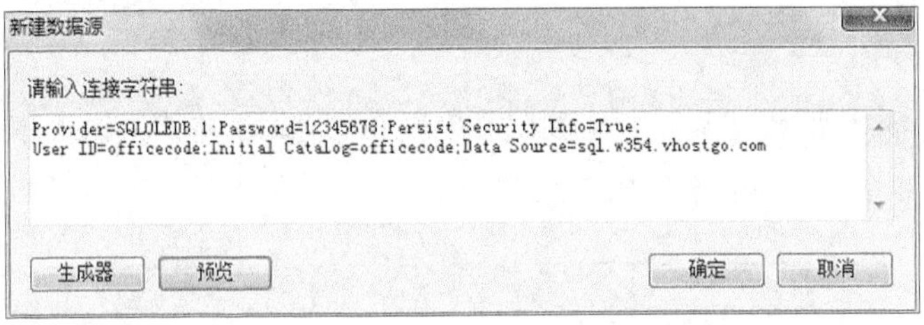

通过分析这个自动生成的连接字符串可以发现，MS SQL字符串其实包括6个部分，每部分都以分号（;）隔开。

Provider表示提供的程序，其值为“SQLOLEDB.1”。

Password表示登录密码，其值为“12345678”。

Persist Security Info表示外部数据源连接成功后是否继续保存密码信息，其值为True。需注意，如果在连接选项中没有勾选【允许保存密码】复选框，那么此值将为False，你所设置的密码将无法保存到连接字符串中，从而导致后续的数据库连接失败。

User ID表示登录的用户名，其值为“officecode”。

Initial Catalog表示要连接的数据库名称，其值为“officecode”。

Data Source表示要连接的服务器名称，其值为“sql.w354.vhostgo.com”。

至于如何在SQL Server中创建新的数据库、如何进行用户名及密码方面的安全管理，这些都不是本书的学习重点，从略。

3.4.3 外部数据源出现意外时的处理办法

Foxtable项目一旦设置了外部数据源，那么在下次重新打开此项目时，会首先建立这些数据源的连接。当因为种种缘由无法连接到某个数据源时，项目会弹出一个数据源设置窗口，以允许用户临时修改数据源的设置。

例如，在项目中已经添加了两个外部数据源：一个来自MS SQL；另一个来自Access（数据源名称可自由定义），如下图所示。

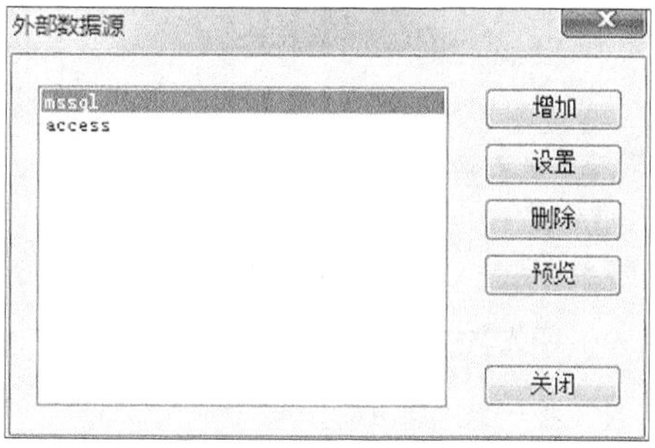

其中，名为“access”的数据源连接的是文件“订单.mdb”。

假如因为工作人员的误操作，将文件“订单.mdb”删除，那么重新打开此Foxtable项目时将给出下图所示的提示。

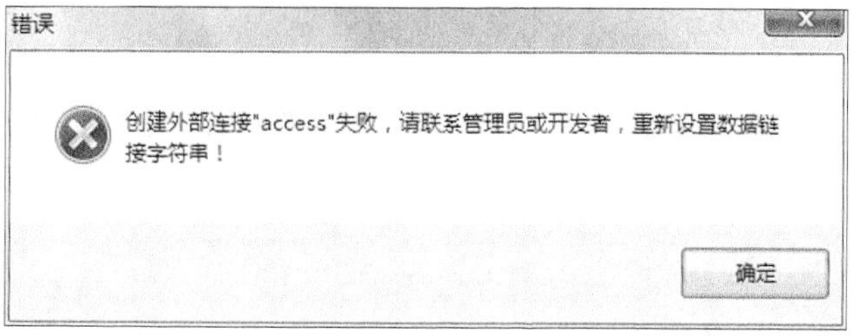

此时，如果你是以“开发者”或“管理员”的身份打开项目的，单击【确定】按钮后将接着弹出该数据源的重置窗口（见下图）；否则将直接退出（因普通用户没有修改数据源的权限）。

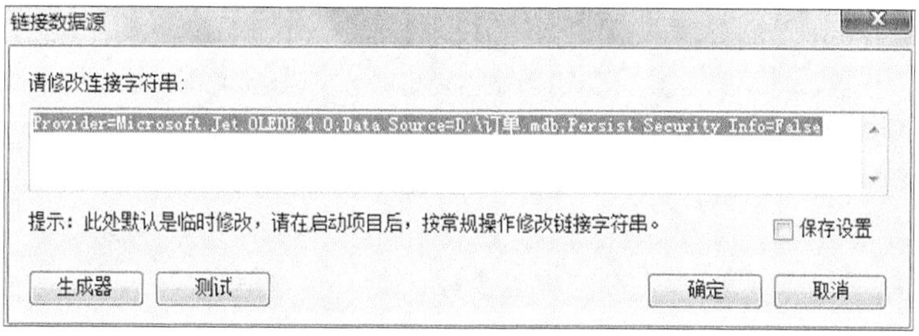

需要注意的是，此修改方式是临时性的，在项目正常启动之后应按常规操作修改或删除连接字符串；如果希望将这里的临时修改永久有效，也可勾选【保存设置】复选框，这样在打开项目之后就无需再重新设置此数据源的链接了。

假如作为开发者的你不希望管理员拥有这种临时性的修改数据源权限，可以在“项目属性”设置中，将“允许设置数据源”设置为False，如下图所示。

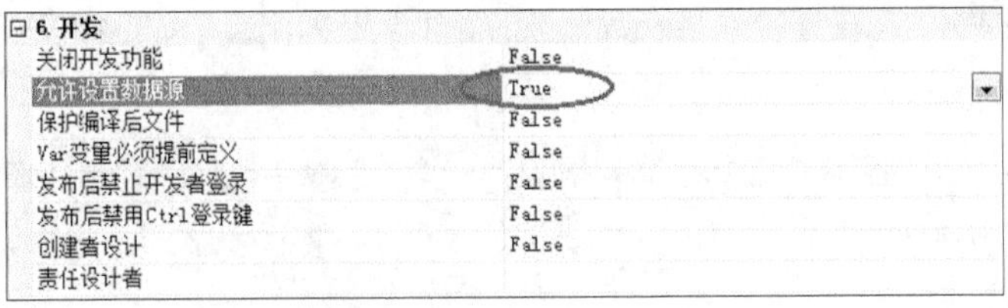

3.5 外部数据源中的表管理

不论是内部数据源还是外部数据源，只要在项目中建立了这个数据源之后，Foxtable就可以对它们中的数据表进行有效管理，包括增加表、复制表、重命名表、删除表等。关于内部数据源的表管理，在1.2节“创建数据表结构”中已经对此做过详细讲解，现重点学习外部数据源中的表管理。

众所周知，Foxtable中的表包括三大类，即数据表（可同步保存数据）、查询表（只能基于数据表生成查询数据）和临时表。除了临时表外，其他两种表既可来自内部数据源，也可来自外部数据源。

3.5.1 查询表管理

通过外部数据源生成查询表的方法非常简单，操作步骤与2.5节讲到的查询表完全相同，只需更改数据源即可，如下图所示。

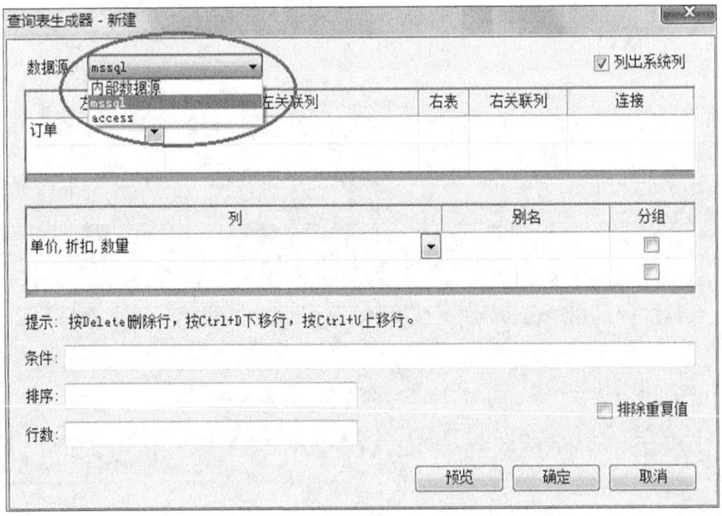

在上图中，“数据源”下拉列表框会自动列出所有的数据源名称。由于这里选择的“数据源”为“mssql”，因而该生成器中的订单表就是来自于外部而非内部。

3.5.2 数据表管理

对于外部数据源中的数据表，Foxtable可通过下图所示的菜单命令进行管理。

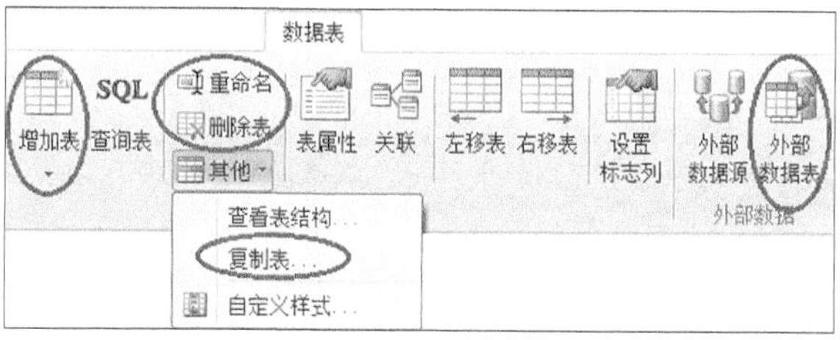

❶ 增加表

单击【增加表】按钮时，在弹出的对话框中如果选择的是外部数据源，则该表会自动保存到外部数据源所对应的数据库文件中，如下图所示。

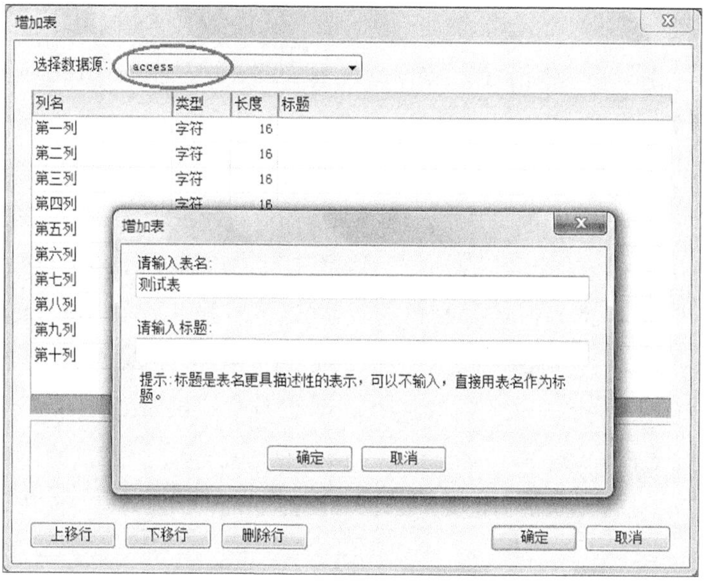

由于这里选择的外部数据源所对应的Access文件是“订单.mdb”，因而可以双击打开该文件，查看是否真的增加了这么一个数据表，如下图所示。

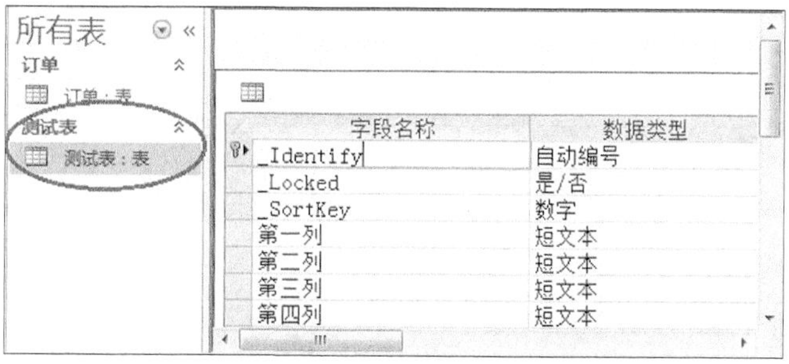

很显然，这个新增加的“测试表”已经物理地保存到该数据源所对应的后台数据库中了。它不仅有指定的10个数据列，同时还自动增加了主键、锁定行及插入行所要用到的3个系统列！

后台数据库在增加表的同时，Foxtable项目中也自动添加了该表。此时，在Foxtable中对该表所做的任何修改，一旦单击【保存】命令按钮，就会同步更新到后台数据库中，如下图所示。

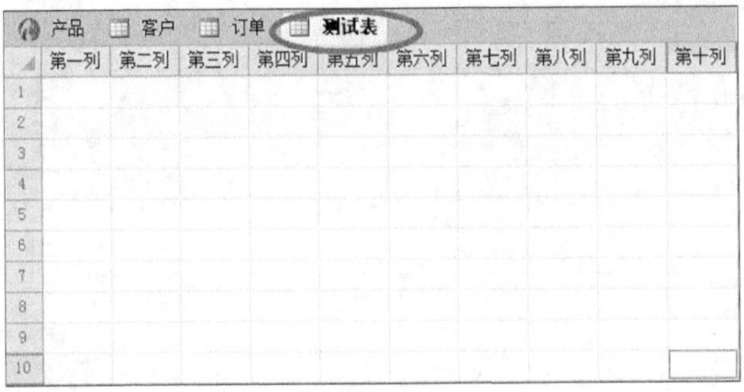

在上图所示的4个数据表中，只有“测试表”来源于外部，其他的3个表都是内部表。

由此可见，即使你的电脑上没有安装任何的数据库系统，只要有了Foxtable，它一样可以帮你在后台数据库中创建所需要的数据表。例如，Word和Excel在办公类电脑中是必装的标配软件，但Access却未必。假如你的电脑上没有安装Access，那么就可以先通过Foxtable的【杂项】功能区的【工具】下拉菜单中的“创建Access文件”命令生成一个空的Access文件，然后将该文件作为外部数据源引入到Foxtable项目中，再单击【增加表】按钮就可以对它增加任意多个数据表啦！

再比如，SQL Server自2005版之后越来越庞大，不仅费用高昂而且安装费心费时。如果你本机上没有安装SQL Server，只是通过局域网或互联网使用服务器端的数据库，这时要在库中创建数据表也会很麻烦，毕竟本地没有相应的数据库操作环境。现在好了，只要在Foxtable项目中给该数据库建立一个数据源，然后一样可以通过【增加表】按钮直接在SQL Server数据库中添加数据表。

当然，如果你有相当熟练的数据库使用经验，也可以在Access或SQL Server的原生环境中创建数据表。下表是通过Foxtable在不同的外部数据源中创建表时所自动生成的列数据类型对比。其中，除了字符型列可以在创建表时自定义长度外，其他所有的列类型则只能按以下默认值自动生成且无法修改。

列增加方式	列名/列类型	Access		SQL Server	
		数据类型	大小	数据类型	字节长度
自动	_Identify	自动编号	长整型	int	4
	_Locked	是/否		bit	1
	_SortKey	数字	小数	numeric	30(28,14)
手工	字符	短文本	自定义	nvarchar	自定义
	备注	长文本		ntext	16
	日期	日期/时间		datetime或samlldatetime	16
	逻辑	是/否		bit	1
	微整数	数字	字节	tinyint	1
	短整数	数字	整型	smallint	2
	整数	数字	长整型	int	4
	长整数	--		bigint	8
	单精度小数	数字	单精度型	real	4(7,0)
	双精度小数	数字	双精度型	float	8
	高精度小数	数字	小数	numeric	30(28,4)

当在原生环境中创建数据表时，还有以下几点需注意。

第一，主键列名称建议使用“_Identify”，当该表引入到Foxtable时，这个主键列就会自动隐藏。

第二，如要在Foxtable中对该表使用锁定行及插入行功能，应添加“_Locked”和“_SortKey”列。关于这两个系统列的详细说明，可参考1.2节“创建数据表结构”。

第三，上表中的“长整数”类型仅在SQL Server数据源中创建表时才会出现。也就是说，当使用Foxtable直接在外部数据源中创建表时，如果这个数据源是来自SQL Server的，那么可选择的列数据类型有11项；否则只有10项。

第四，长整数类型（bigint）的取值范围和列表达式中的System.Int64相同，具体可参考1.4节中的“convert转换函数”。

第五，当以SQL Server 2008或者更高的版本作为数据源时，日期时间型的列不要使用date、datetime2、datetimeoffset、time数据类型，因为这4种类型在Foxtable中无法正常识别，会被当作字符型列处理。

第六，对于Access的OLE、SQL Server的binary和image等二进制类型的列，Foxtable并不建议使用，而改之以附件的形式进行管理。关于这方面的知识，可参考2.2节。

❷ 引用外部数据表

单击【增加表】按钮时，如果指定的是外部数据源，就会在后台数据库中创建此数据表，同时在Foxtable项目内也创建一个同样结构的外部表，用于链接到后台实际存在的数据表。此时，对外部表所进行的任何操作都等同于操作后台的数据表。

如果仅需在项目中引用外部数据源中已经存在的数据表，可单击【外部数据表】命令按钮，弹出的【外部表管理】对话框，如下图所示。

由上图可以看出，目前的Foxtable项目中已经有了一个外部表，这个表就是通过【增加表】方式添加的“测试表”。如果想对“测试表”重新指定外部数据来源，可单击【编辑】按钮；也可将指定的表删除，单击【增加】按钮重新增加。不论是【增加】还是【编辑】其操作对话框都是一样的，如下图所示。

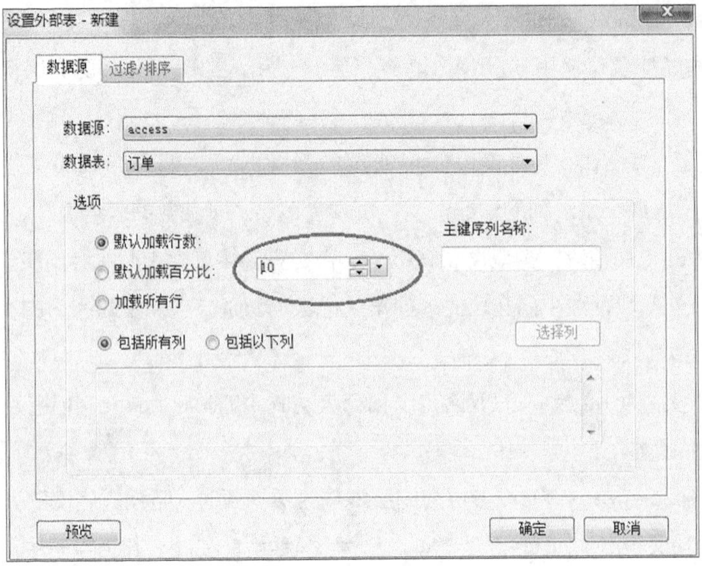

首先选择数据源以及该数据源中所包含的数据表，然后设置选项。其中，以椭圆形标注的数值输入框同时对【默认加载行数】和【默认加载百分比】有效，其值默认为10。假如将该值修改为20，则当选中【默认加载行数】单选钮时，不论后台数据库中的表记录有多少，都将在添加或编辑的外部表中仅加载20条；如果选中的是【默认加载百分比】单选钮，则仅加载总记录数的20%。

为了更加灵活地加载外部表的初始数据，还可以在设置对话框的【过滤/排序】选项卡中自由指定过滤条件或排序规则。例如，对于Access类型的数据源，只要在过滤条件中输入False，就不会加载任何数据；对于MS SQL数据源，在过滤条件中输入任何一个永远不成立的条件也能起到同样的效果，如1=2、3>4或者[_Identify] is null都可以。尽管数据不会加载，但外部表的表结构还是可以正常加载到Foxtable项目中的。需要注意的是，“过滤/排序”遵循的是SQL语言中的规则。

可能有的读者会问：为什么要这样做？仅加载一个空的数据表结构又有什么作用？其实，Foxtable管理外部数据的方式非常灵活，当采用此方式加载外部表时，尽管Foxtable项目中的表记录显示为空，但可在这个空表中任意增加数据记录，一旦单击“保存”按钮，这些新增加的数据记录仍然会同步保存到后台数据库中。假如后台数据原有记录100条，在Foxtable中新增30条，那么同步保存后的数据记录就会增加到130条。事实上，“外部表默认加载数据为空”最重要的作用在于提高Foxtable项目的打开速度。由于初始不加载任何数据，项目可实现“秒开”效果；如果初始就加载十万八万条数据，可能会需要较长的等待时间。

当然，外部表初始状态下是否加载数据、加载多少条数据，还是要根据自身的需求来确定。比如，只想查看或修改某年某月的数据，那么就可以通过设置过滤条件来加载指定范围内的数据。这些数据调出来之后，想怎么修改就怎么修改，一旦保存也会同步更新后台数据库中的原有数据。

此外，还可以选中【加载所有行】单选钮。当使用此选项时，请务必要对后台数据库中所指定的来源表记录数量做到心中有数。如果指定表的数据量很大，或者高达百万甚至上千万行，一定不能选中【加载所有行】单选钮。一方面是没有必要这样做，另一方面则可能导致漫长的等待或者是系统崩溃。如不幸碰到此情况，可强行中断Foxtable进程，然后采用5.1.7小节所介绍的“灾难恢复”办法进行处理。

默认情况下，外部表会自动加载全部的列。如果仅需加载部分列，可先选中【包括以下列】单选钮，然后再单击【选择列】按钮，如下图所示。

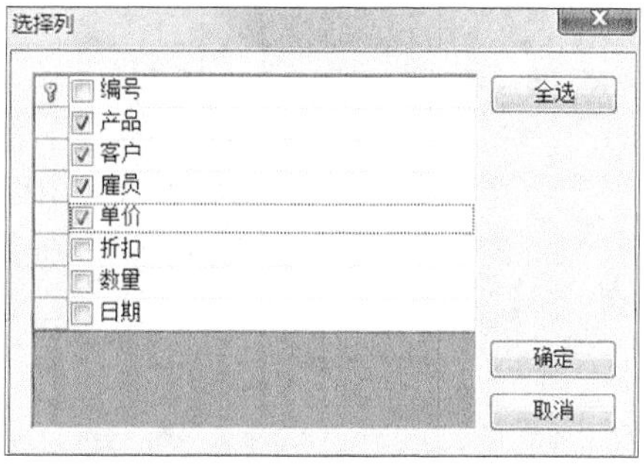

需要注意的是，如果所选择的数据表没有主键，或者在【选择列】对话框中没有选择主键列，那么当单击【确定】按钮添加外部表时将给出下图的提示。

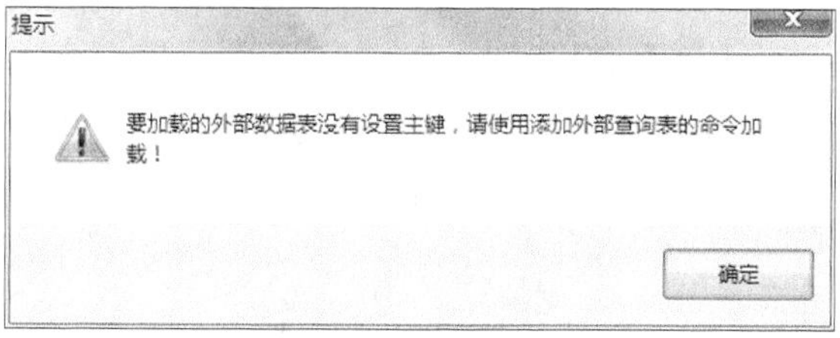

因此，需要在这里再次强调一遍：不论是内部数据表还是外部数据表，都必须有主键！当表中不含主键时只能使用查询表！

❸ 外部表的删除与重命名

这两个操作按钮在【外部表管理】对话框中都是存在的，它们的作用与菜单中的同名按钮相同，如下图所示。

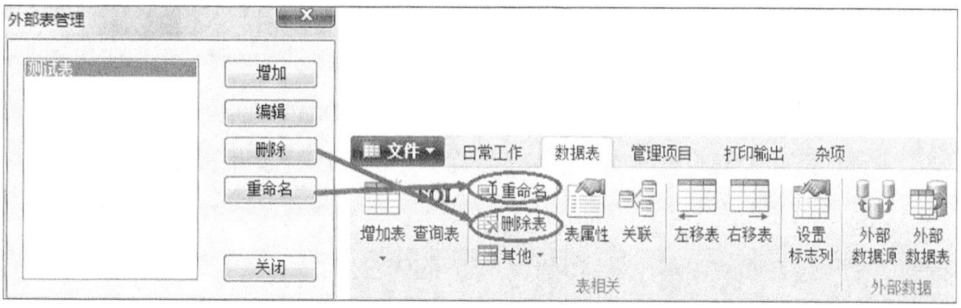

和内部表不同，要想对外部表进行真正的删除或重命名，相对而言会比较麻烦一点。

例如，要在Foxtable中删除外部表非常简单，单击“删除”按钮即可将选中的外部表从Foxtable项目中删除。但是，这种删除并不是真正意义上的，因为该表还依然存在于外部数据库中。如要从外部数据源中彻底删除这个数据表，则需要单击【外部数据源】按钮进行操作，如下图所示。

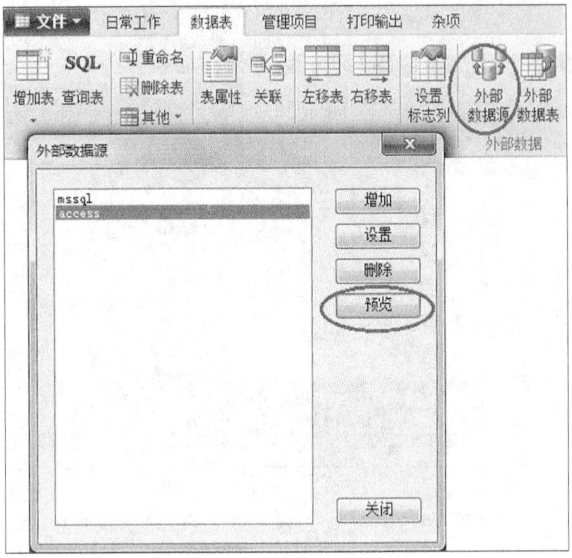

在【外部数据源】管理对话框中，先选中要删除表所在的数据源，单击【预览】按钮，然后再选中要删除的数据表，单击【删除】按钮予以删除，如下图所示。

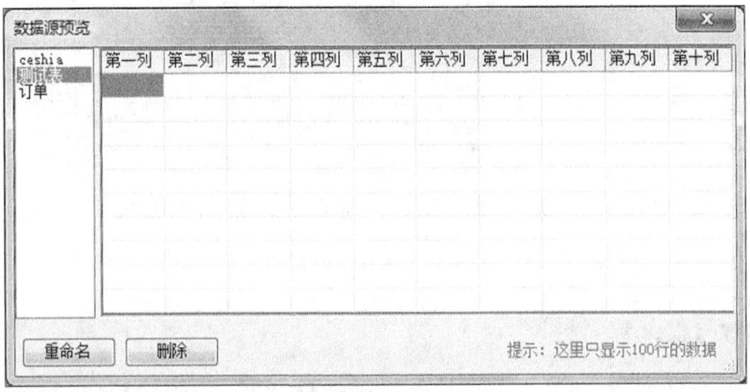

重命名表也是同样的道理。如果重命名的是外部表，那么【外部表管理】对话框中的【重命名】按钮或“菜单”中的【重命名】按钮只能修改它在Foxtable项目中的显示名称，后台数据库的表名称并没有做出修改。如果想在后台数据库中将表名称同步进行修改，可以先单击【外部数据源】按钮，然后在弹出的管理窗口中选择此数据表所在的数据源，单击【预览】按钮，在弹出的【预览】窗口中再选择要改名的数据表，单击【重命名】按钮修改即可。

重命名表的这个功能一定要慎用，项目一旦启用，就不要轻易去修改表名。即使要修改，也应该修改表标题。关于这方面的说明，具体可参考1.5节的内容。

❹ 外部表的复制

对于外部表，当执行【复制表】命令时，不仅会在Foxtable中复制，在外部数据库中也会同样物理地增加一个指定名称的数据表。

❺ 外部表的修改

这里所说的修改，指的是修改外部表结构。

和内部表的操作一样，可通过菜单中的增加列、删除列、更改列等按钮来修改外部表结构。一旦做出修改，外部数据库中的表也会同步做出调整。

对于“_Locked”和“_SortKey”列，则可直接通过【数据表】功能区的【表相关】功能组中的【设置标志列】命令按钮进行快速修改，前提是要将修改的表通过【外部数据表】命令添加到Foxtable项目中。

例如，后台数据库中的“订单”表，其本身并没有“_Locked”和“_SortKey”两个系统列，如下图所示。

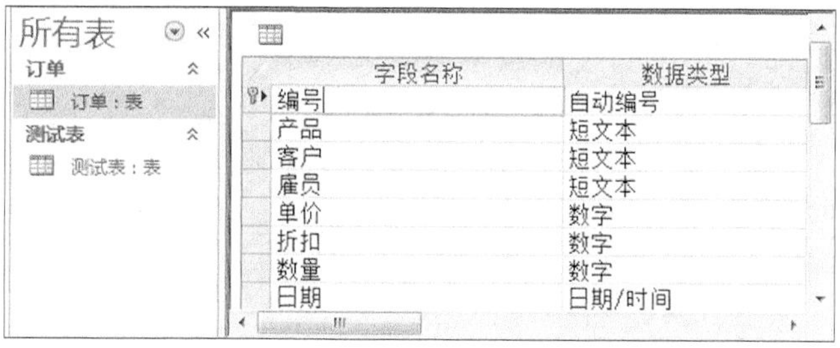

如要给该表自动增加这两列，可先将该表添加到Foxtable项目。如下图所示，后面两个表来自外部数据源，前面3个表来自内部数据源。

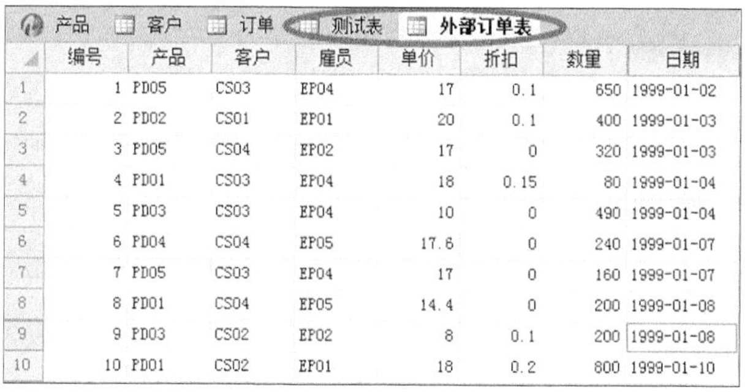

	编号	产品	客户	雇员	单价	折扣	数量	日期
1	1	PD05	CS03	EP04	17	0.1	650	1999-01-02
2	2	PD02	CS01	EP01	20	0.1	400	1999-01-03
3	3	PD05	CS04	EP02	17	0	320	1999-01-03
4	4	PD01	CS03	EP04	18	0.15	80	1999-01-04
5	5	PD03	CS03	EP04	10	0	490	1999-01-04
6	6	PD04	CS04	EP05	17.6	0	240	1999-01-07
7	7	PD05	CS03	EP04	17	0	160	1999-01-07
8	8	PD01	CS04	EP05	14.4	0	200	1999-01-08
9	9	PD03	CS02	EP02	8	0.1	200	1999-01-08
10	10	PD01	CS02	EP01	18	0.2	800	1999-01-10

由于外部订单表没有“_Locked”和“_SortKey”两个系统列，因而不能使用插入行功能，锁定行信息也无法保存到后台数据库中。如要使这两个功能生效，可单击【设置标志列】命令按钮，弹出的对话框如下图所示。

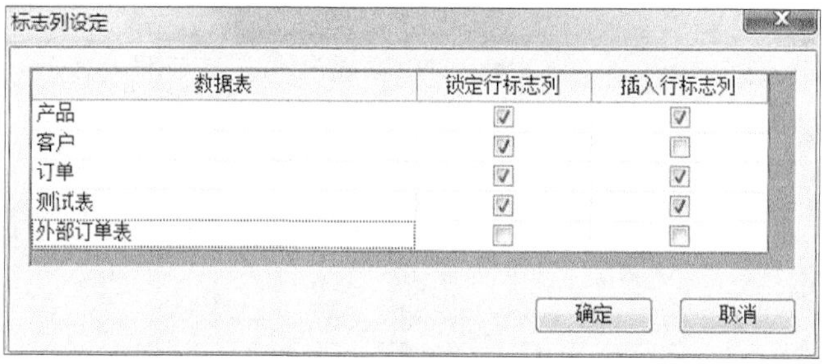

很显然，外部订单表的两个标志列都处于未选择的状态。勾选两个标志列，单击【确定】按钮，Foxtable项目将重新启动，外部订单表的“锁定行”“插入行”功能生效。再次打开后台数据库查看，两个系统列已经自动添加，如下图所示。

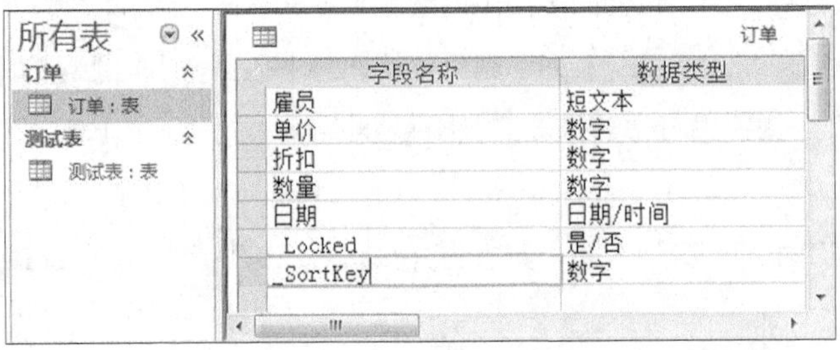

同理，当需要在后台数据库中删除这两个系统列时，只需在【标志列设定】对话框中取消相应标志列的勾选，单击【确定】按钮就会自动从后台表中删除。

需要说明的是，如果仅仅是在外部表中增加表达式列，则外部数据库中的表结构不会有任何变化。这是因为外部数据库中仅物理保存常规的数据列，不存在表达式列之说。关于这方面的知识，可参考1.4节“数据列与表达式列”。

3.5.3 数据表在内、外部数据源间的相互切换

在网络环境下，使用外部数据源能带来更好的性能和安全性。如果你已经基于内部表设计好了数据表，那么如何将其保存到外部数据源呢？

❶ 内部转外部

例如，目前的项目中有3个内部数据表，即产品、客户和订单。如要将它们保存到外部数据库中，可以通过以下几个步骤完成。

第一步，先在【杂项】功能区中单击下图所示的【ToAccess】命令按钮。

弹出对话框如下图所示。

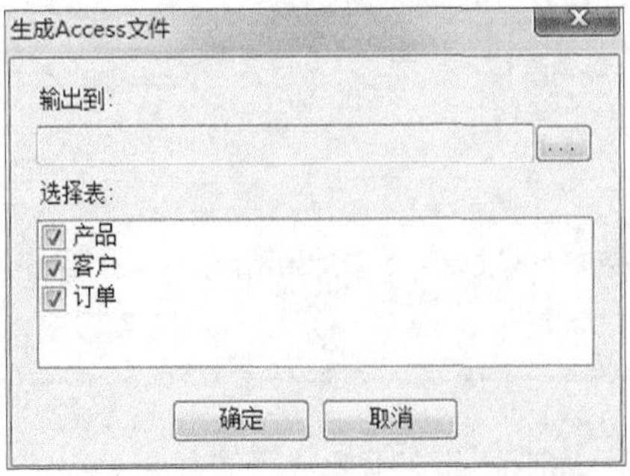

尽管项目中存在5个数据表，但该对话框中仅列出3个表，另外两个外部表被自动排除。很显

然，只有内部表才有【ToAccess】的必要。单击【…】按钮，设置好要保存的文件名后，单击【确定】按钮把选定的内部表数据导出到指定的Access文件中。如果想直接以这个Access文件作为外部数据源，那么关于文件方面的处理就可到此为止；如果想将它改成其他类型的数据源，就要再对此文件做以下处理。

- 转为accdb数据源。使用Access 2007或以上版本打开刚刚生成的Access文件，重新另存为一个accdb格式的新文件即可。
- 转为SQL Server数据源。在SQL Server上新建一个空库，或者直接使用现有的数据库，将刚刚生成的Access文件导入到指定的数据库中。导入完成后，可能需要重新设置每个数据表的结构，尤其是主键。

第二步，在Foxtable项目中新建一个外部数据源，链接到刚刚生成的那个Access文件（也可能是accdb格式文件或者SQL Server数据库）。

第三步，单击【杂项】功能区的【Redirect】命令按钮。这才是最关键的一步，也就是将原有的内部表来源重新定位到其他数据源，简称为“重定向”。假如新建的外部数据源名称是ls，那么只需要将每个表从内部数据源重新设置定向到ls即可，如下图所示。

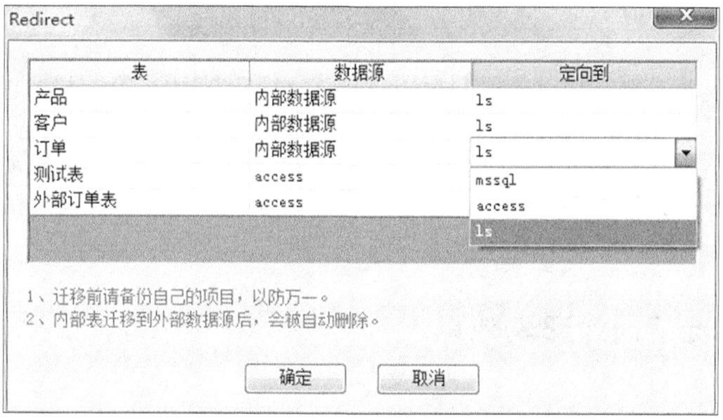

单击【确定】按钮即可进行重定向，完成后项目会重新启动。这时看到的数据表虽然在表面上没什么变化，但查看“外部数据表”时就会发现，原来的内部表全部变成了外部数据表，如下图所示。

此时，如果尝试在表里修改数据并保存，会发现数据都已经存放到了外部数据源中，表明重定向成功。

注意：尽管重定向成功后的表数据看起来没什么变化，但其来源已经变成外部表了。也就是说，此时Foxtable表中显示的数据都是原来通过【ToAccess】导出的数据，这些数据都已经物理保存在外部数据源中，内部数据源中的原有数据已经在执行【Redirect】命令时被全部清除！

❷ 外部转内部

外部数据源转为内部数据源非常简单，只需要一步，也就是直接单击【Redirect】命令按钮即可，如下图所示。

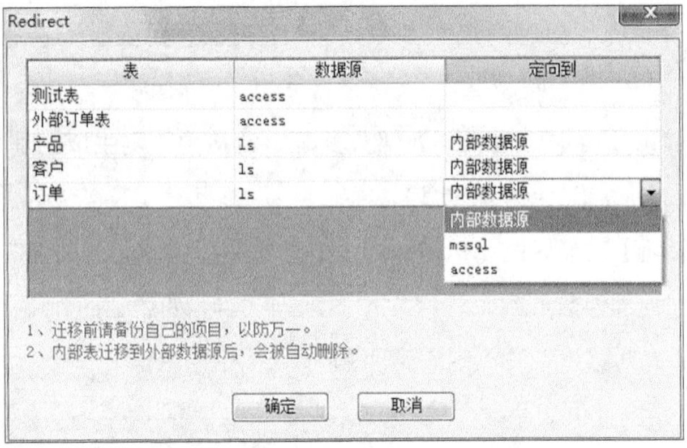

上图中，“产品”“客户”“订单”3个表的原有数据源是“ls”，也就是来自于外部。当重新定向到内部数据源时，由于3个表的原有内部数据已被清除，因而重启项目后的3个表数据全部为空。此时，如果将这3个表的数据源再次重新定向到“ls”，则3个表数据又再次显示，因为外部文件中的数据是始终存在的。

3.5.4 特殊情况下的外部表处理

❶ 将内部表重定向到SQL Server的另类处理办法

大家知道，当把内部数据表重定向到SQL Server数据源时，必须单击【ToAccess】命令按钮来进行“中转”。也就是说，先把内部数据导出为Access文件，然后再把Access数据导入到SQL Server数据库中，此时重定向后的Foxtable数据表才会显示数据。

但这里有个问题：当把Access数据导入到SQL Server中时，是需要在SQL Server的数据库环境中进行的。如果本地没有安装SQL Server环境，可能就没有办法导入（除非使用SQL语句，但这样的操作门槛就太高了）。这时就必须采用另外的处理办法。

其实，通过多次测试就会发现，Foxtable在执行重定向时，它首先就是检查指定的数据源中是否存在同名的数据表：如果不存在，就会按照内部表的表结构新建一个；如果存在，则检查其结构与内部表是否相同。如果存在同名表但结构不同，则会给出相应的错误提示，重定向失败。了解这样一个处理流程后事情就好办了。

例如，目前的Foxtable项目中，已经创建了一个现成的SQL Server数据源，名称为“mssql”。尽管该数据源中并不存在“产品”“客户”“订单”3个表，但并不妨碍将它们仍然定向到此数据源中，如下图所示。

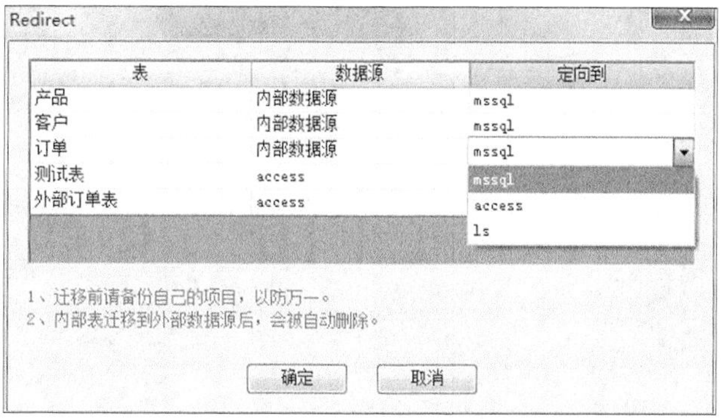

单击【确定】按钮后，重定向成功并重启项目。通过“数据源浏览”对话框即可发现，后台数据库中已经自动新增了3个同名的数据表，如下图所示。

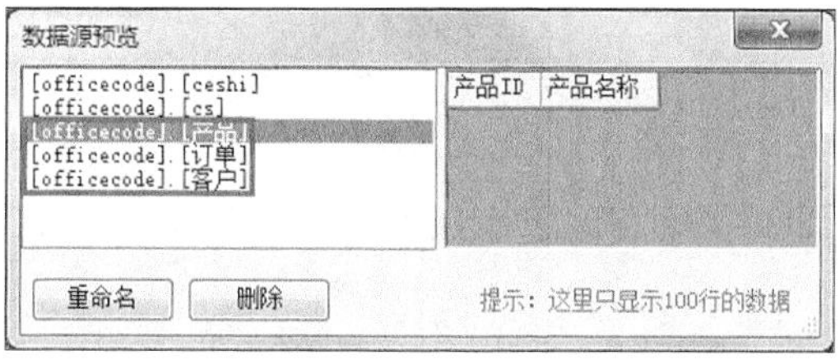

很显然，这3个表是Foxtable在重定向时自动帮我们在后台数据库中新增的，且结构与内部表完全一致，只是没有数据而已。此时，Foxtable项目中原有的3个内部表就全部变成了外部表，如下图所示。

既然这3个表已经重定向到SQL Server数据源，就可以直接在Foxtable中通过“合并表”功能，将之前【ToAccess】命令得到的Access文件数据合并到每个表中。合并完成后单击【保存】按钮就会把数据同步保存到后台的SQL Server数据库中，这样也就完成了数据的迁移。

注意：**采用此方式迁移数据时，务必要在重定向之前通过【ToAccess】命令按钮将内部表数据先行导出；否则，即使重定向成功，仍然会因为内部表数据被自动删除而导致原有数据丢失。切记切记！**

在1.3节的“向数据表添加数据”中，学习过如何向指定的数据表合并Excel数据。由于Excel并不存在主键之说，因而当时的内容就没有对合并过程中的主键设置做过详细的讲解。现在，重定向到SQLServer数据源的表是有主键的，需要合并过来的Access文件也是有主键的，那就来看一下主键在合并表数据的过程中究竟有什么作用。

假如在重定向之前通过【ToAccess】命令按钮生成的文件名称为“test.mdb”，如要合并“产品”表数据，可先在Foxtable项目中选择该表，然后单击【杂项】功能区的【合并】功能组中的【高速合并】按钮，并在弹出的【文件】对话框中选择“test.mdb”并打开。该文件打开后，接着会弹出【合并】设置对话框，如下图所示。

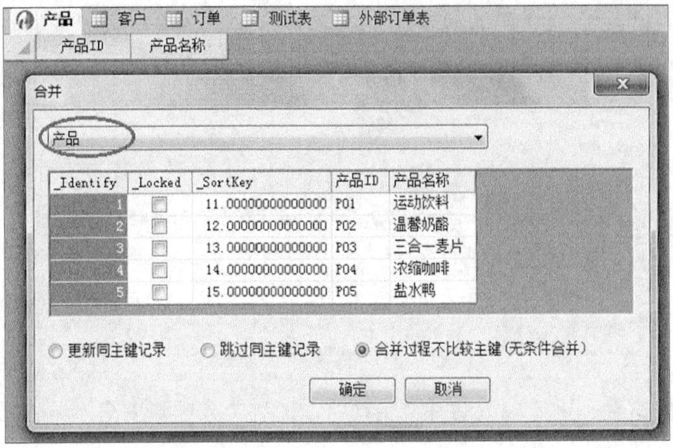

默认情况下，合并过程是不比较主键的。当使用此方式合并时，来源表中的数据记录将无条件地复制到当前表中。在这个过程中，Foxtable会自动比较列名，只有同名列才会合并。如上图所示，Access文件中的“产品”表共5条记录，其列名和Foxtable项目中的“产品”表完全一致。当单击【确定】按钮时，Access中的数据记录将全部被合并到Foxtable项目的“产品”表中，如下图所示。

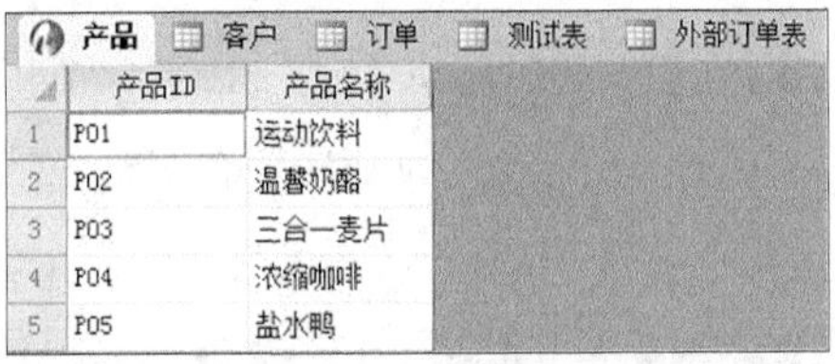

此时，如果单击【保存】按钮，该表中的数据将同步保存到所对应的外部数据源（也就是SQL Server后台数据库）中。在外部数据源中预览，即可发现“产品”表中已经有数据了，如下图所示。

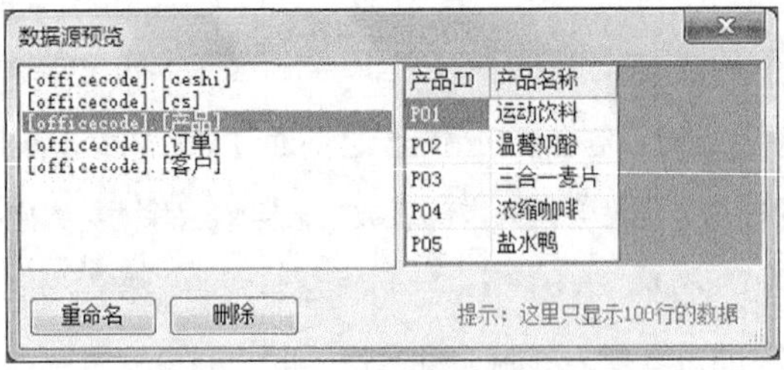

如果再次以同样的方式合并Access中的数据，则Foxtabe项目中的“产品”表会继续增加到10行、15行、20行、……，因为目前这种方式是无条件的合并。

现在，再来测试另外两种方式的合并。在测试之前，先将Access中的“产品”表作以下修改：把主键值为3的记录行“产品名称”改为“【三合一麦片】”；同时再增加一条记录，其“产品名称”为“盐水鹅”，自动生成的主键值为6，如下图所示。

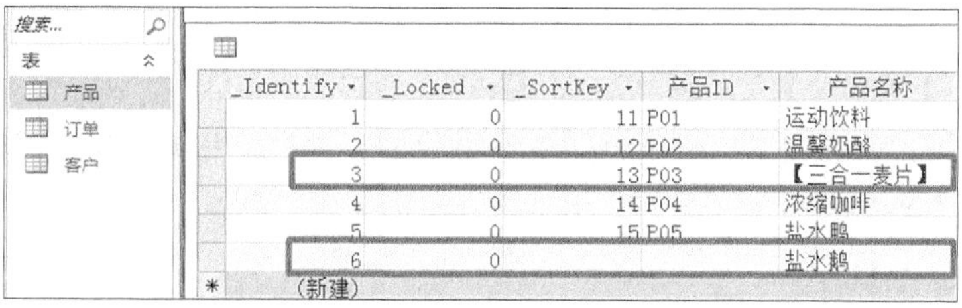

然后以【更新同主键记录】方式再次合并此表，如下图所示。

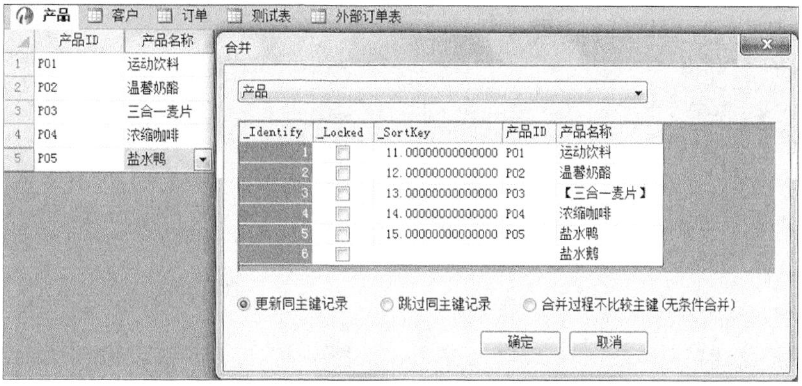

单击【确定】按钮，得到的合并结果如下图所示。

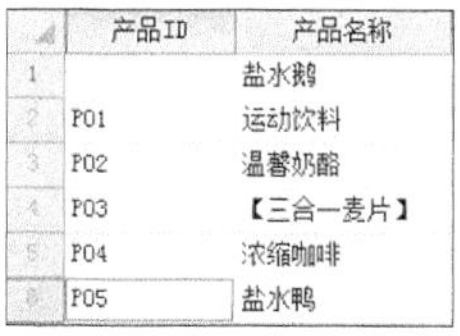

很显然，这次的合并结果并不是在原来的基础上继续简单地增加6行，而是在合并之前先在来源表中查找相同主键的行：对于不同主键值的行，直接将该行合并到目标表中（如上图中的第1行就是新增的，因为“盐水鹅”的主键值是6，目标表中不存在此行）；对于相同主键值的行，则用来源表中的行内容更新所找到的行（如上图中的第2～6行）。

如果在此基础上再以【跳过同主键记录】的方式来合并“产品”表，则目标表中的6条数据记录会保持不变。这是因为，此方式在将来源表中的每一行数据合并到目标表之前，都会自动跳过具有相同主键值的记录。即使来源表中的同主键记录内容与目标表不同，仍然也会自动跳过。但对于来源表中不存在相同主键的记录行，还是会合并到目标表中。

由此可见，【更新同主键记录】和【跳过同主键记录】的相同点在于：只要来源表中存在不同主键值的行，都会合并到目标表中。它们的不同点仅在于对相同主键记录的处理方式：前者是不论其他字段的内容是否相同，只要存在同主键的记录，就一律用来源表中的数据更新目标表中的同主键数据；后者则完全相反，不论其他字段的内容是否发生过改变，只要存在同主键的记录就一律跳过。

❷ 将用户管理方面的数据保存到外部表

在3.3节“用户管理”部分的最后总结中，曾经提到过“用户数据表”。为什么要使用外部的

“用户数据表”呢?

默认情况下，Foxtable的用户名、用户密码、用户分组、用户角色等数据都是保存在项目文件中的。在多用户的操作环境下，一旦增加、删除、更改用户后，就需要更新各终端的项目文件，这对于大型的应用系统尤其是远程应用时，是一件很麻烦的事情。最好的方法当然是将和用户管理相关的数据保存到外部数据表中。

- 用户数据表结构

要将用户数据保存到外部数据表中，肯定要先创建这样一个数据表的结构。该表名称不限，可自行定义，但必须包括下表所列的3列。

列名	内部列类型	Access		SQL Server	
		数据类型	大小	数据类型	字节长度
Name	字符	短文本	不少于20	nvarchar	不少于20
Type	整数	数字	整型	int	默认
Config	备注	长文本	默认	ntext	默认

其中，Name列必须设置为主键。

此表可直接创建在已经被设置为数据源的外部数据库中，也可建在单独的数据库中。不论采取哪种方式，包含此表的外部数据库都必须作为数据源供Foxtable项目使用。例如，直接在名称为“access”的外部数据源所对应的“订单.mdb”中创建“用户管理”数据表，如下图所示。

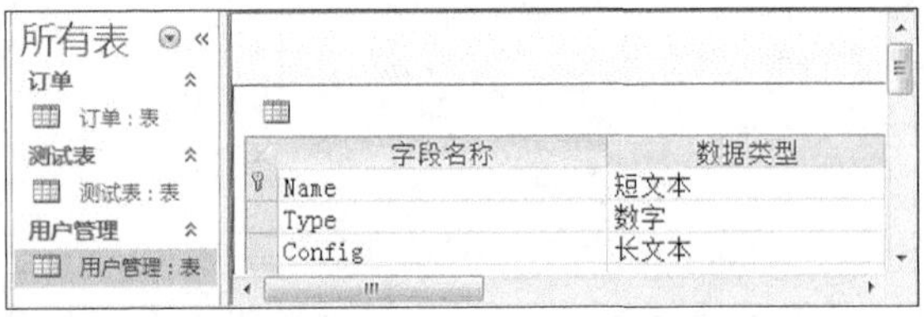

- 指定“用户数据表”

在“用户管理”对话框中单击【用户数据表】按钮，勾选“使用外部数据表存储用户信息”复选框，并指定数据源和数据表，如下图所示。

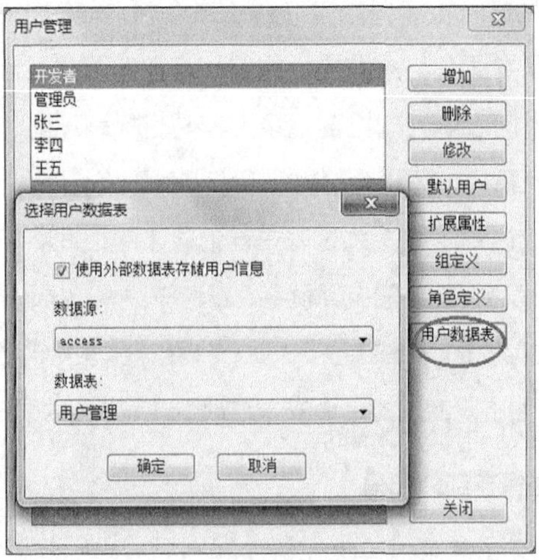

单击【确定】按钮即可建立与外部指定用户数据表的连接。此时，原来在项目内部建立的普通用户信息、扩展属性、组定义和角色定义全部被隐藏。如要在外部数据表中使用这些设置，只能重新建立。例如，重新添加一个用户，见下图。

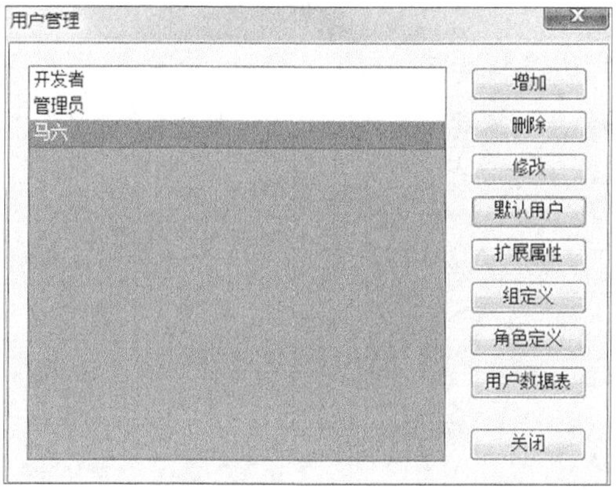

打开后台的Access文件就会发现，该文件的“用户管理”表中只存在Name名为“马六”的用户信息。如果在此对话框中再次单击【用户数据表】按钮并取消勾选“使用外部数据表存储用户信息”复选框，则“马六”用户消失，又自动恢复成原来在项目内部设置的“张三”“李四”“王五”等用户。

由此可见，项目文件内部设置的用户信息（含扩展属性、组定义和角色定义），和外部数据表中的用户设置信息，是各自独立存在的，可通过勾选【选择用户数据表】对话框中的“使用外部数据表存储用户信息”复选框随时切换。而且，外部数据表仅保存普通用户的设置信息，“开发者”和“管理员”始终保存在项目文件中。这样做的好处是，即使外部数据源因为种种原因无法连接时，依然可以通过“开发者”或“管理员”的身份登录项目，以重新调整相关设置。

注意：**当使用外部用户数据表时，不能设置默认用户。而且，一旦包含该表的外部数据源链接失效，重新打开项目时就会直接切换到项目内部的用户信息登录。**

3.6 外部数据的动态加载与统计

对于外部数据源来说，其存储的数据量可大可小。以Excel的单表为例，2003版及之前版本最多只能存储65536行数据记录，2007版及之后的版本则超过100万行记录，达到1048576行！而Access可存储的记录数更多，只要文件大小不超过2GB就行。当然，对于单表数量超过100万行的大容量数据来说，并不建议使用Access来存储，而应改用性能更好、效率更高的SQL Server数据库。

理论上，SQL Server可存储的记录数是没有限制的，它仅仅受限于硬盘容量。尽管如此，仍然建议当SQL Server的单表数据量超过1000万条时，应该考虑使用分区表，以提高数据管理性能。

很显然，当需要对高达几十万行甚至数百万行的外部数据进行查询、筛选、修改或统计操作时，将它们全部加载到Foxtable中是不现实的。只能根据需要动态地加载部分数据，这样即使面对千万级别的海量数据，也能应付自如。

3.6.1 后台数据与加载数据

以名为“access”的外部数据源为例，该数据源对应的是“订单.mdb”文件，该文件目前已经包含3个表，即订单表、用户管理表和测试表。当Foxtable通过【外部表管理】将其中的任何一个表添加到项目中时，随外部表一起被引入到Foxtable中的表数据称为“已加载数据”，其对应的外部文件中的原始数据称为“后台数据”，如下图所示。

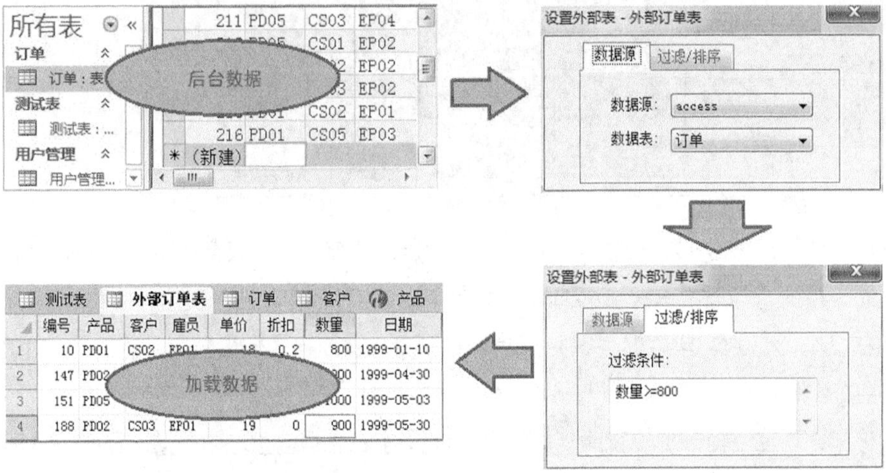

在上图中，尽管后台数据库中的“订单”表数据有216条记录，但由于设定了过滤条件为“数量>=800”，因而最终加载的数据只有4条，Foxtable对后台“订单”表的影响也只有这4条记录（如编辑、修改、删除等），其他未加载的212条记录不会受到任何影响。

通过【外部表管理】加载的数据都是可以编辑修改的。如果仅需从后台数据库中获取符合条件的查询数据，可使用【查询表】加载。其操作流程如下图所示。

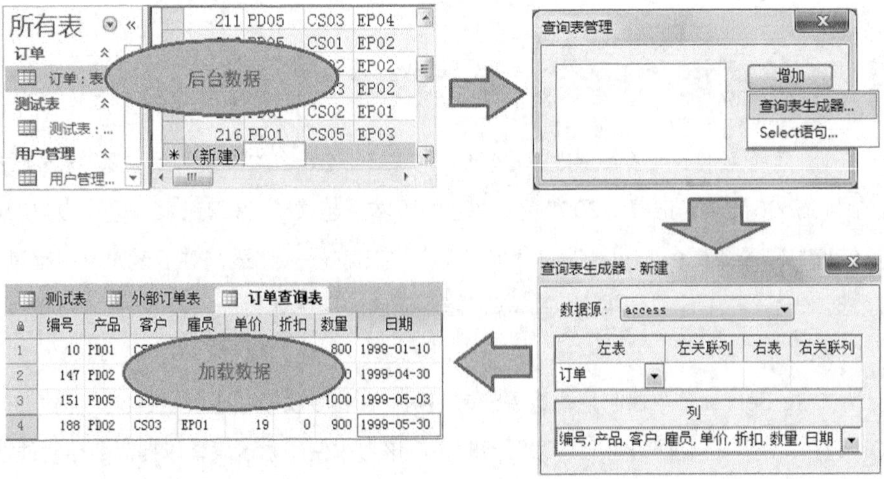

很显然，以此方式加载的外部数据只能查看，不能修改保存。也就是说，当使用【查询表】方

式加载数据时，尽可放心大胆地操作，因为它不会对后台数据库产生任何影响，更不用担心误改、误删后台数据。而且，加载查询数据时其来源可以是某一个固定的表，也可以是多个表，只要这些表都位于同一个数据源中就行。

因此，当需要修改、增加、删除后台数据库中的某些数据时，要使用【外部数据表】的方式加载数据，且只能指定一个表，这个表还必须同时有主键；当仅仅需要查询数据时，要使用【查询表】的方式加载数据。

3.6.2 动态加载外部表数据

假如将“外部订单表”的过滤条件设置为False，就不会加载任何数据，如下图所示。

要实现该表数据的动态加载，必须使用【加载树】命令按钮。该命令按钮在【日常工作】功能区的【数据】功能组中，如下图所示。

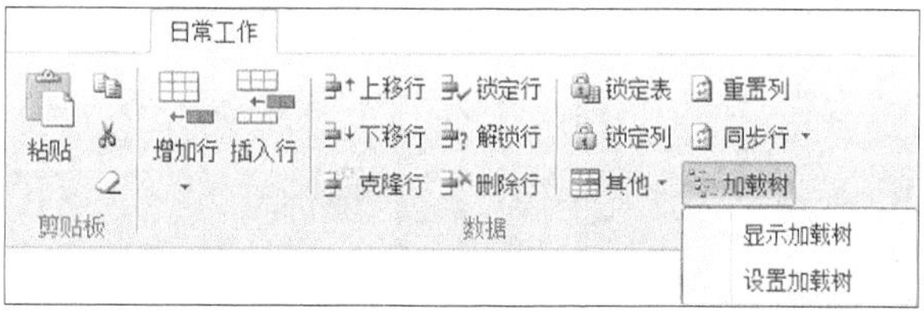

❶ 设置加载树

单击【设置加载树】命令，系统将自动根据当前表的数据结构生成【加载树】设置对话框，如下图所示。

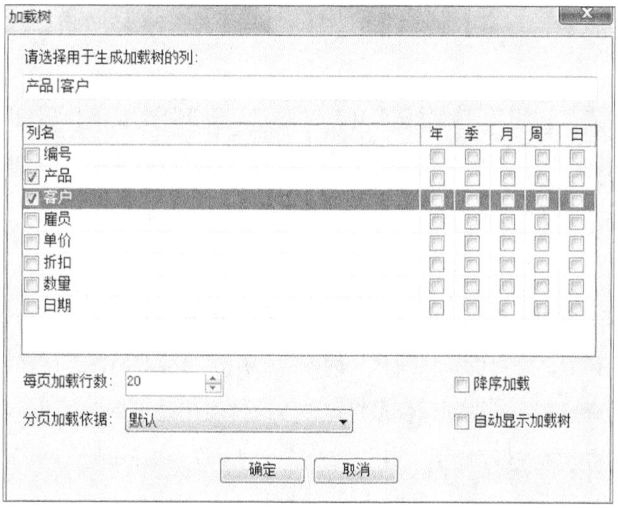

是不是觉得这个设置对话框和第2章学习的“筛选树”很像？是的，确实很像，包括设置方法也完全相同，如选择列时的先后顺序、日期型列的处理办法、自动显示树等。关于这方面的设置可直接参考“筛选树”，不再赘述。

但是，“筛选树”和“加载树”在本质上又有显著的不同：前者的筛选是基于已经加载的数据进行的，而后者是直接基于后台数据的。而且，在选择列时，前者没有任何限制，而后者会自动排除表达式列。

以“外部订单表”为例，由于该表目前没有加载任何数据，当使用“筛选树”时，不会生成任何数据节点；而改用“加载树”时却可以生成，因为其对应的后台数据库中有216条数据，见下图。

生成加载树之后，尽管目前的外部订单表数据仍然是空的，可是，一旦单击“加载树”上的任意一个节点（也可按住“Ctrl”键同时选择多个节点），该表就会自动从后台数据库中动态加载所选择节点的数据，见下图。

加载树
加载所有行
PD01
CS01
CS02
CS03
CS04
CS05
PD02
PD03
PD04
PD05
1/1
编号 产品 客户 雇员 单价 折扣 数量 日期
1 4 PD01 CS03 EP04 18 0.15 80 1999-01-04
2 16 PD01 CS03 EP04 14.4 0.25 200 1999-01-14
3 23 PD01 CS03 EP01 14.4 0 240 1999-01-21
4 37 PD01 CS03 EP04 18 0 40 1999-02-07
5 70 PD01 CS03 EP01 18 0.2 400 1999-03-03
6 81 PD01 CS03 EP01 14.4 0 120 1999-03-14
7 85 PD01 CS03 EP01 18 0.25 150 1999-03-16
8 99 PD01 CS03 EP05 18 0 100 1999-03-24
9 112 PD01 CS03 EP03 18 0.05 200 1999-04-07
10 183 PD01 CS03 EP01 18 0.1 100 1999-05-27
11 190 PD01 CS03 EP01 18 0.25 350 1999-06-02

注意：这里的“刷新”按钮和“筛选树”中的“刷新”按钮所起到的作用是不同的。“筛选树”中的【刷新】按钮仅在当前表数据发生改变时才会用到（如对数据进行修改、增加或删除数据行等），其刷新的数据范围仅限于当前已经加载的记录；而“筛选树”中的【刷新】按钮不仅基于当前表，同时还基于后台。

例如，在当前表数据没有发生改变时，“筛选树”不论怎样刷新，树节点不会有任何变化；但如果在“加载树”中刷新，树节点则可能发生变化，因为其他用户可能对后台数据做过修改。再比如，当表中数据发生修改时，“筛选树”的刷新仅仅是将这种修改体现在树节点中而已，但“加载树”却会同时执行保存操作（也就是将数据同步到后台，切换其他节点时一样会执行同步保存）。

查询表同样可以使用加载树。例如，某查询表默认仅加载部分数据甚至没加载任何数据，当使用加

载树时，依然可以根据后台数据生成指定的加载树节点，使用起来和数据表中的加载树没任何区别，仅仅是不能修改表中数据而已。但要注意，如果查询表的数据来自于多个表，那么在使用生成器设置查询表时，建议将子表作为左表，父表作为右表，选择加载树包含的列时最好也包含子表的主键列，因为默认使用此列作为分页列。如果查询表中没有包括子表的主键列，或者子表的主键列名称不是“_Identify”，那么在设置加载树时，必须明确指定分页列。当然，如果使用select语句生成的查询表，情况会更复杂一些。

❷ 分页加载设置

假如某外部表有50万条数据，把如此庞大的数据量一次性加载进来，别说Foxtable，即使是在原生的数据库环境中其内存消耗也是巨大的。如果采用每页50条的数据加载方式，那就可以轻松应对了，无非是将其分成10000个页面分别加载而已。

为避免外部表海量数据加载可能导致的漫长等待甚至崩溃问题，“加载树”就采用了分页加载的处理方式，每页默认加载的行数为10000条，见下图。

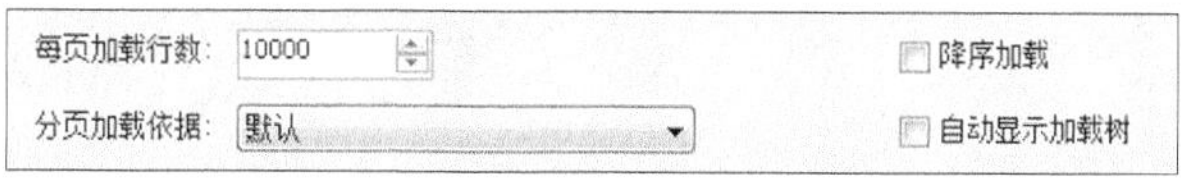

现仍以“外部订单表”为例，其后台数据总量是216条。如果将“每页加载行数”修改为10，那么当选择“加载所有行”时，就会分成22页进行显示，如下图所示。

	编号	产品	客户	雇员	单价	折扣	数量	日期
1	1	PD05	CS03	EP04	17	0.1	650	1999-01-02
2	2	PD02	CS01	EP01	20	0.1	400	1999-01-03
3	3	PD05	CS04	EP02	17	0	320	1999-01-03
4	4	PD01	CS03	EP04	18	0.15	80	1999-01-04
5	5	PD03	CS03	EP04	10	0	490	1999-01-04
6	6	PD04	CS04	EP05	17.6	0	240	1999-01-07
7	7	PD05	CS03	EP04	17	0	160	1999-01-07
8	8	PD01	CS04	EP05	14.4	0	200	1999-01-08
9	9	PD03	CS02	EP02	8	0.1	200	1999-01-08
10	10	PD01	CS02	EP01	18	0.2	800	1999-01-10

单击“加载树”列表框下面的【上一页】【下一页】【第一页】【最末页】等按钮，可在不同的加载数据页面间进行切换。也可手工输入页码，按“Enter”键转到指定页面。

当单击其他节点时，系统同样会进行分页显示。例如，当单击“PD01”下级的“CS02”节点时，符合条件的记录共13条，这样就会分成2页加载，如下图所示。

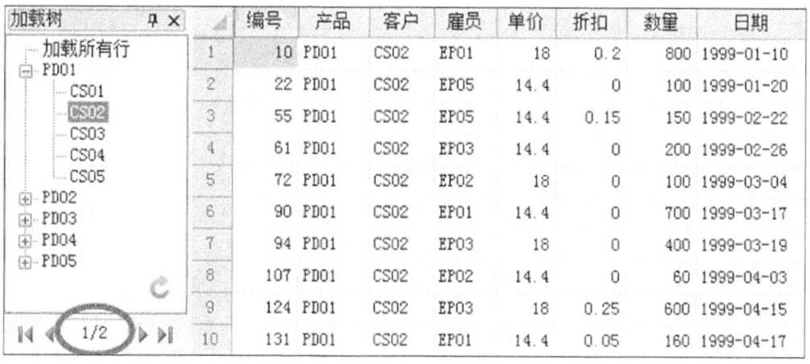

	编号	产品	客户	雇员	单价	折扣	数量	日期
1	10	PD01	CS02	EP01	18	0.2	800	1999-01-10
2	22	PD01	CS02	EP05	14.4	0	100	1999-01-20
3	55	PD01	CS02	EP05	14.4	0.15	150	1999-02-22
4	61	PD01	CS02	EP03	14.4	0	200	1999-02-26
5	72	PD01	CS02	EP02	18	0	100	1999-03-04
6	90	PD01	CS02	EP01	14.4	0	700	1999-03-17
7	94	PD01	CS02	EP03	18	0	400	1999-03-19
8	107	PD01	CS02	EP02	14.4	0	60	1999-04-03
9	124	PD01	CS02	EP03	18	0.25	600	1999-04-15
10	131	PD01	CS02	EP01	14.4	0.05	160	1999-04-17

默认情况下，Foxtable自动选择主键列作为分页依据，当然也可以通过“分页加载依据”重新指定其他列，但并不建议这样做，即使更换也应该选择没有重复值的列（如身份证号码）。这是因为，Foxtable的分页实际上是通过SQL语句完成的，而微软系列的数据库（包括Access和SQL Server）在使用有重复值的列进行SQL语句分页时就会出现不准确的情况。

此外，还可以设置分页加载时的排列顺序。默认情况下，是根据“分页加载依据”所指定的列升序加载。例如，将依据列设置为“日期”，那么第一页加载的就是最早的订单，最末页加载的是最近的订单，加载顺序是由旧到新。如果希望改变这种默认的加载方式，可以在设置加载树时，勾选【降序加载】复选框，那么第一页将首先加载最新日期的订单。

❸ 普通筛选与后台筛选

对于分页加载的数据，在表中依然可以进行各种筛选。如上图所示，当在“雇员”列的“EP01”单元格单击右键执行快捷菜单中的“等于”命令筛选时，将筛选出当前页已经加载的“雇员=‘EP01’”的数据，也就是下图所示的3条。

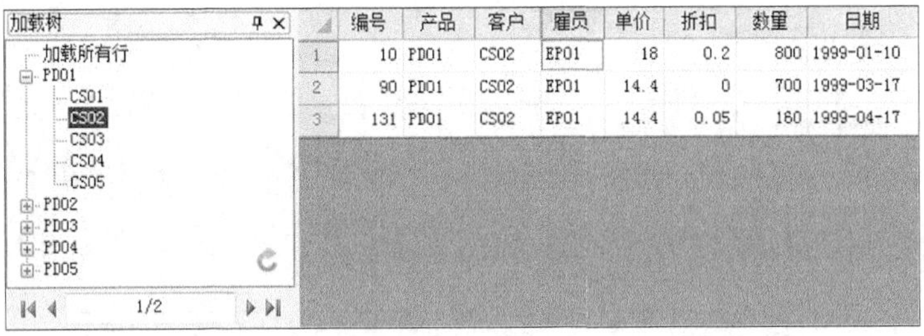

	编号	产品	客户	雇员	单价	折扣	数量	日期
1	10	PD01	CS02	EP01	18	0.2	800	1999-01-10
2	90	PD01	CS02	EP01	14.4	0	700	1999-03-17
3	131	PD01	CS02	EP01	14.4	0.05	160	1999-04-17

由上图还可以发现，单击“PD01”下级的“CS02”节点时，符合条件的记录其实共有13条，只不过因为每页10行的原因分成了两页加载而已。如果要在13条数据中筛选“雇员=‘EP01’”的记录，那就要在两页数据中跨页筛选，这就要用到“后台筛选”。

单击配置栏中的【后台筛选】按钮，然后在表格中再执行筛选，见下图。

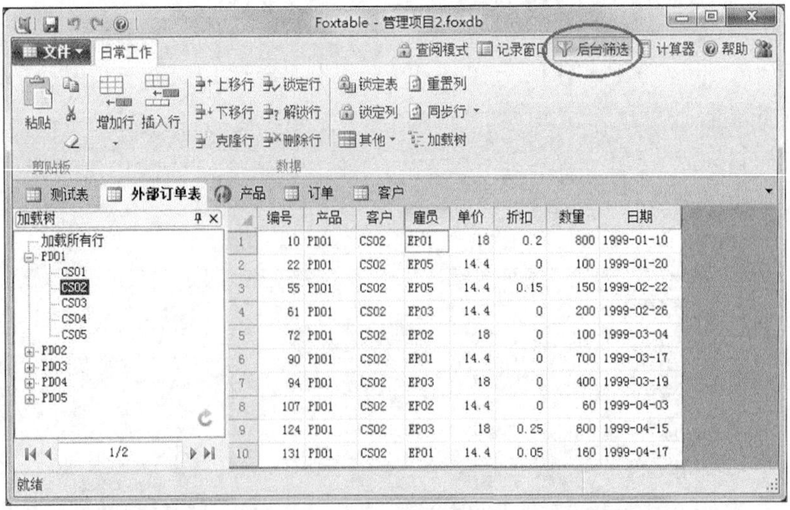

	编号	产品	客户	雇员	单价	折扣	数量	日期
1	10	PD01	CS02	EP01	18	0.2	800	1999-01-10
2	22	PD01	CS02	EP05	14.4	0	100	1999-01-20
3	55	PD01	CS02	EP05	14.4	0.15	150	1999-02-22
4	61	PD01	CS02	EP03	14.4	0	200	1999-02-26
5	72	PD01	CS02	EP02	18	0	100	1999-03-04
6	90	PD01	CS02	EP01	14.4	0	700	1999-03-17
7	94	PD01	CS02	EP03	18	0	400	1999-03-19
8	107	PD01	CS02	EP02	14.4	0	60	1999-04-03
9	124	PD01	CS02	EP03	18	0.25	600	1999-04-15
10	131	PD01	CS02	EP01	14.4	0.05	160	1999-04-17

此时，得到的筛选结果就不再是3条数据，而变成了5条。其中，后面的两条数据本来是显示在

第2页的，如下图所示。

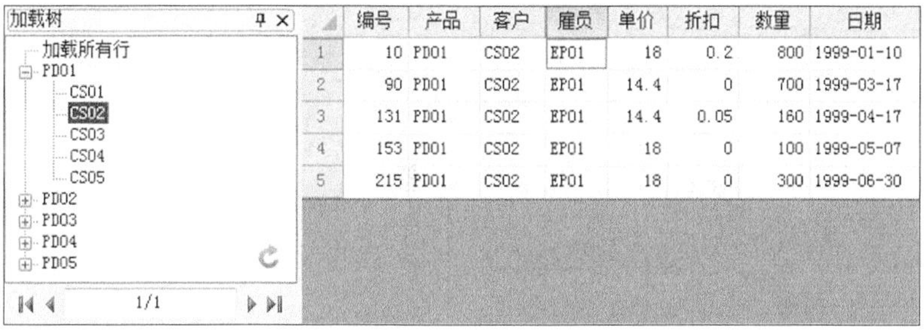

为了对不同的筛选方式进行区分，把这种直接对后台数据所进行的筛选称为“后台筛选”，仅在加载数据范围内进行的筛选称为“普通筛选”。

注意：**“后台筛选”仅在使用“加载树”进行分页加载时才能使用，且支持菜单中除“筛选树”之外的所有筛选方式，如智能筛选、高级筛选、表达式筛选等。当使用表达式筛选时，如果打开了“后台筛选”，其遵循的语法规则为SQL语言；否则为表达式。**

配置栏中的【后台筛选】是一个状态按钮，单击一次打开，再单击一次关闭。如果希望某表默认开启后台筛选，可以在该表的表属性设置中将“分页后台筛选”的属性值设置为True。那么，当此表处于分页加载状态且不止一页时，就会自动单击【后台筛选】按钮，无需再次手工操作。

3.6.3 动态加载与数据统计

Foxtable提供的统计功能主要包括两大类：一类是表内数据的合计模式、汇总模式和合并模式；另一类是可以独立生成统计表的分组统计和交叉统计。其中，第一类统计只能在已经加载的数据中进行，而第二类却还可以直接进行后台统计。

例如，在“外部订单表”仅加载4条记录的情况下（加载条件为“数量>=800”），“分组统计”设置如下图所示。

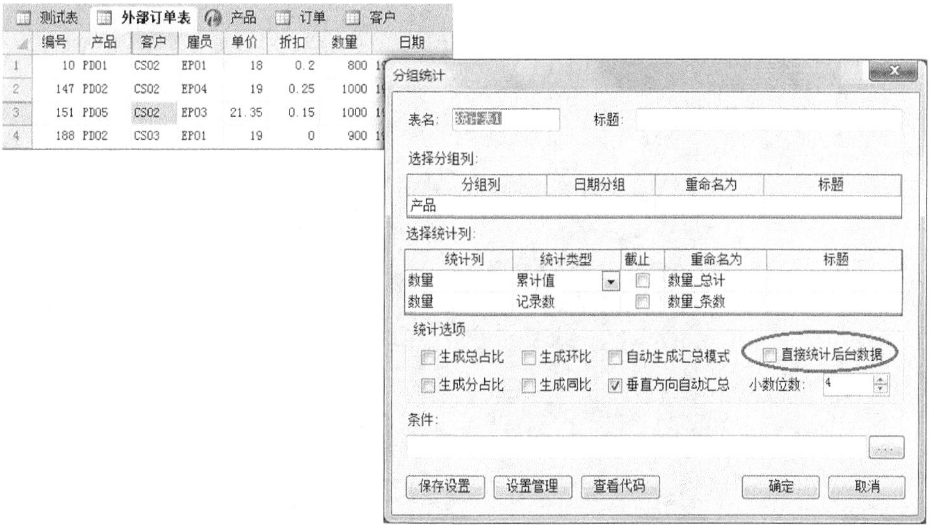

当未勾选【直接统计后台数据】复选框时，得到的统计结果如下图所示。

	产品	数量	
		总计	条数
1	PD01	800	1
2	PD02	1900	2
3	PD05	1000	1
4	合计	3700	4

这样的结果是正常的，因为这仅仅是对上述已经加载的4条记录的统计。如果勾选【直接统计后台数据】复选框，则统计结果如下图所示。

	产品	数量	
		总计	条数
1	PD01	11290	50
2	PD02	18200	73
3	PD03	7000	25
4	PD04	5480	25
5	PD05	10400	43
6	合计	52370	216

很显然，这样的统计结果已经不再是针对加载的4条记录，而是后台全部的216条数据。

注意：当未勾选【直接统计后台数据】复选框时，统计设置中的“条件”遵循的是列表达式中的规则，可通过单击旁边的【…】按钮设置条件表达式；当勾选【直接统计后台数据】复选框时，“条件”遵循的是SQL语言规则，这时只能手工输入统计条件，不能使用【…】按钮设置。

此外，当显示加载树且启用分页加载和后台筛选功能时，还可直接统计选定节点下的所有数据，而不用考虑这些数据是否已经加载。

例如，要统计比较相邻两年的第三季度各月销售数据，只需在加载树中选择这两年的7—9这3个月份节点即可，如下图所示。

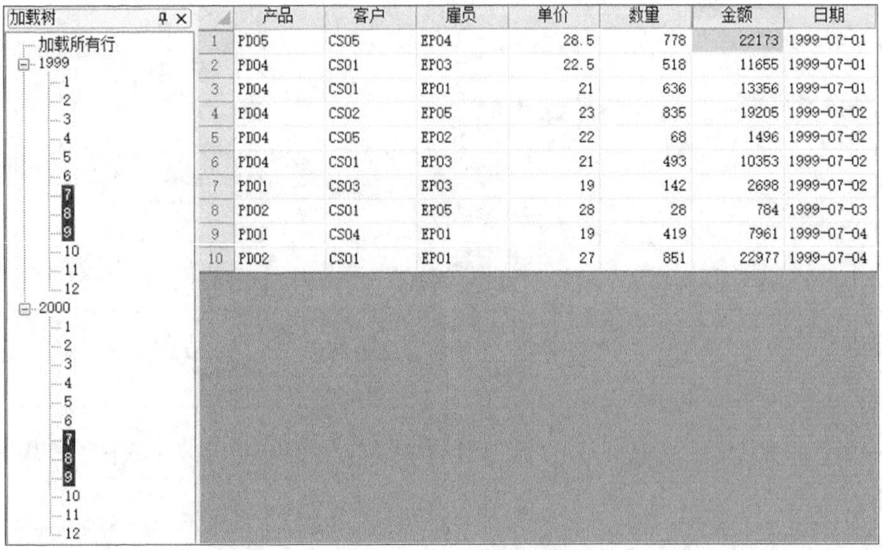

	产品	客户	雇员	单价	数量	金额	日期
1	PD05	CS05	EP04	28.5	778	22173	1999-07-01
2	PD04	CS01	EP03	22.5	518	11655	1999-07-01
3	PD04	CS01	EP01	21	636	13356	1999-07-01
4	PD04	CS02	EP05	23	835	19205	1999-07-02
5	PD04	CS05	EP02	22	68	1496	1999-07-02
6	PD04	CS01	EP03	21	493	10353	1999-07-02
7	PD01	CS03	EP03	19	142	2698	1999-07-02
8	PD02	CS01	EP05	28	28	784	1999-07-03
9	PD01	CS04	EP01	19	419	7961	1999-07-04
10	PD02	CS01	EP01	27	851	22977	1999-07-04

根据产品（水平分组）按年月（垂直分组）对数量进行交叉统计，见下图。

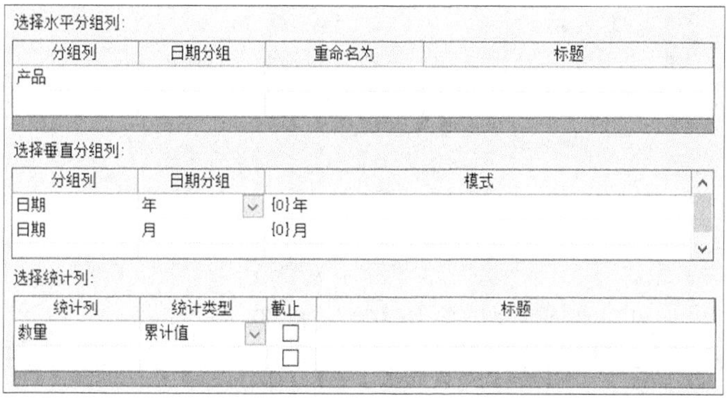

得到的统计结果如下图所示。

	产品	1999年			2000年		
		7月	8月	9月	7月	8月	9月
1	PD01	5204	8103	11014	6861	6830	9805
2	PD02	6807	9755	8657	12682	8774	8897
3	PD03	6088	8579	10107	12709	9137	5660
4	PD04	11864	13565	12863	3821	7926	6915
5	PD05	9332	11102	8595	7580	13786	6433

3.6.4 网络环境下的数据同步

仍以“外部数据表”所加载的4条数据为例，现在将第2行的数量由1000改为2000，如下图所示。

	编号	产品	客户	雇员	单价	折扣	数量	日期
1	10	PD01	CS02	EP01	18	0.2	800	1999-01-10
2	147	PD02	CS02	EP04	19	0.25	2000	1999-04-30
3	151	PD05	CS02	EP03	21.35	0.15	1000	1999-05-03
4	188	PD02	CS03	EP01	19	0	900	1999-05-30

此时，如果仅对已加载的这4条数据进行分组统计（也就是不要勾选【直接统计后台数据】复选框），则统计结果是正常的，“PD02”的数量总计变成了2900。可是，如果勾选【直接统计后台数据】复选框，得到的“PD02”数量总计仍然还是18200，和之前相比没有任何变化。

之所以出现这样的情况，就是因为修改后的数据没有同步保存到后台数据库中。只要单击【保存】按钮，即可将项目中所有改动过的数据全部同步到后台（其他发生过变化的各种设置等则直接保存到项目文件中）。这时，再次执行后台数据的分组统计，就会发现“PD02”的数量总计已经变为19200。

在网络环境下，每个用户对外部表数据所做的任何修改，如果不及时同步到后台，其他用户都是无法看到最新数据的。除了“保存”按钮外，还可以使用以下几种方法同步数据。

第一种，通过【日常工作】功能区的【数据】功能组中的【同步行】组合按钮。直接单击下拉箭头左边的按钮时，仅执行当前选定行的数据同步操作；如果单击下拉箭头，还将出现一个下拉菜单，这时可根据需要自行选择“同步选定行”“同步当前表”或者“同步所有表”命令，如下图所示。

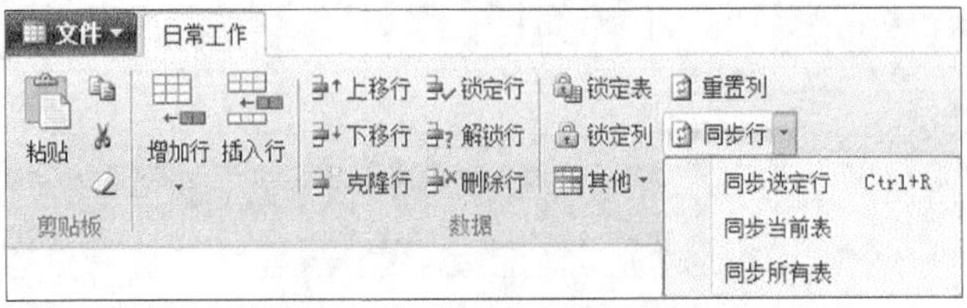

第二种，如果当前表使用了“加载树”，那么在切换单击其他节点或者上一页、下一页、刷新按钮时，数据也将自动同步。如要强制同步当前节点的数据，可直接在节点名称上双击。

注意：“保存”和“同步”的作用是不一样的。例如，在外部表中加载的某行数据的“数量”原始值为2000，但后来有其他用户将它改成了3000。只要在Foxtable中未对该行数据做过任何修改，即使单击【保存】按钮，表中的数据仍然显示为2000。可是如果在该行上执行“同步选定行”命令，则“数量”值就会变成3000。

由此可见，“保存”的作用是单向的，它只负责将修改后的数据保存到后台；而“同步”的作用是双向的，不仅可以将Foxtable中发生改变的数据同步保存到后台，也可以将后台中的最新数据同步显示到前台的Foxtable外部表中。同理，当需要查看其他用户对后台数据记录的增删情况时，只能使用【同步当前表】或【同步所有表】命令。

2

第2篇

“数据大咖”秒变“职场程序员”

Foxtable采用的是和Excel中的VBA非常相近的编程语言vb.net。如果使用VBA在Excel中编程，没个一年半载很难见到成果，尤其是通过Excel操作其他数据库时还非常烦琐；而Foxtable则专门针对数据管理软件的开发作了大量的优化和模块化处理，使得用户在开发过程中仅需关注商业逻辑，无需纠缠于具体功能的实现，开发效率不仅10倍于Excel VBA，而且更加易用，几乎人人都能掌握。事实上，你所看到的Foxtable本身，正是基于Foxtable开发的。让普通人开发出专业水准的软件，以前是一个不可思议的想法；正是Foxtable的出现，让“职场小白”到“数据大咖”再到“职场程序员”的转变成为可能。

为了让新手专注于快速入门，避免让本书成为又一本的“从入门到放弃”，并力争让所有的新手都可在最短的时间内掌握好80%的关键知识，同时也因受纸质文档的篇幅所限，本篇无法也无意让你了解Foxtable的方方面面，只能侧重于基础和重点的讲解。事实上，Foxtable提供的功能远远不止本篇所学习的这些，之后全面的学习和提升依然需要配合官方文档完成。

Foxtable本身自带的电子版文档非常详细，顺序学习就足以成为一个管理软件开发高手，但由于它兼顾入门和参考的需要，内容庞杂，不少用户仍感吃力。本书就直接摒弃了部分参考性质以及不常用的内容，以便与官方文档形成互补。对于已经熟练掌握Foxtable的用户，我们仍然强烈建议你再认真阅读一遍本书，因为本书的写作视角和官方文档相比，更侧重将零散的知识点融合起来，突出重点，偏向实战，同时对重要知识点进行了查漏补缺，细读下来必有收获。

在阅读本书或学习官方文档时，如遇到自己无法理解的知识或无法解决的问题，可随时到官方论坛（http://www.foxtable.com/bbs/）提问。在这里，不仅有官方工程师为你答疑解惑，更可以和数万企业用户一起沟通交流。而这正是Foxtable的优势之一：因为你不是一个人在孤身奋斗，官方工程师和众多小伙伴将陪你一起成长！

第4章 代码编程基础

Foxtable为用户提供的二次开发语言为vb.net，但并不需要你之前已经掌握vb.net。因为Foxtable只是使用其基本语法，即使你完全没有接触过编程，也可通过本书或官方文档轻松快速地掌握。

4.1 面向对象编程

4.1.1 基本概念

vb.net 是面向对象的编程语言，面向对象编程的基础是类和对象，那么如何理解“类”和“对象”呢？这里先举个例子：人类和某一个人。

人类就是一个典型的“类”，它是对这个群体的总体称呼；而某一个人，则是一个具体的“对象”。在现实的工作环境中，公司可以对任何一个具体的人，如张三，执行“录用”或者“开除”这样的操作，但对“人类”呢？就无法做这样的操作；同样，张三有性别和年龄这样的属性，而人类没有，因为“人类”是一个笼统、抽象的概念，看不见、摸不着。在这个例子里，“人类”就是类，“张三”就是对象。

具体到Foxtable，实际操作的以及通过代码控制的，如表、行、列、窗口、按钮等，都可以看是一个“对象”，而这些对象又属于一个特定的类，如订单表是一个具体的对象，而这个对象又属于一个特定的类，就是“表”。

我们平时编写的代码，除了流程控制语句，多数就是设置对象的属性、执行对象的方法。例如，在Foxtable中，将某个表的AllowEdit属性设置为False，将禁止用户编辑这个表，执行某个表的AddNew方法，将新增一行记录。甚至简单到一个数据，也可以看作是一个对象，也会有自己的属性、方法。例如，一个字符串，它有自己的属性（如长度），还有自己的方法（如替换、插入、大小写转换等）。

面向对象编程，除了属性和方法的概念，还有一个事件的概念，那么什么是事件呢？以汽车为例，假定某款汽车限制最高车速为150km/h，很显然，要实现这样的限速效果，就必须在车速发生变化后发送一个“事件”通知汽车的控制系统，由系统判断当前车速是否超过150km/h。如果超过，则将速度降低。

假定汽车的车速属性为Speed，降低车速的方法是Slow，通知车速变化的事件是SpeedChanged，从编程角度看，要实现限速150km/h的目的，需要在SpeedChanged事件中加上以下代码：

```
If car.Speed > 150 Then
    Car.Slow()
End If
```

即使你还没有任何编程基础知识，上述3行代码应该也能看懂。具体到Foxtable，执行的任何操作都会触发一个事件。例如，在窗口单击某个按钮，会触发按钮的单击事件（Click）。如果希望单击某个按钮给订单表增加一行，只需将此按钮的Click事件代码设置为：

```
Tables("订单").AddNew()
```

再例如，编辑某个单元格之前会触发PrepareEdit事件。以订单表为例，如果希望折扣列只能是经理级别的用户修改，只需将PrepareEdit事件代码设置为：

```
If User.Group <> "经理" Then
    e.Cancel = True
End If
```

你无需急于测试验证上述代码，也无需完全看懂，我们目前还处于概念理解阶段，目的是理解属性、方法和事件的概念。类的属性、方法和事件，统称为类的成员。

4.1.2 初触命令窗口

学编程必须边学边练，所以在讲述新的内容之前，首先应了解一下命令窗口。这是一个用于临时执行代码的地方，本章所讲述的全部代码（除了事件代码）都可以直接在“命令窗口”执行。

单击【杂项】功能区的【执行】功能组中的“命令窗口”按钮，可以打开【命令窗口】，如下图所示。

Foxtable提供了一个Output类，该类有一个共享方法Show（关于共享方法后面会介绍），用于在“命令窗口”显示信息。例如，在“命令窗口”输入下图所示的代码，单击【执行】按钮，可以看到显示的内容。

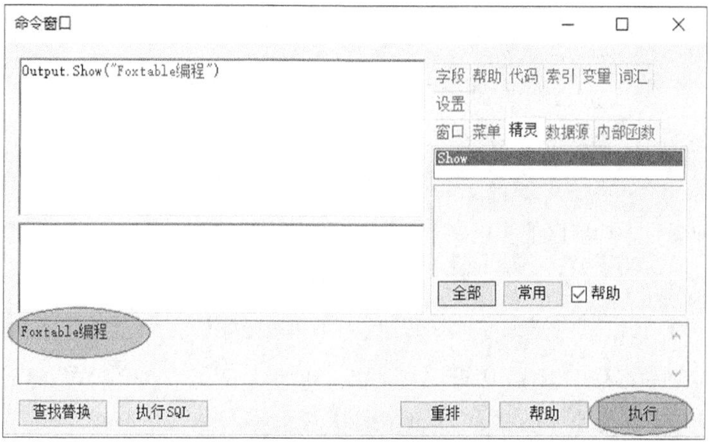

在“命令窗口”中输入代码时，或者代码执行完毕后，可以在不关闭此窗口的情况下，继续进行其他操作，如编辑数据、执行菜单命令等，以随时查看运行效果，或重新修改代码再次测试执行。

4.1.3 初触属性和方法

我们已经知道了类、属性、方法和事件的概念，也知道了如何在命令窗口执行测试代码，现在开始“实战”。你肯定会质疑，现在就开始实战，是否操之过急了？ 别担心，本书绝对是循序渐进的，但是在开始讲述基础知识之前，先初步了解一下编程是怎么回事也未尝不可，所以接下来两节的内容还是重在概念理解，无需纠缠于细节，相关细节后续会一一介绍。

实际编写代码时，通常会先定义一个变量来引用某个具体对象，通过这个变量来调用对象的属性，执行对象的方法。为便于理解，首先“跳跃”一下，启动Foxtable，在“命令窗口”执行以下代码：

```
Dim dt As Table = Tables("表A")
dt.AllowDelete = False
dt.AddNew()
```

执行之后，可以看到“表A”增加了一行，然后你尝试通过菜单删除一行数据，就会发现系统提示此表禁止删除行。首先看第一行代码，该行代码的目的是：定义一个名为“dt”的变量，变量的类型是表（Table），引用的对象是“Tables(“表A")”，即“表A”，见下图。

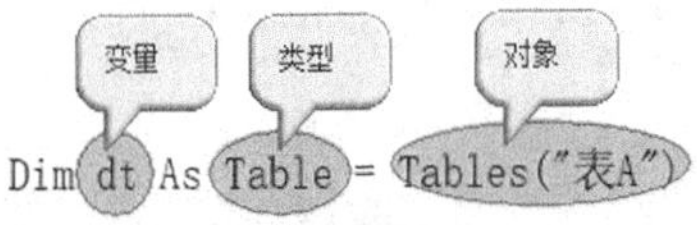

现在对变量dt设置属性或执行方法，都会体现在“表A”中。所以，上述代码中的第2行等于将“表A”的AllowDelete属性设置为False，执行后用户将无法删除“表A”中的行，而第3行等于给“表A”增加一行。

以上示例代码仅为了演示变量、对象和类型之间的关系，实际开发时也可以直接写成以下形式：

```
Tables("表A").AllowDelete = False
Tables("表A").AddNew()
```

4.1.4 初触事件编程

首先在【管理项目】功能区的【用户】功能组中，单击【用户管理】按钮，增加一个用户，姓名为“张三”，分组为“经理”；然后在“表A”中增加一列，列名为“折扣”。

假定你希望“折扣”列只能“经理”级别的用户才能编辑，可以在【数据表】功能区单击【表属性】按钮，然后选择弹出窗口中的【事件】选项卡，找到【PrepareEdit】事件（就是第一个），单击右侧的【…】按钮，即可按下图所示输入代码。

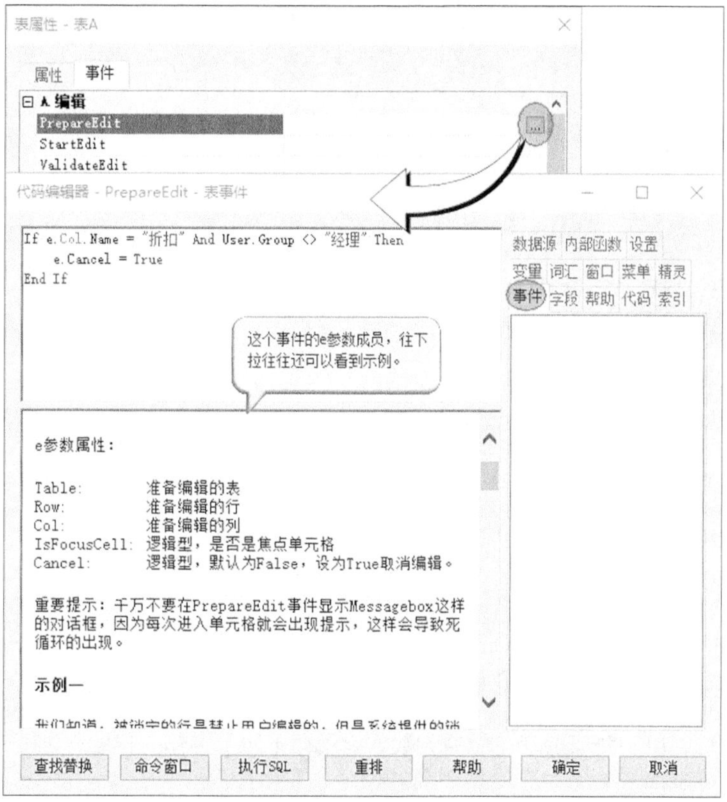

当用户准备编辑某个单元格时，Foxtable会收到一个PrepareEdit事件通知，并执行我们在PrepareEdit事件中写好的代码。上述事件代码的意思是：如果正在编辑的列名称是“折扣”，而且当前用户的分组不是“经理”，则取消编辑。设置完成后，单击【确定】按钮保存退出，现在你将无法在“折扣”列输入内容；在【管理项目】功能区单击【切换用户】按钮，改用“张三”登录，由于该用户的分组是“经理”，所以又可以在“折扣”列输入内容了。

这里有必要对事件做进一步的阐述：既然事件是一个通知，那么事件必须提供一些有用的信息给系统，否则这个通知毫无意义。为方便开发者访问这些信息，Foxtable为所有事件提供了一个e参数，通过e参数的属性可以访问这些信息。以PrepareEdit为例，其e参数属性Table、Row和Col分别表示正在编辑的表、行和列，很显然e.Col.Name返回的是正在编辑的列名称。此外，还有一个Cancel属性，如果将其设置为True，将取消用户此次的编辑操作。

不同的事件会有不同的信息，所以不同事件的e参数成员可能会不同，准确记忆这些e参数成员是很难的，不过在编写事件代码的过程中，随时可以单击【事件】选项卡，调出本事件的e参数成员说明，见上图。

但要注意，并不是任何信息都能通过事件的e参数获取的。例如，上述代码中的User是一个系统变量，表示当前登录用户；而User.Group返回的是当前登录用户所属分组。Foxtable提供的系统变量并不多，下面会结合实际陆续介绍。

上述代码还使用了if语句进行条件判断，这是流程控制语句的一种。

你现在也许已经体会到，学习面向对象编程并没有多么的高大上，通过本书了解一下有哪些类型，这些类型又有哪些属性、方法和事件，再掌握一些流程控制语句，基本就算入门了；然后通过官方文档深耕，在广度和深度上进一步提升，之后就可以考虑着手开发系统了。

4.1.5 共享成员

现在来看看什么是共享成员，在“命令窗口”执行下面的代码：

```
Dim dt As Date = Date.Today()
Output.Show(dt)
Output.Show(dt.Year)
```

上面的代码将今天的日期值保存在日期型（Date）变量“dt”中。需注意，用于返回今天日期值的Today属性，它不属于任何一个具体的日期（对象），而属于Date类型，需要直接通过Date类型来访问。这种通过类型而不是通过对象访问的属性，称为共享属性。而日期的Year属性是一个常规属性，用于返回具体日期的年份，所以需要通过变量访问它。

除了共享属性，还有共享方法，在“命令窗口”执行下面的代码：

```
Dim cnt As Integer = Date.DaysInMonth(2018,2)
```

上述代码获取2018年2月的天数，然后保存在整数型(Integer)变量“cnt”中。DaysInMonth就是一个共享方法，用于获取指定月份的天数，它同样不属于具体的日期，需要通过Date类型来访问。

再如，我们经常在“命名窗口”执行的各种测试代码，并用Output.Show显示输出信息，这里的Output就是一个类，Show是这个类的共享方法。

共享属性和共享方法统称为共享成员。

4.1.6 无需刻意记忆

前面已经接触了多个类型和成员，分别是类型Table及其成员AllowDelete和AddNew以及类型Date及其成员Today、Year和DaysInMonth，还有用于临时输出信息的Output类及其共享方法Show。

Foxtable提供了上百个类型，每个类型少则几个、多则数十个成员。难道需要全部记住才能编程？如果真的这样，相信你心里开始打退堂鼓了。别担心，没有人能记住所有的类型和成员，也没有任何必要去记忆这些。真正优秀的程序员绝不是因为记住了什么，而是善于理解和检索文档。

首先，Foxtable的官方文档会详细列出每种类型的成员。例如，访问下面的网页可以获取Date类型的全部成员：http://help.foxtable.com/scr/1337.htm，单击相关成员即可获取其详细说明。这里使用网页的文档，是为了便于举例。实际开发时，使用Foxtable自带的CHM格式的官方文档更方便。对于多数开发者而言，看完本书建议再过两遍官方文档，至少知道有些什么类型，每个类型大概有些什么成员，这样需要时就知道大概在文档的什么位置进行检索查阅，而且官方文档通常配有大量的示例代码，多数代码直接复制到命令窗口就能测试执行（建议早期学习阶段尽量手工输入一遍示例代码），方便消化理解，唯一例外的是事件代码，需要将代码复制到对应的事件中，然后执行有关操作触发对应的事件进行测试执行。

详尽的文档是一个方面，更重要的是Foxtable的代码编辑窗口非常智能，可以自动输入大部分的类型名和成员名，不仅如此，还会自动显示某些成员的说明，给开发者以即时参考。Foxtable的代码编辑器有两种：一种用于输入事件代码，实际开发时，除了自定义函数部分，其余所有代码都是写在事件中的；另一种用于临时执行代码，也就是命令窗口，这是我们学习Foxtable的利器。两种编辑器大同小异，现以命令窗口为例介绍Foxtable在代码编辑方面的智能辅助功能。

4.1.7 命令窗口使用技巧

❶ 使用精灵

命令窗口中每输入一个英文字母，然后按“Tab”键，精灵将列出所有以该字母开头的词汇供选择。手工输入的字母越多，按“Tab”键后生成的候选词汇就越精确。

例如，要定义一个整数型的（Integer）变量，但只记得以in开头，可以先这样输入：

```
Dim i As in
```

然后按“Tab”键，即可自动变为：

```
Dim i As Integer
```

这是因为以in开头的词汇只有Integer；如果只记得是以i开头，也没关系，同样只需输入：

```
Dim i As i
```

然后按“Tab”键，精灵会列出全部以i开头的类型供选择。按上下键选择Integer，再按“Tab”键即可完成输入，如下图所示。

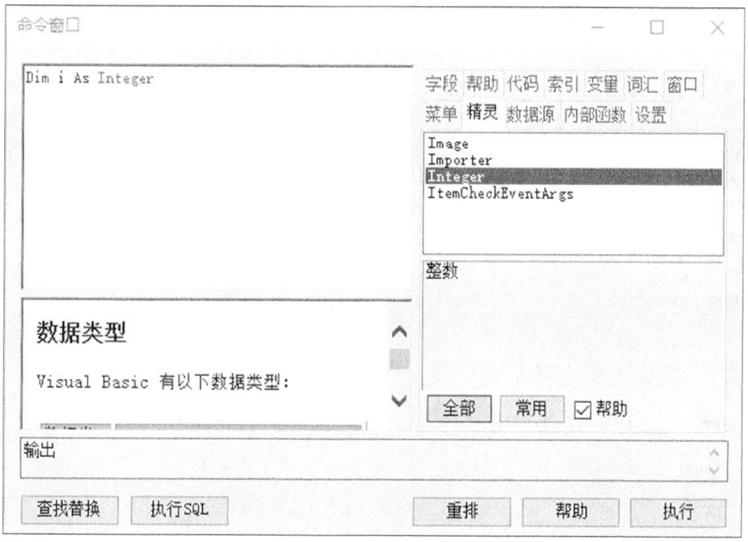

如果在选择类型的过程中想放弃，可以继续输入代码，焦点会自动回到代码编辑区，无需手工切换。

精灵不仅可以自动输入类型名称，还可以自动输入成员名称。例如，输入：

```
Dim dt Date = Date.To
```

然后按“Tab”键，即可自动变为：

```
Dim dt Date = Date.Today
```

假如想再获取3个月后对应的日期，但你只记得有这么一个增加月份的方法，却已完全不记得其名称是什么，没有关系，可以这样输入：

```
Dim dt As Date = Date.Today
dt = dt.
```

然后按“Tab”键，现在精灵会列出Date类型的所有成员供选择，按上下箭头键选择成员，在移动光标选择成员的过程中，会显示每个成员的简要说明，如下图所示。

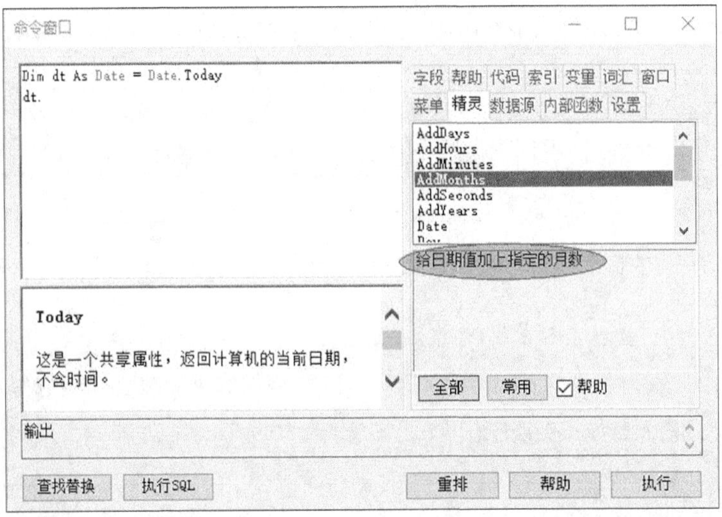

现在按上下箭头键，找到需要的AddMonths方法，然后按“Tab”键，会自动变为：

```
Dim dt As Date = Date.Today
dt = dt.AddMonths
```

然后手工编辑，加上要增加的月数：

```
Dim dt As Date = Date.Today
dt = dt.AddMonths(3)
```

精灵不仅可以自动输入类型名和成员名，还会自动显示类型和成员的说明。以上面的代码为例，当选择AddMonths后按“Tab”键，不仅会自动输入AddMonths，还会显示AddMonths的使用说明，如下图所示。

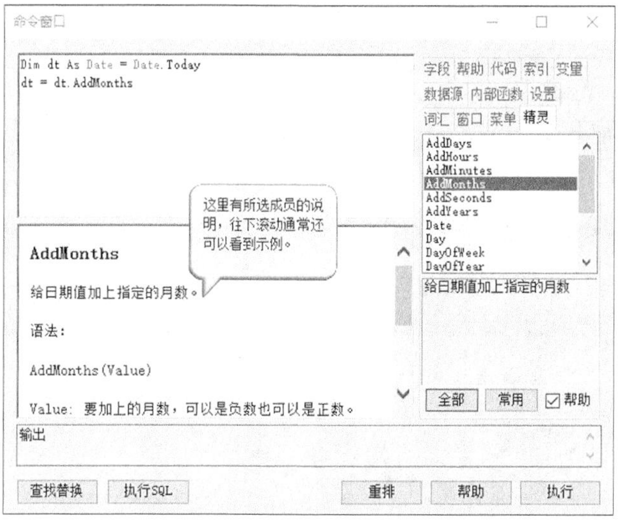

除了类型名和成员名外，系统变量和共享成员同样可以通过精灵自动输入。以最常用的Output.Show为例，首先输入ou，按“Tab”键，会自动变为Output；继续输入Output.s，按“Tab”键会自动变为Output.Show，整个过程只输入了3个字母而已。Foxtable的代码编辑器算不上优秀，但是掌握了上述技能，还是可以大幅提高编码的速度和准确性的。

- 一个重要技巧：如何即时获取代码中任何一个成员的说明？

假定已经输入了下面的代码：

```
Dim dt As Date = Date.Today
dt = dt.AddMonths(3)
Output.Show(dt)
```

而且说明区已经显示了其他内容，但是你想重新看看AddMonths的使用说明，只需单击AddMonths，然后重新按“Tab”键即可。此外，还可以通过【索引】选项卡快速检索帮助，或单击【帮助】按钮直接打开自带的帮助文档。

❷ 常用词汇快捷输入

命令窗口的“词汇”选项卡中列出了很多常用词汇，如常用的数据类型、运算符和一些语言关键词等。单击某个词汇，即可自动完成输入，如下图所示。

Foxtable的安装目录下有个名为Words.txt的文件，这个文件存储了代码编辑器所使用的词汇，可以通过修改这个文件来增加或删除词汇。

❸ 事件代码编辑窗口

事件代码编辑窗口和命令窗口的使用基本方法一样，但是多了一个【事件】选项卡。单击此选项卡，会显示当前事件的说明，另外输入“e.”后按“Tab”键会列出所有的e参数成员，见下图。

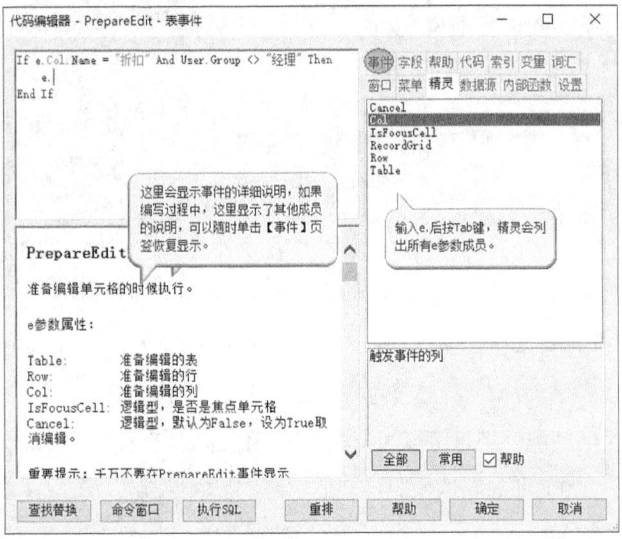

Foxtable还提供了很多其他代码辅助输入功能，具体可参考官方文档，这里就不一一介绍了。

❹ 代码注释

给代码添加适当的注释，有利于自己和他人阅读代码，便于今后的维护。注释不会对程序的运行造成任何影响。对于被注释掉的代码，程序不会执行，相当于被忽略了。

注释以半角的单引号（'）开始，通常是独占一行，或者位于某一行代码之后。当注释和代码在同一行时，注释和代码之间应该至少留有一个空格，见下图。

当需要对连续的多行代码进行注释时，可以采用拖曳的方式先选中这些行，然后按“F8”键；用同样的方式也可按“F9”键取消多行注释；或者直接单击鼠标右键执行相应的右键菜单命令，如下图所示。

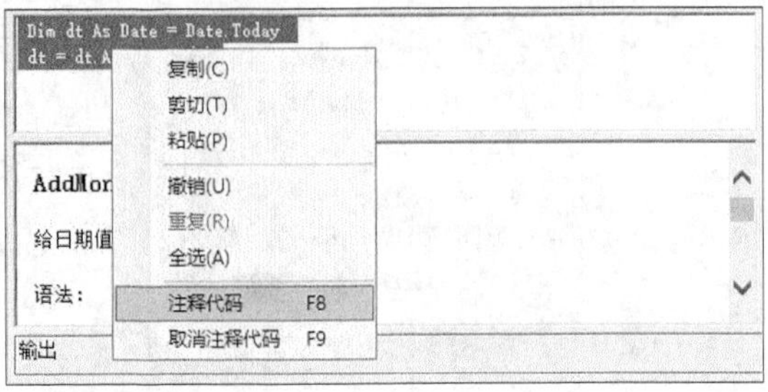

❺ 长代码换行

如果某一行代码特别长，会给编辑和查阅带来不便。实际上，可以将一行代码分成多行书写，例如：

```
If a = 1 And b =1 Then
```

等效于：

```
If a = 1 _
And b = 1 _
Then
```

后者分成了3行书写。将长代码换行输入时每行必须以符号“ _”结尾，注意每个“_”的前面必须有个空格。如果是长字符串，可以拆分成多个字符串，然后用符号“&”连接起来。例如：

```
Dim s As String
s = "当我们运行发布后的程序时," & _
"Publish目录相当于原来的Foxtable安装目录," & _
"而Publish目录下的子目录Project,则相当于" & _
"原来的项目文件所在目录"
```

至此，面向对象编程部分就讲述完毕了。作为一个针对非专业人员的开发工具，Foxtable的面向对象编程并不复杂，甚至将过半的篇幅用于介绍代码编辑方面的智能辅助功能了。接下来开始真正学习编程，我们会当你是零基础的。尽管Foxtable大幅降低了软件开发的难度，让非专业人员经过短时间的学习也能掌握，但所谓欲速则不达，学习编程没有捷径，对Foxtable也是如此，必须从基础开始学习；接下来的内容因为是基础，所以会有一些枯燥，但是要想成为真正的程序员，需要的就是耐得住寂寞，忍得住枯燥，熬过去才能海阔天空。

好消息是直到在学习事件编程之前，本书所有的代码都可以直接在命令窗口测试执行。

4.2 基础数据类型

Foxtable有下表所列的基础数据类型。

数据类型	说明
Char	单个字符
String	任意个数的字符，常称为字符串
Date	日期时间
TimeSpan	时段型，时段就是一段时间范围
Boolean	逻辑值，逻辑值就两个，分别是True(是)和False(否)
Byte	微整数，介于0 ~ 255之间的微整数
Short	短整数，介于-32768 ~ 32767之间的短整型
Integer	整数，介于-2147483648 ~ 2147483647之间的整数
Long	长整数，值的范围为-9223372036854775808 ~ 9223372036854775807
Single	单精度小数，有效数字为7位
Double	双精度小数，有效数字为15位
Decimal	高精度小数，有高达28位的有效数字，适用于财务和科学计算

数据类型合计有12种，但后7种都是数值型，所以可以理解为只有6种数据类型，分别为字符型(Char)、字符串型(String)、日期时间型(Date)、逻辑型(Boolean)、时段型(TimeSpan)和数值型(细分为7种)。虽然数值型多达7种，但一般情况下，小数用Double型，整数用Integer型即可；如果整数范围较大，可以用Long型，最常用的数据类型是String、Date、TimeSpan、Boolean、Integer、Long、Double。

上表提到了有效数字的概念，什么是有效数字？ 简单地说，就是从左边第一个不是0的数字算起，直到最后一个数字，就是一个数值的有效数字。例如，1.324的有效数字是4位(1、3、2、4)，1.3240的有效数字是5位(1、3、2、4、0)，而0.024的有效数字是两位(2、4)。

4.2.1 使用变量

变量用来在执行代码的过程中临时存放数据，要使用一个变量必须先声明它。声明一个变量就是要指定变量的名称及其数据类型，声明变量的语法为：

```
Dim 变量名 As 数据类型
```

例如：

```
Dim Name As String
Dim Age As Integer
```

上述代码定义了两个变量：变量Name是字符串型(String)；变量Age是整数型(Integer)。同类型的变量可以一次定义多个，例如：

```
Dim y,m,d As Integer
```

以上代码定义了整数型变量，分别为y、m和d。可以在定义变量的同时指定其初始值，也可以在运行过程中给变量赋值，变量也可以参与各种运算。例如：

```
Dim Name As String = "张三"
Dim Ith As Integer
Ith = 6
Ith = Name.Length + Ith
Output.Show(Ith)
```

在命令窗口执行上述代码，显示的结果为8。

变量名称必须以字符或者下划线(_)开始，而且至少应该包括一个字符或者数字，不能包含除下划线(_)之外的符号和空格。变量名也不能是关键词，关键词就是对vb.net语言有特殊意义的单词，如For、While、Do、Dim和As等。例如，在命令窗口输入下面的代码：

```
Dim For As Integer
```

然后单击“执行”按钮，会提示错误“关键词作为标识符无效”，并指出是哪一行代码出错，方便开发者定位错误，如下图所示。

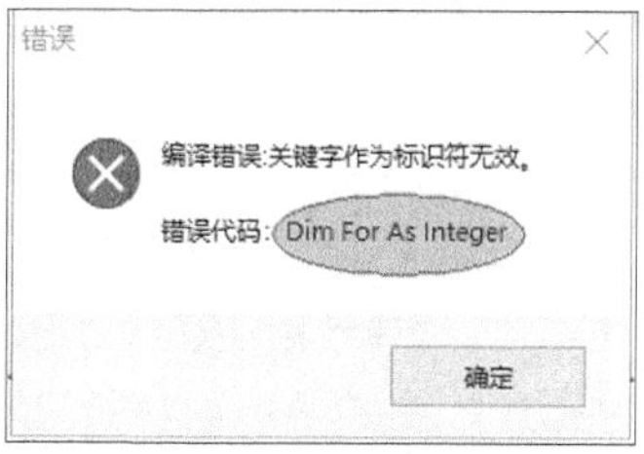

关键词有数十个，很难全部记住，但判断起来很简单，只要出现上述错误提示，就表明你使用了关键词作为变量名，换个其他名称即可。

4.2.2 使用常量

❶ 字符串常量

字符串型常量用双引号括起来，例如：

```
Dim s As String
s = "NBA"
```

如果字符串本身包括双引号，那么用每两个双引号表示一个双引号。例如，在命令窗口执行：

```
Dim s1 As String = "利马是有名的""无雨之都"""
Output.Show(s1)
```

就会发现s1的值为：

```
利马是有名的"无雨之都"
```

为提高编码效率，在默认情况下代码编辑器会自动将全角字符转换为半角，如果你不喜欢这种强制转换，可以在第一行代码输入'''，这是一个开关标记，表示需要关闭全角转半角功能。例如：

```
'''
Dim s1 As String
s1 = "我喜欢Foxtable。"
Output.Show(s1)
```

在命令窗口编辑以上代码，删除第一行的开关标记，然后手工输入全角句号“。”，将被自动替换为半角句号“.”。

❷ 字符常量

类型Char表示单个字符，单字符常量同样用双引号括起来。为了和字符串区分开来，可以在后面加上一个字母c，表示这是一个字符常量，例如：

```
Dim sp As Char = "l"c
```

如果将一个字符串赋值给一个字符变量，会自动取第一个字符，例如：

```
Dim c1 As Char = "Foxtable"
Dim c2 As Char = "F"
Output.Show(c1) '输出内容为"Foxtable"
Output.Show(c2) '输出内容为"F"
```

由于这种特性，字符变量和字符常量在Foxtable中基本没有用武之地，都用字符串直接代替了，但大家也有必要了解一下，这样偶尔看到"a" c这种写法，也能知道是怎么回事。

每个字符都有一个整数编码，通过函数Asc可以获得指定字符的编码，例如：

```
Asc("a") '等于97
Asc("你") '等于-15133
```

通过函数Chr可以获得指定编码的字符，例如：

```
Chr(97) '等于"a"
Chr(-15133) '等于"你"
```

通过Chr函数可以在字符串中加入一些不可见的控制字符，如回车(编码13)、换行(编码10)、Tab(编码9)等。假如希望字符串换行显示，可以这样：

```
Dim s As String = "Foxtable" & Chr(13) & Chr(10) & "狐表"
Output.Show(s)
```

由于换行的使用频率很高，Foxtable提供了一个常量vbcrlf，其值等于：Chr(13) & Chr(10)，所以上述代码可以简化为：

```
Dim s As String = "Foxtable" & vbcrlf & "狐表"
Output.Show(s)
```

显示结果见下图。

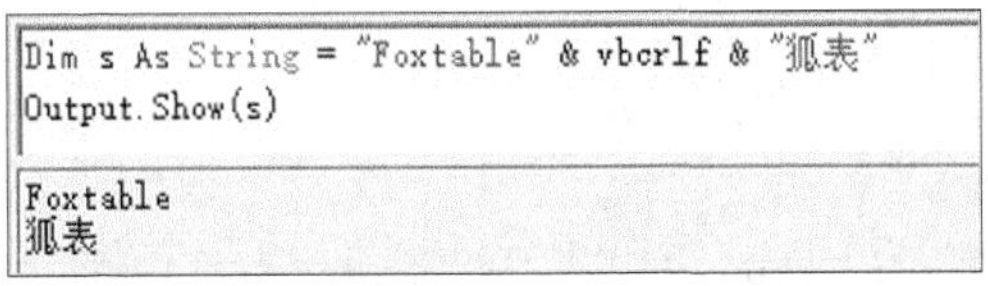
Dim s As String = "Foxtable" & vbcrlf & "狐表"
Output.Show(s)
Foxtable
狐表

❸ 日期常量

日期型常量必须包括在符号#之间，格式为“#月/日/年#”或“#月/日/年 时:分:秒#”，后一种格式的日期部分和时间部分用空格隔开。例如：

```
Dim d1 As Date = #12/31/2008#
Dim d2 As Date = #12/31/2008 12:30:59#
Output.Show(d1)
Output.Show(d2)
```

也可以用以下格式动态创建一个日期常量:

```
New Date(年,月,日)
```

或

```
New Date(年,月,日,时,分,秒)
```

例如：

```
Dim d1 As Date
Dim d2 As Date
```

```
d1 = New Date(2018,12,31)
d2 = New Date(2018,12,31,12,30,59)
Output.Show(d1)
Output.Show(d2)
```

显示结果和第一段代码完全一样。

❹ 逻辑常量

逻辑常量通常用于保存某一条件表达式的值，其可存储的逻辑常量值就两个，分别为True(是)和False(否)。例如：

```
Dim v1 As Boolean = (1 = 2)
Dim v2 As Boolean = (1 < 2)
Dim v3 As Boolean = True
Dim v4 As Boolean=False
```

上述代码执行后，变量v1的值等于False，变量v2的值等于True，因为1=2是不成立的，而1<2是成立的。逻辑变量的默认初始值为False，所以变量v4的值等于False，而变量v3的值显然等于True。

❺ 枚举常量

枚举也是常量，可以看作是一组有名称的整数型常量。例如，星期一、星期二、星期三、……，就可以看作是枚举，因为它们实际上代表着一个整数，这个整数表示这一天是该星期的第几天。

程序中的枚举，通常用于选项设置，这些选项就是一些整数，如以0、1、2表示不同的设置。为提高程序的可读性，常以一些更具描述性的名称来代替这些整数，就是枚举。

回到Foxtable，假定希望通过代码将“表A”的“第一列”扩展为多文件型，可以在命令窗口执行以下代码：

```
Dim dc As DataCol = DataTables("表A").DataCols("第一列")
dc.ExtendType = ExtendTypeEnum.Files
```

显然上述代码的可读性远远强于：

```
Dim dc As DataCol = DataTables("表A").DataCols("第一列")
dc.ExtendType = 6
```

ExtendTypeEnum就是一个枚举类型，用于提供扩展列类型的所有候选值。

也许你会认为，记住6比记住ExtendTypeEnum.Files要轻松很多，其实不然。枚举根本不需要记忆，利用精灵可以自动输入。例如，在命令窗口输入：

```
Dim dc As DataCol = DataTables("表A").DataCols("第一列")
dc.ExtendType =
```

然后按“Tab”键，精灵会列出所有的枚举值供选择，按上下箭头键选择合适的枚举值再按“Tab”键即可完成输入，见下图。

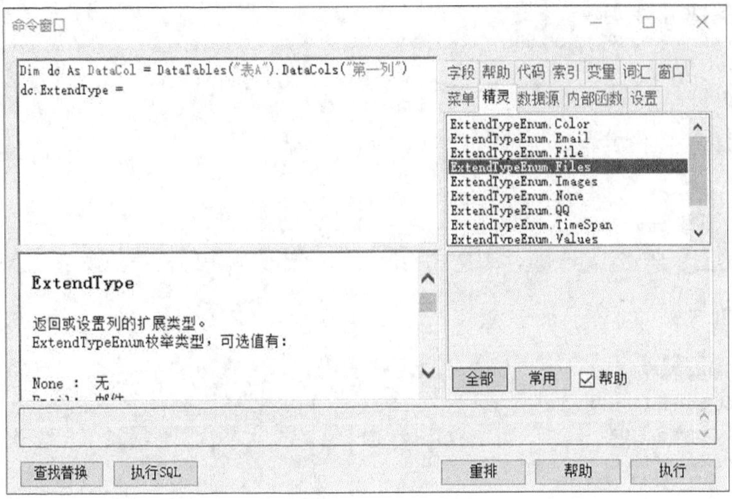

❻ 关于Object

在vb.net中，Object为通用类型，可以存储任何类型的数据，例如：

```
Dim v As Object
v = 123
v = "abc"
v = #2/1/2018#
Output.Show(v.Year)
```

Object类型的性能较低，而且无法使用精灵输入成员，所以一般不建议使用，除非数据类型不确定。

4.2.3 使用数组

数组是同一数据类型的一组变量的集合，通过位置索引访问其中的成员。例如，下面的代码：

```
Dim Names(3) As String
```

表示定义了一个字符串型(String)数组，数组名为“Names”，数组的索引从0开始，所以该数组包括4个字符串型变量（称之为数组元素），分别是Names(0)、Names(1)、Names(2)、Names(3)。

数组有一个Length属性，用于返回数组的长度。下面是一段完整的代码，用于测试数组的基本特性，请在命令窗口执行：

```
Dim Names(2) As String
Names (0) = "杨国辉"
Names (1) = "柯迎"
Names (2) = "陈绍月"
Output.Show(Names(1)) '在命令窗口显示第二个数组元素的值
Output.Show(Names.Length) '在命令窗口显示数组的长度
```

可以在定义数组时直接给数组元素赋值，此时无需指定索引上限，例如：

```
Dim v1() As Integer = {1,3,5}
```

上面的代码定义了一个整数型数组，它包括3个元素，分别是1、3、5。

如果数组已经定义了，需要在运行过程中批量赋值，语法有所不同。例如：

```
Dim v1() As Integer
Dim s1() As String
v1  = New Integer() {1,3,5}
s1  = New String() {"Foxtable","Access","Excel"}
```

Foxtable提供了一个类Array，这个类有大量的共享方法用于对数组进行操作，其中比较常用的有下表所列几种。

名称	说明
IndexOf	获取某个值在数组中第一次出现的位置，如果未出现，返回-1
LastIndexOf	获取某个值在数组中最后一次出现的位置，如果未出现，返回-1
Sort	对数组排序
Reverse	反转数组顺序

请在命令窗口执行以下代码，用以测试上述方法：

```
Dim vals() As Integer =  {1,3,5,2,4,5,6}
Output.Show(Array.Indexof(Vals, 5))
Output.Show(Array.LastIndexof(Vals, 5))
Array.Sort(Vals)
Output.Show(Array.Indexof(vals, 5))
Array.Reverse(vals)
Output.Show(Array.Indexof(vals, 5))
```

得到的输出结果依次为2、5、4、1。注意索引从0开始，所以1其实表示位置2。

Sort方法可以对两个数组进行联动排序，下面用一个例子来说明。假定一个数组存储了学生姓名，一个数组存储了学生分数，元素位置一一对应，希望按分数高低排序学生姓名，参考代码如下：

```
Dim nms() As String  = {"A","B","C"} '学生姓名
Dim vals() As Integer = {8, 6, 7} '对应分数
Array.Sort(vals, nms) '第一个数组为排序数组,第二个数组跟随第一个数组排序
Output.Show(nms(0) & "=" & vals(0))
Output.Show(nms(1) & "=" & vals(1))
Output.Show(nms(2) & "=" & vals(2))
```

在命令窗口执行上述代码，输出结果依次为：B=6、C=7、A=8，显示两个数组都进行了正确的排序。

4.2.4 使用集合

集合类似于数组，但是比数组更为灵活，无需指定索引上限，元素数量不固定，可以动态增加和删除元素。以下代码定义了一个字符串型(String)的集合，集合的名称为“Names”：

```
Dim Names As New List(Of String)
```

集合的成员有下表所列的几种。

	名称	说明
属性	Count	返回集合中值的个数。例如： `Dim idx As Integer = Names.Count`
方法	Add	向集合中增加一个值。例如： `Names.Add("电视机")`
	Insert	向集合的指定位置插入一个值。例如： `Names.Insert(0,"电冰箱")`
	Remove	删除指定的值。例如： `Names.Remove("电视机")`
	RemoveAt	删除指定位置的值。例如： `Names.RemoveAt(0)`
	Contains	判断集合中是否包括某个值，它返回的是一个逻辑值。例如： `Dim b As Boolean = Names.Contains("电视机")`
	Sort	对集合的元素进行排序，例如： `Names.Sort()`
	Reverse	反转集合中元素的顺序，例如： `Names.Reverse()`
	IndexOf	返回指定值在集合中首次出现的位置，如果集合中不存在该值，则返回-1。例如： `Dim idx As Integer = Names.IndexOf("电视机")`
	LastIndexOf	返回指定值在集合中最后一次出现的位置，如果集合中不存在该值，则返回-1。例如： `Dim idx As Integer = Names.LastIndexOf("电视机")`

	AddRange	将一个数组或另一个集合中的全部元素添加到本集合。例如：
		`Dim v1 As String() = {"中国","美国","日本","俄罗斯"}`
		`Dim s1 As New List(of String)`
		`Dim s2 As New List(of String)`
		`s1.AddRange(v1) '将数组v1 中的元素全部加入到集合s1 中`
		`s2.AddRange(s1) '将集合s1 中的元素全部加入到集合s2 中`

	ToArray	将集合转换为数组。例如：
		`Dim Lst As New List(Of String)`
		`Lst.Add("电视机")`
		`Lst.Add("电冰箱")`
		`Dim Arys() As String`
		`Arys = Lst.ToArray() '将集合转换为数组`

	Clear	清除集合中的所有成员。例如： `Names.Clear()`

请在命令窗口执行以下代码，用以测试集合的常用方法：

```
Dim vals As New List(of Integer)
Vals.Add(1)
Vals.Add(3)
Vals.Add(5)
Vals.Add(2)
Vals.Add(4)
vals.RemoveAt(0) '删除第一个元素,按位置删除
vals.Remove(5) '删除值为5的元素,按值删除
Vals.Add(6) '再次增加元素
Vals.Sort() '排序
Output.Show(Vals(0)) '显示第一个元素的值
Output.Show(vals.Indexof(6))  '显示值6在集合中的位置
Output.Show(vals.Count) '显示元素个数
```

输出的结果依次为2、3、4，可以根据以上代码推理一下，看看你的推理结果和实际结果是否一致。

4.2.5 使用字典

字典的功能更加强大，它表示键与值的集合，定义一个字典的语法为：

```
Dim 变量名 As New Dictionary(Of 键类型, 值类型)
```

字典的键和值可以是任意类型，以下代码就定义了一个字典，键为整数型(Integer)，值为字符串型(String)，并增加了两对键值：

```
Dim zd As New Dictionary(Of Integer, String)
zd.Add(4,"菠萝")
zd.Add(8,"香蕉")
```

键和值是成对增加的，俗称键值对。键不能重复，值可以重复。

字典对象的成员有下表所列的几种。

	名称	说明
属性	Count	返回字典中键值对的数目
	Keys	返回键的集合
	Values	返回值的集合
方法	Add	将键值对添加到字典中。例如： `zd.Add(1,"苹果")`
	Remove	根据键值，移除指定的键值对。例如： `zd.Remove(1)`
	Clear	清除所有的键值对
	ContainsKey	判断是否包含指定的键。例如： `zd.ContainsKey(1)`
	ContainsValue	判断是否包括指定的值。例如： `zd.ContainsValue("桃子")`

请在命令窗口执行以下代码，用以测试字典的常用成员：

```
Dim zd As New Dictionary(Of String, String)
zd.Add("A","苹果")
zd.Add("B","香蕉")
zd.Add("F","波罗")
zd.Add("D","桔子")
zd.Add("P","桃子")
zd.Remove("A") '移除键A及其对应的值
zd.Remove("P") '移除键P及其对应的值
Output.Show(zd("B")) '显示键B对应的值
Output.Show(zd("F")) '显示键F对应的值
If zd.ContainsKey("A") = False Then '是否存在键A
    zd.Add(1,"苹果")
End If
If zd.ContainsValue("桃子") = False Then '是否存在值"桃子"
    zd.Add("P","桃子")
End If
Output.Show(zd.Count) '显示元素个数
zd.Clear '清除所有的键和值
```

显示的结果依次为：香蕉、波罗和5。

新手可能又在抱怨，Dictionary这个单词好难记住啊。忘记了吧？根本不需要记住的，在命令窗口输入：

```
Dim zd As New di
```

按“Tab”键，即可自动变为：

```
Dim zd As New Dictionary
```

4.2.6 数据类型的转换

Foxtable对于数据类型的要求并不严格，数据类型之间的转换通常可以悄悄完成，下面的代码将一个整数和一个日期分别赋值给一个字符串变量：

```
Dim a As String
Dim i As Integer = 100
Dim d As Date = Date.Today
a = i
Output.Show(a)
a = d
Output.Show(a)
```

在命令窗口执行，你会发现一切正常，并没有错误，反过来也没有问题：

```
Dim s1 As String  = "100"
Dim s2 As String  = "12/31/2017"
Dim i As Integer = s1
Dim d As Date = s2
Output.Show(i + 1)
Output.Show(d)
```

字符串甚至能直接参与数值运算。例如，下面的代码：

```
Dim s As String  = "10"
Dim i1 As Integer =  s + 100
```

```
Dim i2 As Integer = "10" + 100
Output.Show(i1)
Output.Show(i2)
```

在命令窗口执行，会输出两个110，说明字符串“10”准确地转换为整数10并参与了计算。现在执行下面的代码，会提示错误：

```
Dim s1 As String = "a10"
Dim s2 As String  = "2/31/2018"
Dim i As Integer = s1
Dim d As Date = s2
```

出错是当然的，因为“a10”不是一个有效的数值，“2/31/2018”也不是一个有效的日期。有3个函数可以帮我们解决这个问题，用IsNumeric函数判断给定的字符串是否是有效数字；用IsDate函数判断给定的字符串是否是有效日期；而Val函数能直接将字符串转换为数字，如果字符串不是一个有效数字，则返回0。

解决的方法有了，请在命令窗口运行以下码，你可以多次修改s1和s2的值，进行比较测试：

```
Dim s1 As String = "a10"
Dim s2 As String = "2/31/2018"
Dim i As Integer
Dim d As Date
If IsNumeric(s1) Then '判断是否是有效数值
	i = s1
End If
If IsDate(s2) Then '判断是否是有效日期
	d = s2
End If
Dim v As Integer = Val(s1) '无需判断,如果不是有效数字,则用0代替
```

并非所有自动转换都如预期，在命令窗口执行下面的代码：

```
Dim s1 As String = "100"
Dim s2 As String = "100"
Output.Show(s1 + s2)
```

输出的结果并非预期的那样是200，而是100100。因为s1和s2都是字符串，系统以为代码的目的是将这两个字符串连接起来。如果要按预期那样进行数值计算，需要强制转换：

```
Dim s1 As String = "100"
Dim s2 As String = "100"
Output.Show(Val(s1) + Val(s2))
```

现在在命令窗口执行的结果就是200了。

- TryParse方法

除String 之外的所有基本数据类型都有一个TryParse共享方法，用于将其他类型的数据转换为本类型的数据。其语法为：

```
Type.TryParse(Value,Variant)
```

这里的Type为目标数据类型；Value指要进行转换的数据；Variant 为存放转换结果的变量，该变量类型必须和Type 指定的类型一致。如果转换成功，则将转换结果存储在指定的变量中，并返回True；否则返回False。例如：

```
Dim d As Date '变量d用于存储转换结果
If Date.TryParse("1999/12/31",d) Then  '如果转换成功就返回True,并将转换结果存放在变量d中
    Output.Show(d)  '输出转换结果
Else
    Output.Show("无效日期格式")  '给出错误提示
End If
```

数据转换的方法并不止上述这些，其他数据转换方法可参考官方文档。

4.2.7 运算符

❶ 算术运算符

常用的算术运算符有下表所列的几种。

运算符	说明
+	加
-	减
*	乘
/	除。例如，12/8等于1.5
\	整除，只返回结果的整数部分，如12\8等于1
^	指数运算。例如，2^3，表示2的3次方，等于8
Mod	取模。例如，10 Mod 3，表示10除以3的余数，等于1

请在命令窗口执行下面的测试代码：

```
Output.Show(12/8) '测试除法,结果1.5
Output.Show(12\8) '测试整除,结果1
Output.Show(12 Mod 8) '获得余数,结果4
Output.Show(2^4) '指数运算,结果16
```

❷ 字符串连接符

运算符&用来连接字符串，例如：

```
Dim s As String
s = "abc" & "123" 's的值将是"abc123"
```

运算符&可以用来连接任何数据，如日期型、数值型，在连接之前会自动将非字符串型的数据转换为字符串型。例如，在命令窗口执行下面的代码，会显示当天的日期：

```
Output.Show( "今天是:" & Date.Today)
```

需要注意的是，运算符&的前后必须有空格；否则运行会出错。

❸ 比较运算符

比较运算符有 =(等于)、<>(不等于)、>(大于)、<(小于) 、>=(大于等于)、<=(小于等于)。比较运算符通常用于比较数值的大小或日期的早晚，返回的是一个逻辑值。例如：

```
If Date.Today < #10/1/2018# Then
    Output.Show("2018年国庆之前")
```

```
Else
    Output.Show("2018年国庆之后")
End If
Dim score As Integer = 61
If Score >= 90 Then
    Output.Show("优秀")
ElseIf Score>= 60 Then
    Output.Show("及格")
Else
    Output.Show("不及格")
End If
Output.Show(2 <> 1)
```

这里使用了多分支If语句，虽然还没有学习，但应该不影响理解上述代码，If语句会在后面的章节介绍。字符串也可以比较（按字母顺序，即a ＜ b ＜ c），需要注意的是字符串比较默认是不区分大小写的(a = A)。String类有一个Compare共享方法，可以进行区分大小写的比较，语法为：

```
Compare(strA, strB, ignoreCase)
```

将参数ignoreCase设置为False，进行的就是区分大小写的比较，如果两个字符串相等，Compare方法会返回0；否则返回-1(StrA < StrB)或1(StrA > Strb)。例如，在命令窗口执行：

```
Dim s1 As String = "abc"
Dim s2 As String = "ABC"
Output.Show(s1 = s2) '默认的比较，不区分大小写
Output.Show(String.Compare(s1, s2, False)) '区分大小写
Output.Show(String.Compare(s1, s2, True)) '不区分大小写
```

输出结果依次为True、-1、0。

❹ 逻辑运算符

逻辑运算符用于连接两个条件表达式，根据左右表达式的计算结果，返回一个新的逻辑值。逻辑运算符有下表所列的几种。

运算符	说明
And	如果左右表达式的值都为True，则返回True；否则返回False
AndAlso	
Or	只要左右表达式中有一个True，就返回True；否则返回False
OrElse	
Not	逻辑非，如果后边的表达式为 True，则返回 False；否则返回True

其中，And和Or都是先计算左右两个表达式的值，然后再返回结果；AndAlso是先计算左边表达式的值，如果计算结果为 False，则直接返回 False，不再计算右边表达式的值；OrElse 同样是先计算左边表达式的值，如果计算结果为True，则直接返回True，不再计算右边表达式的值。很显然，如果分别用AndAlso和OrElse来代替And和Or，理论上程序运行效率就会高一点，例如：

```
Dim age As Integer = 18
Dim sex As String = "male"
If  age >= 18 AndAlso sex = "male" Then
    Output.Show("成年男性")
End If
```

❺ Like运算符

Like使用通配符来比较字符串，可用的通配符有下表所列的几种。

匹配类型	通配符	说明
多个字符	*	零或多个字符
单个字符	?	任何单个字符
	#	任何单个数字（0~9）
	[字符列表]	字符列表中的任何单个字符
	[!字符列表]	不在字符列表中的任何单个字符

方括号中的字符列表，也可以使用连字符(-)将范围的上下限分开。例如，[a-e]表示字母 a到e中的任意一个，[a-z]就表示任意一个字母，而[0-9]则表示任意一个数字。例如：

```
'任意3个字符，后接3个数字
Output.Show( "ABC123" Like "???###") '匹配
Output.Show( "A1212A" Like "???###") '不匹配
'任意一个字符，随后是ABC三字符中的任意一个
Output.Show( "RB" Like "?[ABC]") '匹配
Output.Show( "RD" Like "?[ABC]") '不匹配
'任意一个字符，随后是除ABC三字符之外的任意一个字符
Output.Show( "RB" Like "?[!ABC]") '不匹配
Output.Show( "RD" Like "?[!ABC]") '匹配
'任意一个字母，随后是两个数字
Output.Show( "a12" Like "[a-z]##") '匹配
Output.Show( "112" Like "[a-z]##") '不匹配
```

4.3 流程控制语句

至此已经掌握了各种基础数据类型和运算符，但软件开发不是简单的数据计算，还需要进行各种逻辑的判断，这就要根据不同的条件执行相应的代码，流程控制语句就是用于这些方面的。之前接触到的If语句，就是流程控制语句的一种。

流程控制语句用于按不同的条件执行相应的代码，为保证代码的可读性，建议每个分支都应保留相应的空格。具体做法：在行的开始处，每按一次“Tab”键，就会自动插入4个空格；相同级别的分支，保留的空格数量应该相同。对于已经输入的代码，可以单击【重排】按钮自动编排代码，无需手工逐行调整，如下图所示。

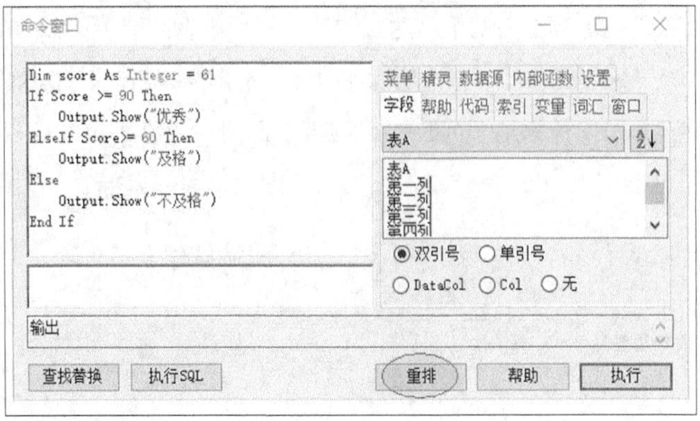

4.3.1 If语句

If语句有3种形式，即单分支、双分支和多分支。

❶ 单分支形式

例如，下面的示例代码，如果条件表达式的计算结果为True，也就是条件成立的话，则执行代码；否则不执行：

```
Dim Mark As Integer = 61
If Mark >= 60 Then
        Output.Show("及格")
End If
```

执行之后，将输出“及格”。如果将变量Mark 的值改为59，则不会输出任何内容。

❷ 双分支形式

例如，下面的代码，如果条件成立就执行Then 后的代码；不成立就执行Else后的代码。由于这里的条件不成立，所以输出“不及格”：

```
Dim Mark As Integer = 58
If Mark >= 60 Then
        Output.Show("及格")
Else
        Output.Show("不及格")
End If
```

❸ 多分支形式

和双分支相比，多分支无非是多了一些ElseIf 的判断子句而已。例如，下面的代码：

```
Dim Mark As Integer = 90
If Mark >= 90 Then
        OutPut.Show("优秀")
ElseIf Mark >= 80 Then
        OutPut.Show("良好")
ElseIf Mark >= 60 Then
        OutPut.Show("及格")
Else
        OutPut.Show("不及格")
End If
```

需要注意的是，在多分支形式下，即使多个条件成立，If 语句也只会执行第一个满足条件的分支。如果将上面的代码改成这样：

```
Dim Mark As Integer = 90
If Mark >= 60 Then
        OutPut.Show("及格")
ElseIf Mark >= 80 Then
        OutPut.Show("良好")
ElseIf Mark >= 90 Then
        OutPut.Show("优秀")
Else
        OutPut.Show("不及格")
End If
```

虽然变量Mark 等于90，但是输出的结果却是“及格”而不是“优秀”。这是因为，Mark 等于90 的时候，第一个条件(Mark>=60)成立，输出“及格”，其余分支不再执行，直接跳转到End If。所以，对于多分支形式的If 语句，一定要注意条件顺序。

4.3.2 Select Case语句

Select Case语句也是条件判断语句，通用性不如If语句，只能根据一个值的清单来比较变量，但要比If语句简洁。例如，下面的代码，当Value的值等于1时就执行代码1，等于2时就执行代码2，依次类推。如果不等于已经列出的任何值，则执行Case Else子句中的代码：

```
Dim Value As Integer = 3
Dim Result As String
Select Case Value
    Case 1
       Result = "低于60分"  '代码1
    Case 2
       Result = "低于90分"  '代码2
    Case 3
       Result = "超过90分"  '代码3
    Case Else
       Result = "无效值"    '代码4
End Select
Output.Show(Result)
```

很显然，上述代码的输出内容为“超过90分”。

在Select Case语句中，Case子句的比较值可以有多个，各个值之间用逗号分开即可。例如：

```
Dim Value As Integer = 5
Select Case Value
    Case 1,3,5,7,9
       OutPut.Show("奇数")
    Case 2,4,6,8,10
       OutPut.Show("偶数")
End Select
```

此外，Case子句的值还可以是一个范围，起始值和终止值之间用关键词To隔开。例如：

```
Dim Mark As Integer = 65
Dim Result As String
Select Case Mark
    Case 0 To 60
       Result = "C"
    Case 61 To 90
       Result = "B"
    Case 91 To 100
       Result = "A"
End Select
OutPut.Show(Result)
```

除了数值型，Case字句的值也可以是任何其他基础数据类型。例如，以下代码比较的就是字符串值：

```
Dim Value As String = "A"
Dim Result As String
Select Case Value
```

```
        Case "C"
            Result = "不及格"
        Case "B"
            Result = "及格"
        Case "A"
            Result = "优秀"
        Case Else
            Result = "无效值"
    End Select
    Output.Show(Result)
```

4.3.3 For...Next语句

此语句为循环语句的一种，可以将一段代码重复执行设定的次数。语法为：

```
For 计数器变量 = 初始值 To 终止值 Step 步长值
    代码
Next
```

每执行一次代码，计数器变量就加上步长值，然后再次执行代码，直到计数器变量超过终止值。可以不指定步长值，此时步长默认为1。

例如，下面的代码，将累加得到 1 ~ 100 的合计值：

```
Dim Sum As Integer
Dim i As Integer
For i = 1 To 100
    Sum = Sum + i
Next
Output.Show(Sum)
```

如果每次循环后递增的步长不是1，就需要用Step关键字指定步长。例如，要累加1 ~ 100之间的偶数，代码为：

```
Dim Sum As Integer
Dim i As Integer
For i = 2 To 100 Step 2
    Sum = Sum + i
Next
Output.Show(Sum)
```

以上代码中，变量i从2开始循环，每次循环之后，i值自动加2，直到i值超过100后终止循环，你可以在代码的最后面加上：Output.Show(i)，看看循环结束后i值是多少。

如果要累加1 ~ 100之间的奇数，该怎么修改代码？显然，只需将i的初始值由2改为1即可。

在循环过程中，如果提前退出循环，可以用Exit For。例如：

```
Dim Sum As Integer
Dim i As Integer
For i = 1 To 100
    If i = 51 Then
        Exit For
    End If
    Sum = Sum + i
Next
OutPut.Show(Sum)
```

上面的代码实际上只是求得1～50的累计值，因为在计数器变量i等于51时程序退出了循环。如果将Exit For改成Continue For，将自动跳过当前循环直接进入下一次循环。例如：

```
Dim Sum As Integer
Dim i As Integer
For i = 1 To 100
    If i Mod 2 = 0 Then
        Continue For
    End If
    Sum = Sum + i
Next
Output.Show(Sum)
```

上面的代码累加了1～100之间的奇数。因为碰到偶数时就自动跳过而直接进入下一次循环了，因而偶数并没有累加到变量Sum中。

为简化代码，可在For语句中直接声明计数器变量，但要注意，此时计数器变量只能在循环体内使用，例如：

```
Dim Sum As Integer
For i As Integer = 1 To 100
    Sum = Sum + i
Next
Output.Show(Sum)
```

如果在上述代码的后面再加上输出语句：Output.Show(i)，将出现错误。

4.3.4 For Each语句

For Each 语句用来遍历一个集合或数组的全部成员，针对集合中的每个成员执行一次相同的代码。如下面的代码，首先定义一个字符串型集合，接着向集合加入一些值，最后利用For Each语句列出集合中所有的值：

```
Dim Values As New List(Of String)
Dim Value As String
Values.Add("北京市")
Values.Add("上海市")
Values.Add("天津市")
For Each Value In Values
    Output.Show(Value)
Next
```

你可以直接在For语句中声明循环变量，此时循环变量只能在循环体中使用。例如：

```
Dim Values As New List(Of String)
Values.Add("北京市")
Values.Add("上海市")
Values.Add("天津市")
For Each Value As String In Values
    Output.Show(Value)
Next
```

如果在上述代码的最后面再加上输出语句：Output.Show(Value)，将出现错误。

For Each 语句同样支持Exit For和Continue For。例如，下面的代码，检查集合中的每一个值，如果是北京市，则跳过本次循环直接进入下一次循环；如果是重庆市，则提示“找到重庆了”，并退出循环；如果是其他值，则显示该值：

```
Dim Values As New List(Of String)
Values.Add("北京市")
Values.Add("上海市")
Values.Add("天津市")
Values.Add("重庆市")
Values.Add("深圳市")
For Each Value As String In Values
    If Value = "北京市" Then
        Continue for
    ElseIf Value = "重庆市" Then
        Output.Show("找到重庆了")
        Exit For
    End If
    OutPut.Show(Value)
Next
```

上述代码执行后输出结果依次为：“上海市”“天津市”和“找到重庆了”。当代码遍历到“北京市”时，执行Continue For跳过当前循环，直接进入下次循环，所以没有输出“北京市”；当代码遍历到“重庆市”时，输出内容后执行Exit For退出循环，之后的元素不会再被遍历，所以“深圳市”也没有输出。

For Each语句不仅可以用来遍历集合，还可以遍历数组，例如：

```
Dim Names As String() = {"日期","客户","雇员"}
For Each Name As String In Names
    Output.Show(Name)
Next
```

上面的代码等效于：

```
Dim Names As String() = {"日期","客户","雇员"}
For i As Integer = 0 To Names.Length -1
    Output.Show(Names(i))
Next
```

用何种方式看各人喜好。但有时只能用For Next，如将数组元素倒序输出：

```
Dim Values As String() = {"1","3","5"}
For i As Integer = Values.Length - 1 To 0 Step - 1
    Output.Show(Values(i))
Next
```

这里从数组的最后一个元素开始遍历，步长为-1，输出的结果依次为5、3、1。对于这种遍历，For Each语句是无能为力的。集合也可以这样倒序遍历，不过要注意集合的长度属性是Count而不是Lenth。

遍历字典也是用For Each语句。字典其实本身有两个集合，分别为Keys(键集合)和Values（值集合）。下面是一个遍历字典的例子：

```
Dim zd As New Dictionary(Of Integer, String)
zd.Add(1,"苹果")
zd.Add(2,"香蕉")
```

```
zd.Add(3,"波罗")
For Each k As Integer In zd.Keys '遍历键集合，通过键获取对应的值
    Output.Show(K & ":" & zd(k))
Next
For Each v As String In zd.Values '直接遍历值集合
    Output.Show(v)
Next
```

4.3.5 Do...Loop语句

该语句比For…Next更加灵活，因为它既可以在循环的开始，也可以在循环的结尾测试执行条件，条件成立才继续执行。例如，以下代码是在循环开始测试条件的：

```
Dim Sum As Integer
Dim i As Integer = 50
Do While i < 50
    Sum = Sum + i
Loop
Output.Show(Sum)
```

以上代码执行后的输出结果为0，因为一开始条件就不成立，所以循环体内的代码没有执行。如果将While条件放到结尾：

```
Dim Sum As Integer
Dim i As Integer = 50
Do
    Sum = Sum + i
Loop While i < 50
Output.Show(Sum)
```

则输出的结果为50。很显然，两者的差别在于，当把While条件放到结尾时它至少会执行一次代码，因为它是在执行完代码后再比较条件。

需要注意的是，For...Next语句中的计数器变量是根据步长设置自动增加的；而在Do...Loop中，需要自行编写代码来改变计数器变量的值；否则程序将处于死循环之中。例如，求1 ~ 100的和：

```
Dim Sum As Integer
Dim i As Integer = 1
Do While i <= 100
    Sum = Sum + i
    i = i + 1   '省略此句i将永远为1,条件始终成立,导致死循环
Loop
Output.Show(Sum)
```

如果要累加1 ~ 100之间的偶数，那么代码应该是：

```
Dim Sum As Integer
Dim i As Integer = 2
Do While i <= 100
    Sum = Sum + i
    i = i + 2
Loop
Output.Show(Sum)
```

在循环过程中，如果需要提前退出循环，可以使用 Exit Do 和 Continue Do。这两个语句的作用和 For...Next语句中的Exit For和Continue For完全相同，一个是直接退出循环，一个是跳出当前

循环直接进入下一次循环。例如：

```
Dim Sum As Integer
Dim i As Integer = 1
Do While i <= 100
    Sum = Sum + i
    i = i + 1
    If i > 50 Then
        Exit Do
    End If
Loop
Output.Show(Sum)
```

上面的代码实际上只是求得1 ~ 50的累计值，因为在i>50时退出了循环。而下面的代码得到的只是1 ~ 100之间的奇数累计值：

```
Dim Sum As Integer
Dim i As Integer = 0
Do While i < 100
    i = i + 1
    If i Mod 2 = 0 Then
        Continue Do
    End If
    Sum = Sum + i
Loop
Output.Show(Sum)
```

当然，要累加1 ~ 100之间的奇数，更合理的代码应该是：

```
Dim Sum As Integer
Dim i As Integer = 1
Do While i < 100
    Sum = Sum + i
    i= i + 2
Loop
Output.Show(Sum)
```

4.3.6 With...End With 语句

Foxtable的移动开发文档大量地使用了With语句，该语句对代码的运行没有影响，只是用来简化代码，With之后紧跟一个对象，在With和End With之间可以用圆点符号“.”代替“变量.”。例如：

```
Dim StartDate As Date = Date.Today
With StartDate
    Output.Show("年:" & .Year)
    Output.Show("月:" & .Month)
    Output.Show("日:" & .Day)
End With
```

上面的代码等效于：

```
Dim StartDate As Date = Date.Today
Output.Show("年:" & StartDate.Year)
Output.Show("月:" & StartDate.Month)
Output.Show("日:" & StartDate.Day)
```

4.3.7 Return语句

Return语句用于终止代码的执行，如果需要还可以返回值。例如：

```
Dim Sum As Integer
Dim i As Integer
For i = 1 To 100
    If i = 51 Then '如果i等于51
       Return Sum '终止执行,并返回值
    End If
    Sum = Sum + i
Next
```

注意：在命令窗口或自定义函数中使用Return语句，必须有返回值；而在事件代码中，Return语句不能有返回值。

4.4 常见数据类型处理

我们已经学习了基本数据类型、运算符和流程控制语句，可以进行一些简单的数据处理工作了。但是一些数据处理通过简单的运算符是很难完成的，很多数据类型，如字符串、日期和时段，都提供了大量的成员用于辅助本类型数据的处理。此外，Foxtable也提供了相当多的函数用于处理数据。下面就来了解一下这些成员和函数。

4.4.1 使用字符串

字符串(String)本身可以看作一个字符型(Char)的数组，所以有Length属性，可以像数组一样访问指定位置的字符(元素)。例如，在命令窗口执行以下代码：

```
Dim s1 As String = "Foxtable"
Output.Show(s1.Length)
Output.Show(s1(0))
Output.Show(s1(2))
```

得到的输出结果依次为：8、F、x。

这个数组是只读的。如果想将第二个字符改为p，可在上述代码的最后面加上：

```
s(1) = "p"c
```

结果运行会出错。不过无需担心，String类提供了大量方法用于操控字符串，见下表。

名称	说明
StartsWith	判断字符串是否以给定的子字符串开头
EndsWith	判断字符串是否以给定的子字符串结尾
Trim	删除字符串前后的空格或指定的单个字符
TrimEnd	删除字符串后面的空格或指定的字符，用法和Trim相同
TrimStart	删除字符串前面的空格或指定的字符，用法和Trim相同
IndexOf	查找给定的子字符串第一次出现的位置，没找到时返回-1

续表

名称	说明
LastIndexOf	查找给定的子字符串最后一次出现的位置，从后往前找，没找到时返回-1
ToUpper	将字符串转换为大写
ToLower	将字符串转换为小写
SubString	返回从指定位置开始指定长度的子字符串
Replace	查找并替换指定的子字符串
Insert	在指定位置插入一个子字符串
Remove	从指定位置开始，删除指定个数的字符
Split	用指定的分隔符将字符串分隔成一个字符串数组

在使用上述方法处理字符串之前，需要先明确以下两个问题。

第一，以上方法很多用到位置参数，位置是从0开始编号的，第一个字符的编号是0。

第二，字符串本身是不可以更改的，这个比较难理解，下面用例子说明。

在命令窗口执行以下代码，需注意代码中的注释：

```
Dim s1 As String = "Foxtable"
Output.Show(s1(2)) '输出x,编号从0开始,所以位置2的字符是x
s1.Insert(1,"M")  '将字符M插入到位置1
Output.Show(s1) '输出依然是"Foxtable",说明变量s1的值并未改变
s1 = s1.Insert(1,"M") '解决的办法是将修改结果赋值回变量s1
Output.Show(s1) '输出的是"FMoxtable",修改成功
```

Foxtable中各种数组、集合、字典等的编号都是从0开始，今后不会再重复提醒。

有了上述基础，现在通过一个综合示例来测试字符串的常用方法，同样需在命令窗口执行，并注意代码中的注释：

```
Dim str As String = " I Love Foxtable" '注意前面有一个空格
Output.Show(str.StartsWith("I")) '输出False, 是否以"I"开头
Output.Show(str.EndsWith("table")) '输出True, 是否以"table"结尾
str = str.Trim(" ") '删除前后空格
Output.Show(str.StartsWith("I")) '输出True, 是否以"I"开头
Output.Show(str.Indexof(" ")) '输出1, 第一个空格出现的位置
Output.Show(str.LastIndexof(" ")) '输出6, 最后一个空格出现的位置
Output.Show(str.Indexof("Love")) '输出2, 2为"Love"出现在str中的位置
Output.Show(str.IndexOf("pro")) '输出-1, "pro"没有出现在str1中,所以返回-1
Output.Show(str.SubString(2,4)) '输出Love, 从位置2开始截取4个字符
str = str.Replace("I","We") '将I替换为We
Output.Show(str) ' 输出We Love Foxtable
Str = Str.Remove(2,5) '从位置2开始,删除5个字符
Output.Show(str) '输出 We Foxtable
```

Trim、TrimStart和TrimEnd都可以指定多个要删除的字符。例如，删除首尾方括号：

```
Dim s1 As String = "[Foxtable]"
s1 = s1.Trim("[", "]")
```

Split方法用于将字符串用指定的分隔符，分隔为一个数组。例如，在命令窗口执行代码：

```
Dim Multi As String = "ab|cd|ef"
Dim Values() As String
Values = Multi.split("|")
For Index As Integer = 0 To Values.Length - 1
    Output.Show(Values(Index))
Next
```

得到的输出结果依次为ab、cd、ef。可以指定多个分隔符，例如：

```
Dim Value As String = "foxtable|access/foxpro|excel/egrid"
Dim Names() As String  = Value.Split("|"c,"/"c) '每个分隔符必须后跟字符标记c
For Each name As String In Names
    Output.Show(Name)
Next
```

在命令窗口执行上述代码后，输出结果依次为foxtable、access、foxpro、excel、egrid，可以看到，”|”和”/”都参与了内容的分隔。

有时则需要反过来，将数组的全部元素串接为一个字符串，要实现这个功能可以使用String类型的共享方法Join，例如：

```
Dim Parts() As String = {"中国","上海","浦东"}
Dim Str1 As String
Str1 = String.Join("\", Parts)
Output.Show(Str1)
```

在命令窗口执行上述代码，得到的结果是“中国\上海\浦东”。如果要得到“中国上海浦东”这样的输出结果怎么办？很简单，将第一个参数由“\”改为""即可。

- 两个辅助函数

如果要取字符串左侧指定个数的字符，如取左侧3个字符，代码通常为：

```
Dim v As String  = "Foxtable"
Output.show(v.SubString(0,3))
```

如果要取右边3个字符，则更麻烦：

```
Dim v As String  = "Foxtable"
Dim i As Integer = v.Length
If i >= 3 Then
    Output.show(v.SubString(i - 3, 3))
Else
    Output.show(v)
End If
```

而在开发过程中，取左侧或右侧指定个数的字符是很常见的任务，所以Foxtable提供了Left和Right两个函数，分别用于取左侧和右侧指定个数的字符。例如：

```
Dim s1 As String  = "Foxtable"
Dim s2 As String = Left(s1,3)  '取左侧3个字符:Fox
Dim s3 As String = Right(s1,5) '取右侧5个字符:table
```

4.4.2 使用单字符

单字符的类型为Char，Char类型的成员有下表所列的几个。

	名称	说明
方法	ToUpper	将字符转换为大写
	ToLower	将字符转换为小写
共享方法	IsControl	判断指定的字符是否属于控制字符类别

	IsDigit	判断指定的字符是否属于十进制数字类别。例如：
		If Char.IsDigit("1") Then
		    Output.Show("这是一个数字!")
		End If

	IsLetter	判断指定的字符是否属于字母类别
	IsLetterOrDigit	判断指定的字符是否属于字母或十进制数字类别
	IsLower	判断指定的字符是否属于小写字母类别
	IsNumber	判断指定的字符是否属于数字类别
	IsPunctuation	判断指定的字符是否属于标点符号类别
	IsSeparator	判断指定的字符是否属于分隔符类别
	IsSymbol	判断指定的字符是否属于符号字符类别
	IsUpper	判断指定的字符是否属于大写字母类别
	IsWhiteSpace	判断指定的字符是否属于空白类别
	Split	用指定的分隔符将字符串分隔成一个字符串数组

4.4.3 使用日期

Date类型的数据，可以是日期，可以是时间，也可以同时包括日期和时间。例如：

```
Dim d1 As Date = #12/31/2008#
Dim d2 As Date = #12/31/2008 12:30:59#
Dim d3 As Date = #12:30:21#
```

实际上，Date类型的变量始终包括日期和时间部分，赋值时如果省略时间，那么时间部分是#00:00:00#；如果省略日期，那么日期部分是#1/1/0001#。

Date类型提供了很多成员用于处理日期时间数据，其中比较常用的有下表所列的几个。

	名称	说明
属性	Date	返回日期时间值的日期部分（包含年月日）。例如： Dim d1 As Date = #12/31/2008 12:30:59# Dim d2 As Date = d1.Date Output.Show(d2) '#12/31/2008#
	Year	返回日期值中的年份，例如： Dim dm As Date = #9/17/2018 09:29:57# Output.Show(dm.Year) '2018 Output.Show(dm.Month) '9 Output.Show(dm.Day) '17 Output.Show(dm.Hour) '9 Output.Show(dm.Minute) '29 Output.Show(dm.Second) '57
	Month	返回日期值中的月份
	Day	返回日期值中的天
	Hour	返回日期时间值的小时部分

续表

<table>
<tr><th></th><th>名称</th><th>说明</th></tr>
<tr><td rowspan="3">属性</td><td>Minute</td><td>返回日期时间值的分钟部分</td></tr>
<tr><td>Second</td><td>返回日期时间值的秒部分</td></tr>
<tr><td>DayOfWeek</td><td>返回一周中的第几天，也就是星期几。星期日为0，其他为1～6。例如：<pre>Dim d As Date = #12/31/2007#
Dim Week As String = "日一二三四五六"
Dim Result As String = "星期" & Week(d.DayOfWeek)
Output.Show(Result) '星期一</pre></td></tr>
<tr><td rowspan="7">方法</td><td>Add</td><td>给日期值加上一个时段(TimeSpan)值</td></tr>
<tr><td>AddYears</td><td>给日期值加上指定的年数。例如：<pre>Dim dm As Date = #9/17/2018 09:29:57#
dm = dm.Date.AddYears(1).AddMonths(2) '获取一年两个月后的日期
Output.Show(dm) '2019-11-17
dm = dm.AddHours(12) '再加上12个小时
dm = dm.AddMinutes(45) '再加上45分钟
Output.Show(dm) '2019-11-17 12:45:00</pre></td></tr>
<tr><td>AddMonths</td><td>给日期值加上指定的月数</td></tr>
<tr><td>AddDays</td><td>给日期值加上指定的天数</td></tr>
<tr><td>AddHours</td><td>给时间值加上指定的小时数</td></tr>
<tr><td>AddMinutes</td><td>给时间值加上指定的分钟数</td></tr>
<tr><td>AddSeconds</td><td>给时间值加上指定的秒数</td></tr>
</table>

Date类型还提供了下表中的共享成员。

<table>
<tr><th>名称</th><th>说明</th></tr>
<tr><td>Today</td><td>返回计算机的当前日期，不含时间</td></tr>
<tr><td>Now</td><td>返回计算机的当前时间(含日期)。例如：<pre>Dim t As Date = Date.Now
Output.Show(t)</pre></td></tr>
<tr><td>IsLeapYear</td><td>判断指定的年份是否是阳历闰年。例如：<pre>Dim Leap As Boolean = Date.IsLeapYear(1999)
Output.Show(Leap)   'False</pre></td></tr>
<tr><td>DaysInMonth</td><td>返回指定月份的天数，通过该方法可获得指定月的最后一天日期。例如：<pre>Dim Days As Integer = Date.DaysInMonth(2007,2)
Dim LastDay As Date = New Date(2007,2,Days)
Output.Show(LastDay)   '2007-02-28</pre></td></tr>
</table>

4.4.4 使用时段

时段的类型为TimeSpan，时段就是一段时间范围。

两个日期(Date)相减，得到的就是一个时段(TimeSpan)，在命令窗口执行：

```
Dim d1 as Date = #3/17/2012 12:30:29#
Dim d2 as Date = #1/1/2018 10:11:49#
```

```
Dim t As TimeSpan = d2 - d1
Output.Show(t.Days & "天" & t.Hours & "小时" & t.Minutes & "分" & t.Seconds & "秒")
```

得到的输出结果是：2115天21小时41分20秒。

除了Days、Hours、Minutes和Seconds属性，对应的还有TotalDays、TotalHours、TotalMinutes、TotalSeconds属性，这些属性分别将时段转换为一个以天、小时、分钟和秒计算的数值。例如，有时为了测试代码的效率，需要记录代码执行所耗费的秒数，可以参考下面的代码：

```
Dim st As Date = Date.Now
Dim tp As TimeSpan
Dim Sum As Long
For i As Integer = 1 To 100000000
    Sum = Sum + i
Next
tp = Date.Now - st
Output.Show("耗时: " &  tp.TotalSeconds & "秒")
```

在命令窗口测试，显示结果为"耗时: 0.2461646秒"。

也可以直接创建一个时段，语法为：

```
New TimeSpan(days, hours, minutes, seconds, milliseconds)
```

这里的days 表示天数，hours 表示小时数，minutes 表示分钟数，seconds 表示秒数，milliseconds表示毫秒数。如果时段不需要精确到毫秒，可以省去最后一个参数；如果时段不足一天，则可以把第一个参数省去。例如，以下代码就创建了多个时段数据对象：

```
Dim tp1 As New TimeSpan(20,13,45) '20 小时13 分45 秒
Dim tp2 As New TimeSpan(1,20,13,45) '1 天20 小时13 分45 秒
Dim tp3 As New TimeSpan(1,20,13,45,200) '1 天20 小时13 分45 秒200 毫秒
Dim tp4 As New TimeSpan(0,0,0,200) '200 秒
Dim tp5 As New TimeSpan(0,0,0,0,200) '200 毫秒
```

两个时段相加或相减，得到的是一个新的时段，而给日期加上或减去一个时段，得到的是一个新的日期。例如，希望得到某天之后100天18小时30分之后的日期，代码为：

```
Dim dt As Date = Date.Now
Dim tp As New TimeSpan(100,18,30,0) '100天18小时30分
Dim dt1 As Date = dt.Add(tp)
Dim dt2 As Date = dt.AddHours(100).AddHours(18).AddMinutes(30)
Output.Show(dt1)
Output.Show(dt2)
```

这里用了两种方式来实现，可以看到得到的结果是一样的。

- DateYMD 函数

如果要计算两个日期之间相差的年月日，使用TimeSpan还是不够方便，为此Foxtable提供了一个DateYMD函数，其语法为：

```
DateYMD(dt1, dt2, y, m, d)
```

dt1: 第一个日期；

dt2: 第二个日期；

y: 整数型变量，用于保存两个日期之间相差的年数。

m：整数型变量，用于保存两个日期之间相差的月数。

d：整数型变量，用于保存两个日期之间相差的日数。

例如，在命令窗口执行下面的代码：

```
Dim y,m,d As Integer
Dim dt1 As Date = #2/28/2012#
Dim dt2 As Date = #2/22/2016#
DateYMD(dt1,dt2,y,m,d)
Output.Show(y & "年" & m & "月" & d & "日")
```

输出的结果是：3年11月25日，也就是两个日期相差3年11个月25日。

4.4.5 使用函数

除了各数据类型成员，Foxtable还提供了大量的函数用于辅助数据处理，如之前介绍的DateYMD、Left和Right函数等。因为篇幅关系，没有办法在本书介绍所有函数，接下来仅学习一些其他常用函数，更多的函数介绍可参考官方文档。

❶ 中文转换函数

Foxtable提供了下表所列函数用于将数字和日期转换为中文字符串。

名称	说明
CUMoney	将数值转换为中文货币格式。例如： `Output.Show(CUMoney(12345.12)) '壹万贰千叁佰肆拾伍圆壹角贰分`
CUNumber	将数值转换为中文格式。例如： `Output.Show(CUNumber(123.45)) '壹佰贰拾叁点肆伍`
CUNum	将数字转换为中文大写格式，只能处理整数。例如： `Output.Show(CUNum(123)) '壹贰叁`
CLNum	将数字转换为中文小写格式，只能处理整数。例如： `Output.Show(CLNum(123)) '一二三`
CCNumber	将数字转换为符合支票要求的中文格式，只能处理整数。例如： `Output.Show(CCNumber(5)) '零伍`

CLDate	将日期转换为小写中文格式。例如：
	`Dim d As Date = #12/31/2007#`
	`Output.Show(CLDate(d)) '二〇〇七年十二月三十一日`

CUDate	将日期转换为大写中文格式。例如：
	`Dim d As Date = #12/31/2007#`
	`Output.Show(CUDate(d)) '贰零零柒年拾贰月叁拾壹日`

CCDate	将日期转换为符合支票格式的大写中文格式。例如：
	`Dim d As Date = #12/31/2007#`
	`Output.Show(CCDate(d)) '贰零零柒年壹拾贰月叁拾壹日`

❷ 英文转换函数

Foxtable提供了下表所列函数，用于将数值转换为英文字符串。

名称	说明
EUMoney	将数值转换为英文货币格式。例如： `Output.Show(EUMoney(123.45))` 输出结果：One Hundred And Twenty Three Dollars And Forty Five Cents
EUNumber	将整数转换为英文大写。例如： `Output.Show(EUNumber(12345))` 输出结果：Twelve Thousand Three Hundred Forty Five

❸ 身份证函数

Foxtable提供了下表所列函数用于验证身份证号码以及从身份证号码中提取出生日期和性别。

名称	说明
ReadBirthDay	从身份证号码中读取出生日期
ReadSex	从身份证号码中读取性别
ValidPIN	用于校验身份证号码是否有效

请在命令窗口执行以下代码，用以测试以上函数：

```
Dim Identify As String = "610231197005212768"
If ValidPIN(Identify) = False Then
    Output.Show("无效身份证号码")
Else
    Dim sex As String = ReadSex(Identify)
    Dim bth As Date = ReadBirthDay(Identify)
    Output.Show("性别:" & Sex & ",出生日期:" & bth)
End If
```

得到的输出结果为“性别:女,出生日期:1970-05-21”。

❹ 其他转换函数

Foxtable提供的其他转换函数如下表所示。

名称	说明

GetPinYin	将指定汉字转换为拼音格式。此函数有个可选参数：0为默认，表示返回完整拼音，1返回由首字母组成的拼音缩写，2返回包括声调的完整拼音。例如：
	`Output.Show(GetPinYin("中国"))    'zhong guo`
	`Output.Show(GetPinYin("中国", 1))    'zg`
	`Output.Show(GetPinYin("中国", 2))    'zhong1 guo2`

StrToSimplified	将字符串转换为中文简体。例如： `Output.Show(StrToSimplified("臺灣"))    '台湾`

续表

名称	说明
StrToTraditional	将字符串转换为中文繁体。例如： `Output.Show(StrToTraditional ("台湾"))    '臺灣`
StrToWide	将字符串转换为全角。例如： `Output.Show(StrToWide("123"))    '123`

StrToNarrow	将字符串转换为半角。例如：
	`'''`
	`Output.Show(StrToNarrow("123"))    '123`
	要在代码中输入全角字符，需要在编辑器的第一行位置加上开关标记'' '；否则输入代码的过程中123就会自动变为123了

❺ Format函数

Format函数用于格式化数据。在打印或者显示时，用户可能有一些特殊的格式要求，如固定小数位数、用中文的年月日代替日期中的分隔横线等，Format函数正是针对这种需要提供的。此函数主要用于格式化数字和日期时间，通过一些约定的格式字符来标记格式。你可以在命令窗口执行下面的代码，体验一下Format函数是如何格式化数据的，每行代码后的注释就是对应的输出结果：

```
Output.Show(Format(1,"000")) '001
Output.Show(Format(1.2,"0.00")) '1.20
Output.Show(Format(#8/31/2008#,"yyyy年MM月dd日")) ' 2008年08月31日
Output.Show(Format(#8/31/2008#,"M月dd日")) '8月31日
Output.Show(Format(#8/31/2008 12:30#,"M月dd日HH时mm分")) '8月31日12时30分
Output.Show(Format(#8/31/2008 12:30#,"HH时mm分")) '12时30分
Output.Show(Format(#12:30:21#,"HH时mm分ss秒")) '12时30分21秒
```

Format函数的常用格式字符如下表所示。

字符	说明

0	数字占位符。显示一个数字或0。如果对应位置有数字，则显示该数字；否则在该位置显示0，例如：
	`Format(12,"000")  '012`
	`Format(12,"0")  '12`
	`Format(12,"0.00")  '12.00`
	`Format(12,"00.00")  '12.00`
	`Format(0.5,"0.0")  '0.5`
	`Format(10.56,"0.0")  '10.6`
	`Format(10.56,"00.00")  '10.56`

.	小数点占位符。例如：
	`Format(0.568,"0.00")  '0.57`
	`Format(0.56,"0.00")  '0.56`
	`Format(0.5,"0.00")  '0.50`

续表

字符	说明

%	百分比占位符，用百分比形式显示数字。例如：
	`Format(0.56578,"0.00%") '56.58%`
	`Format(0.5657,"0.00%") '56.57%`
	`Format(0.565,"0.00%") '56.50%`

yy	以带前导零的两位数字格式显示年份

yyyy	以4位数字格式显示年份。例如:
	`Format(#12/31/2008#, "yy-MM-dd") '08-12-31`
	`Format(#12/31/2013#, "yy年MM月dd日") '13年29月31日`
	`Format(#12/31/2008#, "yyyy-MM-dd") '2008-12-31`
	`Format(#12/31/2008#, "yyyy年MM月dd日") '2008年12月31日`

M	将月份显示为不带前导零的数字

MM	将月份显示为带前导零的两位数字。例如：
	`Format(#2/8/2008#, "yyyy-MM-dd") '2008-02-08`
	`Format(#2/8/2008#, "yyyy-M-d") '2008-2-8`

d	将日显示为不带前导零的数字
dd	将日显示为带前导零的两位数字
h	使用 12 小时制将小时显示为不带前导零的数字
hh	使用 12 小时制将小时显示为带前导零的两位数字
H	使用 24 小时制将小时显示为不带前导零的数字

HH	使用 24 小时制将小时显示为带前导零的两位数字。例如：
	`Format(#2:3:9#, "HH:m:s") '2:3:9`
	`Format(#2:3:9#, "HH:mm:ss") '02:03:09`
	`Format(#14:3:9#, "HH:m:s") '14:3:9`
	`Format(#14:3:9#, "HH:mm:ss") '14:03:09`

m	将分钟显示为不带前导零的数字（如 12:1:15）
mm	将分钟显示为带前导零的两位数字（如 12:01:15）
s	将秒显示为不带前导零的数字（如 12:15:5）
ss	将秒显示为带前导零的两位数字（如 12:15:05）

❻ 加密、解密函数

EncryptText和DecryptText是一对用于对字符串进行加、解密的函数，二者语法相同：

```
函数名(String,Key1,Key2)
```

其中，String为要加密或解密的字符串；Key1和Key2分别是密钥。对于同一个字符串，当使用不同的密钥加密时，会得到不同的加密结果；当使用DecryptText函数解密经由EncryptText函数加密的字符串时，两者的密钥必须相同。例如：

```
Dim s As String = "职场码上汇"
Dim s1 As String = EncryptText(s,"a23","op#") '加密
Dim s2 As String = DecryptText(s1,"a23","op#") '解密
Output.Show("加密后:" & s1)    'OczxwfqtyYje5oIXKNmpFA==
Output.Show("解密后:" & s2)    '职场码上汇
```

EncryptFile与DecryptFile两个函数分别用于文件的加密和解密。不论是加密还是解密，操作成功返回True；否则返回False。其语法分别为：

```
EncryptFile(InFile, OutFile, PassWord)
DecryptFile(InFile, OutFile, PassWord)
```

对于加密函数EncryptFile来说，第1个参数表示要加密的文件，第2个参数表示加密后生成的文件；

对于解密函数DecryptFile来说，第1个参数表示要解密的文件，第2个参数表示解密后生成的文件。

第3个参数都是表示密码，要对同一个文件进行加、解密，两个函数使用的密码必须相同。例如：

```
EncryptFile("c:\temp\Logo.jpg", "c:\temp\Logo2.jpg", "fox123")
DecryptFile("c:\temp\Logo2.jpg", "c:\temp\Logo3.jpg", "fox123")
```

第一行代码将文件Logo.jpg加密成Logo2.jpg，第二行代码将Logo2.jpg解密成Logo3.jpg。这样处理之后，Logo2.jpg无法打开，而Logo.jpg和Logo3.jpg都可以正常打开。

❼ 数学函数

Foxtable提供了一个Math类，该类以共享成员的形式，提供了三角函数、对数函数和其他各种函数，全部的函数可参考官方文档，下表列出了其中一些常用的数学函数。

名称	说明
Abs	返回指定数字的绝对值。例如： `Math.Abs(-1.23)      '1.23`

Round	将值舍入到接近的整数或指定的小数位数。例如：
	`Math.Round(3.44, 1) '3.4`
	`Math.Round(3.45, 1) '3.4`
	`Math.Round(3.46, 1) '3.5`

Ceiling	返回大于或等于指定数字的小整数。例如： `Math.Ceiling(123.1) '124`
Floor	返回小于或等于指定数字的大整数。例如： `Math.Floor(8.9)  '8`
Max	返回两个指定数字中较大的一个。例如： `Math.Max(100,56)  '返回100`
Min	返回两个指定数字中较小的一个。例如： `Math.Min(2.46,9.27) '返回2.46`

❽ 财务函数

如果你不是财务人员，可以忽略本节内容。Foxtable提供的财务函数有下表所列的几个。

名称	说明
DDB	返回用双倍余额递减法或其他指定某些方法，计算特定周期内资产的折旧
FV	返回基于等额分期付款和固定利率的未来年金值
IPmt	返回在定期偿还固定款项和利率不变的条件下，年金在给定期次内所支付的利息
IRR	返回一系列定期现金流（支出和收入）的内部收益率
MIRR	返回一系列的周期性现金流（支出或收入）的修正内部利率
NPer	返回根据定期定额支付和固定利率而定的年金的期数
NPV	基于一系列定期现金流（支出和收入）和贴现率，返回投资的净现值
Pmt	指定根据定期定额付款和固定利率而定的年金的付款金额
PPmt	返回根据定期定额支付和固定利率而定的年金在指定期间内的本金偿付额
PV	返回根据要在将来支付的定期、定额付款和固定利率指定年金的现值
Rate	返回每一期的年金利率
SLN	指定在一段时间内资产的直线折旧
SYD	返回在指定期间内资产按年限总和折旧法计算的折旧
InTax	计算个人所得税

例如，假定收入为5000，个税起征点为3500，计算个人所得税的代码为：

```
Dim Tax As Double
Tax = InTax(5000 - 3500)
Output.Show(Tax)
```

再例如，你按揭买房时，可以用下面的代码计算出每月还款金额：

```
Dim rate As Double = 0.068 '年利率6.8
Dim pv As Double = 600000 '贷款金额60万
Dim years As Double = 20 '按揭20年
Dim pmv As Double = -Pmt(rate / 12, years * 12, pv) '每月还款金额
Return pmv
```

财务函数的使用涉及专业财务知识，具体使用方法可参考官方文档。

4.5 常用对话框

4.5.1 信息显示对话框

MessageBox是一个预定义对话框类，用于向用户显示信息，该对话框还可以根据需要显示多个按钮，可以根据用户单击的按钮执行对应的操作。

MessageBox有一个共享方法Show，用于显示对话框，语法为：

```
MessageBox.Show(Message, Caption, Buttons, Icon)
```

各参数说明如下表所示。

参数	说明
Message	要显示的信息
Caption	对话框标题
Buttons	可选参数，指定要显示的按钮，MessageBoxButtons型枚举，有以下可选值： AbortRetryIgnore：包含【中止】【重试】和【忽略】按钮； OK：包含【确定】按钮； OKCancel：包含【确定】和【取消】按钮； RetryCancel：包含【重试】和【取消】按钮； YesNo：包含【是】和【否】按钮 YesNoCancel：包含【是】【否】和【取消】按钮。 如果省略，则显示【确定】按钮
Icon	可选参数，指定要显示的图标，MessageBoxIcon型枚举，有以下可选值： Information（信息）、Error（错误）、Question（提问）、Warning（警告）、None（不显示图标）

除了第一个参数，其余都是可选参数。例如，在命令窗口执行下面的代码：

```
MessageBox.Show("订单审核完毕! ","提示",MessageBoxButtons.OK,MessageBoxIcon.Information)
```

显示的对话框如下图所示。

你可能觉得上面的代码输入非常麻烦，特别是枚举值的输入。其实不然，现在就来测试一下。

- 输入me，按“Tab”键，自动变为：MessageBox。
- 继续输入MessageBox.s，按“Tab”键，自动变为：MessageBox.Show。
- 继续输入显示内容和标题：MessageBox.Show("订单审核完毕! ","提示"。
- 输入一个逗号，按“Tab”键，精灵自动列出MessageBoxButtons的可选值供选择，选择OK，现在变为：MessageBox.Show("订单审核完毕! ","提示",MessageBoxButtons.OK。
- 输入一个逗号，按“Tab”键，从列出的MessageBoxIcon可选值中选择Information，现在变为：MessageBox.Show(“订单审核完毕! “,” 提示” ,MessageBoxButtons.OK,MessageBoxIcon.Information。
- 最后输入右括号。

整个输入过程涉及类型、成员和枚举的输入，只有3个字符，分别是"me” 和"s” ，这是最后一次介绍精灵的使用，希望大家掌握好。

Show方法的返回值是一个DialogResult型的枚举值，用于判断用户单击了哪个按钮。可选值有下表所列几种。

可选项	对应值	对应按钮
OK	1	单击【确定】按钮
Cancel	2	单击【取消】按钮
Abort	3	单击【中止】按钮
Retry	4	单击【重试】按钮
Ignore	5	单击【忽略】按钮
Yes	6	单击【是】按钮
No	7	单击【否】按钮

例如，在命令窗口执行下面的代码：

```
    Dim Result As DialogResult
    Result = MessageBox.Show("确定要删除?","提示",MessageBoxButtons.YesNoCancel,MessageBoxIcon.
Question)
    If Result = DialogResult.Yes Then
        MessageBox.Show("您单击了【是】按钮","提示")
    ElseIf Result = DialogResult.No Then
        MessageBox.Show("您单击了【否】按钮","提示")
    Else
        MessageBox.Show("您单击了【取消】按钮","提示")
    End If
```

显示的对话框如下图所示。

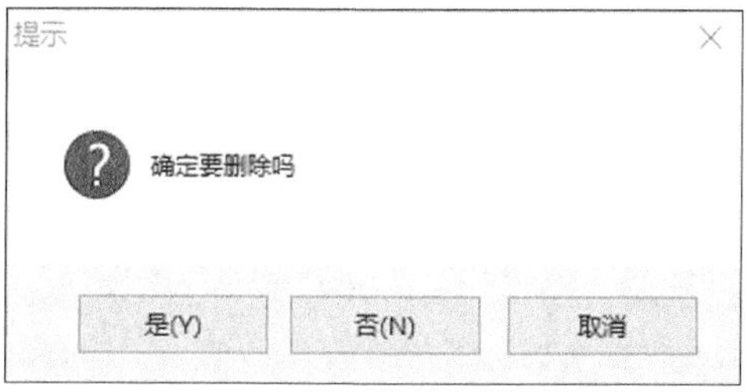

4.5.2 打开文件对话框

打开文件对话框是通过OpenFileDialog类实现的，下面用一个小例子来说明其用法，请在命令窗口执行下列代码：

```
Dim dlg As New OpenFileDialog '定义一个新的OpenFileDialog
dlg.Filter= "文本文件|*.txt" '设置文件类型筛选器
If dlg.ShowDialog = DialogResult.Ok Then '用户是否单击了"确定"按钮
    MessageBox.Show("你选择的文件是:"  & vbcrlf & dlg.FileName )
End If
```

OpenFileDialog使用起来很简单，Filter属性用于设置文件类型筛选器，格式为“文件类型|*.后缀名”；ShowDialog方法用于显示对话框，该方法的返回值是一个DialogResult型枚举值，可据此判断用户单击的是哪个按钮；FileName属性用于获取用户选择的文件名(含路径)。

OpenFileDialog还有一个MultiSelect属性，如果设置为True，则允许用户选择多个文件；FileNames属性是一个数组，包含用户获取用户选择的所有文件。例如：

```
Dim dlg As New OpenFileDialog
dlg.Filter= "文本文件|*.txt"
dlg.MultiSelect = True
If dlg.ShowDialog = DialogResult.Ok Then
    Output.Show("你选择了" & dlg.FileNames.Length & "个文件,分别是:")
    For Each file As String In dlg.FileNames
        Output.Show(file)
    Next
End If
```

4.5.3 保存文件对话框

保存文件对话框是通过SaveFileDialog类实现的，同样用一个例子说明其用法，假定希望在菜单或窗口中设计一个按钮，用于将订单表保存为Excel文件，并由用户选择保存目录和文件名，这个按钮的Click事件代码为：

```
Dim dlg As New SaveFileDialog '定义一个新的SaveFileDialog
dlg.Filter= "Excel文件|*.xls" '设置文件类型筛选器
If dlg.ShowDialog = DialogResult.Ok Then '用户是否单击了确定按钮
    Tables("订单").SaveExcel(dlg.FileName, "订单")  '将订单表保存为Excel文件
End If
```

这段代码也可以直接在命令窗口执行。可以看到，SaveFileDialog和OpenFileDialog的用法基本一样，这里就不重复介绍各属性和方法了。

4.5.4 弹窗提示对话框

通知某个订单待处理，通知某个用户已经上线（Foxtable内置了OpenQQ，可以轻松开发企业专属的IM系统），这些信息并不适合用Messagebox显示，可以用PopMessage函数以弹窗形式，在屏幕右下角显示提示信息，其语法为：

```
PopMessage(Message, Caption, Icon, Duration)
```

Message和Caption分别为要显示的内容和标题；Icon是PopIconEnum型枚举值，用于指定显示的图标，其可选值有Infomation、OK、Alert、Error、Question；Duration用于指定多少秒之后自动关闭提示窗口，如果省略此参数，则只能手工关闭。后3个参数都是可选的，所以在屏幕右下角弹出一个提示框，其代码很简单。例如：

```
PopMessage("欢迎使用Foxtable 2018")
```

显示的提示窗口如下图所示。

再如，在提示框中显示错误图标，提示5秒钟后自动关闭，参考代码为：

```
PopMessage("登录失败,超过最大允许在线用户数!","错误", PopIconEnum.Error, 5)
```

显示的提示窗口如下图所示。

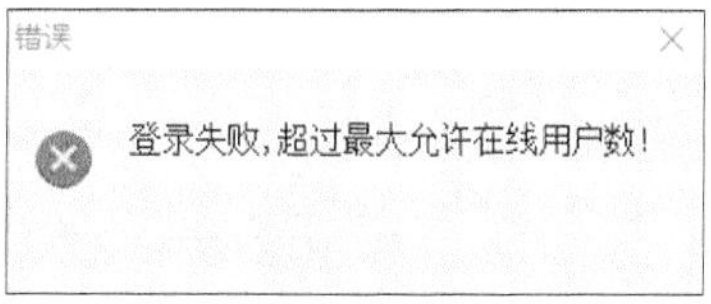

4.5.5 信息输入对话框

Foxtable本身具备窗口设计功能，但对于一些单值输入任务，没有必要专门设计一个窗口，可以用输入对话框函数来实现。Foxtable提供了两个输入对话框函数。

❶ InputValue函数

该函数用于显示一个单值输入对话框，语法格式如下：

```
InputValue(Variant, Caption, Description)
```

其中，Variant表示用于接收输入值的变量；Caption表示对话框标题；Description用于设置对话框说明。该函数返回一个逻辑值：如果用户在对话框中单击的是【确定】按钮，则返回True；否则返回False。

例如，下面的代码：

```
Dim Val As Date = Date.Today
If InputValue(Val, "提示", "请输入日期:") = True Then
    MessageBox.Show(Val)
End If
```

运行效果如下图所示。

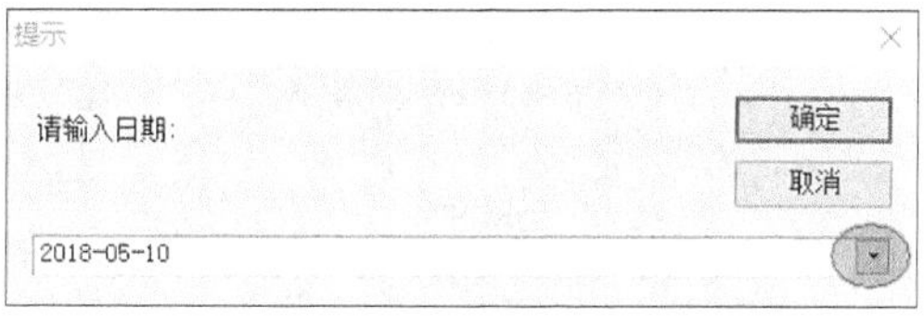

这里负责接收输入数据的变量类型为Date，因而单击上图中所示的下拉箭头，会出现一个日历用于选择日期。同理，如果变量类型为数值型，则会自动调出内置的计算器。

❷ InputPassword函数

该函数用于显示一个密码输入对话框。该函数的用法和InputValue完全相同，只不过输入的内容以*表示。例如，下面的代码：

```
Dim Val As String
If InputPassword(Val,"提示","请输入密码") Then
    MessageBox.Show(Val)
End If
```

显示效果如下图所示。

Foxtable还提供了颜色对话框和字体对话框，分别用于选择颜色和字体。由于这些对话框不太常用，所以本书就不介绍了，有兴趣的读者可参考官方文档。

4.6 用户信息

Foxtable通过系统变量User获取当前登录用户。这是一个UserInfo类型的系统变量，其属性、方法如下表所列。

	名称	说明
属性	Name	返回用户名
	Group	返回用户分组
	Roles	返回用户角色。一个用户可以有多个角色，用逗号分隔
	Default	逻辑型。如果是默认用户，则返回True；否则返回False
	Type	返回用户级别(类型)。这是UserTypeEnum型枚举，包括以下可选值：Developer（开发者）、Administrator（管理员）、User（普通用户）
	ExtendedValues	返回用户扩展属性集合，可通过该集合获得指定名称的扩展属性值。例如： `Dim IP As String = User.ExtendedValues("IP")` 注意：名为IP的扩展属性需事先定义

方法	IsRole	用于判断用户是否属于某个具体的角色。例如：
		`If User.IsRole("审核") Then '假如事先定义了名称为审核的角色`
		`    MessageBox.Show("当前用户具备审核功能!")`
		`End If`

例如，列出当前登录用户的详细信息：

```
Output.Show("用户名:" & User.Name)
Output.Show("用户分组:" & User.Group)
Output.Show("用户角色:" & User.Roles)
Select Case User.Type
    Case UserTypeEnum.Developer
        Output.Show("用户级别:" & "开发者")
    Case UserTypeEnum.Administrator
        Output.Show("用户级别:" & "管理员")
    Case UserTypeEnum.User
        Output.Show("用户级别:" & "普通用户")
End Select
```

如要返回当前项目的所有用户信息，可以使用Users集合。例如：

```
For Each us As UserInfo In Users '类型必须是UserInfo
    Output.show("分组:" & us.Group)
    Output.Show("名称:" & us.Name)
Next
```

也可以直接获得指定名称的用户。例如：

```
Dim us As UserInfo = Users("周明") '类型必须是UserInfo
Output.show("分组:" & us.Group)
Output.Show("名称:" & us.Name)
```

4.7 自定义函数

截至目前，已经用过很多函数。但这些函数都是Foxtable原生的，可以直接使用。实际开发过程中，为方便代码的重用，也可以自定义函数。

在【管理项目】功能区的【设计】功能组中，单击【内部函数】按钮，即可定义自己的函数。见下图。

下图是Foxtable的【内部函数】管理对话框，我们已经在这里定义了一个名称为Max的函数。

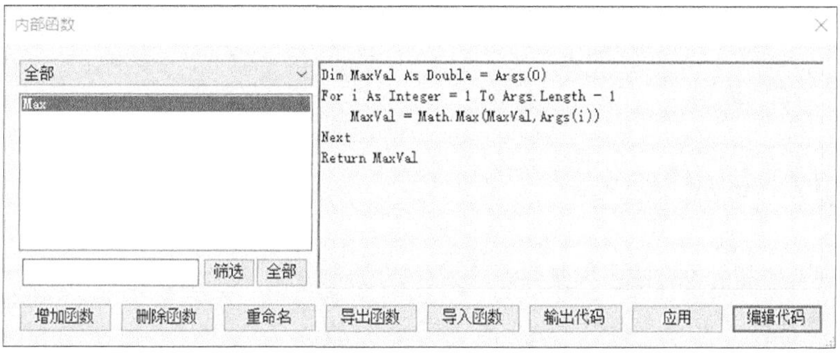

该自定义函数Max的代码为：

```
Dim MaxVal As Double = Args(0)
For i As Integer = 1 To Args.Length - 1
    MaxVal = Math.Max(MaxVal,Args(i))
Next
Return MaxVal
```

在自定义函数的代码中，通过Args数组来获取传过来的参数。例如，Args(0)表示第一个参数，Args(1)表示第二个参数，……，函数中可接收的参数个数不限。

Foxtable提供了一个Functions类型，用于管理和执行自定义函数，执行自定义函数的语法为：

```
Functions.Execute(函数名, 参数1, 参数2, 参数3...)
```

例如，在命令窗口执行：

```
Dim v As Integer = Functions.Execute("Max",1,3,5,7,9)
Return v
```

会输出1、3、5、7、9几个数中的最大数9。

注意：**自定义函数中如果用到 Return 语句，它必须有返回值；否则会报错。如果要中断函数的执行，又不需要返回任何值，可以写为：Return Nothing。**

代码编辑器的【内部函数】选项卡会自动列出已经定义好的全部函数，双击函数名即可直接插入执行此函数的代码，此外还提供了两个按钮，分别用于编辑选定函数的代码和打开函数管理器，如下图所示。

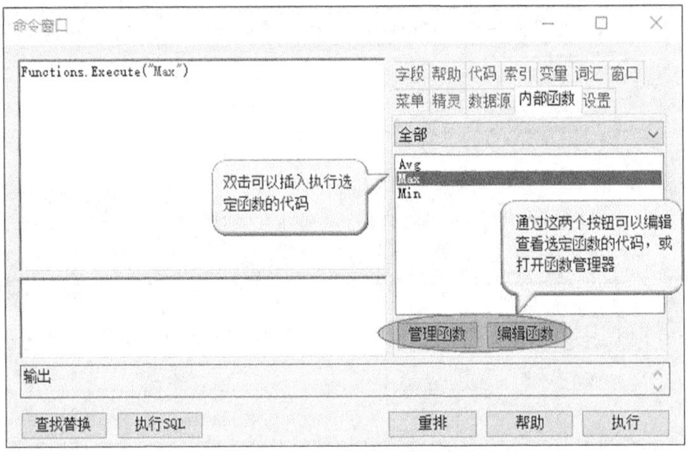

4.8 动态合成表达式

实际编程时经常要动态合成各种条件表达式，如统计条件、加载条件、筛选条件等，有时还需要动态合成SQL语句，Foxtable提供了两种表达式合成方法。

下面的代码用常规的方法合成了一个表达式：

```
Dim xm As String = "张三"
Dim rq  As Date = #3/20/2018#
Dim sl  As Integer = 1000
Dim flt As String = "姓名 = '" & xm  & "' And 日期 = #" & rq & "# And 数量 > " & sl
Output.Show(flt)
```

合成的表达式为：

```
姓名 = '张三' And 日期 = #2018-03-20# And 数量 > 1000
```

注意：**表达式中的字符串用单引号括起来，日期用符号#括起来，数值则直接使用。**

我相信你看到上面的代码会和我一样有些晕，这还是比较简单的表达式，如果更长、更复杂，可能会让人崩溃。为了方便大家以更简单的方式合成表达式，Foxtable提供了一个CExp函数，其语法为：

```
CExp(StrExp, V0, V1, V2, ...)
```

第一个参数StrExp 表示要合成的表达式。在这个表达式中必须包含位置标记，{0}表示要替换的第1 个值，{1}表示要替换的第2 个值，依次类推；后面的V0、V1、V2、…分别表示用于替换指定位置标记的具体值。例如，V0 替换{0}，V1 替换{1}等。

以下是采用CExp函数合成表达式的示例：

```
Dim xm As String = "张三"
Dim rq  As Date = #3/20/2018#
Dim sl  As Integer = 1000
Dim flt As String = "姓名 = '{0}' And 日期 = #{1}# And 数量 > {2}"
flt = CExp(flt, xm, rq, sl)
Output.Show(flt)
```

合成的表达式和第一段代码完全一样，显然这种方式要简单明很多。

4.9 其他基础知识

4.9.1 执行外部程序

Foxtable通过Process类执行外部程序，使用很简单。例如，要打开文件“c:\data\test.xls”，代码为：

```
Dim Proc As New Process '定义一个新的Process
Proc.File = "c:\data\test.xls" '指定要打开的文件
Proc.Start()
```

利用属性Verb可以设置打开后的动作。例如，执行下面的代码会先打开文件“c:\data\test.xls”，然后打印，打印完成后自动退出：

```
Dim Proc As New Process
Proc.File = "c:\data\test.xls"
proc.Verb = "Print"
Proc.Start()
```

如果要获得某一文件类型支持的全部Verb动作，可以参考下面的代码：

```
Dim Proc As New Process
Proc.File = "C:\test.txt"
For Each Verb As String in Proc.Verbs
    Output.show(Verb)
Next
```

Process不仅可以打开和执行文件，还可以用来打开网页：

```
Dim Proc As New Process '定义一个新的Process
Proc.File = "http://bbs.foxtable.com" '指定要打开的网页地址
Proc.Start()
```

甚至可以用来发送邮件：

```
Dim Proc As New Process '定义一个新的Process
Proc.File = "mailto:zjtdr@21cn.net" '邮件地址前要加上"mailto:"
Proc.Start()
```

可以调用WaitForExit方法，等外部程序结束后再运行后续代码，例如：

```
Dim Proc As New Process
Proc.File = "c:\data\test.xls"
proc.Verb = "Print"
Proc.Start()
proc.WaitForExit()
MessageBox.Show("打印完成")
```

Process的更多用法可参考官方文档。

4.9.2 获取文件信息

Foxtable提供了一个FileInfo类，用于获取文件信息，下面的代码演示了这个类的所有属性：

```
Dim dlg As New OpenFileDialog
If dlg.ShowDialog() = DialogResult.OK Then
    Dim ifo As New FileInfo(dlg.FileName)
    Output.Show("文件创建时间:" & ifo.CreationTime)
    Output.Show("最近修改时间:" & ifo.LastWriteTime)
    Output.Show("最近访问时间:" & ifo.LastAccessTime)
    Output.Show("是否只读:" & ifo.ReadOnly)
    Output.Show("是否隐藏:" & ifo.Hidden)
    Output.Show("文件路径:" & ifo.Path)
    Output.Show("文件名称:" & ifo.Name)
    Output.Show("文件大小:" & ifo.Length)
    Output.Show("扩展名:" & ifo.Extension)
End If
```

4.9.3 文件与目录操作

Foxtable通过FileSys类提供了很多共享方法，用于操作文件和目录。例如：

```
Dim s As String  = "I Love Foxtable"
Dim fl As String  = "c:\fox\info.txt"  '准备存储内容的目标文件
If Filesys.DirectoryExists("c:\fox") = False  '如果目标目录不存在
    FileSys.CreateDirectory("c:\fox") '则创建目标目录
End If
If FileSys.FileExists(fl) '如果目标文件已经存在
    FileSys.DeleteFile(fl) '则删除目标文件
End If
FileSys.WriteAllText(fl, s, False) '第3个参数为False表示覆盖现有内容
FileSys.WriteAllText(fl, vbcrlf &  "我喜欢狐表",True)  '第3个为True参数追加内容
s = FileSys.ReadAllText(fl, Encoding.Default)
MessageBox.Show(s,"内容")
```

上述代码演示了FileSys类最常用的几个方法，使用起来很简单，FileSys的全部方法如下表所列。

方法	说明
CopyDirectory	将目录中的内容复制到另一个目录
CreateDirectory	创建目录
DeleteDirectory	删除目录
DirectoryExists	判断指定的目录是否存在
RenameDirectory	重命名目录
MoveDirectory	将目录中的内容移到另一个目录，并删除原目录
FileExists	判断指定的文件是否存在
CopyFile	将文件复制到新位置
DeleteFile	删除文件
MoveFile	将文件移到一个新的位置
RenameFile	重命名文件
GetFiles	返回一个字符集合，该集合包括指定目录下的所有文件名
GetDirectories	返回一个字符集合，该集合包括指定目录下的所有子目录名
GetParentPath	如果参数是文件，返回文件所在目录；如果参数是目录，则返回父目录
GetName	返回不含路径的文件名
ReadAllText	读取文本文件的内容
WriteAllText	向文本文件中写入内容

这些方法的详细介绍可参考官方文档。

4.9.4 随机数和随机字符

Foxtable通过Rand类生成随机数和随机字符，该类有3个共享方法。

❶ Next方法：用于生成随机整数

该方法有两个可选参数，用于指定生成随机整数的最小值和最大值。例如：

```
Dim Val1 As Integer = Rand.Next()           '生成一个随机整数
Dim Val2 As Integer = Rand.Next(100)        '生成0～100之间的随机整数
Dim Val3 As Integer = Rand.Next(200,300)  '生成200～300之间的随机整数
```

❷ NextDouble方法：用于生成0～1之间的随机小数。例如，下面的代码将得到10个随机小数：

```
For i As integer = 0 To 9
    Output.Show(Rand.NextDouble)
Next
```

❸ NextString方法：用于生成指定长度的随机字符串(最长为32个字符)。例如，下面的代码：

```
Dim Val As String = Rand.NextString(12)  '生成长度为12的随机字符
```

4.9.5 语音播放

FoxTable可以自动将一段文本朗读出来，下列代码可以参考：

```
Dim sp As New DotNetSpeech.SpVoice()
sp.Speak("I am from china.", DotNetSpeech.SpeechVoiceSpeakFlags.SVSFlagsAsync)
```

Foxtable也可以播放录制好的声音文件，代码如下：

```
Audio.Play("C:\music\test.wav")
```

可以看到，普通的语音朗读和声音播放非常简单，如果需要更精确的控制可以参考官方文档。

4.9.6 系统变量

以下是几个常用的系统变量。

ProjectFile：字符型，返回已经打开的项目文件名。

ProjectPath：字符型，返回项目文件所在目录。

ApplicationPath：返回Foxtable主程序所在目录，通常就是Foxtable的安装目录。

ApplicationTitle：返回或设置Foxtable主窗口的标题。

LastInputTickCount：返回一个整数，单位为毫秒，表示用户已经有多长时间没有操作计算机。

例如，你要修改Foxtable主窗口的系统标题，只需执行以下代码：

```
ApplicationTitle = "我的管理系统"
```

再例如，项目文件所在目录使用了一个名为ip.txt的文件，读取此文件的代码为：

```
Dim fl As String = ProjectPath & "ip.txt"
Dim ip As String = FileSys.ReadAllText(fl, Encoding.Default)
```

4.9.7 保存设置信息

Foxtable 提供了两种方式，用于保存、读取和维护设置信息。

❶ 函数方式

这方面的操作函数有4个，如下表所列。

函数	参数	说明
SaveConfigValue	Name, Value	保存设置信息
GetConfigValue	Name, DefaultValue	读取设置信息
RemoveConfigItem	Name	删除指定名称的设置
ClearConfigItem	无	删除所有设置

其中，参数 Name 表示要保存、读取或删除的设置名称，Value 表示要保存的具体值，DefaultValue表示在读取不存在指定名称设置时所返回的默认值。

例如，在项目初步开发完成并交给用户试用时，假如希望最多使用10次，那么可以在项目事件AfterOpenProject中加入以下代码：

```
Dim n As Integer
n = GetConfigValue("Count",1) '假设保存试用次数的设置名称为Count
If n > 10 Then
    Messagebox.Show("您正在使用的产品已经超出试用次数!")
    Syscmd.Project.Exit() '退出Foxtable
Else
    n = n + 1
    SaveConfigValue("Count",n)
End If
```

AfterOpenProject事件在打开项目后触发，下一章会具体介绍，目前只需有所了解。Syscmd.Project.Exit是一个系统命令，用于退出Foxtable，在官方文档的附录部分列出了所有的系统命令，大家可自行参考使用。需要注意的是，如果用户仅仅是启动项目而不保存修改，是不会计算试用次数的。

❷ 注册表方式

也可以将配置信息保存在注册表，Registry类专门用于读写注册表，它提供了下表所列的共享方法。

方法	参数	说明
SetValue	keyName ,valueName ,value	向注册表写入值
GetValue	keyName ,valueName ,defaultValue	从注册表中读取值

其中，keyName表示要写入或读取的项名称，valueName表示要写入或读取的值名称，value表示要写入的值，defaultValue表示所读取的指定项名或值名不存在时所返回的默认值。例如：

```
Dim Count As Integer
Count = Registry.GetValue("HKEY_CURRENT_USER\Software\MyApp","Count",0)
Registry.SetValue("HKEY_CURRENT_USER\Software\MyApp","Count",Count + 1)
Output.Show(Count)
```

在命令窗口反复执行上面的代码时，每执行一次，注册表中的Count值就会加1，实际开发时上述代码中加粗的MyApp改为自己的软件名称，Count改为设置名称。

4.9.8 颜色和字体

定义一个字体的语法为：

```
Dim 变量名 As New Font(Name, Size, Style)
```

其中，Name表示字体名称；Size表示字体大小（单位为磅）；Style为可选参数，表示字体样式，这是一个FontStyle型的枚举值，可选值有Bold(加粗)、Italic(倾斜)、Regular(普通)、Strikeout(带删除线)、Underline(带下划线)。

例如，将“表A”的字体设置为宋体，大小为12磅：

```
Dim fnt As New Font("楷体", 12, FontStyle.Regular)
Tables("表A").Font  = fnt
```

字体样式可以用Or运算符叠加。例如，定义一个宋体、大小为12磅、加粗且带下划线的字体：

```
Dim fnt As New Font("宋体",12,FontStyle.Bold or FontStyle.Underline)
```

颜色的类型为Color，Color本身就是一个枚举型值，包括很多定义好的颜色，如Color.Red表示红色、Color.Pink表示粉红色等。要查询更多预定义好的颜色名称，可参考官方文档的附录“中英文颜色对照表”。

例如，将“表A”的字体颜色设置为红色：

```
Tables("表A").ForeColor = Color.Red
```

颜色实际上由4个成分组成，分别是alpha、红、绿、蓝；颜色的4个属性A、R、G、B分别返回颜色的alpha、红、绿、蓝成分。每个成分值的范围都在0～255之间。例如，以下代码显示了粉色的各成分值：

```
Dim clr As Color = Color.Pink
Output.Show("A:" & clr.A)
Output.Show("R:" & clr.R)
Output.Show("G:" & clr.G)
Output.Show("B:" & clr.B)
```

通过Color类中的共享方法FromARGB，可以根据指定的成分合成一个颜色。语法为：

```
FromARGB(A,R,G,B)
```

例如，下面的代码通过4个成分值定义了一个颜色。这个颜色创建之后，再通过ToARGB方法又可将其转换为一个整数：

```
Dim clr As Color = Color.FromARGB(255,255,192,203)
Dim i As Integer = clr.ToARGB()   '-16181
```

如果你知道了某个颜色所对应的整数，一样可以根据它来生成颜色。例如：

```
Dim clr As Color = Color.FromARGB(-16181)
```

第5章 Foxtable编程

有了上一章的编程基础，现在可以开始真正进入Foxtable的编程世界了。其实，Foxtable编程的核心就是两个类型和一个事件，指的就是本章要着重介绍的两大基本类型（DataTable和Table），以及一个关键事件（DataColChanged），掌握了这三者，其他都是细枝末节了。

提示：**在学习本章内容之前，应首先打开CaseStudy目录下的文件“基本功能演示.Table”，可以在学习过程中直接在命令窗口测试大部分代码。**

5.1 表类型概述

单纯的理论讲述总会让人昏昏欲睡，所以这里采用了与官方文档不同的讲述方式：先整体再细节。在深入介绍每个类型及其成员之前，首先对DataTable、Table和表事件进行一个概述性讲述，这样在随后学习具体类型的过程中，就能融合零散的知识，使之能与实际开发需求结合起来，也就更容易理解消化了。

5.1.1 DataTable概述

在本书的第1篇中，我们都是通过菜单来管理数据的。现在既然要通过代码来管理数据，就必须先指定具体的表。表的类型为DataTable，通过DataTables集合，就可以获取指定名称的表。例如：

```
Dim dt As DataTable = DataTables("订单")
dt.AllowEdit = False '禁止编辑表
```

在命令窗口执行上述代码，可以发现订单表已经被锁定(左上角有个锁形标记)，无法编辑了。

AllowEdit是DataTable的一个属性，用于设置是否允许用户编辑表，这些属性的名称都是自我描述性的，配合代码注释完全可以看懂，今后不会再一一赘述代码中新出现的成员。

表结构是由列构成的，列类型是DataCol，通过DataCols集合可以获取指定名称的列。例如：

```
Dim dt As DataTable = DataTables("订单")
Dim dc As DataCol = dt.DataCols("折扣")
dc.SetFormat("0.0%") '设置列的显示格式
```

执行上述代码，折扣列将以百分比形式显示，如0.052会显示为5.2%。

表的数据是由行构成的，行的类型是DataRow，通过DataRows集合可以获取指定位置的行。例如：

```
Dim dt As DataTable = DataTables("订单")
Dim dr As DataRow = dt.DataRows(0)
dr.Locked = True '锁定此行
```

执行上述代码之后，就会发现订单表第一行将被锁定(行号颜色发生变化)，无法再编辑。

上面的代码只是为了演示各种类型和集合的关系，完全可以将上述3段代码简化为3行：

```
DataTables("订单").AllowEdit = False '禁止编辑表
DataTables("订单").DataCols("折扣").SetFormat("0.0%") '设置列的显示格式
DataTables("订单").DataRows(0).Locked = True '锁定第一行
```

如果多次调用同一个对象的成员，显然定义变量要更简洁一些。

数据存储在行(DataRow)中，通过列名来读写行中各列数据。例如：

```
Dim dr As DataRow  = DataTables("订单").DataRows(0)
Dim rq As Date = dr("日期") '读取数据
Dim sl As Integer = dr("数量")
dr("产品") = "PD01" '写入数据
dr("折扣") = 0.1
```

所有的集合都可以遍历。例如，累计订单表的数量：

```
Dim Total As Integer
For Each dr As DataRow In DataTables("订单").DataRows
    Total = Total + dr("数量")
Next
Output.Show(Total)
```

5.1.2 DataTable的分身

假定项目有3个表，分别为“产品”“客户”和“订单”，现在就有3个DataTable，分别是DataTables("产品")、DataTables("客户")和DataTables("订单")；如果在“产品”表和“订单”表之间通过产品编号建立关联，在“客户”表和“订单”表之间通过客户编号建立关联，那么“订单”表将出现分身。例如，选择“产品”表，下方会出现一个关联表“产品.订单”，用于显示当前产品的所有订单，如下图所示。

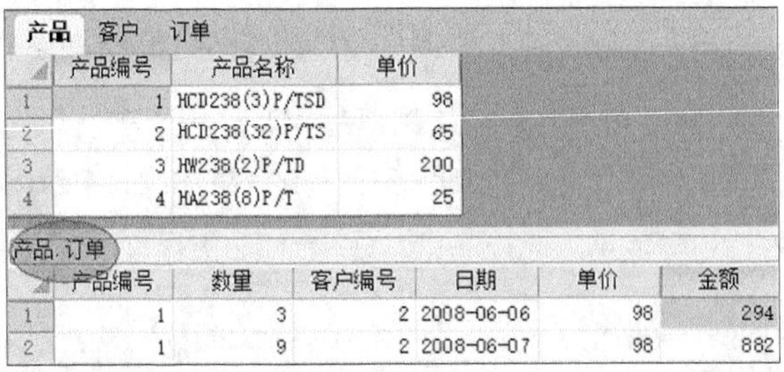

同样地，在“客户”表选择某客户，下方会出现另一个关联表，用于显示当前客户下的所有订单，现在“订单”表已经有3个分身了。如果再设计一个窗口(窗口1)，在窗口中插入一个Table控件(Table1)，将其绑定到“订单”表，并将其“作为副本”属性设置为True，那么“订单”表的第4个分身就出现了。如何区分这4个“订单”表呢？显然用DataTable已经无能为力，需要用另一个类(Table)来表示，这4个分身可分别表示为：

```
Tables("订单")
Tables("产品.订单")
Tables("客户.订单")
Tables("窗口1_Table1")
```

DataTable是表，Table也是表，这很容易让人感到困惑。如果你接触过编程，那么很好理解，DataTable就是数据表，Table是用于显示数据的表格控件，控件(Table)中显示的数据来自于数据表(DataTable)，日常的操作如排序、筛选、编辑和统计，其实都是在Table中完成的。就像其他开发工具可以用多个表格控件显示同一个表的数据一样，可以用多个Table显示同一个DataTable的数据，如下图所示。

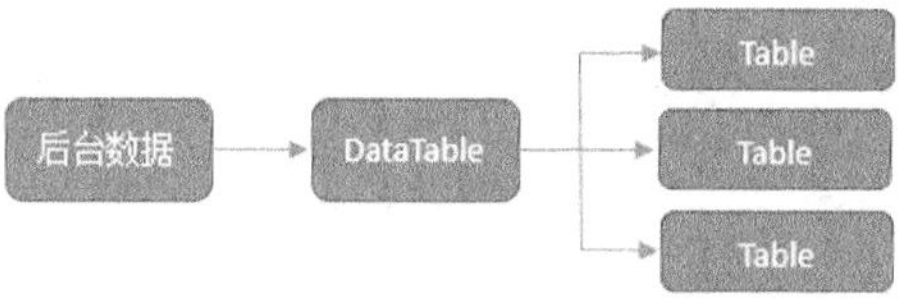

从后台数据库中加载到Foxtable中的数据，都存放在DataTable中。假定后台数据中的“订单”表有1万行，但加载到项目中的只有1000行，那么，这个DataTable(“订单”)的全部数据就只有1000行，项目的操作也仅仅针对这1000行数据，后台数据库中没有加载的9000行记录不会受到任何影响。

DataTable始终包括所有已经加载的数据，如果没有增加删除行，那么DataTable(“订单”)的记录数始终是1000行；但Table不一定，如Tables(“产品.订单”)只包括当前产品的订单、Tables(“客户.订单”)只包括当前客户的订单；而Tables(“订单”)默认包括已经加载的这1000行订单，也就是1000行数据全部可见，如果从中筛选出“产品ID”为“PD01”的订单，且“PD01”的订单是200个，那么经过筛选后Table("订单")的记录就只有200行了，Table中的行还可以排序。所以Table中的行，其数量和位置都是变化的，而DataTable中的行，其数量和位置都是相对固定的。不管如何变化，这4个Table的数据都来自DataTable(“订单”)，在任何一个Table中修改、增加或删除数据，最终都会体现在DataTable(“订单”)中。

对于新手而言，DataTable可以理解为一个仓库，从厂家进的货（从后台加载的数据）存放在仓库中；而Table就像一个展厅，从仓库中提取符合条件的数据，按指定的顺序展示给客户。所以Table会有Filter(筛选)和Sort(排序)属性，用于决定展厅会展示哪些数据（筛选），按什么样的顺序展示（排序）。展厅是对外开放的，是看得见的，所以平时看到的和操作的都是Table。仓库是不对外开放的，是不可见的，只有通过代码才能操作DataTable。

日常表述中，Table和DataTable一样称为表。虽然Tables(“订单”)和DataTables(“订单”)都是表，但前者行为上偏向于控件，是数据展示者；后者才是真正的数据表。现在作为开发者的你，必须对此了然于心。

5.1.3 主表和活动表

据上所述，我们平时看到的和操作的表，其实都是Table。为方便编码，Foxtable提供了两个系统变量，分别用于返回主表(主Table)和活动表(活动Table)。

❶ Maintable

用户通过单击表标题所选择的表，称为主表。通过系统变量MainTable可获取或设置主表，例如：

```
Maintable = Tables("订单") '选择订单表作为主表
```

❷ CurrentTable

CurrentTable返回输入焦点所在的表，也称为当前表或活动表。当输入焦点置于主表内时，这个主表同时也是活动表。需注意，选中的主表不一定就是活动表，活动表也不一定就是主表，它们之间并不存在必然的联系。因为还有关联表和窗口表等，这些也都可能是活动表。下图阐明了二者的关系。

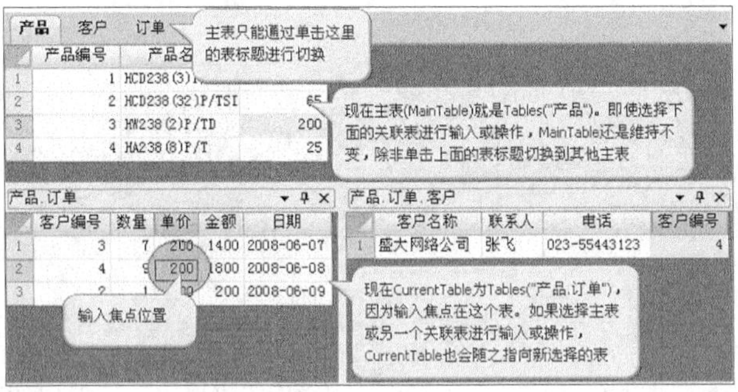

5.1.4 Table概述

通过Tables集合，可以引用指定名称的Table。例如：

```
Dim t As Table = Tables("订单")
t.AllowEdit = False '禁止编辑表
```

你也许已经留意到，DataTable也有AllowEdit属性，那么两者如何配合使用呢？原则是：Table的同名属性优先。如果Table没有设置过该属性的值，那么从DataTable继承，如果Table已经设置了该属性的值，那么以Table的设置为准。注意：Table的同名属性必须在DataTable之后设置；否则将被覆盖重置。

例如，在上一节中，基于DataTable("订单")的Table有4个，如果将DataTable("订单")的AllowEdit属性设置为False，那么这4个Table都将被锁定而不能编辑；如果你希望Tables("订单")可以编辑，其他3个Table不能编辑，代码可以编写如下：

```
DataTables("订单").AllowEdit = False
Tables("订单").AllowEdit = True
```

Table和DataTable有很多这种同名的属性，其作用原理和AllowEdit属性一样。

类型Col表示Table中的列，通过Cols集合可以获取指定名称的列，例如：

```
Dim tb As Table = Tables("订单")
Dim cl As Col = tb.Cols("金额")
cl.Visible = False ' 隐藏此列
```

执行此段代码后，将隐藏“订单”表的金额列，此段代码等效于：

```
Tables("订单").Cols("金额").Visible = False
```

类型Row表示Table中的行，通过Rows集合可以获取指定位置的行，也可通过Current属性获取当前行，例如：

```
Dim r1 As Row = Tables("订单").Rows(0)  '获取订单表的第1行
Dim r2 As Row = Tables("订单").Current  '获取订单表的当前行
```

注意：**这里的第一行就是实际看到的第一行，经过排序和筛选后，另一行可能成为第一行。**

Table有一个Position属性，用于设置或返回当前行的位置。例如，一些窗口中的第一行、上一行、下一行和最末行等按钮，就是通过此属性实现的。以【下一行】按钮为例，其代码通常为：

```
Tables("订单").Position = Tables("订单").Position + 1
```

通过列名可以读写行中指定列的数据，例如：

```
Dim r As Row = Tables("订单").Current
r("日期") = Date.Today
r("数量") = 100
```

上述代码修改了当前行的日期列和数量列的值。

所有集合都可以遍历。例如，累计订单表中的数量，代码如下：

```
Dim Total As Integer
For Each dr As Row In Tables("订单").Rows
    Total = Total + dr("数量")
Next
Output.Show(Total)
```

假定在“订单”表筛选了产品为PD01的行，由于Table表只包括可见的行，所以上述代码累计的就是产品为PD01的销售数量。显然，实际编码时，如果要对所有行进行操作，那么就用DataTable；如果只是对可见的行进行操作，那么就用Table。

Row有一个DataRow属性，可以返回对应的DataRow。假定你在订单表选择了一行，需要判断此行是新增行，还是已修改行或未修改行，但Row并没有这样的属性，不过DataRow有（RowState属性），可以编码如下：

```
Dim dr As DataRow = Tables("订单").Current.DataRow '通过DataRow属性获取对应的DataRow
If  dr.RowState = DataRowState.Added Then
    Output.Show("新增行")
ElseIf dr.RowState = DataRowState.Modified Then
    Output.Show("已修改行")
Else
    Output.Show("未修改行")
End If
```

相应地，Table也有一个DataTable属性，Col也有一个DataCol属性，分别用于返回对应的DataTable和DataCol。

5.1.5 快速输入表名和列名

当编写与表相关的代码时，表名和列名必须准确输入，但记住所有的表名和列名几乎是不可能的。为此，代码编辑器的【字段】选项卡列出了当前项目中所有表的字段（列）名，双击即可自动输入。

输入表名或列名时还可选择是否同时用双引号或单引号括起来，以适应不同情况下的需要，如下图所示。

根据上图可以看到，选择某列，系统会自动显示此列的数据类型。例如，上图选择了日期列，显示的列类型为Date。除了“单引号”和“双引号”，后面还有“DataCol”和“Col”的选项。在上图中选择“DataCol”，双击“订单”，会自动输入DataTables("订单")；双击“折扣”，会自动输入DataTables("订单").DataCols("折扣")。如果选择Col，双击“订单”，会自动输入Tables("订单")；双击“折扣”，会自动输入Tables("订单").Cols("折扣")。可见，这个辅助功能可极大地提高输入速度和准确性。

5.1.6 表事件概述

命令窗口是临时执行测试代码的工具。实际开发时，除自定义函数外，所有的代码都是写在事件中的。

Foxtable有很多种事件，作为数据管理软件，最重要的事件是表事件，在表中执行任何一个操作都会触发相应的事件。例如，某一列的值发生变化之后，就会触发DataColChanged事件，通过其e参数，可以知道是哪个表(e.DataTable)的哪一行(e.DataRow)的哪一列(e.DataCol)发生了变化，以及原值(e.OldValue)和新值(e.NewValue)各是多少。

假定“员工”表有身份证号码、性别和出生日期3列，希望输入身份证号码后，能自动从身份证号码中提取出性别和出生日期，并写入对应的列中，可以在【数据表】功能区单击【表属性】

按钮，然后选择【事件】选项卡，找到DataColChanged事件，单击其右侧【…】按钮，然后输入代码：

```
If e.DataCol.Name = "身份证号码"  Then '如果输入的是身份证号码
    e.DataRow("出生日期") = ReadBirthDay(e.NewValue)
    e.DataRow("性别") = ReadSex(e.NewValue)
End If
```

事件设置完成后，在任何一行输入身份证号码，该行的出生日期和性别就会自动计算得出。但是对于已经输入的数据，DataColChanged并不会自动生效，难道需要删除并重新输入所有员工的身份证号码？这显然不现实，解决的办法是选择身份证号码列，然后在【数据表】功能区的【列相关】功能组中单击【重置列】按钮，如下图所示。

执行【重置列】命令，会针对选定列的每一行强行触发DataColChanged事件，以达到重计算的目的。

新手注意：事件代码无法直接在命令窗口执行，只能先在对应的事件中编写代码，然后执行相关操作来触发此事件。例如，上面的DataColChanged事件代码，只有输入身份证号码或重置身份证号码列，才会触发执行。如果直接将代码复制到命令窗口执行，肯定会出错的。

再例如，假定希望双击“员工”表的某行，能打开一个事先设计好的窗口来编辑此员工的资料，但禁止修改状态为退休的员工资料，假定此窗口名为“员工编辑”，可以在表事件DoubleClick（在鼠标和键盘分组）中加上以下代码：

```
e.Cancel = True '双击默认进入单元格编辑状态,Cancel设为True取消默认动作
If e.Row("状态") = "退休" Then '如果此员工已经退休
    MessageBox.Show("不能修改已退休员工的资料","提示")
Else
    Forms("员工编辑").Open() '打开窗口
End If
```

代码并不复杂，但你一定会有疑问，怎么这里的e参数是e.Row而不是e.DataRow？ 这是当然的，因为双击的是Table而不是DataTable，通过e参数获取的自然是e.Table(表)、e.Row(行)和e.Col(列)。

可见Foxtable中的表事件其实有两种，一种是针对DataTable，另一种是针对Table的，你无须刻意去记忆区分，打开事件代码编辑器时，下面的说明区会有e参数说明，很容易区分开来，如下图所示。

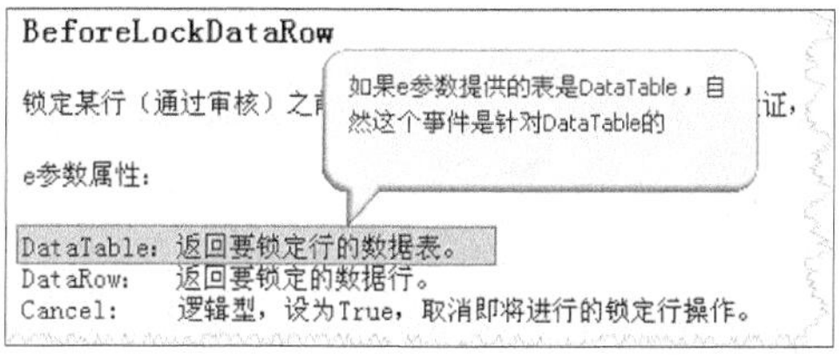

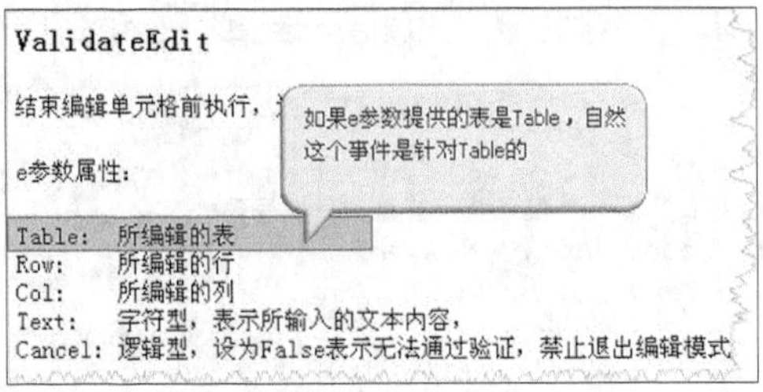

如果你是专业程序员，肯定会认为哪来的两种表事件？ 分明一种是表格控件事件（Table事件），一种是数据表事件(DataTable事件)。没错，你完全正确。只是一般的开发工具，每个表格控件是分开设置事件代码的，而Foxtable对于数据来源相同的表格控件(Table)统一设置代码，通过e.Table来识别到底是哪个表格触发了事件。例如，你希望只能在Tables(“订单”)中编辑订单，禁止在Tables(“产品.订单”)和Tables(“客户.订单”)中编辑，可以将订单表的PrepareEdit事件代码设置为：

```
If e.Table.Name <> "订单" Then '如果Table的名称不是"订单"
    e.Cancel = True  '则禁止编辑
End If
```

Foxtable的表事件多达60个，可以对方方面面进行控制，后面会专门对常用的表事件进行详细介绍。

5.1.7 灾难恢复

在真正开始编写事件代码之前，首先介绍一下灾难恢复。

再好的程序员，也不能保证自己的代码和设置100%正确，肯定要反复调试，才能最终达到目标。一些错误可能直到运行时才被发现，普通的错误没关系，重新修改代码和设置即可；不过有的错误可能非常严重，以致每次打开项目文件时Foxtable就会崩溃退出，或者无法正常进入操作界面。怎样才能回到正常的操作界面，给开发者提供更改错误的机会呢？

首先按住“Ctrl”键，然后打开出现错误的项目文件，直到项目文件被完全打开，再松开“Ctrl”键即可。

如果打开的程中出现了登录窗口，先松开“Ctrl”键，选择以开发者身份登录，输入密码，然后重新按住“Ctrl”键，单击登录窗口的“确定”按钮，直到项目文件被完全打开，再松开“Ctrl”键。

以这种方式打开的项目文件会跳过所有事件代码；外部表只加载结构，不加载数据；系统菜单将代替用户菜单；表达式列也不会生效计算。打开后修改错误代码或设置，接着重新打开项目文件。如果你确认自己的代码没有问题，但还是出现莫名其妙的错误，可以尝试先删除项目文件夹下的子目录Bin，然后重新打开项目。

5.2 项目事件详解

在重要程度上，除了表事件，接下来就是项目事件。项目事件和具体的数据表无关，和项目本身的一些操作有关。例如，打开项目或关闭项目，都会触发对应的项目事件。在【管理项目】功能区中单击【项目属性】按钮，然后选择【项目事件】选项卡，可以设置项目事件代码。接下来会逐个介绍这些项目事件，由于篇幅问题，每个事件的示例并不多，更详尽的说明和示例可参考官方文档。

在打开项目的过程中，会依次触发以下项目事件：

```
BeforeOpenProject→BeforeConnectOuterDataSource→BeforeLoadInnerTable→BeforeLoadOuterTable →
Initialize → LoadUserSetting → AfterOpenProject
```

需要注意的是，前4个事件执行时项目还未打开，此时ProjectPath、ProjectFile和User等系统变量以及设置信息，返回的都是当前项目的信息，和即将打开的项目无关，所以这些事件会提供e参数用于获取将要打开的项目文件和登录用户。如果需要在上述事件中使用设置信息，可以用注册表方式，关于设置信息，可参考4.9.7小节“保存设置信息”。

从Initialize事件开始，所有系统变量和设置信息可以正常使用。此外，关闭项目会触发BeforeCloseProject事件；单击保存按钮会首先触发BeforeSaveProject事件；保存完成后再触发AfterSaveProject事件；每次单击表标题选择不同的主表时，会依次触发MainTableChanging和MainTableChanged事件；最后系统空闲时会触发SystemIdle事件。

5.2.1 BeforeOpenProject事件

这是所有事件中第一个被执行的，用于决定是否允许打开项目。假定需要在打开项目前，检查项目文件所在目录中是否存在名为ip.txt的文件，如果不存在，就拒绝打开项目，代码为：

```
Dim s As String = FileSys.GetParentPath(e.File) & "\ip.txt"
If FileSys.FileExists(s) = False Then
    e.Cancel = True '取消打开此项目
    e.HideSplashForm = True  '隐藏启动封面,避免遮挡MessageBox提示的信息
    MessageBox.show("文件丢失,无法打开此项目.","提示")
End If
```

BeforeOpenProject的e参数属性File返回要打开的项目文件，另两个属性在代码中有注释，就不赘述了。

5.2.2 BeforeConnectOuterDataSource事件

如果项目有外部数据源，在连接每个数据源之前都会触发一次BeforeConnectOuterDataSource事件，可以在这里修改连接字符串，根据条件连接到不同的后台数据库。此事件的e参数如下表所列。

e参数属性	说明
Name	外部数据源名称
User	登录用户
ProjectFile	项目文件名（含路径）
ProjectPath	返回项目文件所在目录
ConnectionString	返回或设置连接字符串
HideSplashForm	逻辑型，设为True将关闭Foxtable的启动封面

假定有一个单机的订单管理系统，使用Access数据源，外部数据源的名称为“Sale”，外部数据文件名为“订单.mdb”，和项目文件处于同一目录下。为保证将项目文件夹复制到任何一台电脑都可以正常运行，可以在BeforeConnectOuterDataSource事件中加入下面的代码：

```
If e.name = "Sale" Then
    Dim conn As String = "Provider=Microsoft.Jet.OLEDB.4.0;Data Source={0};Persist Security Info=False"
    Dim file As String = e.ProjectPath & "订单.mdb"
    e.ConnectionString = CExp(conn, File)
End If
```

技巧：连接字符串很难手工编写，可以通过Foxtable的菜单，连接一个同类型数据源，将生成的连接字符串复制到代码中，将动态的部分，如数据库名和IP地址，用{0}、{1}代替，然后用CExp函数合成。

再例如，假定这个订单管理系统是个网络版，数据源是SQL Server，默认通过IP地址119.119.120.120连接，由于服务器IP地址可能会变化，导致连接失败，可以在项目目录下建立一个文本文件ip.txt，将IP地址存储在这个文件中，然后将BeforeConnectOuterDataSource事件代码设置如下：

```
Dim ipFile As String = e.ProjectPath & "ip.txt"
If e.Name = "Sale" Then
    If Filesys.FileExists(ipFile) Then
        Dim ip As String = FileSys.ReadAllText(ipFile)
        e.ConnectionString = e.ConnectionString.Replace("119.119.120.120",ip)
    End If
End If
```

5.2.3 BeforeLoadInnerTable事件

每个内部表在加载之前都会触发一次BeforeLoadInnerTable事件，用于设置加载字段和条件。此事件的e参数属性见下表。

e参数属性	说明
DataTableName	正在加载的数据表名称
Fields	指定加载的字段(列)，不同字段用逗号分隔
Filter	设置过滤条件，只加载符合此条件的数据
User	登录用户
Cancel	逻辑型，设置为True时将不加载此表
HideSplashForm	逻辑型，设为True时将关闭Foxtable启动封面

例如，希望打开项目时“订单”表不加载任何数据，在打开项目之后利用加载树来分页加载数据，那么可以将BeforeLoadInnerTable事件代码设置为：

```
If e.DataTableName = "订单" Then
    e.Filter = "[_Identify] Is Null"
End If
```

由于_Identify列是不可能为空的，所以上述代码会使“订单”表初始不加载任何数据。

再例如，你希望每个雇员登录之后只能看到自己负责的数据，而经理级别的用户登录之后能看到所有数据，为此可将BeforeLoadInnerTable事件代码设置为：

```
If e.DataTableName = "订单" Then
    If e.User.Group <> "经理" Then
        e.Filter = "雇员 = '" & e.User.Name & "'"
    End If
End If
```

因为是从后台加载数据，所以这里的表达式采用的是SQL语法，SQL语句的学习可以参考官方文档“SQL相关”一章。不同的数据源其表达式支持的函数不一样，官方文档分别进行了介绍，而内部表采用的SQL语法和Access数据源一致，需注意区分学习和使用。

5.2.4 BeforeLoadOuterTable事件

在加载每个外部表之前，都会触发一次BeforeLoadOuterTable事件，可以在此修改Select语句，按需加载数据。此事件的e参数属性见下表。

e参数属性	说明
DataTableName	正在加载的数据表名称
SelectString	Select语句
User	登录用户
Cancel	逻辑型，设置为True，将不加载此表
HideSplashForm	逻辑型，设为True，关闭Foxtable的启动封面

本事件针对每个外部表触发一次，用法也和BeforeLoadInnerTable事件相同，只不过用SelectString代替了Fields和Filter属性，这是为了照顾专业用户的需要，以充分发挥外部数据源的特性，并提供更大的灵活性。

显然，本事件的使用涉及SQL知识，但并不意味着你要先去学习SQL，因为SQL中的Select语句的基本语法很简单，加载全部字段的语法为：

```
Select * From [表名] Where 条件表达式
```

加载部分字段的语法为：

```
Select [字段1], [字段2], [字段3], … From [表名] Where 条件表达式
```

需要注意的是，在只加载部分字段时，必须将主键列包括进来。

假定“订单”表是外部表，希望初始不加载任何订单，可以将BeforeLoadOuterTable事件代码设置为：

```
If e.DataTableName = "订单" Then
    e.SelectString = "Select * From {订单} Where [_Identify] Is Null"
End If
```

如果外部表的主键并非“_Identify”，需将上述代码中的“_Identify”改为实际的主键列名。

显然，这种固定的初始加载条件不如在添加外部表时，直接将加载条件设置为“[_Identify] Is

Null”方便。但有的条件是需要动态合成的，只能编写代码实现。例如，经理级别的用户加载当日所有订单，非经理级别的用户加载当日自己负责的订单，BeforeLoadOuterTable事件代码为：

```
If e.DataTableName = "订单"
    Dim sql As String  = "Select * From [订单]"
    If e.User.Group = "经理" Then
        sql = CExp(sql & " Where 日期 = #{0}#", Date.Today)
    Else
        sql = CExp(Sql & " Where 日期 = #{0}# And 雇员 = '{1}'", Date.Today, e.User.Name)
    End If
    e.SelectString = sql
End If
```

注意：条件表达式同样是SQL语法，所以如果你用的是SQL Server数据源，需要将符号#改为单引号，因为SQL Server的日期是单引号括起来的。

5.2.5 Initialize事件

从此事件开始，ProjectFile、ProjectPath和User等系统变量和设置信息可都以正常使用了。

在全部数据加载完成之后，将触发Initialize事件，此时DataTable已经生成，通常在此对DataTable进行初始化设置，但不能在此事件中出现针对Table和窗口的代码，因为此时上述对象还未生成。

例如，可以在Initialize事件中修改列标题：

```
With DataTables("Orders")
    .DataCols("Name").Caption = "姓名"
    .DataCols("ID").Caption = "编号"
    .DataCols("Date").Caption = "日期"
End With
```

如果在Initialize事件之后修改DataCol的Caption，并不会起作用，因为此时Table已经生成。

5.2.6 LoadUserSetting事件

LoadUserSetting事件紧接着在Initialize事件之后触发，此时Table和窗口也已经生成，可以在代码中调用。如果运行过程中切换登录用户，会再次触发LoadUserSetting事件，所以通常在此进行一些用户权限方面的设置。例如，假定有个用户分组是游客，希望此分组用户登录之后，能隐藏“订单”表的“折扣列”，为此可将LoadUserSetting事件代码设置为：

```
If User.Group = "游客" Then
    Tables("订单").Cols("折扣").Visible = False
Else
    Tables("订单").Cols("折扣").Visible = True
End If
```

5.2.7 AfterOpenProject事件

在打开项目的过程中，AfterOpenProject是最后一个执行的事件，通常在此进行一些初始化设置，包括用户权限设置。例如，希望禁止游客分组的用户查看折扣，可以在AfterOpenProject事件加上代码：

```
If User.Group = "游客" Then
    Tables("订单").Cols.Remove("折扣")
End If
```

移除列比隐藏列更彻底，只有再次打开项目，被移除的列才会重新显示。被移除的列依然存放在DataTable中，可以参与表达式计算，可以通过代码调用。再例如，前面已经讲述了如何初始化不加载订单表的数据，现在希望打开项目后通过加载树来分页加载，那么如何打开加载树呢？很简单，在AfterOpenProject事件中加上代码：

```
Tables("订单").OpenLoadTree("产品|客户",150,100,True)
```

Table的OpenLoadTree方法用于打开加载树，后续章节会详细介绍此方法。上述代码将按产品和客户分组显示加载树，加载树宽度为150个像素，每页100行，并自动加载第一页数据。下图所示为打开的加载树效果。

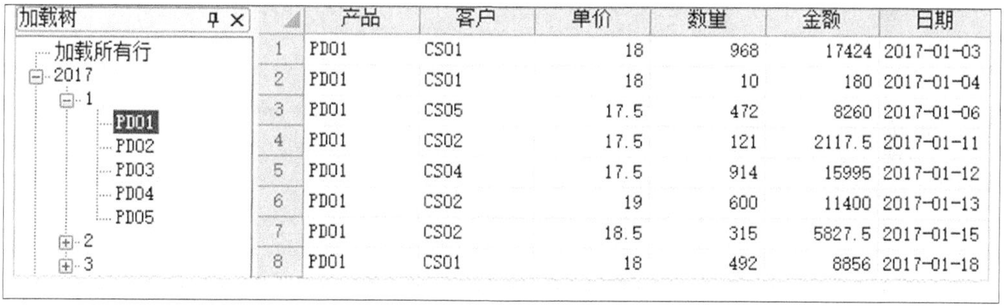

5.2.8 BeforeCloseProject、BeforeSaveProject和AfterSaveProject事件

这3个事件分别在关闭项目之前、保存项目前和保存项目后触发。其e参数如下表所列。

事件	e参数属性	说明
BeforeCloseProject	Cancel	设置为True，禁止关闭项目
	SkipSave	设置为True，如果有未保存数据，不会提示用户保存，直接关闭
BeforeSaveProject	Cancel	设置为True，取消保存
AfterSaveProject	无	逻辑型，设置为True，将不加载此表

假定对分组为游客的用户，希望禁止其保存数据，处理方法如下。

将BeforeSaveProject事件代码设置为：

```
If User.Group = "游客" Then
    e.Cancel = True
End If
```

再将BeforeCloseProject事件代码设置为：

```
If User.Group = "游客" Then
    e.SkipSave = True
End If
```

这样游客用户修改数据后单击“保存”按钮，不会执行任何操作，关闭项目时也不会提示用户保存。

5.2.9 MainTableChanging和 MainTableChanged事件

这两个事件分别在切换主表之前和之后执行，e参数属性见下表。

e参数属性	说明
OldTableName	字符型，原来的主表名称
NewTableName	字符型，新的主表名称
Cancel	逻辑型，设为True，将禁止切换到新的主表，仅对MainTableChanging事件有效

5.2.10 SystemIdle事件

此事件在系统空闲时触发。由于执行较为频繁，所以不要出现“负荷”较重的代码。

例如，希望用户30秒内没有进行任何操作的话就自动关闭系统，可在SystemIdle中加入下面的代码：

```
If LastInputTickCount > 30000 Then
    Syscmd.Project.Exit()
End If
```

这里的LastInputTickCount为整数型的系统变量，表示已经有多少毫秒用户没有进行操作。

5.3 3种特殊变量

本节的知识本应该在编程基础一章讲述，但是放在这里讲更容易和实际结合起来。本书有不少像这种穿插讲述的章节，望大家体会。

5.3.1 使用Var变量

变量有自己的作用范围，在A事件中定义的变量，在B事件或者命令窗口是不能访问的。但是在不同的事件中，传递和共享数据是一个经常要面对的任务，这就需要使用Var变量。

Var变量通常在项目事件AfterOpenProject中定义。例如，在此事件中加入以下代码：

```
Vars("name") = "赵云"
Vars("age") = 123
Vars("dob") = #2/1/1987#
```

这样就定义了3个Var变量，你可以在其他事件，包括命令窗口中读写这3个Var变量:

```
Vars("name") = "张飞"
Dim age As Integer = Vars("age")
Dim bth As Date = Vars("dob")
```

Var变量可以被Excel报表引用。引用格式：[!变量名称]。Var变量还可以出现在Excel报表的表达式中，如<"起始日期:" & [!起始日期]>。

注意：**Var变量是有类型的，初始值决定了其类型。例如，这里的Vars（“dob”）是日期型变量，如果给其赋值一个字符串，会提示错误。这带来了一个问题：假定发现dob的类型定义错了，于是在AfterOpenProject中修改dob的定义为：Vars（“dob”）=“Foxtable”，确定之后会出现错误提示。这没有办法，只能重新打开项目消除错误。**

5.3.2 使用Static变量

事件代码运行过程中，普通变量的值并不会保存，再次运行事件代码时变量会重新回到初始值。当然可以用Var变量保存值，但Var变量主要用于在不同事件之间共享数据，开销比较大。如果不需要和其他事件共享数据，仅仅是为了保存变量值，以便在下次运行事件代码时调用，那么最好使用Static变量。

和普通变量一样，Static变量只能在定义它的事件中访问，但给Static变量赋值后，其值能够保持到再次执行事件代码。

定义Static变量的语法和定义普通变量基本一样，只需将Dim改为Static即可，例如：

```
Static Name As String
```

假定希望在状态栏显示当前时间，每分钟刷新一次，可以将项目事件SystemIdle的代码设置为：

```
Static LastTime As Date '用于记录上次刷新时间的Static变量
Dim tp As TimeSpan = Date.Now - LastTime
If tp.TotalMinutes >= 1 Then '如果超过1分钟没有刷新
    StatusBar.Message3 = Format(Date.Now,"yyyy年MM月dd日 HH:mm")
    LastTime = Date.Now '记录刷新时间
End If
```

StatusBar是Foxtable的一个全局变量，表示主界面下方的状态栏，属性Message3用于设置状态栏右侧的文本提示信息。

5.3.3 使用Public变量

在【管理项目】功能区中单击【全局代码】按钮，熟悉vb.net的用户可以在这里定义类、结构、变量和枚举类型。不过这里只是利用其定义Public变量。全局代码可以用多个模块，默认已经有一个Default模块，双击它即可编写代码。在全局代码中，定义Public变量和定义普通变量的方法一样，只需将Dim改为Public即可。

例如，下面的代码定义了3个Public变量，并指定了各变量的初始值：

```
Public myName As String = "吴晓晓"
Public myType As Integer = 1
Public myDate as Date = Date.Today()
```

Public变量一旦定义，就可以在任何地方使用。例如，可以在命令窗口修改或取得Public变量的值：

```
myName = "吴萧萧"
myType = 2
return myDate
```

提示：每次定义Public变量之后，都需要重新打开项目才能生效，且Public变量不能被Excel报表引用，所以不如用Var变量方便。好处是Public变量可以使用精灵输入成员，而Var变量不可以。

5.4 DataTable详解

现在已经对Foxtable编程有了整体的了解，可以看到Foxtable编程并不复杂，最关键是了解DataTable和Table两个类型的属性、方法与事件。

5.4.1 DataTable详解

❶ DataTables的成员

DataTables有个AllowEdit属性，将其设置为True将锁定所有表。例如，Foxtable的窗口左上角有个【查阅模式】按钮，单击这个按钮会锁定所有表，其代码很简单：

```
DataTables.AllowEdit = Not DataTables.AllowEdit
```

DataTables的全部成员有下表所列几种。

	名称	说明
属性	Count	返回DataTable数量。例如： `Output.Show("总表数:" & DataTables.Count)`
	AllowEdit	是否允许编辑所有表的数据，默认为True。例如： `DataTables.AllowEdit = False`
方法	Save	保存所有表，等同于单击菜单中的“保存”按钮。例如： `DataTables.Save()`
	RejectChanges	撤销自打开文件或近一次保存以来的全部修改。例如： `DataTables.RejectChanges()`
	Contains	判断是否存在指定名称的表。如果存在，则返回True；否则返回False

❷ DataTable的属性

DataTable有个AllowEdit属性，将其设置为False，即可锁定DataTable禁止编辑。例如，锁定订单表：

```
DataTables("订单").AllowEdit = False
```

注意DataTables和DataTable都有AllowEdit属性，前者用于锁定全部表，后者用于锁定指定表。

DataTablele提供了很多此类属性，用于对DataTable进行方方面面的设置，且用法和AllowEdit

属性完全一样。例如，锁定订单表，同时禁止复制此表数据，防止数据外泄，代码如下：

```
DataTables("订单").AllowEdit = False
DataTables("订单").AllowClipBoard = False
```

DataTable用于设置的属性见下表。

	属性名称	默认值	说明
编辑	AllowInitialize	True	是否允许初始化表
	AllowEdit	True	是否允许用户修改数据
	AllowDelete	True	是否允许用户删除行
	AllowAddNew	True	是否允许用户增加行
	AutoAddNew	False	是否自动增加行。如果设为True，在最后一行的后一个单元格按"Enter"键时会自动增加一行
	AllowClipBoard	True	是否允许复制粘贴数据
	AllowCopyHeader	False	复制数据时是否包括列名
	AllowLockRow	True	是否允许用户锁定行
	AllowUnlockRow	True	是否允许用户取消锁定行
调整	AllowDragColumn	True	是否允许通过拖动列标题来调整列位置
	AllowFreezeColumn	True	是否允许通过鼠标拖动来调整冻结区
	AllowResizeColumn	True	是否允许通过鼠标拖动来调整列宽
	AllowResizeRow	True	是否允许通过鼠标拖动来调整行高
	AllowResizeSingleRow	False	是否允许单独调整某一行的高度
	EnterKeyActionDown	False	按"Enter"键是否向下移到另一单元格。默认向右移动
	TabKeyActionDown	False	按"Tab"键是否向下移到另一单元格。默认向右移动
	MultiRowHeader	True	是否启用多层表头

DataTable非设置方面的属性见下表。

属性名称	说明
Name	字符型，返回DataTable的名称
Caption	字符型，返回DataTable的标题
HasChanges	判断DataTable的数据是否已经被修改
Type	整数型，返回一个整数，表示DataTable的类型：1为内部数据表，2为内部查询表，3为外部数据表，4为外部查询表，5为临时表

❸ DataTable的方法

DataTable常用的方法见下表，简单的方法直接在下表讲述其用法，较为复杂的会在后面单独介绍。

方法	说明

AddNew	增加一行，并返回所增加的行。例如，在订单表增加一行，并将新增行的日期设置为当天：
	`Dim dr As DataRow = DataTables("订单").AddNew()`
	`dr("日期") = Date.Today`

Save	保存数据。例如，保存订单表： `DataTables("订单").Save()`

续表

方法	说明
DeleteFor	删除符合条件的行。例如，删除订单表中数量列为空的行： `DataTables("订单").DeleteFor("数量 is Null")`
RemoveFor	移除符合条件的行。例如，移除订单表中数量列为空的行： `DataTables("订单").RemoveFor("数量 is Null")` 移除行只是暂时在DataTable中排除这些行，并不会真正从数据库中删除，重新打开项目后，被移除的行将再次出现
ReplaceFor	找出符合条件的行，并将其指定列的内容替换为指定值。例如，将订购数量大于600的订单的折扣设为0.15： `DataTables("订单").ReplaceFor("折扣", 0.15, "[数量] > 600")`
AcceptChanges	接受所有修改结果，使得这些修改不被保存。例如： `DataTables("订单").AcceptChanges()` 执行后表中的值还是修改后的值，但不会被保存
RejectChanges	撤销自打开文件或最近一次保存以来，对该表做出的所有修改。例如： `DataTables("订单").RejectChanges()`

BuildHeader	重新生成表头。项目打开后设置DataCol的Caption并不会立即生效，直到调用此方法。例如：
	`With DataTables("表A")`
	`    .DataCols("第一列").Caption = "一季度_东部"`
	`    .DataCols("第二列").Caption = "一季度_西部"`
	`    .BuildHeader()`
	`End With`

Compute	根据指定的条件统计指定列的数据
Find	查找符合条件的行
Select	以集合的形式，返回所有符合指定条件的行
GetComboListString	从指定列中提取不重复的值，用符号“|”将这些值连接成字符串后返回
GetValues	从指定列中获取不重复的值，以集合的形式返回
StopRedraw	暂停绘制表格
ResumeRedraw	恢复绘制表格
AddUserStyle	增加自定义样式。此方法将在介绍DrawCell表事件时一并讲述

- Compute方法

根据指定条件统计表中数据。其语法为：

```
Compute(Expression, Filter)
```

其中，Expression参数为要计算的聚合函数表达式；Filter参数用于设置计算条件，如果省略，将对DataTable 中的所有行进行统计。

例如，分别统计总销量和产品PD01的销量：

```
Dim t1 As Integer = DataTables("订单").Compute("Sum(数量)")
Dim t2 As Integer = DataTables("订单").Compute("Sum(数量)","产品 = 'PD01'")
```

可使用的聚合函数有7个，分别为Sum（求和）、Avg（平均）、Min（最小值）、Max（最大值）、Count（计数）、Var（方差）、StDev（标准偏差）。

- Find方法

Find方法用于在DataTable中查找符合条件的行，其语法为：

```
Find(Filter, Sort)
```

其中，Filter为查找条件表达式；Sort为排序方式。如果找到的话，就返回找到的行；否则返回Nothing。

例如，从员工表中找出姓名为王伟的记录，并显示其备注：

```
Dim dr As DataRow = DataTables("员工").Find("姓名 = '王伟'")
Output.Show(dr("备注"))
```

上述代码是不够完善的，如果没有找到姓名为王伟的记录，那么dr为Nothing，第二行代码会出错，所以实际开发过程中一定要加上判断：

```
Dim dr As DataRow = DataTables("员工").Find("姓名 = '王伟'")
If dr IsNot Nothing Then
    Output.Show(dr("备注"))
End If
```

如果符合条件的记录不止一行，可以利用Sort参数返回按指定顺序的第一行。例如：

```
'按日期顺序找出最早订购PD01产品的记录:
Dim dr1 As DataRow = DataTables("订单").Find("产品 = 'PD01'","日期")
'按日期顺序找出最近订购PD01产品的记录:
Dim dr2 As DataRow = DataTables("订单").Find("产品 = 'PD01'","日期 Desc")
```

- Select方法

Select 是以集合的形式，返回所有符合指定条件的行。语法为：

```
Select(Filter, Sort)
```

其中，Filter为条件表达式，表示筛选条件；Sort为可选参数，用于指定排序方式。

例如，将订购数量大于600的订单的折扣设置为0.15：

```
Dim drs As List(of DataRow)
drs = DataTables("订单").Select("数量 > 600")
For Each dr As DataRow In drs
    dr("折扣") = 0.15
Next
```

上面的代码其实可以简化为：

```
DataTables("订单").ReplaceFor("折扣", 0.15, "[数量] > 600")
```

可以通过Sort参数设置返回行的排序方式。例如，希望按总分高低依次显示所有学生的姓名：

```
For Each dr As DataRow In DataTables("成绩表").Select("","总分 DESC")
    Output.Show(dr("姓名"))
Next
```

再复杂一点，假定成绩表包括姓名、总分、总分排名几列数据，希望用代码自动生成总分排名，代码为：

```
Dim drs As List(Of DataRow) = DataTables("成绩表").Select("" ,"总分 DESC")
drs(0)("总分排名") = 1 '按总分降序排序，所以第一行为第一名
For n As Integer = 1 To drs.Count - 1 '从第二行开始遍历
    If drs(n)("总分") = drs(n-1)("总分") Then '如果总分和上一行相同
        drs(n)("总分排名") = drs(n-1)("总分排名") '则排名等于上一行
    Else
        drs(n)("总分排名") = n + 1 '否则排名等于:行位置+1.
    End If
Next
```

- GetComboListString方法

从指定的列中提取不重复的值，用符号“|”将这些值连接成一个字符串，并返回这个字符串。语法为：

```
GetComboListString(ColumnName, Filter, Sort)
```

其中，ColumnName 为列名称，从此列中提取不重复的值；Filter 为可选参数，指定一个条件表达式，只返回符合此条件的值；Sort为可选参数，指定排序列，如果省略，则根据取值列排序，通常无需设置。

此方法通常用于动态设置列表项目。例如，在AfterOpenProject事件中加入以下代码：

```
Tables("订单").Cols("客户").Combolist = DataTables("客户").GetComboListString("公司名称")
```

这样每次打开项目，都会从客户表提取公司名称，作为订单表客户列的列表项目。但是有个问题，如果在客户表中增加或删除了客户，列表项目并不会自动更新；为此可以将代码移至MainTableChanged事件中，并将代码改为：

```
If MainTable.Name = "订单" Then '如果选择的主表是订单表
    Tables("订单").Cols("客户").Combolist = DataTables("客户").GetComboListString("公司名称")
End If
```

当然可以直接通过列属性设置，而且看起来似乎更简单些。但还是建议采用代码设置，首先性能更好，而且会带来更大的灵活性。例如，可以附加额外的项目：

```
Dim s1 As String = DataTables("客户").GetComboListString("公司名称")
Tables("订单").Cols("客户").Combolist = s1 & "|附加项目一|附加项目二"
```

- GetValues方法

从指定列中获取不重复的值，以集合的形式返回。语法格式为：

```
GetValues(ColumnName, Filter, Sort)
```

3个参数的含义和GetComboListString方法完全一致，这里不再赘述。

例如，统计订单表中各产品的销售数量：

```
Dim dt As DataTable = DataTables("订单")
Dim pds As List(of String) = dt.GetValues("产品")
For Each pd  As String In pds
```

```
    Output.Show(pd & ":" &  dt.Compute("Sum(数量)","产品= '" & pd & "'"))
Next
```

实际开发时，很少需要自己去编写统计数据代码，Foxtable提供了多种用于数据统计的类，非常方便。

同样地，接下来的例子不是为了说明GetValues的使用，因为有简单得多的办法来解决此类问题，这里只是为了让大家复习前面学到的知识，假定不仅要计算每个产品的销售数量，还要按照销量由低到高排序，如果看不懂下面的代码，需回到第4章复习一下数组和集合的知识：

```
Dim dt As DataTable = DataTables("订单")
Dim pds() As String = dt.GetValues("产品").ToArray()  '将集合转为产品数组
Dim qty(pds.Length - 1) As Integer '定义数量数组，元素个数和产品数组相同
Dim flt As String
For i As Integer = 0 To pds.Length - 1 '计算每个产品的销售数量
    flt =  CExp("产品='{0}'",pds(i)) '合成条件表达式
    qty(i) = dt.Compute("Sum(数量)",flt) '结果保存在数量数组对应位置的元素中。
Next
Array.Sort(qty, pds) '根据数量同步排序两个数组
For i As Integer = 0 To pds.Length - 1
    Output.Show(pds(i) & "=" & qty(i))
Next
```

如果要按照销量由高到低显示呢？ 很简单，只需将倒数第三行代码改为：

```
For i As Integer = pds.Length - 1 To 0 Step -1
```

- StopRedraw和ResumeRedraw 方法

对DataTable所做的任何变动，包括编辑数据、增加行、删除行等，都会导致与之关联的Table重新绘制，以显示变动后的结果。如果持续批量操作，Table可能就会不停地闪烁。为了避免闪烁，同时也为提高效率，可以在批量操作前执行StopRedraw 方法暂停绘制表，待操作完成后再执行ResumeRedraw方法恢复绘制表。很显然，这两个方法必须配对执行。

例如，要在订单表中增加500行，代码如下：

```
With DataTables("订单")
    .StopRedraw
    For i As Integer = 1 To 500
        .AddNew()
    Next
    .ResumeRedraw
End With
```

如果去掉以上代码中的StopRedraw和ResumeRedraw，执行过程将会不停地闪烁，速度也将大幅度降低。

以上代码仅做演示。实际上增加500行最简单的代码如下：

```
DataTables("订单").AddNew(500)
```

5.4.2 DataCol详解

DataCol表示DataTable中的列。通过DataCols集合可以获得指定名称的列（DataCol）。例

如，以下代码就获得了指定表（订单）中的指定列（日期）：

```
Dim dc As DataCol = DataTables("订单").DataCols("日期")
```

❶ DataCols的成员

DataCols的成员见下表。

	名称	说明
属性	Count	整数型，返回总列数
方法	Contains	判断是否包含指定名称的列
	Add	增加临时列
	Delete	删除通过Add方法增加的临时列

通过Add方法增加的临时列是不会保存的，项目关闭后将自动消失。其语法为：

```
Add(ColumnName, GetType(Type), MaxLength, Expression, Caption)
```

参数说明如下表所示。

名称	说明
Name	新增列的名称
Type	新增列的数据类型，需要配合GetType关键字来获得数据类型。例如，GetType(String)表示字符型，GetType(Boolean)表示逻辑型
Expression	可选参数，指定新增列的计算表达式
MaxLength	可选参数，用于指定字符列的长度，超过255将作为备注型，默认为32
Caption	可选参数，用于设置列标题

例如，在订单表临时增加一个新的金额列：

```
DataTables("订单").DataCols.Add("新金额",GetType(Double),"[数量]*[单价]*(1-[折扣])")
```

通常会通过菜单增加表达式列，但是对于动态加载和生成的表，只能用上面的方法增加。

通过Add方法增加的临时列可使用Delete方法删除。例如：

```
If DataTables("订单").DataCols.Contains("新金额") Then
    DataTables("订单").DataCols.Delete("新金额")
End If
```

Foxtable可以在行号列显示复选框，以此来勾选非连续的多行(在Table详解部分会介绍)，但是这样就不会显示行号了，所以我个人更喜欢增加一个临时的逻辑列用于勾选行。例如，在AfterOpenProject事件加入以下代码：

```
DataTables("订单").DataCols.Add("勾选",Gettype(Boolean))
```

打开项目后，订单表就多了一个勾选列，见下图。

	产品	客户	单价	数量	金额	勾选
1	PD05	CS03	17	650	9945	☐
2	PD02	CS01	20	400	7200	☑
3	PD05	CS04	17	320	5440	☐
4	PD01	CS03	18	80	1224	☑

这样就能通过代码批量处理勾选的行了。例如，删除所有选中的行：

```
DataTables("订单").DeleteFor("勾选 = True")
```

再例如，将选中行的折扣都增加0.1：

```
For Each dr As DataRow In DataTables("订单").Select("勾选 = True")
    dr("折扣") = dr("折扣") + 0.1
Next
```

这种不需要保存数据，仅在运行过程中用于辅助和计算的列，不可直接在数据表增加，因为会占用存储空间，效率和方便性也不如临时列。

❷ DataCol的基本属性

DataCol的基本属性见下表。

名称	说明
DataTable	返回该列所属的DataTable
Name	返回列的名称

Caption	返回或设置列标题，设置后需要调用BuildHeader方法才会生效。例如：
	With DataTables("表A")
	    .DataCols("第一列").Caption = "一季度_东部"
	    .DataCols("第二列").Caption = "一季度_西部"
	    .BuildHeader()
	End With

AllowEdit	是否允许编辑该列，设置为False时将锁定列禁止编辑。例如： DataTables("订单").DataCols("订单编号").AllowEdit = False
Unique	是否禁止该列输入重复值，设置为True时将禁止输入重复值。例如： DataTables("订单").DataCols("订单编号").Unique = True
Expression	返回或设置列的计算表达式。只有表达式列或临时列才能设置此属性。例如： DataTables("订单").DataCols("金额").Expression = "[数量] * [单价]"
Decimals	设置数值列允许输入的最大小数位数，默认的小数位数为4。例如： DataTables("订单").DataCols("折扣").Decimals = 3

MaxLength	如果是字符列，返回该列允许输入的最大长度；其他类型的列，返回-1。例如：
	Dim nm As String = "湛江市辉迅软件有限公司"
	If nm.Length > DataTables("订单").DataCols("客户").MaxLength Then
	    MessageBox.Show("名称超过最大允许长度!")
	End If

IsDate	判断该列是否是日期型。例如：
	Dim dc As DataCol = DataTables("订单").DataCols("日期")
	If dc.IsDate Then
	    Output.Show("此列数据类型为日期")
	End If

IsNumeric	判断该列是否是数值型，用法同IsDate

续表

名称	说明
IsString	判断该列是否是字符串型，用法同IsDate
IsBoolean	判断该列是否是逻辑型，用法同IsDate
DefaultValue	返回或设置列的默认值。建议不要再使用此属性，改为在DataRowAdding事件中给新增行赋默认值，具体在表事件中介绍

❸ DataCol的扩展型属性

DataCol和扩展列类型相关的属性见下表。

名称	说明
ExtendType	返回或设置列的扩展类型，ExtendTypeEnum枚举类型，可选值有None(无)、Color(颜色)、TimeSpan(时段)、Web(网址)、Email(邮件)、 Values(多值字段)、File(文件)、Files(多文件)、Images(图片)、QQ、WangWang(旺旺)等
DefaultFolder	如果列的扩展类型为图片或文件(含多文件)，可用此属性指定文件的存储位置
SourceFolder	如果列的扩展类型为图片或文件(含多文件)，可用此属性指定文件的来源位置
FileFilter	如果列的扩展类型为图片或文件(含多文件)，可用此属性设置文件筛选器
Remote	如果列的扩展类型为图片或文件(含多文件)，将此属性设置为True，将启用远程方式管理文件
FTPClient	如果某列被扩展为多文件型(含多文件)，并启用远程方式管理文件，可以用此属性返回一个FTPClient

这些属性的含义在本书应用篇已经做过介绍，这里不再赘述。例如，希望将项目表的负责人列扩展为多值列，可以在AfterOpenProject事件加入以下代码：

```
DataTables("项目").DataCols("负责人").ExtendType = ExtendTypeEnum.Values
Tables("项目").Cols("负责人").ComboList = "刘备|关羽|张飞|黄盖|赵云"
```

这样打开项目之后，负责人列就能多值输入了，见下图。

如果需要将某一列扩展为远程的文件或图片列，可先将Remote属性设置为True，然后通过FTPClient属性设置FTP的地址、账户和密码属性。例如，将合同表的文档列扩展为远程多文件列：

```
Dim dc As DataCol = DataTables("合同").DataCols("文档")
dc.ExtendType = ExtendTypeEnum.Files  '扩展为多文件列
dc.Remote = True '启用远程管理功能
dc.FTPClient.Host ="192.168.1.202"  '指定FTP地址
dc.FTPClient.Account = "foxtable"  '指定FTP账户名
dc.FTPClient.password = "foxtable"  '指定FTP账户密码
```

Foxtable提供了一个FTPClient类，可以用这个类创建FTP客户端，管理远程FTP服务器上的文件，只需几行代码。例如：

```
Dim ftp1 As New FtpClient
ftp1.Host="196.128.143.28"
ftp1.Account = "foxuser"
ftp1.Password = "138238110"
ftp1.OpenManager() '打开FTP管理器
```

对于已经设置远程管理的多文件或图片列，除了通过列窗口中的【管理】命令打开FTP管理器，也可以通过下面的代码打开：

```
DataTables("合同").DataCols("文档").FtpClient.OpenManager()
```

Foxtable内置的FTP管理器如下图所示。

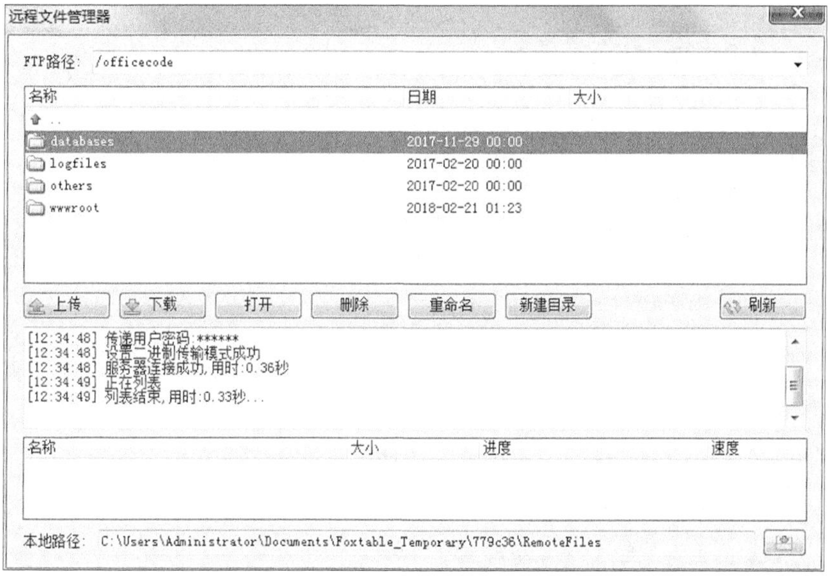

FTPClient类的方法和属性很多，其详细说明可参考官方文档。

❹ DataCol的方法

DataCol只有以下3个方法。

- SetFormat方法

此方法设置数值列的显示格式，使用的格式字符和 Format 函数完全一致。例如：

```
DataTables("订单").DataCols("单价").SetFormat("0.00")
DataTables("订单").DataCols("折扣").SetFormat("0.00%")
```

- SetDateTimeFormat方法

设置日期列的显示和存储格式。默认情况下，Foxtable的日期列仅保存年月日。如果想同时保存日期时间或者只保存时间，则须通过SetDateTimeFormat方法设置该列的日期时间格式。语法为：

```
SetDateTimeFormat(Fmt)
```

Fmt参数为DateTimeFormatEnum型枚举，包括以下可选值。

```
Date:默认的标准日期格式，如2008-12-31。
DateTime:短日期时间格式，包括日期和时分，如2008-12-31 9:45。
DateLongTime:长日期时间格式，包括日期和时分秒，如2008-12-31 9:45:30。
Time:短时间格式，包括时分，如12:59。
LongTime：长时间格式，包括时分秒，如12:59:21。
```

例如，以下代码执行后，订单中的日期列就能同时保存年、月、日以及时、分、秒：

```
DataTables("订单").DataCols("日期").SetDateTimeFormat(DateTimeFormatEnum.DateLongTime)
```

- RaiseDataColChanged方法

强行对某列的所有行触发DataColChanged事件，相当于重置列。例如：

```
DataTables("员工").DataCols("身份证号码").RaiseDataColChanged()
```

5.4.3 DataRow详解

❶ DataRows的成员

在介绍DataRows的成员之前，再了解一下DataRows。通过DataRows可以获得指定位置的行。例如，获取订单表的第一行：

```
Dim dr As DataRow = DataTables("订单").DataRows(0)
```

但是这不一定是你看到的第一行，你看到的第一行是Table中的第一行，所以获取DataTable中的指定位置的行并无意义，除了示例，实际开发中几乎不会这样使用。

DataRows只有一个属性Count，用于返回总行数；虽然有几个方法，但唯一有实际意义的是Clear方法，用于清除数据。例如：

```
DataTables("表B").DataRows.Clear() '不可轻易执行
```

Clear方法会直接从后台清除所有行，不管这些行是否已经加载，且无需保存即刻生效，相当于菜单中的初始化项目功能，所以此方法一定要慎重使用，以免酿成大祸。

❷ DataRow的属性

DataRow的属性见下表。

<table>
<tr><th>名称</th><th>说明</th></tr>
<tr><td>DataTable</td><td>返回该行所属的DataTable</td></tr>
<tr><td>IsNull</td><td>判断某列内容是否为空</td></tr>
<tr><td>Locked</td><td>返回或设置行的锁定状态，设置为True时将锁定行。假定订单表有个逻辑型的审核列，用于勾选审核行，希望能自动锁定通过审核的行，为此可将DataColChanged事件代码设置为：<pre>
If e.DataCol.Name = "审核" Then '如果触发事件的是审核列
    If e.NewValue = True '如果新值为True,也就是勾选了审核列
        e.DataRow.Locked = True '那么锁定此行
    End If
End If
</pre></td></tr>
</table>

续表

名称	说明
Lines	以字符串集合的形式返回或设置单元格内容

RowState	返回行状态，DataRowState型枚举，包括以下值：Added(新增加的行)、Modified(已经修改过的行)、Unchanged(未曾修改的行)、Detached(刚刚创建还未添加到表中的行)、Deleted(已经删除的行)。例如，判断当前行是否是新增行：
	Dim dr As DataRow = Tables("订单").Current.DataRow
	If dr.RowState = DataRowState.Added Then
	    MessageBox.Show("这是新增行")
	End If

OriginalValue	获得指定列的原始值。例如： Dim dr As DataRow = Tables("订单").Current.DataRow Dim ov As Integer = dr.OriginalValue("数量") '原始值 Dim cv As Integer = dr("数量") '当前值
OriginalIsNull	判断某一列的原始值是否为空。例如： Dim dr As DataRow = Tables("订单").Current.DataRow Dim Org As Boolean = dr.OriginalIsNull("数量") '判断数量列之前是否为空 Dim Cur As Boolean = dr.IsNull("数量") '判断数量列现在是否为空

- IsNull属性

IsNull属性用于判断某列内容是否为空。例如，有下图所示的一个表，希望根据输入的起始日期和完成日期自动计算出任务的执行天数。

	任务	起始日期	完成日期	执行天数
1	A	2018-03-18	2018-05-16	59
2	B	2018-02-15	2018-03-16	29
3	C	2018-05-12		-736825

为实现目的，可以在DataColChanged事件加入以下代码：

```
Select Case e.DataCol.Name
    Case "起始日期","完成日期"
        Dim tp As TimeSpan = e.DataRow("完成日期") - e.DataRow("起始日期")
        e.DataRow("执行天数") = tp.TotalDays
End Select
```

但是这个不完善，如果输入起始日期，不输入完成日期，执行天数会变成一个很大的负数(见上图第3行)，这是因为当日期列为空时，e.DataRow(“日期列")返回的日期不是空值，而是#01/01/0001#，所以出现上图所示的计算结果。要解决这个问题，可以用IsNull判断起始日期和完成日期是否为空，二者均不为空才计算执行天数；否则将执行天数设置为Nothing。修改后的代码为：

```
Select Case e.DataCol.Name
    Case "起始日期","完成日期"
        Dim dr As DataRow = e.DataRow
        If dr.IsNull("起始日期") OrElse dr.IsNull("完成日期") Then
            dr("执行天数") = Nothing
        Else
```

```
            Dim tp As TimeSpan = dr("完成日期") - dr("起始日期")
            dr("执行天数") = tp.TotalDays
        End If
End Select
```

- 空值的比较

现在穿插介绍一下在Foxtable中如何比较空值。

当列内容为空时，数值列返回0，字符串列返回""，日期列返回#01/01/0001#，都不是Nothing，但是这些值和Nothing比较时，都会返回True，你可以在命令窗口测试：

```
Output.Show(0 = Nothing)
Output.Show("" = Nothing)
Output.Show(#1/1/0001# = Nothing)
```

可以看到输出结果全部为True，所以有人经常这样写代码：

```
If e.DataRow("列名")= Nothing Then
```

多数时候不会出问题，但是对于数值列，如果值为0，上述比较条件也是成立的。如果在业务逻辑上0不能等同于空值，那么上面的代码就会导致运算错误，所以判断列内容是否为空，一定要用IsNull属性。

基本数据类型和Nothing进行比较时，用的是等于(=)号，但是除此之外的任何类型，和Nothing比较都需要用Is 运算符。例如：

```
Dim val As Date
Dim obj As DataRow
Output.Show(val = Nothing)
Output.Show(obj Is Nothing)
```

如果你将上述代码中的“=”改为“Is”，或将“Is”改为“=”，都将提示错误。

- New关键词

以下内容仅针对初级菜鸟。

在定义变量时，一些初学者对于何时使用New关键词感到困惑。其实很简单，基本数据类型不需要用New关键词，其中日期会自动初始化为#1/1/0001#，数值自动初始化为0，逻辑型自动初始化为False，字符串自动初始化为Nothing，所以字符串变量需要赋值才能操作；否则会出错，而其他类型不会。例如：

```
Dim dv As Date
Output.Show(dv.Year) '输出1
Dim s1 As String = "abc"
Output.Show(s1.Length) '输出3
Dim s2 As String
Output.Show(s2.Length)  '由于s2是Nothing,这里会出错
```

基本数据类型之外的所有其他类型，如果没有赋值，默认都是Nothing，不能直接使用，所以通常需要用New关键词来创建一个对象。但也有例外，就是DataTable、DataRow、DataCol、Table、Row、Col等对象，这些对象不能凭空创建，所以永远都不能用New。下面的代码列出了各种情况：

```
Dim lst1 As New List(of String) '用New创建一个集合赋值给变量
lst1.Add("FoxTable")
Dim dt As DataTable = DataTables("订单") 'DataTable不能用New凭空创建,只能直接赋值
Dim lst2 As List(of String) = dt.GetValues("产品") 'lst2在定义时直接赋值了,不需要用New
Output.Show(lst2.Count)
Dim lst3 As List(of String) '没有使用New关键词,lst3为Nothing
'Output.Show(lst3.Count) '在赋值之前使用会出错,可以取消本行的注释测试一下
lst3 = dt.GetValues("产品") '运行过程中赋值
Output.Show(lst3.Count) '赋值之后就不会出错了
```

- Lines属性

此属性以字符串集合的形式处理单元格的多行内容，每行内容映射为集合中的一个元素。例如，在命令窗口执行代码：

```
Dim lst As New List(of String)
lst.Add("苹果")
lst.Add("香蕉")
lst.Add("桔子")
Tables("表A").Current.DataRow.Lines("第一列") = lst
```

当前行第一列的内容将变为(测试时请将行高拉大些)下图所示。

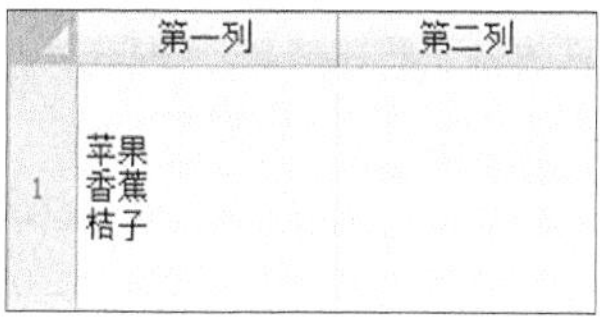

你也许认为以下代码更方便：

```
Tables("表A").Current("第一列") = "苹果" & vbcrlf & "香蕉" & vbcrlf & "桔子"
```

常规的读写确实没有必要用Lines属性，但是Lines属性提供了插入和删除功能，在处理多文件列和图片列时会更方便。例如，在命令窗口再次执行：

```
Dim dr As DataRow = Tables("表A").Current.DataRow
Dim lst As List(of String) = dr.Lines("第一列")
lst.Insert(0,"梨子") '在第一行插入梨子
lst.Remove("香蕉") '删除香蕉
lst.Add("西瓜") '增加西瓜
dr.Lines("第一列") = lst
```

当前行第一列的内容将变为下图所示。

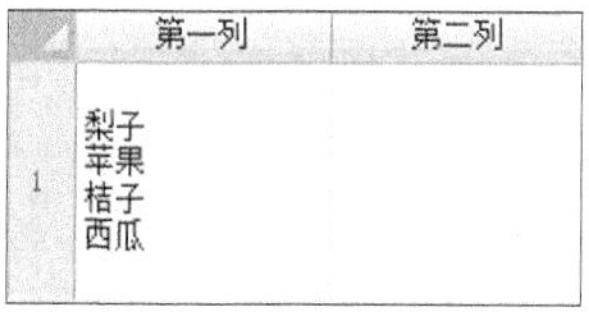

❸ DataRow的方法

DataRow的方法见下表。

名称	说明

Save	保存此行。假定你在菜单或窗口加了一个按钮，用于批量保存审核通过的行，按钮代码应为：
	For Each dr As DataRow In DataTables("订单").Select("勾选 = True")
	    If dr.RowState <> DataRowState.Unchanged Then '跳过未修改的行
	        dr.Save()
	    End If
	Next

Delete	删除此行。例如： DataTables("订单").DataRows(0).Delete()
Remove	移除此行。例如： DataTables("订单").DataRows(0).Remove() 被移除的行并不会真正从数据库中删除，重新打开项目后被移除的行将再次出现
Accept	接受对此行的修改，使得保存时忽略此行。例如： DataTables("订单").DataRows(0).Accept() 执行后此行的值还是修改后的值，但保存时将忽略此行
Reject	撤销自打开项目后，或最近一次保存后，对此行的全部修改。例如： DataTables("订单").DataRows(0).Reject()
Load	重新加载此行
SetError	给该行的指定列设置错误信息
GetError	返回该行指定列的错误信息
ClearErrors	清除该行所有列的错误信息
GetParentRow	返回该行在指定父表中对应的关联行
GetChildRows	返回一个DataRow集合，集合中包括指定子表中和该行对应的全部关联行

- Load方法

Load方法兼具保存和刷新的功能。假定你在表A修改了当前行第一列的数据，而另一个用户修改了同一行第二列的数据且已经保存，那么执行下面的代码：

```
Tables("表A").Current.DataRow.Load()
```

将保存你对第一列的修改，然后重新加载此行，这样你就能看到另一个用户在第二列输入的值。如果另一个用户也修改了第一列，那么将被覆盖。这里顺便提一下Foxtable的保存三规则。

不同的用户修改同一个表的不同行，互不影响。

不同的用户修改同一行的不同列，互不影响。

不同的用户修改同一行的同一列，以最后一个保存的用户为准。

Load方法有个参数，如果你不想保存行，只想刷新行，可以将此参数设置为False：

```
Tables("表A").Current.DataRow.Load(False)
```

为方便用户调用，Row类型也提供了Load方法，所以上述代码也可以写为：

```
Tables("表A").Current.Load(False)
```

假定你设计了一个窗口编辑订单，希望打开编辑窗口之前先刷新当前订单，可以将打开窗口的代码设置为：

```
Tables("表A").Current.Load(False)
Forms("窗口名称").Open()
```

- SetError、GetError和ClearErrors方法

SetError方法用于在行的指定列设置一个错误提示信息。例如，希望订单表中输入的折扣最好不要超过0.2，如果超过，就给予提示，为此可以将DataColChanged事件代码设置为：

```
If e.DataCol.name = "折扣" Then
    If e.DataRow("折扣") > 0.2 Then
        e.DataRow.SetError("折扣", "折扣不能超过0.2!")
    Else
        e.DataRow.SetError("折扣","")
    End If
End If
```

这样用户输入超过0.2的折扣后，就会在折扣单元格显示一个红色的图标，表示这里输入的内容有误，当光标移到这个红色图标上时，会显示具体的错误信息，见下图。

产品	客户	单价	折扣	数量	金额	日期
PD05	CS03	17	0.1	650	9945	1999-01-02
PD02	CS01	20	0.1	400	7200	1999-01-03
PD05	CS04	17	0.25	320	4080	1999-01-03
PD01	CS03	10	0.15	80	680	1999-01-04
PD03	CS03	20	折扣不能超过0.2!	490	9800	1999-01-04
PD04	CS04	17.6	0	240	4224	1999-01-07

GetError方法用于获取指定列的错误提示，ClearErrors方法用于清除所有列的错误提示。例如：

```
Dim dr As DataRow =  Tables("订单").Current.DataRow
Dim er As String  = dr.GetError("单价")
dr.ClearErrors()
```

- GetParentRow方法

此方法用于返回行在指定父表中对应的关联行。例如，客户表和订单表通过客户编号建立了关联，客户表有个客户等级列，订单表有个折扣列，要求只有客户等级为VIP时才能给予超过10%的折扣，为此可将订单表的DataColChanging(不是DataColChanged)事件代码设置为：

```
If e.DataCol.Name = "折扣" AndAlso e.NewValue > 0.1 Then '如果修改的是折扣,且输入的折扣大于0.1
    Dim pr As DataRow = e.DataRow.GetParentRow("客户") '找出客户表中对应的行
    If pr IsNot Nothing Then '不一定有对应的客户,所以需要判断一下
        If pr("客户等级") <> "VIP" Then
            MessageBox.show("非VIP客户的折扣不能超过10%", "提示", MessageBoxButtons.OK)
            e.Cancel = True  '取消修改
        End If
    End If
End If
```

这个代码有漏洞，操作者可以先选择一个VIP客户，输入超过10%的折扣，然后再将客户改为非VIP客户，即可绕过上述代码设定的限制。解决办法有很多，最简单的办法是在订单表DataColChanged事件加入以下代码：

```
If e.DataCol.Name = "客户编号" Then
    e.DataRow("折扣") = Nothing
End If
```

如果客户表和订单表没有建立关联，一样可以实现这样的管理逻辑。还记得DataTable的Find方法吗？如果记得，在没有建立关联时，只需将：

```
Dim pr As DataRow = e.DataRow.GetParentRow("客户")
```

改为：

```
Dim pr As DataRow = DataTables("客户").Find("客户编号='" & e.DataRow("客户编号") & "'")
```

如果不记得，就查看本书或帮助文件，实在找不到就上官方论坛提问。窃以为，多数时候编程并不是一个技术活，而更像一个体力活，花点时间尽量熟悉各种类型的属性、方法和事件，多看多练，不懂就问，慢慢熟能生巧而已。

- GetChildRows方法

返回一个DataRow集合，集合中包括指定子表中和该行对应的全部关联行。假定有订单和订单明细表，二者通过订单编号建立了父子关联，如果希望锁定或解锁某个订单的同时，能自动锁定或解锁对应的全部订单明细，应该如何处理呢？ 首先应该查文档，知道锁定行后会触发DataRowLockedChanged事件，这就好办了，只需将订单表的此事件代码设置为：

```
For Each dr As DataRow In e.DataRow.GetChildRows("订单明细")
    dr.Locked = e.DataRow.Locked
Next
```

如果两个表之间没有建立关联，可以用DataTable的Select方法获取相同编号的全部订单明细，代码一样简单：

```
For Each dr As DataRow In DataTables("订单").Select("订单编号='" & e.DataRow("订单编号") & "'")
    dr.Locked = e.DataRow.Locked
Next
```

再例如，希望在订单表增加一个订单，并输入订单编号后，能自动新增一个订单明细，以提高输入效率，为此可将订单表的DataColChanged事件代码设置为：

```
Select Case e.DataCol.Name
    Case "订单编号"
        If e.DataRow.IsNull("订单编号") = False Then '如果已经输入订单编号
            If e.DataRow.GetChildRows("订单明细").Count = 0 Then '且无订单明细
                Dim dr As DataRow = DataTables("订单明细").AddNew()
                dr("订单编号") = e.NewValue
            End If
        End If
End Select
```

5.5 Table详解

前面介绍的DataTable是用来存放数据的，接下来介绍的Table是用来展示数据的，我们平时看到的和操作的都是Table，所以Table的成员非常多，下面将根据功能类别来分组介绍。

5.5.1 Table详解

❶ 设置Table

下表中的属性都是逻辑型，用于对Table的各种行为特性进行设置。

属性名	默认值	说明
AllowEdit	True	是否允许修改表中数据
AllowAddNew	True	是否允许增加行
AutoAddNew	False	是否在最后一行的最后一个单元格按“Enter”键时自动增加一行
AllowDelete	True	是否允许删除行
AllowLockRow	True	是否允许锁定行
AllowUnlockRow	True	是否允许取消锁定行
AllowClickSort	True	是否允许按住“Ctrl”键的同时单击列标题排序
AllowDragColumn	True	是否允许通过拖动列标题来调整列位置
AllowFreezeColumn	True	是否允许通过鼠标拖动来调整冻结区
AllowResizeColumn	True	是否允许通过鼠标拖动来调整列宽
AllowResizeRow	True	是否允许通过鼠标拖动来调整行高
EnterKeyActionDown	False	按“Enter”键是否向下移到另一单元格
TabKeyActionDown	False	按“Tab”键是否向下移到另一单元格
ListMode	False	是否突出显示选定行
RowHeaderVisible	True	是否显示行号列
ExtendLastCol	False	是否自动调整后一列的宽度，以适用表宽

这些属性的使用很简单，并无举例说明的必要。需要注意的是，上述属性中的大部分，在DataTable中都有对应的同名属性。同名属性的生效规则为：如果Table设置了同名属性，以Table的设置为准；如果Table没有设置，以DataTable的设置为主；如果二者都没有设置，则采用默认值。

假定订单表和订单明细表通过订单编号建立了关联，那么Tables(“订单明细”)和Tables(“订单.订单明细”)都是DataTables(“订单明细”)的分身。执行下面的代码：

```
DataTables("订单明细").AllowEdit = False
Tables("订单.订单明细").AllowEdit = True
```

由于Tables(“订单.订单明细”)设置了AllowEdit属性为True，所以是可以编辑的；而Tables(“订单明细”)没有设置AllowEdit属性，于是从DataTables(“订单明细”)继承设置(AllowEdit为False)，所以是不能编辑的。

❷ 处理选定行

Table和选定行相关的属性有4个，分别是Current、Positon、TopPosition和BottomPosition，除了Position属性，其余3个都是只读属性。

- Current属性

返回当前数据行(Row)。例如，将订单表当前行的数量列设置为100：

```
Tables("订单").Current("数量") = 100
```

再例如，删除当前表的当前行：

```
CurrentTable.Current.Delete()
```

如果在汇总模式下选择分组行，Current 将返回 Nothing。为避免出错，需要在代码中加上判断，例如：

```
If Tables("订单").Current IsNot Nothing Then '如果不为空
    Tables("订单").Current("数量") = 100
End If
```

- Position属性

返回或设置当前数据行位置，如果在汇总模式下选择分组行，则将返回-1，如下图所示。

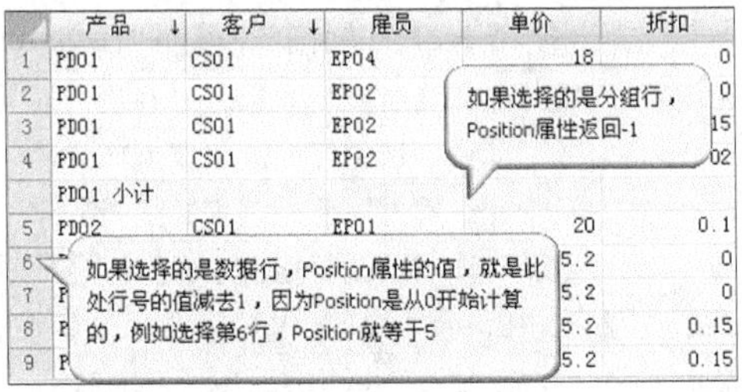

例如：

```
Tables("订单").Position = 2 '选择第三行，行号从0开始编号。
If Tables("订单").Position > -1 Then '如果当前行是数据行
    Tables("订单").Current("数量") = 100
End If
```

再例如，选择订单表最后一行：

```
With Tables("订单")
    .Position = .Rows.Count - 1
End With
```

- TopPosition和BottomPosition属性

TopPosition返回选定区域第一个数据行的位置，BottomPosition返回选定区域最后一个数据行的位置，如果只选择了一行，则TopPosition、BottomPosition和Position这3个属性的值相同。和Position一样，这两个属性在计算时均不包括分组行，下图就清晰地说明了这种特性。

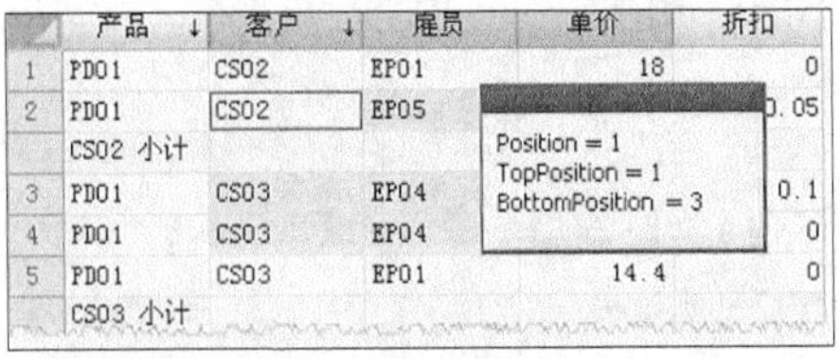

但是也稍有不同，如果选定区域的第一行是分组行，TopPosition会向下寻找，直至找到一个不是分组行的数据行，然后返回此行的位置；同样地，如果选定区域的最后一行是分组行，

BottomPosition会向上寻找，直至找到一个不是分组行的数据行，然后返回此行的位置。除非只选定了一行，而且此行恰好是分组行，TopPosition 和 BottomPosition 属性才会返回-1；而Position属性不具备上述特性，只要选定的是分组行，就直接返回-1，如下图所示。

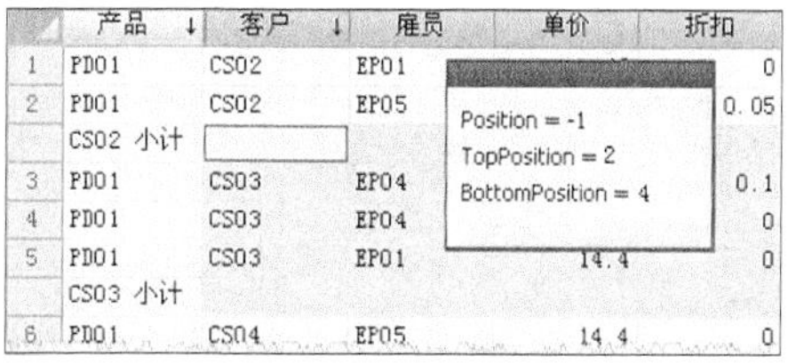

这种忽略分组行的处理方式，能大大减少编码的复杂程度，因为代码通常只需处理数据行，对于分组行是要忽略的。例如，要锁定用户选定的多行，代码通常为：

```
With Tables("订单")
    For i as Integer = .TopPosition To .BottomPosition
        .Rows(i).Locked = True
    Next
End With
```

上述代码，不管是在汇总模式下还是普通模式下，都能正常地锁定选定的一行或多行，因为代码能够自动排除分组行。但如果当前只选定了一行，而且这一行恰好是分组行，那么Position、TopPosition、BottomPosition这3个属性都返回-1，导致上述代码运行出错，所以比较健壮的代码如下：

```
With Tables("订单")
    If .TopPosition > -1 Then '如果选定区域包括数据行
        For i as Integer = .TopPosition To .BottomPosition
            .Rows(i).Locked = true
        Next
    End If
End With
```

再例如，要删除“订单”表中选定的多行，代码如下：

```
With Tables("订单")
    For i As Integer = .BottomPosition To .TopPosition Step -1
        .Rows(i).Delete()
    Next
End With
```

上面的代码是从选定区域的最后一行开始删除，每删除一行，循环变量i 减1。可能有的读者会问，为什么不从前往后顺序删除？例如：

```
With CurrentTable
    For i As Integer = .TopPosition To .BottomPosition
        .Rows(i).Delete()
    Next
End With
```

从表面上看，上述代码不应该有问题。可实际上却不会正确执行。假定TopPosition 等于6，第一次循环i 的值是6，代码会正确地删除位置6 的行；第二次循环i 的值是7，于是删除位置7 的行，但是原来位置6 的行被删除后，位置7 的行成为位置6 的行，你现在删除位置7 的行，实际上删除的是原来位置8 的行，所以就等于跳过了位置7 的行。最终的结果是，一些本该删除的行没有被删除，而一些不该删除的行却被删除了。

❸ 处理选定区域

Table和选定区域相关的成员如下表所列，其中比较常用的是RowSel、ColSel属性和Select方法。

	名称	说明
属性	RowSel	返回当前行位置
	TopRow	返回选定区域的最上面一行位置
	BottomRow	返回选定区域的最下面一行位置
	ColSel	返回当前列位置
	LeftCol	返回选定区域的最左边一列位置
	RightCol	返回选定区域的最右边一列位置
	TopVisibleRow	返回或设置第一个可见行的位置
	LeftVisibleCol	返回或设置第一个可见列的位置
方法	Select	选择按行列位置指定的某区域

下图用两个选择区域来说明这些坐标属性的关系（需注意，这两个区域一个是从“左上”向“右下” 选择的，一个是从“右下”向“左上”选择的，这就导致RowSel和ColSel的不同）。

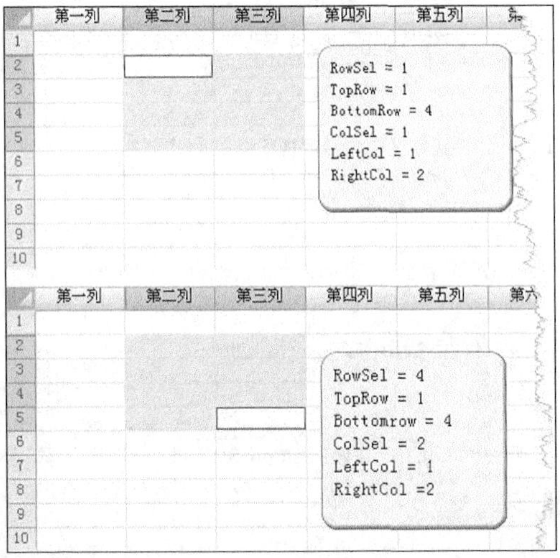

RowSel、TopRow、BottomRow这3个属性似乎和上一节的Position、TopPosition、BottomPosition属性有些重复，其实不然。它们之间的区别就在于汇总模式下计算方式的不同：前3个属性是包括分组行的，而后3个属性则排除分组行。从下图可以清晰地看到这种差别。

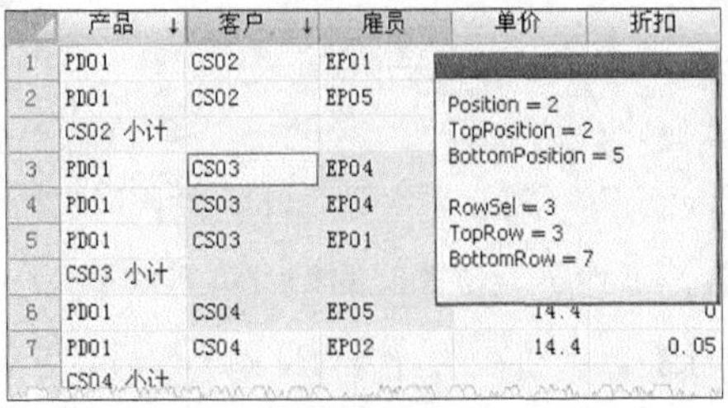

除了Positon属性，以上和位置相关的属性都是只读的，要选择某行只需设置Position属性，而要选择某个区域，就只能用Select方法，此方法的语法为：

```
Select(Row, Col)
Select(TopRow, LeftCol, BottomRow, RightCol)
```

第一种语法用于选择单个单元格，第二种语法用于选择单元格区域。Row和Col分别表示单元格的行、列位置，TopRow和LeftCol表示选定区域左上角单元格位置，BottomRow和RightCol表示选定区域右下角单元格位置。

例如，要选择第一行的产品列，代码为：

```
Dim tbl As Table = Tables("订单")
Dim idx As Integer = tbl.Cols("产品").Index '获取产品列位置
tbl.Select(0, idx)
```

如果要选择整个产品列，代码为：

```
Dim tbl As Table = Tables("订单")
Dim idx As Integer = tbl.Cols("数量").Index '获取产品列位置
tbl.Select(0, idx, tbl.Rows.Count - 1, idx)
```

当通过Position属性选择某行，或通过Select方法选择某一单元格，其所在的行列自动可见，并不需要特别设置。如果需要某行或某列可见，但又不想选择它，可以通过设置TopVisibleRow和LeftVisibleCol属性实现。例如，使员工表的姓名列成为第一个可见列，第三行成为第一个可见行：

```
With Tables("员工")
    .LeftVisibleCol = .Cols("姓名").Index
    .TopVisibleRow = 2
End With
```

❹ 查找记录

Table用于查找记录的方法有两个，分别是Find和FindRow。

- Find方法

该方法用于在指定列中查找指定的字符内容。如果找到，就返回行的位置；否则返回-1。其语法为：

```
Find(StrFind, RowStart, Col, caseSensitive, fullMatch, Wrap)
```

其中，StrFind表示要查找的内容；RowStart表示查找开始行；Col表示要查找的列位置或列名称；caseSensitive 表示是否区分大小写；fullMatch 表示是否完全匹配，如果设为False，那么查找“北京”，“北京市”也符合要求；Wrap 表示是否循环查找，如果设为True，当找到最后一行还是没有符合条件的行时，会从第一行开始重新查找一遍。

例如，在当前表的当前列，查找以“abc”开头的内容：

```
With CurrentTable
    Dim r As Integer
```

```
    r = .Find("abc", 0, .ColSel, False, False, False)
    If r > - 1 Then      '如果找到符合条件的行
        .Position = r    '则选择该行
    End If
End With
```

上述代码只能找到第一个符合条件的行，如果要循环查找多个符合条件的行，可以从当前行的下一行（.Rowsel+1）开始查找，并将最后一个参数Wrap设置为True。例如，在订单表查找产品为PD01的行：

```
With Tables("订单")
    Dim r As Integer
    r = .Find("PD01", .RowSel + 1, "产品", False, False, True)
    If r > - 1 Then '如果找到符合条件的行
        .Position = r '则选择该行
    End If
End With
```

以上代码由于每次都是从下一行开始查找，没有找到时会重新从第一行开始查找，所以能够实现循环查找，你可以在命令窗口反复执行上面的代码，看看是否是循环查找。

实际上，将Position属性设置为-1，Foxtable并不会执行任何动作，Position属性继续保持原值不变，所以上述代码其实可以简化为：

```
With Tables("订单")
    .Position = .Find("PD01", .RowSel + 1, "产品", False, False, True)
End With
```

- FindRow方法

本方法同样用于在Table中查找行，既可根据条件表达式查找，也可直接查找某DataRow在Table中出现的位置，如果找到，返回行位置；否则返回-1。

◎ FindRow根据表达式查找的语法为：

```
FindRow(Expression, RowStart, Wrap)
```

这里的Expression表示查找条件表达式；RowStart和Wrap的作用与Find方法中的同名参数相同，且全部是可选的。RowStart默认为0，也就是从第一行开始查找；Wrap默认为False。

例如，在员工表的“地址”列中，查找包括“前门”两字的行：

```
Dim r As Integer
r = Tables("员工").FindRow("[地址] Like '%前门%'")
Tables("员工").Position = r    '定位到找到的行
```

如果希望循环查找，可以将代码改为：

```
Dim t As Table = Tables("员工")
Dim r As Integer = t.FindRow("[地址] Like '%前门%'", t.Position + 1, True)
Tables("员工").Position = r    '定位到找到的行
```

◎ FindRow查找某DataRow的语法为：

```
FindRow(DataRow)
```

假定希望在订单表中找出PD01产品最近一次的销售日期，对于这种查询，直接用Table的Find或FindRow都无能为力，解决办法是先用DataTable的Find方法找出符合条件的DataRow，再用Table的FindRow找出此DataRow在Table中出现的位置。代码为：

```
Dim dr As DataRow
dr = DataTables("订单").Find("[产品] = 'PD01'", "日期 Desc")
If dr IsNot Nothing Then
    Tables("订单").Position = Tables("订单").FindRow(dr)
End If
```

有时希望在不同的表之间实现联动定位，如在订单表选择某行，希望客户表能自动定位到对应客户所在行，这样在查看某订单时，能随时切换到客户表查看此订单所属客户的详细资料，为此可以在订单表的CurrentChanged(在Table中选择不同的行后触发)事件加入以下代码：

```
If e.Table.Position > -1 Then '为啥要判断,请回顾一下前面的知识
    Dim bh = e.Table.Current("客户ID")
    Dim pr As DataRow = DataTables("客户").Find(CExp("客户ID = '{0}'", bh))
    If pr IsNot Nothing Then
        Tables("客户").Position = Tables("客户").FindRow(pr)
    End If
End If
```

❺ 筛选与排序

Table用于排序与筛选的成员见下表。

	名称	说明
属性	Filter	返回或设置筛选条件。例如： Tables（“订单”）.Filter = “数量>500”
	Sort	返回或设置排序方式。例如： Tables("订单").Sort = "总分" '单列排序，默认升序 Tables("订单").Sort = "总分 Desc" '降序排序，分数高的排前面 Tables("订单").Sort = "客户,日期 Desc" '多列排序
	StateFilter	行状态筛选，StateFilterEnum型枚举，可选值有以下几个。 Default：显示所有行； Added：显示新增行； Modified：显示已经修改的行； UnChanged：显示没有修改的行； Original：原始视图； ModifiedOriginal：原始视图(仅修改行)； 例如，仅显示订单中的新增行： Tables("订单").StateFilter = StateFilterEnum.Added
	AllowBackEndFilter	在分页加载时，是否自动开启后台筛选功能，默认为 False。例如： Tables("订单").AllowBackEndFilter = True
	ApplyFilter	切换筛选，设为False关闭筛选，设为True恢复筛选
	ApplySort	切换排序，设为False关闭排序，设为True恢复排序

续表

	名称	说明
方法	AdvancedFilter	打开高级筛选窗口，例如： `Tables("订单").AdvancedFilter()`
	RelationFilter	执行关联筛选
	RepeatFilter	执行重复值筛选
	HideSelectedRows	隐藏选定行。例如： `Tables("订单").HideSelectedRows()`
	HideUnSelectedRows	隐藏未选定行。例如： `Tables("订单").HideUnSelectedRows()`
	CloseFilterTree	关闭筛选树。例如： `Tables("订单").CloseFilterTree()`
	SetFilterTree	打开内置的筛选树设置窗口。例如： `Tables("订单").SetFilterTree()`
	OpenFilterTree	打开筛选树

- ApplySort和ApplyFilter属性

如果要取消排序或筛选，代码很简单：

```
Tables("订单").Filter = ""
Tables("订单").Sort = ""
```

但之后要回到之前的排序和筛选状态，就得重新进行一系列的排序和筛选操作。有时只想临时取消排序和筛选，完成一些操作后，需要再次回到之前的排序和筛选状态，就像菜单中的切换按钮一样，可以用ApplyFilter 和ApplySort属性来实现这种要求。

例如，临时取消排序和筛选：

```
Tables("订单").ApplyFilter = False
Tables("订单").ApplySort = False
```

恢复排序和筛选：

```
Tables("订单").ApplyFilter = True
Tables("订单").ApplySort = True
```

- RelationFilter方法

有关关联筛选可参考本书的使用篇，RelationFilter方法用于通过代码执行关联筛选，其语法为：

```
RelationFilter(ColName1,DataTable,ColName2,Match)
```

其中，ColName1指本表用于关联筛选的列；DataTable指参与关联筛选的另一个表名；ColName2指另一个表的关联筛选列；Mtach指关联筛选模式，True有对应值，False无对应值。

例如，在表A中筛选出第一列在表B的第二列有对应值的行：

```
Tables("表A").RelationFilter("第一列", "表B", "第二列", True)
```

- RepeatFilter方法

有关重复值筛选可参考本书的使用篇，RepeatFilter方法用于通过代码执行重复值筛选，其语法为：

```
RepeatFilter(ColName, Mode)
```

其中，ColName指定筛选的分组列，Mode指定筛选方式：0显示重复值，1排除重复值，2显示冗余值，3显示唯一值。例如，筛选出表A第一列存在重复值的行：

```
Tables("表A").RepeatFilter("第一列", 0)
```

- OpenFilterTree方法

此方法用打开筛选树，语法为：

```
OpenFilterTree(ColNames, Size)
```

其中，ColNames用于指定分组列，不同列之间用符号“|”隔开； Size为可选参数，指定筛选树的宽度（如果左停靠区已经有窗口停靠，则此参数无效）。例如，在命令窗口执行：

```
Tables("订单").OpenFilterTree("产品|客户")
```

打开的筛选树见下图。

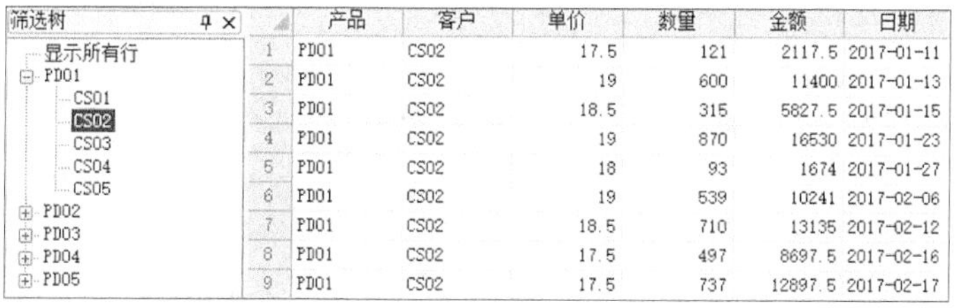

	产品	客户	单价	数量	金额	日期
1	PD01	CS02	17.5	121	2117.5	2017-01-11
2	PD01	CS02	19	600	11400	2017-01-13
3	PD01	CS02	18.5	315	5827.5	2017-01-15
4	PD01	CS02	19	870	16530	2017-01-23
5	PD01	CS02	18	93	1674	2017-01-27
6	PD01	CS02	19	539	10241	2017-02-06
7	PD01	CS02	18.5	710	13135	2017-02-12
8	PD01	CS02	17.5	497	8697.5	2017-02-16
9	PD01	CS02	17.5	737	12897.5	2017-02-17

对于日期类型的列，还可以设置分组格式。日期分组格式有5种，分别是Y 按年分组、YQ 按季分组、YM 按月分组、YW 按周分组、YMD 按日分组。例如，在命令窗口执行：

```
Tables("订单").OpenFilterTree("日期 YM|产品")
```

打开的筛选树见下图。

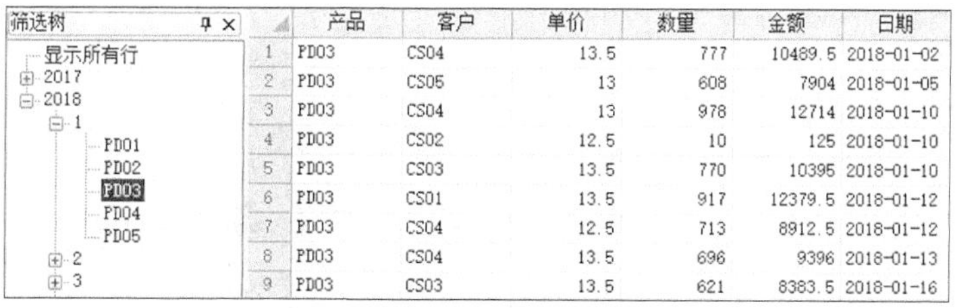

	产品	客户	单价	数量	金额	日期
1	PD03	CS04	13.5	777	10489.5	2018-01-02
2	PD03	CS05	13	608	7904	2018-01-05
3	PD03	CS04	13	978	12714	2018-01-10
4	PD03	CS02	12.5	10	125	2018-01-10
5	PD03	CS03	13.5	770	10395	2018-01-10
6	PD03	CS01	13.5	917	12379.5	2018-01-12
7	PD03	CS04	12.5	713	8912.5	2018-01-12
8	PD03	CS04	13.5	696	9396	2018-01-13
9	PD03	CS03	13.5	621	8383.5	2018-01-16

❻ 处理复选框

Table和复选框相关的成员有ShowCheckBox属性、GetCheckedRows和ClearCheckedRows方法。

将ShowCheckBox属性设置为True，将在行号列显示复选框，例如：

```
Tables("表A").ShowCheckBox = True
```

可以通过这个复选框勾选非连续的多行，见下图。

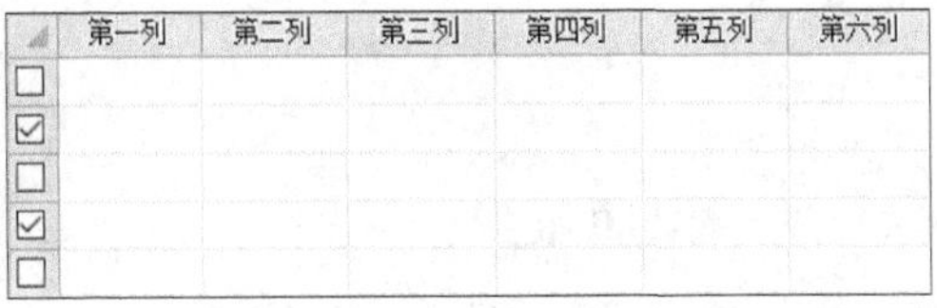

通过GetCheckedRows方法，可以获得一个Row类型的集合，该集合包括所有复选框已经选中的行。

例如，删除表A中所有复选框已经选中的行：

```
For Each r As Row In Tables("表A").GetCheckedRows
    r.Delete
Next
```

Row有一个名为Checked的逻辑属性，用于返回或设置某一行的复选框选中状态。例如，选中订单表所有折扣超过0.1的行：

```
For Each r As Row In Tables("订单").Rows
    If r("折扣") > 0.1 Then
        r.Checked = True
    End If
Next
```

用ClearCheckedRows方法可以清除所有行的复选框的选中状态，例如：

```
Tables("表A").ClearCheckedRows()
```

有了复选框，却没有了行号，如果要兼得，可以增加逻辑型的临时列用于勾选行，在介绍DataCols时，提供过这样的一个示例，大家可以回头看看。

❼ 行列显示设置

Table用于行列显示设置的成员见下表。

名称	说明
UseVisualStyle	逻辑型，是否使用界面风格，如需自定义列标题的背景颜色，可将此属性设为False
DefaultRowHeight	整数型，返回或设置默认行高，单位为像素
DefaultColWidth	整数型，返回或设置默认列宽，单位为像素
SetColVisibleWidth	批量设置要显示的列及其列宽。例如，执行下面的代码： `Tables("订单").SetColVisibleWidth("日期|90|产品|120")` 订单表将仅显示日期和产品列，宽度分别为90和120，单位为像素，其他列被隐藏
GetColVisibleWidth	返回一个字符串，包括显示的列及列宽信息
AutoSizeHeaderRow	自动调整标题行的高度，以完整显示列标题。无参数

续表

名称	说明
AutoSizeCols	自动设置所有列的宽度，以完整显示单元格内容。无参数
AutoSizeCol	自动设置指定列的宽度，以自适应单元格内容。例如： `Tables("员工").AutoSizeCol("地址")`

AutoSizeRows	自动设置所有行高度。例如，希望将备注列的宽度设置为200，然后自动调整行高，使得每个员工的备注都能完整显示出来：
	`Tables("员工").Cols("备注").Width= 200`
	`Tables("员工").AutoSizeRows()`

AutoSizeRow	自动调整指定行的高度。例如，自动调整当前行高度： `Tables("员工").AutoSizeRow(Tables("订单").Position)`
SetHeaderRowHeight	设置标题行高度。假如表有两层表头，将标题行的高度分别设为20和25： `Tables("表名").SetHeaderRowHeight(20,25)`

SetHeaderCellForeColor	设置指定列的标题字体颜色。语法格式为：
	`SetHeaderCellForeColor(ColName, Color, Level)`
	ColName表示列名，Color为字体颜色，Level是可选参数，用于指定多层表头中的哪一层标题。例如：
	`Tables("订单").SetHeaderCellForeColor("金额",Color.Red)`

SetHeaderCellBackColor	设置指定列的标题背景颜色。语法与SetHeaderCellForeColor相同。例如：
	`With Tables("订单")`
	`    .UseVisualStyle = False '必须禁止使用界面风格`
	`    .SetHeaderCellBackColor("金额",Color.Red)`
	`End With`

SetHeaderCellFont	设置指定列的标题字体。语法格式为：
	`SetHeaderCellFont(ColName, Font, Level)`
	例如，将数量的标题设为黑体，大小为12磅：
	`Dim fnt As New Font("黑体",12)`
	`Tables("订单").SetHeaderCellFont("数量",fnt)`

❽ 其他常用成员

前面已经按照功能分类，介绍完Table的大部分成员，剩余无法按照功能分类的常用属性见下表。

属性名称	说明
DataTable	返回Table所属的DataTable
Name	返回Table的名称
Visible	逻辑型，返回或者设置Table是否可见。例如，隐藏订单表： `Tables( "订单").Visible = False`
IsRelation	如果Table是关联表，就返回True；否则返回False
IsParent	如果Table是关联表且显示父表数据，就返回True

续表

属性名称	说明
IsChild	如果Table是关联表且显示子表数据，就返回True
HeaderRows	如果Table存在多层表头，可以用此属性返回表头的层数
ShowErrors	逻辑型，是否在单元格中显示错误图标。关于错误信息的显示可参考DataRow
Focused	判断输入焦点是否在此Table上
CanUndo	判断Table是否有可以撤销的编辑操作
CanRedo	判断Table是否有可以重做的编辑操作

Font	返回或设置Table的字体。例如，将订单表的字体设为宋体、12磅：
	`Tables("订单").Font = New Font("宋体",12)`
	`Tables("订单").AutoSizeHeaderRow() '自动调整标题行高度`

ForeColor	返回或设置Table的字体颜色

Table的其他常用方法有下表所示的几个。

方法名称	说明

AddNew	增加行，并返回所增加的行。例如：
	`Dim r As Row = Tables("订单").AddNew()`
	`r("日期") = Date.Today`
	`r("雇员") = User.Name`
	和DataTable的AddNew方法相比，Table的AddNew方法有以下优点：
	• 光标会自动移到新增加的行
	• 如果在关联子表中增加行，关联列内容会自动填入

InsertNew	在当前位置插入一行，并返回所插入的行。例如： `Tables("表A").InsertNew()` 注意，指定表必须开启插入行功能后此方法才有效
Compute	根据指定的表达式和条件进行计算，用法和DataTable中的同名方法相同，区别在于只统计Table中的可见行。例如： `Tables("订单").Compute("Sum(数量)", "产品='PD01'")`
Aggregate	统计指定区域的数据
OpenView	打开指定名称的表视图。例如： `Tables("订单").OpenView("视图一")`
OpenRecordGrid	打开记录窗口。有个可选参数，可指定记录窗口宽度。例如： `Tables("员工").OpenRecordGrid(280)`
CloseRecordGrid	关闭记录窗口
SaveExcel	将Table保存为Excel文件中的一个工作表。例如： `Tables("订单").SaveExcel("C:\data\test.xls","订单")`
SavePDF	将Table保存为一个PDF格式文件。例如： `Tables("订单").SavePDF("d:\data\orders.pdf")`
ShowToolTip	在指定的单元格位置，动态显示一个提示内容

续表

方法名称	说明
HideToolTip	隐藏动态提示
StopRedraw	停止绘制Table，其作用和DataTable中的StopRedraw相同，区别在于：Table中的此方法仅对单个Table有效，而DataTable中的此方法针对基于此DataTable生成的所有Table有效
ResumeRedraw	恢复绘制Table。必须和StopRedraw配对使用
StartEditing	进入单元格编辑模式
FinishEditing	退出单元格编辑模式
EditCopy	复制选定区域的内容到剪贴板
EditCut	剪切选定区域的内容到剪贴板
EditPaste	将剪贴板中的内容粘贴到表中
EditDelete	删除选定区域的内容
Undo	撤销上一次的编辑，等效于菜单中的撤销按钮
Redo	重做刚撤销的编辑，等效于菜单中的重做按钮

Focus	将输入焦点移到Table中。焦点移入成功，返回True；否则返回False。例如：
	`If Tables("订单").Focus() Then '如果成功将焦点移入当前表`
	`    Tables("订单").StartEditing()  '开始编辑`
	`End If`
	如果仅仅判断Table是否有焦点，可用Focused属性

Print	打印表。该方法有两个参数，第一个参数Preview表示是否打印预览，第二个参数ShowDialog表示是否显示打印对话框。例如： `Tables("订单").Print(True,False) '打印预览当前表`
DirectPrint	直接打印表。语法格式与Print方法相同
PrintSetting	打开打印设置对话框
Refresh	刷新Table

- Aggregate方法

该方法用于统计指定区域的数据。语法为：

```
Aggregate(AggregateType, R1, C1, R2, C2)
```

其中，R1表示统计区域的开始行位置；C1表示开始列位置；R2表示结束行位置；C2表示结束列位置。如果Table处于汇总模式下，R1、C1、R2、C2这4个参数在计算位置时均包括分组行，但是在统计数据时，分组行的值是不会计算在内的，所以不用担心分组行影响统计结果。

AggregateType参数是AggregateEnum型枚举，用于指定统计类型。它包括以下10个可选值，即Sum(累计值)、Average(平均值)、Max(大值)、Min(小值)、Count(记录数)、Percent(百分比)、Std(标准偏差)、StdPop(总体标准偏差)、Var(采样方差)、VarPop(总体方差)。

例如，计算“订单”表前10行的数量之和：

```
Dim p As Integer = Tables("订单").Cols("数量").Index  '获得数量列的位置
Dim v As Double
v = Tables("订单").Aggregate(AggregateEnum.Sum, 0, p, 9, p)
Output.Show(v)
```

再如，统计当前表选定区域的累计值：

```
Dim Sum As Double
With CurrentTable
    Sum = .Aggregate(AggregateEnum.Sum, .TopRow, .LeftCol, .BottomRow, .RightCol)
End With
OutPut.Show(Sum)
```

- ShowToolTip方法

此方法用于在指定的单元格位置，动态显示一个提示内容。语法：

```
ShowToolTip(Text, Row, Col, Dutation)
```

其中，Text表示要显示的提示内容；Row和Col参数决定了提示的行和列位置；Dutation是可选参数，用于指定提示持续显示的时间，单位为毫秒，如果省略，提示会一直显示。

假定有个员工表，希望将光标移到备注列时能够自动显示所有的备注内容，光标离开备注列时能自动隐藏提示，如下图所示。

城市	备注	地区	邮政编码	国家	家庭电话	办公电话	照片
北京	王伟获南京大学商业学	华北	109801	中国	(010) 65559482	3457	EP2.BMP
北京	获北京大学心理学学士	华北	100098	中国	(010) 65559857	5467	EP1.BMP
北京	李芳获北京学院化学	获北京大学心理学学士学位。她同时完成了“冷食的艺术”。张颖是国际美食协会的会员。					EP3.BMP
北京	郑建杰持有外国语学院	华北	198052	中国	(010) 65558122	5176	EP4.BMP
北京	赵军毕业于复旦大学，	华北	100090	中国	(010) 65554848	3453	EP5.BMP
北京	孙林是交通大学（经济	华北	100678	中国	(010) 65557773	4281	EP6.BMP
北京	金士鹏在完成他在交通	华北	100345	中国	(010) 65555598	4654	EP7.BMP

要实现这个功能非常简单，只需在MouseEnterCell和MouseLeaveCell事件中设置代码即可（二者分别在光标进入和离开单元格时触发）。其中，MouseEnterCell事件代码如下：

```
If e.Col.Name = "备注" AndAlso e.Row.IsNull("备注") = False Then
    e.Table.ShowToolTip(e.Row("备注"),e.Row,e.Col)
End If
```

MouseLeaveCell事件代码为：

```
If e.Col.Name = "备注" Then
    e.Table.HideToolTip()
End If
```

5.5.2 Col详解

❶ Cols的成员

Tables的Cols属性是一个集合，包括Table中的所有列（Col）；通过该集合，可以获取指定名称或指定位置的列。例如：

```
Dim c1 As Col = Tables("订单").Cols("客户") '表示订单表的客户列
Dim c2 As Col = Tables("订单").Cols(2) '表示订单表的第三列,列号从0开始
```

Cols常用属性和方法如下表所列。

	名称	说明
属性	Count	返回总列数
	Frozen	返回或设置冻结列数
方法	Remove	从Table中移除指定的列。参数为字符型的列名称，可以是一列或多列
	Contains	判断是否包括指定名称的Col

例如：

```
CurrentTable.Cols.Frozen = 2   '冻结当前表的前两列
CurrentTable.Cols.Frozen = 0   '取消冻结列
Tables("订单").Cols.Remove("折扣","金额")  '同时从订单表中移除折扣和金额列
```

需注意，Remove方法是从Table中移除指定的列，不是删除！被移除的列仍然存在于DataTable中，且可以正常参与各种计算，只是用户再也看不到这些列而已。对于被移除的列，除非重新打开项目文件；否则再也无法看到该列。因此，它与隐藏列是不同的，因为被隐藏的列，用户还可通过菜单命令撤销隐藏。

❷ Col的属性

Col的常用属性如下表所列。

名称	说明
Name	返回列名称
Caption	返回列标题
DataCol	返回Col所对应的DataCol
Visible	列是否可见
AllowEdit	是否允许编辑列

Index	返回列位置。例如，选定第三行的数量列：
	`Dim c As Integer = Tables("订单").Cols("数量").Index`
	`Tables("订单").Select(2,c)`

Width	返回或设置列宽，单位为像素
IsNumeric	判断指定列是否是数值型
IsString	判断指定列是否是字符串型
IsDate	判断指定列是否是日期型
IsBoolean	判断指定列是否是逻辑型
TextAlign	设置列数据对齐方式。TextAlignEnum枚举，可选值有Default(默认)、Left(靠左)、Center(居中)、Right(靠右)。例如： `Tables("订单").Cols("雇员").TextAlign = TextAlignEnum.Center`
TextAlignFixed	设置列标题对齐方式。TextAlignEnum枚举，可选值同TextAlign

ComboList	返回或设置列表项目，不同项目之间用符号“|”隔开。例如：
	`Tables("员工").Cols("城市").ComboList = "北京|上海|广州|深圳"`
	再如，从客户表中提取不重复的客户名称，作为订单表客户列的列表项目：
	`Dim t As Col = Tables("订单").Cols("客户")`
	`t.ComboList = DataTables("客户").GetComboListString("客户名称")`

续表

名称	说明
AllowDirectType	是否允许输入不在列表项目中的内容。此属性必须设置在ComboList属性之前；否则无效
AllowTypeAssistant	是否启用输入助手。此属性必须设置在ComboList属性之前；否则无效

CodeDictonary	返回或设置列的代码项目，Dictionary类型。例如：
	`Dim dic As New Dictionary(Of String,String)`
	`dic.Add("bs","博士")`
	`dic.Add("ss","硕士")`
	`dic.Add("bk","本科")`
	`Tables("表A").Cols("学历").CodeDictionary = dic`

DataMap	设置列的数据字典，参考后面的设置数据字典
DropTree	设置下拉目录树，参考后面的设置下拉目录树

ImageMap	设置列的图形字典。例如：
	`Dim m As New ImageMap`
	`m.Add("加拿大","Can.Ico")`
	`m.Add("法国","FRAN.Ico")`
	`m.Add("韩国","KOR.Ico")`
	`Tables("订单").Cols("国家").ImageMap = m`
	这里所引用的图片文件如果未处于项目文件夹下的“Images”目录下，就必须包括完整的路径

ImageAndText	图形字典是否同时显示图形和文本，默认为True。如为False，将仅显示图形
UsetBuildInEditor	是否启用内置输入器，仅对数值列和日期列有效
DroppedDown	判断下拉列表或者下拉窗口是否已经打开

ShortCaption	设置在记录窗口显示的缩写标题。例如：
	`With Tables("员工")`
	`    .Cols("邮政编码").ShortCaption = "邮编" ' 指定缩写标题`
	`    .Cols("照片").ShowInRecordGrid = False '照片列不在记录窗口显示`
	`    .Cols("备注").RecordRowHeight = 3 '备注列的高度为3倍行高`
	`    .OpenRecordGrid() '打开记录窗口`
	`End With`

ShowInRecordGrid	是否在记录窗口中显示此列
RecordRowHeight	此列在记录窗口显示的行高倍数，整数型，默认为1

❸ 设置数据字典

有关数据字典的使用，可参考本书的使用篇。Col的DataMap属性用于设置数据字典。有3种类型的数据字典，即单列（DataMap）、多列（MultiDataMap）和数据表型（TableDataMap）。

单列数据字典的设置比较简单，例如：

```
Dim dmp As New DataMap
dmp.Add("1","苹果")
dmp.Add("2","香蕉")
dmp.Add("3","桔子")
Tables("订单").Cols("产品编号").DataMap = dmp
```

注意：Add方法的第一个参数为数据值，第二个参数为显示值，第一个参数的类型必须和列类型一致，假定这里的产品编号为整数型，那么第一个参数就必须是整数。例如：

```
dmp.Add(1, "苹果")
```

多列数据字典设置起来稍微复杂些，必须借助MultiDataMap类型。它也同样有个Add方法，用于添加多列数据字典的内容，每列内容必须用符号“|”隔开。例如：

```
Dim mdm As New MultiDataMap
mdm.add("0|苹果|Apple")
mdm.add("1|香蕉|Banana")
mdm.add("2|桔子|Orange")
mdm.add("4|菠萝|pineapple")
mdm.ValueCol = 0 '必须使用ValueCol属性指定取值列,0表示第一列
mdm.DisplayCol = 1 '必须使用DisplayCol指定显示列,1表示第二列
Tables("表A").Cols("第一列").DataMap = mdm.CreateDataMap()
```

下图是用上述代码生成的数据字典，列显示的是字典第二列的值，但实际存储的是字典第一列的值。

如果数据字典的数据来自于现有数据表，可以参考下面的代码设置：

```
Dim dmp As New TableDataMap
dmp.DataTable = "客户" '指定数据来源表
dmp.ValueCol = "ID" '指定取值列
dmp.DisplayCol = "公司" '指定显示列
'指定下拉列表时显示哪些列的数据
dmp.ListCols = "ID,公司,姓氏,名字,职务,业务电话,传真号,地址,城市,邮政编码"
dmp.Sort = "城市" '指定排序方式
Tables("订单").Cols("客户 ID").DataMap = dmp.CreateDataMap()
```

❹ 设置下拉目录树

关于下拉目录树的使用可参考本书的使用篇。下拉目录树通过DropTreeBuilder类生成，其主要成员有下表所列的几个。

	名称	说明
属性	TreeFile	指定目录树文件
	TreeString	指定用于生成目录树的字符串
	SourceTable	指定用于生成目录树的表，DataTable类型
	TreeCols	指定SourceTable中用于生成目录树的列
	SourceCols	指定从SourceTable提取数据的列，不同的列用“|”隔开
	ReceiveCols	指定当前表接收数据的列，不同的列用“|”隔开
	TreeFilter	用于设置从SourceTable取数据生成目录树的过滤条件
	TreeSort	用于设置生成目录树的排序列
	PathSeparator	路径分隔符号
	ContentSeparator	内容分隔符号
	SeparateContent	是否分隔内容
方法	Build	生成下拉目录树

需事先用Foxtable自带的目录树编辑工具，编辑好下图所示的目录树文件，并保存在Attachments子目录中，具体操作可参考本书的使用篇。文件型的目录树使用很简单，例如：

```
Dim tb As New DropTreeBuilder
tb.TreeFile = "product.foxtr" '指定目录树文件
tb.ReceiveCols = "大类|二类|三类" '指定数据接收列
Tables("订单").Cols("大类").DropTree = tb.Build()
```

即可生成一个下拉目录树用于快速输入数据，如下图所示。

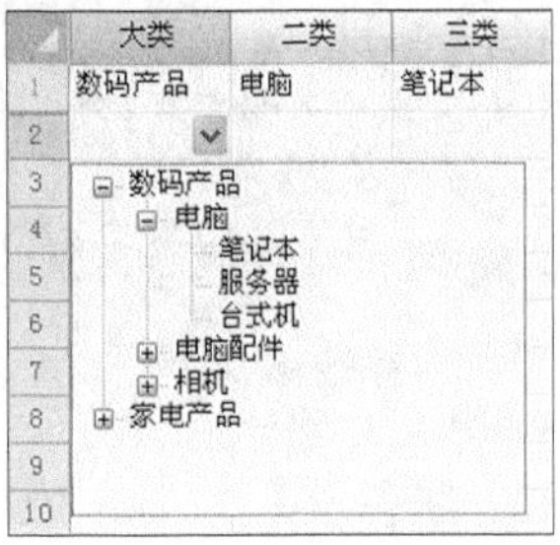

在网络环境下使用文件型目录树不太方便，最好的方式是将目录树存储在数据表的备注列。虽然目录树文件的后缀名为foxtr，但其实是一个纯文本文件，可以用记事本打开，将其内容复制粘贴到备注列中保存。生成目录树时，从数据表的备注列中提取目录树内容赋值给DropTreeBuilder的TreeString属性即可。例如：

```
Dim s As String
'请在这里设置代码从数据表中获得目录树字符串,并赋值给变量s
Dim tb As New DropTreeBuilder
tb.TreeString = s '设置目录树字符串
tb.ReceiveCols = "大类|二类|三类" '指定数据接收列
Tables("订单").Cols("大类").DropTree = tb.Build()
```

有时目录树一个节点可能包括多项内容。例如，对于下图所示的目录树，二级节点就包括县市、区号、邮编3项内容，3项内容用符号“|”隔开了：

为了将二级节点的3项内容对应地填入县市、区号、邮编3列中，可以参考下面的代码生成目录树：

```
Dim tb As New DropTreeBuilder
tb.TreeFile = "Region.foxtr" '指定目录树文件
tb.ReceiveCols = "省|县市|区号|邮编" '指定数据接收列
tb.SeparateContent = True '启用内容分隔功能
tb.ContentSeparator = "|" '指定内容分隔符号
Tables("客户").Cols("省").DropTree = tb.Build()
```

这样当选择某个节点时，二级节点的内容能够自动拆分并输入到县市、区号、邮编3列中，如下图所示。

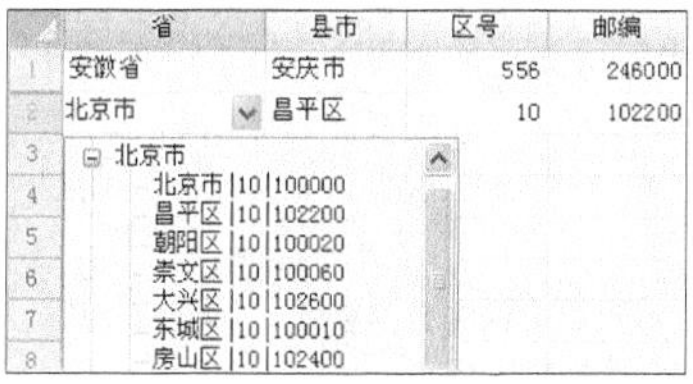

除了根据文件，还可以根据数据表生成目录树。例如，有一个行政区域表，结构如下图所示。

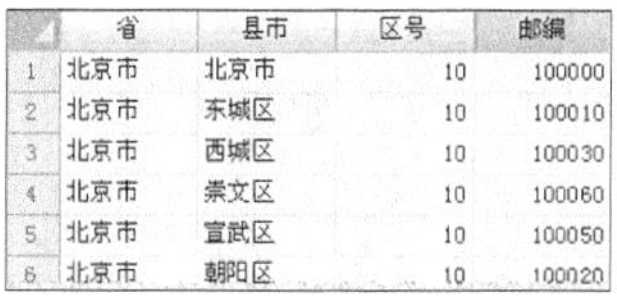

	省	县市	区号	邮编
1	北京市	北京市	10	100000
2	北京市	东城区	10	100010
3	北京市	西城区	10	100030
4	北京市	崇文区	10	100060
5	北京市	宣武区	10	100050
6	北京市	朝阳区	10	100020

希望在输入数据时，能够根据该数据表自动生成目录树，用于输入“省”和“县市”列的内容，可以使用以下代码：

```
Dim tb As New DropTreeBuilder
tb.SourceTable = DataTables("行政区域") '指定目录树表
tb.TreeCols = "省|县市" '指定用于生成目录树的列
tb.ReceiveCols = "省|县市" '指定数据接收列
Tables("客户").Cols("省").DropTree = tb.Build()
```

数据接收列可以有多个，例如：

```
Dim tb As New DropTreeBuilder
tb.SourceTable = DataTables("行政区域") '指定目录树表
tb.TreeCols = "省|县市" '指定用于生成目录树的列
tb.SourceCols = "省|县市|区号|邮编" '指定数据来源列
tb.ReceiveCols = "省|县市|区号|邮编" '指定数据接收列
Tables("客户").Cols("省").DropTree = tb.Build()
```

通过上面的设置后，选择“省”和“县市”后会自动输入“区号”和“邮编”（下图），尽管这两列并没有参与生成目录树：

如果用于生成目录树的表，其中一列的内容包括多个栏目的内容。例如，下图所示的“县市”列，就包括“县市”“区号”“邮编”3个栏目的内容。

	省	县市
1	北京市	北京市|10|100000
2	北京市	东城区|10|100010
3	北京市	西城区|10|100030
4	北京市	崇文区|10|100060
5	北京市	宣武区|10|100050
6	北京市	朝阳区|10|100020
7	北京市	丰台区|10|100070
8	北京市	石景山区|10|100040
9	北京市	海淀区|10|100080
10	北京市	门头沟区|10|102300

为了在目标表中将上图中“县市”列的内容拆分成3个部分，对应地输入到“县市”“区号”“邮编”3列中，可以如下设置代码，注意加粗的两行：

```
Dim tb As New DropTreeBuilder
tb.SourceTable = DataTables("行政区域2") '指定目录树表
tb.TreeCols = "省|县市" '指定用于生成目录树的列
tb.ReceiveCols = "省|县市|区号|邮编" '指定数据接收列
tb.SeparateContent = True '启用内容分隔功能
tb.ContentSeparator = "|" '指定内容分隔符号
Tables("客户").Cols("省").DropTree = tb.Build()
```

目录树表的所有分类内容可以来自同一列，如下图所示。

<table>
<tr><th></th><th>分类</th></tr>
<tr><td>1</td><td>数码产品|电脑|笔记本</td></tr>
<tr><td>2</td><td>数码产品|电脑|台式机</td></tr>
<tr><td>3</td><td>数码产品|电脑|服务器</td></tr>
<tr><td>4</td><td>数码产品|相机|DC</td></tr>
<tr><td>5</td><td>数码产品|相机|DV</td></tr>
<tr><td>6</td><td>家电产品|电视机|液晶电视</td></tr>
<tr><td>7</td><td>家电产品|电视机|CRT电视</td></tr>
<tr><td>8</td><td>数码产品|电脑配件|机箱</td></tr>
<tr><td>9</td><td>数码产品|电脑配件|主板</td></tr>
</table>

如果需要根据这一列的内容生成一个多层的目录树，指定目录树列时列名用大括号括起来，并用PathSeparator属性指定路径分隔符号，参考代码如下：

```
Dim tb As New DropTreeBuilder
tb.SourceTable = DataTables("分类") '指定目录树表
tb.TreeCols = "{分类}" '指定用于生成目录树的列,用大括号括起来
tb.ReceiveCols = "大类|二类|三类" '指定数据接收列
tb.PathSeparator = "|" '指定路径分隔符号
Tables("订单").Cols("大类").DropTree = tb.Build()
```

最后不管以哪种形式生成的目录树，都可以只为目录树的某些层指定数据接收列。例如：

```
tb.ReceiveCols = "大类||三类"   '将忽略二级节点
```

再例如：

```
tb.ReceiveCols = "||三类"   '只有第三级节点才会输入到数据表中
```

❺ Col的方法

Col的常用方法如下表所列。

<table>
<tr><th>名称</th><th>说明</th></tr>
<tr><td>Move</td><td>移动列到指定位置。例如，将日期列移到第一列位置：
<code>Tables("订单").Cols("日期").Move(0)</code></td></tr>
<tr><td>OpenWindow</td><td>打开列窗口，可以指定列窗口的宽度。例如，打开备注窗口，宽度为250个像素：
<code>Tables("员工").Cols("备注").OpenWindow(250)</code>
如果同一停靠区域有已经打开的窗口，则宽度设置无效</td></tr>
<tr><td>CloseWindow</td><td>关闭列窗口，无参数</td></tr>
<tr><td>OpenDropDown</td><td>打开下拉列表或者下拉窗口，只有正在编辑此列时，此方法才有效</td></tr>
<tr><td>CloseDropDown</td><td>关闭下拉列表或者下拉窗口</td></tr>
</table>

5.5.3 Row详解

❶ Rows详解

Table的Rows属性是一个集合，包括该Table的所有行(Row)。通过该集合，可以引用指定位置的行（Row）。例如：

```
Dim r As Row = Tables("订单").Rows(1) '获取订单表的第2行
Dim r1 As Row = Tables("订单").Current '获取订单表的当前行
```

当Table处于汇总模式时，Rows集合返回的指定位置行都是数据行，并不考虑分组行。如果要包括分组行，可以给Rows加上一个参数True。例如：

```
Dim r As Row = Tables("订单").Rows(2, True)
```

为准确地理解True参数对返回行的影响，可参考下图。

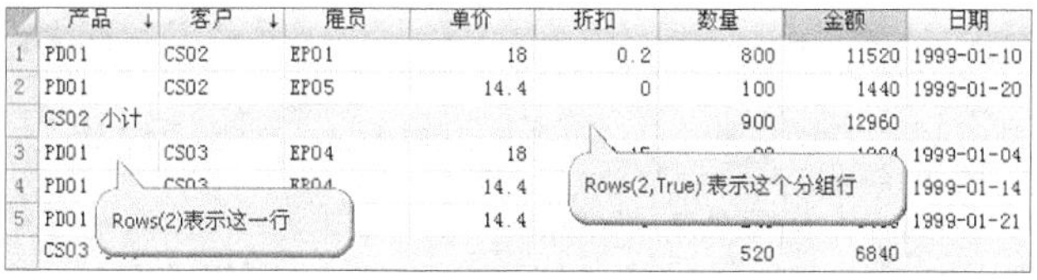

Rows有个Count属性，用于返回总的行数，默认排除了分组行，只包括数据行。如果要返回包括数据行和分组行的总行数，需要给Count加上参数True。例如：

```
Dim cnt1 As Integer = Tables("生产").Rows.Count '数据行的行数
Dim cnt2 As Integer = Tables("生产").Rows.Count(True) '总行数,包括数据行和分组行
```

- 处理分组行示例

众所周知Foxtable通过汇总模式进行表内数据统计的功能非常强大，但也不是万能的。举例来说，假定有下图所示的一个数据表。

	日期	产品	生产数	成品数	成品率
1	2012-06-05	PD01	100	90	90%
2	2012-06-05	PD02	120	80	66.67%
3	2012-06-05	PD03	90	75	83.33%
4	2012-06-12	PD01	100	76	76%
5	2012-06-12	PD02	20	16	80%
6	2012-06-12	PD03	180	150	83.33%

希望按日期生成汇总模式，统计出每日的“生产数”“成品数”和“成品率”，见下图。

	日期	产品	生产数	成品数	成品率
1	2012-06-05	PD01	100	90	90%
2	2012-06-05	PD02	120	80	66.67%
3	2012-06-05	PD03	90	75	83.33%
	5日 小计		310	245	79.03%
4	2012-06-12	PD01	100	76	76%
5	2012-06-12	PD02	20	16	80%
6	2012-06-12	PD03	180	150	83.33%
	12日 小计		300	242	80.67%
	总计		610	487	79.84%

显然，“生产数”和“成品数”可以按常规统计出来，但是成品率却没有办法直接统计得出，只能在得到生产数和成品数的统计结果后，据此计算得出成品率，代码如下：

```
Dim t As Table = Tables("生产")
Dim g As Subtotalgroup
t.SubtotalGroups.Clear()
'添加日期分组
g = New Subtotalgroup
g.Aggregate = AggregateEnum.Sum
g.GroupOn = "日期" '指定分组列
g.TotalOn = "生产数,成品数" '指定统计列
g.Caption = "{0}日 小计"
g.DateGroup = DateGroupEnum.Day
t.SubtotalGroups.Add(g)
'添加总计分组
g = New Subtotalgroup
g.Aggregate = AggregateEnum.Sum
g.GroupOn = "*" '总计分组用符号*表示
g.TotalOn = "生产数,成品数" '指定统计列
g.Caption = "总计"
t.SubtotalGroups.Add(g)
t.Subtotal() '生成汇总模式
'遍历分组行,生成分组行的成品率
Dim r As Row
For i As Integer = 0 To t.Rows.Count(True) - 1 'Count的参数为True，才能遍历分组行
    r = t.Rows(i,True) 'Rows的第二个参数为True才不会排除分组行
    If r.IsGroup Then 'Row的IsGroup属性用于判断此行是否是分组行
        r("成品率") = r("成品数") / r("生产数")
    End If
Next
```

可以暂时先不关注生成汇总模式的代码（后续章节会详细介绍），但需留意生成汇总模式之后是如何遍历分组行并计算出每个分组行成品率的。

❷ Row的成员

Row的常用属性及方法如下表所列。

<table>
<tr><th></th><th>名称</th><th>说明</th></tr>
<tr><td rowspan="7">属性</td><td>Index</td><td>返回Row在Table中的位置</td></tr>
<tr><td>DataRow</td><td>获得Row所对应的DataRow</td></tr>
<tr><td>IsNull</td><td>判断该行的某列是否有内容。例如：
If Tables("订单").Current.IsNull("数量") Then
    Messagebox.Show("请输入数量！")
End If</td></tr>
<tr><td>Locked</td><td>返回或设置行的锁定状态</td></tr>
<tr><td>Checked</td><td>返回或设置行的复选框选中状态</td></tr>
<tr><td>IsGroup</td><td>判断是否是汇总模式下的分组行</td></tr>
<tr><td>Level</td><td>返回分组行的层级：总计行的Level属性为-1，第一个分组为0，第二个分组为1，其余依次类推</td></tr>
<tr><td>方法</td><td>Clone</td><td>克隆行：自动新增一行且新增行各列内容和此行完全一样，光标也会自动移到新增行上。例如，克隆当前表的当前行：
Tables("订单").Current.Clone()</td></tr>
</table>

续表

	名称	说明
方法	Move	将行移到指定位置。例如，将当前表的当前行向上移动一行： `CurrentTable.Current.Move(CurrentTable.Position - 1)`
	Delete	删除行
	Remove	移除行
	Save	保存行
	Reject	撤销自打开项目或最近一次保存以来对行的修改
	Load	重新加载行

Row的很多成员在DataRow中都有对应的同名成员，这些同名成员完全是等效的。例如，以下两行代码完全等效：

```
Tables("订单").Current.Save()
Tables("订单").Current.DataRow.Save()
```

实际上，在调用Row的Save方法时，会转换为对DataRow的Save方法调用，所以前者可以看作是后者的一种快捷调用方式，只是为了方便编码而已，其他同名成员亦如此。

5.6 表事件详解

Foxtable的表事件超过60个，很难一一介绍，其实这60多个表事件常用的不过20个左右，掌握好这些常用表事件就能满足绝大多数的开发需求。本书将仅介绍这些常用表事件，若想了解更多的表事件以及更多应用示例，可参考官方文档。

5.6.1 DrawCell事件

Draw事件在绘制单元格时执行，主要用于标记数据，其e参数属性见下表。

e参数属性	说明
Table	准备绘制的表
Row	准备绘制的行
Col	准备绘制的列
Style	指定自定义样式的名称。如果用默认样式绘制单元格，无须设置Style属性
Text	字符型，获得或者设置要绘制的文本内容

❶ 标记数据

假定有下图所示的一个成绩表，需要用不同的颜色标识出及格和不及格的分数。

	姓名	语文	数学	英语	物理	化学	生物	地理
1	贺辉	70	76	72	72	73	88	65
2	周明	84	88	97	88	48	74	87
3	杨刚	95	79	66	60	60	95	73
4	林海	59	69	92	86	82	77	96
5	胡政	75	63	98	79	64	84	61
6	李强	79	64	64	68	64	96	82
7	崔小雷	67	71	80	77	88	64	86
8	余委	96	81	99	60	88	79	89

首先在AfterOpenproject事件中加入以下代码：

```
DataTables("成绩").AddUserStyle("不及格", Color.Red, Color.White)
DataTables("成绩").AddUserStyle("优秀", Color.Blue, Color.White)
```

上面的代码给成绩表增加了“不及格”和“优秀”两个样式，AddUserStyle方法的第二个参数为背景颜色，第三个参数为字体颜色；然后将成绩表的DrawCell事件代码设置为：

```
Dim nm As String = e.Col.Name '用一个变量引用列名
Select Case nm
    Case "语文","数学","英语","化学","物理","生物","地理" '如果绘制的是各科成绩单元格
        If e.Row.IsNull(nm) = False '且单元格内容不为空
            If e.Row(nm) < 60 Then '如果该列的值小于60
                e.Style = "不及格" '那么用"不及格"样式绘制单元格
            ElseIf e.Row(nm) > 95 Then '如果单元格的值大于95
                e.Style = "优秀" '那么用"优秀"样式绘制单元格
            End If
        End If
End Select
```

经常有新手会问，你这个是标记单元格，我要的是整行标记，如总分低于480的行全部标红如何办？其实整行标记更简单，因为无需判断列名，所以DrawCell事件只需3行代码：

```
If e.Row("总分") < 480 Then
    e.Style = "不及格"
End If
```

重要提示：**DrawCell执行频繁，如滚动一下表格，那么表中所有可见单元格都会触发一次DrawCell，多达数百次。所以不可在DrawCell中出现重“负荷”的代码；否则各种操作都会有明显的迟滞感。**

❷ 混淆数据

DrawCell事件不仅用于标记数据，还可以用来“混淆”数据。假定有一名为“密码”的列，要求只有经理级别的用户才能查看该列的数据，其他人查看时看到的只是“****”。为此可在该表的DrawCell事件加入以下代码：

```
If User.Group = "经理" Then '如果是经理
    Return '那么返回，正常显示数据
End If
If e.Col.Name = "密码" Then '如果正在绘制的是密码列
    e.Text = "*****" '那么用*代替原来的内容
End IF
```

5.6.2 PrepareEdit、StartEdit和AfterEdit事件

AfterEdit事件在单元格编辑完成后触发；而PrepareEdit和StartEdit事件都在编辑单元格

之前触发，但触发时机不同：PrepareEdit在进入单元格时就会触发，为接下来的编辑做准备，StartEdit在真正开始编辑（如按键或单击下拉按钮）时触发，所以PrepareEdit是准备编辑事件，StartEdit是开始编辑事件。三者的e参数属性相同，见下表。

e参数属性	说明
Table	编辑的表
Row	编辑的行
Col	编辑的列
IsFocusCell	逻辑型，是否是焦点单元格
Cancel	逻辑型，默认为False，设为True取消编辑，对AfterEdit事件无效

有两点需特别提示如下：

第一，不可在PrepareEdit显示Messagebox这样的对话框，因为关闭对话框等于重新进入单元格，于是再次显示对话框，导致死循环的出现。

第二，选定某单元格区域进行剪删贴等操作时，区域中的每个单元格都会顺序触发一次PrepareEdit、StartEdit和AfterEdit事件。如果有些事件代码只是针对焦点单元格，可通过e参数的IsFocusCell属性进行判断。

❶ 编辑权限判断

假定有个订单表，业务员可以看到所有的订单，但是只能编辑自己负责的订单，为此可以将PrepareEdit事件代码设置为：

```
If User.Name <> e.Row("雇员") Then
    e.Cancel = True
End If
```

再例如，“折扣”列和已经通过审核的行，都只能经理级别的用户编辑，可以将PrepareEdit事件代码设为：

```
If e.Col.Name = "折扣" OrElse e.Row("审核") = True Then
    If User.Group <> "经理" Then
        e.Cancel = True
    End If
End If
```

❷ 动态列表项目

例如，在A列内容为“值1”时，B列的列表项目为“项目1|项目2”；A列内容为“值2”时，B列的列表项目为“项目3|项目4”。为此，可在PrepareEdit事件中加入以下代码：

```
If e.IsFocusCell Then
    If e.Col.Name = "B列" Then
        Select Case e.Row("A列")
            Case "值1"
                e.Col.ComboList = "项目1|项目2"
            Case "值2"
                e.Col.ComboList = "项目3|项目4"
        End Select
```

```
        End If
    End If
```

代码的原理很简单，首先判断编辑的是否是“B列”，如果是则根据“A列”的值来设置不同的列表项目。需注意，这里使用了IsFocusCell判断是否是焦点单元格，如果不进行此判断将会影响大面积粘贴数据以及查找替换的效率。

上述代码虽然简单，但维护很不方便；可换个方法，在项目文件夹中创建一个文本文件，内容为：

```
值1 = 项目1|项目2
值2 = 项目3|项目4|项目5
值3 = 项目6|项目7|项目8|项目9
```

假定这个文本文件的名称为“items.txt”，首先在AfterOpenProject事件加入以下代码：

```
Dim fl As String = ProjectPath & "items.txt"  '合成文件路径
If FileSys.FileExists(fl) Then '如果文件存在
    Dim cont As String = FileSys.ReadAllText(fl, Encoding.Default) '读取文件内容
    Dim Items() As String = cont.Split(chr(13), chr(10)) '按行拆分成数组
    For Each item As String In items '遍历各行
        If item > "" Then '排除空行
            Dim pats() As String = item.Split("=")
            '以第一行为例,pats(0) = "值1", parts(2) = "项目1|项目2"
            If pats.Length = 2 Then
                Vars(pats(0)) = Pats(1) '将各值对应的列表项目存储在Var变量中
            End If
        End If
    Next
End If
```

然后在表的PrepareEdit事件中设置以下代码：

```
If e.IsFocusCell Then
    If e.Col.Name = "B列" Then
        If e.Row.IsNull("A列") = False
            e.Col.ComboList = Vars(e.Row("A列"))
        End If
    End If
End If
```

如果你能举一反三，通过本示例应该已经学会通过文本文件来存储和读取各种设置信息了。

❸ StartEdit事件示例

StartEdit事件的使用方法和PrepareEdit事件完全一样，实际上大部分PrepareEdit能完成的工作都可以用StartEdit完成。但最好不要在StartEdit中设置列表项目；否则选择某一单元格时，可能不会出现下拉箭头，因为此时StartEdit事件并没有执行，列表项目当然也就没有准备好。

此外，在PrepareEdit中不能显示对话框；否则会造成死循环。StartEdit则没有这个问题。例如，将StartEdit事件代码设置为：

```
If e.Col.Name = "折扣" AndAlso User.Group <> "经理" Then
    e.Cancel = True '取消编辑
    Messagebox.Show("只有经理才能打折！","提示",MessageBoxButtons.OK, MessageBoxIcon.Information)
End If
```

当非经理分组的用户修改“折扣”列时会有一个提示框。同样的代码如果出现在PrepareEdit，则只能将进程退出Foxtable了。

❹ AfterEdit事件示例

AfterEdit事件在单元格编辑完成后触发，通常用于执行一些特定的操作和计算。假定产品表中有一个“单价”列，你认为这一列比较重要，所以希望增加一列(假定名称为log)，用于记录是谁在什么时候修改了此产品的单价，为此可以在 AfterEdit事件中加入以下代码：

```
If e.Col.Name = "单价" Then
    e.Row("Log") = User.Name & " " & Date.Now
End If
```

❺ 显示动态信息

例如，假定希望在输入编码列的内容时自动列出各编码代表的内容，如下图所示。

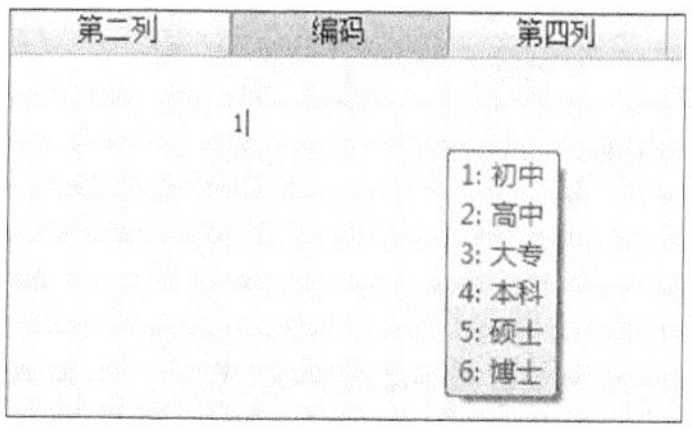

要实现这个功能很简单，首先在StartEdit(注意不是PrepareEdit)事件中设置以下代码：

```
If e.Col.Name = "编码" Then
    Dim v As String = "1: 初中"
    v = v & vbcrlf & "2: 高中"
    v = v & vbcrlf & "3: 大专"
    v = v & vbcrlf & "4: 本科"
    v = v & vbcrlf & "5: 硕士"
    v = v & vbcrlf & "6: 博士"
    e.Table.ShowToolTip(v, e.Row, e.Col)
End If
```

然后在AfterEdit事件中设置以下代码：

```
If e.Col.Name = "备注" Then
    e.Table.HideToolTip()
End If
```

5.6.3 ValidateEdit事件

ValidateEdit事件在结束编辑单元格前触发，通常用于验证输入的内容。其e参数属性见下表。

e参数属性	说明
Table	所编辑的表
Row	所编辑的行
Col	所编辑的列
Text	字符串型，表示所输入的文本内容
Cancel	逻辑型，设为True表示无法通过验证，禁止退出编辑模式

假定在订单表中输入数据，要求“折扣”不能大于0.15。可以在订单表的ValidateEdit事件中输入以下代码：

```
If e.Col.Name = "折扣" Then '如果正在输入的是折扣列
    If e.Text > "" Then '如果已经输入内容
        Dim v As Double = Val(e.Text) '将输入的内容转换为数值
        If v > 0.15 Then '如果输入的值大于0.15
            e.Cancel = True '则禁止退出编辑模式
        End If
    End If
End If
```

利用ValidateEdit事件，还可以实现代码输入：

```
If e.Col.Name = "产品" Then
    If e.Text = "tv" Then
        e.Text = "电视机"
    ElseIf e.Text = "tel"
        e.Text = "电话机"
    End If
End If
```

设置上述代码后，如果你在产品列中输入“tv”，将自动替换为“电视机”；如果输入“tel”，自动替换为“电话机”。

5.6.4 CurrentChanged和PositionChanged事件

前者在选择不同数据行后触发，也就是Current属性发生变化后触发；后者选择不同位置的数据行后触发，也就是Position属性发生变化后触发。二者都通过e.Table获取触发事件的Table，再无其他e参数属性。

二者虽然非常相似，但有本质区别。例如，选定第二行，然后排序数据，由于排序后输入焦点还在第2行，Position属性没有发生变化，所以PositionChanged不会触发，但是排序之后，第二行可能已经不是排序之前的第二行了，从而导致Current属性发生变化，因此可能会触发CurrentChanged事件。

❶ 联动定位

有时希望在不同的表之间实现联动定位。例如，在“订单”表选择某行，希望“客户”表能自动定位到对应客户的所在行，这样在查看某订单时能随时切换到客户表查看此订单所属客户的详细资料，为此可以在“订单”表的CurrentChanged事件加入以下代码：

```
If e.Table.Position > -1 Then
    Dim bh = e.Table.Current("客户ID")
    Dim pr As DataRow = DataTables("客户").Find(CExp("客户ID = '{0}'", bh))
    If pr IsNot Nothing Then
        Tables("客户").Position = Tables("客户").FindRow(pr)
    End If
End If
```

❷ 动态提示

如果希望在状态栏显示当前位置和总行数，可以在PositionChanged事件中设置以下代码：

```
StatusBar.Message1 = "第" & (e.Table.Position + 1) & "行，共" & e.Table.Rows.Count & "行"
```

显示效果如下图所示。

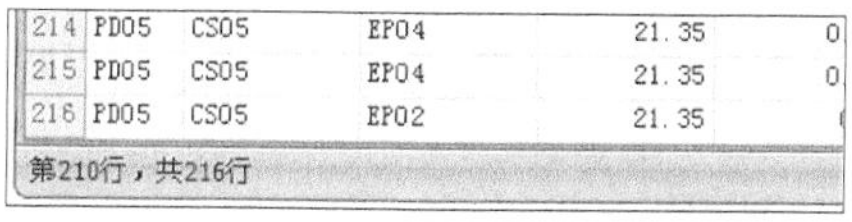

5.6.5 BeforeAddDataRow、DataRowAdding和DataRowAdded事件

这3个事件都和增加行有关，其中BeforeAddDataRow事件在增加行之前触发，此时可以根据条件取消增加行；DataRowAdding事件触发时新增行已经生成，但还没有添加到表中，此时已经不能取消增加行了；DataRowAdded则是在行已经增加完成之后触发。

3个事件的e参数属性见下表。

事件	e参数属性
BeforeAddDataRow	DataTable：触发事件的DataTable Cancel：逻辑型，设置为True取消增加行
DataRowAdding DataRowAdded	DataTable：触发事件的DataTable DataRow：增加的行

❶ 设置默认值

3个事件中，最常用的是DataRowAdding。例如，希望自动将新增行的“日期”设为当前系统日期，“姓名”设为当前登录用户名，可将DataRowAdding事件的代码设置为：

```
e.DataRow("日期") = Date.Today()
e.DataRow("姓名") = User.Name
```

❷ 避免临时主键

如果表的主键是自动增量型，那么新增行的主键值会是一个临时值，只有在保存后才会生成真正的主键。如果需要，可以在任何时候，行的主键值都是真实的，而不是临时的。例如，在DataRowAdded事件中加入以下代码：

```
e.DataRow.Save()
```

这样每次增加行后，就会自动保存此行，从而获得真正的主键值。

❸ 更灵活地克隆行

假如希望在订单表新增行时可以在新增行中自动继承当前行的“日期”“客户”和“雇员”3列内容，可将“订单”表的DataRowAdding事件代码设置为：

```
Dim cr As Row = Tables("订单").Current
If cr IsNot Nothing Then
    Dim ColNames As String() = {"日期","客户","雇员"} '定义一个数组,保存复制列的名称
    For Each ColName As String In ColNames
```

```
        e.DataRow(ColName) = cr(ColName)
    Next
End If
```

如果你自行设计了增加行按钮，就没必要在DataRowAdding事件写代码了，直接将按钮代码设为：

```
Dim cr As Row = Tables("订单").Current
Dim dr As Row = Tables("订单").AddNew()
If cr IsNot Nothing Then
    Dim ColNames As String() = {"日期","客户","雇员"}
    For Each ColName As String In ColNames
        dr(ColName) = cr(ColName)
    Next
End If
```

5.6.6 BeforeDeleteDataRow、DataRowDeleting和DataRowDeleted事件

这3个事件都和删除行有关，BeforeDeleteDataRow在删除行之前触发，在这个事件中可以根据条件取消删除行；DataRowDeleting事件在行即将被删除时触发，此时已经无法取消删除行；DataRowDeleted在行已经被删除后触发。3个事件的e参数属性见下表。

e参数属性	说明
DataTable	触发事件的表
DataRow	被删除的行
Cancel	逻辑型，设置为True取消删除，仅对BeforeDeleteDataRow事件有效

❶ 有条件地禁止删除行

例如，公司规定，对于已经结账的行只有“张经理”才能删除，为此可在BeforeDeleteDataRow加入以下代码：

```
'如果当前用户不是张经理，而且即将被删除的行已经结账，那么取消删除
If User.Name <> "张经理" And e.DataRow("结账") = True Then
    MessageBox.Show("领导说了:已经结账的行，只有张经理才能删除，别乱来！","提示")
    e.Cancel = True
End If
```

❷ 联动删除行

在增加关联时，如果选择了选项“同步删除关联行”，那么在父表删除一行，子表中对应的行也将全部被删除。如果没有建立关联，如何实现联动删除行呢？以“订单”和“订单明细”表为例，只需在“订单”表的DataRowDeleting事件加上以下代码：

```
DataTables("订单明细").DeleteFor("订单编号 = '" & e.DataRow("订单编号") & "'")
```

再引申一下，Foxtable默认只能处理已经加载的数据，如果订单明细表并没有加载所有数据，那么如何能确保删除全部对应的订单明细呢？ 很简单，将代码改为：

```
DataTables("订单明细").RemoveFor("订单编号 = '" & e.DataRow("订单编号") & "'")
DataTables("订单明细").SQLDeleteFor("订单编号 = '" & e.DataRow("订单编号") & "'")
```

其中，SQLDeleteFor方法用于批量删除后台符合条件的行，Foxtable提供了很多这种直接操控后台数据的方法，我们会在大数据管理这一节中介绍。

5.6.7 DataColChanging和DataColChanged事件

DataColChanging事件在某一列的内容即将发生变化时触发，DataColChanged事件在某一列的内容已经发生变化后触发。不管是手工输入还是通过代码修改某一列的内容，都会先后触发这两个事件。二者的e参数属性见下表。

e参数属性	说明
DataTable	返回发生数据更改的数据表
DataRow	返回发生数据更改的数据行
DataCol	返回数据更改的数据列
NewValue	返回新的值
OldValue	返回旧的值
Cancel	逻辑型，设为True取消更改，仅对DataColChanging有效

DataColChanging和ValidateEdit类似，DataColChanged和AfterEdit类似，但ValidateEdit和AfterEdit是Table(控件)事件，只有直接在表中输入数据才会触发；而DataColChanging和DataColChanged是DataTable(数据表)事件，使用范围更广，因为任何形式导致的数据变动，包括窗口输入以及通过代码设置，都会触发这两个事件。

❶ 数据有效性验证

DataColChanging事件触发时，新的值还没有写入到表中，可以在这里取消修改或者修改新值，使其符合要求。例如，在订单表中要求折扣列的值不能超过0.15，可以在DataColChanging事件中设置以下代码：

```
If e.DataCol.Name = "折扣" Then '如果是折扣列的内容发生变化
    If e.NewValue > 0.15 Then '如果新值大于0.15
        e.Cancel = True '取消变动
    End If
End If
```

上面的代码在“折扣”超出0.15后，取消此次变动。如果希望在“折扣”超出0.15后自动改为0.15，代码如下：

```
If e.DataCol.Name = "折扣" Then '如果是折扣列的内容发生变化。
    If e.NewValue > 0.15 Then '如果输入的内容大于0.15。
        PopMessage("折扣不能超过0.15","提示",PopIconEnum.Alert,5) '弹出一个提示,5秒后自动关闭
        e.NewValue = 0.15 '那么改为0.15
    End If
End If
```

为避免用户感到困惑，上面的代码还用PopMessage函数在屏幕右下角弹出了一个提示信息，这种提示尽量不要用MessageBox显示，以免干扰用户操作。

你同样可以在DataColChanged进行验证，但由于DataColChanged事件触发时，新值已经

写入到表中，无法用e.Cancel取消修改，只能用代码将旧值(或符合要求的值)写回列中，所以在DataColChanged中完成同样验证的代码为：

```
If e.DataCol.Name = "折扣" Then '如果是折扣列的内容发生变化
    If e.NewValue > 0.15 Then '如果新值大于0.15
        e.DataRow("折扣") = e.OldValue '设置回原来的折扣
    End If
End If
```

假定某行原来的折扣为0.2，然后你尝试将其设置为0.16，很遗憾地告诉你，上述代码将导致死循环，最终Foxtable会崩溃，所以用DataColChanged验证数据必须注意此类问题。但有时用DataColChanged确实更方便。例如，VIP客户最高折扣为0.2，其余客户最高折扣为0.15；如果继续用DataColChanging事件进行验证，代码会比较繁琐，而用DataColChanged则会方便很多，代码为：

```
Select Case e.DataCol.Name
    Case "客户ID","折扣"
        Dim dr As DataRow = e.DataRow
        Dim pr As DataRow = DataTables("客户").Find("客户ID='" & dr("客户ID") & "'")
        If pr IsNot Nothing AndAlso pr("客户等级") = "vip" '如果是vip客户
            If dr("折扣") > 0.2 Then '且折扣大于0.2
                dr("折扣") = 0.2 '设置回0.2
            End If
        ElseIf dr("折扣") > 0.15 Then '普通客户如果折扣大于0.15
            dr("折扣") = 0.15 '设置回0.15
        End If
End Select
```

❷ 禁止输入重复值

列有禁止输入重复内容的属性，不过这个属性有局限，就是只有直接在表格中输入数据才有效，如果通过窗口输入或者是通过代码设置，同样可以输入重复内容。通过DataColChanging事件可以彻底解决这个问题。例如，假定有个订单表，要求订单号列不能输入重复值，可以将这个表的DataColChanging事件代码设置为：

```
If e.DataCol.Name = "订单号" Then
    Dim dr As DataRow
    dr = e.DataTable.Find("订单号 = '" & e.NewValue & "'")
    If dr IsNot Nothing Then
        MessageBox.Show("此订单号已经存在!")
        e.Cancel = True
    End If
End If
```

上述代码设置完成后，不管以任何方式都无法输入重复的订单号。

❸ 使用代码进行计算

列与列之间的计算通常用表达式列完成，但是有的计算是无法通过表达式完成的。例如，之前接触的从身份证号码中提取出生日期和性别，以及计算两个日期之间相差的天数等。使用代码计算要注意一个问题，就是列名的判断。例如，在订单表计算金额（可将“金额”列由表达式列改为数据列），一些用户只是在DataColChanged事件中简单地加入以下代码：

```
Dim dr As DataRow = e.DataRow
dr("金额") = dr("数量") * dr("单价") * (1 - dr("折扣"))
```

这样可能会带来严重的后果，首先会导致重复的计算，因为数量、单价或折扣发生变化后，触发DataColChanged事件，计算得出新的金额，而"金额"列内容的变化会再次触发DataColChanged事件，使得金额被重新计算一次。实际上其他不相关列，如日期、客户、产品等列内容发生变化后，同样会触发DataColChanged事件，导致金额列被重新计算。显然，这样的代码效率实在太低，而且在机缘巧合的情况下可能会出现死循环，导致程序崩溃。

所以要养成良好的习惯，在编写DataColChanged事件代码时，一定要进行必要的判断，只有相关列发生变化时才进行特定的重算工作。例如：

```
Dim dr As DataRow = e.DataRow
Select Case e.DataCol.Name
    Case "数量","单价","折扣"
        dr("金额") = dr("数量") * dr("单价") * (1 - dr("折扣"))
End Select
```

不单单是DataColChanged事件，任何表事件，只要代码中涉及列都应该判断列名。

有时某一列可能会参与多列的计算。例如，某个表的L列由A、C、D三列计算得出，M列由A、B、E三列计算得出，N列由F列计算得出，有的用户会很自然地写出以下代码：

```
Select Case e.DataCol.Name
    Case "A","C","D"
        'L列的计算代码
    Case "A","B","E"
        'M列的计算代码
    Case "F"
        'N列计算代码
End Select
```

上面的代码存在严重的问题。假定修改A列，虽然第一个Case语句和第二个Case语句都匹配了条件，但是只有第一个Case语句会执行，所以修改A列后，只会重算L列，而不会像预期的那样重算L和M两列。要避免这种情况，可以采用多个Select Case语句：

```
Select Case e.DataCol.Name
    Case "A","C","D"
        'L列的计算代码
    Case "F"
        'N列计算代码
End Select
Select Case e.DataCol.Name
    Case "A","B","E"
        'M列的计算代码
End Select
```

❹ 有点特殊的表达式列

大家知道，列的值发生变化会相继触发DataColChanging和DataColChanged事件。但是有一个例外：表达式列的值发生变化时并不会触发这两个事件。假定C列是一个表达式列，根据A列和B列的值计算得出，而D列的值则根据C列的值用代码计算得出。通常会编写DataColChanged事件的代码如下：

```
Select Case e.DataCol.Name
    Case "C"
        '计算D列的代码
End Select
```

但是上述代码是无效的，因为作为表达式列，C列发生变化时并不会触发DataColChanged事件。可以换个思路，既然C列是由A列和B列计算得出，那么C列发生变化肯定是因为A列或B列发生变化引起的。所以正确的代码如下：

```
Select Case e.DataCol.Name
    Case "A" ,"B"
        '计算D列的代码
End Select
```

下面是一个实际开发中的例子，混合了表达式计算和代码计算。假定有一个工资表，见下表。

	姓名	基本工资	绩效工资	加班费	其他	应付工资	扣养老	扣医疗	扣其它	应税收入	所得税	实发
1	诸葛亮	1500	2000	500	0	4000	100	50	0	3850	212.5	3637.5
2	赵子龙	1000	1300	200	0	2500	50	50	0	2400	55	2345

在上图中，“应付工资”“应税收入”“实发”3列是表达式列，其值通过其他列计算得出，而“所得税”列虽然也是由其他列计算得出，但是“所得税”的计算较为复杂，很难通过表达式计算得出，所以“所得税”列不能是表达式列，必须是数据列，所得税将通过代码来计算得出。

首先将“应付工资”列的表达式设为：

```
IsNull([基本工资],0) + IsNull([绩效工资],0) + IsNull([加班费],0) + IsNull([其他],0)
```

“应税收入”列的表达式为：

```
IsNull([应付工资],0) - IsNull([扣养老],0) - IsNull([扣医疗],0) - IsNull([扣其他],0)
```

“实发”列的表达式为：

```
[应税收入] - IsNull([所得税],0)
```

假定起征点为3500元，为了计算个人所得税，在DataColChanged事件中设置以下代码：

```
'如果发生变化的是所得税列之外的数值型列，才重新计算所得税。
If e.DataCol.Name <> "所得税" AndAlso e.DataCol.IsNumeric Then
    e.DataRow("所得税") = InTax(e.Datarow("应税收入") - 3500)
End If
```

既然“所得税”列的内容是根据“应税收入”列的内容计算得出的，为什么代码第一行的判断条件不是：

```
If e.DataCol.Name = "应税收入" Then
```

而是：

```
If e.DataCol.Name <> "所得税" AndAlso e.DataCol.IsNumeric Then
```

这是因为“应税收入”列是一个表达式列，而表达式列的内容是通过其他列计算得出的，并不会触发DataColChanged事件。

❺ 刷新计算结果

假定有下图所示的一个表。

产品	生产日期	保质期	剩余天数	已过期
PD01	2018-04-10	15	0	☑
PD02	2018-05-13	30	21	☐
PD06	2018-05-16	15	9	☐

为了根据“生产日期”和“保质期”计算出“剩余天数”，并判断是否过期，DataColChanged事件代码如下：

```
Dim dr As DataRow = e.DataRow
Select Case e.DataCol.Name
    Case "生产日期","保质期"
        If dr.IsNull("生产日期") OrElse dr.IsNull("保质期") Then
            dr("剩余天数") = Nothing
            dr("已过期") = False
        Else
            Dim rq As Date = dr("生产日期").AddDays(dr("保质期")) '计算出到期日期
            Dim tp  As TimeSpan =  rq - Date.Today
            dr("剩余天数") = Math.Max(0, tp.TotalDays)
            dr("已过期") = tp.TotalDays < 0
        End If
End Select
```

显然，每天都要重新执行一次上述代码，以便得到最新的剩余天数和过期标记，但是DataColChanged事件是不会自动触发重算的，手工重算的方式是选择“生产日期”列，在【数据表】功能区的【列相关】功能组中单击【重置列】按钮。如果希望打开项目之后能自动重算，可以在AfterOpenProject事件加入以下代码：

```
DataTables("库存").DataCols("生产日期").RaiseDataColChanged()
```

DataCol的RaiseDataColChanged方法用于强行针对此列触发DataColChanged事件，默认所有行触发一次，也可以仅针对符合条件的行触发。例如，只重算未过期的产品：

```
DataTables("库存").DataCols("生产日期").RaiseDataColChanged("已过期 = False")
```

甚至可只重算特定的行，例如：

```
Dim dr As DataRow = DataTables("库存").DataRows(0)
DataTables("库存").DataCols("生产日期").RaiseDataColChanged(dr)
```

再来一个准确计算工龄年月日的示例，如下图所示。

	入职日期	工龄		
		年	月	日
1	1999-12-01	12	9	6
2	2011-03-21	1	5	17
3	2001-09-17	10	11	21
4	2006-05-21	6	3	17

可以在DataColChanged事件中使用DateYMD函数。示例代码如下：

```
Select Case e.DataCol.name
    Case "入职日期"
        If e.DataRow.IsNull("入职日期") Then
            e.DataRow("工龄_年") = Nothing
            e.DataRow("工龄_月") = Nothing
            e.DataRow("工龄_日") = Nothing
        Else
            Dim y,m,d As Integer
            DateYMD(e.DataRow("入职日期"),Date.Today,y,m,d)
            e.DataRow("工龄_年") = y
            e.DataRow("工龄_月") = m
            e.DataRow("工龄_日") = d
        End If
End Select
```

同样地，为了每次打开项目后都能得到最新的工龄数据，可以在AfterOpenProject事件中加入以下代码：

```
DataTables("员工").DataCols("入职日期").RaiseDataColChanged()
```

❻ 时段列的计算

大家知道，Foxtable有一个时段类型(TimeSpan)，Foxtable的扩展列类型也有一个时段列，但是时段列的类型并非TimeSpan，二者完全不相干，时段列是一个双精度小数型，以秒为单位，只是扩展之后以“时:分:秒”的格式显示。

时段列的值本身就是一个以秒为单位的数值，可以很方便地参与表达式的计算。例如，下图的“用时”列是一个时段列，“每分钟字数”是一个表达式列，希望根据“字数”和“用时”计算出每分钟字数。

	用时	字数	每分钟字数
1	00:01:30	90	60
2	00:02	100	50
3	00:02:10	195	90

参与计算时，“用时”列会转换秒数。例如，“00:2:10”表示2分10秒，转换为秒数就是130。所以，“每分钟字数”列的表达式应该设置为：

```
[字数] / [用时] * 60
```

假定有下图所示的一个表，希望能自动计算出每个用户的消费时间和消费金额。

	开始时间	结束时间	消费时间	每小时费用	消费金额
1	2018-05-22 10:30	2018-05-22 16:48	06:18	60	378
2	2018-05-22 12:50	2018-05-22 17:00	04:10	60	250

这里的“消费时间”列应该是双精度小数型，并将其扩展为时段列，然后将DataColChanged事件代码设置为：

```
Dim dr As DataRow = e.DataRow
Select Case e.DataCol.Name
    Case "结束时间","开始时间"
        If dr.IsNull("开始时间") OrElse dr.IsNull("结束时间") Then
```

```
            dr("消费时间") = Nothing
        Else
            Dim tp As TimeSpan = dr("结束时间") - dr("开始时间")
            dr("消费时间") = tp.TotalSeconds
        End If
    Case "消费时间", "每小时费用"
        dr("消费金额") = dr("消费时间") / 3600 * dr("每小时费用")
End Select
```

❼ 跨表引用数据

在本书的使用篇已经学会了用表达式引用数据，假定产品表和订单表之间通过产品编号建立了关联，关联的名称为“产品_订单”，可以在订单表新建一个名为“单价”的表达式列，将其表达式设为：

```
Parent(产品_订单).单价
```

这样在订单表输入产品编号，单价列就会自动引用产品表中对应产品的单价。

但这里有个严重的问题，如果在产品表修改某一产品的单价，那么该产品历史订单的单价将全部变为新的单价，显然这不符合要求，实际上只需在第一次输入产品编号时从产品表取得该产品的单价，之后并不需要变动，为此可以将单价列改为数据列，然后在DataColChanged事件中加入以下代码：

```
If e.DataCol.Name = "产品编号" Then
    If e.NewValue Is Nothing Then
        e.DataRow("单价") = Nothing
    Else
        Dim pr As DataRow = DataTables("产品").Find("[产品编号] = '" & e.NewValue & "'")
        If pr IsNot Nothing Then
            e.DataRow("单价") = pr("单价")
        End If
    End If
End If
```

假定除了单价，订单表还有品名、型号、规格等列内容需要从产品表自动继承输入。为实现此目的，订单表的DataColChanged事件代码可设置为：

```
If e.DataCol.Name = "产品编号" Then
    Dim nms() As String = {"品名","型号","规格","单价"}
    If e.NewValue Is Nothing Then
        For Each nm As String In nms
            e.DataRow(nm) = Nothing
        Next
    Else
        Dim pr As DataRow = DataTables("产品").Find("[产品编号] = '" & e.NewValue & "'")
        If pr IsNot Nothing
            For Each nm As String In nms
                e.DataRow(nm) = pr(nm)
            Next
        End If
    End If
End If
```

假定希望在产品表修改品名、型号和规格后，订单表能同步更新，为此可以在产品表的DataColChanged事件加入以下代码：

```
Select Case e.DataCol.Name
    Case "品名","型号","规格"
        Dim Filter As String = "[产品编号] = '" & e.DataRow("产品编号") & "'"
        Dim drs As List(Of DataRow) = DataTables("订单").Select(Filter)
        For Each dr As DataRow In drs
            dr(e.DataCol.Name) = e.NewValue
        Next
End Select
```

或者：

```
Select Case e.DataCol.Name
    Case "品名","型号","规格"
        Dim Filter As String = "[产品编号] = '" & e.DataRow("产品编号") & "'"
        DataTables("订单").ReplaceFor(e.DataCol.Name, e.NewValue, Filter)
End Select
```

重要提示：

- 除了单价这种只需一次性从父表取值的列，其他需要和父表始终保持一致的列都应该用表达式列。

- 这里假定产品编号是字符型，合成表达式要用单引号。如果是整数，可以直接用。例如：

```
Dim Filter As String = "[产品编号] = " & e.DataRow("产品编号")
```

或

```
Dim Filter As String = CExp("[产品编号] = {0}", e.DataRow("产品编号"))
```

此外，日期用符号#括起来，今后不会再做这样的提示和强调，大家实际开发时需注意。

❽ 动态列表与自动输入

本示例可参考CaseStudy目录下的文件：自动输入.Table。

此项目中有一个名为"行政区域"的基础数据表，这个表已经输入了全国所有县级行政区域的资料，包括省市、市县、区号、邮编4列；现在在客户表中输入数据，假定客户表也有这4列，显然最好的输入方式是，客户表的"省市"列能够根据行政区域表的设置，列出所有的省市供选择，选择"省市"之后，"县市"列能列出该省市所有的市县供选择，而选择"县市"之后，"区号"和"邮编"能够自动输入，如下图所示。

	公司名称	联系人	联系电话	省	县市	区号	邮编
1	阿里巴巴	马小云	9510211	浙江省	杭州市	571	310000
2	腾讯	马小腾	83765566	广东省	深圳市	755	518000
3	狐表	贺小辉	4000-810-820	广东省	湛江市 ▼	759	524000

实现上述目的的步骤如下。

第1步：在项目事件AfterOpenProject中设置以下代码：

```
Tables("客户").Cols("省市").Combolist = DataTables("行政区域").GetComboListString("省市")
```

第2步：在客户表的PrepareEdit事件中输入以下代码：

```
If e.IsFocusCell Then '如果是焦点单元格
    If e.Col.Name = "县市" Then '如果正在编辑的是县市列
```

```
        '从行政区域表提取该省市的县市作为列表项目
        Dim flt As String = "[省市] = '" & e.Row("省市") & "'"
        e.Col.Combolist = DataTables("行政区域").GetComboListString("县市", flt)
    End If
End If
```

第3步：在客户表的DataColChanged事件中输入以下代码：

```
'如果刚刚输入的是省市或县市列
If e.DataCol.Name = "省市" OrElse e.DataCol.Name = "县市" Then
    '在行政区域表查找所输入省市和县市的行
    Dim flt As String  = CExp(("[省市] = '{0}' And [县市] = '{1}'"))
    flt = CExp(flt, e.DataRow("省市"),  e.DataRow("县市"))
    Dim dr As DataRow = DataTables("行政区域").Find(flt)
    If dr IsNot Nothing Then '如果找到
        '将找到行的区号和邮编内容填入到正在输入的行中.
        e.DataRow("区号") = dr("区号")
        e.DataRow("邮编") = dr("邮编")
    Else
        '否则清除区号和邮编两列的内容
        e.DataRow("区号") = Nothing
        e.DataRow("邮编") = Nothing
    End If
End If
```

❾ 非关联表之间的数据同步

假定有一个产品表和一个库存表，两个表都有产品编号、产品名称、产品规格3列，且没有建立关联，我们希望：

在产品表增加一个产品，库存表对应也增加此产品。

在产品表删除一个产品，库存表对应也删除此产品。

在产品表更改某产品的产品编号、产品名称或产品规格后，库存表也能同步修改。

设计步骤如下。

第1步，将产品表的DataColChanged事件代码设置如下：

```
Select Case e.DataCol.name
    Case "产品编号"
        Dim dr As DataRow = DataTables("库存").Find("产品编号 = '" & e.OldValue & "'")
        If dr Is Nothing Then
            dr = DataTables("库存").AddNew()
            dr("产品编号") = e.DataRow("产品编号")
            dr("产品名称") = e.DataRow("产品名称")
            dr("产品规格") = e.DataRow("产品规格")
        Else
            dr("产品编号") = e.DataRow("产品编号")
        End If
    Case "产品名称","产品规格"
        Dim dr As DataRow = DataTables("库存").Find("产品编号 = '" & e.DataRow("产品编号") & "'")
        If dr IsNot Nothing Then
            dr(e.DataCol.Name) = e.DataRow(e.DataCol.Name)
        End If
End Select
```

第2步，将产品表的DataRowDeleting事件代码设置如下：

```
DataTables("库存").DeleteFor("产品编号 = '" & e.DataRow("产品编号") & "'")
```

5.6.8 BeforeSaveDataRow、DataRowLockedChanging和 DataRowLockedChanged事件

这3个事件的e参数属性见下表。

e参数属性	说明
Datatable	触发事件的表
DataRow	触发事件的行
Cancel	逻辑型，设置为True取消操作，对DataRowLockedChanged事件无效

❶ BeforeSaveDataRow事件

该事件在保存某一行数据之前执行，可以在此对数据进行最终的验证。

例如，在输入订单时要求订购数量不超过1000的订单，其折扣不能超过0.15，可以在BeforeSaveDataRow事件中设置以下代码：

```
If e.DataRow("数量") < 1000 AndAlso e.DataRow("折扣") > 0.15 Then '判断是否不符合验证要求
    MessageBox.Show("数量低于1000的订单,折扣不能超过0.15","提示")
    Tables("订单").Position = Tables("订单").FindRow(e.DataRow) '将焦点定位到此行
    MainTable = Tables("订单") '选择销售数据表作为主表
    e.Cancel = True '取消保存
End If
```

上述代码在发现不符合验证规则的行后，不仅会提示用户，还会将焦点移到不符合规则的行。如果在BeforeSaveDataRow事件取消了保存，需给用户明确的提示，以免给用户带来疑惑：怎么无法保存呢？

❷ DataRowLockedChanging事件

该事件在行的锁定状态改变前执行，可以在此处进行权限和逻辑验证，决定是否允许锁定或取消锁定此行。你也许会奇怪，怎么知道进行的操作是锁定行还是取消锁定行？其实很简单，如果行的当前状态是锁定，那么进行的就是取消锁定操作；反之就是锁定操作。

假定有个表，要求如下。

- 只有已经审核通过的行才能锁定。
- 对于已经审核通过并锁定的行，只有经理才能解锁。

要达到上述目的，可以设置DataRowLockedChanging事件代码为：

```
If e.DataRow("审核") = False Then '未审核通过的行
    If e.DataRow.Locked = False Then '如果此行目前未锁定,也就是准备锁定此行
        Messagebox.show("不能锁定未审核通过的行!","提示")
        e.Cancel = True
    End If
ElseIf e.DataRow("审核") = True Then '已经审核通过的行
    If e.DataRow.Locked = True Then '如果此行已锁定,也就是准备取消锁定此行
        If User.Group <> "经理" Then
            Messagebox.show("只有经理才能解锁已经审核通过的行!","提示")
            e.Cancel = True
```

```
            End If
        End If
    End If
```

❸ DataRowLockedChanged事件

此事件在行的锁定状态发生改变后触发。假定订单和订单明细表已经建立关联，希望锁定某订单时能同时锁定其对应的全部订单明细；反之亦然。要实现此目的，只需将订购单的DataRowLockedChanged事件代码设为：

```
For Each dr As DataRow In e.DataRow.GetChildRows("订单明细")
    dr.Locked = e.DataRow.Locked
Next
```

如果没有建立关联，应该如何实现？请回顾以前的知识，这里不再赘述。

5.6.9 CellButtonClick、DoubleClick和DoubleClickRowHeader事件

这3个事件的e参数属性见下表。

e参数属性	说明
Table	引发事件的表
Row	引发事件的行
Col	引发事件的列
Cancel	逻辑型，设置为True，取消默认动作

❶ CellButtonClick事件

此事件在单击单元格按钮后触发。在单元格中显示按钮的方法很简单，只需将该列的列表项目设为“...”或“|...”即可，差别是前者不能编辑单元格的内容，后者则可以。在默认情况下，单击单元格按钮会出现一个编辑窗口，用于向单元格输入长文本内容。通过将e参数Cancel设为True，可以取消这个默认的动作，执行其他操作。例如，希望单击某列的单元格按钮，能够打开一个窗口编辑此行，可以将CellButtonClick事件代码设为：

```
If e.Col.Name = "列名" Then
    e.Cancel = True '取消默认动作
    Forms("窗口名").Open()
End If
```

❷ DoubleClick事件

DoubleClick事件在双击单元格时执行，使用方法和CellButtonClick完全一样，一样需要将e.Cancel设置为True，因为双击默认会进入编辑状态。

❸ DoubleClickRowHeader事件

此事件在双击行号单元格时触发，使用最为简单。例如，希望双击某行的行号，能够打开一个窗口编辑此行，只需将DoubleClickRowHeader事件代码设为：

```
Forms("窗口名").Open()
```

5.6.10 KeyPressEdit事件

在单元格输入数据时，每输入一个字符都会触发一次KeyPressEdit事件，e参数属性见下表。

e参数属性	说明
Table	引发事件的表
Row	引发事件的行
Col	引发事件的列
KeyChar	字符型，表示所输入的字符
Cancel	逻辑型，如果设为True，取消本次字符输入
Text	返回或设置编辑框中的内容
SelectedText	返回或设置编辑框中选定的内容

例如，在输入产品编码时希望禁止输入符号和标点，同时希望将输入的小写字母自动转换为大写，KeyPressEdit事件的代码可按以下设置：

```
If e.Col.name = "产品编码" Then '如果正在输入产品编码
    If Char.IsPunctuation(e.KeyChar) OrElse Char.IsSymbol(e.KeyChar) Then '如果输入的是符号或者标点
        e.Cancel = True '则取消此次字符输入
    ElseIf Char.IsLower(e.KeyChar) Then '如果输入的是小写字母
        e.Cancel = True '同样取消此次字符输入
        e.SelectedText = e.KeyChar.ToUpper '同时插入该字符的大写形式
    End If
End If
```

再例如，假定“型号”列设置了列表项目，希望在此列输入内容时能自动打开下拉列表，可设置KeyPressEdit事件的代码如下：

```
If e.Col.Name = "型号" Then '如果编辑的是型号列
    If e.Col.DroppedDown = False '且下拉列表没有打开
        e.Col.OpenDropDown() '打开下拉列表
    End If
End If
```

5.7 统计数据

在学习本节知识时可以打开CaseStudy目录下的文件：统计演示.Table，就可以直接在命令窗口测试分析本节的大部分代码。已经在第1篇详细介绍了Foxtable的各种统计功能，通常只需单击几次鼠标，就能得到各种各样的统计结果，本节介绍如何通过代码进行统计。Foxtable可以自动生成汇总模式、分组统计和交叉统计的代码，在这些统计的设置窗口，都有一个【查看代码】的按钮，设置完成之后单击即可生成代码，如下图所示。

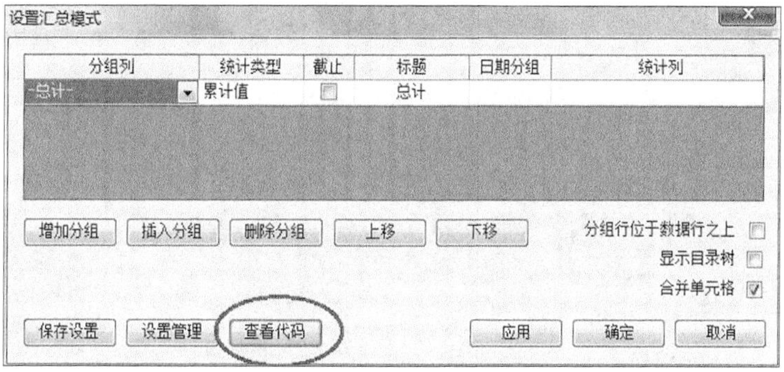

5.7.1 合计模式

合计模式非常简单，只需用到一个属性GrandTotal。

例如，要对订单表中的“数量”和“金额”列进行合计，可使用以下示例代码：

```
With Tables("订单")
    .Cols("数量").GrandTotal = True   '将要合计的列的GrandTotal属性设置为True
    .Cols("金额").GrandTotal = True
    .GrandTotal = True   '进入合计模式
    .TopVisibleRow = .Rows.Count - 1 '显示最后一行,以查看合计结果
End With
```

如要关闭合计模式，只需将Table的GrandTotal属性设置为False即可。例如：

```
Tables("订单").GrandTotal = False   '退出合计模式
```

5.7.2 汇总模式

❶ 常用汇总模式示例

汇总模式比合计模式稍微复杂些，首先通过示例介绍其用法。对于第一次出现的成员，会在代码中给予适当注释，非常好理解。

汇总模式可以定义多个分组，分组的类型为SubtotalGroup，为每个分组定义一个SubtotalGroup，并添加到Table的SubtotalGroups集合中，最后执行Subtotal方法即可完成统计。例如，下面的代码对订单表设置汇总模式，根据客户和产品分组，累积“数量”和“金额”列：

```
Dim t As Table = Tables("订单")
Dim g As SubtotalGroup '定义一个分组变量
t.SubtotalGroups.Clear() '清除原来的分组
'定义客户分组
g = New SubtotalGroup '定义一个新的分组
g.Aggregate = AggregateEnum.Sum '统计类型为求和
g.GroupOn = "客户" '分组列为客户
g.TotalOn = "数量,金额" '统计数量和金额列
g.Caption = "{0} 小计" '设置标题
t.SubtotalGroups.Add(g) '加到分组集合中
'定义产品分组
g = New SubtotalGroup
g.Aggregate = AggregateEnum.Sum
```

```
g.GroupOn = "产品"
g.TotalOn = "数量,金额"
g.Caption = "{0} 小计"
t.SubtotalGroups.Add(g)
'定义总计分组
g = New SubtotalGroup
g.Aggregate = AggregateEnum.Sum
g.GroupOn = "*" '注意总计分组用符号*表示.
g.TotalOn = "数量,金额"
g.Caption = "总计"
t.SubtotalGroups.Add(g)
'生成汇总模式
t.Subtotal()
```

代码虽然比较长，但是每一段都几乎一样，不同的只是列名。只有两个地方需要注意，首先是总计分组用“*”表示，其次是标题中的“{0}”最终会被实际的分组名代替。假定标题是“{0} 小计”，分组名是“PD05”，那么最终生成的分组标题就是“PD05小计”，如下图所示。

210	PD05	CS04	EP03	17	0	140	2380	2017-06-05
211	PD05	CS04	EP03	21.35	0	300	6405	2017-06-15
	CS04 小计					3350	66256	
212	PD05	CS05	EP02	21.35	0	60	1281	2017-01-22
213	PD05	CS05	EP02	17	0	700	11900	2017-03-30
214	PD05	CS05	EP04	21.35	0.25	180	2882.25	2017-04-03
215	PD05	CS05	EP04	21.35	0.15	240	4355.4	2017-05-12
216	PD05	CS05	EP02	21.35	0.2	300	5124	2017-05-25
	CS05 小计					1480	25542.65	
	PD05 小计					10351	192190.15	
	总计					52321	824818.57	

分组的Aggregate属性为AggregateEnum型枚举，用于指定统计类型，包括以下可选值：Average(平均值)、Count(记录数)、Max(最大值)、Min(最小值)、Percent(百分比)、Std(标准偏差)、StdPop(总体标准偏差)、Sum(累积值)、Var(方差)、VarPop(总体方差)。

与合计模式不同，处于汇总模式下的表是不能编辑的，但随时可以单击菜单中的【切换汇总模式】按钮退出汇总模式，编辑数据后再次单击此按钮会根据上次设置重新进入模式，非常方便。

根据日期型列进行分组时，日期分组必须位于所有分组之前；日期分组有个Upto属性，设置为True时可以统计截止到此日期为止的数据。例如，按月统计不同产品的销售数量，以及截止到每月的累计销售数量：

```
Dim t As Table = Tables("订单")
Dim g As SubtotalGroup
t.SubtotalGroups.Clear()
'第一个按月的日期分组
g = New SubtotalGroup
g.Aggregate = AggregateEnum.Sum
g.GroupOn = "日期"
g.TotalOn = "数量"
g.Caption = "{0}月 小计"
g.DateGroup = DateGroupEnum.Month
t.SubtotalGroups.Add(g)
'第二个按月分组,此分组的Upto属性设置为True,表示这是截止统计
g = New SubtotalGroup
g.Aggregate = AggregateEnum.Sum
g.GroupOn = "日期"
g.TotalOn = "数量"
```

```
g.Caption = "{0}月 截止"
g.DateGroup = DateGroupEnum.Month
g.Upto = True '将UpTo设置为True,表示这是截止统计.
t.SubtotalGroups.Add(g)
'第三个分组为按产品分组,非日期分组必须在日期分组的后面
g = New SubtotalGroup
g.Aggregate = AggregateEnum.Sum
g.GroupOn = "产品"
g.TotalOn = "数量"
g.Caption = "{0} 小计"
t.SubtotalGroups.Add(g)
t.Subtotal() '生成汇总模式
```

执行后得到的统计结果如下图所示。

208	PD05	CS04	EP05	21.35	0	210	4483.5	2017-05-21
209	PD05	CS05	EP02	21.35	0.2	300	5124	2017-05-25
	5月 小计					2400		
	5月 截止					9071		
210	PD05	CS04	EP03	17	0	140	2380	2017-06-05
211	PD05	CS01	EP03	21.35	0	360	7686	2017-06-13
212	PD05	CS04	EP03	21.35	0	300	6405	2017-06-15
213	PD05	CS01	EP01	21.35	0	40	854	2017-06-22
214	PD05	CS02	EP03	17	0.2	120	1632	2017-06-25
215	PD05	CS03	EP04	17	0	300	5100	2017-06-27
216	PD05	CS01	EP02	17	0	20	340	2017-06-28
	6月 小计					1280		
	6月 截止					10351		
	PD05 小计					10351		

日期分组的DateGroup属性为DateGroupEnum枚举，用于指定日期分组方式，包括以下可选值： None(无)、Year(年)、Quarter(季度)、Month(月)、Week(周)、Day(天)、Hour(时)、Minute(分)、Second(秒)。当指定多个日期分组时，小分组必须在大分组之前，如同时指定按年和按月分组时月分组必须在年分组之前。

Table本身有两个属性与汇总模式相关，其中GroupAboveData用于决定分组行是否处于数据行之上，默认为False；TreeVisible用于决定是否以目录树形式显示分组行，默认为False。例如：

```
Dim t As Table = Tables("订单")
Dim g As SubtotalGroup
t.SubtotalGroups.Clear()
t.GroupAboveData = True '分组行位于数据行之上
t.TreeVisible = True '显示目录树
g = New SubtotalGroup '添加按月分组
g.Aggregate = AggregateEnum.Sum
g.GroupOn = "日期"
g.TotalOn = "数量"
g.Caption = "{0}月 小计"
g.DateGroup = DateGroupEnum.Month
t.SubtotalGroups.Add(g)
g = New SubtotalGroup
g.Aggregate = AggregateEnum.Sum  '添加产品分组
g.GroupOn = "产品"
g.TotalOn = "数量"
g.Caption = "{0} 小计"
t.SubtotalGroups.Add(g)
t.Subtotal() '生成汇总模式
```

得到的统计结果如下图所示。

1 2 *	产品	客户	雇员	单价	折扣	数量	金额	日期
⊟	PD01 小计					11290		
⊟	1月 小计					2120		
1	PD01	CS03	EP04	18	0.15	80	1224	2017-01-04
2	PD01	CS04	EP05	14.4	0	200	2880	2017-01-08
3	PD01	CS02	EP01	18	0.2	800	11520	2017-01-10
4	PD01	CS04	EP02	14.4	0.05	500	6840	2017-01-10
5	PD01	CS03	EP04	14.4	0.25	200	2160	2017-01-14
6	PD01	CS02	EP05	14.4	0	100	1440	2017-01-20
7	PD01	CS03	EP01	14.4	0	240	3456	2017-01-21
⊞	2月 小计					1600		
⊞	3月 小计					2430		

❷ 汇总模式相关成员

Table和汇总模式相关的成员如下表所列，多数成员之前已经接触过了。

	名称	说明
属性	SubtotalGroups	集合，包括汇总模式下的各个分组设置
	GroupAboveData	汇总模式下的分组行是否位于数据行之前，默认为False
	TreeVisible	汇总模式是否显示目录树，默认为False
	SpillNode	是否合并分组行单元格。默认为True
	IsSubtotal	逻辑型，用于判断Table是否处于汇总模式
方法	Subtotal	根据现有的分组设置生成汇总模式
	ClearSubtotal	退出汇总模式
	SetSubtotalMode	打开内置汇总模式设置窗口

其中，属性SubtotalGroups是一个SubtotalGroup型集合，包括汇总模式下的各分组设置，它包括下表所列属性。

名称	说明
GroupOn	分组列。如果是总计分组，用星号(*)表示
TotalOn	统计列。如果要对多列统计，列与列之间用逗号分隔
Aggregate	统计类型，AggregateEnum型枚举，候选值见前述示例
DateGroup	日期列的分组方式。DateGroupEnum型枚举，候选值见前述示例
Caption	字符型，指定标题，标题中使用“{0}”表示分组名称
Upto	逻辑型，是否是截止统计

5.7.3 分组统计

Foxtable用于分组统计的类为GroupTableBuilder，此类非常强大，使用起来却比汇总模式更加简单，下面将通过实例由浅入深介绍其用法。

❶ 常用分组统计示例

GroupTableBuilder有两个集合，Groups集合用于添加分组列，Totals集合用于添加统计列，设置完成之后执行Build方法即可生成统计表。例如：

```
'定义一个GroupTableBuilder，名称为"统计表1"，对订单表进行统计
Dim b As New GroupTableBuilder("统计表1",DataTables("订单"))
```

```
b.Groups.AddDef("产品") '根据产品分组
b.Totals.AddDef("数量") '对数量进行统计
b.Build()  '生成统计表
Maintable = Tables("统计表1") '切换到生成的统计表
```

执行上述代码，可以得到下图所示的统计结果。

	产品	数量
1	PD01	11290
2	PD02	18200
3	PD03	7000
4	PD04	5480
5	PD05	10400

Groups和Totals的AddDef方法的基本语法是相同的，都为：

```
AddDef(Name, NewName, NewCaption)
```

其中，Name指定分组列(或统计列)；NewName指定新的列名；NewCaption指定新的列标题。后两个参数为可选参数。例如，在命令窗口执行：

```
Dim b As New GroupTableBuilder("统计表1",DataTables("订单"))
b.Groups.AddDef("客户", "客户名称") '改了列名
b.Groups.AddDef("产品", "","产品名称") '列名不变,但设置了标题
b.Totals.AddDef("数量", "小计_数量") '改了列名
b.Totals.AddDef("金额", "", "小计_金额") '列名不变,但设置了标题
b.Build()
MainTable = Tables("统计表1")
```

得到的统计结果如下图所示。

客户名称	产品名称	小计	
		数量	金额
CS01	PD01	260	3777.12
CS01	PD02	2250	34814.6
CS01	PD03	2180	17720
CS01	PD04	230	3951.2
CS01	PD05	600	12338.7
CS02	PD01	4120	60292.8

默认的统计类型是求和，如果需要进行其他统计，可以用Totals的Addref方法的另一个语法：

```
Totals.AddDef(Name, Aggregate, NewName, NewCaption)
```

新增的Aggregate参数为AggregateEnum枚举，用于指定统计类型，可选值有Sum(累计值)、Average(平均值)、Count(记录数)、Max(最大值)和 Min(最小值)。例如，统计每个产品的订单数和订购数量，代码如下：

```
Dim b As New GroupTableBuilder("统计表1",DataTables("订单"))
b.Groups.AddDef("产品")
b.Totals.AddDef("数量",AggregateEnum.Count, "订单数") '统计记录数并指定新的列名
b.Totals.AddDef("数量")
b.Build()
MainTable = Tables("统计表1")
```

得到的统计结果如下图所示。

	产品	订单数	数量
1	PD01	50	11290
2	PD02	73	18200
3	PD03	25	7000
4	PD04	25	5480
5	PD05	43	10351

同一列可以进行不同类型的统计。例如，统计各班总分的最低分、最高分和平均分，代码如下：

```
Dim g As New GroupTableBuilder("统计表1", DataTables("学生成绩"))
g.Groups.AddDef("班级")
g.Totals.AddDef("总分", AggregateEnum.Max, "最高分")
g.Totals.AddDef("总分", AggregateEnum.Min, "最低分")
g.Totals.AddDef("总分", AggregateEnum.Average, "平均分")
g.Decimals = 2 '统计结果保留两位小数
g.Build()
MainTable = Tables("统计表1")
```

得到的统计结果如下图所示。注意这里通过设置Decimals属性，使得平均分保留两位小数。

	班级	最高分	最低分	平均分
1	1班	601	300	485.64
2	2班	601	344	495.82
3	3班	510	457	488.64
4	4班	601	361	501

日期列默认按月分组，如果要改变日期分组方式，可以采用Groups的Addref方法的另一个语法：

```
Groups.AddDef(Name, DateGroup, NewName, NewCaption)
```

新增的DateGroup参数为DateGroupEnum型枚举，用于指定日期分组方式，其可选值有None(无)、Year(年)、Quarter(季度)、Month(月)、Week(周)、Day(天)、Hour(时)、Minute(分)、Second(秒)。例如，按年统计各季度的销售数量和金额，代码如下：

```
Dim g As New GroupTableBuilder("统计表1", DataTables("订单"))
g.Groups.AddDef("日期", DateGroupEnum.Year, "年")
g.Groups.AddDef("日期", DateGroupEnum.Quarter, "季")
g.Totals.AddDef("数量")
g.Totals.AddDef("金额")
g.Build()
MainTable = Tables("统计表1")
```

得到的统计结果如下图所示。

	年	季	数量	金额
1	2017	1	128396	2888089.5
2	2017	2	122541	2721841
3	2017	3	141635	3149188.5
4	2017	4	113024	2555437.5
5	2018	1	113208	2433635.5
6	2018	2	117943	2572736

如需对分组统计结果进行二次汇总，将GroupTableBuilder 的VerticalTotal属性设置为True即

可。示例代码如下：

```
Dim g As New GroupTableBuilder("统计表1", DataTables("订单"))
g.Groups.AddDef("日期", DateGroupEnum.Year, "年")
g.Groups.AddDef("日期", DateGroupEnum.Quarter, "季")
g.Totals.AddDef("数量")
g.Totals.AddDef("金额")
g.VerticalTotal = True '自动垂直汇总
g.Build()
MainTable = Tables("统计表1")
```

得到的统计结果如下图所示，底部多了一个“合计”行。

	年	季	数量	金额
1	2017	1	128396	2888089.5
2	2017	2	122541	2721841
3	2017	3	141635	3149188.5
4	2017	4	113024	2555437.5
5	2018	1	113208	2433635.5
6	2018	2	117943	2572736
7	2018	3	127816	2862576.5
8	2018	4	125925	2757892.5
9	合计		990488	21941397

还有更绝的，将GroupTableBuilder的Subtotal属性设置为True，即对统计结果生成汇总模式，例如：

```
Dim g As New GroupTableBuilder("统计表1", DataTables("订单"))
g.Groups.AddDef("日期", DateGroupEnum.Year, "年")
g.Groups.AddDef("日期", DateGroupEnum.Quarter, "季")
g.Totals.AddDef("数量")
g.Totals.AddDef("金额")
g.Subtotal = True '生成汇总模式
g.Build()
MainTable = Tables("统计表1")
```

得到的统计结果如下图所示。

	年	季	数量	金额
1	2017	1	128396	2888089.5
2	2017	2	122541	2721841
3	2017	3	141635	3149188.5
4	2017	4	113024	2555437.5
	小计 2017		505596	11314556.5
5	2018	1	113208	2433635.5
6	2018	2	117943	2572736
7	2018	3	127816	2862576.5
8	2018	4	125925	2757892.5
	小计 2018		484892	10626840.5
	总计		990488	21941397

❷ 分组数据分析示例

- 总占比分析

将GroupTableBuilder的GrandProportion属性设置为True，即可生成总占比。例如，统计每

个产品的销售数量及其在总销量中所占的比例，代码如下：

```
Dim g As New GroupTableBuilder("统计表1", DataTables("订单"))
g.Groups.AddDef("产品")
g.Totals.AddDef("数量")
g.GrandProportion = True  '生成占比
g.Build()
MainTable = Tables("统计表1")
```

生成的统计表如下图所示。

	产品	数量	占比
1	PD01	11290	21.58%
2	PD02	18200	34.79%
3	PD03	7000	13.38%
4	PD04	5480	10.47%
5	PD05	10351	19.78%

如果要对多列进行总占比分析，建议设置一下统计列的标题，这样生成的统计表结构更美观，例如：

```
Dim g As New GroupTableBuilder("统计表1", DataTables("订单"))
g.Groups.AddDef("产品")
g.Totals.AddDef("数量", "", "数量_值") '改变标题
g.Totals.AddDef("金额", "", "金额_值") '改变标题
g.GrandProportion = True
g.Build()
MainTable = Tables("统计表1")
```

生成的统计表如下图所示。

	产品	数量		金额	
		值	占比	值	占比
1	PD01	193943	19.58%	3547004.5	16.17%
2	PD02	200510	20.24%	5423193.5	24.72%
3	PD03	194018	19.59%	2515191.5	11.46%
4	PD04	195189	19.71%	4246698	19.35%
5	PD05	206828	20.88%	6209309.5	28.30%

- 分占比分析

GrandProportion属性用于生成总占比，此外还有一个GroupProportion属性，设置为True可以生成分占比，分占比为次级分组在上级分组所占的比例，所以只有多于一个分组时分占比才有意义。例如，下面的代码：

```
Dim g As New GroupTableBuilder("统计表1", DataTables("订单"))
g.Groups.AddDef("产品")
g.Groups.AddDef("客户")
g.Totals.AddDef("数量")
g.GroupProportion = True '生成分占比
g.GrandProportion= True  '生成总占比
g.Subtotal = True  '生成汇总模式
g.Build()
MainTable = Tables("统计表1")
```

生成的统计表为如下图所示。

产品	客户	数量	占比 分	占比 总
1 PD01	CS01	39079	20.15%	6.64%
2 PD01	CS02	43104	22.23%	7.32%
3 PD01	CS03	43441	[illegible]	7.38%
4 PD01	CS04	31026	[illegible]	5.27%
5 PD01	CS05	37293	[illegible]	6.34%
小计 PD01		193943	100.00%	32.96%
6 PD02	CS01	[illegible]	19.97%	6.80%
7 PD02	CS02	[illegible]	[illegible]	7.12%
8 PD02	CS03	[illegible]	[illegible]	6.62%
9 PD02	CS04	[illegible]	[illegible]	6.56%
10 PD02	CS05	40978	20.44%	6.96%
小计 PD02		200510	100.00%	34.07%
11 PD03	CS01	38037	19.60%	6.46%
12 PD03	CS02	38021	19.60%	6.46%
13 PD03	CS03	41461	21.37%	7.05%
14 PD03	CS04	33159	17.09%	5.63%
15 PD03	CS05	43340	22.34%	7.36%
小计 PD03		194018	100.00%	32.97%
总计		588471		100.00%

此为客户CS01采购产品PD02的数量占总销量的比例

此为客户CS01采购产品PD02的数量占产品PD02销量的比例

此为产品PD02在总销量中的占比

可以通过对多列进行分占比和总占比分析，例如：

```
Dim g As New GroupTableBuilder("统计表1", DataTables("订单")) g.Groups.AddDef("产品ID")
g.Groups.AddDef("客户ID")
g.Totals.AddDef("数量", "", "数量_值")
g.Totals.AddDef("金额", "", "金额_值")
g.GrandProportion = True  '生成总占比
g.GroupProportion = True  '生成分组占比
g.Build()
MainTable = Tables("统计表1")
```

生成的统计表如下图所示。

	产品	客户	数量 值	数量 占比 分	数量 占比 总	金额 值	金额 占比 分	金额 占比 总
1	PD01	CS01	39079	20.15%	3.95%	720389.5	20.31%	3.28%
2	PD01	CS02	43104	22.23%	4.35%	785419.5	22.14%	3.58%
3	PD01	CS03	43441	22.40%	4.39%	795179	22.42%	3.62%
4	PD01	CS04	31026	16.00%	3.13%	565002.5	15.93%	2.58%
5	PD01	CS05	37293	19.23%	3.77%	681014	19.20%	3.10%
6	PD02	CS01	40043	19.97%	4.04%	1068018.	19.69%	4.87%
7	PD02	CS02	41905	20.90%	4.23%	1133872.	20.91%	5.17%
8	PD02	CS03	38956	19.43%	3.93%	1051652	19.39%	4.79%
9	PD02	CS04	38628	19.26%	3.90%	1047164.	19.31%	4.77%
10	PD02	CS05	40978	20.44%	4.14%	1122486	20.70%	5.12%
11	PD03	CS01	38037	19.60%	3.84%	493755	19.63%	2.25%

- 环比和同比

这个例子需打开CaseStudy目录下的文件，即数据分析.Table。

将CircleGrowth属性设置为True，可以统计环比增长率；将SamePeriodGrowth属性设置为True，可以统计同比增长率。同比增长统计只有跨年统计才有效。例如，按月统计销量及环比和同比增长率，代码如下：

```
Dim g As New GroupTableBuilder("统计表2", DataTables("订单"))
g.Groups.AddDef("日期", DateGroupEnum.Year, "年")
g.Groups.AddDef("日期", "月")
```

```
g.Totals.AddDef("数量")
g.SamePeriodGrowth = True  '生成同比增长率
g.CircleGrowth= True  '生成环比增长率
g.Build()
MainTable = Tables("统计表2")
```

得到的统计表如下图所示。

	年	月	数量	同比增长	环比增长
1	2017	1	41426		
2	2017	2	44734		7.99%
3	2017	3	42236		-5.58%
4	2017	4	43971		4.11%
5	2017	5	39369		-10.47%
6	2017	6	39201		-0.43%
7	2017	7	39295		0.24%
8	2017	8	51104		30.05%
9	2017	9	51236		0.26%
10	2017	10	33347		-34.91%
11	2017	11	41818		25.40%
12	2017	12	37859		-9.47%
13	2018	1	44005	6.23%	16.23%
14	2018	2	29402	-34.27%	-33.18%
15	2018	3	39801	-5.77%	35.37%
16	2018	4	41544	-5.52%	4.38%
17	2018	5	42099	6.93%	1.34%
18	2018	6	34300	-12.50%	-18.53%

在对多列进行环比和同比分析时，通过适当地设置标题，可以让生成的统计表更为美观，例如：

```
Dim  g As New GroupTableBuilder("统计表1", DataTables("订单"))
g.Groups.AddDef("日期", DateGroupEnum.Year, "年")
g.Groups.AddDef("日期", "月")
g.Totals.AddDef("数量", "", "数量_值")
g.Totals.AddDef("金额", "", "金额_值")
g.SamePeriodGrowth = True
g.CircleGrowth = True
g.Build()
MainTable = Tables("统计表1")
```

生成的统计表如下图所示。

	年	月	数量			金额		
			值	同比	环比	值	同比	环比
1	2017	1	41426			931199.5		
2	2017	2	44734		7.99%	1022233		9.78%
3	2017	3	42236		-5.58%	934657		-8.57%
4	2017	4	43971		4.11%	955745.5		2.26%
5	2017	5	39369		-10.47%	889428		-6.94%
6	2017	6	39201		-0.43%	876667.5		-1.43%
7	2017	7	39295		0.24%	895298		2.13%
8	2017	8	51104		30.05%	1151191		28.58%
9	2017	9	51236		0.26%	1102699.5		-4.21%
10	2017	10	33347		-34.91%	720452		-34.66%
11	2017	11	41818		25.40%	933640		29.59%
12	2017	12	37859		-9.47%	901345.5		-3.46%
13	2018	1	44005	6.23%	16.23%	932355	0.12%	3.44%
14	2018	2	29402	-34.27%	-33.18%	685339.5	-32.96%	-26.49%
15	2018	3	39801	-5.77%	35.37%	815941	-12.70%	19.06%
16	2018	4	41544	-5.52%	4.38%	944243.5	-1.20%	15.72%
17	2018	5	42099	6.93%	1.34%	919495.5	3.38%	-2.62%
18	2018	6	34300	-12.50%	-18.53%	708997	-19.13%	-22.89%

得到以上统计结果，合计不到10行代码，而且简单易懂，人人都能掌握，若是其他开发平台，代码至少在百行以上不说，且非专业程序员也很难写出来。

❸ GroupTableBuilder成员

GroupTableBuilder的成员如下表所列。

	名称	说明
属性	Caption	字符型，指定新生成统计表的标题
	Groups	集合，用于添加分组列
	Totals	集合，用于添加统计列
	Decimals	整数型，用于设置统计列要保留的小数位数，默认为4位
	Filter	字符型，表示统计条件
	VerticalTotal	逻辑型，是否在垂直方向自动增加总计行
	SamePeriodGrowth	逻辑型，是否生成同比增长率
	CircleGrowth	逻辑型，是否生成环比增长率
	GrandProportion	逻辑型，是否生成总占比
	GroupProportion	逻辑型，是否生成分组占比
	Subtotal	逻辑型，是否对分组统计结果进行二次统计，生成汇总模式
	SubtotalLevel	整数型，根据多少个分组生成汇总模式
	FromServer	逻辑型，是否直接统计后台数据
	CommandTimeOut	直接统计后台数据时的超时时限，默认为30秒
方法	Build	生成统计表

5.7.4 交叉统计

Foxtable用于交叉统计的类是CrossTableBuilder，此类之强大比GroupTableBuilder尤甚，下面将通过实例由浅入深地介绍其用法。

❶ 常用交叉统计示例

CrossTableBuilder有3个集合：HGroups集合用于添加水平分组列；VGroups集合用于添加垂直分组列；Totals集合用于添加统计列。设置完成之后执行Build方法即可生成统计表。例如，在命令窗口执行：

```
Dim b As New CrossTableBuilder("统计表1",DataTables("订单"))
b.HGroups.AddDef("客户") '添加客户列用于水平分组
b.VGroups.AddDef("产品") '添加产品列用于垂直分组
b.Totals.AddDef("数量") '添加数量列用于统计
b.Build()  '生成统计表
Maintable = Tables("统计表1") '显示生成的统计表
```

这就得到了每个客户订购不同产品的数量，显然交叉统计更适合数据的分析比较，如下图所示。

	客户	PD01	PD02	PD03	PD04	PD05
1	CS01	260	2250	2180	230	600
2	CS02	4120	4300	2250	1830	2550
3	CS03	1980	6300	970	1200	2420
4	CS04	3390	3110	700	1410	3350
5	CS05	1540	2240	900	810	1480

向HGroups集合添加水平分组的语法和GroupTableBuilder添加分组的语法完全一样，这里就

不再赘述了。

向VGroups集合添加垂直分组的语法为：

```
VGroups.AddDef(Name, Pattern)
VGroups.AddDef(Name, DateGroup, Pattern)
```

其中，Name参数用于指定要统计的列；后两个是可选参数，DateGroup参数用于指定日期分组方式，其候选值已经在GroupTableBuilder中讲述过，可回头参考，这里不再赘述；Pattern参数用于指定生成列标题的模式，用字符“{0}”表示分组值。假定分组值是PD01，模式是“产品_{0}”，则生成的列标题将是“产品_PD01”。下面的代码同样是统计每个客户订购不同产品的销量，但是通过设置Pattern参数，使得最终的统计表看起来更美观：

```
Dim b As New CrossTableBuilder("统计表1",DataTables("订单"))
b.HGroups.AddDef("客户") '添加客户列用于水平分组
b.VGroups.AddDef("产品","产品_{0}") '添加产品列用于垂直分组，并设置了Pattern参数
b.Totals.AddDef("数量") '添加数量列用于统计
b.Build() '生成统计表
Maintable = Tables("统计表1")
```

得到的统计表如下图所示。

	客户	产品				
		PD01	PD02	PD03	PD04	PD05
1	CS01	260	2250	2180	230	600
2	CS02	4120	4300	2250	1830	2550
3	CS03	1980	6300	970	1200	2420
4	CS04	3390	3110	700	1410	3350
5	CS05	1540	2240	900	810	1480

向Totals中添加统计列的语法为：

```
Totals.AddDef(Name, Caption, Upto)
Totals.AddDef(Name, Aggregate,Caption, Upto)
```

其中，Name参数指定统计列；后3个参数为可选参数，Aggregate参数用于指定统计类型，其候选值已在GroupTableBuilder中讲述，这里不再赘述；Caption参数用于指定统计列的标题，只有超过一个统计列时，或者对同一列进行多种统计时，此参数才有意义；Upto参数为逻辑型，设置为True将进行截止统计。例如：

```
Dim b As New CrossTableBuilder("统计表1",DataTables("订单"))
b.HGroups.AddDef("客户")
b.VGroups.AddDef("产品")
b.Totals.AddDef("数量",AggregateEnum.Sum,"销量") '求和统计
b.Totals.AddDef("数量",AggregateEnum.Count,"订单数") '统计记录数
b.Build() '生成统计表
MainTable = Tables("统计表1")
```

生成的统计表如下图所示。

	客户	PD01		PD02		PD03		PD04		PD05	
		销量	订单数	销量	订单数	销量	订单数	销量	订单数	销量	订单数
1	CS01	260	4	2250	10	2180	6	230	2	600	4
2	CS02	4120	13	4300	16	2250	7	1830	6	2550	9
3	CS03	1980	11	6300	22	970	4	1200	8	2371	11
4	CS04	3390	15	3110	16	700	5	1410	6	3350	14
5	CS05	1540	7	2240	9	900	3	810	3	1480	5

添加统计列时将Upto参数设置为True，即可进行截止统计。例如，统计各产品每月销量以及截止到每月的累计销量，代码如下：

```
Dim g As New CrossTableBuilder("统计表1", DataTables("订单"))
g.HGroups.AddDef("日期", "月")
g.VGroups.AddDef("产品")
g.Totals.AddDef("数量", "数量")
g.Totals.AddDef("数量","截止", True)
g.Build()
MainTable = Tables("统计表1")
```

得到的统计结果如下图所示。

	月	PD01		PD02		PD03		PD04		PD05	
		数量	截止	数量	截止	数量	截止	数量	截止	数量	截止
1	1	2120	2120	1300	1300	1930	1930	970	970	1191	1191
2	2	1600	3720	3170	4470	1290	3220	510	1480	2420	3611
3	3	2430	6150	[illegible]	[illegible]	1100	4320	[illegible]	[illegible]	1840	5451
4	4	2000	8150	[illegible]	[illegible]	1400	5720	[illegible]	[illegible]	1220	6671
5	5	1870	10020	[illegible]	[illegible]	980	6700	[illegible]	[illegible]	2400	9071
6	6	1270	11290	2200	18200	300	7000	910	5480	1280	10351

PD03在3月份销量

PD03截止到3月份销量

CrossTableBuilder有两个逻辑属型，即VerticalTotal和HorizontalTotal，分别用于垂直和水平方向汇总。例如：

```
Dim b As New CrossTableBuilder("统计表1",DataTables("订单"))
b.HGroups.AddDef("产品")
b.VGroups.AddDef("日期",DateGroupEnum.Year,"{0}年")
b.VGroups.AddDef("日期","{0}月")
b.Totals.AddDef("数量")
b.VerticalTotal= True  '垂直方向自动汇总
b.HorizontalTotal = True  '水平方向自动汇总
b.Build()
MainTable = Tables("统计表1")
```

得到的统计表如下图所示。

	产品	2017年						合计
		1月	2月	3月	4月	5月	6月	
1	PD01	2120	1600	2430	2000	1870	1270	11290
2	PD02	1300	3170	2040	5350	4140	2200	18200
3	PD03	1930	1290	1100	1400	980	300	7000
4	PD04	970	510	1010	940	1140	910	5480
5	PD05	1191	2420	1840	1220	2400	1280	10351
6	合计	7511	8990	8420	10910	10530	5960	52321

还有更绝的，将CrossTableBuilder的Subtotal属性设置为True，即对统计结果生成汇总模式。例如：

```
Dim b As New CrossTableBuilder("统计表1",DataTables("订单"))
b.HGroups.AddDef("日期",DateGroupEnum.Year,"年")
b.HGroups.AddDef("日期","月")
b.VGroups.AddDef("产品","产品_{0}")
b.Totals.AddDef("数量")
b.Subtotal = True '生成汇总模式
b.HorizontalTotal = True '水平自动汇总
b.Build()
MainTable = Tables("统计表1")
```

得到的统计结果如下图所示。

	年 ↓	月	产品					合计
			PD01	PD02	PD03	PD04	PD05	
1	2017	1	5569	12720	8638	7325	7174	41426
2	2017	2	9685	10004	6029	8633	10383	44734
3	2017	3	9533	10753	8109	5759	8082	42236
4	2017	4	9026	5337	7644	13885	8079	43971
5	2017	5	4751	7840	7768	8903	10107	39369
6	2017	6	7555	6951	6389	9841	8465	39201
7	2017	7	5204	6807	6088	11864	9332	39295
8	2017	8	8103	9755	8579	13565	11102	51104
9	2017	9	11014	8657	10107	12863	8595	51236
10	2017	10	6001	6504	7644	7302	5896	33347
11	2017	11	7346	10433	8843	6165	9031	41818
12	2017	12	6124	5120	4929	7714	13972	37859
	小计 2017		89911	100881	90767	113819	110218	505596
13	2018	1	8548	6409	11585	9142	8321	44005
14	2018	2	5449	7677	3445	6328	6503	29402
15	2018	3	11845	4223	9943	7001	6789	39801
16	2018	4	8228	11208	7213	6194	8701	41544
17	2018	5	10069	9154	8709	6439	7728	42099
18	2018	6	8519	4516	9555	5244	6466	34300
19	2018	7	6861	12682	12709	3821	7580	43653
20	2018	8	6830	8774	9137	7926	13786	46453
21	2018	9	9805	8897	5660	6915	6433	37710
22	2018	10	13623	7286	8444	9471	8617	47441
23	2018	11	6448	10598	7529	6231	7920	38726
24	2018	12	7807	8205	9322	6658	7766	39758
	小计 2018		104032	99629	103251	81370	96610	484892
	总计		193943	200510	194018	195189	206828	990488

假定订单表有个逻辑列，名为“已付款”，用于标记某个订单是否已经付款。现在要统计每个客户已经付款的金额、未付款的金额以及总的金额。参考代码如下：

```
Dim g As New CrossTableBuilder("统计表1", DataTables("订单"))
g.HGroups.AddDef("客户")
g.VGroups.AddDef("已付款", "已付款|未付款") '第二个参数指定True和False对应的标题
g.Totals.AddDef("金额", "金额")
g.HorizontalTotal = True
g.VerticalTotal = True
g.Build()
MainTable = Tables("统计表1")
```

注意下面这行添加统计列的代码，第二个参数用于设置逻辑列的标题，标题用符号“|”格式，第一部分表示值为True时的标题，第二部分表示值为False时的标题：

```
g.VGroups.AddDef("已付款", "已付款|未付款")
```

执行后得到的统计结果如下图所示。

	客户	未付款	已付款	合计
1	CS01	16520	56081.62	72601.62
2	CS02	23307.75	198392.1	221699.85
3	CS03	29845.75	180119.5	209965.25
4	CS04	39966	164981	204947
5	CS05	11620	103324.85	114944.85
6	合计	121259.5	702899.07	824158.57

不管是水平分组还是垂直分组，都可以添加多个分组。例如：

```
Dim b As New CrossTableBuilder("统计表1",DataTables("订单"))
b.HGroups.AddDef("客户")
b.HGroups.AddDef("产品")
b.VGroups.AddDef("日期",DateGroupEnum.Year,"{0}年")
b.VGroups.AddDef("日期","{0}月")
b.Totals.AddDef("数量")
b.Build()
MainTable = Tables("统计表1")
```

得到的统计结果如下图所示。

	客户	产品	2017年							2018年				
			6月	7月	8月	9月	10月	11月	12月	1月	2月	3月	4月	5月
1	CS01	PD01	1212	789	1141	4056	753	763	1321	953	473	1132	30	1927
2	CS01	PD02	1474	2378	872	629	2716	744	1367	676	1197	1671	1583	1698
3	CS01	PD03	1537	336	1121	482	2253	2098	588	2416	812	2944	1832	2099
4	CS01	PD04	952	4202	1349	1923	1537	1478	274	757	747		706	1312
5	CS01	PD05	1989	2578	1051	2358	841	1551	2123	900	620	1356	1771	248

重要提示：**选择垂直分组列时要慎重，如果你也有1000个产品，用产品列作垂直分组，意味着生成的统计表至少有1000列，这很恐怖。**

❷ 交叉数据分析示例

将CrossTableBuilder 的VerticalProportion属性设置为True，可以生成垂直占比。例如，按季度统计每个产品的销量以及各产品在该季度销量中所占的比例，代码如下：

```
Dim g As New CrossTableBuilder("统计表1", DataTables("订单"))
g.HGroups.AddDef("产品")
'自定义垂直分组标题,可以让统计结果可读性更好
g.VGroups.AddDef("日期",DateGroupEnum.Quarter,"第{0}季度_数量")
g.Totals.AddDef("数量")
g.HorizontalTotal = True
g.VerticalTotal = True
g.VerticalProportion = True '生成垂直占比
g.Build()
MainTable = Tables("统计表1")
```

得到的统计结果如下图所示，其中产品PD02在第1季度的销量为51786，该产品占第1季度总销量(241604)比例为21.43%，PD02全年销售200510，占全年总共销量(99048)的比例为20.24%。

	产品	第1季度		第2季度		第3季度		第4季度		合计	
		数量	占比	数量	占比	数量	占比	数量	占比	数量	占比
1	PD01	50629	20.96%	48148	20.02%	47817	17.75%	47349	19.82%	193943	19.58%
2	PD02	51786	21.43%	45006	18.71%	55572	20.62%	48146	20.15%	200510	20.24%
3	PD03	47749	19.76%	47278	19.66%	52280	19.40%	46711	19.55%	194018	19.59%
4	PD04	44188	18.29%	50506	21.00%	56954	21.14%	43541	18.22%	195189	19.71%
5	PD05	47252	19.56%	49546	20.60%	56828	21.09%	53202	22.27%	206828	20.88%
6	合计	241604	100.00%	240484	100.00%	269451	100.00%	238949	100.00%	990488	100.00%

如果要进行水平份额统计，只需将HorizontalProportion属性设置为True。例如，按季度统计每个产品的销量以及每个产品在该季度的销量占该产品全年销量的份额，代码如下：

```
Dim g As New CrossTableBuilder("统计表1", DataTables("订单"))
g.HGroups.AddDef("产品")
g.VGroups.AddDef("日期",DateGroupEnum.Quarter,"第{0}季度_数量")
g.Totals.AddDef("数量")
g.HorizontalTotal = True
g.VerticalTotal = True
g.HorizontalProportion = True '生成水平份额
g.Build()
MainTable = Tables("统计表1")
```

得到的统计结果如下图所示，其中PD01在第1季度的销量为50629，该销量占PD01全年销量(193943)的26.11%，而第1季度所有产品销量为241604，该销量占全年总销量(990488)的24.39%：

	产品	第1季度		第2季度		第3季度		第4季度		合计
		数量	份额	数量	份额	数量	份额	数量	份额	
1	PD01	50629	26.11%	48148	24.83%	47817	24.66%	47349	24.41%	193943
2	PD02	51786	25.83%	45006	22.45%	55572	27.72%	48146	24.01%	200510
3	PD03	47749	24.61%	47278	24.37%	52280	26.95%	46711	24.08%	194018
4	PD04	44188	22.64%	50506	25.88%	56954	29.18%	43541	22.31%	195189
5	PD05	47252	22.85%	49546	23.96%	56828	27.48%	53202	25.72%	206828
6	合计	241604	24.39%	240484	24.28%	269451	27.20%	238949	24.12%	990488

可以同时进行水平份额和垂直占比的分析。例如，在命令窗口执行：

```
Dim g As New CrossTableBuilder("统计表1", DataTables("订单"))
g.HGroups.AddDef("产品")
g.VGroups.AddDef("日期", DateGroupEnum.Quarter, "{0}季度_数量")
g.Totals.AddDef("数量", "数量")
g.HorizontalTotal = True
g.VerticalTotal = True
g.HorizontalProportion = True '生成水平份额
g.VerticalProportion = True  '生成垂直占比
g.Build()
MainTable = Tables("统计表1")
```

得到下图所示的统计结果，其中PD01在第1季度销量50629，占第1季度总销量(241604)的比例为20.96%；占PD01全年销量(193942)的比例为26.11%；第1季度总销量(241604)占全年销量(990488)的比例为24.39%；PD01全年销量193943占全年总销量(990048)的比例为19.58%。

	产品	1季度			2季度			3季度			4季度			合计	
		数量	份额	占比	数量	份额	占比	数量	份额	占比	数量	份额	占比	数量	占比
1	PD01	50629	26.11%	20.96%	48148	24.83%	20.02%	47817	24.66%	17.75%	47349	24.41%	19.82%	193943	19.58%
2	PD02	51786	25.83%	21.43%	45006	22.45%	18.71%	55572	27.72%	20.62%	48146	24.01%	20.15%	200510	20.24%
3	PD03	47749	24.61%	19.76%	47278	24.37%	19.66%	52280	26.95%	19.40%	46711	24.08%	19.55%	194018	19.59%
4	PD04	44188	22.64%	18.29%	50506	25.88%	21.00%	56954	29.18%	21.14%	43541	22.31%	18.22%	195189	19.71%
5	PD05	47252	22.85%	19.56%	49546	23.96%	20.60%	56828	27.48%	21.09%	53202	25.72%	22.27%	206828	20.88%
6	合计	241604	24.39%	100.00	240484	24.28%	100.00	269451	27.20%	100.00	238949	24.12%	100.00	990488	100.00

寥寥几行代码，各种统计结果信手拈来，花点时间掌握Foxtable，你的工作效率将是同事的10倍甚至百倍，实际上你不编写代码，通过菜单单击几次鼠标，也可以得到上述统计结果，具体可以参考本书的使用篇。

❸ CrossTableBuilder成员

下表为CrossTableBuilder的全部成员，多数成员在之前的示例中已经接触过了。

	名称	说明
属性	Caption	字符型，指定新生成统计表的标题
	HGroups	集合，用于添加水平分组列
	VGroups	集合，用于添加垂直分组列
	Totals	集合，用于添加统计列
	Decimals	整数型，用于设置统计列要保留的小数位数，默认为4位
	Filter	字符型，表示统计条件
	OrderByTotal	逻辑型，当有多个统计列时是否将同一个统计列的数据排在一起
	HorizontalTotal	逻辑型，水平方向是否自动汇总
	VerticalTotal	逻辑型，垂直方向是否自动汇总
	HorizontalProportion	逻辑型，是否生成水平份额
	VerticalProportion	逻辑型，是否生成垂直占比
	HorizontalProportionCaption	字符型，用于设置水平份额标题，默认为“份额”
	VerticalProportionCaption	字符型，用于设置垂直占比标题，默认为“占比”
	Subtotal	逻辑型，是否对统计结果进行二次统计，生成汇总模式
	SubtotalLevel	整数型，根据多少个分组生成汇总模式
	FromServer	逻辑型，是否直接统计后台数据
	CommandTimeOut	直接统计后台数据时的超时时限，默认为30秒
方法	Build	生成统计表

5.7.5 统计Table中的数据

GroupTableBuilder和CrossTableBuilder统计的都是DataTable中的数据，那么如何统计Table中的数据呢？很简单，二者都有一个Filter属性，可以设置统计条件。例如：

```
Dim b As New GroupTableBuilder("统计表1",DataTables("订单"))
b.Filter = "客户等级 = VIP "
……
```

显然，如果要统计Table中数据，只需：

```
Dim b As New GroupTableBuilder("统计表1",DataTables("订单"))
b.Filter = Tables("订单").Filter
……
```

5.7.6 统计工具的背后原理

你是否被GroupTableBuilder和CrossTableBuilder的超强统计能力震撼？是否觉得很神奇？其实这两个统计工具背后的技术非常简单，你完全可以自己开发出这样的统计工具，现在来解剖一下其背后原理。

普通用户可以忽略本节内容，本小节仅适合那些喜欢探索的用户。

❶ 生成临时表

所有统计工具生成的统计表都是临时表，用于生成临时表的类是DataTableBuilder，定义一个DataTableBuilder的语法是：

```
New DataTableBuilder(Name, Caption)
```

其中，Name表示临时表名称；Caption表示临时表标题，此参数是可选的。 DataTableBuilder类型有个AddDef方法，用于新增列，语法格式为：

```
AddDef(Name, Type, MaxLength, Expression, Caption)
```

除了前面两个参数是必需的以外，后面3个参数都是可选的。其中Name表示列名称；Type表示列类型，必须使用GetType函数获取类型；MaxLength表示长度，仅用于字符型列；Expression用于指定表达式；Caption表示列标题。例如：

```
Dim dtb As New DataTableBuilder("统计")
dtb.AddDef("产品", GetType(String), 50) '只有字符型列需要指定长度
dtb.AddDef("客户", GetType(String)) '字符型列省略长度参数时，默认为32
dtb.AddDef("日期", Gettype(Date))
dtb.AddDef("数量", GetType(Integer))
dtb.AddDef("单价", Gettype(Double))
dtb.AddDef("金额", Gettype(Double),"数量*单价")
dtb.Build()
```

以上代码运行后，将在项目中生成一个空结构的临时表，表名称为“统计”。一旦在该表中增加行，输入数量和单价之后，金额将自动计算得出，见下图。

	产品	客户	日期	数量	单价	金额
1	PD01	CS01	2018-05-31	100	12	1200
2	PD02	CD03	2018-06-01	120	13	1560

DataTableBuilder生成的临时表在关闭项目后将不复存在，如果要在数据表库用代码添加真正的数据表，可以用ADOXBuilder，用法可参考官方文档。

❷ 分组统计原理

假定要统计每个产品的销售数量和金额，代码为：

```
Dim dtb As New DataTableBuilder("统计")
dtb.AddDef("产品", Gettype(String), 16)
dtb.AddDef("数量", Gettype(Integer))
dtb.AddDef("金额", Gettype(Double))
dtb.Build() '生成统计表的结构
'从订单表提取出不重复的产品列表,逐个遍历统计
For Each nm As String In DataTables("订单").GetValues("产品")
    Dim dr As DataRow = DataTables("统计").AddNew()
    dr("产品") = nm
    dr("数量") = DataTables("订单").Compute("Sum(数量)","[产品] = '" & dr("产品") & "'")
    dr("金额") = DataTables("订单").Compute("Sum(金额)","[产品] = '" & dr("产品") & "'")
Next
MainTable= Tables("统计")
```

实际上，用GroupTableBuilder进行统计时，Foxtable也是转换为上述代码执行的。

❸ 交叉统计原理

以交叉统计的形式，统计每个客户订购不同产品的数量：

```
Dim dtb As New DataTableBuilder("统计")
dtb.AddDef("客户", Gettype(String), 16) '客户列是水平分组,每个客户在交叉表占一行
Dim prds As List(of String) = DataTables("订单").GetValues("产品")
For Each prd As String In prds '产品是垂直分组,每个产品在交叉表中占一列.列名就是产品名
    dtb.AddDef(prd, Gettype(Double))
Next
dtb.Build() '生成交叉表结构
Dim exp As String = "客户 = '{0}' And [产品] = '{1}'"
For Each cus As String In DataTables("订单").GetValues("客户")
    Dim dr As DataRow = DataTables("统计").AddNew()
    dr("客户") = cus
    For Each prd As String In prds
        dr(prd) = DataTables("订单").Compute("Sum(数量)",CExp(exp,cus,prd))
    Next
Next
MainTable= Tables("统计")
```

5.7.7 简单后台统计

Foxtable提供了动态加载数据的功能，使得在程序的运行过程中，能随时根据需要加载符合条件的数据，这让Foxtable管理大型数据库成为可能。但是很多时候，统计是针对所有数据的，而Foxtable的分组统计和交叉统计默认都是针对已经加载的数据，如果要统计所有数据，难道需要将一百万、一千万甚至一亿条记录全部加载到Foxtable？显然这是不可能的。为此GroupTableBuilder和CrossTableBuilder都提供了一个名为FromServer的逻辑属性，只需将此属性设为True，即可直接统计后台数据，例如：

```
Dim  g  As  New GroupTableBuilder("统计表1", DataTables("订单"))
g.Groups.AddDef("产品")
g.Totals.AddDef("数量")
g.FromServer = True
g.Build()
MainTable = Tables("统计表1")
```

Foxtable有表达式列，而表达式列并不存在于后台数据库，理论上进行后台统计时，是无法添加表达式列作为统计列的，但是Foxtable相当智能，会自动将添加的表达式列转换为后台的数据库表达式，所以绝大多数时候，下面的代码一样可以正常统计：

```
Dim g As New GroupTableBuilder("统计表1", DataTables("订单"))
g.Groups.AddDef("产品")
g.Totals.AddDef("数量")
g.Totals.AddDef("金额") '金额列虽然是表达式列,但也能进行后台统计
g.FromServer = True
g.Build()
MainTable = Tables("统计表1")
```

但是这种转换不保证100%正确，也就是说，有时对表达式进行后台统计会提示错误，但没有关系，还有更多的后台统计方法。

5.7.8 与SQL双剑合璧

不管是GroupTableBuilder还是CrossTableBuilder，都可以直接使用Select语句作为统计数据

来源，使用方法和普通统计一样，差别在于定义的语法，代码如下：

```
New GroupTableBuilder(统计表名称, SQL语句, 数据源名称)
New CrossTableBuilder(统计表名称, SQL语句, 数据源名称)
```

例如，在命令窗口执行下列代码：

```
Dim Sql As String
sql = "Select 产品,Month(日期) As 月, 单价 * 数量 As 金额 From {订单} Where Year(日期) = 2018"
Dim g As New CrossTableBuilder("统计表1", SQL,"数据源名称")
g.HGroups.AddDef("产品")
g.VGroups.AddDef("月","{0}月_金额")
g.Totals.AddDef("金额")
g.VerticalProportion = True
g.VerticalTotal = True
g.HorizontalTotal = True
g.Build()
MainTable = Tables("统计表1")
```

生成的统计表如下图所示。

	产品	1月		2月		3月		4月		5月		6月		合计	
		金额	占比	金额	占比	金额	占比	金额	占比	金额	占比	金额	占比	金额	占比
1	PD01	154543	16.58%	97546	14.23%	216887	26.58%	150551	15.94%	184590	20.08%	154734	21.82%	958852	19.15%
2	PD02	173583	18.62%	207732	30.31%	114154	13.99%	304228	32.22%	247773	26.95%	122605	17.29%	117007	23.37%
3	PD03	152056	16.31%	45648	6.66%	128820	15.79%	91933.	9.74%	111824	12.16%	123955	17.48%	654237	13.07%
4	PD04	201150	21.57%	137828	20.11%	148926	18.25%	137174	14.53%	142108	15.46%	114346	16.13%	881533	17.61%
5	PD05	251021	26.92%	196585	28.68%	207153	25.39%	260356	27.57%	233199	25.36%	193356	27.27%	134167	26.80%
6	合计	932355	100.00	685339	100.00	815941	100.00	944243	100.00	919495	100.00	708997	100.00	500637	100.00

SQL提取数据随心所欲，Foxtable统计数据随心所欲，将二者结合起来，你就是大神。

例如，GroupTableBuilder和CrossTableBuilder默认只能统计一个表的数据，但是结合SQL语句就可以统计多个表的数据了，示例代码如下：

```
Dim sql As String
sql = "Select 产品名称,数量,日期 FROM {订单} INNER JOIN {产品} ON {订单}.产品ID = {产品}.产品ID"
Dim b As New CrossTableBuilder("统计表1",sql, "数据源名称")
b.HGroups.AddDef("产品名称")
b.VGroups.AddDef("日期","{0}月")
b.Totals.AddDef("数量")
b.HorizontalTotal = True
b.VerticalTotal = True
b.Build()
MainTable = Tables("统计表1")
```

上面的统计，"日期"和"数量"来自订单表，"产品名称"来自产品表。有关SQL语句的入门，可参考Foxtable的官方文档。但作为一个面向非专业人士的二次开发平台，要求用户掌握SQL语句是不太现实的，所以Foxtable还提供了专门用于后台统计的工具。

5.7.9 后台统计工具

SQLGroupTableBuilder和SQLCrossTableBuilder用于对后台数据进行统计，其用法与GroupTableBuilder和CrossTableBuilder基本一样，只是在后者的基础上做了简单的扩展，以更适合后台统计和多表统计。此外，定义二者的语法有所改变：

```
New SQLGroupTableBuilder(TableName, BaseTable)
New SQLCrossTableBuilder(TableName, BaseTable)
```

其中，TableName为生成的统计表名称；BaseTable为要统计的数据表名称，注意必须是后台的表名。

添加表达式列

首先SQLGroupTableBuilder可以添加表达式进行统计，其语法为：

```
Totals.AddExp(Name, Expression, Aggregate)
Totals.AddExp(Name, Expression, Caption, Aggregate)
```

其中，Name为列名；Expression为表达式；Caption和Aggregate为可选参数，分别用于指定标题和统计类型，这些已经在学习GroupTableBuilder时详细介绍了，这里不再赘述。例如，统计2018年各产品的销售数量和金额：

```
Dim b As New SQLGroupTableBuilder("统计表1","订单") '对后台的订单表进行统计
b.ConnectionName = "数据源名称" '内部表可删除此行代码，或设置为""
b.Groups.AddDef("产品")
b.Totals.AddDef("数量")
b.Totals.AddExp("金额","数量 * 单价") '添加表达式列
b.Filter = "Year(日期) = 2018" '设置统计条件,仅统计2018年的数据
b.Build()
MainTable = Tables("统计表1")
```

不管订单表是否加载2018年的数据或是否加载数据，甚至不管订单表是否存在于Foxtable，都不会影响上述代码的执行。注意这里的表达式列和统计条件，用的都是SQL语法，其语法和函数与具体的数据源有关，简单入门可以参考Foxtable的官方文档。

- 多表统计

虽然定义SQLGroupTable时只能指定一个后台表（称之为基表），但可以用AddTable方法添加多个表进行统计，语法为：

```
AddTable(Table1,Col1,Table2,Col2)
```

其中，Table1是基表或者已经添加的数据表，称为左表；Table2为要添加的统计表，称为右表；Col1和Col2分别是左表和右表的关联列。两个表并非一定要事先建立关联，只需两者的数据可以通过指定的列关联起来即可。如果两个表存在一对多的父子关系，那么建议将多方(子表)作为左表，一方(父表)作为右表；参与统计的表可以是未加载的数据表，只要数据库中存在此表即可。

你可以打开Casestudy目录下的文件：多表统计.Table，用于测试本节的代码。

假定系统包括3个表，分别是客户、产品和订单，见下图。

	产品ID	产品名称
1	P01	运动饮料
2	P02	温馨奶酪
3	P03	三合一麦片
4	P04	浓缩咖啡
5	P05	盐水鸭

产品表

客户表

	客户ID	客户名称
1	C01	红阳事业
2	C02	威航货运有限公司
3	C03	浩天旅行社
4	C04	立日股份有限公司
5	C05	福星制衣厂股份有限公司

订单表

	产品ID	客户ID	单价	折扣	数量	日期
1	P05	C03	17	0.1	690	2000-01-02
2	P02	C01	20	0.1	414	2000-01-03
3	P05	C04	17	0	332	2000-01-03
4	P01	C03	18	0.15	-9	2000-01-04
5	P03	C03	10	0	445	2000-01-04
6	P04	C04	17.6	0	246	2000-01-07

如要统计每个产品在不同年份的销售数量，代码如下：

```
Dim b As New SQLGroupTableBuilder("统计表1","订单")
b.ConnectionName = "sale" '指定数据源名称
b.AddTable("订单","产品ID","产品","产品ID") '添加产品表参与统计
b.Groups.AddDef("产品名称") '根据产品名称分组
b.Groups.AddDef("日期", DateGroupEnum.Year, "年") '根据日期按年分组
b.Totals.AddDef("数量") '对数量进行统计
b.Build '生成统计表
Maintable = Tables("统计表1") '打开生成的统计表
```

生成的统计结果见下图，其数据来自于产品和订单两个表。

	产品名称	年	数量
1	浓缩咖啡	1999	12210
2	浓缩咖啡	2000	10967
3	三合一麦片	1999	14448
4	三合一麦片	2000	14207
5	温馨奶酪	1999	37148
6	温馨奶酪	2000	37012
7	盐水鸭	1999	20042
8	盐水鸭	2000	20355
9	运动饮料	1999	21791
10	运动饮料	2000	22837

再例如，统计每个客户订购不同产品的数量，代码如下：

```
Dim b As New SQLCrossTableBuilder("统计表1","订单")
b.ConnectionName = "sale" '指定数据源名称
b.AddTable("订单","产品ID","产品","产品ID") '添加产品表参与统计
b.AddTable("订单","客户ID","客户","客户ID") '添加客户表参与统计
b.HGroups.AddDef("客户名称") '添加客户列用于水平分组
b.VGroups.AddDef("产品名称","产品名称_{0}") '添加产品列用于垂直分组,并设置了Pattern参数
b.Totals.AddDef("数量") '添加数量列用于统计
b.Build '生成统计表
Maintable = Tables("统计表1") '打开生成的统计表
```

生成的统计结果见下图，其数据来自于客户、产品和订单3个表。

	客户名称	产品名称				
		浓缩咖啡	三合一麦片	温馨奶酪	盐水鸭	运动饮料
1	福星制衣厂	3776	3554	9402	5963	6619
2	浩天旅行社	5223	4301	24944	9038	7494
3	红阳事业	1241	9072	9407	2459	1100
4	立日股份有	5592	2738	13287	12934	13630
5	威航货运有	7345	8990	17120	10003	15785

- 同名列的处理

假定要根据产品ID统计各产品的数量，由于产品ID列同时存在于产品表和订单表，所以需要指

定采用哪个表的产品ID，格式为：{表名}.列名。例如：

```
Dim b As New SQLGroupTableBuilder("统计表1","订单")
b.ConnectionName = "sale" '指定数据源名称
b.AddTable("订单","产品ID","产品","产品ID") '添加统计表
b.Groups.AddDef("{订单}.产品ID") '根据订单表产品ID分组
b.Totals.AddDef("数量") '对数量进行统计
b.Build '生成统计表
MainTable = Tables("统计表1") '打开生成的统计表
```

注意下面这行代码，指定的表名必须用大括号括起来：

```
b.Groups.AddDef("{订单}.产品ID") '根据订单表产品ID分组
```

再例如，假定产品表和订单表都有单价列，那么统计金额时，就必须明确指定单价列的来源表：

```
b.Totals.AddExp("金额","数量 * {订单}.单价")
```

同样在设置统计条件时，遇上同名列，也必须指定来源表，例如：

```
b.Filter = "{订单}.客户ID = 'C01'"
```

GroupTableBuilder和CrossTableBuilder的各种功能，如截止统计、环比统计分析、占比和份额分析等，对SQLGroupTableBuilder和SQLCrossTableBuilder都继续有效，且用法完全相同，这里不再赘述。

5.7.10 活用表达式统计

SQLGroupTableBuilder和SQLCrossTableBuilder可以添加自定义表达式列进行统计，用活这个功能，很多之前的统计难题将变得So Easy了。假定有下图所示的一个名单表。

	姓名	居民组	签约期
1	张琳	第01小组	2015-04-29
2	魏晨	第02小组	
3	马可	第03小组	
4	马雪阳	第02小组	
5	孔融	第02小组	2015-04-23
6	袁文康	第01小组	
7	张曼玉	第02小组	
8	叶全真	第02小组	
9	玉米提	第03小组	2015-04-07
10	安琥	第02小组	
11	右小祖	第02小组	
12	张勋杰	第01小组	

如果要得到每个小组已经签约和未签约数量，如下图所示。

	居民组	总人数	已签约	未签约
1	第01小组	8	1	7
2	第02小组	16	4	12
3	第03小组	6	3	3

用GroupTableBuilder完成这种统计，需要额外添加辅助列，但用SQLGroupTableBuilder却很简单，代码如下：

```
Dim b As New SQLGroupTableBuilder("统计表1","名单")
b.ConnectionName = "数据源名称"
b.Groups.Adddef("居民组")
b.Totals.Adddef("姓名",AggregateEnum.Count,"总人数")
b.Totals.Addexp("已签约","iif(签约期 Is null,0,1)")
b.Totals.Addexp("未签约","iif(签约期 Is null,1,0)")
b.Build
MainTable = Tables("统计表1")
```

上述代码增加了一个表达式列“已签约”，其表达式为：

```
iif(签约期 Is null,0,1)
```

如果签约期为空，此列值为0；否则为1。逐行累加此列的值，就是已签约的总人数。

再例如，假定订单表有个名为“已付款”的逻辑列，统计各客户已付款、未付款和总购买金额的代码为：

```
Dim b As New SQLGroupTableBuilder("统计表1","订单")
b.ConnectionName = "数据源名称"
b.Groups.Adddef("客户")
b.Totals.Addexp("已付款","iif(已付款 = True,数量 * 单价 * (1-折扣),0)")
b.Totals.Addexp("未付款","iif(已付款 <> True,数量 * 单价 * (1-折扣),0)")
b.Totals.Addexp("合计","数量 * 单价 * (1-折扣)")
b.Build()
MainTable = Tables("统计表1")
```

这里的表达式采用的是SQL语法，如果你的数据库是SQL Server，需要注意SQL Server的数据源并不支持iif函数，应改用Case When语句代替，逻辑值False和True改用0和1表示。以上面的代码为例，如果要支持SQL Server数据库，需要修改为：

```
Dim b As New SQLGroupTableBuilder("统计表1","订单")
b.ConnectionName = "数据源名称"
b.Groups.Adddef("客户")
b.Totals.Addexp("已付款", "Case When 已付款 = 1 Then 数量 * 单价 * (1-折扣) Else 0 End")
b.Totals.Addexp("未付款", "Case When 已付款 <> 1 Then 数量 * 单价 * (1-折扣) Else 0 End")
b.Totals.Addexp("合计","数量 * 单价 * (1-折扣)")
b.Build()
MainTable = Tables("统计表1")
```

- 非自然月的统计

部分企业在统计数据时并不使用自然月。例如，有的从上月26日到本月25日算作一个月，如何完成这种非自然月的统计呢？如果用GroupTableBuilder和CrossTableBuilder统计，必须额外增加一个月份列，并用代码计算出每个日期对应的非自然月，然后根据此列进行分组统计。如果用SQLGroupTableBuilder和SQLCrossTableBuilder，将变得很简单。例如，按上述要求的非自然月统计销售数量和金额，代码为：

```
Dim b As New SQLGroupTableBuilder("统计表1","订单")
b.ConnectionName = "数据源名称"
b.Groups.AddExp("年","Year(iif(Day(日期)> 25,DateAdd('d',6,日期),日期))")
b.Groups.AddExp("月","Month(iif(Day(日期)> 25,DateAdd('d',6,日期),日期))")
b.Totals.AddDef("数量")
b.Totals.AddExp("金额","数量 * 单价")
b.Build()
MainTable = Tables("统计表1")
```

上述代码中的表达式意思为：如果是25日之后的日期，则将此日期增加6天，使其成为下个月的日期，然后再取年月参与统计。如果你的数据库是SQL Server，除了要用Case When语句代替iif函数，还要注意DateAdd的第一个参数也不需要用单引号括起来，所以代码需要修改为：

```
Dim b As New SQLGroupTableBuilder("统计表1","订单")
b.ConnectionName = "数据源名称"
b.Groups.AddExp("年","Year(Case When Day(日期) > 25 Then DateAdd(d,6,日期) Else 日期 End)")
b.Groups.AddExp("月","Month(Case When Day(日期) > 25 Then DateAdd(d,6,日期) Else 日期 End)")
b.Totals.AddDef("数量")
b.Totals.AddExp("金额","数量 * 单价")
b.Build()
MainTable = Tables("统计表1")
```

此外，SQL Server的日期要用单引号括起来。关于Access(含内部表)和SQL Server的语法和函数的入门以及具体差异，在Foxtable官方文档的“SQL相关”部分有较为简要的介绍。接下来的例子将默认采用Access(含内部表)的SQL语法，不再提示相关差别，请大家自行留意。

- 经典表达式统计

一般用户可忽略本节内容。假定有下图所示的成绩表。

	班级	姓名	语文	数学	英语	物理	化学	总分
1	1	陈锦标	132	147	145	97	97	618
2	2	伍景珠	134	140	142	94	96	606
3	1	邓玉婷	132	136	146	93	94	601
4	2	李晓燕	137	140	136	87	90	590
5	1	何列琦	120	140	139	98	90	587
6	2	林璐韵	132	128	139	90	95	584
7	1	冯　勃	135	141	129	94	91	590
8	2	蒋广裕	131	150	122	96	90	589

希望按班级统计每科的及格人数、及格率、优秀人数和优秀率，见下图。

班级	人数	语文				英语				数学				物理				化学			
		及格	及格率	优秀	优秀率	及格	及格率	优秀	优秀率	及格	及格率	优秀	优秀率	及格	及格率	优秀	优秀率	及格	及格率	优秀	优秀率
1	65	62	95.38%	60	92.31%	61	93.85%	55	84.62%	56	86.15%	49	75.38%	44	67.69%	5	7.69%	49	75.38%	10	15.38%
2	62	59	95.16%	57	91.94%	51	82.26%	46	74.19%	57	91.94%	46	74.19%	41	66.13%	9	14.52%	41	66.13%	13	20.97%

这是一个比较经典的统计示例，需要灵活运用之前掌握的多种知识，代码不长，只有10来行，但新手理解起来可能会有些困难，首先看代码，再来讲解：

```
'第一步,统计总人数和每科的及格人数和优秀人数
Dim b As New SQLGroupTableBuilder("统计表1","成绩表")
b.Groups.AddDef("班级")
b.Totals.AddExp("人数","学号","",AggregateEnum.Count) '统计人数
Dim nms() As String = {"语文","英语","数学","物理","化学"}
For Each nm As String In nms '利用表达式统计及格人数和优秀人数
    b.Totals.Addexp(nm & "_及格", "iif(" & nm & " >= 60, 1, 0)")
    b.Totals.Addexp(nm & "_优秀", "iif(" & nm & " >= 90, 1, 0)")
Next
b.Build()
'第二步,在生成的统计表中添加表达式列用于计算合格率和优秀率
For Each nm As String In nms '对生成的统计表增加表达式列,计算及格率和优秀率
    DataTables("统计表1").DataCols.Add(nm & "_及格率",Gettype(Double), nm & "_及格/人数" )
    Tables("统计表1").Cols(nm & "_及格率").Move(Tables("统计表1").Cols(nm & "_及格").Index + 1)
    DataTables("统计表1").DataCols.Add(nm & "_优秀率",Gettype(Double), nm & "_优秀/人数" )
    Tables("统计表1").Cols(nm & "_优秀率").Move(Tables("统计表1").Cols(nm & "_优秀").Index + 1)
```

```
    DataTables("统计表1").DataCols(nm & "_及格率").SetFormat("0.00%")
    DataTables("统计表1").DataCols(nm & "_优秀率").SetFormat("0.00%")
Next
MainTable = Tables("统计表1")
```

为了得到最终的统计结果，上述代码分两步走。第一步利用SQLGroupTableBuilder得到下图所示的表。

	班级	人数	语文		英语		数学		物理		化学	
			及格	优秀	及格	优秀	及格	优秀	及格	优秀	及格	优秀
1	1	65	62	60	61	55	56	49	44	5	49	10
2	2	62	59	57	51	46	57	46	41	9	41	13

注意添加以下统计列的代码：

```
b.Totals.Addexp(nm & "_及格", "iif(" & nm & " >= 60, 1, 0)")
```

上述代码的列名的表达式都是动态合成的。假定nm等于语文，合成结果为：

```
b.Totals.Addexp("语文_及格", "iif(语文 >= 60,1,0)")
```

表达式的意思是如果语文大于60，结果为1；否则为0。将这个表达式的结果逐行累加起来，就是语文及格人数。

第二步是逐科添加表达式列，代码为：

```
DataTables("统计表1").DataCols.Add(nm & "_及格率",Gettype(Double), nm & "_及格/人数" )
Tables("统计表1").Cols(nm & "_及格率").Move(Tables("统计表1").Cols(nm & "_及格").Index + 1)
```

同样列名和表达式都是合成的。假定nm是语文，合成结果为：

```
DataTables("统计表1").DataCols.Add("语文_及格率", Gettype(Double), "语文_及格/人数" )
Tables("统计表1").Cols("语文_及格率").Move(Tables("统计表1").Cols("语文_及格").Index + 1)
```

代码很好理解：增加一个为名“语文_及格率”的双精度小数列，其表达式为“语文_及格/人数”，然后利用Move方法将此列移到“语文_及格”列之后。

5.7.11 组合统计结果

SQLGroupTableBuilder和SQLCrossTableBuilder都可以对多个表的数据进行统计，但是对于参与统计的表有以下两点要求。

第一，参与统计的表必须是一对多或一对一的关系，不能是多对多的关系。

第二，如果参与统计的表是一对多的关系，那么父表中的列只能作为分组列，而不能作为统计列。

例如，某销售系统中有下图所示的3个表。

	型号	数量	单价	金额
1	NB-MS24	60	5	300
2	NB-XG118	80	5	400
3	NB-XG1	50	8	400
4	NB-XG1	70	8	560
5	NB-XXX	25	7	175
6	NB-XG1	100	8	800

【进货单】

	型号	数量	售价	金额
1	NB-MS24	12	20	240
2	NB-MS24	15	25	375
3	NB-XG118	8	15	120
4	NB-XG118	5	10	50
5	NB-XG118	10	15	150
6	NB-XG1	2	16	32
7	NB-XG118	20	20	400
8	NB-XG1	12	13	156
9	NB-XG1	6	15	90

【销售单】

	型号	数量	单价	金额
1	NB-XG1	3	8	24
2	NB-XG118	6	5	30

【退货单】

希望得到下图所示的统计结果。

	型号	进货		销售		退货		库存	
		数量	金额	数量	金额	数量	金额	数量	金额
1	NB-MS24	60	300	27	615			33	165
2	NB-XG1	220	1760	20	278	3	24	197	1576
3	NB-XG118	80	400	43	720	6	30	31	155
4	NB-XXX	25	175					25	175

上述3个表之间是一种多对多的关系，因为一个型号会有多次进货，也会有多次销售或多次退货，而且要统计的是在3个表中同名的数量列和金额列。所以SQLGroupTableBuilder和SQLCrossTableBuilder对于这种统计是无能为力的，只能另想办法。即使你精通SQL，这样的统计也是很伤脑筋的，而且对于大多数普通用户来说，精通SQL语言只是一种奢望而已。

上面统计虽然看似复杂，但细想一下不过就是分别统计出每个型号的进货、出货和退货数据，然后组合在一起而已。如果有一个方法，能够将多个统计结果组合在一起，那么就可以将复杂问题简单化，只需分别统计进货、销售和退货数据，然后组合在一起即可。Foxtable可以很方便地实现这种组合，下面是参考代码：

```
'统计进货数据
Dim bd1 As New GroupTableBuilder("统计表1",DataTables("进货单"))
Dim dt1 As fxDataSource
bd1.Groups.AddDef("型号")
bd1.Totals.AddDef("数量","进货_数量")
bd1.Totals.AddDef("金额","进货_金额")
dt1 = bd1.BuildDataSource() '注意必须用BuildDataSource
'统计销售数据
Dim bd2 As New GroupTableBuilder("统计表2",DataTables("销售单"))
Dim dt2  As fxDataSource
bd2.Groups.AddDef("型号")
bd2.Totals.AddDef("数量","销售_数量")
bd2.Totals.AddDef("金额","销售_金额")
dt2 = bd2.BuildDataSource()
'统计退货数据
Dim bd3 As New GroupTableBuilder("统计表3",DataTables("退货单"))
Dim dt3 As fxDataSource
bd3.Groups.AddDef("型号")
bd3.Totals.AddDef("数量","退货_数量")
bd3.Totals.AddDef("金额","退货_金额")
dt3 = bd3.BuildDataSource()
'组合统计数据并显示之
dt1.Combine("型号",dt2,"型号") '将销售统计数据组合到进货统计数据
dt1.Combine("型号",dt3,"型号") '将退货统计数据组合到进货统计数据
dt1.Show("统计表") '显示统计结果
'添加表达式列计算库存
Dim exp1 As  String  = "IsNull([进货_数量],0)-ISNULL([销售_数量],0)- ISNULL([退货_数量],0)"
Dim exp2 As String  = "[库存_数量]/[进货_数量]*[进货_金额]"
DataTables("统计表").DataCols.Add("库存_数量", Gettype(Integer), exp1)
DataTables("统计表").DataCols.Add("库存_金额", Gettype(Double), exp2)
```

所有的统计工具都有一个BuildDataSource方法，用于生成一个fxDataSource类型的对象，该类型有以下两个方法。

- Combine 方法，用于组合多个fxDataSource 对象中的数据。语法格式为：

```
Combine(LeftColName, RightDataSource, RightColName)
```

其中，LeftColName 用于指定连接列，可以是单个列名，也可以是数组；RightDataSource 表示参与组合的另一个fxDataSource 对象；RightColName 用于指定另一个fxDataSource 的连接列（可以是单个列名，也可以是数组）。

- Show方法，用于直接在主界面中显示“源”中数据。语法格式为：

```
Show(Name, Caption)
```

其中，Name 表示表名称；Caption 为可选参数，表示表标题。

5.8 Excel与报表编程

5.8.1 生成Excel文件

Foxtable提供了一个XLS.Book类，用于读写Excel文件。下面是一个简单示例：

```
Dim dt As DataTable = DataTables("订单")
Dim Book As New XLS.Book '定义一个Excel工作簿
Dim Sheet As XLS.Sheet = Book.Sheets(0) '引用工作簿的第一个工作表
Dim Names As List(Of String) = dt.GetValues("产品")
Sheet(0,1).Value = "产品销售统计"
For i As Integer = 0 To Names.Count - 1
    Sheet(i + 1, 0).Value = Names(i)
    Sheet(i + 1, 1).Value = dt.Compute("Sum(数量)","[产品] = '" & Names(i) & "'")
Next
'下面的代码用于将首行字体加粗
Dim Style As XLS.Style = Book.NewStyle
Style.FontBold = True
Sheet(0,1).Style = Style
Book.Save("c:\reports\test.xls") '保存工作簿
Dim Proc As New Process  '打开工作簿
Proc.File = "c:\reports\test.xls"
Proc.Start()
```

直接在命令窗口执行上面的代码，可得到下图所示的Excel文件。

	A	B	C	D
1		产品销售统计		
2	PD01	11290		
3	PD02	18200		
4	PD03	7000		
5	PD04	5480		
6	PD05	10400		
7				
8				

这个例子虽小，却完整地演示了生成一个Excel文件的过程：首先定义一个工作簿(Book)，Book有个Sheets集合，包括所有工作表，可以通过其引用、添加和删除工作表。再例如：

```
Dim Book As New XLS.Book
Dim Sheet1 As XLS.Sheet = Book.Sheets(0) '每个工作簿默认已经有一个工作表
Sheet1.Name = "产品" '将第一个表改名为产品
Dim Sheet2 As XLS.Sheet = Book.Sheets.Add("客户") '增加一个名为客户的工作表
Dim Sheet3 As XlS.Sheet = Book.Sheets.Add("订单")
```

```
Book.Sheets.Remove("订单") '删除订单表
Book.Sheets.RemoveAt(0) '删除第一个表
```

Sheet通过行列坐标引用指定位置的单元格，可以设置单元格的值和样式，还可以合并单元格。例如：

```
Dim Book As New XLS.Book
Dim Sheet As XLS.Sheet = Book.Sheets(0)
Dim Style As XLS.Style = Book.NewStyle() '定义新样式
Style.ForeColor = Color.Red '字体颜色为红色
Style.AlignHorz = XLS.AlignHorzEnum.Center '水平居中对齐
Style.AlignVert = XLS.AlignVertEnum.Center '垂直居中对齐
Sheet(0,0).Value = "Foxtable" '设置单元格内容
Sheet(0,0).Style = Style '将前面定义好的样式赋值给单元格
Sheet.MergeCell(0,0,3,4) '从第3行和第3列开始,向下合并3行,向右合并4列
Book.Save("c:\reports\test.xls")
Dim Proc As New Process
Proc.File = "c:\reports\test.xls"
Proc.Start()
```

执行后得到的Excel文件内容如下图所示。

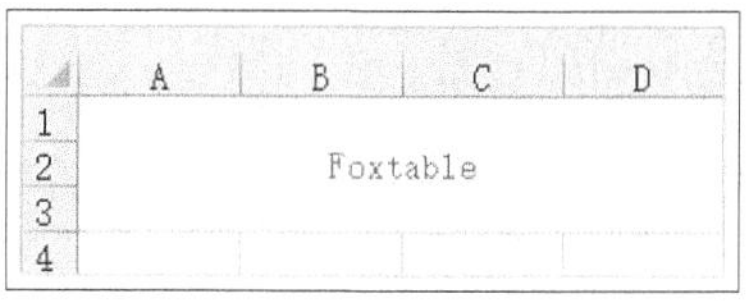

有了这些知识可以扩展出更多的功能。例如，Foxtable提供了很多导出数据的类(本书没有介绍，可参考官方文档)，但都不够灵活，如果自己编码导出，就可以随心所欲了。例如，导出订单表，只需导出部分列，并指定各列的列宽，且用红底白字标出数量超过500的订单：

```
Dim dt As Table = Tables("订单")
Dim nms() As String = {"产品","客户","数量","单价","金额","日期"} '要导出的列名
Dim caps() As String = {"产品名称","用户名称","数量","单价","金额","日期"} 'Excel中的列标题
Dim szs() As Integer = {100,100,80,80,80,120} 'Excel中的列宽，nms、caps和szs这3个数组的长度要一致
Dim Book As New XLS.Book '定义一个Excel工作簿
Dim Sheet As XLS.Sheet = Book.Sheets(0) '引用工作簿的第一个工作表
Dim st1 As XLS.Style = Book.NewStyle '日期列的显示格式
st1.Format = "yyyy-MM-dd"
Dim st2 As Xls.Style = Book.NewStyle '数量超过500的单元格,红底白字显示
st2.BackColor = Color.Red
st2.ForeColor = Color.White
For c As Integer = 0 To nms.length -1
    Sheet(0, c).Value = caps(c) '指定列标题
    Sheet.Cols(c).Width = szs(c) '指定列宽
Next
Sheet.Cols(5).Style = st1 '设置日期列的显示格式,注意日期列的位置为5
For r As Integer = 0 To dt.Rows.Count - 1 '填入数据
    For c As Integer = 0 To nms.length -1
        Sheet(r+1, c).Value = dt.rows(r)(nms(c))
    Next
    If dt.Rows(r)("数量") > 500 Then  '数量大于500的单元格,红底白字显示
        Sheet(r+1,2).Style = st2
    End If
Next
Dim dlg As New SaveFileDialog '定义一个新的SaveFileDialog
dlg.Filter= "Excel文件|*.xls" '设置筛选器
```

```
If dlg.ShowDialog = DialogResult.Ok Then
    Book.Save(dlg.FileName)
    Dim Proc As New Process
    Proc.File = dlg.FileName
    Proc.Start()
End If
```

下图执行后得到的Excel文件内容。

	A	B	C	D	E	F
1	产品名称	用户名称	数量	单价	金额	日期
2	PD05	CS03	500	17	7650	2017-01-02
3	PD02	CS01	400	20	7200	2017-01-03
4	PD05	CS04	650	17	11050	2017-01-03

5.8.2 读取Excel文件

假定有下图所示的Excel格式的订单表。

	A	B	C	D	E	F	G	H
1	编号	产品	客户	雇员	单价	折扣	数量	日期
2	H01	PD05	CS03	EP04	17	0.1	650	1999-01-02
3	H02	PD02	CS01	EP01	20	0.1	400	1999-01-03
4	H03	PD05	CS04	EP02	17	0	320	1999-01-03
5	H04	PD01	CS03	EP04	18	0.15	80	1999-01-04
6	H05	PD03	CS03	EP04	10	0	490	1999-01-04
7	H06	PD04	CS04	EP05	17.6	0	240	2012-08-11
8	H06	PD05	CS03	EP04	17	0	160	2012-08-11

需要将其数据合并到Foxtable的订单表中，代码很简单：

```
Dim Book As New XLS.Book("c:\test\订单.xls")
Dim Sheet As XLS.Sheet = Book.Sheets(0)
Tables("订单").StopRedraw()
'注意以下数组中列名称的顺序,必须和Excel表中的列顺序一致
Dim nms() As String = {"编号","产品","客户","雇员","单价","折扣","数量","日期"}
'注意下面的循环变量从1开始,而不是从0开始,因为Excel表的第一行是标题
For n As Integer = 1 To Sheet.Rows.Count -1
    Dim r As Row = Tables("订单").AddNew()
    For m As Integer = 0 To nms.Length - 1
        r(nms(m)) = Sheet(n,m).Value
    Next
Next
Tables("订单").ResumeRedraw()
```

如果要求合并过程中，跳过订单表中已经存在相同编号的订单，避免重复，可以将代码改为：

```
Dim Book As New XLS.Book("c:\test\订单.xls")
Dim Sheet As XLS.Sheet = Book.Sheets(0)
Tables("订单").StopRedraw()
Dim nms() As String = {"编号","产品","客户","雇员","单价","折扣","数量","日期"}
For n As Integer = 1 To Sheet.Rows.Count -1
    Dim bh As String = sheet(n,0).Text
    If DataTables("订单").Find("编号 = '" & bh & "'") Is Nothing Then '如果不存在同编号的订单
        Dim r As Row = Tables("订单").AddNew()
        For m As Integer = 0 To nms.Length - 1
            r(nms(m)) = Sheet(n,m).Value
        Next
    End If
Next
Tables("订单").ResumeRedraw()
```

假定有下图所示的Excel文件，发给所有员工自行填写，然后将所有填写好的文件放在同一个目录，现在要求编写代码从这些Excel文件中提取数据，写入到Foxtable的员工表中，见下图。

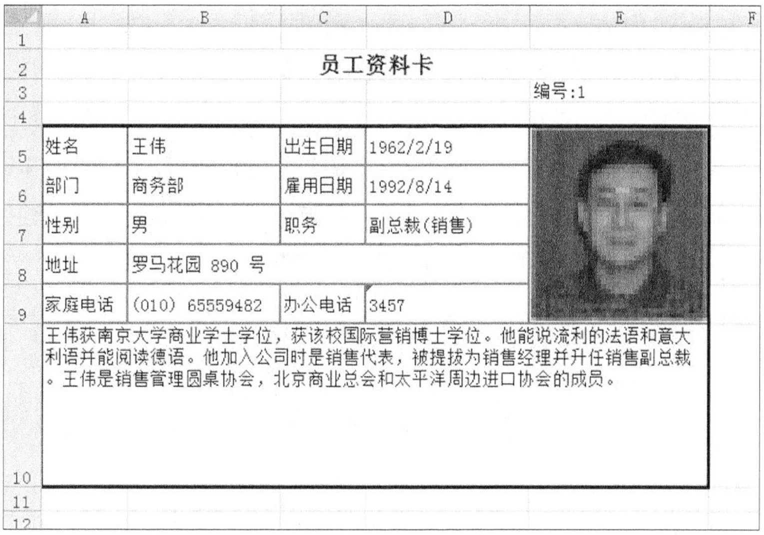

代码是很简单的，只是将Excel各单元格的内容写入新增行对应列而已：

```
For Each file As String In filesys .GetFiles("c:\Data")
    If file.EndsWith(".xls") OrElse file.EndsWith(".xlsx") Then
        Dim Book As New XLS.Book(file)
        Dim Sheet As XLS.Sheet = Book.Sheets(0)
        Dim dr As DataRow = DataTables("员工").AddNew
        dr("姓名") = sheet(4,1).Text
        dr("部门") = sheet(5,1).text
        dr("出生日期") = sheet(4,3).text
        dr("雇佣日期") = sheet(5,3).text
        dr("性别") = sheet(6,1).text
        dr("职务") = sheet(6,3).text
        dr("地址") = sheet(7,1).text
        dr("家庭电话") = sheet(8,1).text
        dr("办公电话") = sheet(8,3).text
        dr("备注") = sheet(9,0).text
    End If
Next
```

你甚至可以从Excel文件中提取图片存入到Foxtable，具体可以参考官方文档。

5.8.3 打印Excel报表

关于Excel报表的设计和使用，可参考本书的使用篇。

Excel报表模板设计好之后，如果要自己设计一个打印按钮，可以参考下面的代码：

```
Dim Book As New XLS.Book(ProjectPath & "Attachments\出库单.xls") '获取报表模板文件
Dim fl As String = ProjectPath & "Reports\出库单.xls" '用于保存生成结果的目标文件
Book.Build() '生成细节区
Book.Save(fl) '保存工作簿
Dim Proc As New Process '打开工作簿
Proc.File = fl
Proc.Start()
```

如果要直接打印，可以在最后一行代码之前加上：

```
Proc.Verb = "Print" '指定动作
```

- 动态修改模板和打印条件

众所周知，Excel报表默认只会打印选定行(记录)，如果你只选定一行，就会打印一行，如果你选定了10行，就会打印10行。虽然可以设置一个条件表达式，如只打印产品为PD01的行（下图），但是在模板设置的条件是固定的，而实际工作中，打印条件是动态的，不可能永远只打印符合同一条件的行，难道我们要为每种打印条件单独设置一个模板？显然这不现实。通常在设计模板时，将打印条件设置为: <All>，然后筛选出符合条件的行，再打印报表，不过这还不够“自动化”。

A B C D E F G H I J
订单
<END>
产品 客户 雇员 单价 折扣 数量 金额 日期
<订单> [产品] [客户] [雇员] [单价] [折扣] [数量] [金额] [日期]
<产品 = 'PD01'>
<END>

再想一下，上面这个模板中，打印条件设置坐标为(3,9)的单元格(也就是第4行第10列，因为行列编号都是从0开始)，如果在生成报表之前动态合成打印条件，然后加载模板，将合成的条件写入到这个单元格中，再生成报表，这样不就可以动态设置打印条件吗？方案完全可行。例如，要打印当天的订单：

```
Dim Book As New XLS.Book(ProjectPath & "Attachments\订单.xls") '打开模板
Dim fl As String = ProjectPath & "Reports\订单.xls"
Dim Sheet As XLS.Sheet = Book.Sheets(0)
Sheet(3,9).Value = "<日期 = # " & Date.Today & "#>" '写入打印条件
Book.Build() '生成报表
Book.Save(fl)
Dim Proc As New Process
Proc.File = fl
Proc.Start()
```

可以用同样的方式增加或修改模板内容，甚至凭空创建一个新模板。Foxtable提供的Excel报表编程功能非常强大，远不止本书介绍的这些内容，甚至还为Excel报表提供了事件，有兴趣的话可以参考官方文档学习。

5.8.4 打印Word报表

关于Word报表的设计和使用，可参考本书的使用篇。

WordReport用于编程生成Word报表，定义一个WordReport的语法为：

```
Dim wrt As New WordReport(Table, TemplateFile, ReportFile)
```

其中，Table为要打印的表(Table)或表的名称；TemplateFile为模板文件名称(含路径)；ReportFile为要生成的报表文件名称(含路径)。例如：

```
Dim tm As String = ProjectPath & "Attachments\出库单.doc" '指定模板文件
Dim fl As String = ProjectPath & "Reports\出库单.doc" '指定目标文件
```

```
Dim wrt As New WordReport(Tables("出库"),tm,fl) '定义一个WordReport
wrt.Build() '生成报表
rt.Show() '显示报表
```

Build方法会根据选定行生成报表。如果要针对特定条件的行生成报表，可以用BuildOne方法。例如：

```
'筛选出符合条件的行
Dim drs As List(of DataRow) = DataTables("出库").Select("出库日期 = #" & Date.Today & "#")
If drs.Count > 0 Then '如果存在符合条件的行
    Dim tm As String = ProjectPath & "Attachments\出库单.doc" '指定模板文件
    Dim fl As String = ProjectPath & "Reports\出库单.doc" '指定目标文件
    Dim wrt As New WordReport(Tables("出库"),tm,fl) '定义一个WordReport
    For Each dr As DataRow In drs '遍历符合条件的行，逐行生成报表
        wrt.BuildOne(dr)
    Next
    wrt.Show() '显示报表
End If
```

用WordReport生成报表之后必须执行Quit方法退出，或者执行Show方法显示报表；否则内存将常驻一个Word进程，影响后续报表的生成和设计，直到你中断这个进程。切记切记。

5.8.5 内置VBA支持

Foxtable内置了Excel和Word的VBA编程功能，但本书并不会涉及任何VBA知识，只是想告知熟悉VBA的用户如何在Foxtable启用VBA编程。

例如，用VBA创建一个Excel文件：

```
Dim App As New MSExcel.Application
Dim Wb As MSExcel.Workbook = App.WorkBooks.Add
Wb.WorkSheets(1).name = "表名"
Wb.WorkSheets(1).range("A1").Value = "Foxtable"
Wb.SaveAs("c:\data\test.xlsx")
'App.Quit '要么执行Quit方法，要么将Visible属性设置为True
App.Visible = True
```

再例如，用VBA创建一个Word文件：

```
Dim app As New MSWord.Application
app.Documents.Open("c:\data\blank.doc")
'App.Quit
app.Visible = True
```

需要注意的是，只要定义了Application，Excel或Word程序就会被打开。如果没有将其Visible属性设置为True，这个程序就会一直停留在进程中。为避免这种现象，一定要在代码的最后一行加上App.Quit，或者将其Visible设置为True。

5.9 关于界面设计

Foxtable的界面设计能力很强，可以开发出非常专业的管理软件界面，下图是一个基于Foxtable开发的进出口管理系统，已经没有任何Foxtable的痕迹了，和专业程序员开发出来的产品没有差别。

可见，Foxtable不仅在数据输入、查询、统计分析以及报表设计方面有着天生的优势，而且界面设计能力不亚于任何专业开发平台，一些完全没有接触过编程的用户，最后设计出的管理系统让资深程序员看了也目瞪口呆。Foxtable不仅为很多企业节省了数以十几万甚至上百万元计的费用，也让很多掌握了Foxtable的用户大大提升了自己的职场竞争实力，不少用户因此改变了职业甚至人生。你若熟悉业务，又无法掌握专业开发平台，那么Foxtable将是你最优的选择。

Foxtable提供了19个菜单组件、37个窗口控件，逐个介绍可以独立成书。内容虽多，却并无特别难以理解之处，加上篇幅限制，所以本书不会介绍窗口和菜单设计，不过本书的第6章基于窗口设计了一个小小的管理系统，通过这章可以初步了解窗口设计。Foxtable官方文档还有专门的“菜单设计”和“窗口设计”两章，介绍得非常详细，并配有大量实例，大家只有按顺序学习官方文档，才能真正掌握菜单设计和窗口设计。

需要特别提醒的是，我们见过大量的新手，一开始接触Foxtable就醉心于界面的设计，却不知这是舍本逐末。数据管理的核心是表，Foxtable的核心也是表，菜单也好，窗口也好，都不过是辅助，只能用于锦上添花，离开了表，界面就是空中楼阁。所以对于新手来说，一开始学习的重点是编程基础，以及Foxtable的各种类型和事件。实际上你即使完全不用窗口，一样可以开发出专业高效的管理系统。

这里重点讨论主界面设计方案的选择问题。一些用户想设计一个纯窗口的操作界面，如是将Foxtable的主窗口隐藏起来，重新设计一个模式窗口或独立窗口作为主操作界面，这并非不可以，一些简单的小系统采用这种方式也不错（如本书的第6章）。但是对于多数有一定规模的管理系统来说，建议还是基于Foxtable原生的主界面设计，原因有以下几点。

❶ 一些开发者可能觉得自己的管理系统不需全屏操作，不得不自己设计窗口作为主操作界面，但实际上Foxtable的原生界面并非一定要全屏，可以在项目属性中设置主界面的默认大小，还可以禁止用户将其最大化。

❷ 一些开发者觉得主窗口的菜单是Ribbon风格，占据的空间太多，实际上Foxtable的菜单设计器，除了Ribbon风格的菜单，也可以设计成传统的菜单。例如，上图的进口商系统，用的就是传统菜单。而且即使是Ribbon风格的菜单，也是可以最小化，不占用空间的。

❸ 还有一些开发者，觉得主界面中有标题，用户可以随便切换表，显得不够专业，实际上表标题是可以隐藏的，你可以在项目属性中将“显示标题”属性设置为True，但更好的方式是在AfterOpenProject事件中加入以下代码：

```
If User.Type <> UserTypeEnum.Developer
    TableCaptionVisible = False
End If
```

这样开发者登录时表标题可见，方便设计开发，而普通用户登录就看不到表标题了。

❹ 还有开发者觉得，自己开发的管理系统日常操作不需要表，只需要窗口。但实际上你所看到的表就是一个窗口，只是这个窗口默认只显示一个表，你完全可以设计一个窗口(窗口类型为主窗口)来代替这个表显示。例如，分别针对订单表和客户表，设计了两个主窗口(注意两个窗口的所有者表要分别设置为订单和客户)，然后在菜单中加上【订单管理】和【客户管理】两个按钮。其中，【订单管理】按钮代码为：

```
Forms("订单管理").open()
MainTable = Tables("订单")
```

【客户管理】按钮代码为：

```
Forms("客户管理").open()
MainTable = Tables("客户")
```

这样用户就能在同一个窗口中切换两个管理界面，感觉非常自然。而且设计的窗口，一样可以插入表，再配合一些控件，看起来更专业，示例如下图所示。

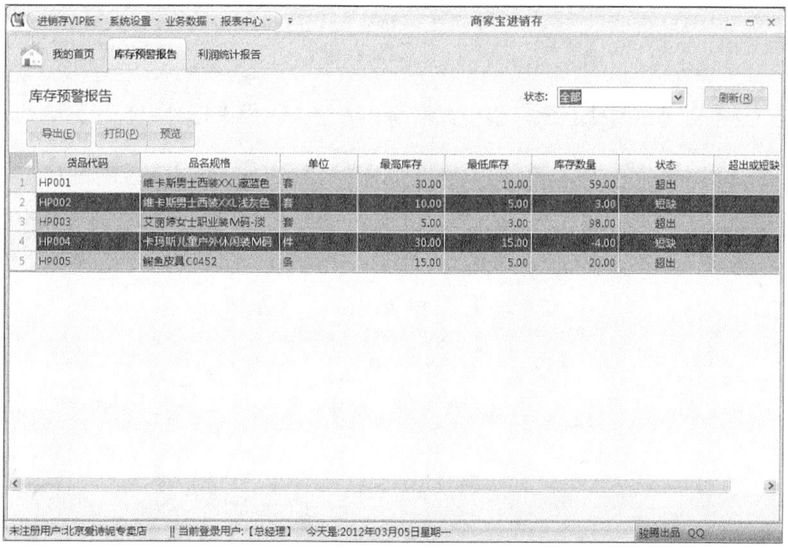

同一个表可以有多个主窗口，可根据不同的需要打开不同的主窗口。也可以不隐藏表标题，直接使用表标题实现功能切换，只需在MainTableChanging中加入以下代码：

```
If e.NewTableName = "订单" Then
    Forms("订单管理").open()
ElseIf e.NewTableName = "客户" Then
```

```
    Forms("客户管理").open()
End If
```

为了使它看起来更专业，可以修改表的标题，如将订单表的标题改为“订单管理”并配上适当的图标。

❺ Foxtable提供多达7种类型的窗口，除了模式窗口和独立窗口外，其余都可以融合在主界面中。例如，下图是一个基于Foxtable开发的仓管系统，其主界面单独用一种类型的窗口很难完成，即使完成使用起来也不够灵活，但是基于原生的主界面设计却很轻松，左边一个共享窗口，右边一个主窗口，见下图。

当然具体的业务窗口，用独立窗口或模式窗口，通过主界面来打开它是很好的选择。例如，将这个仓管系统的入库单输入对话框中，用的就是模式窗口，如下图所示。

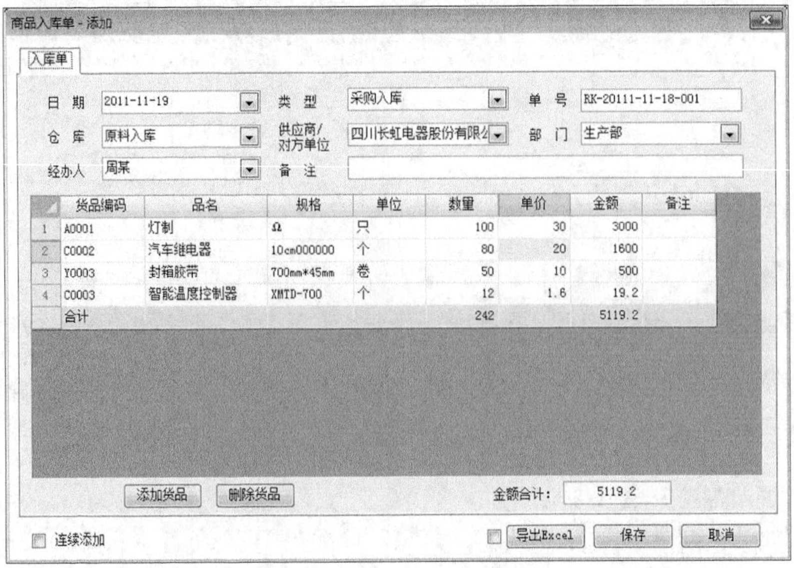

官方文档中有专门一节介绍各种主界面导航设计方案，大家在开始设计界面之前最好先看一下这一节，选定方案再动手，以免走弯路。

5.10 大数据管理

5.10.1 动态加载数据

如果数据量非常大，如高达几十万、数百万行甚至上千万行，全部加载到Foxtable是不现实的。Foxtable提供了动态数据加载功能，可以根据需要加载部分数据，这样即使面对几千万行的大数据量，也能应付自如。

❶ 初始不加载数据

动态加载的第一步就是控制初始加载量，使得项目启动时默认不加载任何数据，而是在运行过程中根据需要动态加载。对于内部表，可以通过BeforeLoadInnerTable事件实现目的，如希望订单、产品和客户3个表初始不加载数据，可以设置BeforeLoadInnerTable事件代码为：

```
Select Case e.DataTableName
    Case "产品","客户","订单"
        e.Filter = "[_Identify] Is Null"
End Select
```

如果是外部表，则更加简单，不需要代码，只需在添加外部表时将加载条件按下图所示设置即可。

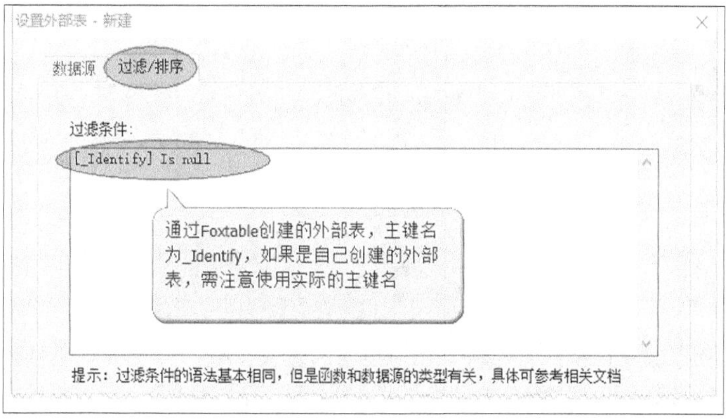

❷ 使用加载树

如何通过菜单打开加载树，以及如何使用加载树，在本书的使用篇有详细介绍，本节将介绍如何通过代码打开加载树。可以在菜单中设计多个按钮，用于打开不同形式的加载树，如按年月、按产品和按客户等，更加灵活多变。

Table的OpenLoadTree方法用于打开加载树，其语法为：

```
OpenLoadTree(ColNames, Size, PageRows, LoadFirstPage, Filter)
```

各参数含义如下：

ColNames：指定分组列，不同的列之间用符号“|”隔开，如“产品|客户”。

Size：可选参数，指定加载树的宽度，如果左停靠区已经有窗口停靠，则此参数无效。

PageRows：可选参数，指定每页加载的行数，默认为10000。

LoadFirstPage：可选参数，打开加载树后，是否自动加载第一页数据。

Filter：可选参数，设置加载树的生成条件，默认是根据后台所有数据生成加载树的。

建议每次使用加载树，都设置PageRows参数，也就是指定每页加载行数；否则不如直接使用筛选树。例如，产品和客户分组打开加载树，加载树宽度为150个像素，每页100行，默认自动加载第一页：

```
Tables("订单").OpenLoadTree("产品|客户",150,100,True)
```

生成的加载树如下图所示。

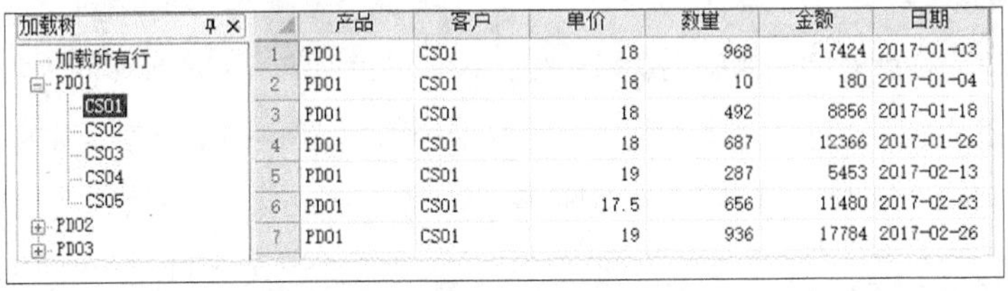

日期列可以设置分组格式，分组格式有5种，分别是Y(年)、YQ(季)、YM(月)、YW(周)、YMD(日)。例如：

```
Tables("订单").OpenLoadTree("日期 YM|产品",150,100,True)
```

生成的加载树如下图所示。

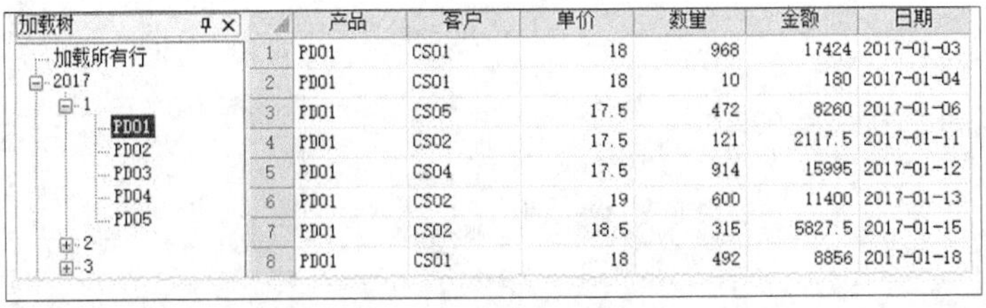

OpenLoadTree方法的最后一个参数Filter很容易被人忽视，这是一个条件表达式，一旦指定此参数，只会根据符合此条件的行生成加载树；单击加载树中的节点，也只会加载符合此条件的行。假定希望雇员分组的用户在登录之后只加载自己负责的数据，可以将打开加载树的代码改为：

```
Dim flt As String
If User.Group = "雇员" Then
    flt = "雇员 = '" & User.Name & "'"
End If
Tables("订单").OpenLoadTree("日期 YM|产品",150,100,True,flt)
```

❸ 后台统计和筛选

通过加载树实现了目录树形式的分页数据显示，Foxtable默认只处理已经加载的数据，任何操作都不会影响后台的未加载数据，但是统计和筛选有时需要针对所有数据，包括未加载的数据。难道为了某次统计就将数千万行数据加载进来，这显然不现实。别担心，Foxtable早已考虑到这一点，可以在分页加载时直接对后台数据进行筛选和统计，而且使用起来非常简单：单击窗口左上角配置栏中的【后台筛选】按钮，即可为当前表开启后台筛选功能（此按钮仅在分页加载时有效）；如果将Table的AllowBackEndFilter设置为True，每次进入每页加载模式就会自动开启后台筛选功能，无需再手工单击【后台筛选】按钮来开启。

在进行分组统计和交叉统计时，勾选【直接统计后台数据】复选框将统计所有数据，包括未加载的数据。在编码统计数据时，如果将GroupTableBuilder和CrossTableBuilder的FromServer属性设置为True，统计的也是后台数据。此外Foxtable还提供了直接统计后台数据的SQLGroupTableBuilder和SQLCrossTableBuilder，前面的章节已经专门介绍过了。

❹ 父表和子表同步加载数据

表事件BeforeLoad事件在加载数据之前执行，表事件AfterLoad在加载数据之后执行。

假定有两个表，分别是订单和订单明细，两者通过“订单ID”列关联起来，订单是父表，订单明细是子表，因为每个订单对应有若干订单明细。由于数据量比较大，决定采用动态加载，每次只加载一定数量的订单进行处理，显然作为一个合格的系统，应该同时加载这些订单的订单明细，要实现这个目的只需在订单表的AfterLoad事件加入以下代码：

```
e.DataTable.LoadChildren("订单明细")
```

是的，就是这么简单，因为你用的是Foxtable。LoadChildren是DataTable的一个方法，用于加载子表数据，而且只加载那些父表已经存在对应行的子表数据，建议父表数据每页控制在100行以内。如果父表和子表没有建立关联，可以通过指定关联列来实现同步加载。例如：

```
DataTables("订单").LoadChildren("订单明细", "订单编号", "订单编号")
```

第二个参数为父表关联列，第三个参数为子表关联列。

并非只能通过父表加载子表数据，也可以通过子表加载父表数据。例如：

```
DataTables("子表").LoadChildren("父表", "子表关联列", "父表关联列")
```

❺ 自行编码加载数据

DataTable提供了下表所列属性，用于动态加载数据。

名称	说明
LoadFilter	加载数据条件，语法和所使用的数据源有关
LoadOrder	加载数据的顺序
LoadTop	加载行数。如果是分页加载，则表示每页行数
LoadPage	加载页号
TotalPages	分页加载时的总页数
LoadOver	分页加载依据列，默认根据主键分页
LoadReverse	是否反序加载

例如，加载2017年销量最高的5个订单：

```
Dim dt As DataTable = DataTables("订单")
dt.LoadFilter = "Year(日期) = 2017"
dt.LoadOrder = "数量 Desc"
dt.LoadTop = 5
dt.Load()
```

还可以分页加载。例如，每页10行数据，加载第2页：

```
With DataTables("订单")
    .LoadTop = 10
    .LoadPage = 2
    .Load()
End With
```

分页加载时，通过TotalPages属性可以获取总的页数。例如，自行设计分页加载功能时，【下一页】按钮的代码通常为：

```
With DataTables("订单")
    .LoadTop = 10
    If .LoadPage < .TotalPages - 1 Then
        .LoadPage = .LoadPage + 1
        .Load()
    End If
End With
```

分页加载时，默认是根据主键分页的，可以用LoadOver属性改变分页列。例如：

```
With DataTables("订单")
    .LoadTop = 20
    .LoadPage = 3
    .LoadOver = "日期"
    .Load()
End With
```

表示根据日期列分页，每页20行，加载第4页。

重要提示：**尽量采用主键列或者其他值不会重复的列（如身份证号码）作为分页依据列。因为如果分页依据列的值有重复，将会影响分页的准确性。例如，上面的代码根据日期分页，每页显示20行，如果某一天有40个订单，那么这40个订单会显示在同一个页面中，而不会按我们期望的那样分成两页显示。**

❻ 数据的追载与刷新

Load方法在执行时会清除已经加载的行，然后重新加载行，加载条件由LoadFilter属性指定，在加载的数据量比较大时，全部重新加载会影响效率。有时并不希望清除已经加载的行，只是希望从后台找出少量符合条件的行，追加到当前表中，这就叫“追载”，用于追载的方法是AppendLoad。语法格式为：

```
AppendLoad(Filter,Save)
```

其中，Filter用于设置追载条件；Save是可选的，表示在追载数据前是否先保存现有数据，默认为True，即先保存后追载。

AppendLoad使用非常简单，但有以下几个注意点。

第一，仅适合追载少量数据，大量数据一般用Load重新加载效率更高。

第二，AppendLoad方法会同时返回一个集合，包含所有追载的行（DataRow）。

第三，必须确保即将追载的行不存在于当前表中，也就是这些行之前并未加载；否则将报错。

AppendLoad一般和RemoveFor方法组合起来使用。例如，刷新今天的订单：

```
DataTables("订单").RemoveFor("日期 = #" & Date.Today & "#")
DataTables("订单").AppendLoad("日期 = #" & Date.Today & "#")
```

由于AppendLoad只能追载并不存在于DataTable中的行，所以首先要用RemoveFor移除要刷新的行，然后再用AppendLoad追载这些行。此方法仅适用于小批量的刷新数据，如果需要大量更新数据，不如直接执行DataTable的Load方法来得简洁、高效。

再例如，假定甲、乙两个用户同时编辑表A，甲负责增加行，并输入部分列的数据，乙负责输入其他列的数据。需要为乙用户设计一个按钮，用于将打开项目以来甲用户新增加的行追载到表中，按钮的代码为：

```
Dim id As Integer = DataTables("表A").Compute("Max(_Identify)")
Dim Filter As String = "[_Identify] > " & id
DataTables("表A").AppendLoad(Filter, False)
```

上述代码先计算出表A中“_Identify”列的最大值，然后从后台追载“_Identify”列的值大于此最大值的行，这些行就是甲用户新增加的行。

❼ 动态增加表

对于任何一个数据源中的表，都可以编码将其添加到Foxtable中。需要特别说明的是，凡是通过编码方式动态添加到项目中的表都是临时性的，重启项目将会消失，这和通过菜单添加的外部表或查询表是不同的。

- OutTableBuilder

OutTableBuilder类用于添加外部表，使用很简单。例如：

```
Dim q As new OuterTableBuilderv
q.TableName = "订单" '指定表名
q.TableCaption = "2018年订单" '指定表标题
q.ConnectionName = "数据源名称"
q.SelectString = "Select * From {订单} Where Year(订购日期) = 2018 "
q.Build()
```

添加的外部表必须有主键列；否则会添加失败，但可以用QueryBuilder以查询表的形式添加。

- QueryBuilder

QueryBuilder类用于添加查询表。例如：

```
Dim q As new QueryBuilder
q.TableName = "销量"
q.ConnectionName = "数据源名称"
q.SelectString = "Select 产品,Sum(数量) As 数量 From {订单} Group By 产品"
q.Build()
MainTable = Tables("销量统计")
```

上面的代码将生成一个查询表，该查询表会统计出不同产品的销售数量。

❽ SQLJoinTableBuilder

如果你对Select语句不熟悉，可以用SQLJoinTableBuilder类来生成查询表，SQLJoinTableBuilder非常适合组合多个表的数来生成一个查询表。假定有3个表，即产品表(产品ID、产品名称)、客户表(客户ID、客户名称)、订单表(产品ID、客户ID、日期、数量、单价)，需要基于这个3个表生成下图所示的查询表。

	产品ID	客户ID	产品	客户	日期	数量	单价	金额
1	P01	C02	运动饮料	威航货运有	2016-02-26	310	14.4	4464
2	P01	C02	运动饮料	威航货运有	2016-03-17	656	14.4	9446.4
3	P01	C03	运动饮料	浩天旅行社	2016-01-14	143	14.4	2059.2
4	P01	C02	运动饮料	威航货运有	2016-01-20	28	14.4	403.2
5	P01	C03	运动饮料	浩天旅行社	2016-01-21	124	14.4	1785.6
6	P01	C05	运动饮料	福星制衣厂	2016-02-01	222	18	3996
7	P01	C01	运动饮料	红阳事业	2016-02-07	162	18	2916

首先看下面的代码，再来解析SQLJoinTableBuilder的用法：

```
Dim jb As New SQLJoinTableBuilder("查询表1","订单") '基于订单表进行查询
jb.ConnectionName = "数据源名称"
jb.AddTable("订单","产品ID","产品","产品ID") '添加产品表作为查询来源,以产品ID关联
jb.AddTable("订单", "客户ID","客户","客户ID") '添加客户表作为查询来源,以客户ID关联
jb.AddCols("{产品}.产品ID","{客户}.客户ID")
jb.AddExp("产品","产品名称")
jb.AddExp("客户","客户名称")
jb.AddCols("日期", "数量","单价")
jb.AddExp("金额","数量 * 单价")
jb.Build()
MainTable = Tables("查询表1")
```

SQLJoinTableBuilder通过AddCols增加列，可以一次增加多列。例如：

```
jb.AddCols("日期", "数量","单价")
```

如果某一列在不止一个表中存在，必须指定此列的来源表，格式为“{表名}.列名”。例如，产品ID和客户ID都不止一个表存在，所以需要指定来源列：

```
jb.AddCols("{产品}.产品ID","{客户}.客户ID")
```

可以用AddExp增加表达式列，例如：

```
jb.AddExp("金额", "数量 * 单价")
```

表示给查询表添加一个名为“金额”的列，此列通过“数量”和“单价”两列计算得出。

利用AddExp方法，可以间接实现给列改名的功能，例如：

```
jb.AddExp("品名", "产品名称")
```

表示添加一个名为“品名”的表达式列，其表达式为“产品名称”，这等于将“产品名称”列添加到查询表，并改名为“品名”。

- 用查询实现统计

SQLJoinTableBuilder也可以进行简单的分组统计。用AddCols增加列或用AddExp增加表达式

列时，可以将最后一个参数设置为True，以表示添加的是分组列。例如，按年统计各客户订购每种产品的数量和金额：

```
Dim jb As New SQLJoinTableBuilder("查询表1","订单")
jb.ConnectionName = "数据源名称"
jb.AddTable("订单","产品ID","产品","产品ID")
jb.AddTable("订单","客户ID","客户","客户ID")
jb.AddExp("年","Year(日期)",True) '第三个参数为True，表示这是分组列
jb.AddCols("产品名称","客户名称",True) '第三个参数为True，表示这是分组列
jb.AddExp("数量","Sum(数量)")
jb.AddExp("金额","Sum(数量 * 单价)")
jb.Build()
MainTable = Tables("查询表1")
```

得到的统计表如下图所示。

	年	产品名称	客户名称	数量	金额
1	1999	浓缩咖啡	福星制衣厂股份	1822	40084
2	1999	浓缩咖啡	浩天旅行社	2694	55470.8
3	1999	浓缩咖啡	红阳事业	602	11888.8
4	1999	浓缩咖啡	立日股份有限公	3215	65326.8
5	1999	浓缩咖啡	威航货运有限公	3877	83494.4
6	1999	三合一麦片	福星制衣厂股份	1670	15978
7	1999	三合一麦片	浩天旅行社	2403	24030
8	1999	三合一麦片	红阳事业	4325	36170

提示：**采用这种方式统计，添加的列要么是分组列，要么是统计列，不能有普通列存在。**

- 合并查询结果

SQLJoinTableBuilder有两个方法，分别是Union和Merge，用于组合其他SQLJoinTableBuilder的查询结果，差别在于Union组合的查询结果必须来自同一个数据源，用Merge组合的查询结果可以来自不同的数据源，但效率不如前者高。二者的语法一样，代码如下：

```
Union(Builder, All)
Merge(Builder, All)
```

其中，Builder表示被组合的另一个SQLJoinTableBuilder；All为可选参数，组合时默认是排除重复值的，如果需要组合所有数据，需将此参数设置为True。参与组合的多个SQLJoinTableBuilder，其生成的查询表必须具备相同的结构。假设你有3个数据源，分别为Sale1、Sale2、Sale3，3个数据源都有订单表，需要从这3个订单表中找出所有客户为“红阳事业”的订单，代码为：

```
'查询第一个数据源
Dim jb1 As New SQLJoinTableBuilder("查询表1","订单")
jb1.ConnectionName = "Sale1"
jb1.AddTable("订单","产品ID","产品","产品ID")
jb1.AddTable("订单", "客户ID","客户","客户ID")
jb1.AddCols("产品名称","客户名称","日期", "数量","单价")
jb1.AddExp("金额","数量 * 单价")
jb1.Filter = "客户名称 = '红阳事业'"
'查询第二个数据源
Dim jb2 As New SQLJoinTableBuilder("查询表1","订单")
jb2.ConnectionName = "Sale2"
jb2.AddTable("订单","产品ID","产品","产品ID")
jb2.AddTable("订单", "客户ID","客户","客户ID")
```

```
jb2.AddCols("产品名称","客户名称","日期", "数量","单价")
jb2.AddExp("金额","数量 * 单价")
jb2.Filter = "客户名称 = '红阳事业'"
'查询第三个数据源
Dim jb3 As New SQLJoinTableBuilder("查询表1","订单")
jb3.ConnectionName = "Sale3"
jb3.AddTable("订单","产品ID","产品","产品ID")
jb3.AddTable("订单", "客户ID","客户","客户ID")
jb3.AddCols("产品名称","客户名称","日期", "数量","单价")
jb3.AddExp("金额","数量 * 单价")
jb3.Filter = "客户名称 = '红阳事业'"
'将查询结果组合到第一个查询中。
jb1.Merge(jb2) '组合jb2
jb1.Merge(jb3) '组合jb3
jb1.Build() '执行查询
MainTable = Tables("查询表1")
```

5.10.2 表的动态加载与卸载

Foxtable可以在运行过程中加载表和卸载表，能在打开项目时只加载极少的表，而大部分的表留在打开相关功能模块时加载；当这些功能模块使用完毕后，还能卸载掉相关的表。为了解此功能带来的便利，可以打开CaseStudy目录下的文件“表的加载与卸载.Table”，打开此文件，是一个空白的系统，我们只用了寥寥几行代码就实现了动态加载和卸载整个系统。

❶ 初始不加载表

BeforeLoadInnerTable和BeforeLoadOuterTable事件都有一个Cancel属性，将此属性设置为True，将不加载对应的表，例如：

```
Select Case e.DataTableName
    Case "产品","客户","订单" '初始不加载这3个表
        e.Cancel = True
End Select
```

❷ 单个表的加载和卸载

DataTables有个Load方法，用于加载表。例如：

```
If DataTables.Contains("表C") = False Then '如果表C没有加载
    DataTables.Load("表C") '加载表C
End If
```

需要注意的是，只有项目中本来已经存在，但目前并未加载的表，才能使用Load方法加载。

DataTables有个Unload方法，用于卸载表。例如：

```
If DataTables.Contains("表C")  Then '如果表C已经加载
    DataTables.Unload("表C") '卸载表C
End If
```

需要注意的是，如果某个表被窗口中的Table控件绑定了，那么在卸载此表之前必须先关闭窗口。

❸ 多个表的加载和卸载

Load方法可以一次加载多个表，表名和表名之间用符号“|”隔开。例如：

```
If DataTables.Contains("产品") = False Then
    DataTables.Load("产品|订单|订单明细")
End If
```

同样可以一次卸载多个表。例如：

```
If DataTables.Contains("产品") Then
    DataTables.Unload("产品|订单|订单明细")
End If
```

需要注意的是，如果两个表或多个表之间建立了关联，那么这些表必须在同一个Load方法中同时加载，在同一个Unload方法中同时卸载，不可以分别加载和卸载。

❹ 使用关闭表按钮

如果在项目属性设置中将“显示关闭按钮”设置为True，会在主界面显示关闭表的按钮，如下图所示。

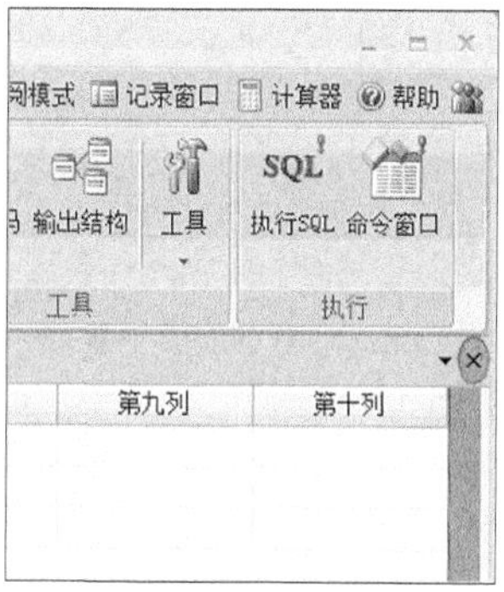

实际上，用户单击这个按钮，并不会真的关闭表，只是触发项目事件BeforeCloseTable而已。BeforeCloseTable事件并没有任何e参数，可以通过全局变量MainTable获得当前活动的表，也就是用户希望关闭的表，然后根据需要隐藏或卸载相关表。例如，允许用户通过单击“关闭”按钮来卸载除表A和表B之外的任何表，可以将此事件的代码设置为：

```
Select Case MainTable.Name
    Case "表A","表B" '如果是表A和表B,不执行任何操作
    Case Else
        DataTables.UnLoad(MainTable.Name)
End Select
```

众所周知，如果两个表或多个表之间建立了关联，那么这些表必须在同一个Unload方法中同时卸载，不可以分别卸载。假定一个系统含有产品、客户、订单3个表，这3个表已经建立关联，如果允许用户通过单击“关闭”按钮来卸载这3个表，可以将BeforeCloseTable事件代码设置为：

```
Select Case MainTable.Name
    Case "产品","客户","订单"
        DataTables.Unload("产品|客户|订单")
End Select
```

这样用户选择这3个表中的任何一个单击“关闭”按钮时，都会同时卸载这3个表。

5.10.3 执行SQL语句

❶ 使用SQLCommand

Foxtable通过SQlCommand类来执行SQL语句，其CommandText属性指定要执行的SQL语句，ConnectionName属性指定数据源，此外还有一个CommandTimeOut属性，用于指定超时时限。SQLCommand提供了多个执行SQL语句的方法，以应对不同场合的需要。

- ExecuteScalar方法

此方法用于执行返回单个值的SQL语句，例如：

```
Dim val As Integer
Dim cmd As New SQLCommand
cmd.ConnectionName = "数据源名称"
cmd.CommandText = "Select Sum(数量) From {订单} Where 日期 > #2012/2/21#"
val  = cmd.ExecuteScalar()
```

上面的代码统计2012年2月21日之后的销售总量，并保存在变量val中。再例如：

```
Dim Id As Date
Dim cmd As New SQLCommand
cmd.ConnectionName = "数据源名称"
cmd.CommandText = "Select Max(日期) From {订单} Where 产品 = 'PD01'"
Id = cmd.ExecuteScalar()
```

上面的代码得到最后一次有人订购PD01的日期，并保存在变量Id中。再例如：

```
Dim Id As Date
Dim cmd As New SQLCommand
cmd.ConnectionName = "数据源名称"
cmd.CommandText = "Select top 1 日期 From {订单} Where 产品 = 'PD01' Order by 日期 Desc"
Id = cmd.ExecuteScalar()
```

上面的代码得到最后一次有人订购PD01的日期，并保存在变量Id中，和前一段代码功能一样，但是方法不同，希望大家体会。

- ExecuteValues方法

此方法用于执行一次返回多个值的SQL语句。例如：

```
Dim cmd As new SQLCommand
cmd.CommandText = "Select 部门,职务 from {员工} Where 姓名 = '王伟'"
cmd.ConnectionName = "数据源名称"
Dim Values As Object = cmd.ExcuteValues()
If Values.Count > 0 Then
    Output.show(Values("部门"))
    Output.show(Values("职务"))
End If
```

再例如：

```
Dim cmd As new SQLCommand
cmd.CommandText = "Select Sum(数量) As 数量, Sum(数量 * 单价) As 金额 from {订单} Where 产品 = 'PD01'"
cmd.ConnectionName = "数据源名称"
Dim Values As Object = cmd.ExcuteValues()
```

```
If Values.Count > 0 Then
    Output.show(Values("数量"))
    Output.show(Values("金额"))
End If
```

- ExecuteNonQuery方法

此方法用于执行不返回任何值的SQL命令，如DELETE和UPDATE命令。该方法会返回一个整数，表示受影响的行数。例如：

```
Dim cmd As New SQLCommand
Dim Count As Integer
cmd.CommandText = "DELETE FROM {订单} WHERE 产品 = 'PD01'"
cmd.ConnectionName = "数据源名称"
Count= cmd.ExecuteNonQuery()
DataTables("订单").RemoveFor("产品 = 'PD01'")
Messagebox.Show( "总共删除" & Count & "行！")
```

以上代码会删除产品PD01的所有订单，执行速度很快。因为DELETE语句是直接从后台删除，所以还需要用Remove方法移除已经删除的行；否则被删除的行还存在于DataTable中，直到重新打开项目。

可以用Update批量高速更新记录，例如：

```
Dim cmd As New SQLCommand
cmd.CommandText = "UPDATE {订单} SET 折扣 = 折扣 + 0.05 WHERE 数量 > 500"
cmd.ConnectionName = "数据源名称"
cmd.ExecuteNonQuery()
DataTables ("订单").Load()
```

上述代码将订购数量超过500的订单的折扣增加0.05，随后调用了Load方法以显示最新数据(如果被更新的记录并未加载，可以省略此步)；否则DataTable中的数据还是更新前的数据。UPDATE本身的执行速度很快，而且无需保存即可生效，但是需要重新加载表才能看到更新后的数据，所以只有在需要更新大量的行，或者要更新没有加载的数据时，才可以考虑用UPDATE命令。

- ExecuteReader方法

ExecuteReader用于从后台提取数据生成一个临时的DataTable，而这个DataTable只存在于代码的运行过程中，不会以表的形式呈现给用户。例如，假定窗口中有一个组合框(ComboBox)，希望这个窗口能够列出订单表所有的客户名称，如果订单表采用动态加载或者根本没有加载，那么显然无法从订单表中获得所有客户名称，只能利用ExecuteReader直接从后台提取，可以在窗口的AfterLoad事件中加入以下代码：

```
Dim cmd As New SQLCommand
Dim dt As DataTable
Dim cmb As WinForm.ComboBox
cmd.CommandText = "SELECT DISTINCT 客户 From {订单}"
cmd.ConnectionName = "数据源名称"
dt = cmd.ExecuteReader()
cmb = e.Form.Controls("ComboBox1")
cmb.ComboList= dt.GetComboListString("客户")
```

同样，有了ExecuteReader，就可以直接利用后台数据给列生成下拉目录树，例如：

```
'生成数据表
Dim cmd As New SQLCommand
Dim dt As DataTable
cmd.ConnectionName = "数据源名称"
cmd.CommandText = "SELECT DISTINCT 省,市县,区号,邮编 From {行政区域}"
dt = cmd.ExecuteReader()
'生成目录树
Dim tb As New DropTreeBuilder
tb.SourceTable = dt
tb.TreeCols = "省|市县"
tb.SourceCols = "省|市县|区号|邮编"
tb.ReceiveCols = "省|市县|区号|邮编"
Tables("客户").Cols("省").DropTree = tb.Build()
```

还可以利用ExecuteReader直接从后台提取数据合并到某个表中，例如：

```
Dim cmd As New SQLCommand
Dim dt As DataTable
Dim Cols1() As String = {"来源列一","来源列二","来源列三"}
Dim Cols2() As String = {"接收列一","接收列二","接收列三"}
cmd.CommandText = "SELECT * From {表A} Where 条件语句"
cmd.ConnectionName = "数据源名称"
dt = cmd.ExecuteReader()
For Each dr1 As DataRow In dt.DataRows
    Dim dr2 As DataRow = DataTables("表B").AddNew()
    For i As Integer = 0 To Cols1.Length -1
        dr2(Cols2(i)) = dr1(Cols1(i))
    Next
Next
```

ExecuteReader有一个可选参数，如果设置为True，那么生成的DataTable不仅可以修改，还可以保存。例如，将订购数量超过500的订单的折扣增加0.05：

```
Dim cmd As new SQLCommand
Dim dt As DataTable
cmd.CommandText = "Select [_Identify],折扣 From {订单} Where 数量 >= 500"
cmd.ConnectionName = "数据源名称"
dt = cmd.ExecuteReader(True) '记得将参数设置为True
For Each dr As DataRow In dt.DataRows
  dr("折扣") = dr("折扣") + 0.05
Next
dt.Save()
```

很显然，这种更新用Update语句更合适。需要注意的是，如果Select语句只选择部分列，那么必须包括主键列；否则保存时会出错，你可以去掉上述代码中的“_Identify”列测试看看。

❷ 参数化SQLCommand

重要提示：**如果需要使用SQL直接读写后台数据，务必使用外部数据源。**

- 何为参数化

首先了解一下什么是参数化，假定你用的是SQL Server数据源，在订单表增加一行的SQL语句为：

```
Insert Into 订单 (客户, 日期, 订单编号) Values('01', '2018-05-01','100')
```

由于值通常是不固定的，所以需要动态合成SQL语句，在Foxtable中编写的代码为：

```
Dim cid As String = "01"
Dim rqi As Date = Date.Today
```

```
Dim oid As String = "100"
Dim cmd As new SQLCommand
cmd.ConnectionName = "数据源名称"
cmd.CommandText = "Insert Into 订单 (客户,日期,编号) Values('" & cid & "','" & Date.Today & "','" & oid & "')"
cmd.ExecuteNonQuery
```

是不是有点头晕？ 其实我和你一样头晕，这里仅用了3列作为示例，实际开发时可能有数十列，这样的写法就是职业程序员也会崩溃的。可以换一种写法，采用参数化方式，代码为：

```
Dim cmd As new SQLCommand
cmd.ConnectionName = "数据源名称"
cmd.CommandText = "Insert Into 订单 (客户, 日期, 订单编号) Values(?,?,?)"
cmd.Parameters.Add("@客户","01")
cmd.Parameters.Add("@日期",Date.Today)
cmd.Parameters.Add("@订单编号",100)
cmd.ExecuteNonQuery()
```

显然这种方式要轻松很多，再多的列也不会头晕，而且上述代码适用于任何数据源，再也无需因为数据源的变动而重新修改代码。参数化SQLCommand很简单，将SQL语句中需要动态取值的参数全部用问号(?)代替，然后通过SQLCommand的Parameters集合按顺序指定各参数的值。

提示：**笔者在编写以上示例代码时单独建立了一个外部表，一开始正常，但很快发现再也无法增加行了。诧异几分钟之后，才想起外部表默认只加载10行数据，所以上述代码都正常增加了行，只是没有加载而已，特此提醒，以免你犯同样的错误。**

- 重要的是顺序

参数的名称并无意义，重要的是顺序，如果你将代码改为：

```
Dim cmd As new SQLCommand
cmd.ConnectionName = "数据源名称"
cmd.CommandText = "Insert Into 订单 (客户, 日期, 订单编号) Values(?,?,?)"
cmd.Parameters.Add("@日期",Date.Today)
cmd.Parameters.Add("@客户","01")
cmd.Parameters.Add("@订单编号",100)
cmd.ExecuteNonQuery()
```

这里只是将日期和客户两个参数的增加顺序调整了一下，看起来不应该有问题，但是运行却会出错，下面来分析一下原因。下面的代码看起来是给日期列指定值：

```
cmd.Parameters.Add("@日期",Date.Today)
```

其实不然，因为这是第一个增加的参数，所以这个参数会赋值给客户列（第一个需要指定值的列），同样下面的代码：

```
cmd.Parameters.Add("@客户","01")
```

会将“01”赋值给日期列（第2个需要指定值的列），因为这是第2个增加的参数。所以编写代码时必须严格按照SQL语句中的参数顺序赋值。由于参数是根据顺序而不是名称赋值，所以参数名称并不会影响代码的实际执行，以下代码完全可以正常运行：

```
Dim cmd As new SQLCommand
cmd.ConnectionName = "数据源名称"
cmd.CommandText = "Insert Into 订单 (客户, 日期, 订单编号) Values(?,?,?)"
```

```
cmd.Parameters.Add("@日期","01")
cmd.Parameters.Add("@客户",Date.Today)
cmd.Parameters.Add("@p",100)
cmd.ExecuteNonQuery()
```

虽然如此，但给参数指定一个有描述性的名称是必需的，因为这有助于今后的维护。

- 更多例子

所有的语句都可以使用参数化。例如，用Delete语句删除指定编号的订单：

```
Dim cmd As new SQLCommand
cmd.ConnectionName = "数据源名称"
cmd.CommandText = "Delete From 订单 Where 订单编号 = ?"
cmd.Parameters.Add("@订单编号",100)
cmd.ExecuteNonQuery()
```

例如，用Update语句将数量大于500的订单的折扣设置为0.15：

```
Dim cmd As new SQLCommand
cmd.ConnectionName = "数据源名称"
cmd.CommandText = "UPDATE 订单 SET 折扣 = ? WHERE 数量 > ?"
cmd.Parameters.Add("@折扣",0.15)
cmd.Parameters.Add("@数量",500)
cmd.ExecuteNonQuery
```

用Select语句获取指定日期范围内的订单：

```
Dim cmd As new SQLCommand
cmd.ConnectionName = "数据源名称"
cmd.CommandText = "SELECT * FROM {订单} WHERE 日期 >= ? AND 日期 <= ?"
cmd.Parameters.Add("@开始日期",#2/1/2018#)
cmd.Parameters.Add("@结束日期",#3/31/2018#)
Dim dt As DataTable = cmd.ExecuteReader()
```

❸ 执行存储过程

一般用户可忽略本部分内容。

- 执行存储过程

假定在SQL Server创建了一个存储过程：

```
CREATE PROCEDURE GetOrders
    @客户 nvarchar(8)
AS
BEGIN
    SELECT * FROM 订单 WHERE 客户=@客户
END
```

有两种方法执行存储过程。第一种方法用存储过程名执行，只需将StoredProcedure属性设置为True，例如：

```
Dim cmd As new SQLCommand
cmd.ConnectionName = "数据源名称"
cmd.CommandText = "GetOrders" '指定存储过程名
cmd.StoredProcedure = True '表示CommandText内容不是标准的SQL语句,而是存储过程名
cmd.Parameters.Add("@客户","联想")
Dim dt As DataTable = cmd.ExecuteReader()
```

第二种方法是用EXEC语句：

```
Dim cmd As new SQLCommand
cmd.ConnectionName = "数据源名称"
cmd.CommandText = "EXEC GetOrders ?"
cmd.Parameters.Add("@客户","联想")
Dim dt As DataTable = cmd.ExecuteReader()
```

下面的语句：

```
EXEC GetOrders ?
```

表示执行存储过程GetOrders，这个存储过程需要一个参数（SQL语句用“?”表示参数，多个参数用逗号分隔）。

- 存储过程的3种参数

存储过程有输入参数和输出参数，有的存储过程执行完毕后会返回一个值，这个值需要通过参数获取，称之为返回参数。为区分这3种参数，首先需要了解一下SQLCommand的Parameters属性的Add方法的完整语法：

```
Add(Name, Value, Output, Size)
```

各参数说明见下表。

参数名	说明
Name	参数名称
Value	参数的值
Output	逻辑型，省略表示输入参数，True表示输出参数，False表示返回参数
Size	整数型，用于指定输入参数或返回参数的大小，默认为32，只有字符型参数才需要设定

增加输入参数最为简单，例如：

```
cmd.Parameters.Add("@客户","联想")
```

增加输出参数需要将Add方法的第三个参数设置为True，例如：

```
cmd.Parameters.Add("@日期",Date.today,True)
```

增加返回参数需要将Add方法的第三个参数设置为False，例如：

```
cmd.Parameters.Add("@Count", 0, False)
```

接下来介绍如何使用输出参数和返回参数。

◎ 获取输出参数的值

假定创建了一个存储过程，用于获取指定编号订单的日期：

```
CREATE PROCEDURE GetOrderDate
    @订单编号 nvarchar(8),
    @日期 datetime OUTPUT
AS
BEGIN
    SELECT @日期=日期 FROM 订单 WHERE 订单编号=@订单编号
END
```

这个存储过程有两个参数：第一个为输入参数，用于指定订单编号；第二个为输出参数，用于获取该编号订单的日期。在Foxtable使用上述存储过程的代码为：

```
Dim cmd As new SQLCommand
cmd.ConnectionName = "数据源名称"
cmd.CommandText = "GetOrderDate"
cmd.StoredProcedure = True
cmd.Parameters.Add("@订单编号","1002")
cmd.Parameters.Add("@日期",Date.today,True)
cmd.ExecuteNonQuery
Dim Val As Date  = cmd.Parameters("@日期") '获取存储过程返回的日期值
```

注意：**增加输出参数必须将Add方法的第三个参数设置为True，例如：**

```
cmd.Parameters.Add("@日期",Date.today,True)
```

如果采用SQL语句执行，需要在语句中将有关参数标记为output，例如：

```
Dim cmd As new SQLCommand
cmd.ConnectionName = "数据源名称"
cmd.CommandText = "exec GetOrderDate ?,? output" '注意第二个参数被标记为output了
cmd.Parameters.Add("@订单编号","1002")
cmd.Parameters.Add("@日期",Date.today,True)
cmd.ExecuteNonQuery
Dim Val As Date  = cmd.Parameters("@日期")
```

◎ 获取存储过程的返回值

假定创建了一个存储过程，用于获取指定日期某客户的全部订单，并返回订单数：

```
CREATE PROCEDURE GetOrders3 (@CID nvarchar(10), @DT datetime)
AS
SELECT * FROM {订单} Where 客户 = @CID AND 日期=@DT
RETURN @@RowCount
```

在Foxtable执行以上存储过程的参考代码：

```
Dim cmd As new SQLCommand
cmd.ConnectionName = "数据源名称"
cmd.CommandText = "GetOrders3"
cmd.StoredProcedure = True
cmd.Parameters.Add("@Count",0,False) '这是第一个参数,用于获取存储过程的返回值
cmd.Parameters.Add("@客户","Dell") '第二个参数指定客户
cmd.Parameters.Add("@日期",#4/13/2018#) '第三个参数指定日期
Dim dt As DataTable = cmd.ExecuteReader '获取订单生成DataTable
Dim count As Integer = Cmd.Parameters("@Count") '取得存储过程的返回值
```

返回参数必须作为第一个参数增加，且必须将Add方法的第三个参数设置为False，例如：

```
cmd.Parameters.Add("@Count",0,False) '这是第一个参数,用于获取存储过程的返回值
```

如果采用SQL语句执行，参考代码为：

```
Dim cmd As new SQLCommand
cmd.ConnectionName = "数据源名称"
cmd.CommandText = "exec ?=GetOrders3 ?,?"
cmd.Parameters.Add("@Count",0,True) '这是第一个参数,用于获取存储过程的返回值
cmd.Parameters.Add("@客户","Dell") '第二个参数指定客户
cmd.Parameters.Add("@日期",#4/13/2018#) '第三个参数指定日期
```

```
Dim dt As DataTable = cmd.ExecuteReader '获取订单生成DataTable
Dim count As Integer  = Cmd.Parameters("@Count") '取得存储过程的返回值
```

以上代码采用SQL语句执行存储过程：exec ?=GetOrders3 ?,?

这里有3个参数，等号左边的参数用于获取存储过程的返回值（但此时不是返回参数，而是输出参数，只有直接执行存储过程时才有返回参数一说），等号右边的是两个输入参数，分别用于指定客户和日期。

◎3种参数混合使用示例

假定定义了以下的存储过程，用户获取指定编号订单的客户名称：

```
CREATE PROCEDURE GetOrderByID
  @订单编号 varchar(8),
  @客户 nvarchar(50) OUTPUT
AS
BEGIN
  SELECT @客户=客户 FROM 订单 WHERE 订单编号=@订单编号
  IF @@Error <> 0
     RETURN -1
  ELSE
     RETURN 100
END
```

在Foxtable执行上述存储过程的参考代码如下：

```
Dim cmd As new SQLCommand
cmd.ConnectionName = "数据源名称"
cmd.CommandText = "GetOrderByID"
cmd.StoredProcedure = True
cmd.Parameters.Add("@Err", 12, False) '返回参数
cmd.Parameters.Add("@订单编号","1002") '输入参数
cmd.Parameters.Add("@客户", "", True) '输出参数
cmd.ExecuteNonQuery
Output.Show( cmd.Parameters("@客户"))
Output.Show( cmd.Parameters("@Err"))
```

需要特别注意的是，返回参数必须作为第一个参数添加；否则会出错。

采用SQL语句执行上述存储过程的参考代码如下：

```
Dim cmd As new SQLCommand
cmd.ConnectionName = "数据源名称"
cmd.CommandText = "Exec ?=GetOrderByID ?,? output"
cmd.Parameters.Add("@Err", 12, True) '用于获取存储过程的返回值,注意这是输出参数,不是输入参数
cmd.Parameters.Add("@订单编号","1002") '输入参数
cmd.Parameters.Add("@客户", "", True) '输出参数
cmd.ExecuteNonQuery
Output.Show( cmd.Parameters("@客户"))
Output.Show( cmd.Parameters("@Err"))
```

5.10.4 后台数据处理成员

DataTable提供了下表所列方法，用于直接处理后台数据。

方法	说明
SQLFind	查找符合条件的行。找到时返回行；否则返回Nothing
SQLSelect	以集合的形式，返回所有符合指定条件的行
SQLUpdate	批量更新保存通过SQLSelect返回的行
SQLGetValues	从指定列中获取不重复的值，以集合的形式返回
SQLGetComboListString	从指定列中提取不重复的值，用符号“|”将这些值连接成字符串后返回
SQLCompute	根据指定的条件计算指定的内容
SQLReplaceFor	找出符合条件的行，并将指定列的内容替换为指定值
SQLDeleteFor	删除符合条件的行

以上8个方法中，除了SQLUpdate外，其他几个在DataTable中都有相对应的同名方法（去掉了名称中的SQL这个字符）。例如，SQLFind的对应方法为Find，SQLCompute的对应方法为Compute，SQLAddNew 的对应方法为AddNew等。虽然它们的用法基本相同，但也有以下几点显著的区别。

第一，不以SQL字符开头的方法，只能处理已经加载到DataTable中的数据。而上表中的方法用于直接处理后台数据。即使这个DataTable中没有加载任何数据，上表中的方法依然可以直接对后台数据库进行处理并得到结果。

第二，如果DataTable中有表达式列，该列只能在不以SQL字符开头的方法中使用。这是因为，上表中的方法直接处理的后台数据，它不存在表达式列一说。

第三，当对已经加载的DataTable数据执行ReplaceFor或DeleteFor时，只要还没有保存数据，都有机会撤销；而SQLReplaceFor和SQLDeleteFor是对后台数据即时生效的，无法撤销。

第四，通过 ReplaceFor、DeleteFor、AddNew 所进行的操作，可实时体现在 DataTable 数据中；而 SQLReplaceFor、SQLDeleteFor、SQLAddNew是直接对后台数据进行的处理，如要在DataTable中体现这种变化，就要重新加载数据。

第五，以SQL开头的方法，其表达式参数采用的是SQL语法，其语法和函数与后台数据源有关。

SQLSelect和Select的用法总体上大致相同，都是以集合的形式返回所有符合条件的行。但SQLSelect 多了一个Top参数，可以用于指定返回的行数。语法格式如下：

```
SQLSelect(Filter,Top,Sort)
```

这里的后两个参数都是可选的。例如，按日期顺序返回产品“PD01”的前10个订单：

```
Dim drs As List(of DataRow)
drs = DataTables("订单").SQLSelect("产品 = 'PD02'",10,"日期 Desc")
```

如果要按顺序返回所有行，可以将前两个参数都设置为""。例如，按日期顺序，返回所有产品为“PD01”的订单：

```
Dim drs As List(of DataRow)
drs = DataTables("订单").SQLSelect("","","日期 Desc")
```

对于通过SQLSelect筛选出来的行，同时需要进行修改操作时，可使用SQLUpdate方法批量保存到后台数据库。例如：

```
Dim drs As List(of DataRow) = DataTables("订单").SQLSelect("产品 = 'PD01'")
For Each dr As DataRow In drs
    dr("折扣") = 0.1
Next
DataTables("订单").SQLUpdate(drs)
```

由于SQLSelect 是直接从后台返回数据行，它和当前的 DataTable 数据行并不是一回事，必须使用 SQLUpdate方法才能更新保存。当然，SQLSelect和SQLUpdate仅适用于更新逻辑比较复杂的场合，像上例这种简单的更新，直接使用Update语句或SQLReplaceFor方法将更加简洁、高效。

SQLReplaceFor同样比ReplaceFor多了一个参数，可别小看这新增加的一个参数，它能使SQLReplaceFor的功能比ReplaceFor放大*N*倍。语法格式如下：

```
SQLReplaceFor(DataColName, Value, Filter, IsExpression)
```

其中，后一个参数就是新增加的，也是可选的。这是一个逻辑型的参数，设置为True时，表示Value 不是一个值，而是表达式。同时SQLReplaceFor还会返回一个整数，表示合计有多少行的值被替换了。 例如，将产品为“PD01”的订单折扣全部改为0.05：

```
Dim cnt As Integer
cnt = DataTables("订单").SQLReplaceFor("折扣", 0.05, "产品 = 'PD01'")
Output.Show("合计更新了" & cnt & "条记录的折扣!")
```

再如，将数量大于800的订单折扣在原基础上增加0.05：

```
DataTables("订单").SQLReplaceFor("折扣", "折扣 + 0.05", "数量 > 800",True)
```

SQLDeleteFor的语法虽然和DeleteFor相同，但同时会返回一个整数，表示合计删除了多少行。用DeleteFor大批量删除数据，效率会非常低，可考虑用SQLDeleteFor+RemoveFor代替之，例如：

```
DataTables("表A").SQLDeleteFor("产品编号 = 1")
DataTables("表A").RemoveFor("产品编号 = 1")
```

5.11 轻松开发一个QQ

Foxtable内置OpenQQ，可以快速开发企业专用的即时通信和消息推送系统。很多企业出于各种原因限制员工使用腾讯QQ和其他通用IM软件，但是员工相互之间有在线沟通的需要，所以通常会购买第三方的IM软件。现在利用Foxtable内置的OpenQQ，可以零成本快速搭建一个企业专属的IM系统，下图是OpenQQ的内置会话窗口，可以收发文字信息和文件，可以截图发送，还可以创建会议群聊。

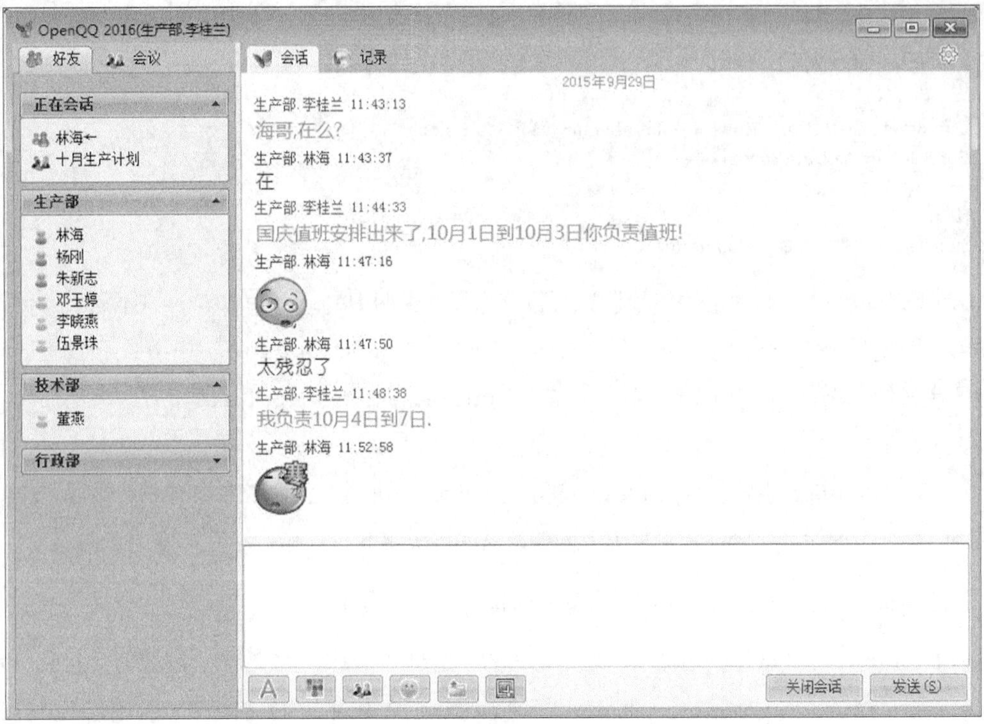

实际上，OpenQQ最重要的意义不在于即时通信，而在于能为基于Foxtable开发的管理系统提供消息推送功能。为方便大家理解消息推送的意义，这里以现实生活为例：假定你早上6点必须起床，那么最好设置一个闹钟，早上6点闹钟响起，等于主动给你发送了一个消息：6点到了，该起床了。这就是最简单的消息主动推送功能。如果没有闹钟，躺在床上的你需要不停地看时间，确认是否已经6点了，这就是被动查询。在开发管理软件时也会遇到同样的需求。例如，送货单由用户A开单，由用户B审核；当A开送货单保存时，同时自动给B发一个消息："用户A已新增送货单20151028001，请审核"。B收到此消息后，点此消息，可以打开这张送货单进行审核，审核后反馈回给A一个消息："送货单20151028001已由用户B审核完毕"。有了OpenQQ，可以轻松实现上述功能。

5.11.1 快速搭建OpenQQ

登录方案的选择

要使用OpenQQ，需要有两个项目，分别是服务端项目和客户端项目，服务端主要用于处理用户登录申请以及收发来自客户端的信息与文件；客户端用于登录OpenQQ以及收发来自服务端或好友的信息和文件。要实现登录功能，就涉及用户名和密码的验证问题，显然服务端和客户端必须使用相同的用户信息来源；否则就谈不上验证。

你可以采用独立的用户表，自己编码来完成OpenQQ的身份验证，不过最简单的方式是采用Foxtable内置的身份验证功能。接下来的例子，假定服务端项目和客户端项目都采用了外部表存放用户信息，且二者的用户信息存储在同一个数据源中。有关如何将用户信息存储在外部表中，可参考本书的使用篇。

- 用户名的构成

使用内置身份验证时，OpenQQ的用户名包括分组和用户名。例如，某个用户的分组(User.Group)是“主管”，用户名(User.Name)是“张三”，那么对应的OpenQQ的用户名就是“主管.张三”，向他发送信息的代码就是：

```
QQClient.Send("主管.张三","今天的任务完成了吗")
```

当然，如果没有给这个用户设置分组，他的OpenQQ用户名就是“张三”，向他发送消息的代码就是：

```
QQClient.Send("张三","今天的任务完成了吗")
```

最好给每个用户指定一个分组，因为内置聊天窗口是按照用户分组来显示客户的，对于没有分组的用户，将统一显示在“其他”分组中，不方便定位。

- 服务端项目的设计

Foxtable提供了一个全局变量QQServer，表示OpenQQ服务，开启服务的代码为：

```
QQServer.ServerIp = "127.0.0.1"  '指定IP地址
QQServer.ServerPort = 52177  '指定登录端口
QQserver.Buildin = True  '启用内置身份验证
QQServer.Start() '启动QQServer
```

关闭服务的代码为：

```
QQServer.Stop()
```

要采用内置身份验证，必须将QQServer的Buildin属性设置为True。注意：为了方便在本机测试，这里使用了本机IP：127.0.0.1，实际开发时应改为局域网或外网IP，或者直接使用“0.0.0.0”作为IP，这样不管是本机IP、局域网IP还是外网IP，只要是指向了服务器的IP，都能登录OpenQQ。当服务端收到客户端的登录请求时，会触发UserLogging事件。在菜单的【管理项目】功能区，单击【网络监视器】，可以设置此事件的代码。该事件e参数有个属性User，其类型为UserInfo，如果通过内置身份验证，该属性返回登录用户；否则返回Nothing。所以判断是否通过内置身份验证的代码很简单：

```
If e.User IsNot Nothing Then
  '通过了内置身份验证
  e.Success = True '允许用户登录
Else
  '未通过内置身份验证
End If
```

Userlogging事件的e参数还有一个Buddies属性，这是一个集合，用于给登录用户添加好友。例如，通过验证后添加所有用户为好友，代码如下：

```
If e.User IsNot Nothing Then
    e.Success = True '允许登录
    For Each u As UserInfo In Users '遍历所有用户
```

```
            If u.Name <> e.User.Name  Then '排除登录者本人
                'OpenQQ的用户名格式为: 分组名.用户名
                If u.Group > ""  Then
                    e.Buddies.Add(u.Group & "." & u.Name)
                Else
                    e.Buddies.Add(u.Name)
                End If
            End If
        Next
    Else
        e.Message = "用户名或密码错误,无法登录OpenQQ"
    End If
```

合计不到20行代码，已经搭建完成OpenQQ服务器了。

重要提示：QQServer的Port属性只是指定了一个登录端口，实际运行时，QQServer还会随机使用空闲端口用于收发信息和文件。如果用阿里云服务器搭建OpenQQ服务端，需要指定随机端口范围，例如：

```
QQServer.PortRange = "52000/53000" '指定随机端口范围
```

然后在阿里云后台管理中增加一个安全组，允许上述端口的接入。注意协议类型为UDP。

- 客户端项目的设计

Foxtable提供了一个全局变量QQClient，用于表示QQ客户端。客户端登录OpenQQ时，如果不指定用户名和密码，系统就会自动使用当前用户信息来登录OpenQQ。所以，客户端项目的设计更加简单，可以做一个“登录”按钮，或者直接在AfterOpenProject事件中加入以下代码：

```
QQClient.ServerIP = "127.0.0.1"
QQClient.ServerPort = 52177
QQClient.UserName = ""
QQClient.Password = ""
If QQClient.Start() = True
    PopMessage("恭喜,OpenQQ登录成功!","提示",PopiconEnum.Infomation,5)
Else
    PopMessage("QQClient登录失败,原因:" & vbcrlf & QQClient.ServerMessage,"提示",PopiconEnum.Error,5)
End If
```

需要注意的是，开发者和管理员的用户信息始终存储在项目文件中，服务端和客户端共享的只是普通用户信息，因此OpenQQ使用内置身份验证时，默认不包括开发者和管理员，只有普通用户才能使用内置身份登录OpenQQ。通常这没有关系，因为实际使用时客户端都是普通用户。如果开发过程中，为便于调试分析，希望开发者和管理员也能使用内置身份登录OpenQQ，可以将客户端的登录代码调整为：

```
QQClient.ServerIP = "127.0.0.1"
QQClient.ServerPort = 52177
If user.Type = UserTypeEnum.User Then '如果是普通用户
    QQClient.UserName =""
    QQClient.Password = ""
Else '如果是开发者或管理员
    Dim pwd As String
    If InputPassWord(pwd,"提示","请输入" & User.Name & "的密码:") Then
        QQClient.UserName = User.Name
        QQClient.Password = pwd
```

```
        Else
            Return
        End If
    End If
    If QQClient.Start() = True
        PopMessage("恭喜,OpenQQ登录成功!","提示",PopiconEnum.Information,5)
    Else
        PopMessage("QQClient登录失败,原因:" & vbcrlf & QQClient.ServerMessage,"提示",PopiconEnum.Error,5)
    End If
```

原理很简单，用开发者和管理员登录OpenQQ时需要再输入一次密码，然后将密码和用户名提交给服务端登录。显然，两端项目的开发者和管理员，其名称和密码都必须保持一致。

最后，可能还需要设计一个打开内置会话窗口的按钮，代码为：

```
If QQClient.Ready Then '如果已经登录OpenQQ
    QQClient.OpenChatWindow() '打开内置聊天窗口
End If
```

内置会话窗口提供的功能相当丰富，具体使用方法可参考官方文档。至此企业专属IM系统已经搭建完毕，服务端和客户端的代码加起来不过30来行而已。注意：即使在本机测试，服务端项目和客户端项目也必须是两个不同的项目，分别启动。

5.11.2 用代码收发信息与文件

除了通过内置会话窗口收发信息和文件外，还可以在服务端和客户端之间以及客户端和客户端之间用代码收发信息和文件。

❶ 用代码接收信息和文件

首先看一下如何接收对方通过代码发来的信息和文件。一方通过代码发送的信息和文件，另一方只能通过代码接收，不管是QQServer(服务端)还是QQClient(客户端)。在收到信息或文件之后，都会触发相应的事件，可以在事件中编写代码处理接收到的信息和文件。

QQServer和QQClient都有个名为ReceivedMessage的事件，当接收到对方通过代码发来的文字信息时，会触发此事件。该事件的e参数属性如下。

```
UserName:字符型，返回用户(好友)名称，如果是服务端(QQServer)发来的信息，则返回空。
Message:字符型，返回信息内容。
```

在编写代码时会发现有两个ReceivedMessage事件，一个在OpenQQ服务端分组，另一个在OpenQQ客户端分组，前者对应的是QQServer，后者对应的是QQClient，注意不要搞混了。

QQServer和QQClient都有名为AfterSendFile和AfterReceiveFile事件，前者在发送文件结束后触发，后者在收到文件后触发，注意设置代码时要区分清楚。这两个事件的e参数属性是相同的。

```
UserName:字符型，返回对方名称，如果对方是服务器，则返回空。
FileName:字符型，返回发送或接收的文件名，含路径。
Success: 逻辑型，如果发送或接收成功，返回True；否则返回False。
```

OpenQQ实际上有两条独立的信道，通过会话窗口发送的信息和文件会直接显示在会话窗口，不会触发事件；而通过代码发送的信息和文件不会显示在会话窗口，但会触发事件。二者相互独立，互无影响。

❷ 用代码发送文字信息

QQServer和QQClient都有一个名为Send的方法，用于发送信息，语法为：

```
Send(BuddyName, Message, Anyway)
```

其中，BuddyName参数为用户(好友)名称；Message为要发送的信息内容；Anyway是可选参数，用于设置对方不在线时是否发送离线消息。例如，向生产部的林海发送消息：

```
QQClient.Send("生产部.林海","今天的任务完成了吗")
```

在默认情况下，只有对方在线，Send才会将消息发送出去；否则直接返回。如果希望在对方离线时依然发送离线消息，可以将Anyway参数设置为True，例如：

```
QQClient.Send("生产部.林海","今天的任务完成了吗",True)
```

此时Send将消息发送给了服务端，服务端收到此消息后会将该消息保存下来，当好友上线后，服务端将此消息转发给好友。

QQClient用Send发送信息时，如果不指定接收者，就会直接发给服务器，例如：

```
QQClient.Send("","明天天气不错")
```

或直接为：

```
QQClient.Send("明天天气不错")
```

服务端向客户端发送消息的方法是一样的，例如：

```
QQServer.Send("生产部.林海","测试信息")
```

如果希望对方在离线时依然发送离线消息，同样将第三个参数设置为True，例如：

```
QQServer.Send("生产部.林海","测试信息",True)
```

❸ 用代码发送文件

QQClient发送文件的方法为SendFile，语法为：

```
SendFile(UserName, FileName, ShowProcess)
```

其中，UserName为用户(好友)名；FileName为文件名(含路径)；ShowProcess是可选参数，用于决定是否显示发送进度。例如：

```
QQClient.SendFile("生产部.林海","c:\data\150928.doc")
```

默认是静默发送，不会显示发送进度，如果将ShowProcess参数设置为True，则会显示发送进度：

```
QQClient.SendFile("生产部.林海","c:\data\150928.doc",True)
```

如果不指定好友名，就会指直接将文件发送给服务端，例如：

```
QQClient.SendFile("c:\data\150928.doc")
QQClient.SendFile("c:\data\150928.doc",True)
```

如果对方不在线，SendFile并不会发送离线文件，而是直接返回，所以通常需要判断一下，例如：

```
Dim bd As QQBuddy = QQClient.Buddies("技术部.林欣华")
If bd.OnLine '如果对方在线
    QQClient.SendFile("技术部.林欣华","c:\data\151022.doc")
Else
    MessageBox.Show("对方离线,无法发送文件!","提示", MessageBoxButtons.OK ,MessageBoxIcon.Information)
End If
```

QQServer也有SendFile方法，用于向客户端发送文件，语法：

```
QQServer.SendFile("生产部.林海","c:\data\150928.doc")
```

作为服务端，并无显示发送进度的必要，所以QQServer的SendFile方法没有ShowProcess参数。

SendFile方法采用异步方式，在后台静默发送文件，发送过程中可以继续进行其他操作。发送完毕后，发送方会触发AfterSendFile事件，接收方会触发AfterReceiveFile事件。

5.11.3 发送会话信息与文件

前面已经提到，用Send发送的消息，以及用SendFile发送的文件，都不会显示在会话窗口中，而是触发相关事件。QQClient另外提供了一组方法，用于向好友或会议发送消息、文件和图片。这组方法同样是在后台静默发送，但发送完成后内容会显示在双方的会话窗口中，并不会触发相关事件。

向好友会话窗口发送文字消息的方法为SendChatMessage，语法为：

```
SendChatMessage(Name, Message)
```

其中，Name表示好友名称或会议(群聊)名称；Message为要发送的消息内容。例如：

```
QQClient.SendChatMessage("生产部.林海","上午9点集合,地点人民广场!")
```

如果希望对方以弹窗显示收到的信息，可以在消息前面加上“{!}”。例如：

```
QQClient.SendChatMessage("生产部.林海","{!}上午9点集合,地点人民广场!")
```

这个消息同样会显示在对方的会话窗口，但会另外弹出一个窗口提示，避免用户错过重要消息，如下图所示。

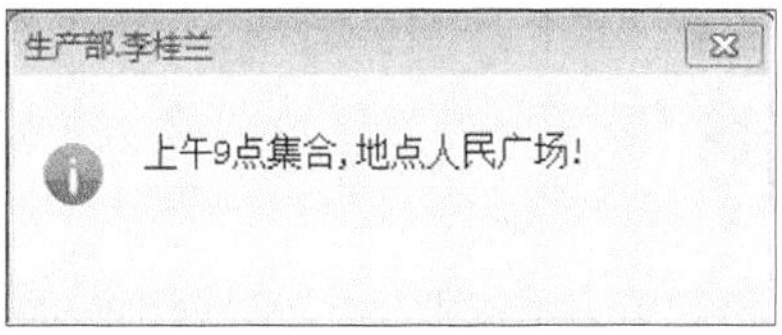

此外，QQClient还提供了向好友的会话窗口发送文件或图片的方法，分别为：

```
SendChatFile(Name, FileName)
SendChatImage(Name, FileName)
```

其中，Name为好友名称或会议名称；FileName为文件名(含路径)。注意，用SendChatImage发送的必须是图片文件。如果对方不在线，SendChatMessage、SendChatFile和SendChatImage都会自动转为离线发送。

5.11.4 用代码发送系统通知

在默认情况下，内置会话窗口会显示一个系统通知对话，用于接收QQServer发来的系统通知，如下图所示。

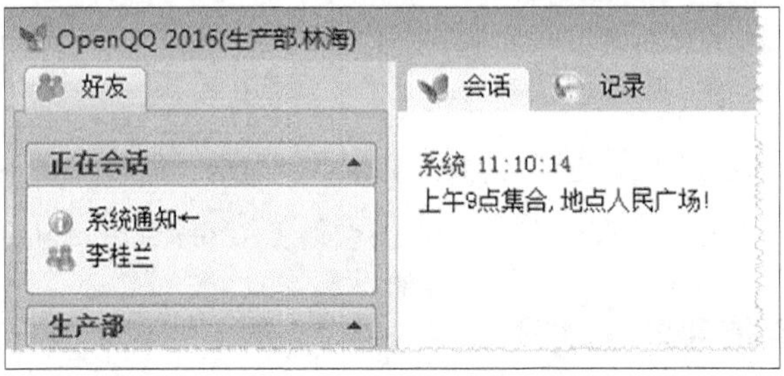

QQServer提供了3个方法用于向客户端发送系统通知。其中，发送文字通知的方法为SendNotice，语法为：

```
SendNotice(Name,Message)
```

其中，Name参数为用户名或会议名；Message为通知内容。例如：

```
QQServer.SendNotice("生产部.林海","上午9点集合,地点人民广场!")
```

如果希望客户端用弹窗显示收到的通知，可以在内容前加上“{!}”。例如：

```
QQServer.SendNotice("生产部.林海","{!}上午9点集合,地点人民广场!")
```

客户端收到此通知后，同样会在会话窗口显示此通知，但是会另外弹出一个窗口提示，避免用户错过重要通知。此外，QQServer还提供了发送文件和图片通知的方法，分别为：

```
SendNoticeFile(Name, FileName)
SendNoticeImage(Name, FileName)
```

其中，Name为好友名称或会议名称；FileName为文件名(含路径)。注意，用SendNoticeImage发送的必须是图片文件。如果客户端不在线，以上方法均会自动转为离线发送。

5.11.5 一个消息推送示例

本示例需要实现下述任务：送货单由用户张三开单，由李四审核。当张三开送货单保存时，系统自动给李四发一个消息：“张三已新增送货单20151028001，请审核”。李四收到此消息后，点此消息，打开这张送货单进行审核，审核后反馈回张三消息：“送货单20151028001已由用户李四审核通过”，下图就是要设计的提示窗口。

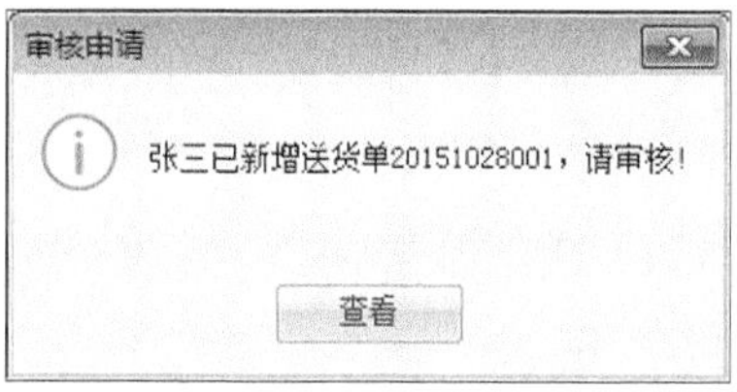

李四收到信息之后，单击提示窗口的【查看】按钮，即可加载(或刷新)并定位到此送货单，并自动打开送货单编辑窗口，查看该送货单信息并审核。本示例使用OpenQQ发送和接收信息，并假定你已经掌握了Foxtable的窗口设计功能。所有设计步骤都在客户端项目完成。

步骤1：定义一个Var变量集合，用于存储收到的审核申请，在AfterOpenProject事件中加入以下代码：

```
Vars("fhs")= New List(of String)
```

因为存在一种可能，就是张三连续开了多个送货单，李四因故没有即时审核，所以应该将收到的审核申请存储在集合Vars("fhs")中，逐个提醒李四。

步骤2：约定一个消息格式，审核申请的格式为“+@|送货单号|制单人”，审核完成的格式为“-@|送货单号|审核人”。

步骤3：在发货单编辑窗口的【保存】按钮中，写入以下代码：

```
Dim r As Row  = Tables("送货单").Current
r.Save()
QQClient.Send("仓管部.李四","+@|" & r("单号") & "|" & User.Name) '发送申请审核的消息
```

步骤4：在发货单编辑窗口的【审核】按钮中，写入以下代码：

```
Dim r As Row  = Tables("送货单").Current
r("审核") = True
r.Save()
```

```
QQClient.Send("仓管部.张三","-@|" & r("单号") & "|" & User.Name) '发送审核通过的消息
```

步骤5：在OpenQQ客户端的MessageReceived事件中编写以下代码：

```
Dim pts() As String  = e.Message.Split("|")
If pts.Length = 3 AndAlso pts(0) = "+@" '如果是申请审核消息
    '将单号和制单人合成为一个字符串存储在集合中
    Vars("fhs").Add(pts(1) & "|" & pts(2) )
ElseIf pts.Length = 3 AndAlso pts(0) = "-@" '如果是审核通过消息
    PopMessage("送货单" & pts(1) & "已由" & pts(2) & "审核通过!")
    Dim dr As DataRow = DataTables("送货单").Find("单号 = '" & pts(1) & "'")
    If dr IsNot Nothing Then '刷新此行
        dr.Load()
    End If
End If
```

步骤6：新建下图所示的窗口，窗口名为【审核申请】，窗口类型要设置为PopupForm。

这个窗口有两个Label控件，Label1用于显示提示信息，Label2的可见属性设置为False，用于存储待审核的发货单单号（步骤7）。这是一个技巧，因为Foxtable并没有提供窗口级别的变量，所以通常用一些不可见的Label控件来存储临时信息。将【查看】按钮的代码设置如下：

```
Dim id As String = e.Form.Controls("Label2").Text
Dim dr As DataRow = DataTables("送货单").Find("[单号] = '" & id & "'")
If dr Is Nothing Then '如果当前表不存在此行，则追载此行
    DataTables("送货单").AppendLoad("[单号] = '" & id & "'")
    dr =  DataTables("送货单").Find("[单号] = '" & id & "'")
Else
    dr.Load() '如果已经存在，则重新加载此行
End If
If dr IsNot Nothing Then
    Dim wz As Integer = Tables("送货单").FindRow(dr)
    If wz < 0 Then '如果因为筛选导致此送货单不可见
        Tables("送货单").Filter = "" '则取消筛选
        wz = Tables("送货单").FindRow(dr)
    End If
    If wz >= 0 Then
        Tables("送货单").Position = wz
        Forms("发货单").Open()
    End If
End If
e.Form.Close()
```

步骤7：在项目事件SystemIdle中加入以下代码：

```
If Vars("fhs").Count > 0 AndAlso Forms("审核申请").Opened = False Then
    Dim pts() As String = Vars("fhs")(0).Split("|")
    Vars("fhs").RemoveAt(0)
    With Forms("审核申请")
        .Open()
        .Controls("Label1").Text = pts(1) & "新增订货单" & pts(0) & ",请审核!"
        .Controls("Label2").Text = pts(0)  '将Label2的标题设置为单号
    End With
End If
```

上述代码在系统空闲的时间检查Vars(“fhs”)集合，判断是否有新的审核申请；如果有新的申请，且审核申请窗口未显示，则显示集合中的第一个审核申请，并将其从集合中移除。上述代码将待审核送货单的主键设置为Label2的标题，这样在审核申请窗口单击【查看】按钮时可以根据Label2的标题找出待审核的订单。

有了OpenQQ，很多以前难以完成的任务，如多用户之间即时同步数据、控制在线用户数、多用户复杂编号的生成等，现在都可以轻松完成，具体可以参考官方文档。

第6章 Foxtable编程实战

有了前两章的编程基础，现在就可以用一个项目来完整说明Foxtable的项目开发过程。本项目虽然简单，但新手却可以通过它直观地感受到Foxtable作为数据开发平台的高效与易用。

本实战项目一般只需3天左右即可完成，有经验的开发人员也许只要几小时。

6.1 创建项目

首先在Foxtable中创建一个新项目。假如要开发的项目是一个订单数据管理系统，那么就可以将项目名称设置为“订单系统”，如下图所示。

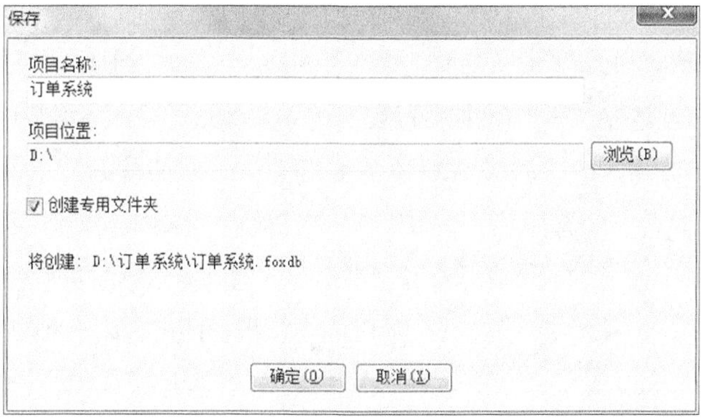

单击【确定】按钮之后，将在指定的项目位置自动创建一个与项目名称完全相同的专用文件夹。

6.1.1 链接数据源

本实战项目使用的外部数据库是Foxtable自带的“多表统计.mdb”文件（该文件包含在安装目录下的“CaseStudy”文件夹中）。该文件可存放在本地局域网内能够访问到的任何位置。为使用方便，将其复制到项目所在的文件夹中。目前，该项目文件的目录结构如下图所示。

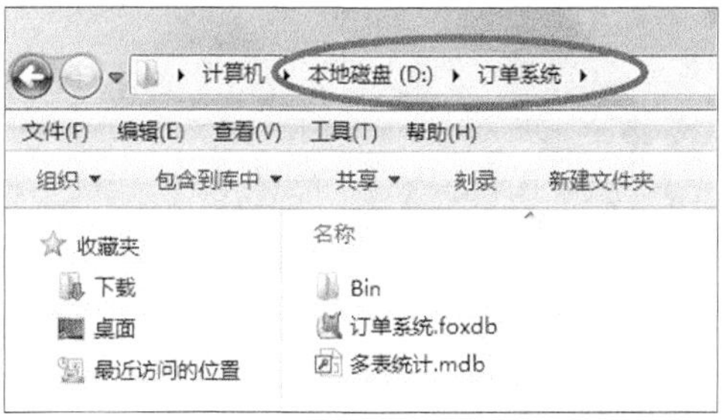

单击【数据表】功能区的【外部数据】功能组中的【外部数据源】按钮，在弹出对话框中创建名称为“dd”的外部数据源，如下图所示。

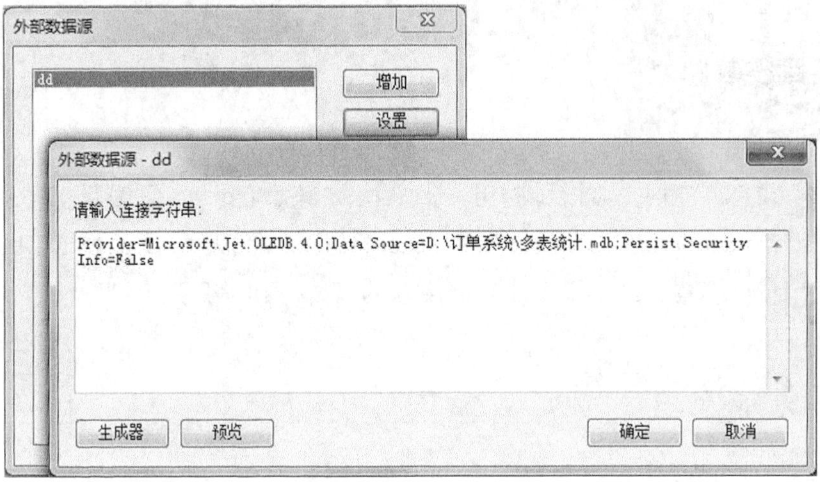

6.1.2 添加外部数据表

打开文件“多表统计.mdb”可以发现，该文件中有3个表，分别是“产品”“客户”和“订单”。关于这3个表的数据结构在之前的实例中已经多次使用过，在此不再赘述。

单击【数据表】功能区的【外部数据】功能组中的【外部数据表】命令按钮，分别选择“dd”数据源中的“产品”“客户”“订单”表，将它们依次添加到项目中。由于最核心的数据都保存在“订单”表中，而且这也是日常操作最多的表，因此后面还需对该表再做一些相关设置。为便于查看设置效果，“订单”表就使用默认的加载10行数据即可，如下图所示。

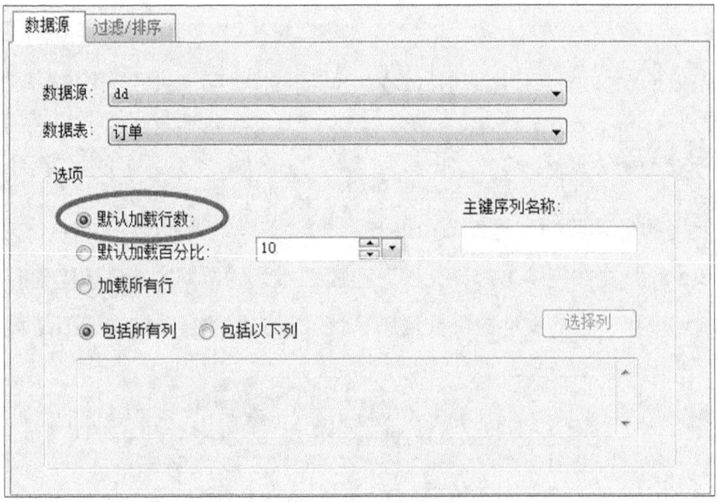

其他两个表则全部加载。

添加完成后项目中就存在了6个数据表。其中，“表A”“表B”“表C”是默认自动生成的内部表。既然项目中使用不到它们，可将其删除。如此一来，当前项目中仅剩3个表。

6.1.3 添加表达式列并设置列属性

既然“订单”表保存着整个项目的核心数据，为方便数据处理及查看，还必须对该表做相关的设置。

❶ 添加“金额”表达式列以便在数据表中动态显示金额数据

选择“日期”列，单击【数据表】功能区的【列相关】功能组中的【插入列】下拉菜单中的【表达式列】命令，增加一个名称为“金额”的表达式列，如下图所示。

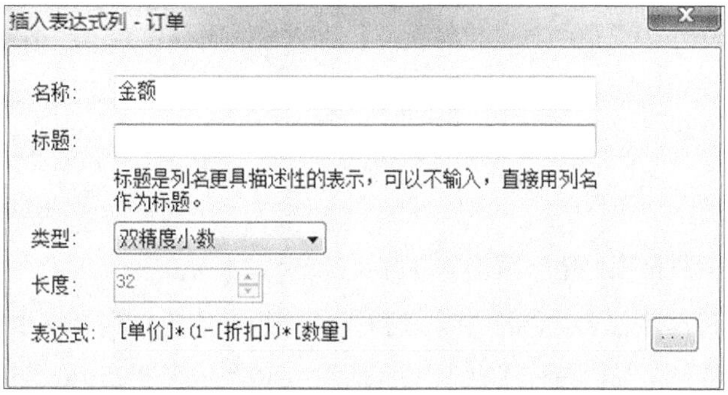

❷ 将“单价”“折扣”及“金额”列的小数位数固定为2

如此设置之后，单击【保存】命令按钮，即使在菜单【外部数据表】中重新改变加载条件时，以上设置仍然有效，如下图所示。

产品　客户　订单

	产品ID	客户ID	单价	折扣	数量	金额	日期
1	P05	C03	17.00	0.10	690	10557.00	2000-01-02
2	P02	C01	20.00	0.10	414	7452.00	2000-01-03
3	P05	C04	17.00	0.00	332	5644.00	2000-01-03
4	P01	C03	18.00	0.15	-9	-137.70	2000-01-04
5	P03	C03	10.00	0.00	445	4450.00	2000-01-04
6	P04	C04	17.60	0.00	246	4329.60	2000-01-07
7	P05	C03	17.00	0.00	72	1224.00	2000-01-07
8	P01	C04	14.40	0.00	242	3484.80	2000-01-08
9	P03	C02	8.00	0.10	318	2289.60	2000-01-08
10	P01	C02	18.00	0.20	772	11116.80	2000-01-10

6.1.4 初始不加载任何数据

由于本系统最终显示的数据是要根据用户查询需求而定的，如果一打开项目就冒出这么10行订单数据，肯定会让人觉得莫名其妙。因此，初始状态下应该将“订单”表数据设置为不要加载任何数据。

要实现这样的效果，常用的有以下两种处理办法。

方法一，单击【数据表】功能区的【外部数据】功能组中的【外部数据表】命令按钮，在弹出的【外部表管理】对话框中选择【订单】选项，然后单击【编辑】按钮，如下图所示。

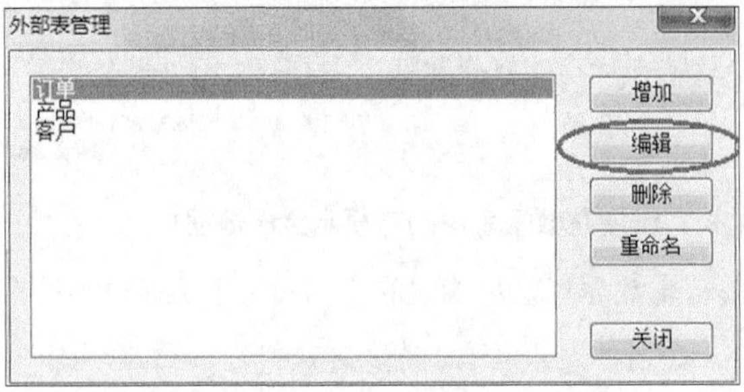

然后在【加载/排序】设置页中将“过滤条件”设置为以下任意一个永不成立的条件即可：

```
[_Identify] is null
1 = 2
3 > 5
……
```

对于Access类型的数据源，还可直接简写为：False。

方法二，单击【管理项目】功能区中【项目】功能组中的【项目属性】命令按钮，在弹出的【项目属性】窗口中选择【项目事件】选项卡，然后单击“BeforeLoadOutTable”右侧的【…】按钮，如下图所示。

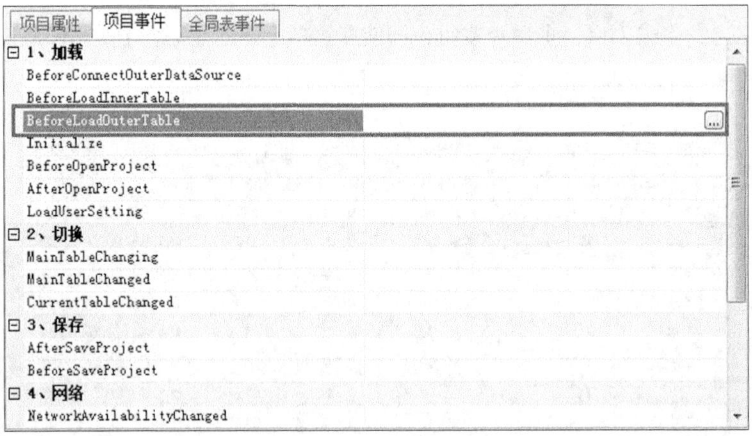

输入的事件代码如下：

```
If e.DataTableName = "订单" Then
    e.SelectString = "select * From 订单 where [_Identify] is null"
End If
```

该代码的意思是，如果项目打开时准备加载的外部表为“订单”，则该表不加载任何数据。很显然，该事件设置后并不会立即生效，重新打开项目时就能看到效果了。

强烈建议读者采用第二种方式。这是因为，在项目开发过程中出于各种属性设置的需要，可能会在表中临时加载部分数据以查看效果。使用此方式后，不论表中是否加载了数据，一旦重启项目都会初始化为“零加载”，这样就能一劳永逸，无需再去反复修改“外部数据表”中的加载设置。

6.2 设计操作窗口

由于这是一个很小型的应用项目，所有的操作都可放到窗口中进行，因而无需再去设计系统主菜单或者项目标题。所有的这些都可在窗口中搞定。

6.2.1 添加项目窗口

单击【管理项目】功能区中【设计】功能组中的【窗口管理】命令按钮，即可进入【窗口管理】对话框，如下图所示。

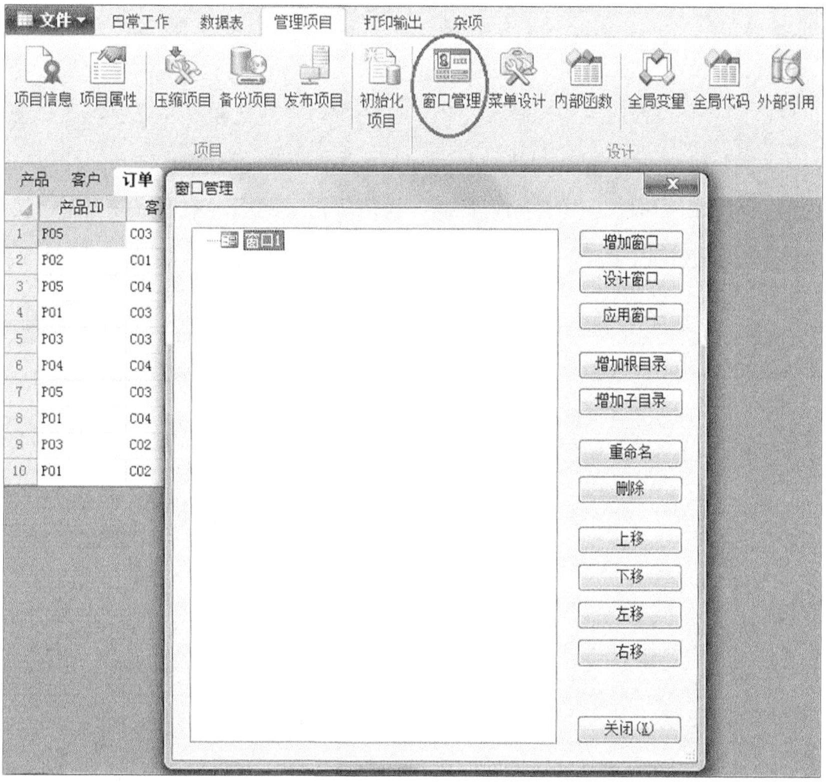

在这个对话框管理器中，不仅可以增加、删除、重命名或设计窗口，还可以使用目录树对窗口进行分类管理。如上图所示，就通过【增加窗口】按钮添加了一个名为“窗口1”的窗口。为了让窗口名称更具语义性，以便于后期的代码维护，也可单击【重命名】按钮进行修改。例如，将“窗口1”改名为“主控窗口”。

窗口名称确定好之后，选择该窗口，单击【设计窗口】按钮，即可进入【窗口设计器】界面，如下图所示。

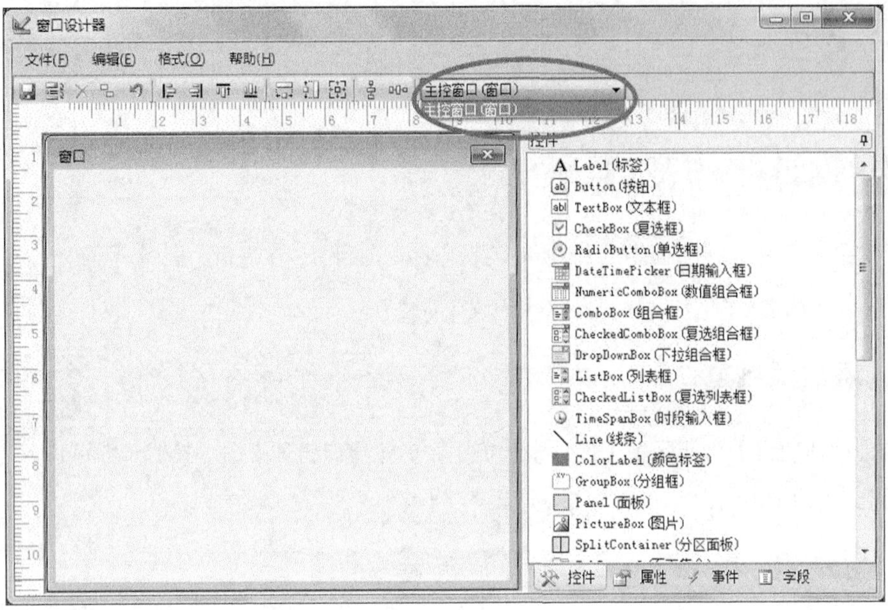

很显然，目前的“主控窗口”中只有一个窗口，还没有其他任何控件。当双击右侧区域的任何一个控件时，可自动添加到窗口中。当然，双击的方法远不如拖动方便，因为拖动可将其放到任何一个需要的位置。当窗口中插入的控件比较多时，还可单击下图标示的下拉按钮进行快速选择。一旦选定某个控件，单击右侧的【属性】或【事件】页签即可对其进行相关的设置，如下图所示。

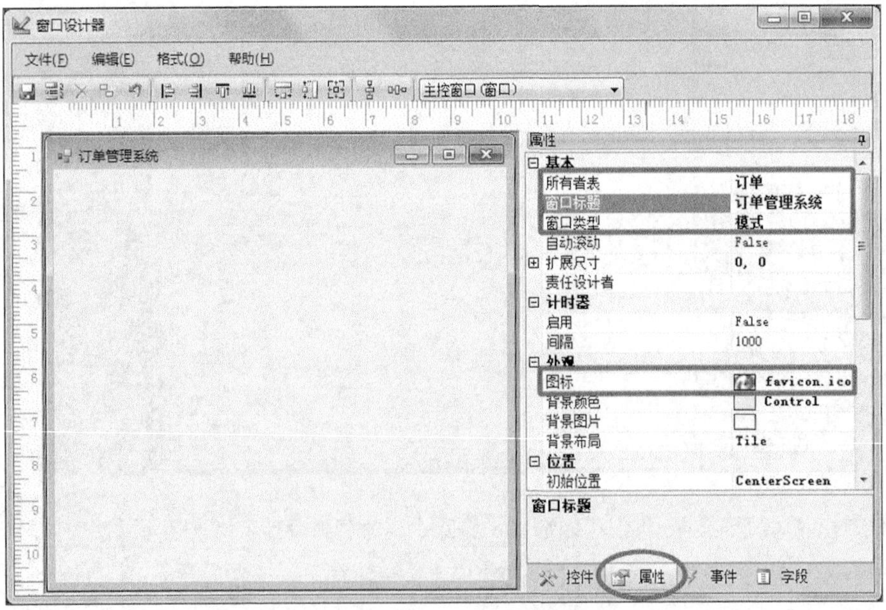

由于当前选中的是“主控窗口”，当在“属性”页签进行设置时，所有的选项都仅对当前窗口有效。如上图所示，将【窗口标题】设置为“订单管理系统”，【窗口类型】为“模式”，且同时设置了图标及最大化、最小化按钮的显示。

单击【窗口设计器】中的【文件】→【预览】菜单命令，效果如下图所示。

这样一个基本的操作窗口就完成了，而且可以对其进行最大化、最小化、拖动或关闭操作。

关于窗口设计必须了解以下两个重要概念。

❶ 窗口类型

在【窗口设计器】中，可选择的【窗口类型】如下图所示。

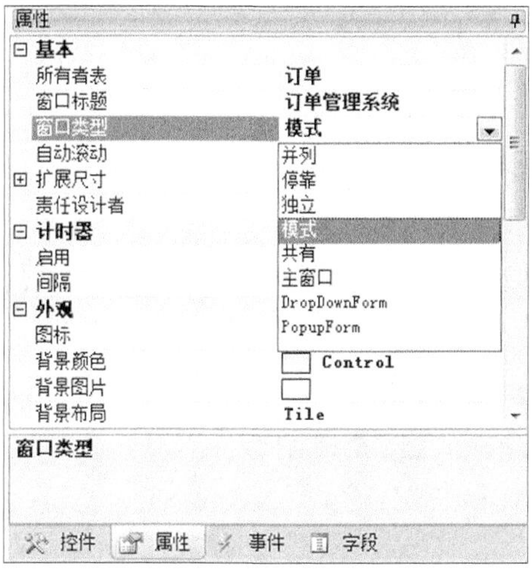

在设计或预览时，各种类型的窗口是看不出差异的，只有打开或者应用它们才能看出差别。建议读者在设计窗口时可以分别应用不同的窗口类型来进行测试。

- 主窗口：用于代替主表。如上图所示，当把窗口类型改为“主窗口”时，该窗口所在的“订单”表将被窗口替换显示。也就是说，该窗口所在的表被自动隐藏，改为以窗口显示相关信息。如果项目使用的是类似于Office 2007那样的Ribbon风格菜单，主窗口是必须要用到的。

- 并列窗口：和主表并列显示的窗口。它和主窗口的区别在于：主窗口是用来代替主表显示信息的，在一个主表内仅能显示一个主窗口；而并列窗口会和主表并列显示且数量不限。

- 停靠窗口：此为窗口的默认类型，用于停靠在主表周围，之前用过的关联表窗口、列窗口等都属于这种类型。
- 共有窗口：共有窗口和停靠窗口类似，也是停靠在主表周围。它和停靠窗口的区别在于：停靠窗口仅在其所有者表中可见，而共有窗口在任意表中始终可见。
- 独立窗口：顾名思义，独立窗口就是指单独显示的窗口，如上一章一直用于测试代码的“命令窗口”就属于此种类型。它不像并列窗口、停靠窗口或共有窗口那样与主表界面融合在一起，而是独立显示，且不受制于任何表。
- 模式窗口：独立窗口的一种。只不过在关闭模式窗口之前不能进行任何其他的操作。
- DropDownBox窗口和PopupForm窗口：前者是指下拉窗口，此窗口需配合其他控件使用；后者是指弹窗形式的窗口，仅在屏幕右下角弹出显示。

本实例使用的窗口类型为“模式”。

❷ 所有者表

在上述所列举的6种基本窗口类型中，主窗口、并列窗口和停靠窗口必须指定“所有者表”属性。对于这3种类型的窗口，只有切换到所有者表时才会看到打开的窗口。

如上图所示，当把设计中的“主控窗口”改为“停靠”类型时，由于它的“所有者表”属性为“订单”，那么只有当切换到“订单”表时才会看到该窗口。而切换到“产品”或“客户”表时，即使该窗口处于打开状态也依然不可见。

对于另外3种类型的窗口（共有窗口、独立窗口和模式窗口），由于它们在实际使用时，是不属于任何表的，因而可以不用指定“所有者表”属性。当没有指定此属性时，切换到任何一个表，单击【日常工作】功能区的【窗口】功能组中的【工作窗口】命令，都会列出这3种类型中的所有窗口；如果指定了“所有者表”，则只有切换到“所有者表”时才会列出这些窗口。

如上图所示，尽管这是一个模式类型的窗口，但由于设定了“所有者表”属性为“订单”，因而只有在“订单”表的窗口菜单中才能看到该窗口，在其他两个表的窗口菜单中就看不到，如下图所示。

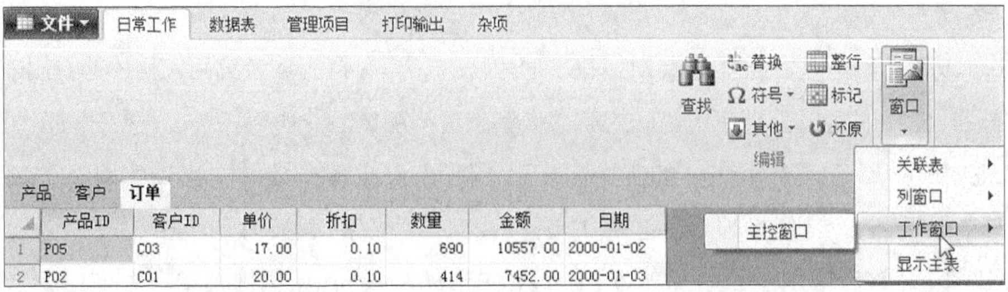

6.2.2 设计操作菜单

在Foxtable中既可以设计类似于Office 2007那样的Ribbon风格菜单，也可以设计传统式的下拉菜单。关于菜单方面的知识，官方文档有详细的说明，这里仅使用几个标准按钮予以代替。

单击窗口设计器中的【编辑】→【菜单编辑器】命令，先通过【增加菜单】按钮添加两个最基本的功能，即“工具栏”和“状态栏”，如下图所示。

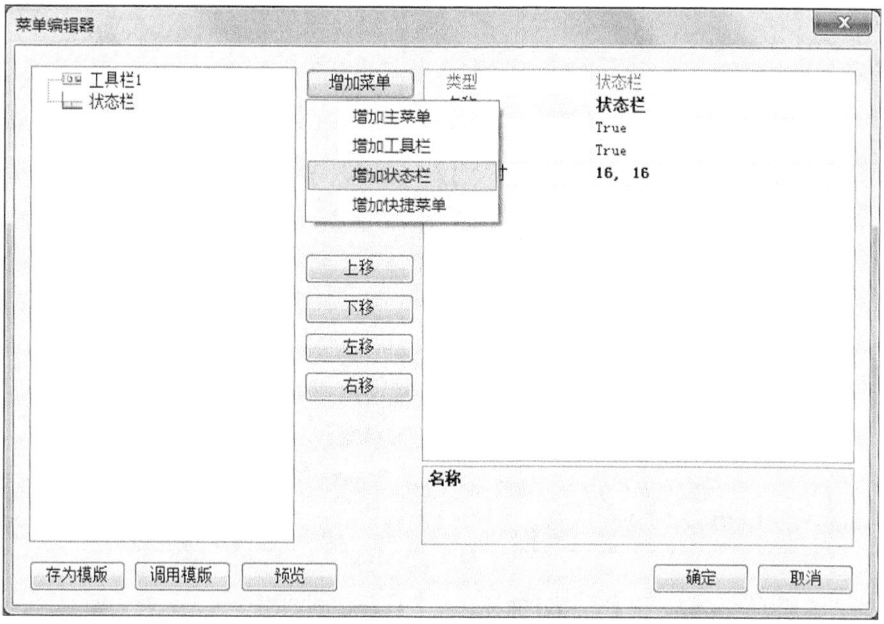

其中，“主菜单”和“状态栏”都只能有一个，而“工具栏”和“快捷菜单”是可以添加多个的。所以，添加后的“工具栏”默认会带有1、2、3等数字标识，而“状态栏”就没有。

❶ 向“工具栏”添加项目

本实战项目是使用“工具栏”来替代“主菜单”的，因而这个工具栏用到的图标相对应该醒目一些。所以，在向“工具栏”添加项目之前，应该将系统默认的“16×16”图标改为“32×32”图标，如下图所示。

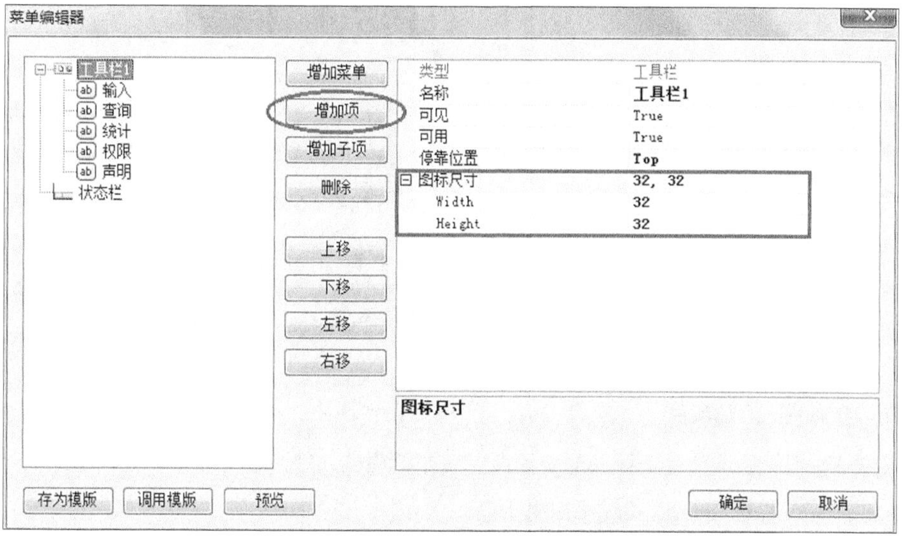

然后再单击【增加项】按钮，向“工具栏”中添加具体的工具按钮。

如上图所示，已经在“工具栏1”中添加了5个项目。以“声明”为例，具体设置如下图所示。

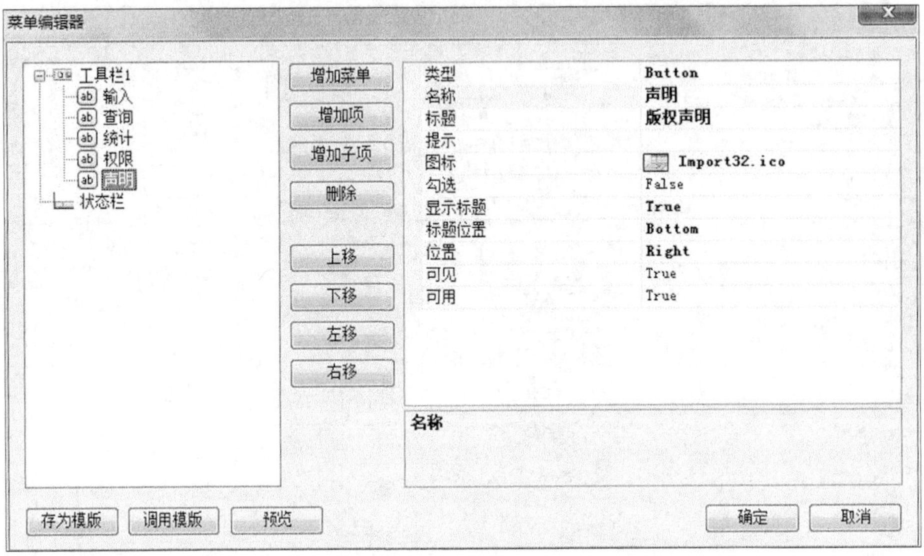

需注意，这里的“名称”和“标题”的区别：名称是后面的事件代码编程需要用到的，而标题仅仅用于菜单项的显示。它们和“表名与表标题”“列名与列标题”的道理相同。

由于该“版权声明”项的“位置”是“Right”，而其他4项都是“Left”，因而最终生成的工具栏效果如下图所示。

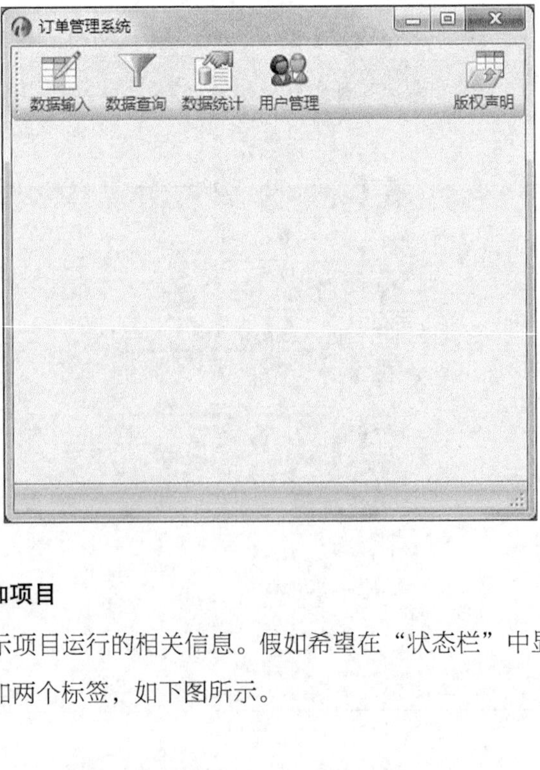

❷ 向“状态栏”添加项目

状态栏一般用于显示项目运行的相关信息。假如希望在“状态栏”中显示当前登录的用户信息及系统时间，可以先添加两个标签，如下图所示。

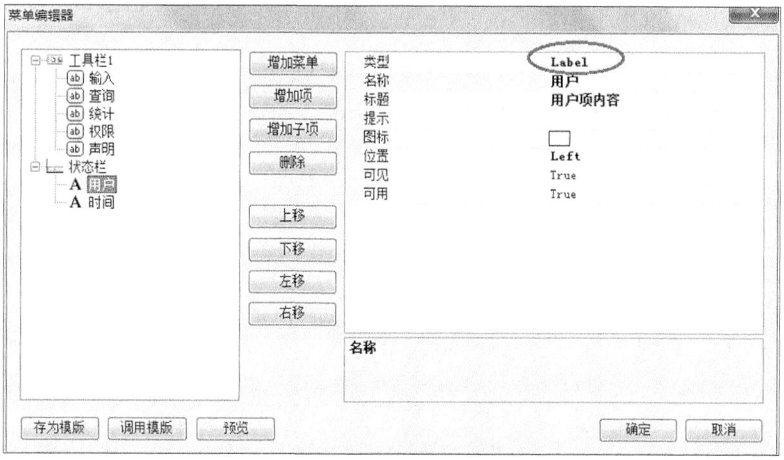

需注意，“工具栏”中的增加项默认为Button（按钮），而“状态栏”中的增加项默认为Label（标签）。这里增加的两个标签，一个位置是“Left”，一个是“Right”。

要想让这两个标签动态地显示所需要的信息，还需在窗口中设置事件代码。很显然，这些信息必须在窗口加载后就要立即显示，因而需要写在窗口的AfterLoad事件中，如下图所示。

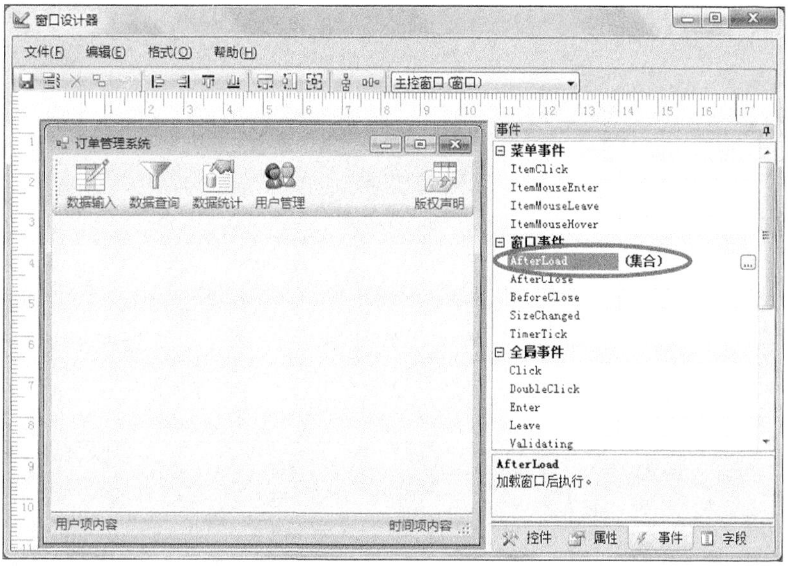

单击该事件右侧的【…】按钮，输入以下代码：

```
With e.Form.Strips("状态栏")
    .Items("用户").Text = "登录用户: " & User.Name
    .Items("时间").Text = "今天日期: " & Date.Today
End With
```

其中，e参数的Form属性就表示触发当前事件的所在窗口，用代码表示就是“e.Form”。

每个窗口还都有个Strips属性。这是一个集合，用于返回窗口的所有菜单，包括主菜单、工具栏、快捷菜单和状态栏。如上述代码中的“e.Form.Strips(“状态栏”)”就表示状态栏菜单。

而每个菜单又都是由具体的菜单项组成的，通过菜单中的Items属性可以返回指定名称的菜单项。例如，“e.Form.Strips(“状态栏”).Items(“用户”)”表示状态栏中的用户项，“e.Form.Strips(“状态栏”).Items(“时间”)”表示状态栏中的时间项。

每个菜单项都有“名称”和“标题”属性。以上图中的状态栏为例，左侧的项目名称为“用户”，标题为“用户项内容”，而右侧的项目名称为“时间”，标题为“时间项内容”。在代码编程中，“名称”以Name表示，“标题”以Text表示。

由此可知，上述代码的作用在于：当窗口打开（加载）时，自动将“状态栏”左侧的项目标题修改为登录用户的名称，右侧标题改为当天日期。其中，User是系统变量，表示项目的当前登录用户（具体可参考4.6节）。窗口预览效果如下图所示。

6.2.3 设计数据工作区

在这个主控窗口中，除了菜单外的所有区域都可用作“数据工作区”。

由于数据输入、查询、统计所用到的表结构可能是不一样的，为方便在不同工作用表中的切换，可以在剩下的区域中添加一个“TabControl（页面集合）”控件，如下图所示。

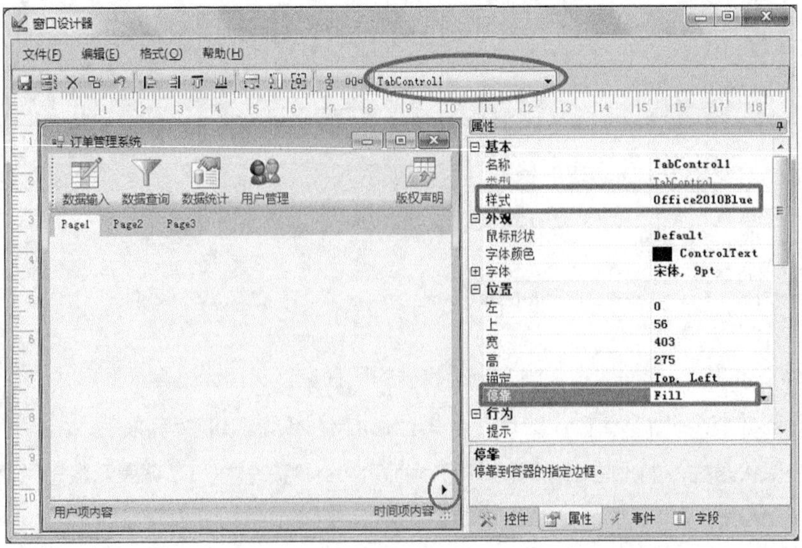

如上图所示，将该控件的样式设置为“Office2010Blue”，将“停靠”设置为“Fill”，这样该控件就会自动填满窗口菜单之外的所有空白区域。默认情况下，TabControl控件有3个页面，可单击控件右下角的黑色箭头对页面进行增加或删除。

❶ 设置数据工作区（页面集合控件）的初始运行状态

由上图可见，TabControl控件中的页签是多余的，应该取消它的显示。需注意，不能简单地在窗口设计器中将其“显示页签”属性设置为False，这会给后期的项目开发工作带来很多麻烦（因为页签隐藏后，就无法手工选择并设计不同的页面了），如下图所示。

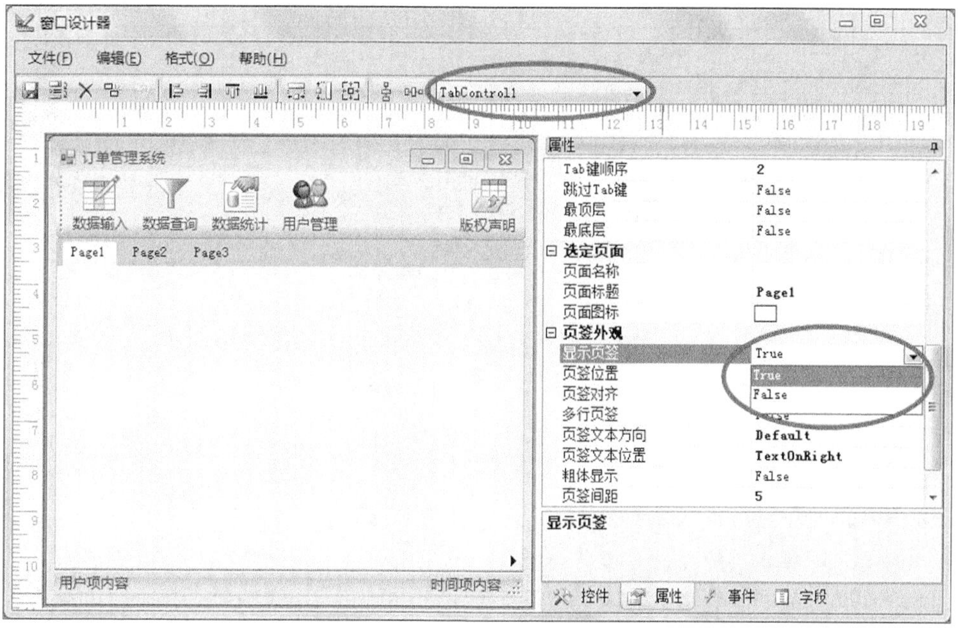

正确的做法是：在“主控窗口”的“AfterLoad”事件中增加代码，也就是在运行时动态地隐藏页签。例如，下面的代码，不仅隐藏了页面集合控件的页签，在初始运行状态下还将整个控件的3个页面全部进行了隐藏：

```
e.Form.Controls("TabControl1").ShowTabs = False   '隐藏页面集合控件的页签
For i As Integer = 0 To 2   '初始状态下同时隐藏页面集合控件中的3个页面
    e.Form.Controls("TabControl1").TabPages(i).Visible = False
Next
```

其中，“e.Form”表示当前窗口；“Controls”表示窗口中的所有控件集合；“e.Form.Controls(“TabControl1”)”自然就表示当前窗口中名称为“TabControl1”的控件。

ShowTabs是该控件的属性，表示该控件的页签是否可见。当把它的值设为False时，表示不可见。

TabPages同样是该控件的属性，表示控件中的所有页面集合，后面加个参数可用于指定具体的页面。例如，“TabPages(0)”表示控件中的第一个页面，“TabPages(1)”表示控件中的第二个页面，依次类推。

其实，要单纯地隐藏整个控件，可直接使用Visible属性。例如：

```
e.Form.Controls("TabControl1").Visible = False
```

而上述代码之所以没这么做，反而选择了看起来更繁琐的逐个页面隐藏，是因为后面还有其他的应用需求。

❷ **编写菜单事件代码**

在【窗口设计器】中选择“主控窗口”，进入【事件】页签中的【菜单事件】设置区，如下图所示。

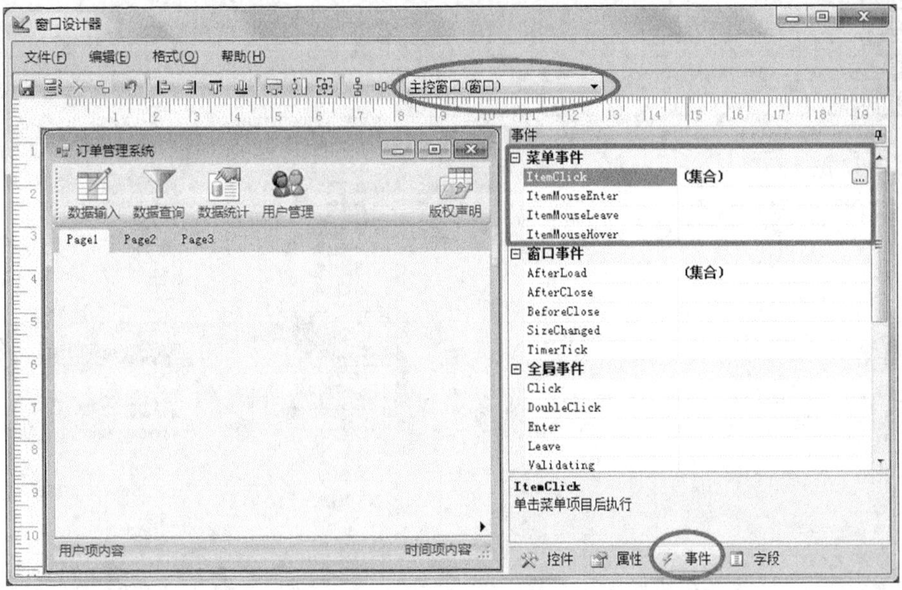

菜单项一般都是单击后才执行相关事件代码的，因而这里可选择名称为“ItemClick”的事件，单击右边的【…】按钮并设置以下事件代码：

```
Select Case e.StripItem.Name
    Case "输入"
        e.Form.Controls("TabControl1").TabPages(0).Visible = True
        e.Form.Controls("TabControl1").SelectedIndex = 0
    Case "查询"
        e.Form.Controls("TabControl1").TabPages(1).Visible = True
        e.Form.Controls("TabControl1").SelectedIndex = 1
    Case "统计"
        e.Form.Controls("TabControl1").TabPages(2).Visible = True
        e.Form.Controls("TabControl1").SelectedIndex = 2
    Case "权限"
    Syscmd.Project.Users()
    Case "声明"
        MessageBox.Show("本软件由XXX开发,XXX公司拥有所有权利!","版权声明")
End Select
```

其中，e.StripItem表示用户所单击的菜单项目，Name是它的属性，用于返回菜单项目名称。

上述代码的逻辑就是：如果单击的菜单名称为【输入】，就将页面集合控件中的第一个页面设置为可见，并且选择打开它；如果单击的菜单名称是【查询】，就让第二个页面可见并选择打开它；如果单击的是【权限】，则直接执行系统命令，以弹出【用户管理】窗口（关于Foxtable菜单中所用到的全部系统命令，官方帮助文档中有详细说明）；如果单击的是【声明】，则直接弹出版权对话框。

这里的SelectedIndex是TabControl控件的属性，用于返回或设置所选择的页面序号（第一个页面以0表示）。

需注意，上述代码中的Visible属性设置必须在前，SelectedIndex在后；否则将无法达到预期效果。至于原因是什么，各位可以认真想一想。

至此，本实战项目的功能框架已经全部搭建完成。

6.3 数据输入功能

既然菜单中的【数据输入】指向的是TabControl控件中的“Page1”，那就在这个页面来开发数据输入方面的功能。日常工作中，数据输入既可在表格中进行，也可以卡片式的方式输入，现在就分别来实现它。

6.3.1 输入界面设计

首先插入一个SplitContainer（分区面板）控件，并将它的“停靠”位置设置为“Fill”，如下图所示。

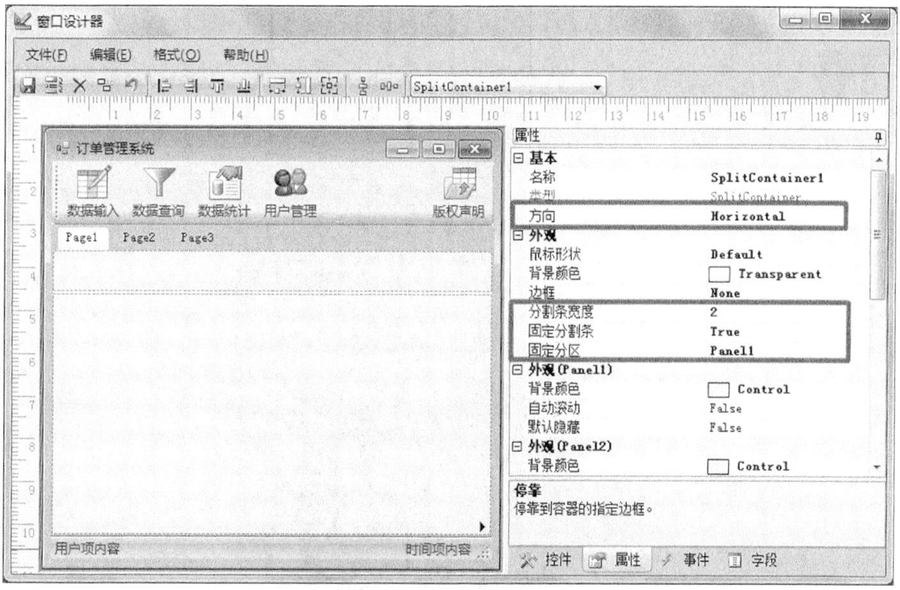

默认情况下，SplitContainer（分区面板）是按垂直方向分为左右两个区域的，这里将“方向”改为“Horizontal”也就是水平分割，使面板分成上下两个区域：上面的区域用于摆放操作按钮，下面的区域摆放数据表格。如上图所示：同时将固定分隔条设置为True，当项目运行时用户将无法采用拖动方式修改上下两个分区的大小；又将固定分区设为上方的“Panel1”，这就意味着，

当用户最大化此操作窗口时，用于摆放数据表格的“Panel2”区域可以自适应窗口大小。

6.3.2 将数据表调整到窗口中显示

在控件区选中“Table（表）”，拖动并将其插入到分区面板的“Panel2”区域中，停靠位置设为“Fill”，同时将“绑定表”属性设置为“订单”，如下图所示。

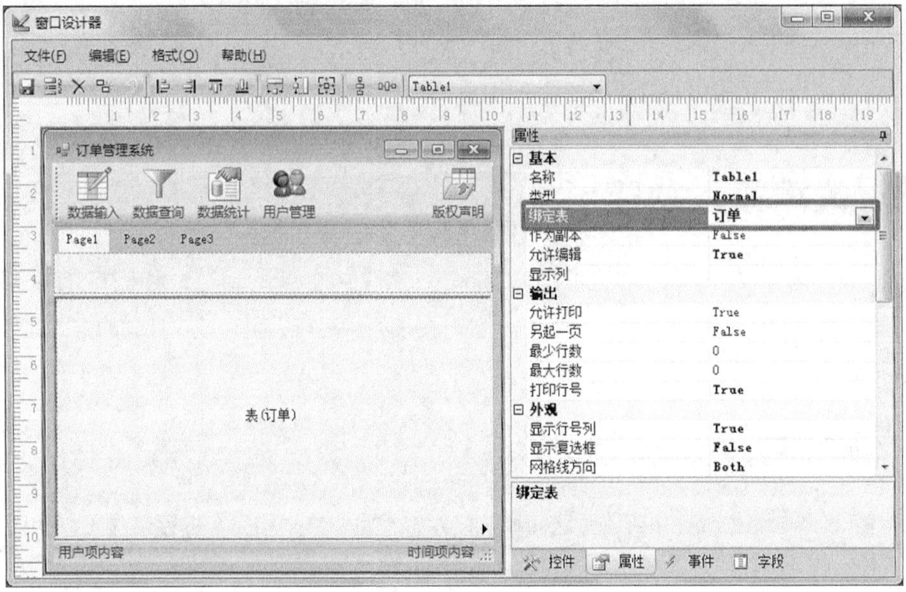

这里的“绑定表”属性，其实就是将指定表中的数据绑定到当前的Table控件中。默认情况下，“作为副本”属性为“False”，也就是把原来项目主界面中的“订单”表移动到此窗口中。此时，如果预览窗口就会发现，原来项目中的“订单”表只剩下了一个表标题，表格的主体部分已经改到此窗口中显示，如下图所示。

很显然，项目主界面中的“订单”表区域已经空空的了。如果希望在窗口中绑定的表同时在主界面中正常显示，可将该Table控件的“作为副本”属性设置为True。

6.3.3 添加数据输入操作按钮

由于本项目中的“订单”表初始状态下是没有加载任何数据的，那么在数据输入界面中就应该设置加载条件，以便用户从后台数据库中调出符合条件的数据进行修改编辑。当然，也应该允许用户随时添加数据。

❶ 添加加载条件按钮

在分区面板的“Panel1”区域中，分别插入两个DateTimePiker（日期输入框）、一个Label（标签）和一个Button（按钮）控件，并适当调整宽度、高度和位置，按顺序摆放好。当在同一个区域摆放多个控件时，可按“Ctrl”键同时选择多个控件，然后通过窗口设计器中的工具栏命令进行快速对齐、等宽、等高、等距等操作，如下图所示。

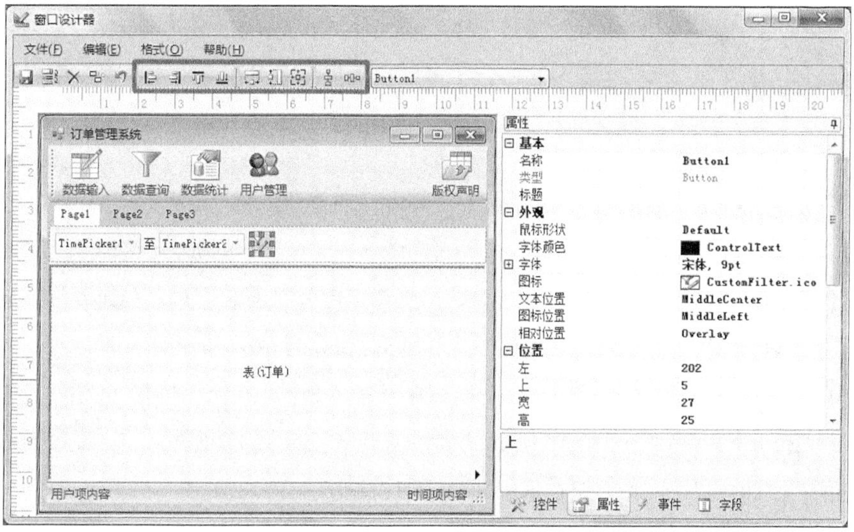

这里添加的3个控件，设置的样式属性都是“Office2010Blue”。其中，“Button1”按钮控件只使用了一个图标表示，标题为空。该按钮设置的“Click”事件代码如下：

```
Dim d1 As Date = e.Form.Controls("DateTimePicker1").Value
Dim d2 As Date = e.Form.Controls("DateTimePicker2").Value
If d1 = Nothing Or d2 = Nothing Then
MessageBox.Show("起始或结束日期都不能为空! ","友情提醒",MessageBoxButtons.OK,MessageBoxIcon.Warning)
Else
    With DataTables("订单")
        .LoadFilter = "日期>=#" & d1 & "# and 日期<=#" & d2 & "#"
        .Load()
    End With
End If
```

其中，变量d1和d2分别用于保存两个日期输入框控件的值。如果这两个值有一个为空，就给出提示；否则就根据这两个值拼接成字符串条件，用于加载数据。

这里的DataTables是个集合，通过该集合可以获得指定名称的表。例如，DataTables("订单")就表示的“订单”表，这个表在Foxtable中可看作一个对象，其类型为DataTable。

DataTable有很多的属性和方法，这些在第5章的“大数据管理”一节中有非常详细的说明。LoadFilter就是它的属性之一，表示数据加载条件；Load是它的方法，也就是按条件进行加载。

预览该窗口，运行效果如下图所示。

当然，在实际的项目开发过程中，还可根据需要设置任意多的数据加载条件。

❷ 添加表格数据操作按钮

对于已经加载的数据，用户可以在表格中对其做任意修改。由于这里的“金额”列是表达式列，只要“单价”“折扣”“数量”3列中有任何的修改，“金额”列数据也都将同步更新。

可是，数据修改后如果需要保存呢？还有，虽然可以通过右击行号的“右键菜单”方式增加记录或删除记录，毕竟操作不是非常方便，因此，添加适当的数据操作按钮是必需的。

如下图所示，在分区面板的“Panel1”区域中又插入3个Button（按钮）控件，名称分别为“Button2”“Button3”和“Button4”，样式属性仍然是“Office2010Blue”，按钮标题则分别改为“增加记录”“删除记录”和“保存退出”。

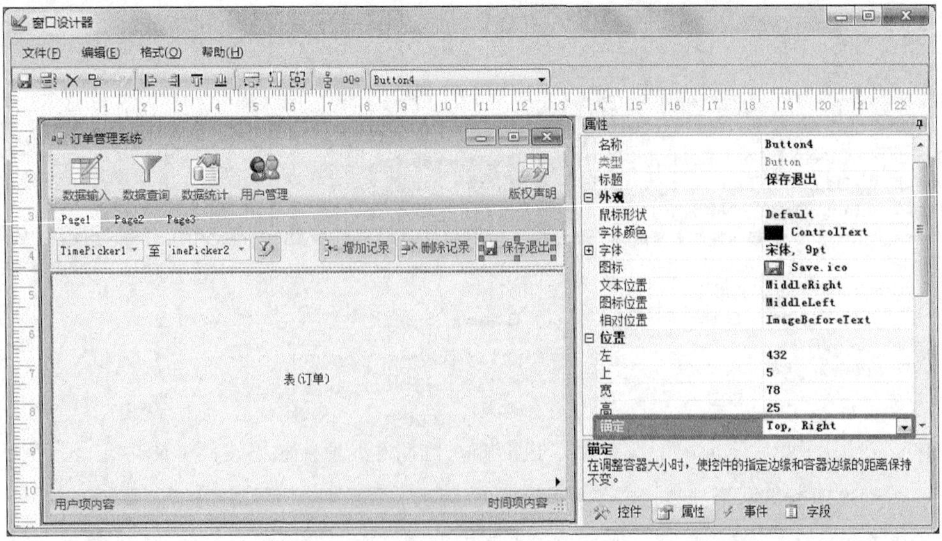

为避免项目运行时因窗口最大化所导致的右侧大片空白，同时也是为了将数据操作按钮和数据

加载按钮相区分，刚刚新增加的3个按钮锚定方式全部为“Top，Right”。这样，即使用户在运行时把窗口最大化了，这3个按钮也会始终按照“上、右”的方式锚定，如下图所示。

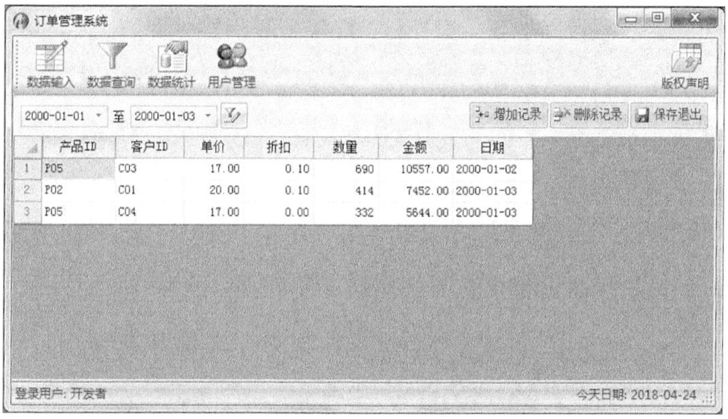

	产品ID	客户ID	单价	折扣	数量	金额	日期
1	P05	C03	17.00	0.10	690	10557.00	2000-01-02
2	P02	C01	20.00	0.10	414	7452.00	2000-01-03
3	P05	C04	17.00	0.00	332	5644.00	2000-01-03

3个按钮的“Click”事件代码分别设置如下。

- 增加记录

该事件代码非常简单，一行即可：

```
Tables("订单").AddNew()
```

- 删除记录

```
If Tables("订单").Current IsNot Nothing Then    '如果当前行不为空
    Tables("订单").Current.Delete()
End If
```

- 保存退出

如果希望单击此按钮后，所有数据保存到后台数据库中，同时表中不再显示任何数据，可使用以下代码：

```
With DataTables("订单")
    .LoadFilter = "False"    '非Access数据源时,可改为其他永不成立的任意条件
    .Load()
End With
```

以上代码的意思是重新加载数据，只不过这个条件是不成立的，所以加载内容为空。Load方法在执行时会同时保存数据。如果仅仅只是保存数据，只需一行代码即可：

```
DataTables("订单").Save()
```

可能有的读者会问，上述代码中，有的使用Tables，有的使用DataTables，它们之间有区别吗？当然有区别，而且区别大了。关于DataTable和Table方面的详细说明，可参考5.4节和5.5节。

- 更完美的保存退出方式

上述的【保存退出】按钮代码仅仅是不再加载数据而已，更完美的处理方法是同时将当前的数据输入界面隐藏。因此，【保存退出】按钮的“Click”事件代码应再增加一行：

```
e.Form.Controls("TabControl1").TabPages(0).Visible = False
```

6.3.4 表格数据输入控制

虽然上述操作按钮解决了数据加载、增加行、删除行等问题，但在实际的数据输入过程中还是有很多不便。例如，表格中只有“产品ID”列和“客户ID”列，如果输入时有具体的“产品名称”或“客户名称”作参考不更好吗？还有，“单价”“折扣”“数量”列都是数值型的，为何不用内置输入器？“日期”列更是如此，使用内置输入器不仅直观，更能有效地保证数据输入的准确性。

按照之前学习的知识，这些设置都可在列属性中处理。例如，通过给“产品ID”列和“客户ID”列设置数据字典，就可轻松实现ID号的“翻译”功能，如下图所示。

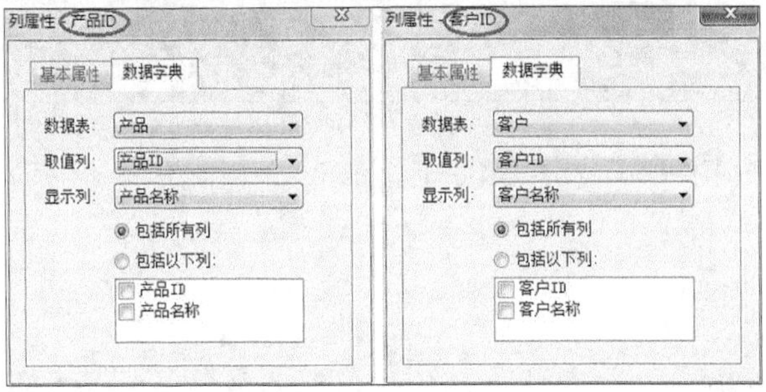

至于“单价”“折扣”“数量”和“日期”列，只需将列属性中的“使用内置输入器”置为True即可，如下图所示。

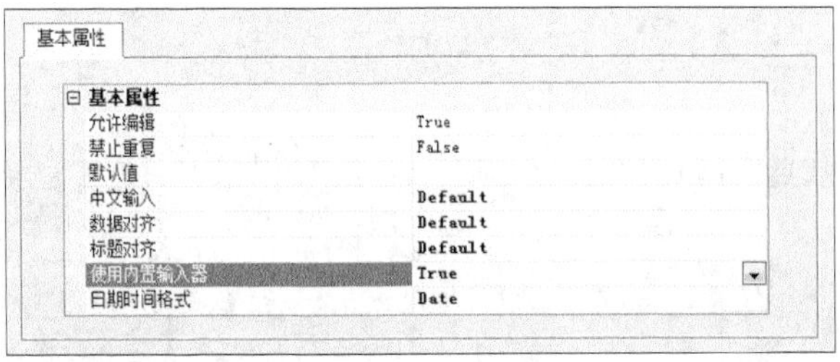

列属性设置完成后，无需其他任何代码，即可在窗口中实现所需要的各种输入方式。下图所示为列表式数据输入。

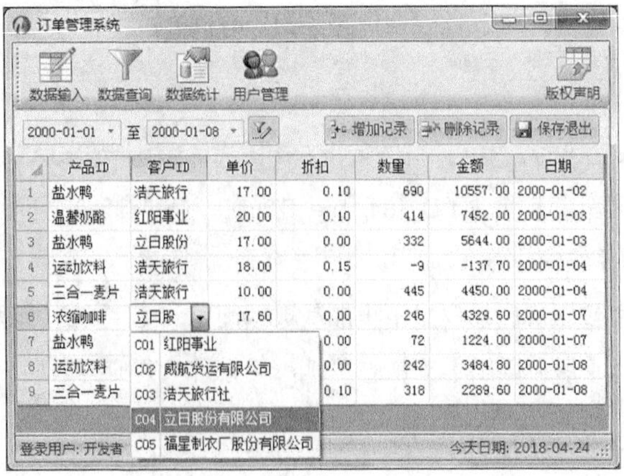

内置计算器方式的输入如下图所示。

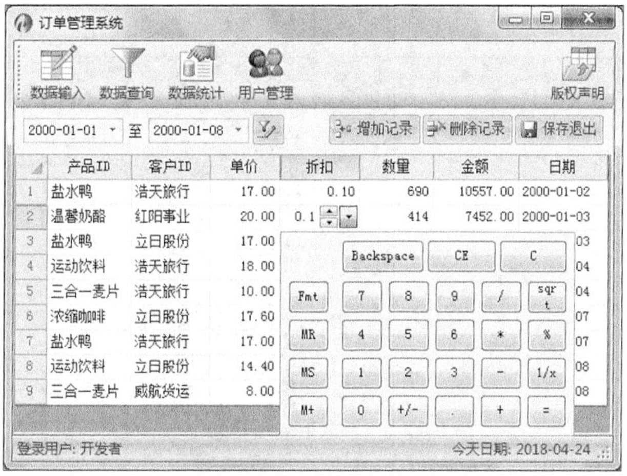

日历式的日期输入如下图所示。

如果希望在表格的最后一行、最后一个单元格中按“Enter”键时可以自动增加一行，只需在“订单”表的表属性中将“自动增加行”属性设置为True即可，此功能同样无需编码。

6.3.5 卡片式数据输入

首先增加一个名称为“录入窗口”的窗口，专门用于卡片式的数据输入，如下图所示。

然后进入窗口设计器，将窗口标题改为“数据录入窗口”，窗口类型及图标和“主控窗口”相

同。由于此窗口仅用于卡片式的数据输入，因而窗口大小可以是固定的，故将“大小可调”属性设置为“False”，如下图所示。

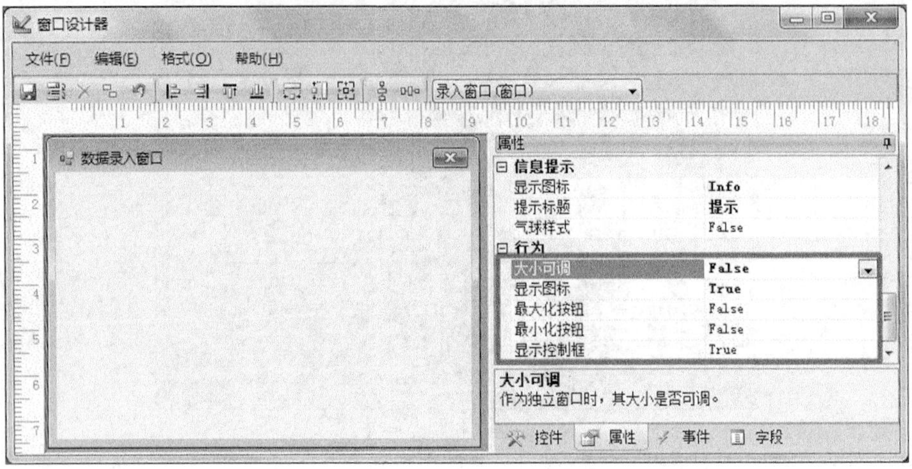

❶ 添加用于数据输入的字段

单击“字段”页签，展开“订单”表中的所有字段，将需要用于输入（或显示）的字段依次拖动到窗口中。当拖动字段时，系统将自动依据其数据类型给出相应的选项供选择。

例如，当拖动添加“产品ID”时，由于这是一个字符型的列，给出的选项如下图所示。

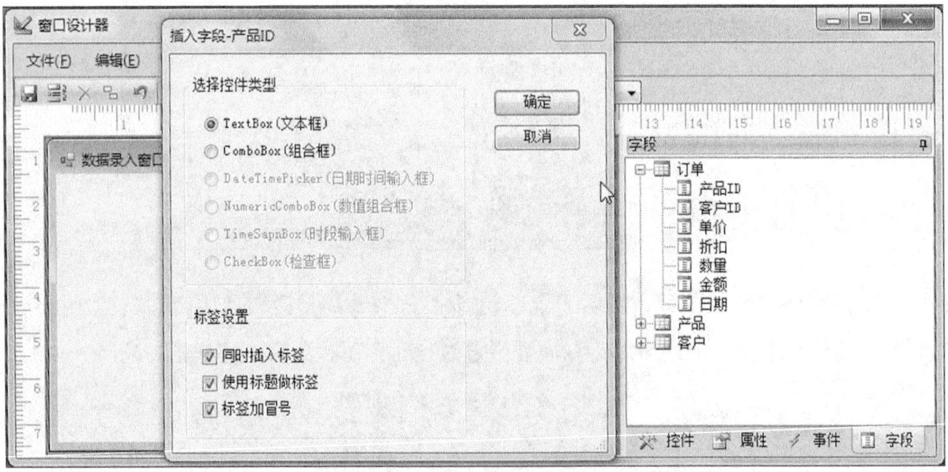

其中，TextBox（文本框）只能用于输入字符型的内容，ComboBox（组合框）则既可直接输入也可通过列表项目选择。如果勾选了【同时插入标签】复选框，还可在插入字段的同时自动添加字段的标签说明。

由于“产品ID”“客户ID”列的输入内容可以通过其他表获得，为保证数据输入的准确和统一，这两个字段选择添加的控件类型都是ComboBox（组合框）；“单价”“折扣”“数量”和“金额”作为数值型的列，添加的控件类型为NumericCombobox（数值组合框）；“日期”列自然是DateTimePicker（日期时间输入框）。全部字段添加完毕，再统一调整宽度、高度和对齐，效果如下图所示。

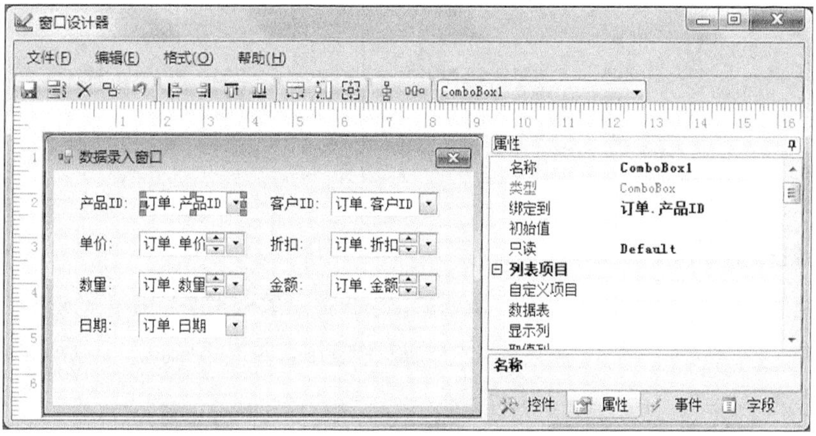

很显然，这里添加的字段控件并不完全符合要求，有的又太过累赘（如数值型字段根本没必要使用上下键的微调按钮），因而还需分别选择每个控件再做适当调整。

- “产品ID”和“客户ID”列要分别设置列表项目属性，将其显示列和取值列分别指向“产品”表和“客户”表，并把“允许直接输入”属性设置为“False”。

“产品ID”列的属性设置如下图所示，“客户ID”列同理。

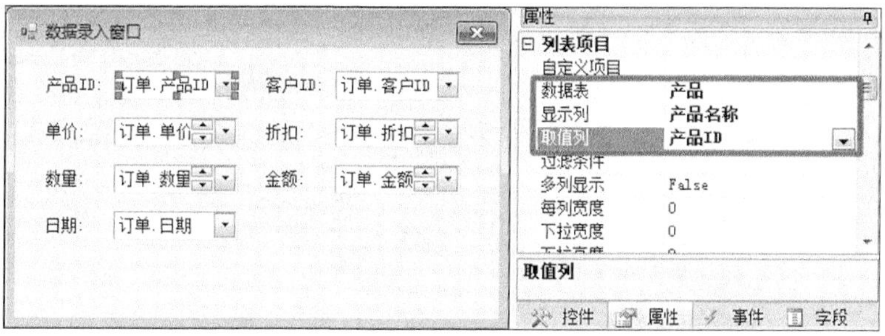

- “单价”“折扣”“数量”和“金额”列的“微调按钮”属性全部设置为False。而且，“金额”列数据是自动生成的，根本无需输入，因而该列的“可用”属性也可设为“False”，如下图所示。

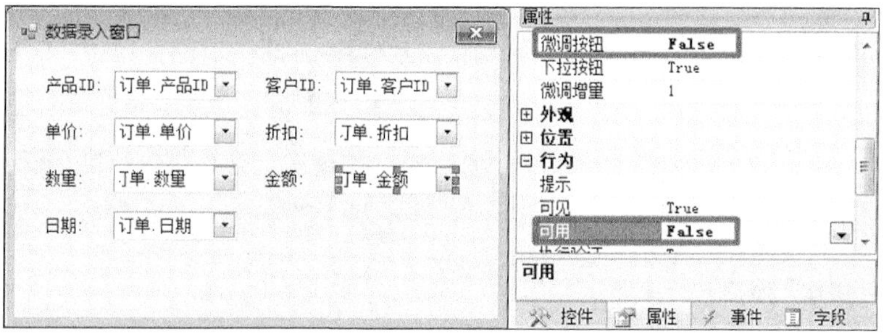

- 为了保证与主控窗口中的外观效果相统一，本窗口所有控件的“外观”样式都设为“Office2010-Blue”，如下图所示。

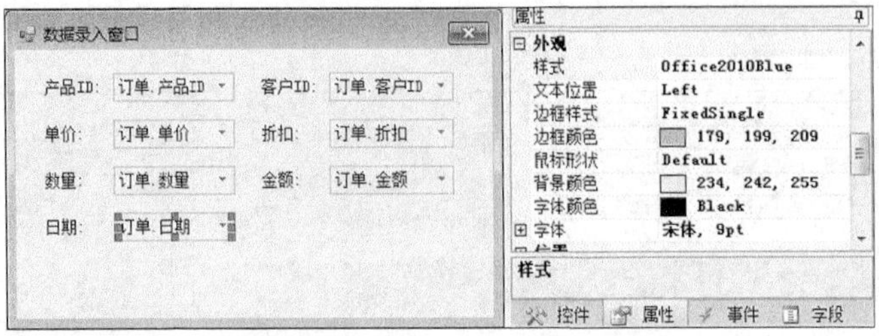

❷ 添加数据记录操作按钮

输入窗口中所有绑定了字段的控件，默认情况下仅显示数据表中当前记录的内容。为便于操作，还应该加上“上一条”“下一条”之类的记录操作按钮，如下图所示。

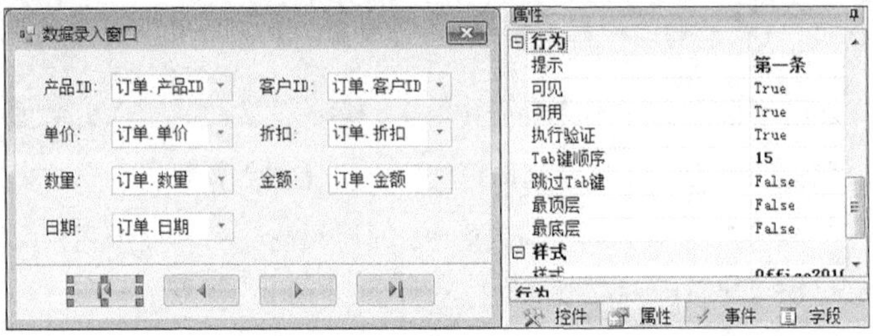

为了将操作按钮和字段输入区域相区分，这里首先插入了一个“线条”控件（由于线条控件的样式太单一，本实例实际改用了“颜色标签”控件，这样可以有一种立体效果），然后再插入4个按钮，分别为“Button1”“Button2”“Button3”和“Button4”，用于将光标移动到“第一行”“上一行”“下一行”和“最后一行”。各按钮的“Click”事件代码设置如下表所示。

按钮	代码
第一行	`Tables("订单").Position = 0`
上一行	`Tables("订单").Position = Tables("订单").Position - 1`
下一行	`Tables("订单").Position = Tables("订单").Position + 1`
最后一行	`Tables("订单").Position = Tables("订单").Rows.Count - 1`

其中，Position属性是一个整数，表示当前行的位置。由于位置的计算是从0开始的，所以当需要将光标移动到“第一行”时，只需将该属性值设置为0即可；“上一行”就是在当前行位置的基础上减1；“下一行”是在当前行位置的基础上加1；“最后一行”的位置则是以总行数减1。这里的Rows用于返回指定表的行集合，通过集合的Count属性就能得到记录总数。

❸ 调用卡片式输入窗口

输入窗口设计完毕，当然可以在“主控窗口”中加个操作按钮来调用此窗口。但这种方法并不是最完美的：一方面会占用有限的界面空间，另一方面还要在调用之前判断是否有记录加载，相对比较麻烦。因而，在项目的实际开发过程中，一般常通过双击表格的方式调用。

在项目主界面中选择“订单”表，单击【数据表】功能区的【表相关】功能组中的【表属性】命令按钮，在“事件”选项卡找到“DoubleClick”事件，如下图所示。

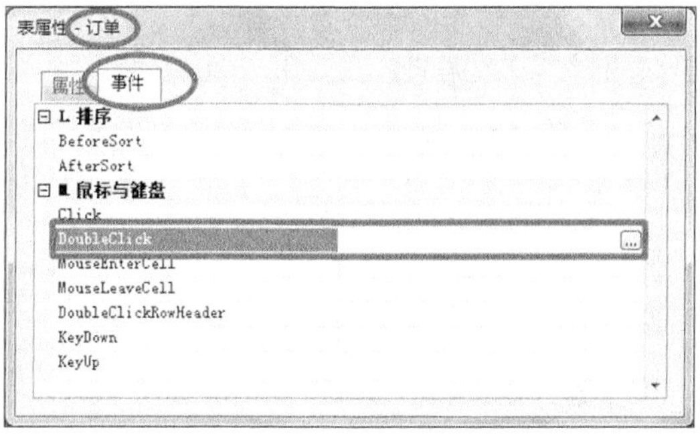

单击该事件右侧的【…】按钮，输入以下代码：

```
e.Cancel = True
Forms("录入窗口").Open()
```

其中，第一行代码表示取消当前事件的默认动作。正常情况下，在表格中双击任意一个单元格都会自动进入编辑状态，一旦将e参数的Cancel属性设置为True，就会自动取消这种默认的动作。双击事件如此，其他事件也一样。例如，在增加行、删除行时，会触发“BeforeAddDataRow”和“BeforeDeleteDataRow”事件。如果这两个事件中没有设置任何代码，它们的默认动作就是增加行或删除行；一旦在这两个事件中加上“e.Cancel=True”就会取消这些动作，并改按用户设置的代码执行。Foxtable中的各种事件非常丰富，可以控制数据操作的方方面面，建议读者在快速入门之后再继续深入研习第5章。

第二行代码中的Forms表示窗口集合，后面加上窗口名称即可指定具体的窗口。例如，“Forms(“录入窗口”)”就表示名称为“录入窗口”的窗口对象，Open是该对象中的方法，用于打开窗口。

这样设置之后，在“主控窗口”的输入界面中双击任何位置的单元格，都可直接调出“数据录入窗口”对话框，如下图所示。

❹ 窗口中的全局事件

上述“数据录入窗口”看似比较完美了，但实际上还存在一个问题：当单击窗口中的操作按钮时，数据表中的当前行记录确实会同步移动，但“数据录入窗口”中的输入焦点却仍然停留在按钮上。当需要在移动记录后再次编辑修改数据时，还要单击相应的字段名称才行。如上图所示，当单击【下一条】命令后，输入窗口中的光标始终停留在该按钮上，假如希望从“产品ID”开始继续编辑数据，还必须单击“产品ID”所在的组合框，在获取焦点后才能输入。很显然，当需要连续输入大量数据时，就会严重影响输入效率。

由于在窗口中的所有操作还同时会触发该窗口的全局事件，因此，可以考虑在窗口的全局事件中处理此问题。例如：在窗口中的任意控件上单击，都会触发全局中的“Click”事件；当光标移动到某个控件上时，都会触发全局中的“Enter”事件等。既然上面的“失焦”情况只在单击按钮时才会出现，那就放到全局的“Click”事件中来解决，如下图所示。

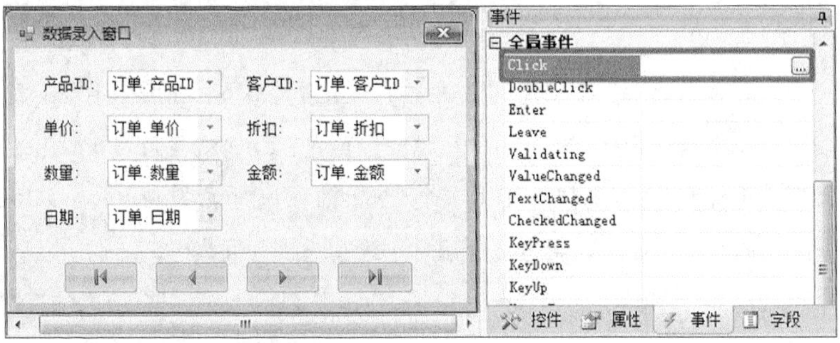

单击“Click”事件右侧的【…】按钮，输入以下代码：

```
Select Case e.Sender.Name
    Case "Button1","Button2, "Button3","Button4"
      e.Form.Controls("ComboBox1").Select()
End Select
```

该代码的意思是，如果用户所单击的控件名称是Button1、Button2、Button3或Button4中的一个，就执行第三行代码，也就是执行“产品ID”组合框控件的Select方法，直接将焦点定位到该组合框中。

如此设置之后，只要在窗口的任意一个按钮上单击，不仅会移动数据行，同时还会将输入焦点定位到“产品ID”的组合框上；而在其他任何编辑框上单击，焦点始终不会有变化，因为其他编辑框不是Button类型，自然就不会执行上述第三行代码。

这里还有个问题：当在“录入窗口”中需要增加、删除行怎么办？先把窗口关闭，到“主控窗口”中处理完毕再来打开此窗口？在实际应用中，这种需求一般可通过快捷键来解决。在窗口的“全局事件”中找到“KeyDown”，也就是压下按键时执行的事件，并输入以下代码：

```
Dim t As Table = Tables("订单")
'同时按 "Ctrl+A"组合键增加行
If e.Control = True AndAlso e.KeyCode = Keys.A Then
    e.Cancel = True
    t.AddNew()
    t.Current("日期") = Date.Today      '增加行的同时将"日期"列的值设为当天
End If
```

```
'同时按"Ctrl+D"组合键删除当前行
If e.Control = True AndAlso e.KeyCode = Keys.D Then
    e.Cancel = True
    If t.Current IsNot Nothing Then    '如果当前行不为空就删除
        t.Current.Delete()
    End If
End If
```

由于该事件是专门处理按键的，因而e参数中提供了这么几个常用的属性，开发时可根据需要自行组合。

Control：判断是否按下了“Ctrl”键。

Shift：判断是否按下了“Shift”键。

Alt：判断是否按下了“Alt”键。

KeyCode：表示按键的代码，这是Keys型的枚举，Keys.A表示按下了“A”键，Keys.B表示按下了“B”键。

其实，Foxtable还提供了一个系统变量ModifierKey，使用该变量也可判断Control、Shift和Alt这3个按键的状态。例如：

```
If ModifierKey = Keys.Control AndAlso e.KeyCode = Keys.A Then
    ……
End If
```

这样设置之后，当“录入窗口”打开时，就可直接按“Ctrl+A”组合键增加数据行，按“Ctrl+D”组合键删除数据行，而且增加行时还能自动填充日期；加上“产品ID”和“客户ID”组合框又被设置为不可直接编辑，按空格键即可调出列表项目，因而整个“录入窗口”就完全不再需要使用鼠标，单纯的键盘操作可保证数据输入既快又准，如下图所示。

6.4 数据查询功能

数据查询由于不涉及输入及修改数据的问题，因此可以使用查询表。

单击【数据表】功能区的【查询表】命令按钮，在弹出的“查询表管理”窗口中以“查询表生成器”的方式创建。关于查询表的创建方法，具体可参考3.5节，如下图所示。

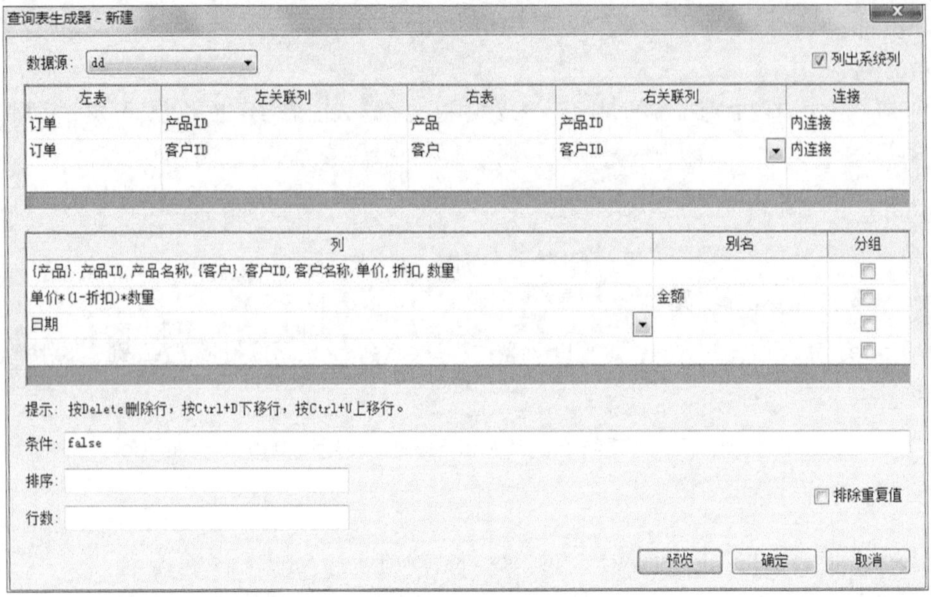

这里同样将数据加载条件设置为False，也就是默认不加载任何数据。生成的查询表如下图所示。

6.4.1 设计查询界面

查询表创建之后，就可以按照【数据输入】功能中的设计方法，先在“主控窗口”的TabControl控件“Page2”页面插入一个SplitContainer（分区面板），如下图所示。

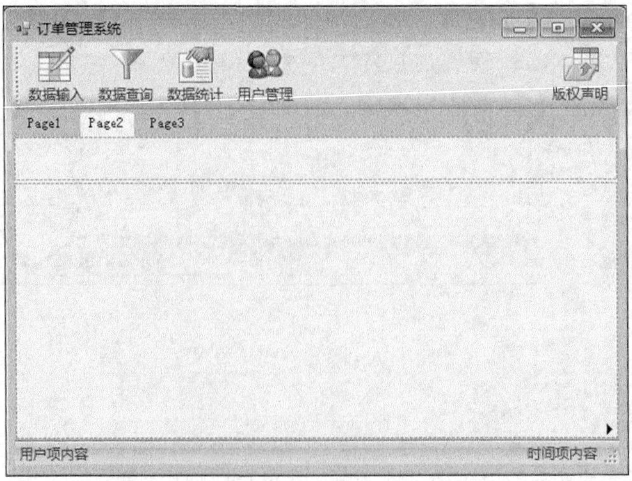

然后在“控件”区选择“Table（表）”，并将其插入到“SplitContainer（分区面板）”控件的“Panel2”区域中，停靠位置仍然为“Fill”。由于这是添加到窗口中的第二个表，因而其名称默认为“Table2”。该表的属性设置如下图所示。

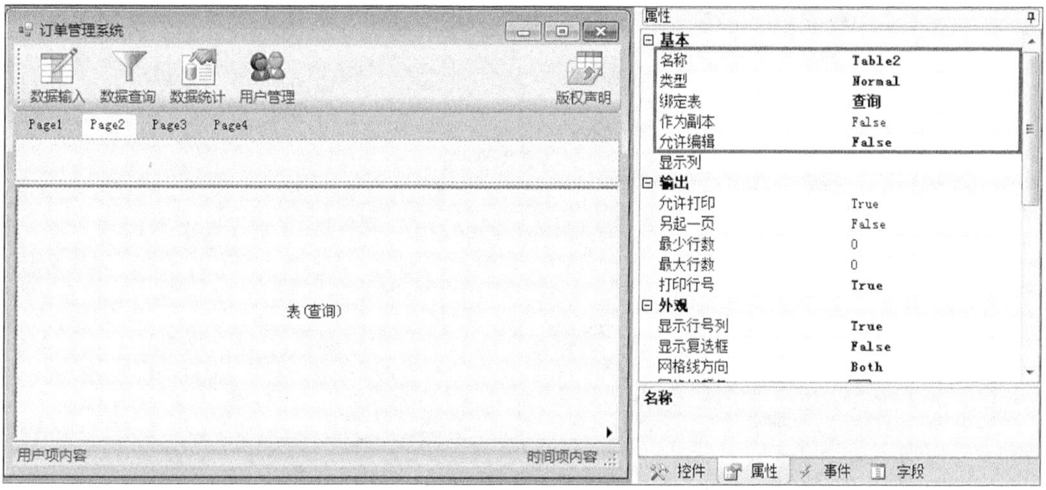

该表的属性设置和数据输入中的“订单”表基本相同，仅仅是将允许编辑改为False而已。

6.4.2 添加查询操作按钮

假如仍以日期作为查询条件，那么可参考“Page1”页面中的做法，添加两个日期控件再加上一个查询按钮即可。这里换一种做法，改按“产品名称”查询。

处理方式其实都是一样的，只需把日期输入控件换成文本框即可，如下图所示。

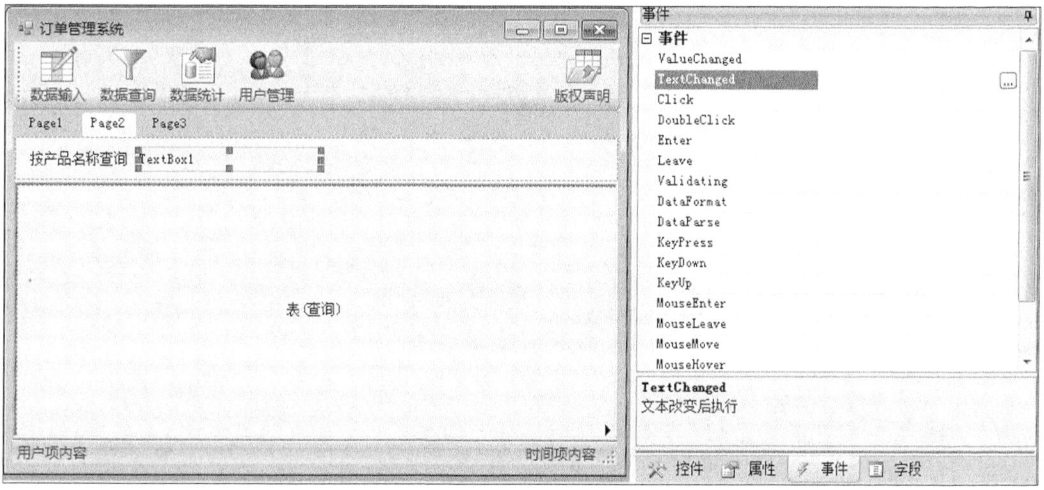

可能有的读者会问：为什么不在页面中加个查询按钮？加上查询按钮当然是可以的，但也可以不加，因为这些输入控件本身就带有各种事件，通过事件的设置也照样能触发查询。

如上图所示，文本框控件可触发的事件就有很多。其中，“TextChanged”事件就是在用户改变文本框内容时触发的。例如，文本框初始内容是空的，一旦输入任意一个字符进去，就会触发此事件；再输入一个字符或者修改其中的任何一个字符又会触发此事件。

该事件代码设置如下：

```
Dim s As String = e.Sender.Text  '获取文本框中的内容
With DataTables("查询")
    .LoadFilter = "产品名称 like '%" & s & "%'"
    .Load()
End With
```

该代码的意思是，首先获取当前控件中的内容，然后将它作为加载条件放到“查询”表的LoadFilter属性中，最后以此条件加载数据。

当在文本框中输入“麦”时，就会自动加载“产品名称”中包含“麦”的所有记录，如下图所示。

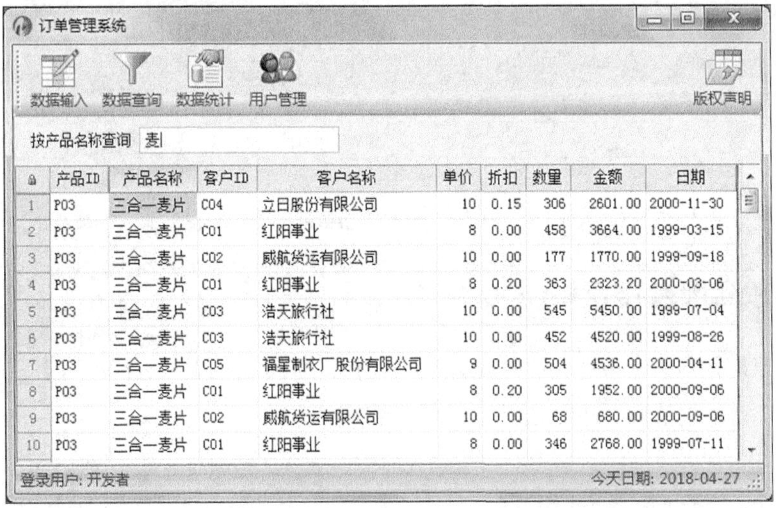

如果希望按多个关键词来查询呢？比如，查找产品名称中包含“麦片”或“咖啡”的记录，怎么处理？这就需要自行规定一个分隔符，然后以此符号来组合生成查询条件。由于TextChanged事件只要在输入的文本内容发生改变时都会触发，多关键词查询并不适合在此事件中使用，因此改在KeyDown事件中处理。代码如下：

```
If e.KeyCode = Keys.Enter Then
    Dim s As String = e.Sender.Text    '获取文本框中的内容
    Dim f As String                    '查询字符串变量
    Dim ss As String() = s.Split(",")  '以半角逗号作为分隔符,生成数组
    For Each t As String In ss
        f = f & " or 产品名称 Like '%" & t & "%'"
    Next
    f = f.Remove(0,4)                  '删除查询字符串开始位置多余的字符
    With DataTables("查询")
        .LoadFilter = f
        .Load()
    End With
End If
```

这样，当在文本框中输入“麦片,咖啡”且按“Enter”键确认时，才会执行上述代码，也就是

自动加载“产品名称”中包含此两个关键词的所有记录。以上代码是通用的，输入的关键词数量不限，只要记得将它们之间以半角逗号隔开即可。不论输入的关键词有多少，只要没有按“Enter”键，代码都不会执行。

上述代码使用的是模糊查询方式。如果要精确查询，代码会更加简单，一个“in”关键字即可搞定。例如：

```
Dim s As String = e.Sender.Text    '获取文本框中的内容
With DataTables("查询")
    .LoadFilter = "产品名称 in ('" & s.Replace(",","','") & "')"
    .Load()
End With
```

当使用精确查询方式时，输入的关键字必须和数据记录中的内容完全一致才能得到结果。

6.4.3 在查询表内进行数据统计

按常规用法，上述的数据查询功能已经可以满足绝大部分情况下的应用需求，无非是再多增加几个查询输入条件而已。可是，有时又希望对查询结果进行一些简单的统计，这就可以在查询结果中使用合计模式或汇总模式。

如下图所示，在查询页面加上了3个操作按钮。

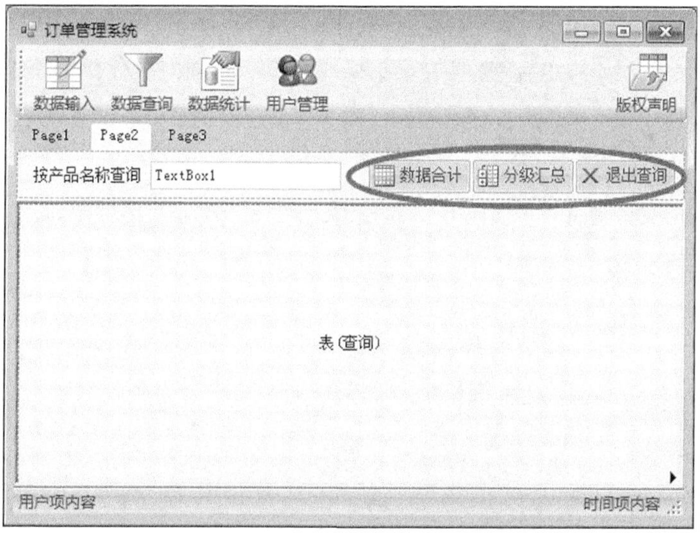

其中，【退出查询】按钮的单击事件代码非常简单，只要将“查询”表的加载条件设置为False，然后再隐藏当前页面就可以了。代码如下：

```
With DataTables("查询")
    .LoadFilter = "False"   '不是Access数据源时,可改为永不成立的条件
    .Load()
End With
e.Form.Controls( "TabControl1" ).TabPages(1).Visible = False
```

问题在于前面两个按钮。这是因为，不论是“合计模式”还是“汇总模式”，都要既能进入也

能退出。而这两个按钮控件和菜单中的按钮是不一样的，它们无法记录勾选状态，因此，要在同一个按钮中同时实现模式的进入与退出功能，需要用到下拉菜单。当然，不使用菜单也是可以的，无非是多加几个按钮控件而已。

要给这两个按钮加上下拉菜单，需要在【菜单编辑器】窗口中先增加“快捷菜单”，如下图所示。

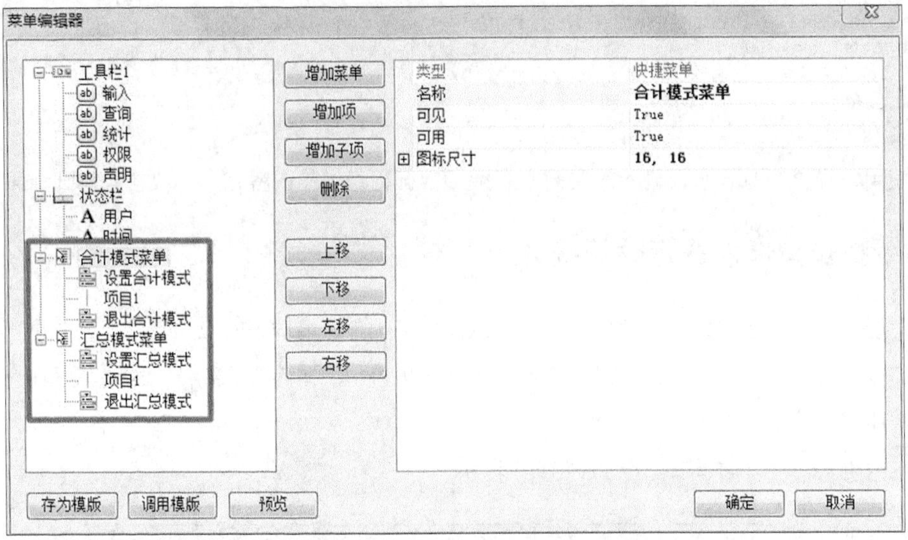

其中：第一组快捷菜单的“名称”为“合计模式菜单”，这里包含两个菜单项，即“设置合计模式”“退出合计模式”；第二组快捷菜单的名称为“汇总模式菜单”，也同样包含设置及退出两个选项。

每组快捷菜单中又分别有个“项目1”，这是“Separator”类型的菜单项，实际运行时显示一个分隔条，如下图所示。

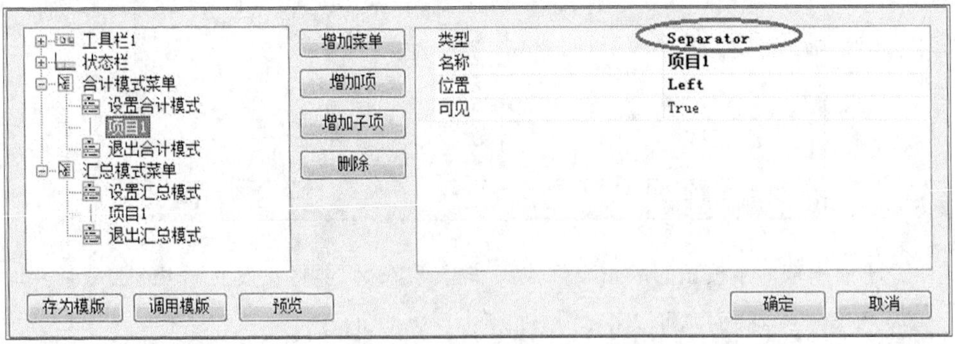

快捷菜单设计完成后，可通过窗口中每个控件都具有的ShowContextStrip方法，将快捷菜单绑定到控件的指定位置显示。其语法格式为：

```
ShowContextStrip(x,y,Strip)
```

其中：x表示菜单显示的水平位置；y表示菜单显示的垂直位置，它们都以控件的左上角为原点；Strip表示要显示的快捷菜单。有了这个方法之后，就可以在【数据合计】按钮的单击事件中设置以下代码：

```
With e.Sender
    .ShowContextStrip(0, .Height, e.Form.Strips("合计模式菜单"))
End With
```

这里的水平位置为0，也就是当前按钮的左边界；垂直位置等于按钮的高度，也就是当前按钮的底部。这样设置之后，当单击【数据合计】按钮时，显示的菜单效果如下图所示。

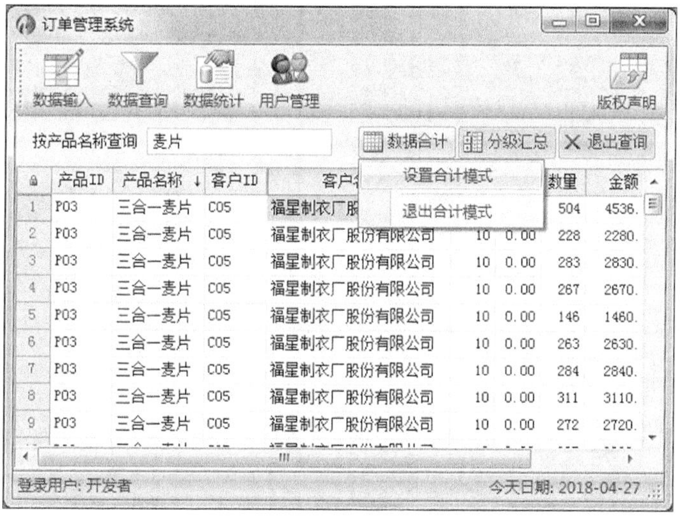

同理，可以将【分级汇总】按钮的单击事件代码设置如下。

```
With e.Sender
    .ShowContextStrip(0, .Height, e.Form.Strips("汇总模式菜单"))
End With
```

这样，两个按钮就都变相实现了下拉菜单的效果。

和工具栏菜单一样，快捷菜单的单击事件代码也是写在窗口的“ItemClick”事件中，只需在原来的基础上再增加以下代码：

```
Select Case e.StripItem.Name
    …工具栏代码略…
    Case "设置合计模式"
        With Tables("查询")
            .Cols("数量").GrandTotal = True
            .Cols("金额").GrandTotal = True
            .GrandTotal = True    '进入合计模式
        End With
    Case "退出合计模式"
        Tables("查询").GrandTotal = False    '退出合计模式
    Case "设置汇总模式"
        Tables("查询").SetSubtotalMode()    '打开汇总模式设置窗口
    Case "退出汇总模式"
        Tables("查询").ClearSubtotal()    '退出汇总模式
End Select
```

很明显，上述代码的4个分支分别对应着快捷菜单中的4个名称，而且都是对“查询”表进行操作的。运行效果如下图所示。

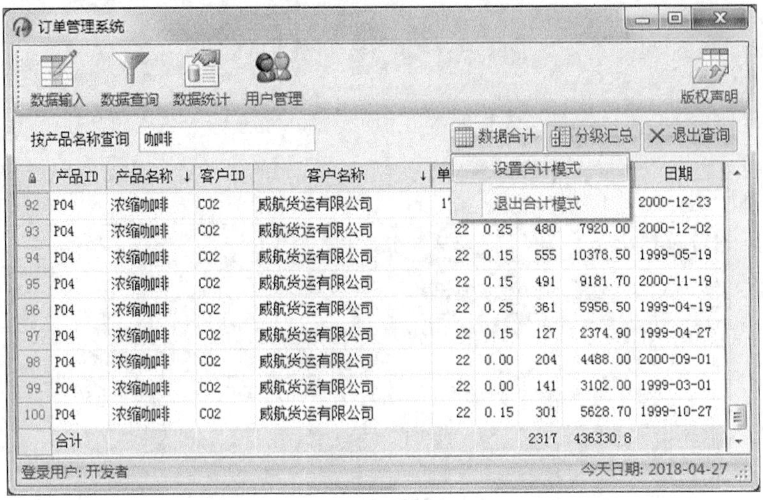

当单击的菜单项名称为“设置汇总模式”时，则直接执行“查询”表的SetSubtotalMode方法，执行效果如下图所示。

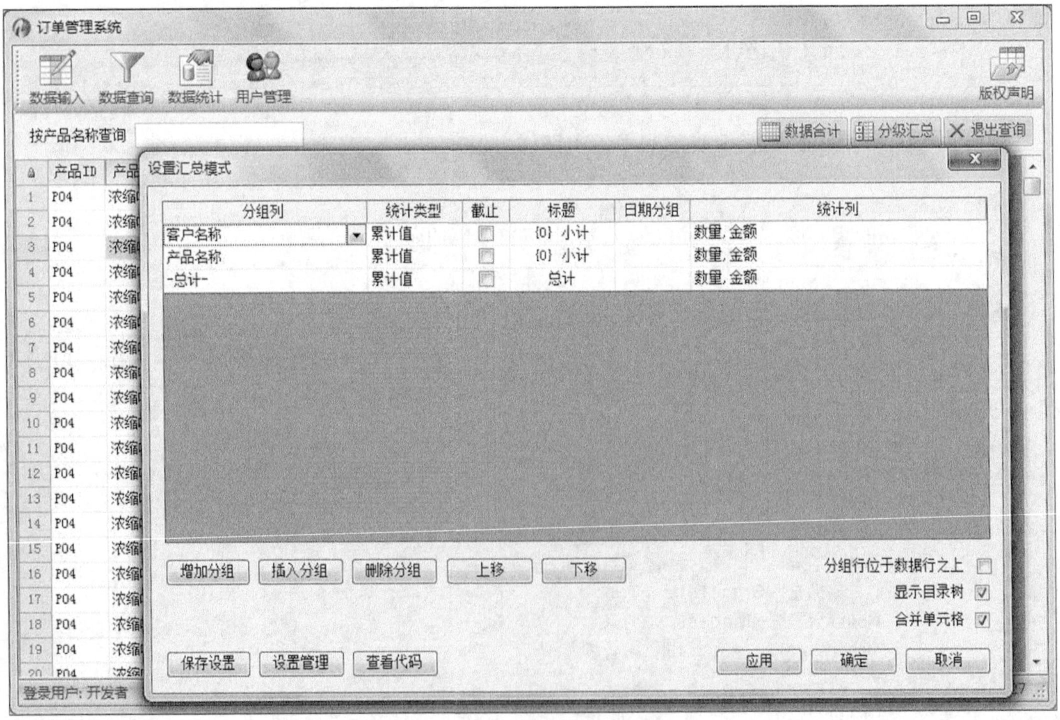

没错，该方法调用的设置窗口和系统菜单上的【设置汇总模式】窗口是完全一样的，用法也完全相同。如上图所示，在设置好“分组列”及相关选项之后，单击【确定】按钮，窗口中的查询表将进入汇总模式，如下图所示。

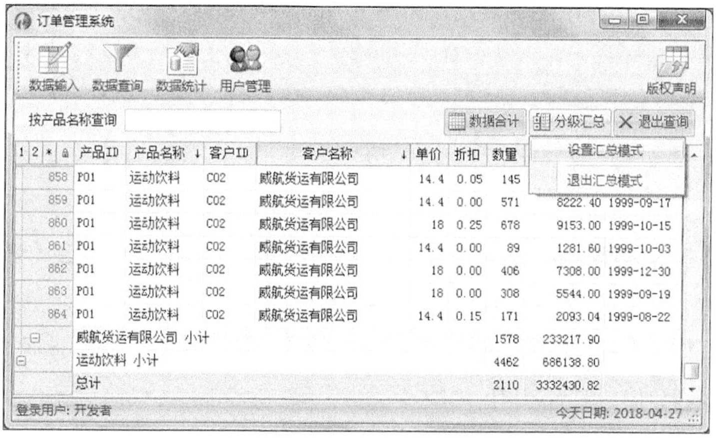

如果不希望弹出设置窗口，也可以重新编写事件代码，直接按照指定的“分组列”进行统计。关于这方面所涉及的知识点会比较多，具体可参考第5章的“统计数据”一节。但也不用担心，学习初期可通过系统自动生成的代码来研习。

例如，要实现与上述相同的汇总模式效果，可以先通过【日常工作】功能区的【数据统计】功能组中的【汇总模式】下拉菜单中的【设置汇总模式】命令来获取代码，如下图所示。

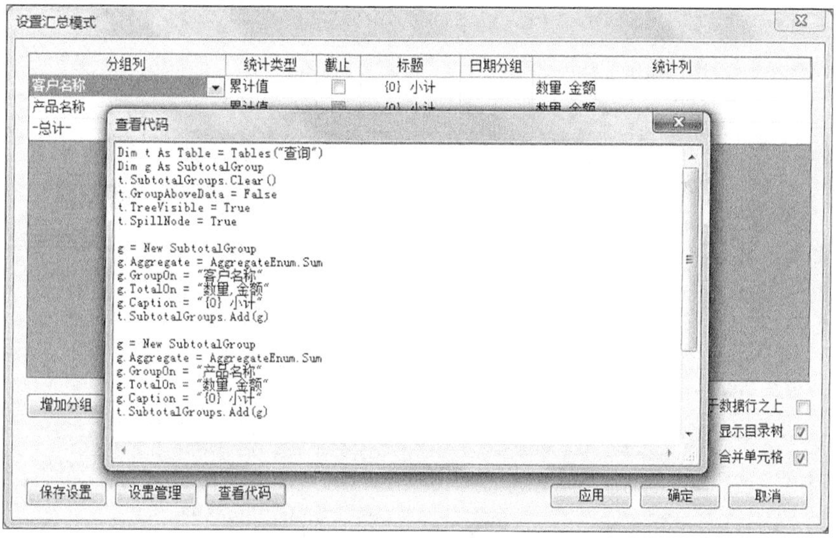

复制上述代码，并将之替换掉窗口菜单事件中的下图所标示内容。

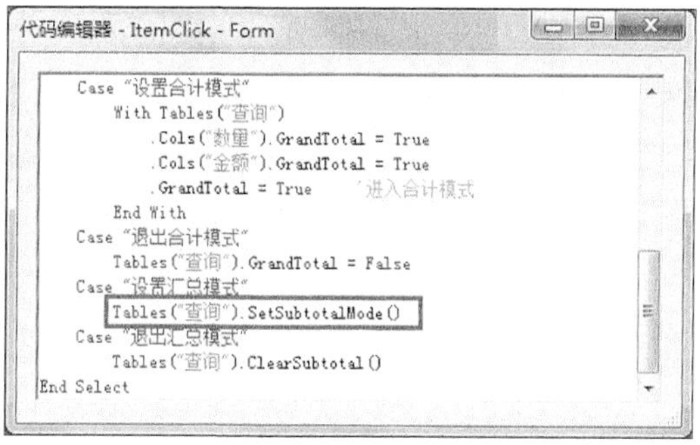

再次运行时将不再弹出“汇总模式设置”窗口，而是直接按照指定的列进入汇总模式并得到统计结果。

6.5 数据统计功能

这里所说的数据统计是指将统计结果保存到单独表中的那种统计，也就是【日常工作】功能区的【数据统计】功能组中的“分组”和“交叉”统计。

和汇总模式一样，也可以简单地通过一行代码来直接调出系统的“分组统计”或“交叉统计”设置窗口来实现统计目的。但在项目的实际开发过程中，这种用法非常少见，一方面是因为它们生成的统计表都显示在主界面中，在以窗口方式开发为主的项目中处理起来会比较麻烦；另一方面，要统计的数据来源表必须事先添加到项目中，限制较多。因此，本节内容将完全换一种思路，直接以Foxtable提供的各种编程工具来实现。

6.5.1 设计统计界面

和前面已经完成的“数据输入”和“数据查询”一样，先在“主控窗口”的TabControl控件“Page3”页面插入一个SplitContainer（分区面板），然后再添加一个“Table（表）”控件及其他几个操作按钮，如下图所示。

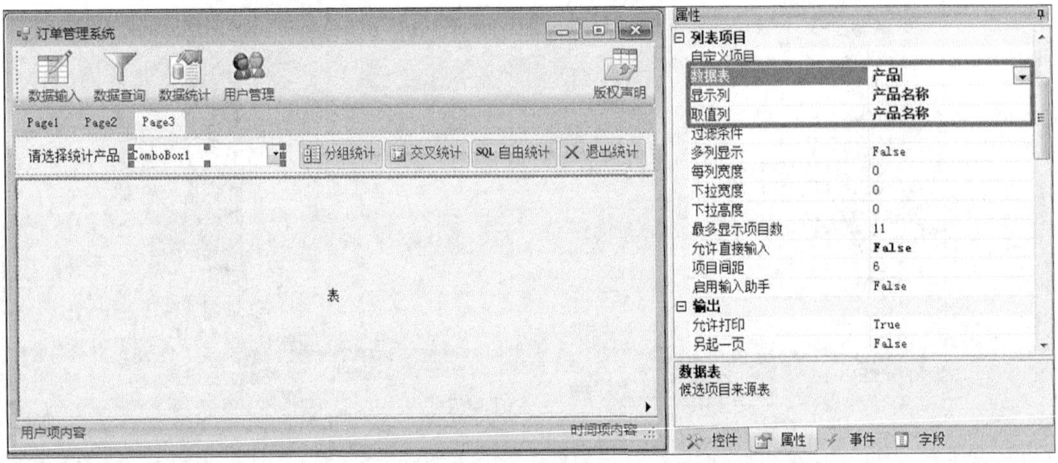

为了和之前的条件相区别，这里的统计条件使用的是ComboBox（组合框）控件，该组合框的列表项目来自于“产品”表的“产品名称”列。

该页面中插入的Table（表）没有绑定到任何其他表。也就是说，这里插入的Table3就是一个空表，它里面没有任何数据，仅用于存放并显示将来可能生成的任何统计数据。预览效果如下图所示。

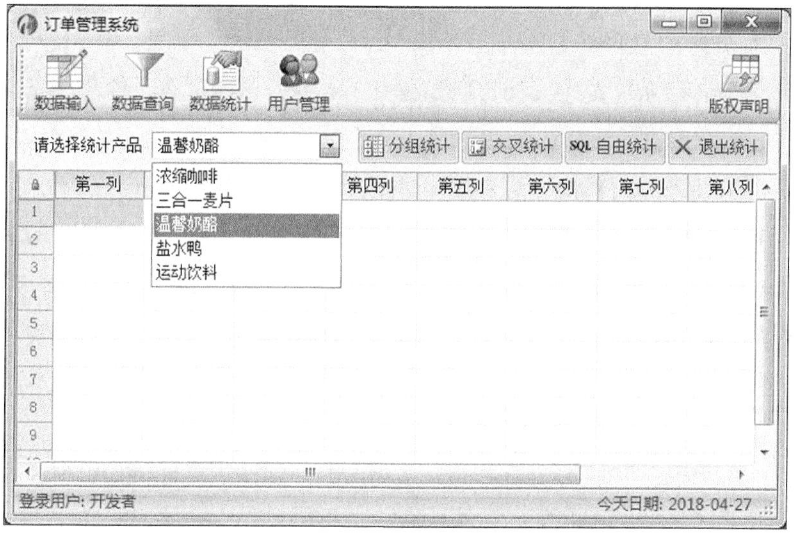

很显然，这个Table3在初始状态下应该是隐藏的（待生成统计数据之后再显示）；否则，单击【数据统计】命令按钮后就出现这么一个空表确实会让人觉得有些莫名其妙。因此，需将“可见”属性设为False，如下图所示。

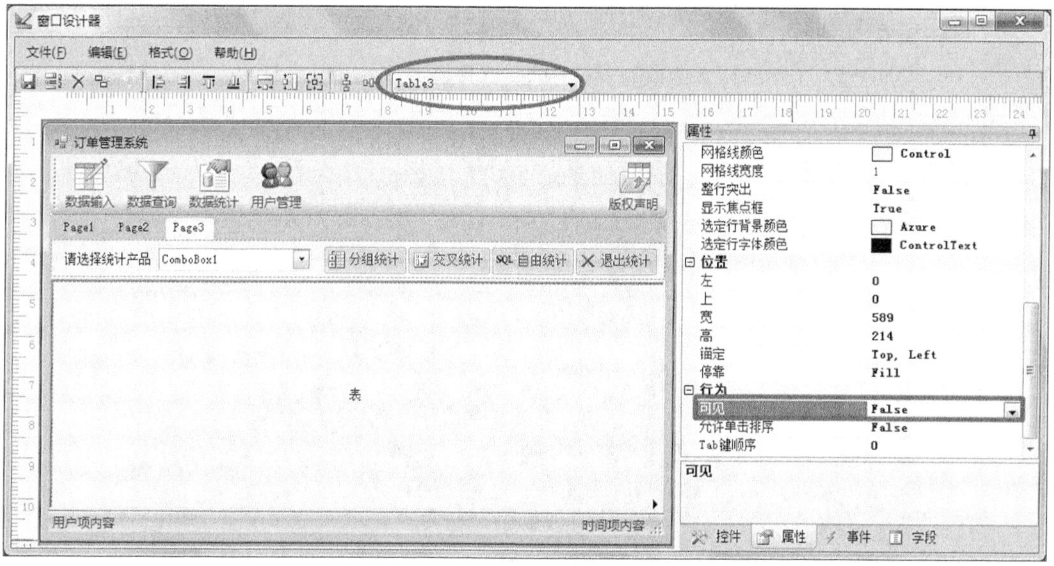

6.5.2 分组统计功能

Foxtable有个专门的分组统计工具SQLGroupTableBuilder，用于对后台数据进行分组统计。

例如，将【分组统计】按钮的单击事件代码写为：

```
Dim b As New SQLGroupTableBuilder("统计表","订单")
b.ConnectionName = "dd"
b.Groups.AddDef("产品ID")
b.Totals.AddDef("数量")
```

```
Tables("主控窗口_Table3").DataSource = b.BuildDataSource()
e.Form.Controls("Table3").Visible = True
```

其中，第一行代码表示定义SQLGroupTableBuilder对象。这里的第1个参数表示统计表名称，由于本实例中的最终统计结果都是统一绑定到窗口中的指定表的，因而这个统计表名称可以随便定义，甚至使用空字符串或Nothing都可以；第2个参数表示统计来源表。

SQLGroupTableBuilder对象创建之后，接着就可以使用该对象中的属性和方法。例如，上述代码中的ConnectionName属性表示该分组统计的数据源（如果省略就表示使用的内部数据表）；Groups和Totals是 集合类型的属性，分别用于添加分组列和统计列；BuildDataSource方法用于生成统计结果。

统计结果生成之后，可以动态绑定到窗口Table的DataSource属性中。

需要注意的是，窗口中的Table在作为表使用时，必须通过集合Tables来指定具体表：如果绑定的是现有表且非副本，此时窗口并不会创建新的Table，只是将原来主界面中的Table移到窗口中显示，所以其名称自然就等于绑定的Table名称，如之前在窗口中用到的“订单”表和“查询”表。除了这种情况外，其他都必须以“窗口名称_控件名称”作为Table的表名称。

如本例，由于这个Table并没有绑定任何的数据表，按照“窗口名称_控件名称”的命名规则，当把它作为Table使用时，其名称为：Tables(“主控窗口_Table3”)；当把它作为控件使用时，名称为：e.Form.Controls("Table3")。因此，窗口中的Table是具有双重身份的。

很显然，当绑定数据时，必须使用Table；当决定其是否可见时，必须使用控件，如上述代码中最后两行的写法。运行效果如下图所示。

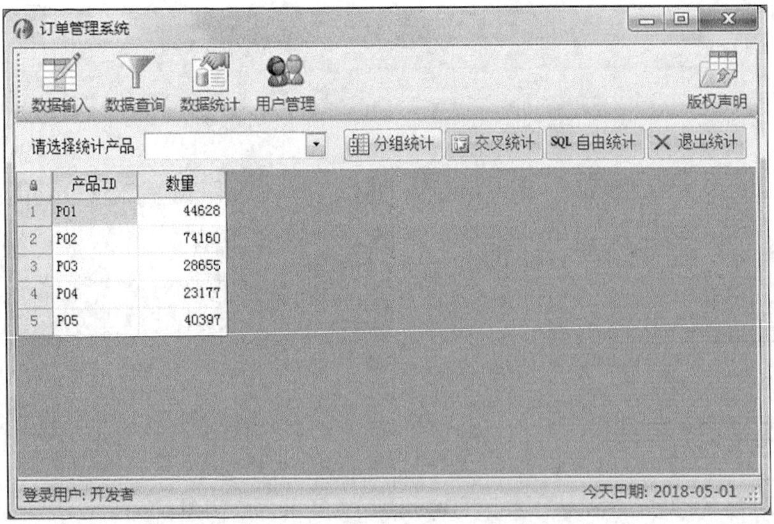

假如希望以用户选择的组合框内容作为统计条件，同时增加按金额的统计值及占比数据，可以将上述代码修改为：

```
Dim b As New SQLGroupTableBuilder(Nothing,"订单") '统计表可以为空
b.ConnectionName = "dd"
```

```
b.AddTable("订单","产品ID","产品","产品ID") '添加产品表参与统计,以列"产品ID"建立关联
b.AddTable("订单","客户ID","客户","客户ID") '添加客户表参与统计,以列"客户ID"建立关联
b.Groups.AddDef("客户名称")                    '按"客户名称"分组
b.Totals.AddDef("数量","数量_值")              '统计"数量"值
b.Totals.AddExp("金额","单价*(1-折扣)*数量","金额_值")              '统计"金额"值
b.Filter = "产品名称 = '" & e.Form.Controls("ComboBox1").Value & "'"    '统计条件
b.VerticalTotal = True        '增加汇总行
b.GrandProportion = True      '增加占比数据
Tables("主控窗口_Table3").DataSource = b.BuildDataSource()  '将统计数据绑定到表
e.Form.Controls("Table3").Visible = True                  '允许表控件可见
```

执行结果如下图所示。

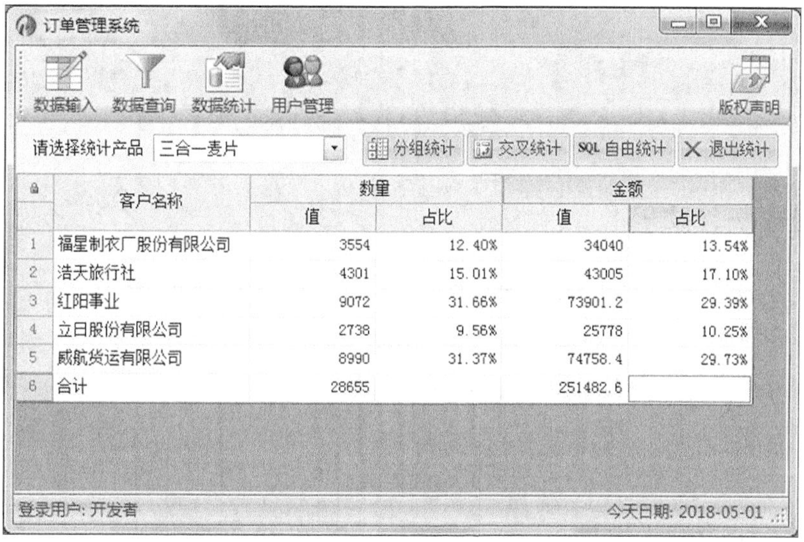

关于SQLGroupTableBuilder的完整用法，可参考第5章的“统计数据”一节。

6.5.3 交叉统计功能

交叉统计可通过专业工具SQLCrossTableBuilder来实现，具体的使用说明仍然参考第5章的“统计数据”一节。例如，将【交叉统计】按钮的单击事件代码设置如下：

```
Dim b As New SQLCrossTableBuilder(Nothing,"订单") '统计表可以为空
b.ConnectionName = "dd"
b.AddTable("订单","产品ID","产品","产品ID") '添加产品表参与统计,以列"产品ID"建立关联
b.AddTable("订单","客户ID","客户","客户ID") '添加客户表参与统计,以列"客户ID"建立关联
b.HGroups.AddDef("客户名称")                 '按"客户名称"进行水平分组
b.VGroups.AddDef("日期",DateGroupEnum.Year,"{0}年_数量")   '按年份进行垂直分组
b.Totals.AddDef("数量")                  '统计数量
b.Filter = "产品名称 = '" & e.Form.Controls("ComboBox1").Value & "'"    '统计条件
b.VerticalTotal = True        '垂直方向自动汇总
b.VerticalProportion = True    '增加垂直占比
b.HorizontalTotal = True       '水平方向自动汇总
b.HorizontalProportion = True  '增加水平占比
Tables("主控窗口_Table3").DataSource = b.BuildDataSource()  '将统计数据绑定到表
e.Form.Controls("Table3").Visible = True                  '允许表控件可见
```

运行效果如下图所示。

	客户名称	1999年			2000年			合计
		数量	份额	占比	数量	份额	占比	
1	福星制衣厂股份有限公司	1670	46.99%	11.56%	1884	53.01%	13.26%	3554
2	浩天旅行社	2403	55.87%	16.63%	1898	44.13%	13.36%	4301
3	红阳事业	4325	47.67%	29.93%	4747	52.33%	33.41%	9072
4	立日股份有限公司	1449	52.92%	10.03%	1289	47.08%	9.07%	2738
5	威航货运有限公司	4601	51.18%	31.85%	4389	48.82%	30.89%	8990
6	合计	14448	50.42%	100.00%	14207	49.58%	100.00%	28655

6.5.4 自由统计功能

自由统计是指完全通过SQL语句实现的统计功能。由于SQL语句功能强大，完全可以随心所欲地自由发挥。很显然，要实现这样的统计效果，必须拥有较强的SQL语言功底。

例如，将【自由统计】按钮的单击事件代码设置如下，将直接得到按“产品ID”进行分组后的“数量”列统计结果：

```
Dim sql As String = "select 产品ID,sum(数量) as 数量 from 订单 group by 产品ID"
Tables("主控窗口_Table3").Fill(sql,"dd",True)              '使用Fill方法生成统计结果
e.Form.Controls("Table3").Visible = True                   '表格控件可见
```

其中，Fill是根据指定SQL语句加载数据的方法。这里的第1个参数为要执行的SQL语句，第2个参数指数据源，第3个参数表示加载后的数据是否为查询表。

得到的统计结果如下图所示。

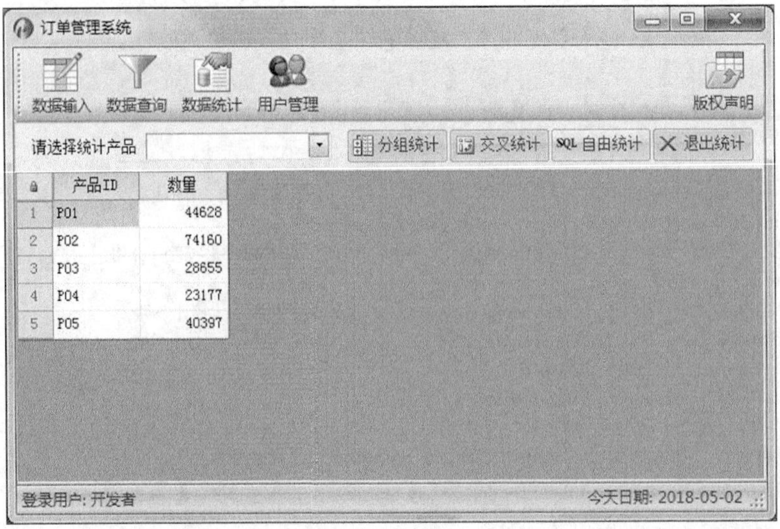

	产品ID	数量
1	P01	44628
2	P02	74160
3	P03	28655
4	P04	23177
5	P05	40397

6.5.5 退出统计功能

要退出统计，可在【退出统计】按钮中设置以下单击事件代码：

```
Tables("主控窗口_Table3").Fill("select null","dd",True)      '在表中加载一个空值
e.Form.Controls("TabControl1").TabPages(2).Visible = False  '隐藏第3个页面
```

6.6 用户管理功能

关于本部分的功能开发，建议结合3.3节及3.5节一起学习。

6.6.1 在外部数据源中创建用户管理表

由于本项目在实际投入使用时可能会涉及多用户的数据操作，因此需要将用户管理数据保存到外部表中。

打开外部数据源，新增一个名称为"用户"的数据表，其结构如下图所示。

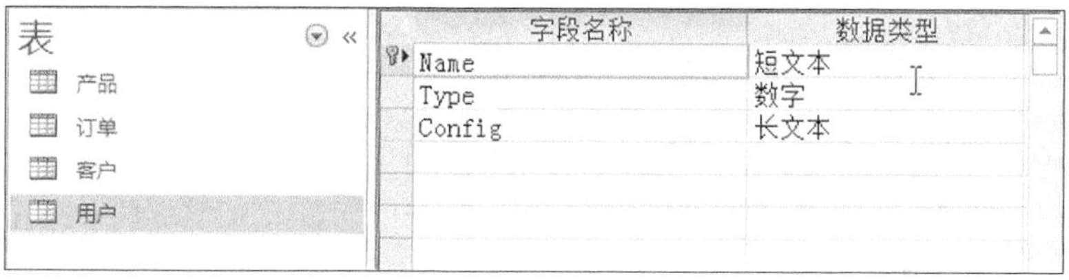

然后单击Foxtable的【管理项目】功能区的【用户】下拉菜单中的【用户管理】命令，指定此用户数据表，如下图所示。

这样，以后在"用户管理"对话框中对用户的增、删、改数据都会同步体现在该外部表中。运

行效果如下图所示。

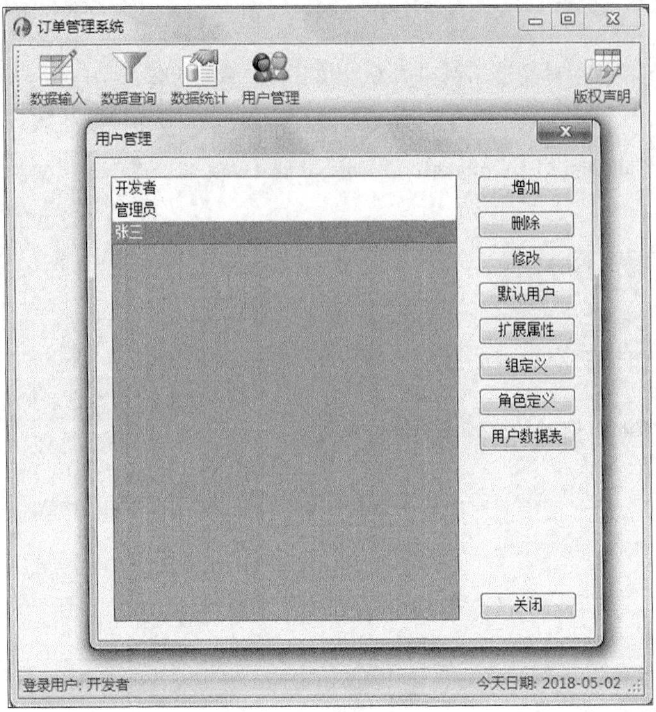

由于当前项目的登录用户为“开发者”，因而在单击【用户管理】按钮弹出的对话框中可以增加或删除用户。一旦使用普通用户的身份登录（如“张三”），则项目所显示的用户名会自动改变，且只能修改自己的密码，如下图所示。

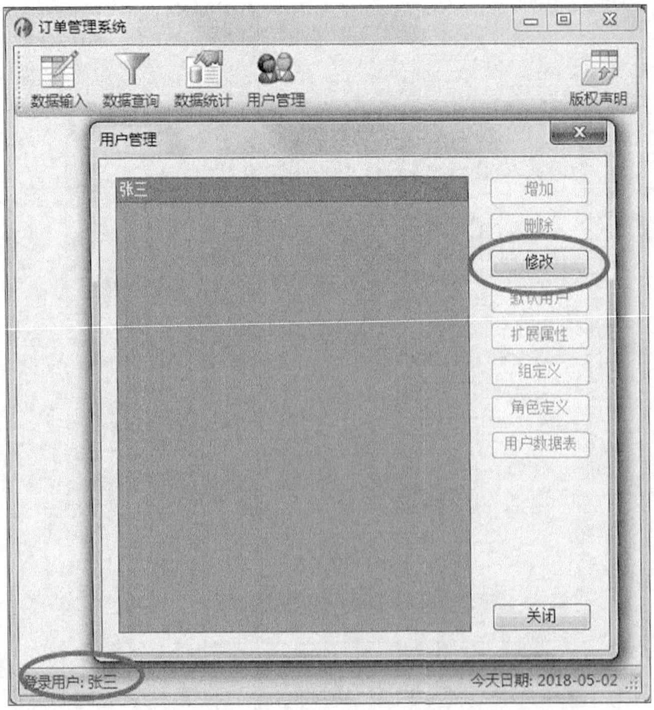

在项目正式完成并投入使用之后，即使开发者或管理员又增加了很多其他用户名称，那么，其他用户在通过原有的程序打开项目时，登录窗口显示的用户列表会自动更新。其原因就在于，这些用户信息都保存在外部数据源中。

6.6.2 让不同用户拥有不同的数据管理权限

假如系统管理员已经通过【用户管理】功能增加了6个用户，如张三、李四、王五、赵六、孙七和周八。其中，前面5个用户都是不同的产品总监，分别负责P01、P02、P03、P04和P05中的单一产品；周八是业务部总经理，负责全部产品。按照不同的权限要求，希望各个产品总监只能查看并管理自己所负责的产品数据，而总经理则可处理全部数据。

要实现这样的效果有很多种途径，这里采用最简单的“组定义”方式来实现。步骤如下。

❶ 单击【组定义】按钮将不同的“产品ID”定义成组

【预定义用户分组】对话框如下图所示。

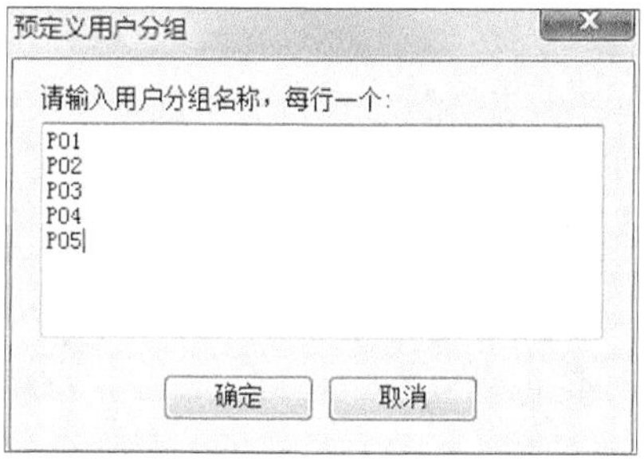

❷ 除了“开发者”“管理员”及“周八”的用户分组为空外其他用户全部设置分组

设置效果如下图所示。

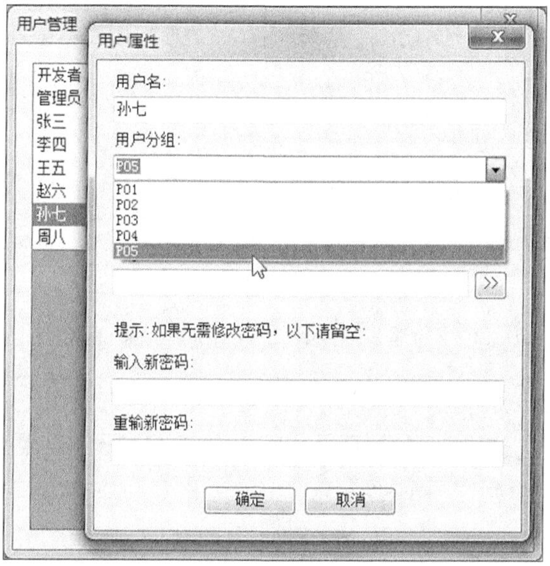

❸ 全局变量及事件代码

不同用户拥有不同的数据管理权限，其本质就是让项目仅加载符合条件的数据。为了让这个加载条件在不同的事件中可以传递或共享，就需要用到全局变量。

单击【管理项目】功能区的【设计】下拉菜单中的【全局代码】命令，定义一个名为“filter”的字符型全局变量，如下图所示。

此全局变量声明之后，就可在其他任何的事件代码位置使用了。单击系统中的【管理项目】功能区的【项目属性】命令按钮，选择“项目事件”页面，找到名称为“LoadUserSetting”的事件，输入以下事件代码：

```
If User.Group <> "" Then                    '如果用户分组不为空
    filter = "产品ID='" & User.Group & "'"   '按所在分组生成加载条件
Else                       '如果分组为空
    filter = ""          '加载条件为True
End If
With DataTables("产品")
    .LoadFilter = filter     '将变量filter作为产品表的加载条件
    .Load()
End With
```

该事件将在打开项目或者切换用户之后执行，因此，这里生成的条件是动态的。以同的用户身份登录，得到的全局变量filter的值也不同，“产品”表所加载的数据记录自然也就不一样了。

其实还有一种更方便的处理方式，就是将代码写在“项目属性—全局表事件”的BeforeLoad中。该事件在重新加载数据之前执行，也就是执行Load方法之前执行，可以在这里动态修改加载条件。关于该事件的代码写法可参考官方文档。

❹ 给数据输入、查询及统计功能加上限制条件

以【数据录入】功能为例，只需将“button1”单击事件代码中的加载数据条件改为：

```
With DataTables("订单")
    .LoadFilter = "日期>=#" & d1 & "# and 日期<=#" & d2 & "# and " & filter
    .Load()
End With
```

这样修改之后，当以“开发者”“管理员”及“周八”之外的所有用户身份加载数据时，将只能修改符合自身分组条件的数据。如下图所示，由于“王五”的产品权限是“P03”，就只能看到该“产品ID”所对应的“三合一麦片”数据，修改数据时的“产品ID”也仅限于“P03”，如下图所示。

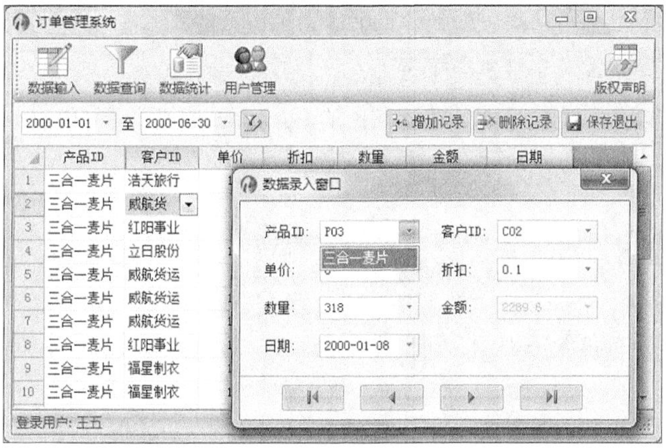

【数据查询】与【数据统计】同理，只需将filter变量作为限制条件继续添加到相应的事件代码中即可。

6.7 编译并发布项目

截至目前，本实战项目已经基本完成。在正式编译发布项目之前，还需作一些简单的事件代码设置。

6.7.1 项目运行时直接打开主控窗口

默认情况下，本项目在打开之后会显示系统主菜单。对于本项目而言，由于专门设计了一个主控窗口，所有的操作都可在该窗口中完成，因而可以屏蔽系统主菜单。

单击【管理项目】功能区的【项目】功能组中的【项目属性】命令，在弹出的“项目属性”对话框中选择“项目事件”页面，找到名称为“AfterOpenProject”（项目打开后执行）的事件，输入以下事件代码：

```
Forms("主控窗口").Open
```

单击【确定】按钮后退出项目。再次双击该项目重新打开时，会首先弹出一个【用户登录】对话框，如下图所示。

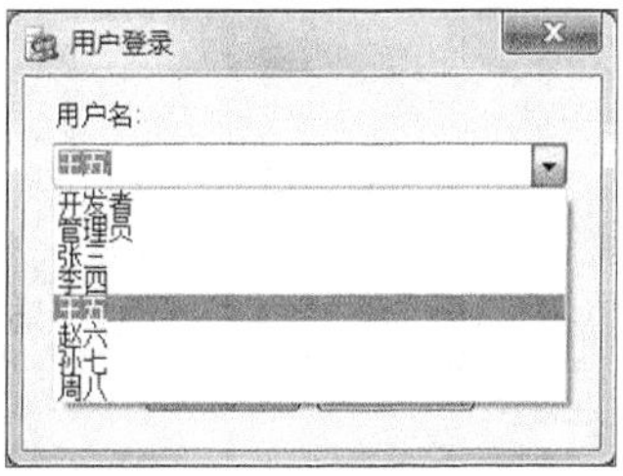

登录完成，将不再显示Foxtable菜单等信息，整个项目就只有一个主控窗口。

但是，此窗口关闭后仍然会出现Foxtable菜单等界面。对于开发者来说，这样的关闭方式是正常的，因为在窗口关闭后还可继续对此项目做进一步的开发和完善。可是，对于项目管理员或普通用户来说，突然冒出的一系列菜单可能会让他们感到莫名其妙甚至手足无措。因此，针对不同的用户，窗口关闭后的处理方式应该是不一样的。

再次进入“主控窗口”的设计器，在该窗口的“AfterClose”（关闭窗口后执行）事件中加入以下事件代码：

```
If User.Type <> UserTypeEnum.Developer Then   '如果登录用户不是开发者
    Syscmd.Project.Exit()                     '直接退出项目
End If
```

如果希望在退出之前能给出提示，可以在该窗口的“BeforeClose”（关闭窗口前执行）事件中使用以下类似代码：

```
Dim Result As DialogResult
Result = Messagebox.Show("您确定要退出本系统吗?", "提示", MessageBoxButtons.YesNo, MessageBoxIcon.Question)
If Result = DialogResult.No Then   '如果选择"否"就取消退出
    e.Cancel = True
End If
```

上述两个事件代码的编写位置如下图所示。

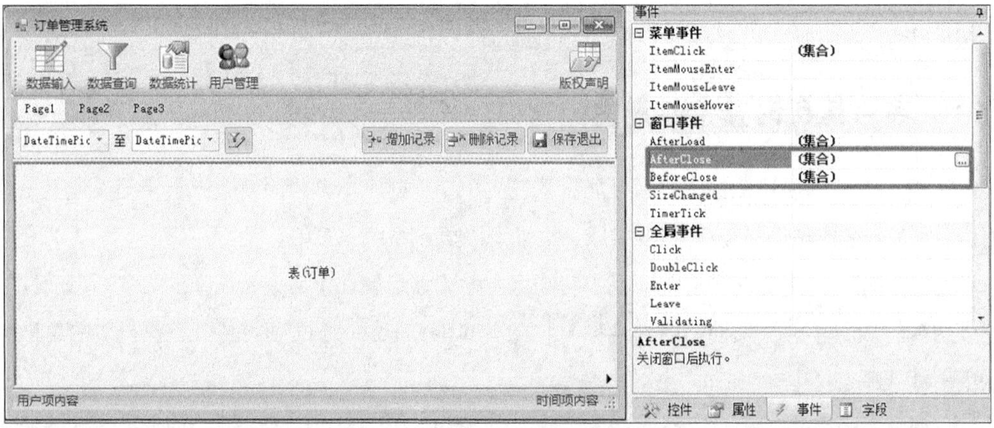

重新运行此项目，单击主控窗口中的关闭按钮将给出下图所示的提示。

当单击【是】按钮时，如果当前登录的用户是开发者，则会进入Foxtable的系统开发界面；否则直接退出项目，不会留下任何痕迹。

6.7.2 发布项目

单击【管理项目】功能区的【项目】功能组中的【发布项目】按钮，可以将当前开发完成的项目编译成独立运行的应用程序，从而脱离Foxtable的开发环境，复制到任何安装有.net框架的Windows系统上都能直接运行。

发布项目非常简单，如下图所示。

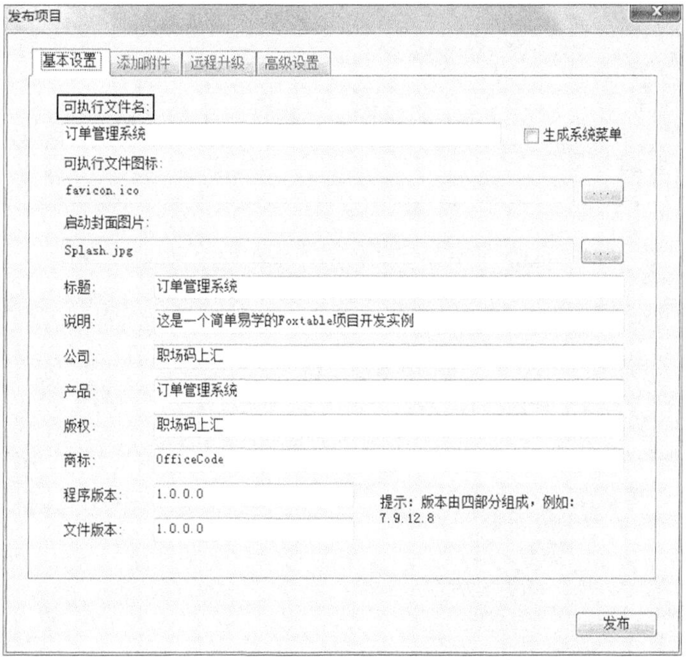

在上图所示的各种设置项中，只有“可执行文件名”是必须设置的。实际上，这里生成的exe文件只是一个引导程序，最终运行的还是Foxtable的主程序（默认名称为foxtable.exe）。如果你不喜欢这样的默认程序名称，还可在“高级设置”中重新定义，如下图所示。

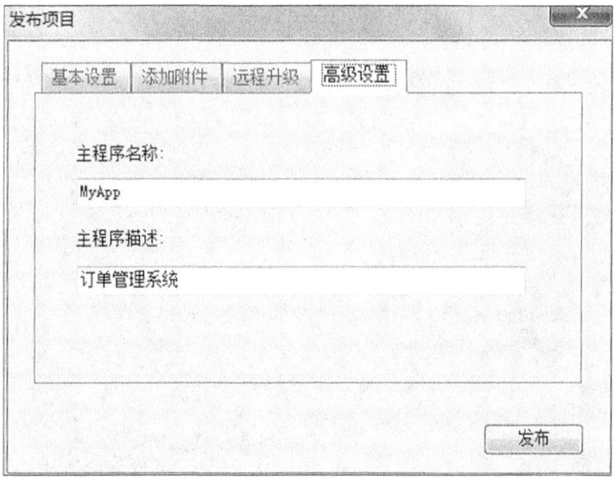

以上选项设置好后，单击【发布】按钮，即可在项目文件所在目录下生成一个Publish子目录，该目录包括通过发布生成的所有文件，如下图所示。

将此Publish目录打包复制到其他电脑，即可通过执行自定义的可执行文件来启动自己的管理项目。以本项目为例，这里生成的可执行文件名称为“订单管理系统.exe”，如下图所示。

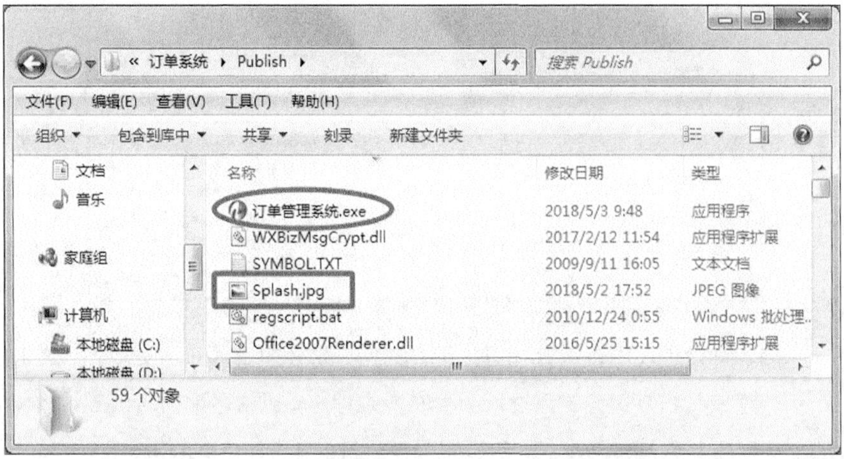

启动项目时的封面图片也会自动显示为自定义的图片，运行效果如下图所示。

需要注意的是，当运行发布后的程序时，Publish目录相当于原来的Foxtable安装目录，而Publish目录下的子目录Project则相当于原来的项目文件所在目录，项目文件就位于这个目录中，只是后缀名已经改为“.FoxEx”。因此，当原来的项目文件所在目录中还有一些附属文件用于辅助运行时，发布后也应该将这些文件复制到Project子目录中（或者在“发布项目”窗口中手工添加附件）。其中，项目开发时用到的Attachments和Images两个子目录会自动复制，无需手工添加。

6.7.3 项目发布时的外部数据源设置问题

本实战项目在发布之后，将生成的Publish目录完整移植到其他驱动器（如从D盘改到E盘），运行正常。可是，一旦将原来的项目文件夹“D:\订单系统”改名或者移动，再次运行原项目或发布后的项目时，就会弹出下图所示的错误提示。

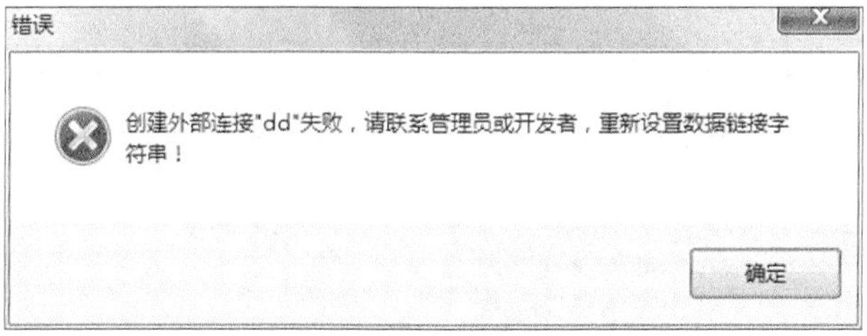

这是因为在开发项目时所指定的外部数据源文件默认使用的是绝对路径，如下图所示。

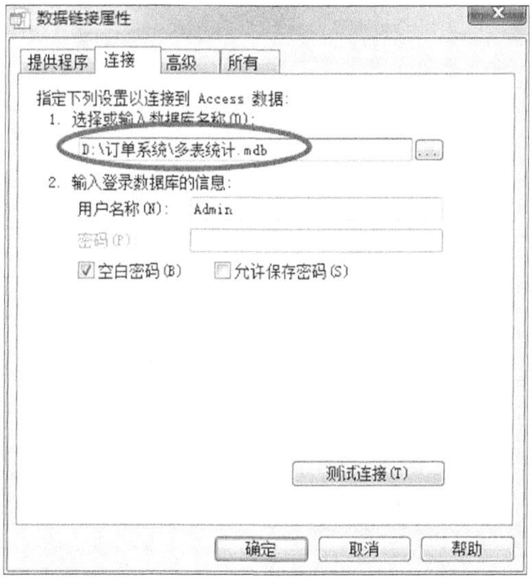

很显然，当D盘不存在“订单系统”这样的目录时，自然就无法连接数据库。因此，在开发项目时就应该考虑好外部数据源的正确设置。

- 如果是多用户使用，Access数据源应存放在内部局域网上的某个共享位置。当然，条件许可时，最好使用SQL Server数据库。
- 如果是单用户使用Access数据源，且为上图所示的绝对路径，要保证将生成的Publish文件夹复制到任何一台电脑都可以正常运行，可以在项目事件BeforeConnectOuterDataSource中加入以下代码：

```
Dim conn As String = "Provider=Microsoft.Jet.OLEDB.4.0;Data Source={0};Persist Security Info=False"
Dim file As String = e.ProjectPath & "多表统计.mdb"
e.ConnectionString = CExp(conn, File)
```

然后在发布项目时将数据库文件以附件形式添加进去即可，如下图所示。

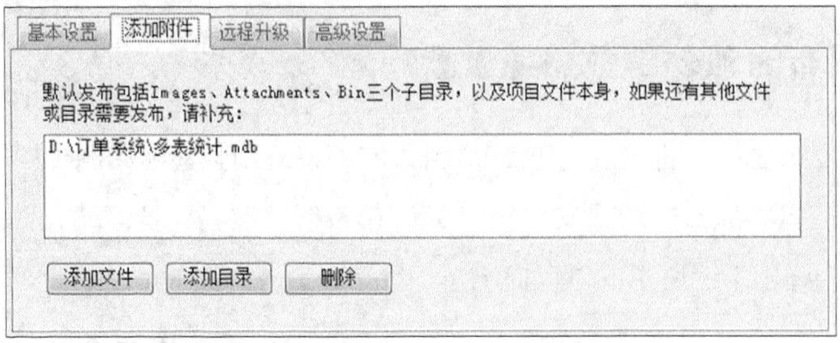

当然，如果不以附件的形式添加，也可以在发布完成后将数据库文件手工复制到所生成的“Publish\project\”目录中。两者效果是一样的，最终的project目录如下图所示。

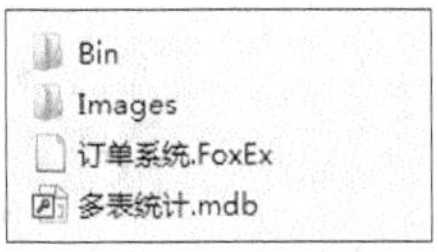

- 对于单用户使用的Access数据源，也可以使用相对路径的数据库设置方式。以本项目为例，数据源位置可以改为下图所示。

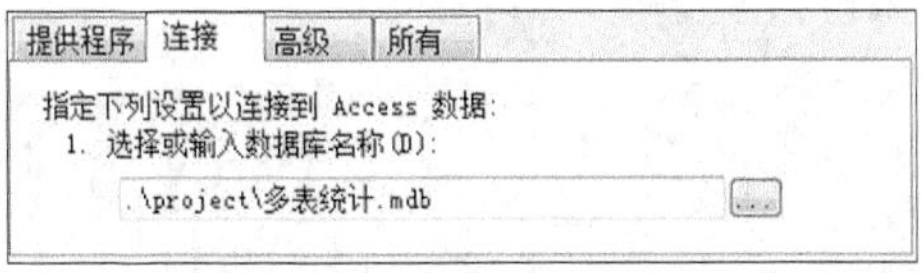

当然，最好的处理方式是使用BeforeConnectOuterDataSource事件。这是因为该事件可以处理任何外部数据源的连接问题，具体可参考第5章的“项目事件详解”一节。

3

第3篇

“职场程序员”秒变“网站后端工程师”

在经过应用篇和开发篇全部共6章的学习之后，相信现在的你使用Foxtable来开发一个C/S的软件项目已经是很简单的事了。但是，C/S毕竟是基于传统桌面的客户端程序，尽管可以将数据库服务器放到远程，但客户端程序是少不了的，每一个要使用该系统的电脑都必须安装这样的客户端。

如果要使用手机或平板电脑来处理数据怎么办？难道必须要抱着笔记本电脑到处跑吗？嗯，千万不要小瞧了Foxtable，在当前这样一个移动互联网大热的时代，Foxtable又怎么会缺席？即使你对网站方面的知识一无所知，只要使用Foxtable就能快速搭建起自己的B/S项目，也可秒变“网站后端工程师”。

- 史上最简单的服务器搭建方式。只需3行代码就可创建一个供浏览器（Browser）访问的服务器（Server），前两篇学习的所有数据处理方式在这里都可以使用，并能按照浏览器的请求目的返回各种结果。可以毫不夸张地说，Foxtable就是一款国产化的PHP，而且更简单、更灵活、更容易掌握。
- 移动端页面开发的代码量可比常规开发节省85%左右。Foxtable内置网页自动生成功能，而且封装了微信的WeUI框架，只需很少的代码就可快速开发出基于移动端的企业管理系统。也就是说，尽管Foxtable最大的优势是后端数据处理，但由于有了网页生成功能，你一样可以顺势做个还算称职的“前端”。此外，Foxtable还提供了微信公众平台的接入功能，用户可以直接通过微信输入、查询、统计、审核数据，还能直接通过手机扫描二维码并将扫描结果提交到服务器。
- 传统的PC端页面可直接与Foxtable服务器进行交互。如果你本身已经具备一定的前端基础（如HTML和Javascript），而且本书前两篇的学习也不错，那么恭喜你，可以不用再去专门学习其他服务器语言了，Foxtable就能处理页面的所有请求，而且可以多线程，性能方面也不亚于其他专业服务器。当然，页面开发在B/S中是属于“前端”的，这并不是本书的学习重点。

同样地，受篇幅所限，本书只能带你快速入门，更全面的学习和提高还需参考官方文档。

第7章 服务器搭建

传统方式下，要架设一个服务器是需要经过很多个步骤的。即便在Windows中使用最常见的IIS来搭建网站，一般的“小白”也很难搞得定。如果换成Foxtable，那就太简单了，这应该是史上最简单的服务器架设方式。

7.1 服务器的启用与停止

打开Foxtable命令窗口，输入以下代码并执行：

```
HttpServer.Prefixes.Add("http://127.0.0.1/")
HttpServer.WebPath = "d:\web"
HttpServer.Start()
```

其中，HttpServer是一个全局变量，用于开启和关闭Http服务。Prefixes是它的属性，表示所有定义好的Http服务集合。既然是个集合，就可以使用Add方法添加服务，这里的IP地址“127.0.0.1”表示本机。

WebPath是HttpServer中的属性，表示网站目录。如果你有一些需要在页面中调用的静态文件（如图片文件、供下载的文件、css及js文件、现成的html页面文件等），都可以放到该属性所指定的目录中。如果没有，此属性设置可以省略。

Start是HttpServer中的方法，表示启动Http服务；如果关闭服务，可使用Close方法。

上述代码执行之后，打开你电脑上的浏览器，在地址栏输入：

```
http://127.0.0.1/
```

这时就会发现，该地址访问正常，只不过页面上一片空白而已，表明服务已经启动，此时你的电脑就相当于一台服务器了。如果在Foxtable的命令窗口执行以下代码：

```
HttpServer.Close()
```

再次在浏览器上打开“127.0.0.1”，则访问出错，这就表明服务已经停止。

7.1.1 本机访问

如前所述，如果服务器就搭建在本机上，为方便测试，只需在HttpServer的Prefixes属性中添加“127.0.0.1”IP地址即可。实际访问时，既可使用“127.0.0.1”，也可使用“localhost”来访问本机的服务器，如下图所示。

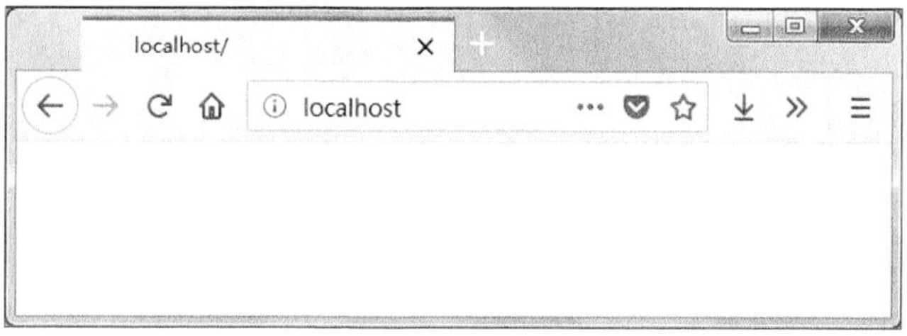

7.1.2 局域网内访问

采用第一种方法搭建的服务器只能在本机使用。如果希望局域网内的所有用户都可通过浏览器访问你的电脑（服务器），那么可以将上述代码中的IP地址改成你在局域网中的地址，或者在服务启动后使用以下命令添加：

```
HttpServer.Prefixes.Add("http://192.168.1.102/")
```

需注意，如果在服务启动后需要使用Start方法重启，必须先用Close方法停止服务。为避免这种麻烦，当需要添加其他服务时，可以在启动后直接以Add方法添加。本机在局域网内的地址可通过网络连接中的属性查看，如下图所示。

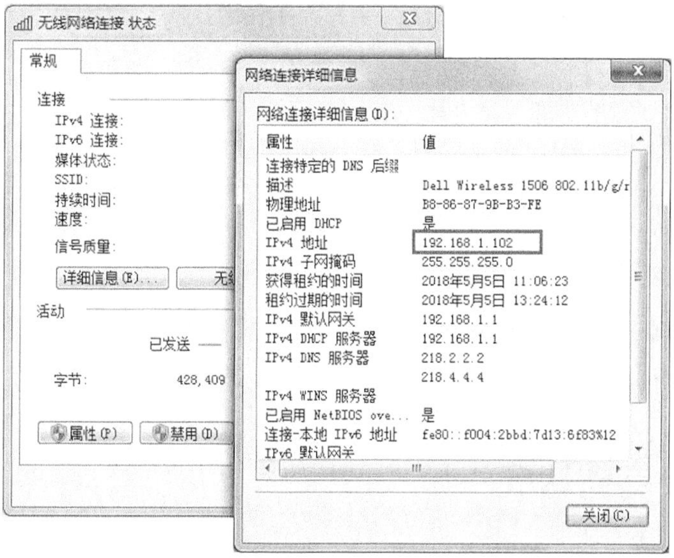

上述代码执行后，局域网内的所有电脑（包括同一个局域网内的手机、平板等移动终端）都可通过在浏览器中输入地址“192.168.1.102”访问到你的电脑。

7.1.3 外网访问

如果希望将你的数据服务开放给全球的用户，那么你必须拥有一个外网可以访问的独立IP，或者租用其他服务商的服务器。租用的服务器必须能够运行Foxtable（或者Foxtable发布的项目），然后把服务商提供给你的IP地址（或者绑定的域名）添加到HttpServer的Prefixes属性中。

为方便操作，可以在Foxtable中设计一个窗口，该窗口包括两个按钮：一个是【开启服务】；另一个是【关闭服务】。两个按钮的单击事件代码如前所述。

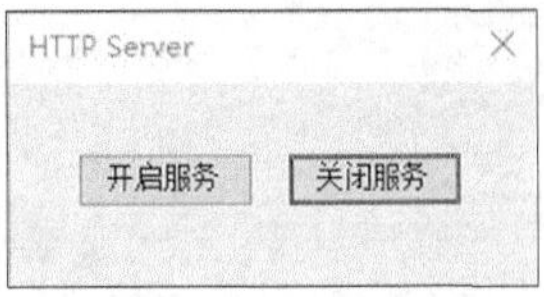

或者将开启服务的代码写在项目的AfterOpenProject事件中，这样即可保证项目打开时就能同时开启服务。

【设置服务时的注意点】

第一，关于端口问题。默认情况下，所有http服务的端口号都是80。如果因种种条件限制需要使用其他端口时，可以在添加服务时指定端口号。例如：

```
HttpServer.Prefixes.Add("http://192.168.1.102:32177/")
```

对于非80端口的服务，通过浏览器访问时也要加上端口号。例如：

```
http://192.168.1.102:32177/
```

第二，为满足Foxtable搭建的服务器在各种环境下的访问需求，可使用以下代码更简便的开启服务：

```
HttpServer.Prefixes.Add("http://*/")
HttpServer.Start()
```

这样，用户就可以通过指向服务器的任何一个IP地址来访问http服务，包括本机IP、局域网IP和公网IP。这是一种最简洁的处理方法，只要在Foxtable中设计好各种功能，发布后的项目就能移植到任何电脑上使用，无需再因IP的变动而修改代码。

第三，项目测试过程中可以在命令窗口开启服务，此时即使将命令窗口关闭，服务仍将继续进行。要关闭服务，可以执行HttpServer的Close方法，也可直接退出Foxtable项目。

7.2 初试页面访问

服务器搭建完成后，初始状态下访问的页面是空的。这很正常，毕竟之前仅仅是搭建了一个空的服务器而已。如要对用户的访问做出响应，还需在服务器端做出相应的处理。处理对需要用到事件，这个事件就是“网络监视器”中的“HttpRequest”，也就是在用户发生http请求时所触发的事件。

单击【管理项目】功能区的【监视】功能组中的【网络监视器】按钮，如下图所示。

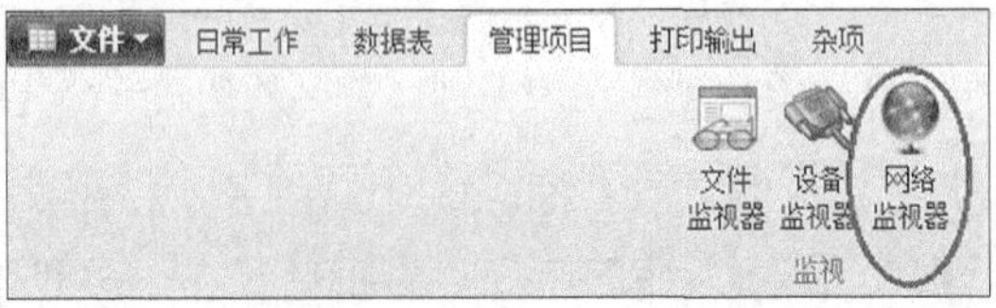

在弹出的【网络监视器】对话框中选择事件“HttpRequest”，如下图所示。

单击该事件右侧的【…】按钮就可输入代码了。代码输入完成后，再单击【网络监视器】对话框中的【应用】或【确定】按钮，该事件代码将生效。

注意：**由于架构问题，打开“网络监视器”窗口时会有几秒的延时，这对于开发效率会有些影响。为避免此问题，建议在代码设置完成后，单击【应用】按钮，这样就无需关闭网络监视器，再次修改代码时可以省去打开网络监视器的时间。**

7.2.1 生成动态页面

将HttpRequest的事件代码设置为:

```
e.WriteString("我是用来在网页中显示的！")
```

在单击【网络监视器】对话框中的【应用】按钮后，该事件代码即刻生效。此时，如果在浏览器输入地址“127.0.0.1”，该事件将被触发，并在打开的页面中写入相应的字符串信息，如下图所示。

这样生成的就是一种动态页面。其中，WriteString是该事件e参数中的方法，用于向页面写入内容，写入的内容支持各种html标签、css样式和javascript代码。

例如，将上述事件代码改为：

```
Dim s As String = "<p>我是用来在网页中显示的!</p>" & _
    "<b style=""color:red"">我是加粗而且加了红色的内容</b><br>" & _
    "<button onclick='alert(""您单击我了!"")'>操作按钮</button>"
e.WriteString(s)
```

则访问的页面中会出现两行文字及一个按钮。在页面中单击【操作按钮】按钮时，还将弹出一个对话框，如下图所示。

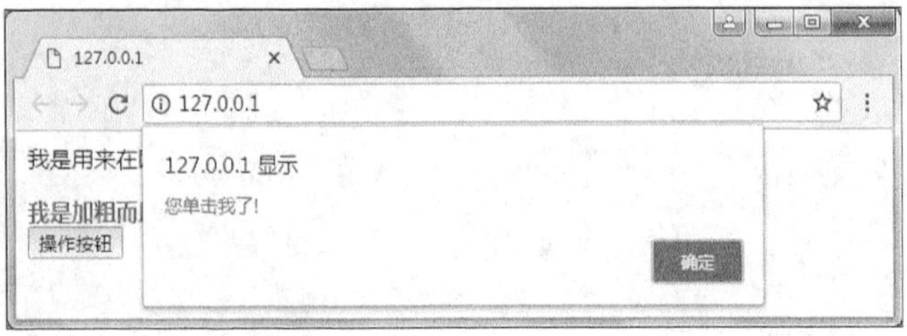

html、css和javascript并不是本书的学习重点，通过此示例仅仅是想告诉大家，页面开发中的这些常规写法在e参数的WriteString方法中都是支持的。

7.2.2 打开静态页面或文件

通过e参数的WriteString方法可以动态生成页面。假如D盘的Web文件夹中有一些现成的页面或文件，又该如何打开？如下图所示。

其中，test.html是页面文件，zp.png是图片文件，images文件夹中还有一些其他的文件。

要访问这些现成的内容，必须在启动HttpServer服务时（或者在服务启动之后）通过WebPath属性指定这些静态文件的所在目录。例如：

```
HttpServer.WebPath = "d:\web"
```

指定之后就可以在浏览器中访问了。假如test.html的完整代码如下图所示。

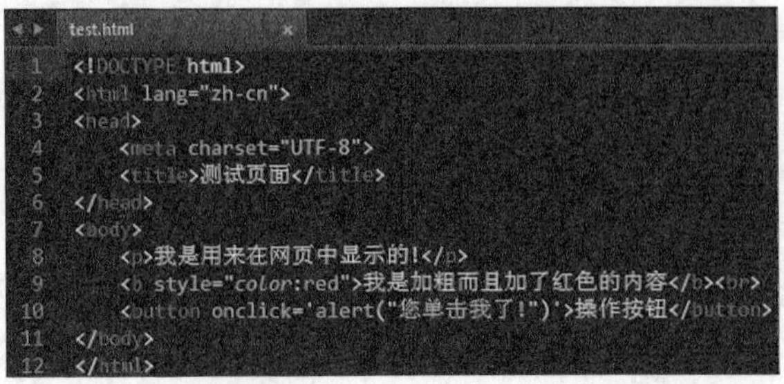

由于该页面中的“body”部分代码与之前WriteString方法要写入的字符串相同，因而用户请求后所看到的页面效果除了标题不一样外，其他部分全部一致，如下图所示。

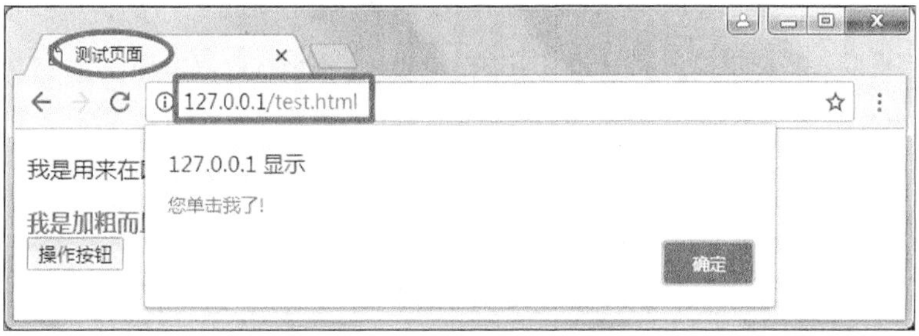

同理，如果请求的是一个图片文件，也可以直接打开，如下图所示。

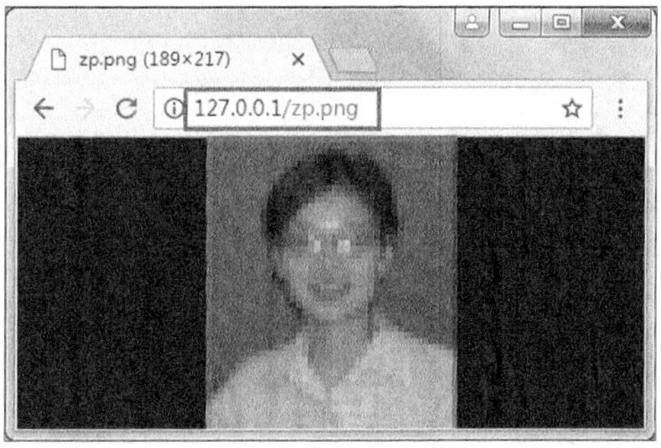

由此可见，当访问指定目录中的静态文件时，只需指定HttpServer中的WebPath属性即可，无需在“HttpRequest”事件中编写任何代码。如上图所示，“127.0.0.1”代表访问的“d:\web”目录，后面加上“zp.png”表示访问该目录下的“zp.png”文件，加上“test.html”表示访问该目录下的“test.html”文件。如果在地址栏输入：

```
127.0.0.1/images/ep.bmp
```

则表示访问“d:\web\images”目录中的“ep.bmp”文件。

注意：如果请求的是zip、rar、mdb等无法通过浏览器直接打开的文件时，则会直接弹出下载窗口。

7.2.3 生成静态与动态相结合的页面

为了更灵活地处理客户端浏览器的访问需求，“HttpRequest”事件还提供了一些e参数，最常用的是下面3个。

Host：返回用户请求地址栏中的IP地址（或域名）。

Port：返回用户请求地址栏中的端口号。

Path：返回用户请求地址栏中的路径（含文件名）。

例如，用户输入的访问路径是“http://127.0.0.1/images/ep.bmp”，则3个e参数的返回值分别如下。

Host：127.0.0.1。

Port：80（此为默认值，输入地址时可省略）。

Path：images\ep.bmp。

需注意，e参数Path中所获取的路径分隔符号是“\”，而不是“/”。

有了这些e参数之后就可以通过用户输入的路径或文件名来区分其请求了，从而输出动、静结合的各种页面。例如，将网络监视器中的“HttpRequest”事件代码改为：

```
Dim f As String = e.Path
Select Case f
    Case ""
        e.WriteString("我是动态生成的页面!")
    Case "img"
        Dim html As String = "<p>这是一张照片</p><img src='zp.png'>"
        e.WriteString(html)
    Case Else
        e.WriteString("无效的请求地址!")
End Select
```

上述代码的逻辑非常简单：首先获取用户所请求的路径文件名，然后再对它进行判断，并按以下3种情况分别进行处理。

❶ 如果仅仅输入IP地址或域名

例如，浏览器访问地址为“127.0.0.1”，这时得到的e.Path属性值就是空字符串，因而页面会输出一行文字“我是动态生成的页面”。

❷ 如果IP地址或域名后面带上img

如果输入的地址为“127.0.0.1/img”，则e.Path的属性值为“img”，这时就会根据现有的图片文件动态组合成一个页面输出，如下图所示。

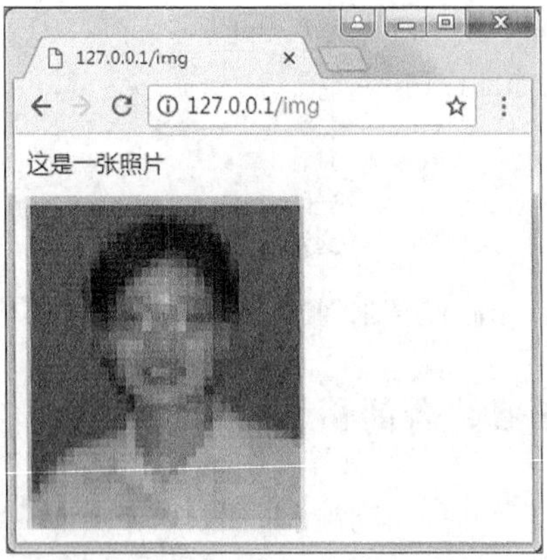

❸ 如果IP地址或域名后面带上其他字符

如果带上的其他字符刚好指定的是某个具体的文件，那么将直接打开此文件或页面，例如：

```
127.0.0.1/test.html
```

由于该文件本身是存在的，所以会直接打开该页面。可如果将输入的地址改为：

```
127.0.0.1/test
```

则只会在页面中输出“无效的请求地址！”。这是因为指定的WebPath目录中既不存在名为“test”的文件，HttpRequest事件代码中也没有专门针对“test”的e.Path值进行处理，因而只会执行Case Else中的代码。

如果你希望在输入地址“127.0.0.1/test”之后也能直接打开“test.html”页面文件，可以使用e参数中的WriteFile方法。例如，将“HttpRequest”事件代码改为：

```
Dim f As String = e.Path
Select Case f
    Case ""
        e.WriteString("我是动态生成的页面!")
    Case "img"
        Dim html As String = "<p>这是一张照片</p><img src='zp.png'>"
        e.WriteString(html)
    Case "test"
        If FileSys.FileExists(HttpServer.WebPath & "\test.html") Then
            e.WriteFile("test.html")
        Else
            e.WriteString("test.html页面不存在!")
        End If
    Case Else
        e.WriteString("无效的请求地址!")
End Select
```

这里的WriteFile也可改为Redirect，只不过WriteFile方法是将指定的静态页面文件发送并写入到当前页面中，而Redirect方法则直接跳转到指定的页面，如下图所示。

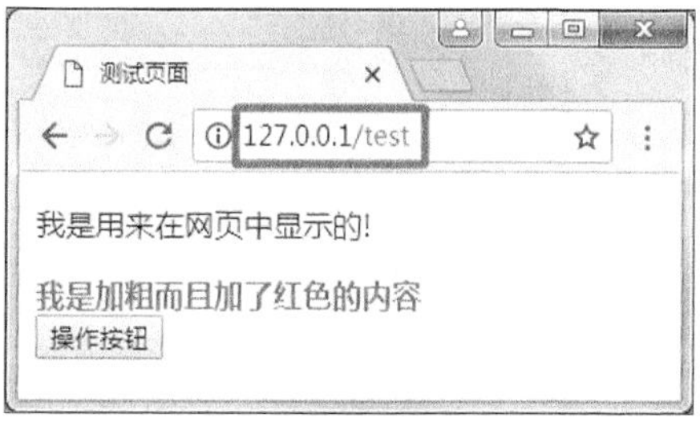

WirteFile方法

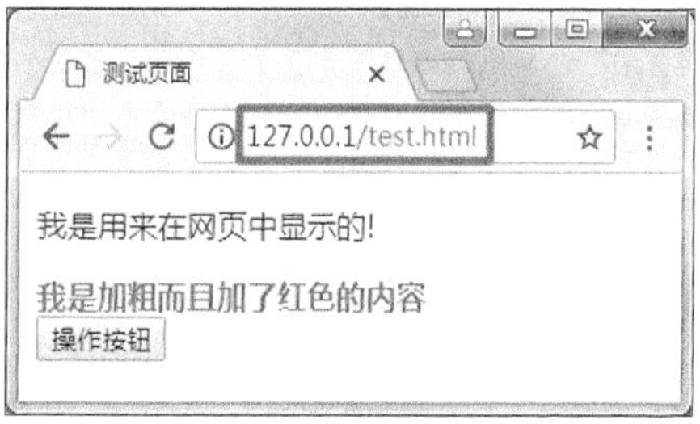

Redirect方法

尽管在浏览器地址中输入的都是“127.0.0.1/test”，当执行WriteFile方法时，由于它是把指定的文件内容写入到当前页面的，因而地址栏不会发生变化；而当执行Redirect方法时，它会直接跳转到指定的页面，地址栏会发生变化。

当然，通过此示例还看不出Redirect与WriteFile太明显的差别。事实上，Redirect的作用是非常大的，它不仅可以跳转到一个现成的静态页面，甚至还可以跳转到静态页面甚至另一个域名。例如，将“HttpRequest”事件代码设置为：

```
Select Case e.Path
    Case "fox"          '如果请求地址为fox，就跳转到foxtable官网
        e.Redirect("http://www.foxtable.com")
    Case "none"         '如果请求地址为none，就跳转到default
        e.Redirect("default")
    Case "default"      '如果请求地址为default，就输出一串文字
        e.WriteString("Hello World")
End Select
```

当用户输入的访问地址为“http://127.0.0.1/fox”时，打开的是Foxtable的官方网站；当访问地址为“http://127.0.0.1/none”时，会跳转到名为“default”的页面。由于该页面并不存在，因而会执行上述流程中的第三个分支，也就是动态输出内容“Hello World”。

由此可见，如果你精通网页设计，那么有这一个属性（Path）和3个方法（WriteString、WriteFile、Redirect）就足够用了。当然，如果你对网页方面的知识了解不多，甚至是一无所知，最常用的可能只有WriteString方法。那么，是不是一个WriteString方法就意味着可以做得更少？错，该方法足够强大，而且它和Foxtable本身的数据及业务逻辑结合得更紧密，使用起来更灵活。例如，将“HttpRequest”事件代码设置为：

```
Select Case e.Path
    Case ""
        '这里可以写很多的数据处理及业务逻辑代码
        e.WriteString("这是动态生成的主页")
    Case "bj"
        '关于数据编辑方面的业务逻辑代码
        e.WriteString("这是动态生成的数据编辑页面")
    Case "cx"
        '关于数据查询方面的业务逻辑代码
        e.WriteString("这是动态生成的数据查询页面")
    Case "tj"
        '关于数据统计方面的业务逻辑代码
        e.WriteString("这是动态生成的数据统计页面")
    Case Else
        '其他业务逻辑处理完成后同样可以动态生成页面
        e.WriteString("这是动态生成的其他页面")
End Select
```

当用户在请求的IP地址后面加上“bj”时，将自动生成一个与编辑相关的页面；当加上“tj”时，则自动生成与统计相关的页面。对于用户来说，除非你明确地告诉他这些页面都是动态生成的；否则实际使用时根本感受不到它们与传统的现有页面有任何不同。

当然，如果把所有请求的业务逻辑处理代码都写在“HttpRequest”事件中，确实是一件挺让人崩溃的事，后期维护起来也不方便。建议将不同的功能处理代码写到自定义函数中，每个动态页面对应于一个函数，这样就便于管理了。

7.2.4 限制用户访问的文件类型

默认情况下，HttpServer允许用户访问WebPath属性所指定目录中的以下类型文件：jpg、gif、png、bmp、wmf、js、css、html、htm、zip、rar、txt、json、svg、ttf、woff、woff2、eot、ico、map、doc、docx、xls、xlsx。

如果有些类型的文件你不希望用户下载，或者希望再增加一些其他类型的文件，可使用HttpServer中的Extensions属性进行删除或添加。该属性是一个集合，用于管理可发送文件的后缀名。例如：

```
HttpServer.Prefixes.Add("http://*/")
HttpServer.WebPath = "d:\web"
HttpServer.Extensions.Remove(".doc")      '不允许下载后缀名为doc的文件
HttpServer.Extensions.Remove(".docx")     '不允许下载后缀名为docx的文件
```

```
HttpServer.Extensions.add(".table")          '添加后缀名为table文件供下载
HttpServer.Start()
```

需注意，这里的后缀名必须是小写，且必须以“.”开头。

7.3 提高Foxtable服务器的并发能力

如果你所搭建的Foxtable服务器在同一时间内访问的用户数（并发用户数）很多，特别是这些请求还都需要做一些负荷较重的计算时（如数据的统计查询、复杂网页的生成、将上传文件存储在本地等），那么就必须考虑提高Foxtable服务器的并发能力了；否则用户在访问时可能会出现比较明显的卡顿现象，甚至出现超时错误。

要提高服务器的并发能力，主要通过两个方面解决。

第一，服务器使用的数据源尽量选择SQL Server而不是Access。这是因为，Access作为桌面数据库，其并发能力非常有限，同时访问的用户一多，很容易崩溃。

第二，采用异步编程。现在的电脑基本都是多核的，操作系统可以同时运行多个程序，而一个程序也可以同时执行多个任务。Foxtable默认是单线程的，一段代码执行完毕后才能执行后续代码，从任务角度看，每次只能处理一个任务，多个任务必须排队执行，这种单线程执行方式通常称为同步执行。对于普通的客户端程序来说，单线程足以满足要求；但对于服务端可能就会出现问题，尤其是在用户量比较大的情况下。因此，服务端程序最好能同时响应多个用户的访问请求，缩短单个用户的等候时间，这就需要同时开启多个线程，多段代码分别在不同的线程中同时执行，从任务角度看，就是多个任务被同时处理，无需排队等候。这种多线程编程模式通常称为异步编程。

传统的异步编程即使对于专业程序员来说，也是比较复杂的。所幸Foxtable进行了简化，基本不涉及复杂的概念和技巧，相信大家都能掌握。

7.3.1 主线程和子线程

在Foxtable中，所有代码（包括Foxtable自身的代码以及用户进行二次开发所编写的代码）默认都在同一个线程中运行，这个线程称为主线程。

UI（用户界面）的显示和刷新，以及对用户操作的响应（如用户单击某个按钮、选择某个单元格），也都是在主线程中完成的，所以如果主线程经常处于长时间大负荷的运算中，那么用户会感觉程序有明显的卡顿甚至假死。

对于并发访问量比较大的服务端程序，如果所有访问请求都在主线程中处理，UI将经常无法响应（当然对于服务端程序这并不重要），更重要的是单个用户的等候时间也会延长甚至出现超时错误，影响用户感受。

我们可以在主线程之外另外开启一些线程，用于处理每个用户的访问请求，这种称为子线程。

❶ 开启子线程

Foxtable用异步函数开启子线程。采用异步函数编程的服务端程序，其运行过程如下图所示。

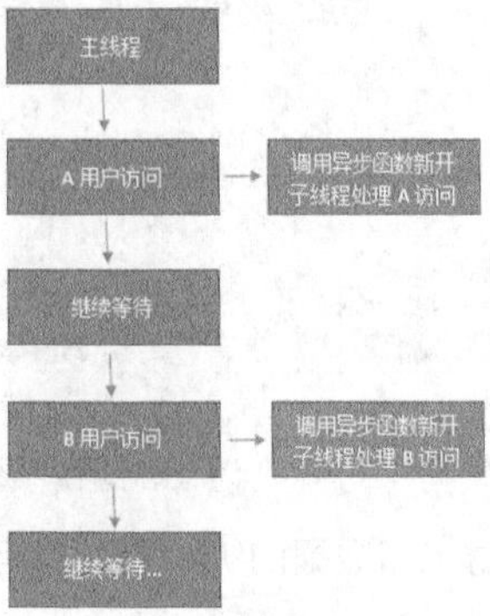

上图中左侧的蓝色为主线程，右侧的黄色为子线程。可以看到，由于每次收到新的用户访问请求后，都会调用异步函数，新开一个线程专门用于处理此用户的访问，所以主线程始终不会被阻塞，可以随时接入新的访问请求。

❷ 返回主线程

在主线程中创建的类，如DataTable、Table、窗口和菜单等，都不允许在子线程中访问。

如果收到用户访问请求之后，只是直接读写后台数据，然后将处理结果发送给用户，那么没有问题。但是，当子线程需要调用上述对象（如需要在服务端的主界面动态显示在线用户），或者开启了多个线程分别负责一部分数据运算工作、完成后需要将计算结果返回给主线程统一处理时，就必须用到从子线程返回主线程的功能。

子线程通过调用同步函数返回主线程，运行过程如下图所示。

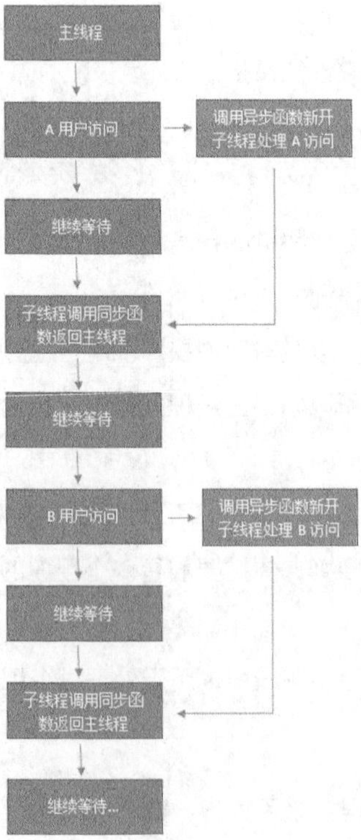

其中，左侧蓝色为主线程，右侧黄色为子线程。同样，主线程不会因为有用户访问而处于阻塞状态，不同的是子线程执行完毕后，调用同步函数返回到主线程继续执行部分代码。

由此可见，在Foxtable中进行异步编程非常简单。

- 主线程调用异步函数开启一个子线程需要异步执行的代码。
- 子线程调用同步函数返回主线程执行需要同步执行的代码。

不管是异步函数还是同步函数，都可以传递参数，所以主线程和子线程之间可以相互传递数据。

子线程并非只能执行完毕后才能调用同步函数，实际上子线程运行过程中，可以随时调用同步函数返回主线程执行，待同步函数在主线程执行完毕后（也可以不等待），继续执行子线程中的后续代码，且调用同步函数的次数不限。

7.3.2 异步函数和同步函数

事实上，在定义函数时，并不存在常规函数、异步函数和同步函数的区分，全部都是一样的定义方法。具体可参考4.7节“自定义函数”。

那么，如何实现异步函数和同步函数的效果呢？以前调用一个自定义函数的语法为：

```
Functions.Execute(函数名, 参数1, 参数2, 参数3, ....)
```

如要使用异步方式调用，只需将上述语法中的Execute方法改为AsyncExecute即可；如要同步调用，可使用SyncExecute或BeginSyncExecute方法。这3个方法的语法和Execute完全相同。

这就是说，对于同一个函数，采用不同的方法调用，将产生不同的运行效果。

调用自定义函数的4个方法见下表。

方法	说明
Execute	最常用的函数调用方法，既可以在主线程使用，也可以在子线程使用。 当在主线程调用时，此函数就运行在主线程；在子线程调用时就运行在子线程。也就是说，Execute不会改变函数的运行线程，被调用的函数始终和调用方处于同一个线程中
AsyncExecute	用异步方式调用函数，一般在主线程使用。 当在主线程(A)调用时，被调用的函数将在一个新的子线程(B)中运行；在子线程(B)调用时，被调用的函数又将会在另一个新的子线程(C)中运行。也就是说，AsyncExecute始终会开启一个新的线程运行函数，所以它一般仅在主线程使用。 由于该方法并不会等函数执行完毕，就会返回调用方线程继续执行后续代码，所以AsyncExecute不会返回函数执行结果
BeginSyncExecute SyncExecute	用同步方式调用函数，二者区别如下： 子线程通过BeginSyncExecute调用函数后，不会做任何等待，立即返回原来位置继续执行后续代码，所以它不会返回函数的结果。 子线程通过SyncExecute调用函数，会一直等待，直到函数执行完毕，才会返回子线程继续执行后续代码，所以它会返回函数的结果。 多数时候，我们都会用BeginSyncExecute方法调用同步函数；如果希望获取同步函数的结果，可以使用SyncExecute方法调用。 这两个方法都应该在子线程使用，因为在主线程使用毫无意义

关于上述几个方法的使用及注意点，官方文档已经提供非常详尽的示例进行了说明，此略。

7.3.3 使用异步函数动态生成网页示例

在之前的HttpRequest事件代码中，曾多次使用了e参数的WriteString和WriteFile方法。由于这两个方法本身就是异步执行的，通常不会影响负载能力。

但HttpRequest事件中的代码是在主线程中同步执行的，如果要在这里进行一些负荷较重的计算，就应该考虑异步编程了。假如用户通过访问地址"http://127.0.0.1/tj"来请求订单表的统计数据，实现步骤如下。

❶ 设置HttpRequest事件代码

由于将大量的数据处理代码放到了自定义函数中，此事件代码非常简洁且逻辑清晰，只有5行：

```
Select Case e.Path
    Case "tj"
        e.AsyncExecute = True                    '通知系统,将采用异步方式生成网页
        Functions.AsyncExecute("GetData", e)   '异步调用函数生成网页
End Select
```

❷ 定义函数

单击【管理项目】功能区的【设计】功能组中的【内部函数】按钮，添加一个名为"GetData"的自定义函数，代码如下：

```
'生成页面表格标题及表头
Dim sb As New StringBuilder
sb.AppendLine("<table border=1>")
sb.AppendLine("<caption>订单数据统计表</caption>")
sb.AppendLine("<tr><th>产品ID</th><th>数量</th><th>金额</th></tr>")
'统计后台数据并将统计数据添加到页面中
Dim cmd As New SQLCommand
cmd.ConnectionName = "orders"    '指定数据源
cmd.CommandText = "Select 产品ID,sum(数量) as 数量,sum(单价*(1-折扣)*数量) as 金额 from 订单 group by 产品ID"
Dim dt As DataTable = cmd.ExecuteReader
For Each dr As DataRow In dt.DataRows
    sb.AppendLine("<tr><td>" & dr("产品ID") & "</td><td>" & dr("数量") & "</td><td>" & dr("金额") & "</td></tr>")
Next
'添加表结束标签
sb.AppendLine("</table>")
'获取传递过来的e参数,并使用WriteString输出显示到页面
Dim e As RequestEventArgs = args(0)
e.WriteString(sb.ToString)
'通知系统异步函数执行完毕,可以关闭信道
e.Handled = True
```

代码设置完毕后单击【应用】按钮，该函数生效。此时，在浏览器中访问，得到的页面效果如下图所示。

订单数据统计表

产品ID	数量	金额
P01	44628	686138.796
P02	74160	1208222.29
P03	28655	251482.6
P04	23177	436330.84
P05	40397	750256.2925

❸ 异步生成网页的注意点

第一，由于HttpRequest事件代码默认是在主线程中同步执行的，因此在异步执行函数之前，要先使用e参数中的AsyncExecute属性通知系统：我将采用异步编程，主线程完成之后不能关闭信道。

第二，异步函数运行结束后要将e参数的Handled属性设置为True以通知系统关闭信道。

第三，如要在自定义函数中使用e参数，必须在执行函数时将该参数传递过去，函数中再使用以下代码获取该参数：

```
Dim e As RequestEventArgs = args(0)
```

这里的RequestEventArgs是HttpRequest事件的e参数类型。

第四，是不是觉得生成的页面效果很丑陋？而且，函数中还添加了多个HTML页面标签，如果不熟悉HTML怎么办？呵呵，不用担心，随后的两章会教你快速搭建出漂亮的页面，包括移动端及传统的PC端。

7.4 三层架构与Web数据源

Foxtable服务器不仅可以动态生成各种页面，还可助你搭建出三层架构的应用系统。而开发者所要做的仅仅是将服务端创建的本地数据源通过HttpRequest事件公开给客户端而已，这样服务端的本地数据源就变成了Web数据源。

7.4.1 什么是三层架构

默认情况下，Foxtable都是直接连接后台数据库的：客户端是Foxtable，服务端是数据库，这样开发出来的项目就是两层架构。即使你的数据库在远程服务器上，只要是直连的，它仍然是两层架构。

但在实际应用中，相当多的企业由于各种原因，不允许在网络上开放数据库端口，只允许访问公开的Web服务器，而这个Web服务器是可以通过内网与数据库相连的，如下图所示。

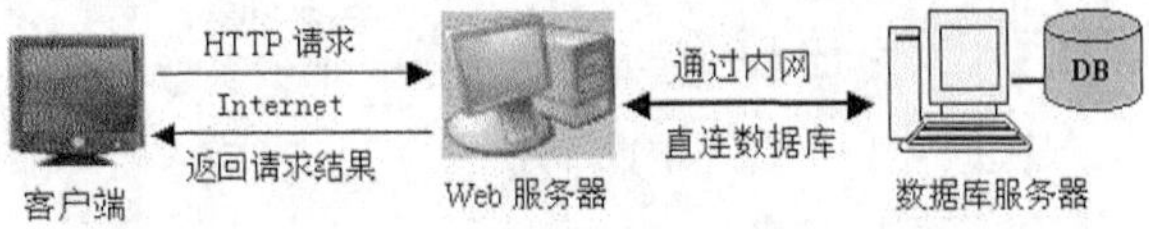

在这种情况下，只要在Web服务器中安装Foxtable，就可通过HttpRequest事件分别与客户端和数据库服务器进行交互。由于在客户端和数据库服务端之间多了一个Web层，客户端不再直接和数据库打交道，因而就变成了三层结构。

Web数据源和传统数据源有本质区别，但是Foxtable的开发人员做了大量的工作，使得Web数据源和传统数据源在开发和使用上没有任何区别，原二层架构系统的代码在转为三层架构之后，代码不需要任何的改变。而且，这种转变可能只需要一两分钟，甚至连Access都能用于开发基于互联网的应用系统。

7.4.2 在服务端建立Web数据源

要使用Web数据源，必须有一个运行于服务端的Foxtable项目。此项目运行在服务器，用于向客户端提供Web数据源。

Web数据源的建立非常简单，如果不需要身份验证，只需一行代码就能完成Web数据源的建立工作。建立步骤如下。

- 开启HttpServer服务。具体可参考7.1节。
- 创建一个本地的数据源（假定是Access类型的数据源，名称为“orders”，具体创建方法可参考3.4节“数据源及网络应用环境”）。
- 设置HttpRequest事件代码，如下图所示。

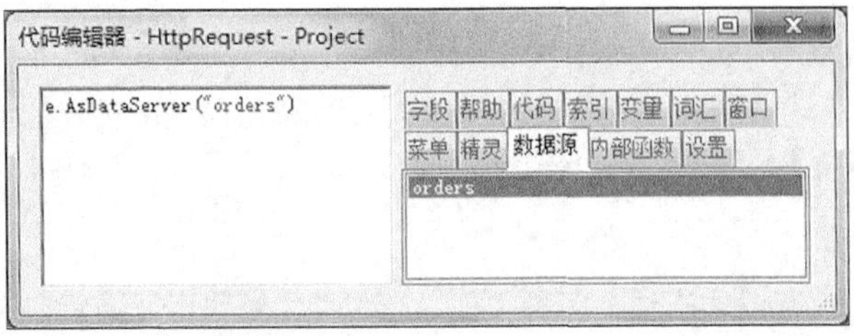

是不是有点吃惊？怎么只有一行代码？是的，就这么简单！这里的AsDataServer是e参数中的一个方法，用于将本地数据源转为Web数据源，并对外公开，其参数为本地数据源名称。由于该方法本身就是一个异步方法，可同时处理多个用户的访问请求，因此没有必要再次对其做异步处理。

如要将服务器上创建的多个数据源都予以公开，可使用路径进行区分。例如：

```
Select Case e.Path
    Case "Order"
        e.AsDataServer("Orders")
    Case "Sale"
        e.AsDataServer("Sales")
End Select
```

7.4.3 在客户端使用Web数据源

要在客户端使用Web数据源非常简单，只需将连接字符串设置为Web服务器的连接地址即可。

假定客户端和服务端项目在同一台电脑上，为了连接上图所示的Web数据源，可以按下图所示输入连接字符串。

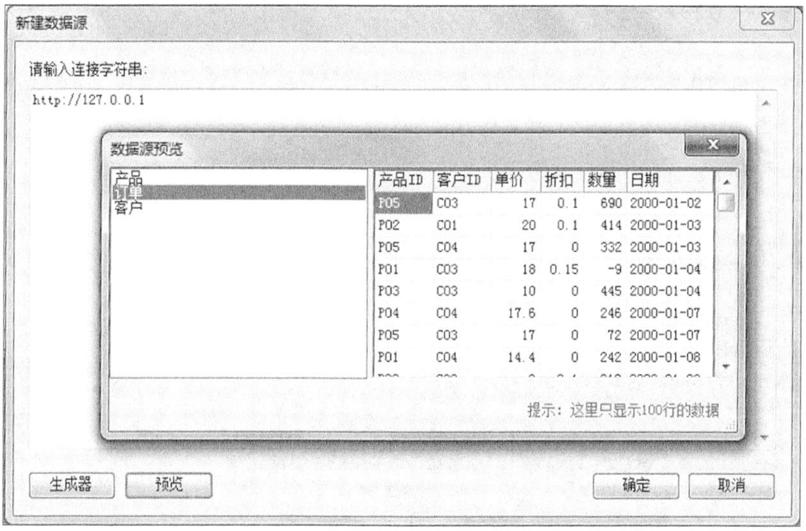

单击【预览】按钮即可查看该Web数据源所包含的表及数据。

如果服务端使用路径区分了多个数据源，这里也一样可以加上路径。例如：

```
http://127.0.0.1/Order
```

当然，Web数据源也可以设置身份验证，只有验证通过时才能使用。具体可参考官方文档，无非是多加几行代码而已。而且，客户端在连接Web数据源之前，一样会触发BeforeConnect-OuterDataSource事件，所有的这些操作都与本地设置的外部数据源没有任何不同。

为了方便，建议在开发过程中使用传统的本地数据源，发布前再根据需要改为Web数据源。

7.5 与第三方B/S项目协同工作

Foxtable除了可以作为服务器直接向用户提供页面交互功能及Web数据源外，还可在客户端项目中通过调用第三方接口的方式，与其他B/S项目进行协同工作。

例如，你现在已经拥有了微信公众平台中的订阅号、服务号或者企业号，那么就可以将该平台中的接口URL指定为Foxtable项目所开启的HTTP服务地址。如此设置之后，微信服务器所接收到的全部信息都将转发到Foxtable中，并由Foxtable的HttpRequest事件给出响应。当然，这样做的前提是，Foxtable所开启的HTTP服务地址必须是外网能够访问到的。

再比如，某企业已经拥有了一套独立且稳定的B/S应用项目。出于安全考虑，该项目并不允许Foxtable直接访问它的数据库，即便是采用三层架构的方式也不允许。可是，在实际工作中，Foxtable又需要经常调用该项目中的某些资源以实现数据共享，这时就可通过接口的方式解决。

由于微信公众平台的接口相对比较复杂，而且并不是每个读者都会有这样的需求，为说明问题方便，本节仅以自定义接口为例来说明Foxtable是如何与第三方B/S项目进行协同工作的。至于微信公众号的接口开发，可参考Foxtable官方文档说明。

7.5.1 第三方接口示例

第三方接口可以使用你认为方便的任何服务器语言开发，包括Foxtable。为便于读者理解，本接口仍然使用Foxtable开发。

服务器端项目的HttpRequest示例代码如下：

```
e.AsyncExecute = True                   '通知系统,将采用异步方式生成网页
Functions.AsyncExecute("GetData", e)    '异步调用函数输出接口数据
```

自定义函数“GetData”代码如下：

```
Dim e As RequestEventArgs = args(0)
'生成用户请求条件
Dim tj As String = "1=1"                            '默认查询条件始终成立
If e.GetValues.ContainsKey("v") Then                '如果获取的键值里面包含"键v"
    tj = "产品ID='" & e.GetValues("v") & "'"       '生成查询条件
End If
'通过后台查询数据
Dim cmd As New SQLCommand
cmd.ConnectionName = "orders"     '指定数据源
cmd.CommandText = "Select * from 订单 where " & tj
Dim dt As DataTable = cmd.ExecuteReader
'将查询出来的全部数据记录保存到数组变量中
Dim ja As new jarray
Dim i As Integer
For Each r As DataRow In dt.DataRows
    ja.Add(new jobject)
    ja(i)("产品ID") = r("产品ID").ToString
    ja(i)("客户ID") = r("客户ID").ToString
    ja(i)("单价") = r("单价").ToString
    ja(i)("折扣") = r("折扣").ToString
    ja(i)("数量") = r("数量").ToString
    ja(i)("日期") = Format(r("日期"),"yyyy-MM-dd").ToString
    i = i + 1
Next
e.WriteString(ja.Tostring)
'通知系统异步函数执行完毕,可以关闭信道
e.Handled = True
```

其中，GetValues是e参数中的一个方法，用于获取客户端以Get方式请求的参数数据。那么，什么是GET请求方式？这在日常工作与生活中应用非常广泛。比如，大家常用的各种搜索就是采用的这种方式。如百度中的搜索页面见下图。

在上图中，百度搜索的内容是“foxtable”，执行之后就会发现地址栏以“?”分隔成了两部分：前面的部分是请求地址，后面的部分是请求参数。这些参数全部是以键值对的方式出现的，当有多个参数时，要用“&”符号连接。如上图所示，当用户在搜索“foxtable”时，就向百度服务器提交了以下3组数据。

第一组为“wd=foxtable”，这里的“wd”是键，“foxtable”是值。

第二组为“ie=utf-8”，这里的“ie”是键，“utf-8”是值。

第三组为“tn=94155026”，这里的“tn”是键，“94155026”是值。

对于这种将数据以参数形式跟在URL地址后面进行传递的数据提交方式，就称为Get方式。

再回到本示例中来。既然异步函数是以键名为“v”的值来生成查询条件的，那么，在通过浏览器发出请求时，就应该同时带上v参数。如果不带此参数，将返回所有记录的数据。如下图所示，由于将键值对参数设置为“v=P02”，就会得到订单表中产品ID为“P02”的全部数据。

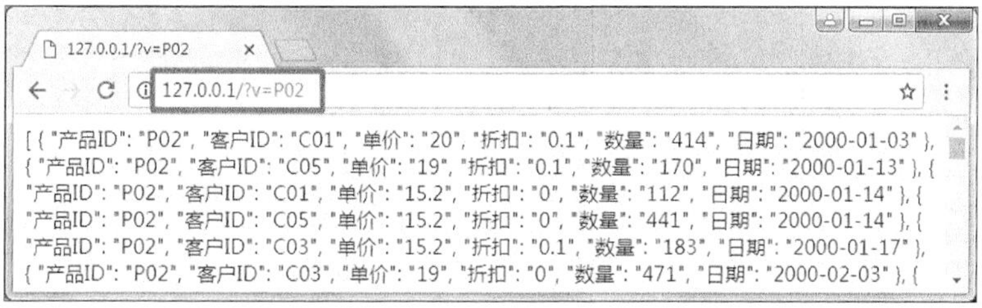

该返回值的结构如下：

```
[
    {"产品ID":"P02","客户ID":"C01","单价":"20","折扣":"0.1","数量":"414","日期":"2000-01-03"},
    {"产品ID":"P02","客户ID":"C05","单价":"19","折扣":"0.1","数量":"170","日期":"2000-01-13"},
    {"产品ID":"P02","客户ID":"C01","单价":"15.2","折扣":"0","数量":"112","日期":"2000-01-14"},
    ……
]
```

这是一种非常典型的数组结构，每个数组元素都是JSON格式的字符串对象。JSON就是B/S项目中被广泛使用的一种轻量级的数据交换格式，它有以下几个突出的特点。

- 每个数据全部用“键值对”表示。如上述返回值中的“产品ID:P02”“客户ID:C01”“单价:20”“日期:2000-01-03”等。
- 数据中的键和值都必须使用双引号。
- 数据之间用逗号分隔。如上例中的每个数据就对应了数据表中的列名及其数值。
- 以花括号保存一个JSON对象。如上例中的每个JSON对象，实际上就对应了数据表中的一条记录。
- 以方括号保存一个数组。如上例中的全部JSON对象合在一起就形成一个完整的数据表。

很显然，虽然该返回值是文本格式的，但仍然有着类似于数据表一样的清晰结构，这就使得JSON成为B/S项目中非常理想的数据交换语言，既易于阅读，更易于各种编程语言的解析或生成。

在上述示例代码中，JArray表示数组，JObject表示对象。关于这方面的知识，官方文档在“JSON解析”中有详细说明，此略。

7.5.2 在Foxtable中请求接口数据

经过上面的设置，已经可以通过浏览器获取到接口数据。那么，如何将这些数据返回到Foxtable的客户端项目中？其实也不复杂，测试步骤如下。

首先在项目中创建一个和服务器“订单”表一模一样的内部表，然后新建一个“窗口1”，如下图所示。

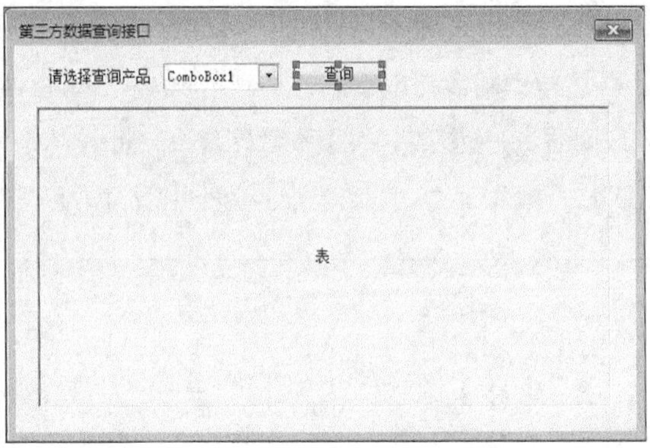

在这个窗口中只用到了3个控件：一个组合框，可以选择要查询的产品ID；一个按钮，用于设置单击事件代码；一个查询表。初始select查询语句如下：

```
select * from {订单} where false
```

其目的仅在于生成一个与“订单”表完全一致的数据结构。

这里最关键的部分就是如何编写【查询】按钮的单击事件代码。以下是示例代码：

```
Dim url As String = "http://127.0.0.1?v=" & e.Form.Controls("ComboBox1").Value
Dim hc As New HttpClient(url)
Dim str As String = hc.GetData()        '获取接口返回的文本内容
Dim jo As JArray = JArray.Parse(str)    '由于返回内容是JSON数组,因而使用JArray进行解析
For Each jt As JToken In jo             'JToken表示JSON数组成员的类型
    With Tables("窗口1_Table1")
        Dim r As Row = .AddNew()        '在查询表中添加行
        For Each c As Col In .Cols
            r(c.Name) = jt(c.Name)      '给当前行的每个列赋值
        Next
    End With
Next
```

上述代码中的第2行创建的是一个HttpClient对象。HttpClient也被称为客户端类，它的作用就是模仿浏览器实现访问请求，因此，在创建HttpClient对象时，必须加上url参数，表示要访问的服务器地址。

那么，HttpClient为什么又被称为客户端类呢？这是因为，B/S程序在一定程度上也可以看作是C/S程序，只不过此时的客户端就是浏览器而已。既然使用HttpClient来模仿浏览器的操作，因此就被称为客户端类。

HttpClient可以完成浏览器的所有工作，只不过这一切都是通过编码进行的，而且是非常简单

的代码。例如，上述代码中的第3行，使用HttpClient中的GetData方法就可直接获取服务器的返回内容。内容返回之后再对它进行解析，然后逐个添加到指定的查询表中即可。上述代码已对解析过程做了详细的注释，这里不再赘述。假如选择查询的产品ID为“P02”，则单击【查询】按钮后得到的数据如下图所示。

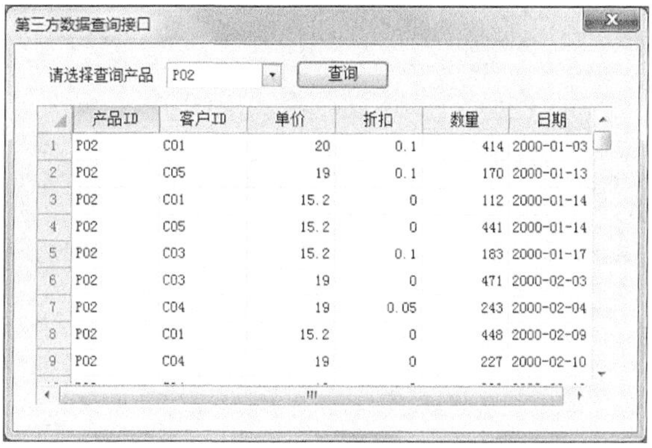

	产品ID	客户ID	单价	折扣	数量	日期
1	P02	C01	20	0.1	414	2000-01-03
2	P02	C05	19	0.1	170	2000-01-13
3	P02	C01	15.2	0	112	2000-01-14
4	P02	C05	15.2	0	441	2000-01-14
5	P02	C03	15.2	0.1	183	2000-01-17
6	P02	C03	19	0	471	2000-02-03
7	P02	C04	19	0.05	243	2000-02-04
8	P02	C01	15.2	0	448	2000-02-09
9	P02	C04	19	0	227	2000-02-10

有以下几点需注意。

第一，这里的请求是通过HttpClient类实现的，因此，Foxtable的客户端项目无需启动HttpServer，更不需要在HttpRequest事件中设置任何代码。

第二，如果服务端接口程序使用Foxtable搭建，而且主要需求在于获取服务端数据库中的数据，远不如直接在服务端将数据源公开为Web数据源来得方便。即便是使用HttpClient进行请求，也有更简捷的方法，因为服务端可以直接向客户端发送DataTable。关于这方面的应用可参考官方文档。

7.5.3 在Foxtable中向接口提交数据

在上例中，其实已经向接口提交数据了，只不过这种提交是以Get方式的参数形式进行的，其更主要的目的在于请求数据。由于Get方式可提交的数据非常有限，因而当需要提交大量数据时一般使用Post方式。

例如，要将Foxtable客户端项目中的“产品”表数据提交到指定的接口中，见下图。

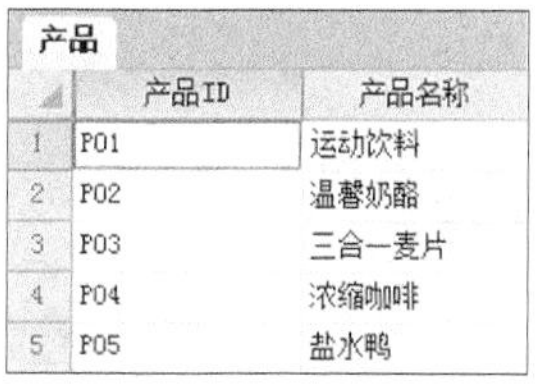

	产品ID	产品名称
1	P01	运动饮料
2	P02	温馨奶酪
3	P03	三合一麦片
4	P04	浓缩咖啡
5	P05	盐水鸭

首先将Foxtable服务器端的HttpRequest事件代码修改如下：

```
If e.PostValues.ContainsKey("data") Then
    e.WriteString("服务器接到的数据：【" & e.PostValues("data") & "】")
Else
    e.WriteString("服务器没有接到任何数据!")
End If
```

然后在Foxtable的命令窗口中输入以下示例代码，执行结果如下图所示。

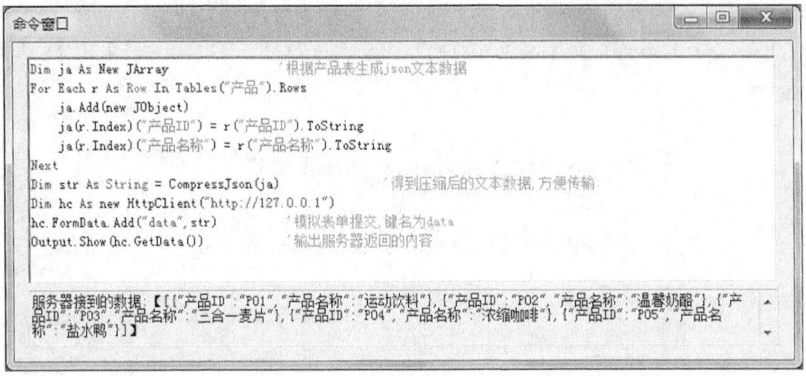

这里输出的内容正是接口程序组合输出的数据，表明通过Foxtable发送过去的数据已经被正常接收！

其中，FormData是HttpClient的属性，字典类型，通过Add方法可随意添加要提交的数据。这种处理方法是模拟表单的，必须带两个参数：一个是键名，一个是要发送的数据。

当使用Post方式发送字符型数据时，还可直接使用Content属性。例如，将上述命令窗口代码中的倒数第二行改为：

```
hc.Content = str
```

当使用Post方式向接口提交数据时，由于没有明确的键，服务器端的HttpRequest事件必须使用e参数中的PlainText属性来获取。代码如下：

```
If e.PlainText > "" Then
    e.WriteString("服务器接到的数据:【" & e.PlainText & "】")
Else
    e.WriteString("服务器没有接到任何数据!")
End If
```

执行命令窗口中的代码，得到的返回值与上图相同。

当然，服务器端的HttpRequest也可视情况需要而定，先将接收到的数据进行解析，然后逐条把它们添加到后台数据库中，最后再返回一个“已添加N条数据记录”的信息提示。关于这样的功能实现代码，大家可尝试自行完成。

7.5.4 不分提交方式的获取数据

截至目前，我们已经知道，通过HttpRequest事件e参数中的PostValues属性，可获取用户用Post方式提交的所有数据；通过GetValues属性可获取Get方式提交的所有数据。此外，还有一个Values属性可获取用户通过Post或Get方式提交的所有数据。

例如，将上述示例代码中的PostValues或GetValues全部改为Values，项目仍然可以正常运行。因此，为简单起见，可以在项目中统一使用Values来获取用户传递过来的值而无需关心他们使用的是何种提交方式。

第8章 移动端项目开发

网页开发涉及的知识点非常多。例如，页面结构需要用到HTML，它就相当于在日常生活中所建造的毛坯房，仅仅有个结构；如果要使外观看着漂亮、内部住着舒适，还需使用CSS进行装修；正常使用物业时还要对门禁、电梯等进行日常维护和管理，这在页面中就是互动动作，它需要JavaScript配合完成。

为简化页面开发流程，提高软件开发效率，同时也是为了获取更舒适、更流畅、更稳定的页面运行效果，很多前端开发人员更喜欢使用一些现成的第三方网页框架。FoxTable就内置了腾讯公司的WeUI，而且还做了适当的扩展，使用起来更容易。

8.1 配置WeUI环境

要使用Foxtable内置的WeUI框架进行移动端项目的开发，必须要配置WeUI环境。

8.1.1 下载文件压缩包

首先要下载WeUI框架文件包。由于Foxtable官方对此框架做过一些扩展，因此一定要下载Foxtable官方提供的文件包，不要使用微信官方的。具体下载地址为：

```
http://www.foxtable.com/download/mobile/weui.zip
```

其次，将下载后的压缩包解压到指定的文件夹，如“d:\web\weui”，得到的解压文件如下图所示（共3个文件）。

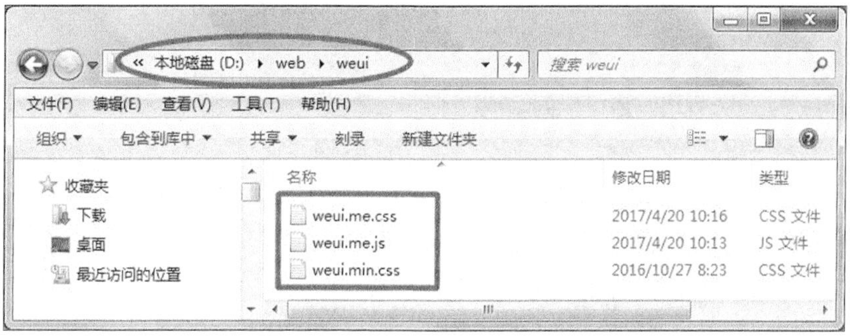

8.1.2 使用WeUI

在传统的页面开发模式中，要使用框架，必须先在页面头部（Head）引用框架文件，然后再通过样式等属性调用其中预先设计好的各种效果。如果改用Foxtable开发就会非常简单，因为它把WeUI框架的绝大部分常用组件都封装进去了，而且还做了很多扩展，普通用户基本无需了解太专业的网页知识就能直接开发出高水平的页面。

但要注意，在启动服务端Foxtable项目的HttpServer服务时，一定要将HttpServer的WebPath属性设置为指定的文件夹。例如：

```
HttpServer.WebPath = "d:\web"
```

然后再在“HttpRequest”事件中编写下图所示的代码。

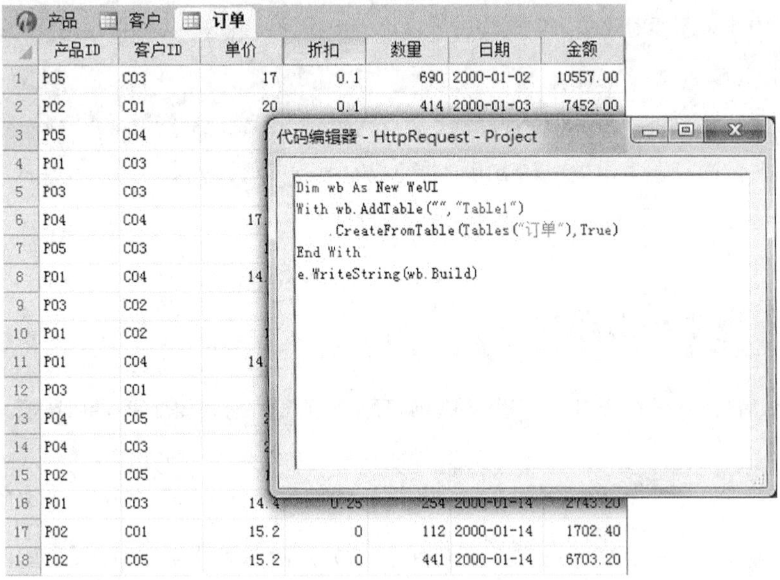

该代码的目的在于，将当前项目中的“订单”表数据发送到网页中显示。其中，第1行代码用于创建一个WeUI类型的对象“wb”；第2～4行表示先使用该对象的AddTable方法在页面中添加一个表格（该表格在页面中的ID属性值为“Table1”），然后再使用表格中的CreateFromTable方法将数据来源指定为项目中的“订单”（这里的第2个参数是可选的，表示是否同时显示行号，默认值为False）；最后的第5行代码则使用WeUI对象的Build方法生成页面字符串并用e参数中的WriteString写入页面。

如果你愿意，上述5行代码还可以简写成3行：

```
Dim wb As New WeUI
wb.AddTable("","Table1").CreateFromTable(Tables("订单"),True)
e.WriteString(wb.Build)
```

浏览器访问效果如下图所示，项目中的“订单”表有多少行，这里所生成的页面表格数据就有多少行。

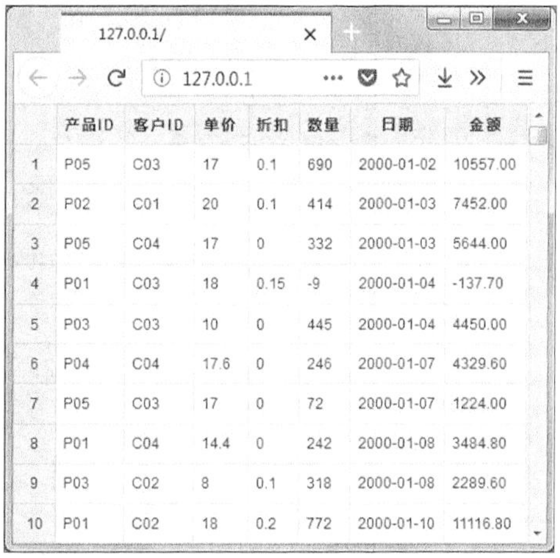

	产品ID	客户ID	单价	折扣	数量	日期	金额
1	P05	C03	17	0.1	690	2000-01-02	10557.00
2	P02	C01	20	0.1	414	2000-01-03	7452.00
3	P05	C04	17	0	332	2000-01-03	5644.00
4	P01	C03	18	0.15	-9	2000-01-04	-137.70
5	P03	C03	10	0	445	2000-01-04	4450.00
6	P04	C04	17.6	0	246	2000-01-07	4329.60
7	P05	C03	17	0	72	2000-01-07	1224.00
8	P01	C04	14.4	0	242	2000-01-08	3484.80
9	P03	C02	8	0.1	318	2000-01-08	2289.60
10	P01	C02	18	0.2	772	2000-01-10	11116.80

可能有的读者又会问：上述示例中的框架文件都是放在指定目录的“weui”下级目录中的。如果我下载的WeUI框架文件想放到其他文件夹（如“weixin”），怎么处理？其实，也很简单，只要在声明WeUI变量之后使用WeUIPath属性重新设置即可。例如：

```
wb.WeUIPath = "/weixin"        '默认存放文件目录为"/weui"
```

8.1.3 模拟显示移动端运行效果

WeUI是一款适用于手机等移动端应用的框架，虽然在PC端浏览器上可以正常访问和显示，但如果通过移动端效果会更好。下图就是通过iPhone手机访问局域网内服务器的显示效果。

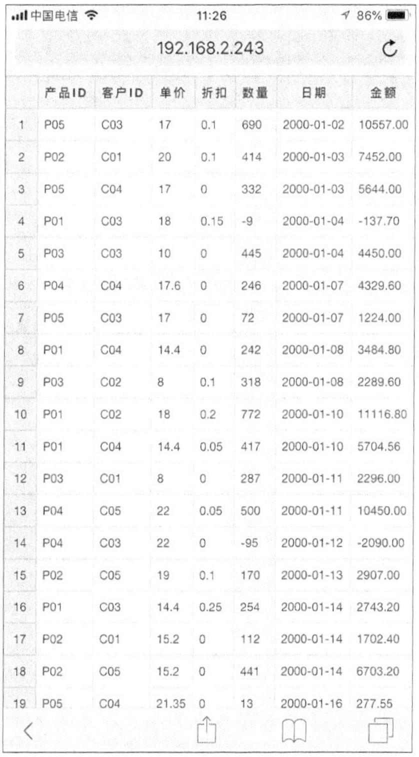

	产品ID	客户ID	单价	折扣	数量	日期	金额
1	P05	C03	17	0.1	690	2000-01-02	10557.00
2	P02	C01	20	0.1	414	2000-01-03	7452.00
3	P05	C04	17	0	332	2000-01-03	5644.00
4	P01	C03	18	0.15	-9	2000-01-04	-137.70
5	P03	C03	10	0	445	2000-01-04	4450.00
6	P04	C04	17.6	0	246	2000-01-07	4329.60
7	P05	C03	17	0	72	2000-01-07	1224.00
8	P01	C04	14.4	0	242	2000-01-08	3484.80
9	P03	C02	8	0.1	318	2000-01-08	2289.60
10	P01	C02	18	0.2	772	2000-01-10	11116.80
11	P01	C04	14.4	0.05	417	2000-01-10	5704.56
12	P03	C01	8	0	287	2000-01-11	2296.00
13	P04	C05	22	0.05	500	2000-01-11	10450.00
14	P04	C03	22	0	-95	2000-01-12	-2090.00
15	P02	C05	19	0.1	170	2000-01-13	2907.00
16	P01	C03	14.4	0.25	254	2000-01-14	2743.20
17	P02	C01	15.2	0	112	2000-01-14	1702.40
18	P02	C05	15.2	0	441	2000-01-14	6703.20
19	P05	C04	21.35	0	13	2000-01-16	277.55

可是，通过移动端访问来测试运行效果毕竟不如在本机直接使用“127.0.0.1”来得方便，因此，当开发移动端的应用项目时，要善于使用PC端的浏览器来模拟观察移动端的运行效果。

以开发人员最常使用的火狐（FireFox）及谷歌（Chrome）浏览器为例，前者使用“Ctrl+Shift+M”组合键，后者使用“Ctrl+Shift+I”组合键都可进入响应式设计模式。

下图就是火狐浏览器中模拟“iPhone6Plus”的运行效果。单击标示所示位置，还可更换其他移动设备或者改为横屏显示。

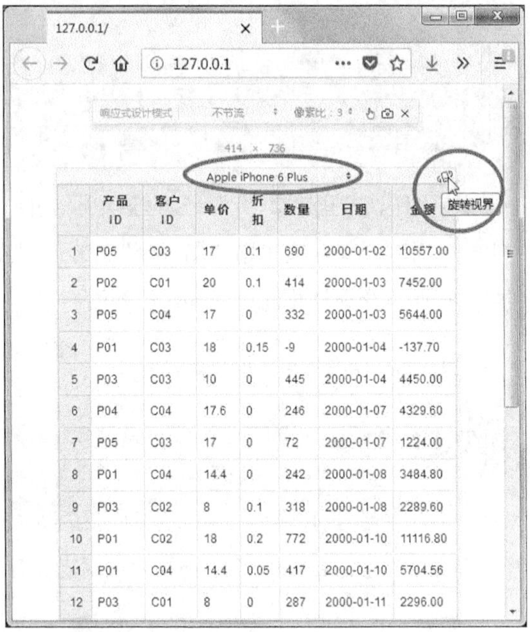

如单击右侧的【旋转视界】按钮，则效果如下图所示。

8.1.4 保存自动生成的页面代码

在传统的页面开发模式下，即使是网页高手，在使用WeUI进行页面开发时也是一件挺繁琐的事情，因为需要输入的各种样式名称太多、太长，想全部熟记于心并非易事。现在，“神器”来了，Foxtable封装好的WeUI不仅可以直接将生成的页面代码发送到浏览器，还可以直接保存成本地的页面文件。

如果仅仅是将自动生成的页面代码保存到本地，可以直接放到命令窗口或者其他按钮事件中执行。例如：

```
Dim wb As New WeUI
wb.AddTable("","Table1").CreateFromTable(Tables("订单"),True)
wb.Save("d:\web\tst.html")    '随意定义保存位置及文件名
```

简简单单的3行代码，即可瞬间生成多达近千行的页面文件。此文件保存在“d:\web\”文件夹中，文件名为“tst.html”。对于生成的页面文件，一般还要修改所引用文件的路径才能正常运行和显示，如下图所示。

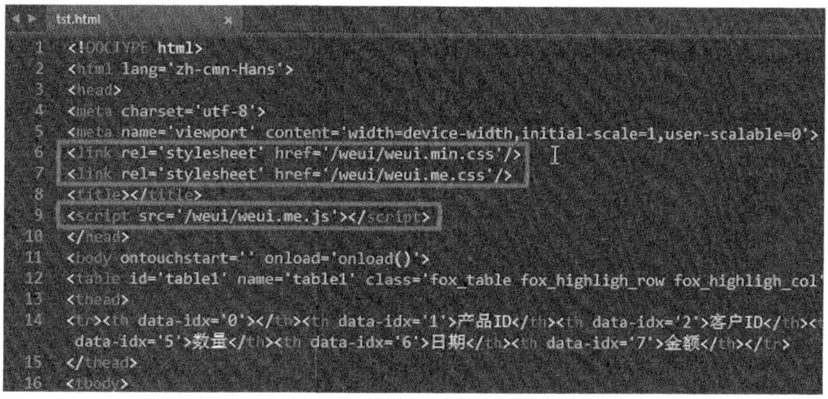

由于自动生成的页面代码采用的是绝对路径写法，当把它保存到“d:\web\”目录中后，这里的“/weui/weui.min.css”就要改成“./weui/weui.min.css”，表示引用的是当前目录下weui子文件夹中的“weui.min.css”文件，其他两个文件的处理方式同理。此种路径的写法称为“相对路径”。

相对路径有两个非常重要的符号：一个是表示当前目录的“.”；另一个是表示父目录的“..”。

如上例中的“./weui/weui.min.css”，由于当前文件“tst.html”保存在“d:\web”中，所以“./weui”就表示“d:\web\weui”。再比如，当把此网页文件保存到“d:\web\sub”中时，则引用该css文件的代码应为“../weui/weui.min.css”。

静态页面一般使用的是相对路径，而通过Foxtable代码动态生成页面时一般使用绝对路径。

8.2 页面开发常用组件

Foxtable封装了WeUI框架中的绝大部分常用组件，同时还改进并扩展了部分组件。因篇幅所限，本节仅重点学习最常用的28个组件。其中，基础类组件7个，页面管理类组件5个，操作反馈类组件5个，表单类组件10个，表格类组件1个。

需要特别说明的是，本节所用到的示例代码必须全部放到HttpRequest事件中。而且，为说明问题方便，本章示例代码都没有使用异步函数。在实际项目开发时务必将一些负荷重的代码放到异步函数中执行。

8.2.1 基础类组件

基础类常用组件有7个，具体包括Article（文章）、Gallery（画廊）、Panel（面板）、List（列表）、Badge（徽章）、Button（按钮）和Preview（内容预览）。

❶ Article（文章）

该组件用于显示文章，支持分段、多层标题和内嵌图片，使用的方法为AddArticle。

例如，希望在页面中输出“员工”表中当前数据行的员工资料，如下图所示。

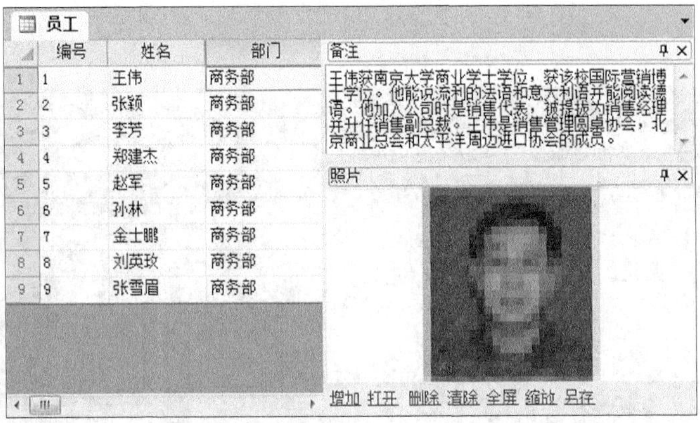

示例代码如下：

```
Dim r As Row = Tables("员工").Current                    '获得"员工"表中的当前数据行
Dim wb As New WeUI                                      '声明WeUI变量
With wb.AddArticle("","ar1")
    .AddTitle("h1","【" & r("姓名") & "】资料")          '在Article中添加标题
    .AddImage("/images/" & r("照片"))                    '在Article中添加图片
    .AddContent(r("备注"))                               '在Article中添加段落文字
End With
e.WriteString(wb.Build)                                 '生成网页
```

在上述代码中，首先通过AddArticle方法添加一篇文章。为方便后期操作，使用AddArticle方法时必须带两个参数：第一个参数为父容器的ID，也就是此文章放到哪个容器里，当以空串表示时将创建顶层对象；第二个参数表示该文章在页面中的ID，此设置同样是为了方便后期的页面其他操作。

事实上，不仅仅是AddArticle，后面用到的添加其他组件的方法也都有这样两个参数，其含义均与此同。关于父容器的用法，可参考“页面控制类”组件中的“Page”和“TabBar”。

AddArticle方法其实仅仅只是创建了一篇空的文章。要想“文中有物”，还需使用AddTitle、

AddContent、AddImage等方法向文章中添加标题、文字或图片等。

AddTitle方法用于添加标题。它有两个参数：第1个参数表示标题层级，有6个可选值，分别为h1、h2、h3、h4、h5和h6；第2个参数表示标题内容。

AddContent方法用于增加文本段落，它有一个参数，表示具体的段落内容。

AddImage方法用于增加图片，它有一个参数，表示具体的图片文件名（含路径）。

上述3个方法还都有一个可选参数Attribute，该参数必须放在最后位置，用于设置当前添加的标题、段落或图片的元素属性。此参数仅供拥有较多网页开发经验的用户使用，一般读者可忽略。

例如，给上述代码的第4行和第5行分别加上可选参数：

```
    .AddTitle("h1","【" & r("姓名") & "】资料","style='color:red'")
    .AddImage("/images/" & r("照片"),"style='margin:10px 0px 20px 0px;border:1px solid silver;box-shadow:5px 4px 10px 2px gray' onclick='location=""http://www.foxtable.com""'")
```

其中，第4行可选参数的作用是将标题显示为红色，第5行则是给图片的上下各留出10px和20px的距离，同时加上边框、阴影及单击事件。如下图所示，左侧是没有加上可选参数时的运行效果，右侧是加上参数后的效果。

- 关于组件属性的说明

Foxtable为所有的WeUI组件提供了Attribute通用属性，以方便用户生成更具个性化的网页。该属性有的是作为参数必须写在方法中（如本例中的AddTitle、AddContent和AddImage方法），更常见的使用方式却是直接给该组件赋值。

例如，本例的AddArticle方法中就没有用到属性参数，此时可以改用以下方式设置：

```
With wb.AddArticle("","ar1")
.Attribute = "style='background:grey'"          '设置Article属性
……AddTitle、AddImage、AddContent等其他代码略……
End With
```

此代码生效后，所生成的文章页面背景将变为银灰色。

❷ Gallery（画廊）

该组件用于实现图片的展示或幻灯片播放。仍以“员工”表为例，如要展示表中的全部员工照片可使用以下代码：

```
'获取员工表中的全部照片集合
Dim ps As New List(Of String)
For Each r As Row In Tables("员工").Rows
    ps.Add("/images/" & r("照片"))
Next
'生成页面
Dim wb As New WeUI
With wb.AddGallery("","gla1")
    .AddImage(ps)
End With
e.WriteString(wb.Build)
```

其中，AddGallery是添加Gallery的方法，AddImage则用于向Gallery中添加图片。AddImage方法中的参数可以是集合或者数组，也可以是要添加的多个图片文件。

例如，以下写法同样是可以的：

```
.AddImage("/images/001.jpg","/images/002.jpg","/images/003.jpg","/images/004.jpg")
```

上述示例代码在浏览器中的模拟运行效果如下图所示。

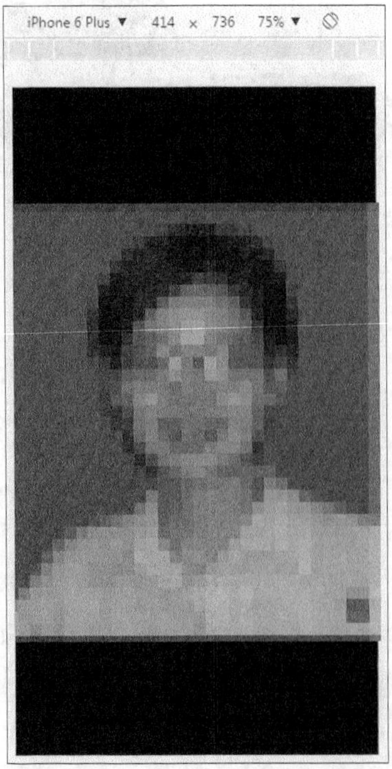

当单击图片右侧时将切换到下一幅图片，单击图片左侧切换到上一幅图片。

还有一种情况。比如，先循环读取“员工”表中的所有数据行，并按照“姓名”“照片”和“备注”3列生成一篇图文并茂的文章。假如希望单击其中的某张照片就能集中显示该文章中所用到的全部图片，那么就必须和Gallery结合在一起使用。示例代码如下：

```
Dim wb As New WeUI
With wb.AddArticle("","ar1")
    .UseGallery = True
    For Each r As Row In Tables("员工")
        .AddTitle("h1","【" & r("姓名") & "】资料")
        .AddImage("/images/" & r("照片"))
        .AddContent(r("备注"))
    Next
End With
e.WriteString(wb.Build)
```

上述代码中最关键的就是第3行：UseGallery是Article元素的属性，表示在文章中是否使用Gallery。这里必须将它设置为True且放在第一行。运行效果如下方左图所示。

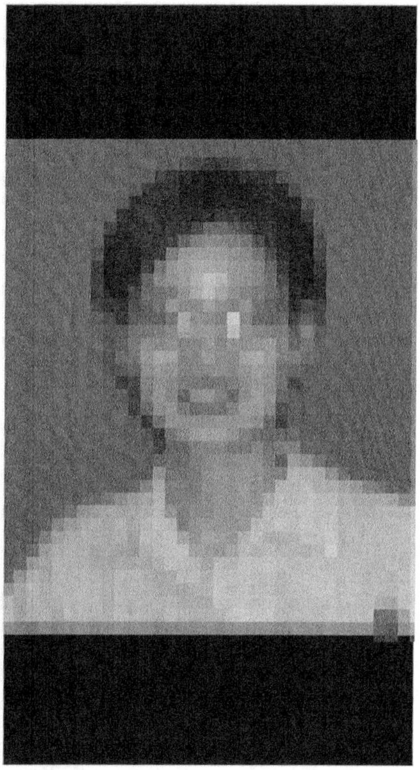

当在其中的任何一张图片上单击时，都会自动切换到Gallery界面，从而集中显示图片（上方右图）。浏览完毕，只要在Gallery中单击图片的中央位置又会返回到文章界面。

在实际项目开发过程中，有时为了提高网页打开速度，往往仅在文章中显示小图，当单击其中的某个图片时才显示大图。要实现这样的效果也不复杂，可以在文章中添加图片时加上一个可选参数，用于指定单击时所打开的大图文件。示例代码如下：

```
Dim wb As New WeUI
With wb.AddArticle("","ar1")
    Dim ps As New List(Of String)
    Dim attr As String
    For Each r As Row In Tables("员工")
        ps.Add("/images/big/" & r("照片"))        '假如大图保存在images/big中
        attr = "onclick=""showGallery('gla1','/images/big/" & r("照片") & "')"""
        .AddTitle("h1","【" & r("姓名") & "】资料")
        .AddImage("/images/" & r("照片"),attr)     '在文章中添加图片时加上单击属性
        .AddContent(r("备注"))
    Next
    With wb.AddGallery("","gla1",False,True)
        .AddImage(ps)
    End With
End With
e.WriteString(wb.Build)
```

需注意，上述代码中的AddGallery方法用到了两个非常重要的可选参数：

第3个参数表示Gallery在初始情况下是否可见，默认为True。由于这里的Gallery显示的是大图，因而应设置为False，也就是初始不可见。

第4个参数表示是否自动隐藏，默认为False。由于在文章中单击某个图片后会自动切换到Gallery，为了能再次回到文章页面，当然应该设置为True，也就是在Gallery中单击图片中央位置时将其自动隐藏。

代码中的showGallery是在WeUI框架中定义的函数，其作用在于显示Gallery。它有两个参数：第1个表示Gallery的ID；第2个表示要在Gallery中显示的图片。

❸ Panel（面板）

此组件主要用于图文列表的组合显示。例如，要将“员工”表中的当前行数据以此方式在页面中展示出来，可使用以下示例代码：

```
Dim r As Row = Tables("员工").Current
Dim jbqk,zp,jl,lxfs As String  '设置获取基本情况、照片、简历和联系方式的4个变量
jbqk = "【所在部门】" & r("部门") & "; 【职务】" & r("职务") & "<br>【出生日期】" & r("出生日期")
zp = "/images/" & r("照片")
jl = r("备注")
lxfs = r("城市") & "市" & r("地址") & "<br>【家庭电话】" & r("家庭电话")
'生成页面
Dim wb As New WeUI
With wb.AddPanelGroup("","pg1","【" & r("姓名") & "】资料列表")
    .Add("pn1","基本情况",jbqk,zp)
    .Add("pn2","个人简历",jl)
    .Add("pn3","联系方式",lxfs)
End With
e.WriteString(wb.Build)
```

由以上代码可知，添加面板使用的是AddPanelGroup方法，它有3个参数，其中最后一个参数用于指定所添加的面板标题。在这个面板中，可使用Add方法添加列表项。其语法格式如下：

```
Add(ID, Text, Content, Image, Href)
```

其中，ID参数表示该列表项在页面中的ID；Text参数为列表标题；Content参数为列表内容。最后两个参数是可选的：Image表示图片，当设置此参数时，该列表项变为图文混合列表；Href为链接地址。由于列表项中所显示的列表内容最多只能有两行，当显示内容比较多时，可以设置Href参数以链接到指定的页面。

上述代码运行效果如下图所示。

【郑建杰】资料列表
基本情况
【所在部门】商务部；【职务】销售代表
【出生日期】1968-09-19
个人简历
郑建杰持有外国语学院英国文学学士学位和中国烹调艺术学院硕士学位。在他返回到北京的永久职位之前被临时派往上海办公室工...
联系方式
北京市前门大街 789 号
【家庭电话】(010) 65558122

在上图中，“个人简历”内容显示不完整，这时就可以给该列表项添加一个链接。例如：

```
.Add("pn2","个人简历",jl,"","http://www.foxtable.com")
```

除了此方式之外，还可以脚注的方式给指定的列表项添加链接，这就需要用到AddFoot方法。该方法有两个参数：第1个参数表示脚注内容；第2个参数是可选的，表示要跳转到的目标URL。

如果希望在添加的面板中使用脚注，可以使用面板的GroupFoot和GroupHref属性：前者用于指定显示内容，后者用于指定链接。例如：

```
'此前代码略
Dim wb As New WeUI
With wb.AddPanelGroup("","pg1","【" & r("姓名") & "】资料列表")
    .Add("pn1","基本情况",jbqk,zp)
    With .Add("pn2","个人简历",jl)   '给当前列表项添加脚注
        .AddFoot("入职时间:" & r("雇佣日期"))
        .AddFoot("|其他信息请单击","http://www.foxtable.com")
    End With
    .Add("pn3","联系方式",lxfs)
    '以下两行代码是给当前面板添加脚注
    .GroupFoot = "该员工更多资料请查看这里"
    .GroupHref = "http://www.foxtable.com/"
End With
e.WriteString(wb.Build)
```

运行效果如下图所示。

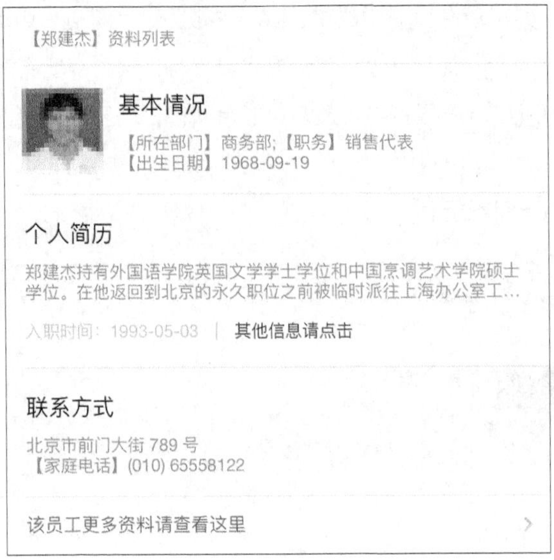

❹ List（列表）

此组件用于列表内容，可附带说明、超链接或图标。例如：

```
Dim r As Row = Tables("员工").Current
Dim wb As New WeUI
With wb.AddListGroup("", "lsg1","【" & r("姓名") & "】资料列表")
    .Add("ls0", "以下资料仅供参考，更多信息请咨询人力资源部")
    .Add("ls1", "姓名", r("姓名"), "" , "/images/" & r("照片"))
    .Add("ls2", "部门", r("部门"))
    .Add("ls3", "职务", r("职务"))
    .Add("ls4", "出生日期", r("出生日期"))
    .Add("ls5", "档案详情", "请单击", "http://www.foxtable.com")
End With
e.WriteString(wb.Build)
```

其中，AddPanelGroup是用于添加列表的方法，这里的最后一个参数用于指定所添加的列表标题。在这个列表中，可使用Add方法添加列表项。其语法格式如下：

```
Add(ID, Text, Content, Href, Image)
```

该方法中的各参数含义与Panel组件中的Add方法相同，只不过这里的Content参数仅用于对列表项的简要说明，建议内容不要太多。除了前两个参数外，其他各参数都是可选的。

运行效果如下图所示。

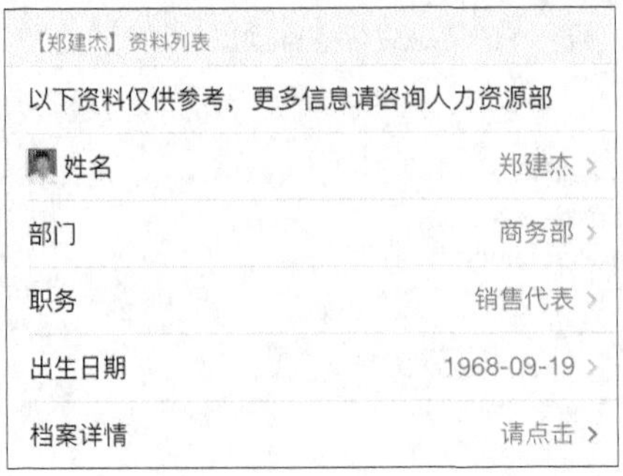

很显然，和面板相比，List组件的列表方式更加简洁。需要注意的是，只要Add方法中有一个列表项的Href参数不为空，则所有的列表项右侧都会显示链接箭头。

❺ Badge（徽章）

对于List和Panel组件，都可使用Badge徽章属性，以便突出显示新信息或关键性的列表。例如：

```
Dim r As Row = Tables("员工").Current
Dim wb As New WeUI
With wb.AddPanelGroup("","pg1","徽章功能在面板中的使用")
    .Add("pn1",r("姓名"),r("备注"),"/images/" & r("照片")).Badge = "资料需更新"
    .Add("pn2","联系方式",r("家庭电话")).Badge= " "  '这里使用的是空格，不是空串
End With
With wb.AddListGroup("", "lsg1","徽章功能在列表中的使用")
    .Add("ls1", "部门",r("部门")).Badge = "部门已调整"
    .Add("ls2", "职务",r("职务")).Badge = " "    '这里使用的是空格，不是空串
    .Add("ls3", "入职时间",r("雇佣日期")).Badge = "New"
End With
e.WriteString(wb.Build)
```

当Badge属性仅被设置为一个空格时（不是空串），徽章将显示为一个红色小圆圈。运行效果如下图所示。

❻ Button（按钮）

按钮是页面中很常见的一种组件。和之前学习的“Panel”和“List”一样，在添加按钮之前，必须先定义一个按钮分组，然后在分组中再添加按钮。例如：

```
Dim wb As New WeUI
With wb.AddButtonGroup("","btg1",True)  '垂直排列
    .Add("btn1", "链接按钮", "", "http://www.foxtable.com")
    .Add("btn2", "普通按钮", "button")
    .Add("btn3", "表单提交按钮", "submit") '对于submit类型按钮,最后一个参数可省略
    .Add("btn4", "表单重置按钮", "reset")
End With
With wb.AddButtonGroup("","btg2", False)  '水平排列
    .Add("btn5", "按钮")
    .Add("btn6", "按钮").Kind = 2
```

```
End With
With wb.AddButtonGroup("","btg3", False)
    .Add("btn7", "按钮").Kind = 0
    .Add("btn8", "按钮").Kind = 1
End With
e.WriteString(wb.Build)
```

其中，AddButtonGroup方法用于添加一个按钮组，它可包含3个参数：前两个参数是必选的，最后一个参数可选，表示组中的按钮是否为垂直排列，默认为True。

添加按钮的语法格式为：

```
Add(ID, Text, Type, Href)
```

其中，ID表示按钮ID；Text表示按钮标题；Type为可选参数，用于指定按钮类型，可选值有以下4种。

- 空串：表示链接类型，通过设置可选参数Href用于指定单击按钮之后跳转的URL地址。如上述代码中的第3行。
- button：表示普通按钮，如上述代码中的第4行。此类按钮除非设置了Attribute属性；否则单击后不会有任何反应。例如，将第4行代码改为：

```
.Add("btn2", "普通按钮", "button").Attribute = "onclick='alert(""单击我了!"")'"
```

这样单击之后将弹出一条警示信息。

- submit和reset。这两种类型都是用于表单的。其中，“submit”表示提交数据，此为默认类型；“reset”表示重置数据。关于这两种类型的使用方法，具体可参考表单类组件中的相关代码。

按钮还有一个常用属性Kind，用于设置颜色：0为绿色（默认），1为灰色，2为红色。

上述示例代码运行效果如下图所示。

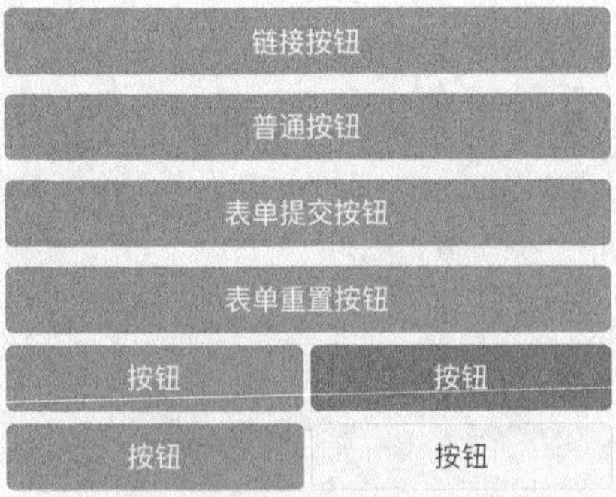

❼ Preview（内容预览）

此组件的页面效果和List、Panel有点类似，都可以显示列表项目。但也有两个明显的不同之处。

第一，不论是标题还是具体的项目，一般都是以“键:值”的成对方式出现。

第二，可以添加按钮。

因此，本组件一般用于数据提交后的内容预览提示，常常和后面即将学习到的表单组件配合在一起使用。例如：

```
Dim wb As New weui
With wb.AddPreview("","pv1","销售统计结果","3400万")
    .AddItem("业务一部","1200万")
    .AddItem("业务二部","1200万")
    .AddItem("业务三部","1000万")
    .Addbutton("查看销售明细", "http://www.foxtable.com", 0)
    .Addbutton("操作", "", 1, "onclick='alert(""你单击了我"")'")
End With
e.WriteString(wb.Build)
```

其中，AddPreview是用于增加Preview组件的方法，语法格式为：

```
AddPreview(ParentID, ID, HeadText, HeadValue)
```

这里的后面两个参数就表示标题文本及对应的值。在Preview中，可通过AddItem方法添加具体的内容预览项目，通过AddButton方法在底部添加操作按钮。其中，AddItem的语法格式为：

```
AddItem(Text, Value, Attribute)
```

前面两个参数分别表示项目标题和对应的值，最后一个参数是可选的，用于设置该项目属性。AddButton的语法格式为：

```
AddButton(Text, Href, Type, Attribute)
```

其中，Text表示按钮标题；Href表示单击按钮后要跳转到的目标URL，不需跳转时可使用空字符串。后面两个参数是可选的，Type用于设置按钮文字的颜色，0为灰色，1为绿色；Attribute用于设置按钮属性。

运行效果如下图所示。

销售统计结果
3400万
业务一部
1200万
业务二部
1200万
业务三部
1000万
查看销售明细
操作

8.2.2 页面管理类组件

页面管理类常用组件有5个，具体包括PageTitle（页面标题）、PageFooter（页脚）、Page（页面）、TabBar（页面集合）和Grid（九宫格）。其中，最后两个组件一般常用于页面导航。

❶ PageTitle（页面标题）和PageFooter（页脚）

PageTitle用于显示页面标题，PageFooter用于在页面底部显示文字链接和信息。其中，页面标题通过AddPageTitle方法添加，页脚通过AddPageFooter添加。例如，在原来的Article基础上加上页面标题和页脚：

```
Dim r As Row = Tables("员工").Current
Dim wb As New WeUI
```

```
wb.AddPageTitle("","ph1","员工资料查询页面","仅供内部查询使用，不得外传")
With wb.AddArticle("","ar1")
    .AddTitle("h1","【" & r("姓名") & "】资料")
    .AddImage("/images/" & r("照片"))
    .AddContent(r("备注"))
End With
With wb.AddPageFooter("","pf1","Copyright &copy; 2010-2018 foxtable.com")
    .AddLink("关于我们","http://www.foxtable.com") '还可使用第3个可选参数设置链接属性
End With
e.WriteString(wb.Build)
```

其中，AddPageTitle方法中的后面两个参数分别表示标题和副标题；AddPageFooter方法中的最后一个参数表示页尾内容。

页尾可使用AddLink方法添加链接，添加链接时还可在最后加上一个可选参数以设置链接属性。

该示例代码在手机端的运行效果如下图所示。

❷ Page（页面）

之前学习的所有组件都是建立在同一个页面中的。因为在添加组件时，第一个参数也就是“父容器ID”始终用空字符串来表示。

正是由于Page（页面）组件的介入，使得一个网页可以包含多个Page，以便在不同的页面中显示不同的内容。这时，Page就可以作为一个容器来使用。

添加Page的语法格式为：

```
AddPage(ParentID,ID,Visible)
```

其中，第1个参数表示“父容器ID”，当把它设为空串时表示顶层对象；第2个参数表示所添加页面的ID；第3个参数是 可选的，用于设置当前添加的页面是否显示，默认为True。

例如，以下示例代码：

```
Dim r As Row = Tables("员工").Current
Dim wb As New weui
'添加第1个页面。此页面包含标题，正文为Article。默认显示
wb.AddPage("","page1")
wb.AddPageTitle("page1","pt1","员工资料查询页面","仅供内部查询使用，不得外传")
With wb.AddArticle("page1","ar")
    .AddTitle("h1","【" & r("姓名") & "】资料")
    .AddImage("/images/" & r("照片"))
    .AddContent(r("备注"))
End With
With wb.AddButtonGroup("page1","btg1")
    .Add("btn1","下一页","button").Attribute="onclick=""hide('page1');show('page2')"""
End With
'添加第2个页面。此页面包含标题和页尾，正文为List。默认隐藏
wb.AddPage("","page2",False)
wb.AddPageTitle("page2","ph2","查询页面之2","仅供内部查询使用，不得外传")
With wb.AddListGroup("page2", "lsg","【" & r("姓名") & "】资料列表")
    .Add("ls1", "姓名", r("姓名"), "" , "/images/" & r("照片"))
    .Add("ls2", "部门", r("部门"))
    .Add("ls3", "职务", r("职务"))
    .Add("ls4", "出生日期", r("出生日期"))
    .Add("ls5", "档案详情", "请单击")
End With
With wb.AddButtonGroup("page2","btg2")
    .Add("btn2", "上一页", "button").Attribute="onclick=""hide('page2');show('page1')"""
End With
With wb.AddPageFooter("page2","pf2","Copyright &copy; 2010-2018 foxtable.com")
    .AddLink("关于我们","http://www.foxtable.com")
End With
e.WriteString(wb.Build)
```

需注意，上述代码的关键在于以下两点。

第一，页面中用到的组件必须指定所在Page的ID。例如，第1个页面中的页标题、文章和按钮都要将“父容器ID”指定为“Page1”；第2个页面要指定“Page2”。

第二，换页需要手工编码，这里是通过在按钮中设置单击属性实现的。其中，hide和show都是封装在框架中的函数，分别表示隐藏或显示页面。

初始打开的页面效果如下方左图所示，单击【下一页】按钮将切换到下方右图，再次单击下方右图中的【上一页】按钮又会切换到下方左图。

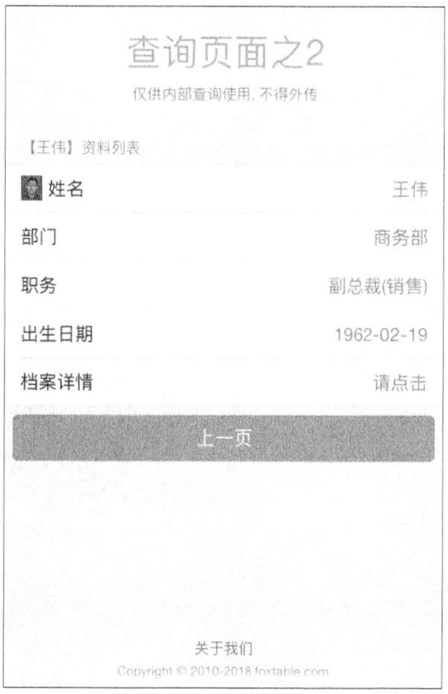

如果你需要在页面中自带切换按钮，可以使用TabBar组件。

❸ TabBar（页面集合）

TabBar可以包括多个页面，并在顶端或底端显示切换按钮。例如，以下代码就添加了一个ID为“tbl”的TabBar页面集合，并在该集合中添加了3个页面和1个按钮：

```
Dim wb As New WeUI
With wb.AddTabBar("", "tb1", 1)
    .AddPage("page1","数据查询","/images/article.png")
    .AddPage("page2","数据统计","/images/list.png")
    .AddPage("page3","基础维护","/images/msg.png")
    .AddButton("bt1","更多信息","/images/button.png","http://www.foxtable.com")
End With
```

其中，AddTabBar用于增加TabBar，它有3个参数，最后一个参数表示切换按钮的显示位置：0表示在底端，1表示在顶端。

TabBar中可以添加页面或按钮：AddPage方法用于添加页面，AddButton用于添加按钮。其中，AddPage方法中的第3个参数是可选的，也就是说，可以不用指定按钮图片；AddButton方法中的后面两个参数也是可选的。

对于TabBar中添加的页面，可以使用之前学习过的各种组件来添加内容，其用法与“Page”完全相同。例如，继续使用以下代码设置“页面ID”为“page1”的页面内容，同时加上页脚：

```
'设置第1个页面"page1"中的页面内容
Dim r As Row = Tables("员工").Current
wb.AddPageTitle("page1","pt1","员工资料查询页面","仅供内部查询使用，不得外传")
With wb.AddArticle("page1","ar")
    .AddTitle("h1","【" & r("姓名") & "】资料")
    .AddImage("/images/" & r("照片"))
    .AddContent(r("备注"))
End With
With wb.AddPageFooter("page1","pf1","Copyright &copy; 2010-2018 foxtable.com")
    .AddLink("关于我们","http://www.foxtable.com")
End With
e.WriteString(wb.Build)
```

运行效果如下图所示。

由于第2个和第3个页面没有设置内容，因而当单击【数据统计】和【基础维护】图标按钮时，页面内容显示为空；当单击【更多信息】图标按钮时，将打开Foxtable官方网站。

❹ Grid（九宫格）

此组件通常用于设计首页的功能导航。例如：

```
Dim wb As New WeUI
wb.AddPageTitle("","ph1","员工资料查询系统")
With wb.AddGrid("","g1")
    .Add("c1","数据录入","/images/article.png").Attribute="onclick='alert(""信息"")'"
    .Add("c2","数据审核","/images/button.png", "http://www.foxtable.com")
    .Add("c3","批量修改","/images/dialog.png")
    .Add("c4","条件查询","/images/msg.png")
    .Add("c5","资料列表","/images/list.png")
    .Add("c6","基础设置","/images/toast.png")
    .Add("c7","其他项目","/images/article.png")
    .Add("c8","其他项目","/images/button.png")
    .Add("c9","其他项目","/images/dialog.png")
    .Add("c10","其他项目","/images/msg.png")
    .Add("c11","其他项目","/images/list.png")
    .Add("c12","其他项目","/images/toast.png")
End With
e.WriteString(wb.Build)
```

其中，AddGrid方法用于增加九宫格，然后再通过Add方法向九宫格中添加单元格元素，且可添加的元素数量不限。添加单元格元素的语法格式如下：

```
Add(ID,Text,Image,Href)
```

其中，ID表示所添加单元格在页面中的ID标识；Text表示显示的单元格文本内容；Image为单元格图片；Href是可选的，表示单击后的链接地址。

单元格元素还可使用Attribute属性进行相关设置，如上述代码中的第4行。移动端运行效果如下图所示。

当单击【数据录入】图标按钮时，将弹出“信息”对话框；当单击【数据审核】图标按钮时，

将打开并切换到Foxtable的官方页面。实际上，Add方法中的href参数不仅仅可以是具体的网址，也可以是保存在服务器上的现有页面文件，甚至是动态生成的页面。例如：

```
Select Case e.Path
    Case ""
        Dim wb As New WeUI
        wb.AddPageTitle("","ph1","员工资料查询系统")
        With wb.AddGrid("","g1")
            .Add("c1","数据录入","/images/article.png","tst.html")
            .Add("c2","数据审核","/images/button.png","cx")
            …其他略…
        End With
        e.WriteString(wb.Build) '生成网页
    Case "cx"
        Dim str As String = "我是用来测试的动态页面!"
        e.WriteString(str)
End Select
```

当用户以“127.0.0.1”访问时，由于路径为空，因而会自动打开九宫格导航页面。当单击【数据输入】图标按钮时，将打开事件头所指定目录下的“tst.html”页面；当单击【数据审核】图标按钮时，由于请求的路径文件为“cx”，因而会自动生成一个动态页面并输出一行文字。

如果以移动设备访问，动态生成的页面文字会非常小。这是因为该页面是使用WriteString写入而非WeUI生成。要让它自适应移动设备，还需加上一行代码：

```
Dim str As String = "<meta name='viewport' content='width=device-width,initial-scale=1'>" & _
    "我是用来测试的动态页面!"
```

8.2.3 操作反馈类组件

操作反馈类常用组件有5个，具体包括Actionsheet（弹出式菜单）、Dialog（对话框）、Msg（提示页）、Toast（弹出式提示）和TopTips（在页面顶端临时显示信息）。

❶ Actionsheet（弹出式菜单）

此组件通常用于显示从底部弹出的菜单，以响应用户单击页面的动作。例如：

```
Dim wb As New WeUI
With wb.AddButtonGroup("","btg",True)
    .Add("btn1","单击显示上拉菜单").Attribute = "onclick=""show('s1')"""
End With
With wb.AddActionSheet("","s1")
    .Add("menu1", "菜单项目1", "http://www.foxtable.com/")
    .Add("menu2", "菜单项目2")
    .Add("menu3", "菜单项目3").Attribute = "onclick='alert(""你单击了我"")'"
    .Add("menu4","取消","",True)
End With
e.WriteString(wb.Build)
```

其中，AddActionSheet方法用于增加菜单；Add用于在菜单中增加菜单项。Add方法中可以使用4个参数，语法格式如下：

```
Add(ID, Text, Href, Separator)
```

其中，ID参数表示菜单项的ID；Text参数表示菜单项的文本内容。后面两个参数都是可选的：Href表示单击菜单项后要跳转到的目标URL；Separator表示是否在此菜单项之前显示一个分隔条。

以上代码运行后，当通过移动端访问时，初始仅显示一个按钮。一旦单击此按钮，将在屏幕底部弹出一个菜单，如下图所示。

❷ Dialog（对话框）

此组件用于弹出对话框。例如，下面的代码将在页面中首先显示两个按钮；一旦单击这些按钮，就会弹出对话框：

```
Dim wb As New WeUI
With wb.AddButtonGroup("","bng2",True)
    .Add("btn1","单按钮对话框").Attribute = "onclick=""show('dlg1')"""
    .Add("btn2","双按钮对话框").Attribute = "onclick=""show('dlg2')"""
End With
With wb.AddDialog("","dlg1", "提示","您的订单正在派送,请注意查收!")
    .AddButton("btnOK","确定")
End With
With wb.AddDialog("","dlg2", "删除确认","您确定要删除当前记录吗?")
    .AddButton("btnCancel","取消").Kind = 1
    .AddButton("btnOK","确定")
End With
e.WriteString(wb.Build)
```

其中，show是在框架中定义的函数，用于显示指定ID的对象；相应地还有一个hide函数，用于隐藏指定ID的对象。

AddDialog方法用于添加对话框，它包含4个参数；AddButton用于向对话框中添加按钮，它包含3个参数，其中最后一个参数是可选的，表示单击后跳转的目标网页URL。

Dialog还有一个属性Visible，表示打开网页后是否立即显示Dialog，默认为False。

在页面中分别单击两个按钮后的执行效果如下图所示。

至于在对话框中单击【取消】或【确定】按钮后所要执行的动作，既可在AddButton方法中通过第3个参数跳转到指定网页，也可使用按钮的Attribute属性进行设置。

此外，还可使用showDialog函数来修改对话框中的显示标题和内容，从而让同一个对话框显示不同的提示信息，这样就会让代码变得更加简洁。该函数语法格式如下：

showDialog(ID,Title,Content)

其中，ID参数表示对话框的ID；Title参数为对话框标题；Content参数为对话框显示的内容。例如，下面的代码，当单击两个不同的按钮时，可以让同一个对话框显示不同的内容：

```
Dim wb As New WeUI
With wb.AddButtonGroup("","bng2",True)
    .Add("btn1","内容1").Attribute = "onclick=""showDialog('dlg','恭喜','您抽中大奖啦！')"""
    .Add("btn2","内容2").Attribute = "onclick=""showDialog('dlg','提示','数据记录增加成功！')"""
End With
With wb.AddDialog("","dlg", "","")
    .AddButton("btnOK","确定")
End With
e.WriteString(wb.Build)
```

❸ **Msg（提示页）**

此组件通常用于信息结果页提示，以便告知操作结果及一些必要的细节。其作用和Dialog类似，只不过Dialog是弹出的对话框，而Msg显示的是一个提示页面。

添加提示页的方法是AddMsgPage，用法与AddDialog相同，都是包含4个参数。但在提示页中除了可以使用AddButton方法添加按钮外，还可使用AddExtra添加页面底部显示的内容。其语法格式为：

```
AddExtra(text, href)
```

其中，text表示要显示的内容；href是可选参数，表示单击后跳转的目标网页地址。

Msg还有个Icon属性，表示提示页所显示的图标，可选值有success（默认）、info和warn，它们所对应的图标如下图所示。

例如，以下示例代码：

```
Dim wb As new WeUI
With wb.AddMsgPage("","mp","操作完成","内容详情，请根据实际需要安排！")
    .AddButton("btn1","确定")
    .AddButton("btn2","取消").kind = 1
    .AddExtra("单击此处查看详细信息","http://www.foxtable.com/")
End With
e.WriteString(wb.Build)
```

运行效果如下图所示。

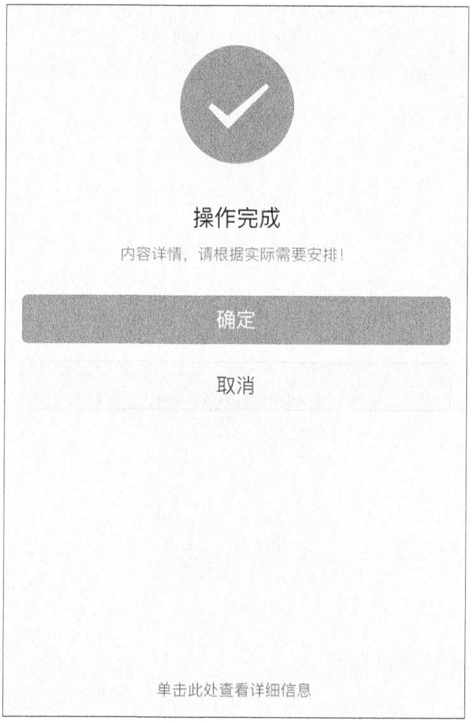

❹ Toast（弹出式提示）

此组件用于临时弹出提示，并且会在数秒后自动隐藏。

例如，在页面中添加3个按钮，单击后给出不同的弹出式提示，并在持续2秒后消失。示例代码如下：

```
Dim wb As New WeUI
With wb.AddButtonGroup("","bng",True)
    .Add("btn1","Toast1").Attribute = "onclick=""show('t1',2000)"""
```

```
        .Add("btn2","Toast2").Attribute = "onclick=""show('t2',2000)"""
        .Add("btn3","Toast3").Attribute = "onclick=""show('t3',2000)"""
    End With
    wb.AddToast("","t1", "操作完成",0)
    wb.AddToast("","t2", "正在加载",1)
    wb.AddToast("","t3", "操作完成",0).Icon= "success"
    e.WriteString(wb.Build)
```

其中，AddToast方法用于增加弹出式提示，语法格式如下：

```
AddToast(ParentId, ID, Text, Type)
```

其中，Text表示要显示的文本内容；Type表示弹出的图标类型，默认为0，如设置为1将显示成一个正在运行的动画。如本例，当在页面中单击第1个按钮时，弹出的提示信息如下方左图所示；当单击第2个按钮时，弹出的信息如下方右图所示。

Toast还有以下3个属性：Visible表示打开网页后初始是否显示，默认为False；Msec用于设置初始显示的毫秒数，默认为0；Icon用于指定显示的图标，默认为default，可选值与Msg组件中的Icon相同。

例如，上述代码由于将第3个按钮所显示的Toast图标属性设置为“success”，因而弹出的提示信息就变成下图所示。

❺ TopTips（在页面顶端临时显示信息）

该组件的功能和Toast类似，都会在数秒后自动消失，只是本组件显示的信息会固定在页面顶端。例如：

```
Dim wb As New WeUI
With wb.AddButtonGroup("","bng",True)
    .Add("btn1","提示1").Attribute = "onclick=""show('t1',2000)"""
    .Add("btn2","提示2").Attribute = "onclick=""showTopTips('t2','这是自定义的提示1',2000)"""
    .Add("btn3","提示3").Attribute = "onclick=""showTopTips('t2','这是自定义的提示2',2000)"""
End With
wb.AddTopTips("","t1","这是固定的临时提示信息!")
wb.AddTopTips("","t2","")
e.WriteString(wb.Build)
```

其中，AddTopTips方法用于添加TopTips，这里的第3个参数表示要显示的文本内容。

TopTips除了可以使用框架中的show函数进行显示外，还可使用showTopTips函数。此函数和showDialog类似，可以让同一个TopTips显示不同的信息。

如上例，当单击【提示1】按钮时，将显示ID为“t1”的TopTips；当单击【提示2】按钮或【提示3】按钮时，将利用同一个ID为“t2”的TopTips显示不同的信息。运行效果如下图所示。

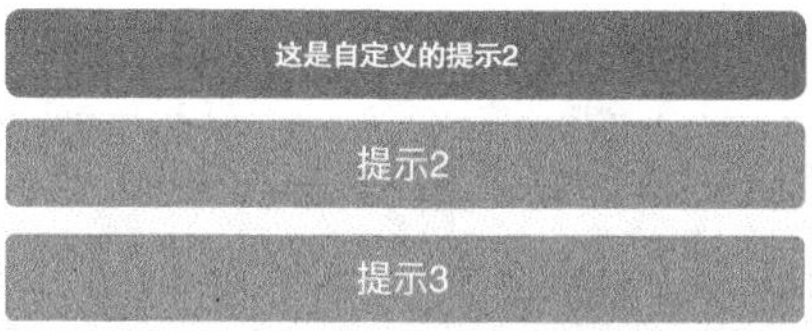

TopTips有个msec属性，默认为0，可用于设置TopTips初始显示的毫秒数。

8.2.4 表单类组件

表单就是让用户在网页上填写内容，完成之后可以提交到服务器进行处理。

表单类常用组件有10个，具体包括表单（Form）、输入框（Input）、列表框（Select)、逻辑开关（Swtich)、多行文本框（TextArea）、数据标记（HiddenValue)、上传文件（Uploader)、输入框控制（InputCell）、单选钮（Radio）和复选框（Check）。

❶ 表单（Form）

此组件仅用于创建一个空白的表单，其最重要的作用在于指定用户输入后的数据要提交到哪里。语法格式如下：

```
AddForm(ParentID, ID, Action)
```

其中，Action参数表示接收表单数据的页面名称。例如，创建一个ID为“form1”且数据接收页面为“accept”的表单：

```
Dim wb As New WeUI
wb.AddForm("","form1","accept")
e.WriteString(wb.Build)
```

此代码运行后，页面上并不会显示任何内容，这是因为该组件创建的仅仅只是一个空白的表单。

❷ 普通输入框（Input）

通过此组件可添加文本、数值或日期类型的数据输入框。

在添加输入框之前，还必须先定义一个输入框组（InputGroup），就像添加Panel（面板）、List（列表）、Button（按钮）之前必须添加PanelGroup、ListGroup或ButtonGroup一样。添加输入框组的语法格式为：

```
AddInputGroup(ParentID, ID, Text)
```

其中，最后一个参数是可选的，表示分组标题。

添加输入框的语法格式为：

```
AddInput(ID, Label, Type)
```

其中，Label表示在输入框左侧显示的标签内容；Type为输入框类型，可选值有text（普通文本输入）、password（密码输入）、date（日期输入）、time（时间输入）、datetime-local（日期时间输入）、number（数值输入）。例如：

```
Dim wb As New weui
wb.AddForm("","form1","accept")
With wb.AddInputGroup("form1","ipg1","用户登录")  '这里的第1个参数必须指定
    .AddInput("xm","用户名称","text")
    .AddInput("pw","登录密码","password")
End With
With wb.AddButtonGroup("form1","btg1",True)     '这里的第1个参数必须指定
    .Add("btn1", "确定", "submit")          '第3个参数改为reset时将重置表单数据
End With
e.WriteString(wb.Build)
```

需注意，当在表单中使用AddInputGroup和AddButtonGroup添加输入框或按钮时，必须将第一个参数指定为表单的ID；否则，单击按钮时将无法向服务器提交数据。浏览器运行效果如下图所示。

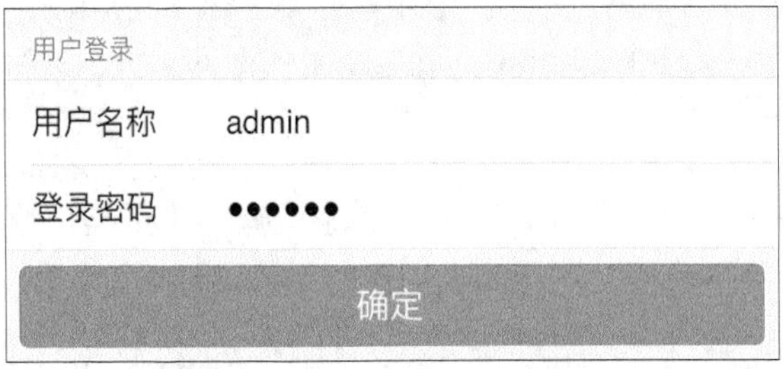

- 输入框通用属性

不论Input输入框是哪种类型，全部具有以下5种通用属性。

Value：输入框的初始值。

Readonly：输入框是否只读，默认为False。

Post：提交表单数据时是否包括此输入框中的值，默认为True。

Required：输入框是否必须输入内容，默认为False。

Placeholder：对输入框预期值的文字提示。

例如，将上述代码中的“用户名称”设置为必须输入，同时设置文字提示信息；“登录密码”的默认值为888。修改后的示例代码如下：

```
With .AddInput("xm","用户名称","text")
    .Required = True  '必须输入
    .Placeholder = "此为必输项"
End With
.AddInput("pw","登录密码","password").Value = "888"  '默认密码
```

运行效果如下图所示。

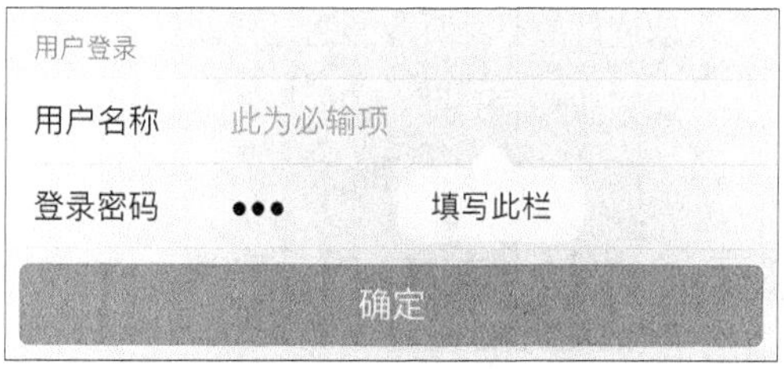

当没有输入用户名称而是直接单击【确定】按钮时，浏览器将给出提示“填写此栏”。需注意，上图是在苹果iOS系统、Safari浏览器中的运行效果。关于必输项的提示内容，不同的浏览器将有所不同。

- 日期时间输入框属性

当输入框类型为date、time或datetime-local时，还额外具有以下两个属性。

Min：允许输入的最小值。

Max：允许输入的最大值。

例如：

```
Dim wb As New weui
wb.AddForm("","form1","accept")
With wb.AddInputGroup("form1","ipg1","日期与时间输入")
    .AddInput("xm","日期","date").Value = Format(Date.Today,"yyyy-MM-dd")
    With .AddInput("xm","时间","time")
        .value = Format(Date.Now,"HH:mm")
        .Min = "08:00"   '最小为8点
        .Max = "12:00"   '最大为12点
    End With
    With .AddInput("xm","日期时间","datetime-local")
        .Value = Format(Date.Now,"yyyy-MM-ddTHH:mm") '日期和时间之间用字母T隔开
        .Readonly = True
    End With
End With
With wb.AddButtonGroup("form1","btg1",True)
    .Add("btn1", "确定", "submit")
End With
e.WriteString(wb.Build)
```

当在浏览器运行时，如果输入的时间不在指定范围，当单击【确定】按钮时，将给出相应提示。如下图所示，由于输入的时间是“12:58”，超出了最大值范围，因而就给出了提示。

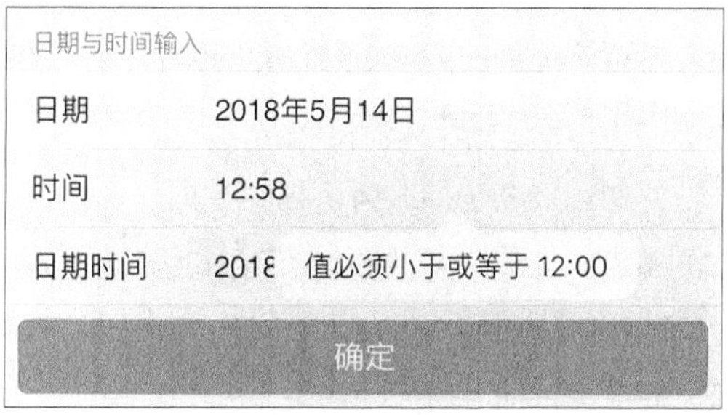

- 数值输入框属性

当输入框类型为number时，除了具备通用的5个属性及日期时间中的最大最小属性外，还可

使用Step属性。该属性表示输入精度，默认为0，也就是只能输入整数。当把此属性设置为“0.1”时，可输入一位小数；设置为“0.01”时，可输入两位小数；其他依次类推。例如：

```
Dim wb As New weui
wb.AddForm("","form1","accept")
With wb.AddInputGroup("form1","ipg1","员工基础资料输入")
    .AddInput("xm","姓名","text")
    .AddInput("age","年龄","number")
    .AddInput("gz","工资","number").Step = "0.01"
End With
With wb.AddButtonGroup("form1","btg1",True)
    .Add("btn1", "确定", "submit")
End With
e.WriteString(wb.Build)
```

运行效果如下图所示。

❸ **其他输入框（Select、Switch、TextArea和HiddenValue）**

除了常规的Input输入框外，还有下表所列的5种组件可添加到InputGroup输入框组中。

	语法格式	备注
列表框	AddSelect(ID,Label,Values)	Label为标签名称，Values为列表项目
逻辑开关	AddSwtich(ID,Label,Checked)	Checked参数可选，表示是否打开开关
多行文本框	AddTextArea(ID,Rows)	Rows参数可选，表示行数，默认为3
数据标记	AddHiddenValue(ID,Value)	此组件是隐藏的，唯一目的在于发送数据标记
上传文件	AddUploader(ID,Label,Multiple)	Multiple参数可选，表示是否允许上传多个文件

其中，Select组件的常用属性有Post和Required；Switch组件的常用属性有Post、Value和Enabld；TextArea组件的常用属性则包括Input组件中的全部通用属性。需要特别说明的是，当Switch开关开启后，如果没有设置该组件的Value值，将传递“on”值给服务端；当Switch组件的Enabld属性设置为False时，将无法改变开关状态。

而AddHiddenValue方法的作用仅在于向服务器提交数据。例如，当对“订单”表中的某行数据进行修改时，必须要告知服务器该行数据的主键值；否则就无法准确修改。而这个主键值在页面上是不需要显示的，此时就可以使用数据标记。至于上传文件组件，后续将专题说明。

例如，在上述代码的输入框组中再加上以下4行：

```
.AddSelect("bm","部门","行政部|质量部|生产部|销售部") '第3个参数为列表项目,用"|"隔开
.AddSwitch("hk","本市户籍",True)    '第3个参数可选,默认为False
```

```
.AddTextArea("bz",5).Placeholder = "请输入200字以内的备注"
.AddHidenValue("员工ID","123")
```

尽管第4行代码添加了一个HideValue，但由于此组件仅用于向服务器发送数据，页面上是看不到的，因而运行效果如下图所示。

当然，就列表项目而言，很少有这样直接在代码中指定的，一般都是根据后台数据动态生成。关于动态生成列表项目的方法，官方帮助文档中有详细说明，此略。

❹ 使用InputCell对输入框进行更多控制

之前通过AddInput、AddSelect方法添加的各种输入框，其实都是放在输入格中的：每个输入格被分成两部分，左边显示标签，右边显示输入框。如果改用InputCell，可以对它们进行更多的控制，且可以添加按钮或图片。

添加InputCell的语法格式为：

```
AddInputCell(ID, Warn)
```

其中，Warn为可选参数，设为1时，标签会套红显示，设为2时还会在右边显示一个红色的警示图标。

在InputCell中，可添加的内容如下表所列。

	语法格式	备注
标签	AddLabel(ID,Text,Position)	参数Position为显示位置：0—靠左、1—居中、2—靠右。 原来的AddInput和AddSelect去掉了第2个参数（标签），加上了位置参数 逻辑开关和多行文本不能用于InputCell中
输入框	AddInput(ID,Type,Position)	
	AddSelect(ID,Values,Position)	
按钮	AddVcodeButton(ID,Text,Position)	
图片	AddImage(ID,File,Position)	

很显然，这些方法的参数都是3个，唯一的不同在于第2个参数，使用起来非常简单。例如：

```
Dim wb As New weui
wb.AddForm("","form1","accept")
With wb.AddInputGroup("form1","ipg1","员工基础资料输入")
    .AddInput("xm","姓名","text")
    With .AddInputCell("ic1",1)  '通过InputCell增加输入框,1表示标签套红显示
        .AddLabel("lnl","年龄",0)
        .AddInput("nl","number",1)
    End With
    With .AddInputCell("ic2",2)  '通过InputCell增加输入框,2表示套红显示标签且有警示图标
        .AddLabel("lgz","工资",0)
        .AddInput("gz","number",1).PlaceHolder= "工资可输入两位小数"
    End With
    With .AddInputCell("ic3")
        .AddSelect("bm","行政部|质量部|生产部|销售部",1)  '只有Select时,位置最好为1
    End With
    With .AddInputCell("ic4")
        .AddSelect("zn","+86|+87|+88|+89",0)
        .AddInput("dh","text",1).PlaceHolder = "请输入联系电话"
        .AddVcodeButton("bdh","查看通讯录",2)
    End With
    .AddSwitch("hk","本市户籍",True)
    With .AddInputCell("ic5",1)
        .AddLabel("ltx","以上各项请务必认真填写! ",1)
        .AddImage("tx","\images\users.png",2)
    End With
End With
e.WriteString(wb.Build)
```

浏览器运行效果如下图所示。

需要注意的是，当在InputCell中添加select时，位置只能为0或1，如果设置为2就看不到了，而且不能在左边设置Label。如上图所示，当InputCell中只有一个select时，将其位置设置成1就能获得很好的显示效果。当然，这种情况远不如在InputGroup中直接使用AddInput方法来得方便，而且还可以指定标签。

❺ 单选钮（Radio）和复选框（Check）

不论是单选钮还是复选框，要使用它们都必须先添加一个框组，然后再使用Add方法添加各种

选项。

添加单选钮组的方法是AddRadioGroup，添加复选框组的方法是AddCheckGroup，两者的语法格式完全相同：

```
AddRadioGroup(ParentID, ID, Text)   '单选钮组
AddCheckGroup(ParentID, ID, Text)   '复选框组
```

其中，最后一个参数是可选的，表示框组的标题。以下是生成单选钮的示例代码：

```
Dim wb As New weui
wb.AddForm("","form1","accept")
With wb.AddInputGroup("form1","ipg1","员工基础资料输入")  '输入框组
    .AddInput("xm","姓名","text")
    .AddInput("age","年龄","number")
    .AddSelect("bm","部门","行政部|质量部|生产部|销售部")
    .AddSwitch("hk","本市户籍",True)
End With
With wb.AddRadioGroup("form1","rdg1","请选择交通方式")   '单选钮组
    .Add("jt1","公交+地铁")
    .Add("jt2","出租车")
    .Add("jt3","私家车",True)  '默认勾选
    .Add("jt4","公司班车").Enabled = False  '此项不可选
End With
With wb.AddButtonGroup("form1","btg1",True)
    .Add("btn1", "确定", "submit")
End With
e.WriteString(wb.Build)
```

其中，Add是用于在框组中添加选项的方法，该方法中的第3个参数是可选的，表示是否将当前项设置为默认勾选。

所有的单选列表项都有Value和Enabled属性：Value为字符型，表示勾选后传递给服务端的值。此属性未设置时将传递ID的值给服务端。Enabld为逻辑型，表示当前选项是否可用，默认为True。

浏览器运行效果如下图所示。

如果将上述代码中的添加单选钮组方法“AddRadioGroup”改成“AddCheckGroup”，就变成了复选框组，此时就可以在同一个组内选择多个项目，其他代码不用做任何修改。运行效果如下图所示。

需要注意的是，当没有为复选框选项设置Value属性时，勾选后传递给服务端的值为“on”。

❻ 上传文件（Uploader）

此组件功能很强大，它不仅可以用来上传文件，还可作为图片浏览器使用，但必须放在InputGroup输入框组中。定义一个Uploader的语法格式为：

```
AddUploader(ID, Label, Multiple)
```

其中，Label为要添加的上传文件组件的标签名称；Multiple为可选参数，表示是否允许选择多个文件。例如：

```
Dim wb As New WeUI
wb.AddForm("","form1","accept")
With wb.AddInputGroup("form1","ipg1","员工资料输入")    '输入框组
    .AddInput("xm","姓名","text")
    .AddUploader("up1","请选择照片",True)              '允许选择多个文件
End With
With wb.AddButtonGroup("form1","btg1",True)
    .Add("btn1", "确定", "submit")
End With
e.WriteString(wb.Build)
```

如果通过移动端浏览，运行效果如下图所示。

当单击【+】按钮时，既可选择现有文件，也可选择拍照或录像后上传。

选择好要上传的图片后，单击其中任何一幅图片，将进入Gallery浏览界面。在该界面中，单击图片左侧将显示上一幅图片，单击右侧显示下一幅图片，单击中央位置又会回到上传页面。

Uploader常用属性及方法如下表所列。

	名称	备注
属性	TextPosition	设置标签显示位置：0表示靠左，1表示靠上。默认为1
	AllowDelete	是否允许删除添加后的文件，默认为False
	AllowAdd	是否允许添加文件上传，默认为True
方法	AddImage	添加浏览图片，语法格式为： AddImage(Thumbnail,Image) 这里的第1个参数是可选的，表示缩略图文件；第2个参数才是原图

例如，将上述代码中的第5行改为：

```
With .AddUploader("up1","请选择照片",True)
    .TextPosition = 0
    .AllowDelete = True
End With
```

则运行效果如下图所示。

单击其中任何一幅图片时，进入Gallery浏览界面的图片下方将出现一个删除按钮，这就是AllowDelete属性的作用，如下图所示。

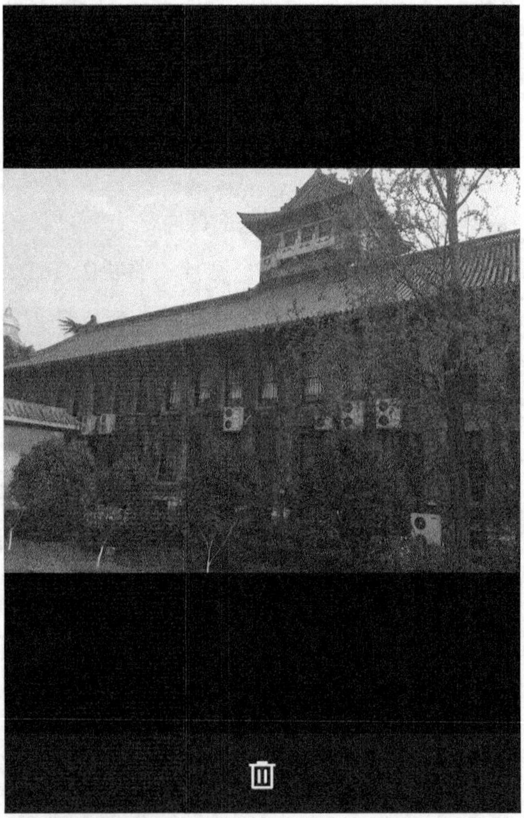

AllowAdd属性用于设置是否允许添加文件。一旦将此属性设为False，将不会再出现【+】按钮，这样也就无法再手工选择上传文件。因此，该属性一般配合AddImage方法使用，此时的Uploader组件就变身为一个图片浏览器。例如，将上述代码改为：

```
With .AddUploader("up1","照片预览",True)
        .TextPosition = 0
        .AllowAdd = False
```

```
        .AddImage("/images/ep1.bmp")
        .AddImage("/images/ep2.bmp")
        .AddImage("/images/ep3.bmp")
        .AddImage("/images/ep4.bmp")
    End With
```

运行效果如下图所示。

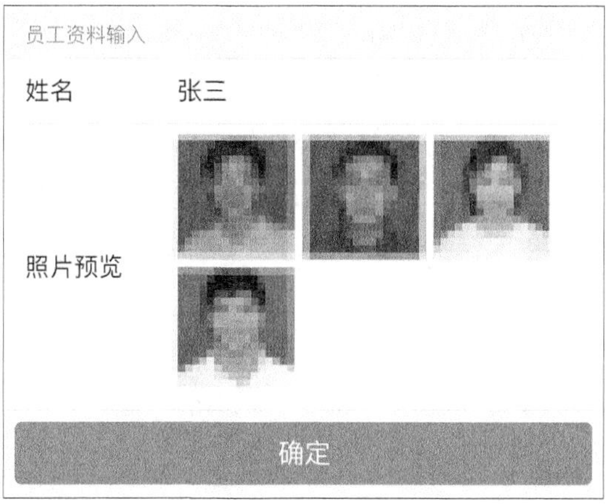

8.2.5 表格类组件

关于表格组件（Table），在上一节的示例代码中已经初步接触过，这里再对它作一些详细的解释和说明。

添加表格使用的是AddTable方法，它只有两个最常见的参数，即父容器ID及该表格的ID。例如，添加一个ID为“Table1”的表格：

```
Dim wb As New WeUI
wb.AddTable("","Table1")
e.WriteString(wb.Build)
```

很显然，这样的代码并不会在页面中显示任何内容，因为还没有向表格中添加数据。

❶ 根据现有数据添加

这个现有数据既可以是Table，也可以是DataTable。至于Table与DataTable的区别可参考之前学习的基础知识，此略。

- 数据来源于Table

此方式使用的是CreateFromTable方法，语法格式有以下几种：

```
CreateFromTable(Table)
CreateFromTable(Table,RowNum)
CreateFromTable(Table,RowNum,OnlyVisible)
CreateFromTable(Table,RowNum,Cols)
CreateFromTable(Table,RowNum,Col1,Col2,Col3...)
```

其中，Table参数表示项目中的Table表；RowNum参数表示是否显示行号，默认为False；OnlyVisible表示是否只包括可见列，默认为False；Cols表示一个包括所有要显示列列名的集合或数组；Col1、Col2、Col3用于指定要显示的列。例如，对于项目中的“查询”表，如下图所示。

订单　产品　客户　**查询**

	产品ID	产品名称	客户ID	客户名称	单价	折扣	数量	金额	日期
1	P01	运动饮料	C04	立日股份有限公司	18	0.00	-20	-360.00	1999-02-17
2	P01	运动饮料	C04	立日股份有限公司	18	0.00	17	306.00	1999-08-17
3	P01	运动饮料	C04	立日股份有限公司	14.4	0.05	330	4514.40	1999-01-10
4	P01	运动饮料	C03	浩天旅行社	14.4	0.25	143	1544.40	1999-01-14
5	P01	运动饮料	C02	威航货运有限公司	14.4	0.00	28	403.20	1999-01-20
6	P01	运动饮料	C03	浩天旅行社	14.4	0.00	124	1785.60	1999-01-21
7	P01	运动饮料	C05	福星制衣厂股份有限公司	18	0.00	222	3996.00	1999-02-01
8	P01	运动饮料	C01	红阳事业	18	0.00	-49	-882.00	1999-02-07

假如只希望在页面中显示“客户名称”“日期”“数量”和“金额”列，可以使用以下代码：

```
Dim wb As New WeUI
With wb.AddTable("","Table1")
    .CreateFromTable(Tables("查询"),True,"客户名称","日期","数量","金额")
End With
e.WriteString(wb.Build)
```

或者使用下面的代码，运行效果都是相同的：

```
Dim wb As New WeUI
With wb.AddTable("","Table1")
    Dim cs() As String = {"客户名称","日期","数量","金额"}  '显示列以数组表示
    .CreateFromTable(Tables("查询"),True,cs)
End With
e.WriteString(wb.Build)
```

移动端浏览效果如下图所示。

	客户名称	日期	数量	金额
1	立日股份有限公司	1999-02-17	-20	-360.00
2	立日股份有限公司	1999-08-17	17	306.00
3	立日股份有限公司	1999-01-10	330	4514.40
4	浩天旅行社	1999-01-14	143	1544.40
5	威航货运有限公司	1999-01-20	28	403.20
6	浩天旅行社	1999-01-21	124	1785.60
7	福星制衣厂股份有限公司	1999-02-01	222	3996.00
8	红阳事业	1999-02-07	-49	-882.00
9	立日股份有限公司	1999-01-08	232	3340.80
10	浩天旅行社	1999-02-07	75	1350.00
11	浩天旅行社	1999-01-04	202	3090.60
12	威航货运有限公司	1999-02-22	-8	-97.92
13	立日股份有限公司	1999-02-23	374	5385.60
14	福星制衣厂股份有限公司	1999-02-23	242	3484.80

- 数据来源于DataTable

此方式使用的是CreateFromDataTable方法，语法格式有以下几种：

```
CreateFromDataTable(DataTable)
CreateFromDataTable(DataTable, RowNum)
CreateFromDataTable(DataTable, RowNum, Filter)
CreateFromDataTable(DataTable, RowNum, Filter)
CreateFromDataTable(DataTable, RowNum, Filter, Sort)
CreateFromDataTable(DataTable, RowNum, Filter, Sort, DataCols)
CreateFromDataTable(DataTable, RowNum, Filter, Sort, DataCol1, DataCol2, DataCol3...)
```

其中，DataTable参数表示项目中的DataTable表；RowNum参数表示是否显示行号，默认为False； Filter表示筛选条件；Sort用于指定排序列；DataCols表示一个包括所有要显示列列名的集合或数组；DataCol1、DataCol2、DataCol3用于指定要显示的列。

例如，将项目“查询”表中数量大于等于200的记录显示到页面中，且同时按日期降序排列：

```
Dim wb As New WeUI
With wb.AddTable("","Table1")
    Dim cs() As String = {"客户名称","日期","数量","金额"}  '显示列以数组表示
    .CreateFromDataTable(DataTables("查询"),True,"数量>=200","日期 desc",cs)
End With
e.WriteString(wb.Build)
```

生成的页面如下图所示。

	客户名称	日期	数量	金额
1	浩天旅行社	1999-03-03	262.00	3772.80
2	立日股份有限公司	1999-03-02	311.00	4198.50
3	福星制衣厂股份有限公司	1999-02-27	374.00	6732.00
4	威航货运有限公司	1999-02-26	310.00	4464.00
5	福星制衣厂股份有限公司	1999-02-23	242.00	3484.80
6	立日股份有限公司	1999-02-23	374.00	5385.60
7	福星制衣厂股份有限公司	1999-02-01	222.00	3996.00
8	立日股份有限公司	1999-01-10	330.00	4514.40
9	立日股份有限公司	1999-01-08	232.00	3340.80
10	浩天旅行社	1999-01-04	202.00	3090.60

- 数据直接来自于后台

此方式实际上仍然使用的是CreateFromDataTable方法，只不过这个DataTable不是已经加载到项目中的，它是通过SQLCommand动态生成的临时表。例如：

```
Dim wb As New WeUI
With wb.AddTable("","Table1")
    '直接通过数据源生成临时的DataTable
    Dim cmd As New SQLCommand
    cmd.ConnectionName = "dd"
    cmd.CommandText = "select 客户名称,日期,数量,单价*(1-折扣)*数量 as 金额 from " & _
        "订单 A left join 客户 B on A.客户ID=B.客户ID where 数量>=200 order by 日期 desc"
    Dim dt As DataTable = cmd.ExecuteReader()
```

```
    '使用CreateFromDataTable方法添加数据
    .CreateFromDataTable(dt,True)
End With
e.WriteString(wb.Build)
```

运行效果和上图完全相同。

❷ 通过代码动态添加数据

由之前的示例可知，一个完整的表格包括Head（表头）、Body（表体）和Foot（表尾）3个组成部分。每个部分都可使用AddRow方法来动态增加行，AddRow中的参数就是新增行各列的值。例如：

```
Dim wb As New WeUI
With wb.AddTable("","Table1")
    .head.AddRow("部门","姓名","年龄","电话","地址")        '表头部分
    .body.AddRow("技术部","张三","36","12345","北京市海淀区") '表体部分
    .body.AddRow("技术部","李四","38","12345","上海市虹口区")
    .body.AddRow("技术部","王五","39","12345","深圳市宝安区")
    .body.AddRow("生产部","赵六","39","12345","广州市天河区")
    .body.AddRow("生产部","孙七","39","12345","杭州市萧山区")
    .body.AddRow("生产部","周八","37","12345","南京市鼓楼区")
End With
e.WriteString(wb.Build)
```

AddRow方法中的参数也可以使用数组或集合。例如，上述代码中的表头也可如下处理：

```
Dim cs() As String = "部门,姓名,年龄,电话,地址".Split(",")
.head.AddRow(cs)
```

- 多层表头问题

当把现有数据添加到表格时，多层表头的生成是自动的：如果项目中的表本身就是多层表头，那么生成的表格头部就是多层的；如果是通过SQLCommand生成的临时DataTable，则多层表头效果根据SQL语句中的列名是否包含下划线决定。

可是，当通过AddRow方法动态添加行时，上述规则就不再适用。其实，对于动态添加数据的表，多层表头问题也不复杂。例如，将上述代码中的表头部分改为：

```
.head.Addrow("部门","姓名","信息","信息","信息")
.head.AddRow("部门","姓名","年龄","电话","地址")
```

浏览器运行效果如下图所示。

<table>
<tr><th rowspan="2">部门</th><th rowspan="2">姓名</th><th colspan="3">信息</th></tr>
<tr><th>年龄</th><th>电话</th><th>地址</th></tr>
<tr><td>技术部</td><td>张三</td><td>36</td><td>12345</td><td>北京市海淀区</td></tr>
<tr><td>技术部</td><td>李四</td><td>38</td><td>12345</td><td>上海市虹口区</td></tr>
<tr><td>技术部</td><td>王五</td><td>39</td><td>12345</td><td>深圳市宝安区</td></tr>
<tr><td>生产部</td><td>赵六</td><td>39</td><td>12345</td><td>广州市天河区</td></tr>
<tr><td>生产部</td><td>孙七</td><td>39</td><td>12345</td><td>杭州市萧山区</td></tr>
<tr><td>生产部</td><td>周八</td><td>37</td><td>12345</td><td>南京市鼓楼区</td></tr>
</table>

- 单元格控制问题

如果希望对单元格进行更精确的控制，还可在增加行之后使用AddCell方法进行逐个单元格地添加，也可使用AddCells方法进行多个单元格的批量添加。当在AddCell方法中使用第2个可选参数时，可设置当前单元格的Attribute属性。例如，将上述表格中姓名为“王五”的数据行代码改为：

```
With .body.AddRow()
    .AddCell("技术部")
    .AddCell("王五","style=""color:blue"" onclick='location=""http://www.foxtable.com""'")
    .AddCells("39","12345")        '用AddCells可以一次添加多个单元格
    .AddCell("深圳市宝安区")
End With
```

当通过浏览器访问时，表格中的“王五”显示为蓝色，单击该单元格还会自动跳转到指定页面。

- 行号问题

当使用CreateFromTable或CreateFromDataTable方法时，是否显示行号是根据方法中的第2个参数决定的。当采用AddRow动态添加行时，如果要在表格中显示行号，必须通过RowHead属性为当前表指定行号列。例如：

```
With wb.AddTable("","Table1")
    .RowHead = 1 '将左边第一列作为行号列
    .head.Addrow("","部门","姓名","信息","信息","信息")
    .head.AddRow("","部门","姓名","年龄","电话","地址")
    .body.AddRow("1","技术部","张三","36","12345","北京市海淀区") '表体部分
    .body.AddRow("2","技术部","李四","38","12345","上海市虹口区")
    With .body.AddRow()
        .AddCells("3","技术部")
        .AddCell("王五","style=""color:blue"" onclick='location=""http://www.foxtable.com""'")
        .AddCells("39","12345")        '用AddCells可以一次添加多个单元格
        .AddCell("深圳市宝安区")
    End With
    .body.AddRow("4","生产部","赵六","39","12345","广州市天河区")
    .body.AddRow("5","生产部","孙七","39","12345","杭州市萧山区")
    .body.AddRow("6","生产部","周八","37","12345","南京市鼓楼区")
End With
e.WriteString(wb.Build)
```

浏览器运行效果如下图所示。

	部门	姓名	信息		
			年龄	电话	地址
1	技术部	张三	36	12345	北京市海淀区
2	技术部	李四	38	12345	上海市虹口区
3	技术部	王五	39	12345	深圳市宝安区
4	生产部	赵六	39	12345	广州市天河区
5	生产部	孙七	39	12345	杭州市萧山区
6	生产部	周八	37	12345	南京市鼓楼区

❸ 对添加的现有数据进行单元格控制

众所周知，当需要将项目或后台数据库中的数据添加到页面表格中时，只能使用CreateFromTable

或CreateFromDataTable方法；动态添加的数据只能使用AddRow、AddCell或AddCells方法。如要对单元格数据进行样式、行为等方面的控制，只有AddCell才能实现。那么，如何将该方法用到现有数据的添加中呢？

其实，这样也不复杂，用到的全部是之前所学的编程基础方面的知识。

例如，将“查询”表数据添加到网页的Table中，要求给所有的“客户名称”列都加上链接，给“日期”和“金额”都加上显示格式，示例代码如下：

```
Dim wb As New WeUI
With wb.AddTable("","Table1")
    .Head.AddRow("","客户名称","日期","数量","金额")    '添加标题行
    For Each r As Row In Tables("查询")
        With .Body.AddRow(r.Index + 1)                  '增加行的同时先加上行号
            .AddCell(r("客户名称"),"style='color:blue' onclick='location=""http://www.foxtable.com""'")
            .AddCell(Format(r("日期"),"MM月dd日"))
            .AddCell(Format(r("数量")))
            .AddCell(Format(r("金额"),"#0.0"),"style='text-align:right'")
        End With
    Next
    .RowHead = 1                  '将左边第1列作为行号列
End With
e.WriteString(wb.Build)
```

其中，“客户名称”列全部显示为蓝色，并指定一个跳转的网页地址；“日期”列仅显示月日；“金额”列仅保留一位小数，同时靠右显示。浏览器运行效果如下图所示。

	客户名称	日期	数量	金额
1	立日股份有限公司	02月17日	-20	-360.0
2	立日股份有限公司	08月17日	17	306.0
3	立日股份有限公司	01月10日	330	4514.4
4	浩天旅行社	01月14日	143	1544.4
5	威航货运有限公司	01月20日	28	403.2
6	浩天旅行社	01月21日	124	1785.6
7	福星制衣厂股份有限公司	02月01日	222	3996.0
8	红阳事业	02月07日	-49	-882.0
9	立日股份有限公司	01月08日	232	3340.8
10	浩天旅行社	02月07日	75	1350.0
11	浩天旅行社	01月04日	202	3090.6
12	威航货运有限公司	02月22日	-8	-97.9
13	立日股份有限公司	02月23日	374	5385.6
14	福星制衣厂股份有限公司	02月23日	242	3484.8

事实上，AddCell方法中的第2个参数还可直接使用单元格自带的rowspan和colspan属性，来实现指定单元格在不同行（纵向）及不同列（横向）之间的合并。例如：

```
.AddCell("2","rowspan=3")
```

该代码将在当前单元格写入2，同时向下合并3行。

由于这些都是HTML方面的知识，零基础读者可能理解起来会比较吃力。为方便代码开发，Foxtable还专门为Table组件提供了一些常用属性。

❹ Table组件常用属性

Table组件常用属性如下表所列。

名称	备注
MergeCols	指定合并的列数，从左边第一列开始计算
RowHead	指定左边的第几列为行号列，常用于动态添加数据的表格组件中
ColWidth	指定列宽。此属性很少使用，因为系统会自动调整到最佳列宽。例如，将第一列宽度设置为12px，第三列设置为120px： `.ColWidth = "12px,,120px"`
Highlight	高亮显示行列。可选值有：0（高亮显示行列，此为默认值）、1（仅高亮显示行）、2（仅高亮显示列）、-1（关闭高亮显示）
Alternat	交替行数，可指定每多少行显示一个不同背景颜色的行
BooleanSymbol	逻辑列自定义符号，默认为“●○”，也就是True以●代替，False以○代替

其中，Highlight的属性值默认为0，也就是单击行号时会高亮显示对应的行，单击列标题时会高亮显示对应的列，单击单元格时会高亮显示对应的行列。如要关闭此高亮显示效果，可将该属性设置为-1。

再如，给之前的示例代码再加上以下3行：

```
.Alternate = 3          '交替行数量为3
.MergeCols = 2           '合并左侧的2列
.Highlight = -1         '关闭高亮显示
```

则浏览器运行效果如下图所示。

	客户名称	日期	数量	金额
1		02月17日	-20	-360.0
2	立日股份有限公司	08月17日	17	306.0
3		01月10日	330	4514.4
4	浩天旅行社	01月14日	143	1544.4
5	威航货运有限公司	01月20日	28	403.2
6	浩天旅行社	01月21日	124	1785.6
7	福星制衣厂股份有限公司	02月01日	222	3996.0
8	红阳事业	02月07日	-49	-882.0
9	立日股份有限公司	01月08日	232	3340.8
10	浩天旅行社	02月07日	75	1350.0
11		01月04日	202	3090.6
12	威航货运有限公司	02月22日	-8	-97.9
13	立日股份有限公司	02月23日	374	5385.6
14	福星制衣厂股份有限公司	02月23日	242	3484.8

此外，Table组件还有ActiveSheet、PageNumber、Primarykey等高级属性，此略。

8.3 服务器数据交互

8.2节所学习的全部组件都是用于生成网页中标签元素的。换句话说，这些组件仅仅用于生成浏览器访问时的前端页面。可是，如果用户在页面中输入一些数据后（如查询关键字），如何才能把这些数据提交给服务器？服务器又该如何将检索后的数据返回给用户？这些都属于服务器数据交互方面的知识。

8.3.1 Post数据提交方式

客户端浏览器向服务器提交数据有两种方式：一种是Post；另一种是Get。关于这两种请求方式，在7.5节已经接触过，建议结合起来一起学习。

凡通过表单方式提交的数据，默认方式都是POST。例如：

```
Dim wb As New WeUI
wb.AddForm("","form1","accept")
With wb.AddInputGroup("form1","ipg1"," 员工资料查询")
    .AddInput("xm","姓名","text")
    .AddSelect("bm","部门","行政部|商务部|生产部")
    .AddSwitch("hj","北京户籍")
End With
With wb.AddRadioGroup("form1","zw","职务")
    .Add("xsjl","销售经理").Value = "销售经理"
    .Add("xsdb","销售代表").Value = "销售代表"
    .Add("xty","内部协调员").Value = "内部协调员"
End With
With wb.AddCheckGroup("form1","dq","负责地区")
    .Add("hb","华北").Value = "华北"
    .Add("hd","华东").Value = "华东"
    .Add("hn","华南").Value = "华南"
End With
With wb.AddButtonGroup("form1","btg1",True)
    .Add("btn1", "确定", "submit")
End With
e.WriteString(wb.Build)
```

在这个表单中，用到了各种常用的输入组件，包括输入框、列表框、逻辑开关、单选钮和复选框。通过浏览器访问，效果如下图所示。

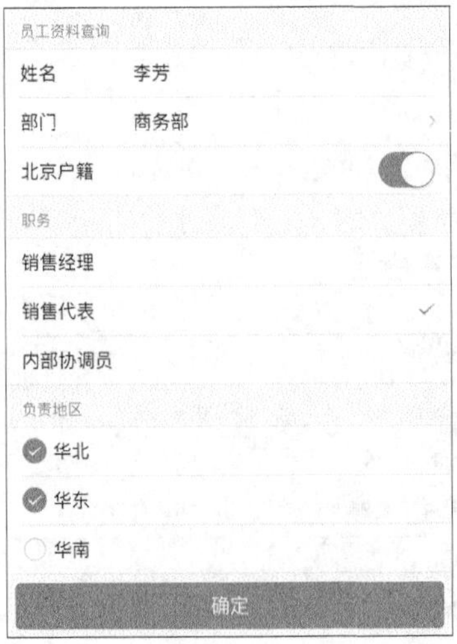

根据上面的代码可知，此表单数据在输入完成后，单击【确定】按钮将提交到名称为“accept”的网页，可以在此网页中获取到用户提交的数据。在HttpRequest事件中，e参数有个PostValues字典属性，它包括用户通过Post方式提交的所有数据，而表单数据正是通过Post方式提交的。

因此，HttpRequest事件代码可以修改为：

```
Select Case e.Path
    Case "","test"    '如果输入的网址不含路径，或者路径文件名为test，就打开表单页面
        …将上面生成表单的代码完整地放置在这里，此略…
    Case "accept"    '用户单击【确定】按钮，将提交到此网页
        Dim wb As New weui
        With wb.AddPreview("","pv","服务器接收到的数据","共" & e.PostValues.Count & "组")
            For Each key As String In e.PostValues.Keys
                .AddItem(key,e.PostValues(key))  '将键值对数据添加到Preview组件的项目中
            Next
            .Addbutton("返回表单输入页面", "test", 1)
        End With
        e.WriteString(wb.Build)
End Select
```

一旦用户在表单页面单击【确定】按钮，数据将提交并执行“accept”页面中的代码，此时显示的页面效果如下图所示。

通过该示例可以发现，表单组件向服务器提交数据时有以下规律。

- 逻辑开关在开启状态下传递给服务器的值是“on”；反之则不传递值。如上述代码中的“北京户籍”（ID为“hj”）。
- 单选列表项组中只能选择一项，服务端收到的键是“组的ID”；收到的值则分两种情况：当选择项设置了Value属性时，值为Value；否则为所选项的ID。如上述代码中的“职务”（ID为“zw”）。
- 复选列表项组中可以选择多项，每个选择项都会独立向服务端传值：键为选择项的ID，值同样分两种情况：当选择项设置了Value属性时，值为Value；否则为“on”。如上述代码中的“负责地区”，由于选择了两项且都设置了Value属性，因而收到的键值分别是“hb:华北”和“hd:华东”。

只有搞清了这些传值规律之后，才方便执行下一步的操作。例如，要根据用户设置的这些条

件，在“员工”表中查询并返回数据，可以将上述代码中的“accept”部分修改如下：

```
'生成查询条件
 Dim ft,v,dq As String
 For Each key As String In e.PostValues.Keys
     v = e.PostValues(key)
     If "xm,bm,hj,zw".Contains(key) Then     '如果收到的键值不是复选框中的id
         Select Case key
             Case "xm"
                 v = "姓名='" & v & "'"
             Case "bm"
                 v = "部门='" & v & "'"
             Case "hj"
                 v = "城市='北京'"
             Case "zw"
                 v = "职务='" & v & "'"
         End Select
         ft = ft & " and (" & v & ")"
     Else                                   '如果收到的键值是复选框中的id
         dq = dq & ",'" & v & "'"
     End If
 Next
 If dq <> "" Then               '生成查询条件
     ft = "地区 in (" & dq.TrimStart(",") & ")" & ft
 Else
     ft = ft.Remove(0,4)
 End If
 '将员工表数据添加到Table组件中
Dim wb As New WeUI
With wb.AddTable("","Table1")
    Dim cs() As String = {"姓名","部门","城市","职务","地区"}  '显示列以数组表示
    .CreateFromDataTable(DataTables("员工"),True,ft,"姓名 desc",cs)
End With
wb.AddButtonGroup("","btg",True).Add("btn","返回表单输入页面").Attribute = "onclick='history.back()'"
e.WriteString(wb.Build)
```

代码虽然有点长，但逻辑非常简单。需注意，上述代码中的按钮设置了Attribute中的单击属性，“history.back()”是JavaScript中的方法，表示返回上一页。虽然在使用Add方法添加按钮时也可将第4个参数指定为“test”页面，例如：

```
wb.AddButtonGroup("","btg",True).Add("btn","返回表单输入页面","","test")
```

但这种返回方法会重新生成页面，原来输入的内容将不复存在。

事实上，上述示例代码还是有问题的：如果用户没有设置任何查询条件，那么服务器端接收到的数据就是空的，再用该代码来遍历键值将出现错误。因此，更严谨的做法应该是：

```
If e.PostValues.count > 0 Then
    ……这里的完整代码如上，此略……
Else
    e.Redirect("test")   '重定向到表单数据输入页面
End If
```

如此修改之后，一旦在表单页面单击【确定】按钮，将自动在“员工”表中执行过滤操作，得到的查询页面如下图所示。

	姓名	部门	城市	职务	地区
1	李芳	商务部	北京	销售代表	华北

返回表单输入页面

也就是说，符合条件的记录只有一条。如果将部门设置为“商务部”、职务为“销售代表”，其他条件都不设置，则查询结果如下图所示。

	姓名	部门	城市	职务	地区
1	张颖	商务部	北京	销售代表	华北
2	李芳	商务部	北京	销售代表	华北
3	郑建杰	商务部	北京	销售代表	华北
4	孙林	商务部	北京	销售代表	华北
5	金士鹏	商务部	北京	销售代表	华北
6	张雪眉	商务部	北京	销售代表	华北

返回表单输入页面

如果用户输入的表单数据不是用于查询，而是修改或新增数据，处理方法是一样的，无非是在名称为“accept”的页面中对指定表数据进行修改编辑而已。数据提交完成，再给用户显示一个提示框或反馈页面即可。

8.3.2 Get数据提交方式

Get方式是将数据以参数形式跟在URL地址后面进行传递的数据提交方式，它的应用非常广泛。事实上，HTML中的表单提交默认使用的就是Get方式，只不过将它封装为WeUI的表单组件时改成了Post提交。

和Get相比，Post有着显而易见的优势：更安全，可提交的数据更多，传输的数据量在理论上是不受限制的。但Get也有着自己的特点：轻量级，传送数据方便，尤其适用于一些事先约定好的、无需再次输入数据的请求。

仍以上述代码为例，假如希望在查询到员工数据后，单击“姓名”就可查看到该员工的照片，怎么处理？这种情况就非常适合使用Get方式提交。操作步骤如下。

首先，将原来以CreateFromTable添加数据的方法改为AddRow和AddCell。修改后的代码如下（生成过滤条件的代码不变）：

```
'将过滤后的员工表数据添加到Table组件中
Dim wb As New WeUI
With wb.AddTable("","Table1")
    .Head.AddRow("","姓名","部门","城市","职务","地区")
    For Each r As Row In Tables("员工")
        With .Body.AddRow(r.Index + 1)
            Dim link As String = "onclick='location=""pic?zp=" & r("照片") & _
```

```
            "&xm=" & r("姓名") & "&jl=" & r("备注") & """'"   '设置单击属性
        .AddCell(r("姓名"),"style='color:blue' " & link)
        .AddCells(r("部门"),r("城市"),r("职务"),r("地区"))
        End With
    Next
    .RowHead = 1
End With
wb.AddButtonGroup("","btg",True).Add("btn","返回表单输入页面").Attribute = "onclick='history.back()'"
e.WriteString(wb.Build)
```

需注意，上述代码中“姓名”单元格的单击属性，它跳转的URL地址为“pic”，传递的参数有3个，即zp（照片）、xm（姓名）和jl（备注）。如此设置之后，一旦在表格中单击“姓名”，它就会将当前行的这些参数以Get方式提交到“pic”页面，如下图所示。

	姓名	部门	城市	职务	地区
1	张颖	商务部	北京	销售代表	华北
2	李芳	商务部	北京	销售代表	华北
3	郑建杰	商务部	北京	销售代表	华北
4	孙林	商务部	北京	销售代表	华北
5	金士鹏	商务部	北京	销售代表	华北
6	张雪眉	商务部	北京	销售代表	华北

返回表单输入页面

既然Get请求的页面名称为“pic”，因此还要加上生成“pic”页面的代码。为了让单击后生成的页面看起来更专业，本页面使用了页头、页尾、文章等多个组件。示例代码如下：

```
Case "pic"     '用户单击姓名后的数据提交到此网页
        Dim zp As String = e.GetValues("zp")
        Dim xm As String = e.GetValues("xm")
        Dim jl As String = e.GetValues("jl")
        Dim wb As New WeUI
        wb.AddPageTitle("","pt","员工资料查询页面","员工内部资料,不得外传")  '页头
        With wb.AddArticle("","ar1")                '文章
            .AddTitle("h1","【" & xm & "】资料")
            .AddImage("/images/" & zp)
            .AddContent(jl)
        End With
        With wb.AddPageFooter("","pf","XXXX公司数据库在线查询系统")  '页尾
            .AddLink("返回查询列表","javascript:history.back()")
        End With
        e.WriteString(wb.Build)
```

该代码中，开始的3个变量用于获取Get请求时传递过来的值。这里的GetValues是e参数中的字典属性，它包括用户通过Get方式提交的所有数据。该属性和e参数中的PostValues是相对应的。

表尾中的Addlink方法，由于这里的第2个参数默认为跳转的URL地址，并不是执行的JavaScript事件，因此当需要使用JavaScript代码时，前面必须加上“javascript”标识。

假如在表格中单击“孙林”，则显示的页面效果如下图所示。

单击下方的【返回查询列表】将返回到查询结果界面；在查询结果页面再单击【返回表单输入页面】，又将回到初始的查询条件设置。截至目前，这样一个相对完整的数据应用项目就完成了，其代码结构可简略如下：

```
Select Case e.Path
    Case "","test"    '如果输入的网址不含路径,或者路径文件名为test,就打开表单页面
    Case "accept"     '如果在表单页面单击【确定】按钮,将自动过滤数据并生成查询表
    Case "pic"        '如果在查询表页面单击姓名，将显示此网页
End Select
```

在上述示例代码中，如果不希望区分Post或Get，而是直接获取两种方式提交的所有数据，可直接使用e参数中的Values属性来取代PostValues或GetValues。

8.3.3 文件的上传与接收

当用户提交的表单数据包含文件时，可通过HttpRequest事件e参数中的Files属性获取相关的文件信息，然后再使用SaveFile方法将上传的文件保存下来。

Files属性同样属于字典类型，但它包含的键值对数据只有一条。其中，“键”为文件上传组件的ID；值则是一个字符串集合，它包括用户上传的所有文件名。

SaveFile方法用于保存接收到的文件，其语法格式为：

```
SaveFile(Key,UploadFile,LocalFile)
```

其中，Key表示文件上传组件的ID；UploadFile表示用户上传的文件名称（不含路径）；LocalFile表示要保存到本地（服务器）的文件名称（含路径）。

例如，以下代码就是一个非常典型的通过表单提交数据，然后在服务器端保存数据及文件的完整示例：

```
Dim wb As New WeUI
Select Case e.Path
    Case "","test"
        If e.PostValues.Count = 0 Then
            wb.AddForm("","form1","test")
            With wb.AddInputGroup("form1","ipg1","增加员工")
                .AddInput("xm","姓名","Text")
                .AddSelect("bm","部门","行政部|商务部|生产部")
                .AddUploader("zp","照片",True)
            End With
            With wb.AddButtonGroup("form1","btg1",True)
                .Add("btn1", "确定", "submit")
            End With
            e.WriteString(wb.Build)
        Else
            '在表中增加行,并依次填入表单数据
            Dim dr As DataRow = DataTables("员工").AddNew()  '增加行
            Dim nms() As String = {"姓名","部门"}             '列名称
            Dim keys() As String = {"xm","bm"}              '表单键名
            For i As Integer = 0 To nms.Length - 1
                dr(nms(i)) = e.PostValues(keys(i))   '将表单中的值依次填入新增行对应的列中
            Next
            '保存上传文件
            For Each key As String In e.Files.Keys    'e参数的Files属性包含上传的所有文件
                If key = "zp" Then
                  For Each fln As String In e.Files(key)  '保存上传文件
                        e.SaveFile(key, fln, ProjectPath & "Attachments\" & fln)
                  Next
                  dr.Lines("照片") = e.Files(key)   '在数据表新增行中保存文件名
                End If
            Next
            dr.Save()
            '给出反馈信息
            With wb.AddMsgPage("","mp","新员工增加成功!", "上传的文件数量为" & e.Files("zp").Count & "个!" )
                .AddButton("btn1","继续增加新记录","test")
            End With
            e.WriteString(wb.Build)
        End If
End Select
```

需注意，在以前的代码中，一般都是将数据输入与接收处理放在不同的页面，而本代码却将它们放在了同一个页面。当使用这种方式处理时，反馈信息中的按钮跳转地址必须设置为页面本身：

```
.AddButton("btn1","继续增加新记录","test")
```

当用户通过浏览器访问时，初始弹出的是数据输入界面，如下图所示。

数据输入完毕，单击【确定】按钮，数据将被添加到“员工”表中，同时上传的文件会保存在此Foxtable项目所在目录的Attachments子目录下。服务器处理完这些事情之后，将显示下图所示的页面。

此时，如果再来看Foxtable项目中的“员工”表，就会发现记录数已经由9行变成了10行，其中最后一条记录就是通过表单方式添加的，如下图所示。

员工

	编号	姓名	部门	照片
1	1	王伟	商务部	EP2.BMP
2	2	张颖	商务部	EP1.BMP
3	3	李芳	商务部	EP3.BMP
4	4	郑建杰	商务部	EP4.BMP
5	5	赵军	商务部	EP5.BMP
6	6	孙林	商务部	EP6.BMP
7	7	金士鹏	商务部	EP7.BMP
8	8	刘英玫	商务部	EP8.BMP
9	9	张雪眉	商务部	EP9.BMP
10		张三	行政部	5C5536D9-B885-4080-9954-DF6558C5C89D.jpeg C901ACF1-3426-457E-99B8-749302CFCC66.jpeg D5566AC3-3D89-4BE3-8C94-3DB8D7C0F23B.jpeg

再打开Foxtable项目所在路径的“Attachments”子目录，3个文件已经妥妥地保存好了。

第9章 企业级PC端项目开发

上一章的移动端开发仅仅解决了数据使用的便捷性问题，方便了移动办公使用。在实际的企业级应用中，大量数据处理操作还是应该通过传统的PC端完成。大家知道，Foxtable可以很方便地开发出基于C/S的桌面程序，那么主要应用于PC端的B/S程序它能做吗？答案是肯定的，毕竟它有HttpServer，可以响应任何HTTP请求。

由于Foxtable目前仅封装了WeUI框架，自动生成的页面代码只适合在移动设备上显示。如要将项目在PC端运行，就必须在HttpServer事件中自行拼装HTML代码。而这种拼装显然是不方便的，远不如直接使用第三方的编辑器编写文件方便。为简化代码开发的工作量，本章使用的是前端框架EasyUI，即便你对HTML、CSS、JavaScript等一无所知，只要稍作学习也能快速搭建出自己的B/S项目。

和Foxtable窗口所使用的控件一样，EasyUI也提供了如面板、选项卡、布局、目录树、菜单、按钮、表单、表格及对话框、提示框、消息框等数十个功能强大的组件，可解决日常项目开发中绝大多数应用需求。使用方式也是一样的，每个组件都有自己的属性和方法，也都有可触发的事件。在编写程序代码时，一样可以声明变量、使用运算符和流程控制语句、自定义函数等。由此可见，使用EasyUI进行页面开发，原来在Foxtable中所学到的属性、方法和事件等方面的基本原理仍可继续套用，只是这里遵循的是JavaScript语法。而这也正是EasyUI的强大之处：它不仅可以直接帮你生成UI（前端界面），更有各种属性或事件可与服务器交互，非常适合搭建企业级的B/S应用系统。

9.1 配置EasyUI环境

9.1.1 下载EasyUI开发包

打开EasyUI官方网站，如下图所示。

单击【GET STARTED】按钮或者【Download】菜单，即可进入下载页面。自2017年9月起，EasyUI在原来的jQuery版本的基础上又新推出了Angular版本，本章实例使用的是EasyUI for jQuery版本，因此只要单击【EasyUI for jQuery】下方的【Download】按钮即可，如下图所示。

那么，jQuery又是什么？它是为简化JavaScript原生开发的工作量并解决不同类型浏览器之间的兼容问题而开发的JS程序库，EasyUI for jQuery版本则在jQuery的基础上将一些常用功能又做了模块化处理。并封装成各种组件供大家使用。原来在JS中可能需要数百行甚至上千行代码才能完成的功能，改用EasyUI for jQuery后也许只要一行代码或者一个命令即可解决，这些框架其实就是大家俗称的“二次开发平台”。

进入【EasyUI for jQuery】下载页面之后，又有两个按钮选项，如下图所示。

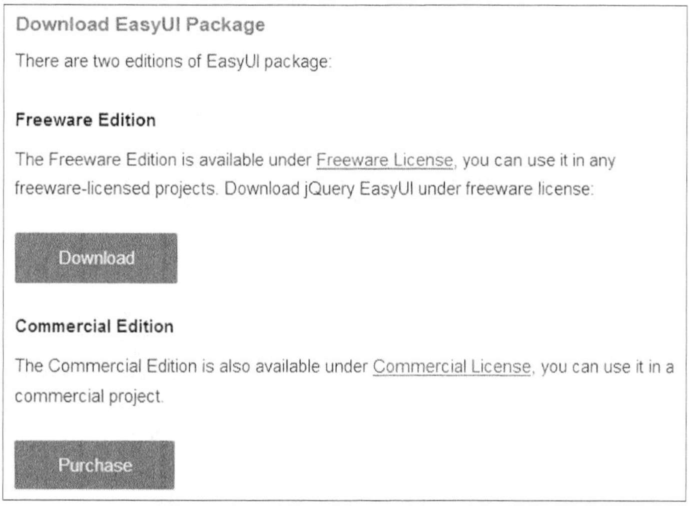

其中，【Download】按钮所对应的版本为Freeware Edition（免费版）。免费版虽然不是开源的，但在使用上却没有任何限制（仅仅是对源代码作了加密而已）。

【Purchase】按钮所对应的版本为Commercial Edition（商业版），这个版本是需要付费的，目前售价为449美金。Purchase就是“购买”的意思，它不像免费版可以直接Download（下载）。既然是付费购买，肯定就会获得一些相应的服务，如可以获取源代码、可以修改或删除文件中的版权声明、可以将修改后的软件或其一部分作为独立的应用程序进行分发等。

对于普通用户来说，免费版本已经足够使用！

9.1.2 框架文件结构

文件下载完成后，需解压到HttpServer的WebPath属性指定的目录中。解包后的文件夹可使用easyui或其他英文名称，但一定不能用中文，如下图所示。

打开解包后的easyui目录，结构如下图所示。

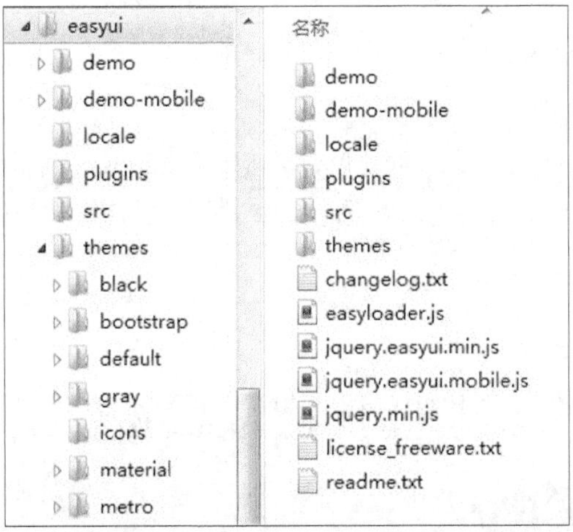

❶ 包含的文件夹说明

demo和demo-mobile为示例文件夹，仅供了解各个组件的功能。正式发布项目时，这两个文件夹可以不用。这些demo全部是HTML格式的，可在浏览器上直接访问（demo-mobile是移动端的演示文件）。

locale用于设置语言环境。例如，如果希望将界面做成简体中文效果，可以在项目中直接引用该文件夹下的easyui-lang-zh_CN.js文件。

plugins包含全部组件的JS处理程序。

src包含部分组件的JS开源程序，仅供具备较高JavaScript水平者参考。

themes包含各种主题资源文件，如图标、主题样式等。

❷ 包含的文件说明

除了上述几个文件夹外，解包后的easyui目录中还有以下几个重要的文件（所有的txt文件都是用作文档说明的，可以直接删除或忽略）。

【jquery.min.js】EasyUI是一组基于jQuery的组件集合，因此，要使用EasyUI就离不开jQuery。这个文件就是jQuery的核心库，用户无需再去下载专门的jQuery文件。

【jquery.easyui.min.js】这个是EasyUI的核心库文件。

【easyloader.js】这是使用EasyUI组件的另一种加载方式，即智能加载（也称为简单加载）。该加载方式在实际项目开发中很少使用，可以忽略。

【jquery.easyui.mobile.js】这是开发移动端项目时的核心库文件，可以忽略。

9.1.3 页面主题风格

EasyUI提供了相当全面的主题样式，可以在代码中非常方便地使用它们。这些都保存在themes文件夹中，其目录结构如下图所示。

black	2016/9/22 17:35	文件夹	
bootstrap	2016/9/22 17:35	文件夹	
default	2016/9/22 17:35	文件夹	
gray	2016/9/22 17:35	文件夹	
icons	2015/3/5 13:13	文件夹	
material	2016/9/22 17:35	文件夹	
metro	2016/9/22 17:35	文件夹	
color.css	2016/3/15 11:44	层叠样式表文档	7 KB
icon.css	2017/4/21 13:02	层叠样式表文档	3 KB
mobile.css	2016/7/11 15:26	层叠样式表文档	7 KB

页面主题样式是由所引用的easyui.css文件确定的，该文件保存在themes文件夹不同的子目录中。如上图的7个子目录所示，除了icons外，其他6个分别对应以下主题样式，即default、gray、metro、material、bootstrap和black。

在每个主题样式的子目录中，包含有每个组件所对应的CSS文件及按钮图片。其中，easyui.css包含了所有的组件样式，其他的CSS文件则仅仅是某个组件的样式。

事实上，除了这6种基本的主题样式外，EasyUI还提供了多个扩展样式，此略。

9.1.4 配色风格及图标样式

在上图所示的目录结构中，themes文件夹还有3个独立的CSS样式文件，即color.css、icon.css和mobile.css。其中，mobile.css是移动端的样式文件，而本章侧重学习传统PC端的页面开发，此文件暂用不到，现重点看看另外两个样式文件。

❶ color.css

这是一个关于色彩方面的样式文件，它和主题样式相配合，可打造出更具个性化的应用系统。

该样式文件提供了8种默认的颜色样式，分别为C1 ~ C8。样式效果如下图所示。

需要注意的是，并不是所有的EasyUI组件都可以使用颜色样式，使用方法也可能不同。而且，此颜色样式并非是必须要用的，一般可忽略。

关于该样式文件的用法，下一节将举例说明。

❷ icon.css

在EasyUI中，所有的图标都是通过该样式文件进行管理的。

那么，该icon.css文件是如何管理图标的？可以先打开该CSS文件来看一看，如下图所示。

```
64 .icon-lock{
65     background:url('icons/lock.png') no-repeat center center;
66 }
67 .icon-open{
68     background:url('icons/lock_open.png') no-repeat center center;
69 }
70 .icon-key{
71     background:url('icons/key_go.png') no-repeat center center;
72 }
```

由此上图可以发现，图标文件都默认保存在icon.css所在文件夹的icons子目录中，每个图标文件都被重新声明了一个class样式名称。

如果对EasyUI自带的图标不满意，也可以自己扩充。例如，上图中的第67～72行的图标就是我们自己另行增加的：首先把要扩充的两个图标文件lock_open.png、key_go.png复制到iocns文件夹，然后再在这个CSS文件中设置好文件路径，重新定义样式名即可。

当然，也可以不用把图标文件放到默认的icons中，但在这里设置样式时，就要注意图标文件的路径。例如，把上述两个新增的图标文件放到与easyui同级的images文件夹时，代码就要编写如下图所示。

```
64 .icon-lock{
65     background:url('icons/lock.png') no-repeat center center;
66 }
67 .icon-open{
68     background:url('../../images/lock_open.png') no-repeat center center;
69 }
70 .icon-key{
71     background:url('../../images/key_go.png') no-repeat center center;
72 }
```

那么，项目中如何使用图标？在EasyUI中，每个需要用到图标的组件都会自带一个iconCls属性，直接将想用的图标文件所对应的Class类名称作为值赋给该属性即可。至于怎么赋值，先别着急，下一节就会带你快速入门。

注意：**icon.css仅仅用来管理项目开发过程中所需要用到的图标，它和主题中的图标是两回事。例如，窗口的最大化、最小化、关闭图标、数据表格中的翻页图标、消息框中的警告图标、目录树中的打开节点或关闭节点图标等，这些都是由所选择的主题样式决定的，不同的主题样式其主题类的图标也不一样，它们都保存在相应主题下的images文件夹中。**

9.2 编写页面代码

由于在Foxtable的HttpRequest事件中拼接页面代码非常不便，我们推荐大家使用第三方编辑器来编写代码。本示例使用的编辑器是SublimeText3，大家可自行到网上搜索下载。

9.2.1 一键生成HTML页面结构

打开编辑器，单击下图右下方所示位置，选择编辑的文件类型为“HTML”（默认为纯文本），然后单击感叹号（“!”），即可自动生成一个完整的HTML页面结构代码。

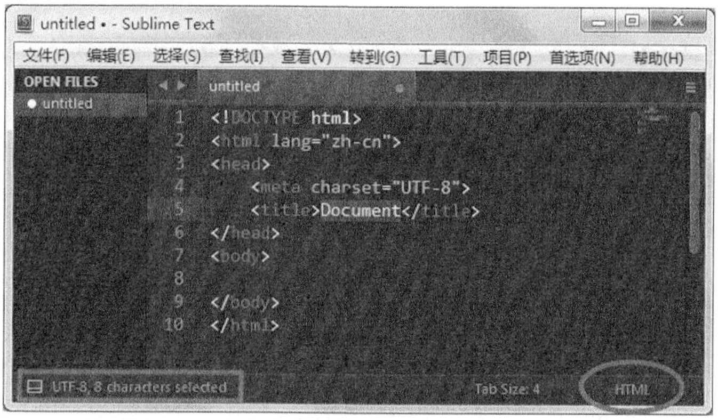

需注意，文件的编码方式一定要为“UTF-8”，如上图左下方所示。

代码生成之后，默认会选中title标签中的内容，可在这里直接输入页面运行时的显示名称。

9.2.2 使用EasyUI框架

要在页面中使用EasyUI框架，必须在页面头部引用相关的文件，如下图中的第6～11行所示。

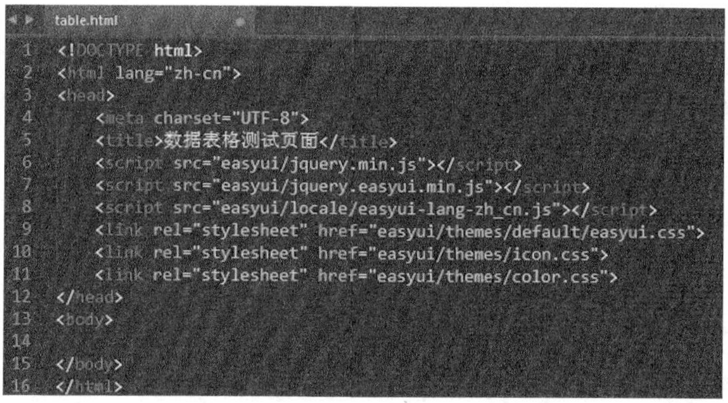

其中，使用script标签引用的是js程序文件，使用link标签引用的是css样式文件。实际输入时，可通过以下方法快速输入。

- 输入“script:src”按“Tab”键，将直接生成引用js文件的整行代码，直接在光标处输入要引用的文件名即可。

- 输入“link”按“Tab”键，将直接生成引用css文件的整行代码，再在光标处输入css文件名。
- SublimeText3编辑器还有很多其他的快速输入及批量修改技巧，可自行上网搜索。

上述代码中所引用的文件已经在上一节做过详细说明。如果你不需要在页面中显示中文信息，可去掉第8行；如果你不需要使用配色样式，可去掉第11行；如果你不希望使用默认的主题风格，可修改第9行中的“default”。例如，要改用bootstrap风格，可将第9行改为：

```
<link rel="stylesheet" href="easyui/themes/bootstrap/easyui.css">
```

代码编辑完成，单击菜单【文件】→【保存】命令，或者直接按“Ctrl+S”组合键，将代码保存到“d:\web”目录的“table.html”文件中。

9.2.3 页面试运行

启动Foxtable服务端项目的HttpServer服务：

```
HttpServer.Prefixes.Add("http://*/")
HttpServer.WebPath = "d:\web"   '指向html文件的所在目录
HttpServer.Start
```

在浏览器中访问该页面，运行效果如下图所示。

该页面仅显示了一个标题，没有任何内容！这其实是正常的，因为需要在页面中显示的内容都必须写在body中，而目前的body代码空空如也。好吧，那我们就在body中加上一行代码，如下图所示。

```
<body>
    <div style="width:200px;height:100px" class="easyui-datagrid" title="数据表"></div>
</body>
```

这里的div是HTML中的通用标签，一般用于划分区块；style是它的属性，用于设置该div元素的样式，如区块大小、背景颜色、边框等；class和title也是该元素的属性，分别用于指定类样式及标题。刷新浏览器，显示效果如下图所示。

一个漂亮的面板效果就产生了。如果将上述代码中的class属性去掉，页面不会显示任何内容，因为该class调用了EasyUI中的类样式，这就是EasyUI框架的作用。

可能有的读者会问，如果给这个面板换个颜色或者加个图标怎么办？在HTML中，每个标签元素都有data-options属性，通过它可以设置元素的各种数据。但如果采用这种写法的话，估计很多初学者会有点晕。即便是上面的一行代码，可能有的人就已经晕了：怎么还有style、class、title啊？好复杂！

9.2.4 将页面与程序代码分离

为了让代码看起来更清晰，建议仍然采用Foxtable的思路来写。例如，将table.html中的body部分代码修改，如下图所示。

```
1  <!DOCTYPE html>
2  <html lang="zh-cn">
3  <head>
4      <meta charset="UTF-8">
5      <title>数据表格测试页面</title>
6      <script src="easyui/jquery.min.js"></script>
7      <script src="easyui/jquery.easyui.min.js"></script>
8      <script src="easyui/locale/easyui-lang-zh_cn.js"></script>
9      <link rel="stylesheet" href="easyui/themes/bootstrap/easyui.css">
10     <link rel="stylesheet" href="easyui/themes/icon.css">
11     <link rel="stylesheet" href="easyui/themes/color.css">
12 </head>
13 <body>
14     <div id="t1"></div>
15     <script src="table.js"></script>
16 </body>
17 </html>
```

该代码的意思是，先添加一个div元素，并设置ID号以便后期调用，可以姑且把它看成是Foxtable窗口里的一个控件。毕竟，最终的页面显示结果还是在浏览器这个窗口里的。

第15行代码表示引用table.js文件，所有的属性设置、方法调用及触发的事件都可写在这个JS文件里，这样就能做到页面与程序代码的分离，更便于管理。

然后在编辑器中单击菜单【文件】→【新建文件】命令，或者直接按“Ctrl+N”组合键，选择文件类型为JavaScript，编写一个名为“table.js”文件，该文件仍然保存在“d:\web”目录中，如下图所示。

```
D:\web\table.js • - Sublime Text
文件(F) 编辑(E) 选择(S) 查找(I) 查看(V) 转到(G) 工具(T) 项目(P) 首选项(N) 帮助(H)
OPEN FILES    table.html    table.js
table.html
table.js

$(function () {
    $('#t1').datagrid({
        title:'数据表',
        iconCls:'icon-search',
        width:500,
        height:400,
        collapsible:true
    })
})

UTF-8, Line 10, Column 1        Tab Size: 4        JavaScript
```

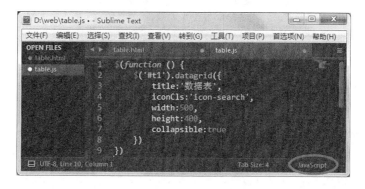

在上图中，开始行和最后一行都是必须要有的，依葫芦画瓢即可，因为这些页面基础知识不是

本书的学习重点，无需过多解释。“$(‘#t1’).datagrid()”表示对页面中ID号为t1的标签元素应用datagrid组件效果，参数为对象，所以用{}括起来。

如上图所示，就在参数对象里设置了5个属性，分别是标题（title）、图标（iconCls）、宽（width）、高（height）和是否允许折叠（collapsible）。由于该参数是对象类型，因而里面的数据都必须以键值对的形式出现，不同的键值对之间用逗号隔开。

刷新浏览器，运行效果如下图所示，单击面板右上角的按钮还可实现折叠。

由于在页面中已经引用了color.css文件，因而在上述JS代码中还可设置颜色属性，使生成的面板在原来的主题基础上再换上其他的颜色。例如，在datagrid中加一个属性：

```
cls:'c1'
```

标题及边框就会变成草绿色，如下图所示。

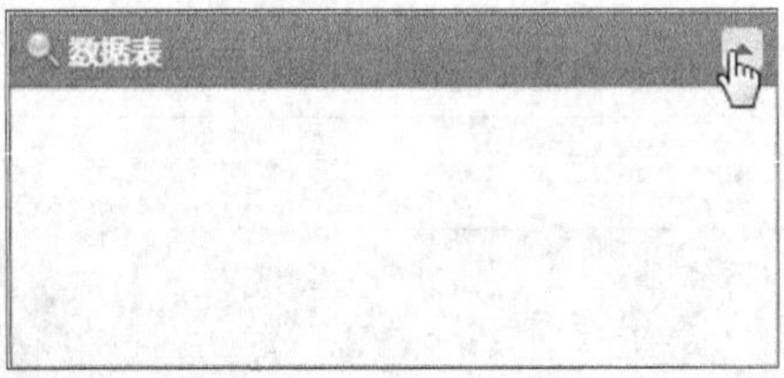

9.3 请求服务器数据

之前的示例代码使用了EasyUI的数据表格组件datagrid，现在继续通过它来请求服务端的“订单”数据，并在表格中展示出来。

9.3.1 设置列属性

打开table.js，在datagrid中设置数据表的列属性columns。该属性是数组类型，不仅可以设置多层表头，还可以设置列对齐方式、排序方式、自动列宽、显示格式等。本示例代码非常简单，仅设定表格中显示的列字段及列标题。代码如下：

```
columns:[[
        {field:'id',title:'序号'},
        {field:'产品ID',title:'产品编号'},
        {field:'客户ID',title:'客户编号'},
        {field:'单价',title:'单价'},
        {field:'折扣',title:'折扣'},
        {field:'数量',title:'数量'},
        {field:'日期',title:'日期'},
        {field:'金额',title:'金额'}
]]
```

很显然，每个列属性都是一个对象。运行效果如下图所示。

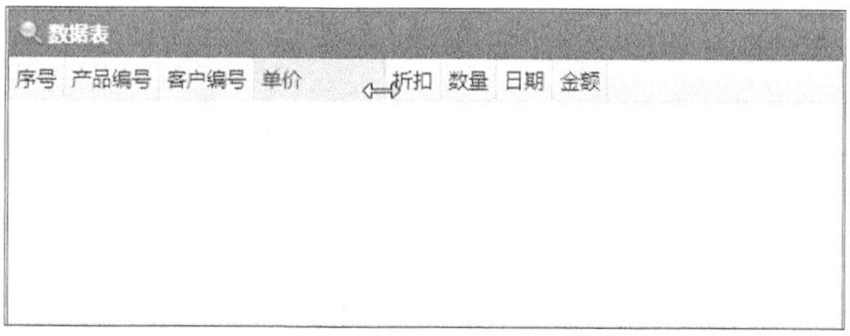

默认情况下，列宽是可以通过手动方式进行调整的。

9.3.2 请求服务器数据

要请求服务器端的数据，datagrid中的设置很简单，只要给datagrid指定一个url属性的请求地址即可。例如，在上述属性中继续添加一个设置：

```
url:'TableData'
```

这就表示，该页面表格中的数据来自于服务器的TableData。接着再来设置Foxtable服务器端项目的HttpRequest事件代码：

```
Select Case e.Path
    Case "TableData"
        e.AsyncExecute = True                    '通知系统,将采用异步方式返回数据
        Functions.AsyncExecute("GetData", e)   '异步调用函数
End Select
```

由于EasyUI中请求的数据都是JSON格式，因而通过GetData函数得到的返回内容也必须是JSON的。该函数代码如下：

```
'获取传递过来的e参数
Dim e As RequestEventArgs = args(0)
```

```
'查询后台数据并得到DataTable
Dim cmd As New SQLCommand
cmd.ConnectionName = "orders"    '指定数据源
cmd.CommandText = "Select *,单价*(1-折扣)*数量 As 金额 from 订单"
Dim dt As DataTable = cmd.ExecuteReader
'生成JSON格式数据
Dim ja As new jarray
Dim i As Integer
For Each dr As DataRow In dt.DataRows
    ja.Add(new jobject)
    ja(i)("id") = (i+1).ToString
    ja(i)("产品ID") = dr("产品ID").ToString
    ja(i)("客户ID") = dr("客户ID").ToString
    ja(i)("单价") = dr("单价").ToString
    ja(i)("折扣") = dr("折扣").ToString
    ja(i)("数量") = dr("数量").ToString
    ja(i)("日期") = Format(dr("日期"),"yyyy-MM-dd").ToString
    ja(i)("金额") = dr("金额").ToString
    i = i + 1
Next
'使用WriteString方法输出数据
e.WriteString(CompressJson(ja))
'通知系统异步函数执行完毕,可以关闭信道
e.Handled = True
```

刷新浏览器页面，服务器端的全部数据就可以显示出来了，如下图所示。

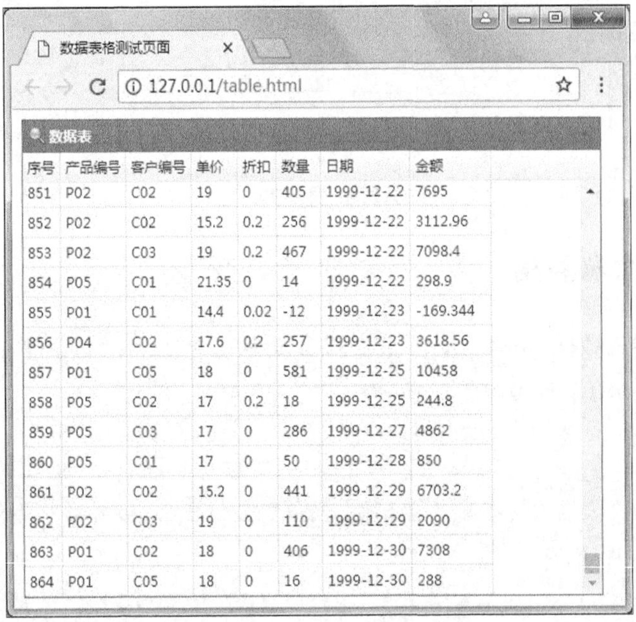

序号	产品编号	客户编号	单价	折扣	数量	日期	金额
851	P02	C02	19	0	405	1999-12-22	7695
852	P02	C02	15.2	0.2	256	1999-12-22	3112.96
853	P02	C03	19	0.2	467	1999-12-22	7098.4
854	P05	C01	21.35	0	14	1999-12-22	298.9
855	P01	C01	14.4	0.02	-12	1999-12-23	-169.344
856	P04	C02	17.6	0.2	257	1999-12-23	3618.56
857	P01	C05	18	0	581	1999-12-25	10458
858	P05	C02	17	0.2	18	1999-12-25	244.8
859	P05	C03	17	0	286	1999-12-27	4862
860	P05	C01	17	0	50	1999-12-28	850
861	P02	C02	15.2	0	441	1999-12-29	6703.2
862	P02	C03	19	0	110	1999-12-29	2090
863	P01	C02	18	0	406	1999-12-30	7308
864	P01	C05	18	0	16	1999-12-30	288

很显然，当请求的数据量很大时，应该设置分页，既便于查看，也能提高项目运行效率。

9.3.3 数据分页

如要将显示的表格数据进行分页，在datagrid中的设置一样简单，只要将其pagination属性设置为true即可。例如：

```
pagination:true
```

但要注意，一旦将datagrid中的pagination属性设置为true，那么每次向服务器请求数据时，就会同时发送两个参数，即rows和page。其中，rows表示每页显示的行数，page表示要显示的页号。所有这些都是由框架自动完成的，无需人工做任何干预。

为了让服务器返回的数据也可以动态分页，GetData函数中的第2段代码必须修改如下：

```
Dim cmd As New SQLCommand
cmd.ConnectionName = "orders"
cmd.CommandText = "Select *,单价*(1-折扣)*数量 As 金额 from 订单 where [_identify] is null"
Dim dt As DataTable = cmd.ExecuteReader    '得到一个空的Datatable
dt.LoadFilter = ""
dt.LoadTop = e.Values("rows")
dt.LoadPage = e.Values("page") - 1
dt.Load()
```

由于要查询的是分页数据，因而可以先生成一个空的DataTable，然后再使用LoadFilter、LoadTop和LoadPage属性进行分页。Foxtable中的分页是从0开始的，EasyUI从1开始，为保持同步，需将获取到的page值减1。

此外，还应该将总的记录数传给客户端，以便让EasyUI知道分多少页。要实现此功能，还需修改GetData函数中的第4段代码：

```
Dim jo As new jobject                              '声明json对象
jo("total") = dt.SQLCompute("count(*)").Tostring    '将总记录数保存到键名total中
jo("rows") = ja                                     '将分页数据数组保存到键名rows中
e.WriteString(CompressJson(jo))                     '将json对象压缩后返回给客户端
```

需注意，JSON对象中的键名都是由EasyUI框架规定好的，只能使用total表示总的记录数，使用rows表示要返回的数据记录数组。

刷新浏览器页面，表格中的数据已经准确无误地进行了分页，如下图所示。

数据表

序号	产品编号	客户编号	单价	折扣	数量	日期	金额
1	P05	C03	17	0.1	690	2000-01-02	10557
2	P02	C01	20	0.1	414	2000-01-03	7452
3	P05	C04	17	0	332	2000-01-03	5644
4	P01	C03	18	0.15	-9	2000-01-04	-137.7
5	P03	C03	10	0	445	2000-01-04	4450
6	P04	C04	17.6	0	246	2000-01-07	4329.6
7	P05	C03	17	0	72	2000-01-07	1224
8	P01	C04	14.4	0	242	2000-01-08	3484.8
9	P03	C02	8	0.1	318	2000-01-08	2289.6
10	P01	C02	18	0.2	772	2000-01-10	11116.8

单击左下角的列表，还可以自动调整每页显示的行数，分页自然也会跟着发生变化。

9.4 按条件查询数据

为了将本章的这个实战项目做得更完备一些，再给这个数据表加上查询条件。

9.4.1 添加标签元素

既然要在页面中显示查询条件，肯定要先添加相应的标签元素，不然EasyUI的组件该应用到哪里呢？毕竟目前的HTML页面文件中只有一个div标签元素，而且它已经被datagrid使用了。就像Foxtable窗口中的控件一样，如让用户可以输入查询条件，必须先在窗口中添加一个文本框或者组合框（当然也可以通过代码动态添加）。

页面开发是同样的道理，既可以直接在HTML文件中手工添加，也可以通过JS代码动态添加。为保证代码的连续性，仍然在table.js中通过代码来处理。例如：

```
var obj = $('<div></div>').css('padding','10px');
$('#t1').after(obj);
obj.append('请选择产品ID:');
obj.append('<select id="sl"></select>');
```

其中，var是声明变量的关键字，变量名为obj，用于保存要添加的标签元素。语句结束最好加上分号，尽管这并不是强制的。

JavaScript是一种弱类型的编程语言，它不像Foxtable那样在声明变量时一定要加上数据类型。这里添加的其实就是一个空的div，由于要给它设置样式（四周的内边距都留10px的距离），因而需将它先用$函数转为jQuery对象后，才能使用jQuery中的css方法。

$(‘#tl’)表示页面中id为tl的元素，也就是仅有的那个div。

after是jQuery中的方法，表示在指定的元素后面添加一个兄弟元素。此行代码执行后，页面的body中将有两个并列的div。

append同样是jQuery中的方法，它用于向指定的元素内部添加内容。上述代码的最后两行，表示在新增的div内部添加一个普通的字符串和一个id为sl的select标签。

以上代码的运行效果和HTML页面手工输入的以下body代码是等效的：

```
<div id="t1"></div>
<div style="padding: 5px">
        请选择产品ID:
        <select id="sl"></select>
</div>
```

其中，第一个div已经应用于datagrid；第二个div可以应用于设置查询条件。

由此可见，EasyUI所基于的jQuery功能也是非常强大的，不仅可以动态处理页面中的各个标签元素，还能动态设置各种样式。而且，jQuery优雅的链式写法也被人广为称道，只要是同一个对象的操作，都可以“链”在一起写，“链”的数量不限，太长时还可以随时换行。例如，以上代码就可以简写为：

```
var obj = $('<div></div>').css('padding','10px');
$('#t1').after(obj);
obj.append('请选择产品ID:').append('<select id="sl"></select>');
```

9.4.2 设置表格顶部工具栏

新的标签元素添加完成后，只需将该元素绑定到datagrid的顶部工具栏即可。这里使用的是datagrid的toolbar属性，例如：

```
toolbar:obj
```

需要注意的是，声明obj变量的代码必须写在datagrid属性设置的前面；否则无效。

页面运行效果如下图所示。

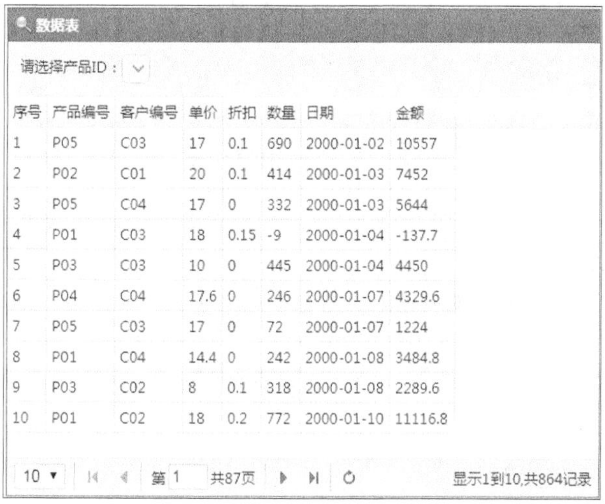

序号	产品编号	客户编号	单价	折扣	数量	日期	金额
1	P05	C03	17	0.1	690	2000-01-02	10557
2	P02	C01	20	0.1	414	2000-01-03	7452
3	P05	C04	17	0	332	2000-01-03	5644
4	P01	C03	18	0.15	-9	2000-01-04	-137.7
5	P03	C03	10	0	445	2000-01-04	4450
6	P04	C04	17.6	0	246	2000-01-07	4329.6
7	P05	C03	17	0	72	2000-01-07	1224
8	P01	C04	14.4	0	242	2000-01-08	3484.8
9	P03	C02	8	0.1	318	2000-01-08	2289.6
10	P01	C02	18	0.2	772	2000-01-10	11116.8

很显然，这里的组合框效果有点差。不过没关系，可以继续给它使用相应的EasyUI组件。

9.4.3 从服务器获取组合框的列表值

根据前面的代码可知，该组合框元素的id为sl，通过以下代码给它做相关的属性设置：

```
$('#sl').combobox({
        width:160,
        url:'sldata',
        valueField:'产品ID',
        textField:'产品名称'
})
```

以上代码给该元素应用了combobox组件，同时设置了4个属性。其中，url表示请求的服务器地址，用于获取组合框的列表数据；valueField表示取值列；textField表示显示列。也就是说，组合框的列表数据中可以包含多列。

现在再来设置Foxtable服务端项目的HttpRequerst事件代码：

```
Select Case e.Path
    Case "TableData"    '返回表格数据
```

```
            e.AsyncExecute = True
            Functions.AsyncExecute("GetData", e)
        Case "sldata"        '返回组合框的列表数据
            e.AsyncExecute = True
            Functions.AsyncExecute("GetSlData", e)
End Select
```

获取列表数据的异步函数为GetSlData，函数代码如下：

```
'获取传递过来的e参数
Dim e As RequestEventArgs = args(0)
'查询后台数据
Dim cmd As New SQLCommand
cmd.ConnectionName = "orders"
cmd.CommandText = "Select distinct 产品ID,产品名称 from 产品"
Dim dt As DataTable = cmd.ExecuteReader
'生成JSON格式数据数组
Dim sl As List(of String()) = dt.GetValues("产品ID|产品名称")
Dim ja As new jarray
Dim i As Integer
For Each ary As String() In sl
    ja.add(new jobject)
    ja(i)("产品ID") = ary(0).Tostring
    ja(i)("产品名称") = ary(1).Tostring
    i = i + 1
Next
'使用WriteString输出数据
e.WriteString(CompressJson(ja))
'通知系统异步函数执行完毕,可以关闭信道
e.Handled = True
```

该代码已经不需要再做任何解释，返回的JSON数据中包含了产品表中的“产品ID”和“产品名称”两列数据。

刷新页面，得到的效果如下图所示。

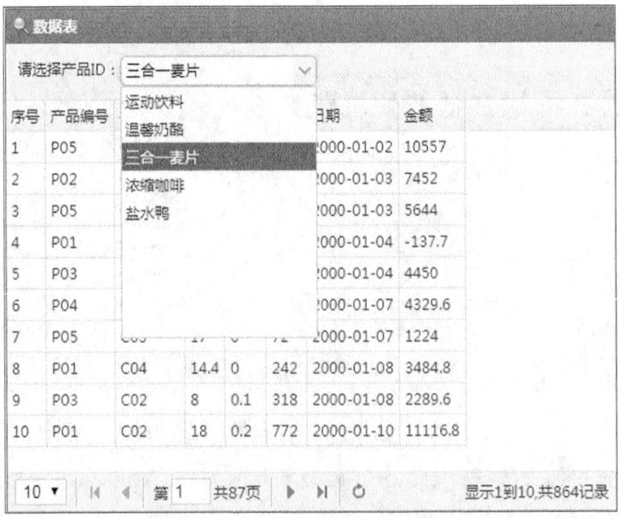

在上图中，尽管显示的是“产品名称”，但组合框的值仍然是“产品ID”。比如，选择的是“三合一麦片”，但组合框中的实际值为“P03”。如果希望在组合框中同时显示ID和具体的名称，可在combobox组件中继续设置formatter属性。例如：

```
formatter:function (row) {
        var s = '<span style="color:red">' + row.产品ID + '</span><br>';
        s += '<span style="color:silver">' + row.产品名称 + '</span>';
        return s;
}
```

该属性的值是一个函数，用于设置组合框列表内容的格式。运行效果如下图所示。

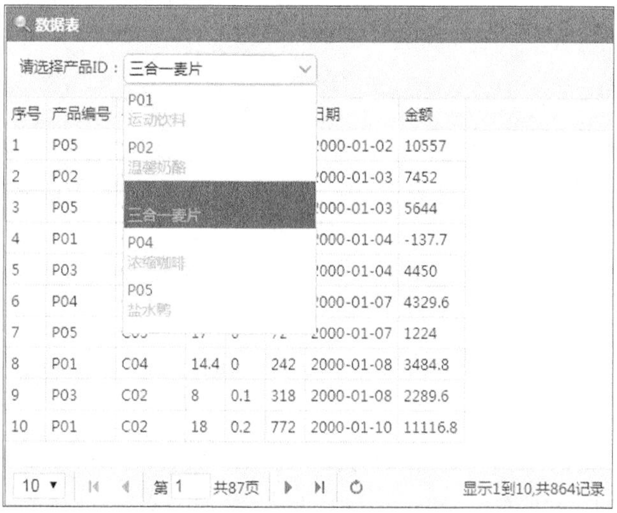

这样的组合框效果就更加直观了。而且，在组合框中还可以输入关键字进行动态筛选，如下图所示。

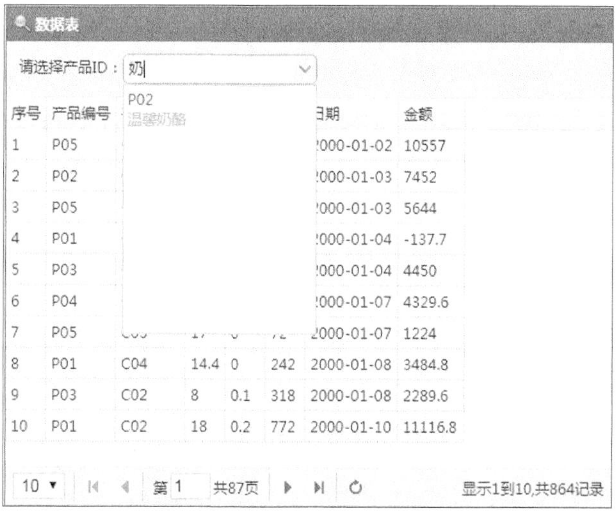

9.4.4 执行查询操作

之前已经完成了组合框的输入及选择操作。如要执行查询，还必须在页面中再添加元素以便生成按钮。为简单起见，可以直接使用combobox组件的相关属性来生成按钮。

在combobox组件中继续设置以下属性及事件：

```
buttonText:'点我查询',
        buttonIcon:'icon-search',
        onClickButton:function () {
                $('#t1').datagrid('load',{
                    keyword:$(this).combobox('getValue')
                })
        }
```

其中，buttonText属性用于设置按钮标题；buttonIcon用于设置按钮图标；onClickButton表示单击按钮后所触发的事件。

在该事件中使用了datagrid的重载数据方法“load”。重载数据时，还同时向服务器提交了一个对象参数。该对象只有一个数据，键名为keyword，值就是组合框中的数值：这里的$(this)表示触发事件的当前对象（也就是组合框），getValue是combobox组件中的方法，用于获取combobox中的值。

如上图所示，当选择的项目为“温馨奶酪”时，则重载datagrid数据时会同时向服务器发送以下参数：

```
keyword:P02
```

由于重载表格数据时仍然请求服务器端的TableData（因为datagrid组件的url属性并没有发生改变），而Foxtable服务端相应代码执行的是异步函数GetData，因此还需再次修改GetData函数中的代码。修改后的完整代码如下图所示。

```
'获取传递过来的e参数
Dim e As RequestEventArgs = args(0)
Dim tj As String = ""
If e.Values.containskey("keyword") Then
    tj = "产品ID = '" & e.Values("keyword") & "'"
End If
'查询后台数据并得到分页后的数据
Dim cmd As New SQLCommand
cmd.ConnectionName = "orders"        '指定数据源
cmd.CommandText = "Select *,单价*(1-折扣)*数量 As 金额 from 订单 where [_identify] is null"
Dim dt As DataTable = cmd.ExecuteReader        '得到一个空的Datatable
dt.LoadFilter = tj
dt.LoadTop = e.Values("rows")
dt.LoadPage = e.Values("page") - 1
dt.Load()
'生成JSON格式数据
Dim ja As new jarray
Dim i As Integer
For Each dr As DataRow In dt.DataRows
    ja.Add(new jobject)
    ja(i)("id") = (i+1).ToString
    ja(i)("产品ID") = dr("产品ID").ToString
    ja(i)("客户ID") = dr("客户ID").ToString
    ja(i)("单价") = dr("单价").ToString
    ja(i)("折扣") = dr("折扣").ToString
    ja(i)("数量") = dr("数量").ToString
    ja(i)("日期") = Format(dr("日期"),"yyyy-MM-dd").ToString
    ja(i)("金额") = dr("金额").ToString
    i = i + 1
Next
'使用WriteString输出数据
Dim jo As new jobject                                    '声明json对象
jo("total") = dt.SQLCompute("count(*)",tj).Tostring      '将总记录数保存到键名total中
jo("rows") = ja                                          '将分页数据数组保存到键名rows中
e.WriteString(CompressJson(jo))                          '将json对象压缩后返回给客户端
'通知系统异步函数执行完毕,可以关闭信道
e.Handled = True
```

其中，以矩形框表示的部分就是修改后的，其目的在于添加查询条件。

刷新页面，当选择的内容为“温馨奶酪”时，单击【点我查询】按钮，将自动重载产品ID为“P02”的数据记录，而且会自动根据该条件重新分页。得到的查询结果如下图所示。

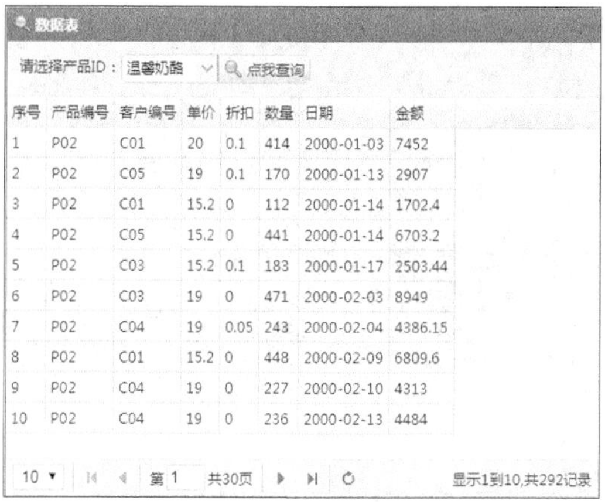

序号	产品编号	客户编号	单价	折扣	数量	日期	金额
1	P02	C01	20	0.1	414	2000-01-03	7452
2	P02	C05	19	0.1	170	2000-01-13	2907
3	P02	C01	15.2	0	112	2000-01-14	1702.4
4	P02	C05	15.2	0	441	2000-01-14	6703.2
5	P02	C03	15.2	0.1	183	2000-01-17	2503.44
6	P02	C03	19	0	471	2000-02-03	8949
7	P02	C04	19	0.05	243	2000-02-04	4386.15
8	P02	C01	15.2	0	448	2000-02-09	6809.6
9	P02	C04	19	0	227	2000-02-10	4313
10	P02	C04	19	0	236	2000-02-13	4484

事实上，combobox还有一些其他属性也是可以用来生成按钮的。例如，icons属性：

```
icons:[{
        iconCls:'icon-search',
        handler:function (e) {
            $('#t1').datagrid('load',{
                keyword:$(e.data.target).combobox('getValue')
            })
        }
},{
        iconCls:'icon-clear',
        handler:function (e) {
            $(e.data.target).combobox('clear')
        }
}]
```

该属性的值是一个数组，每个图标按钮就是一个对象，每个对象又可分别设置iconCls和handler属性。如下图所示，单击放大镜将执行查询，单击叉号将清除组合框中的数据。

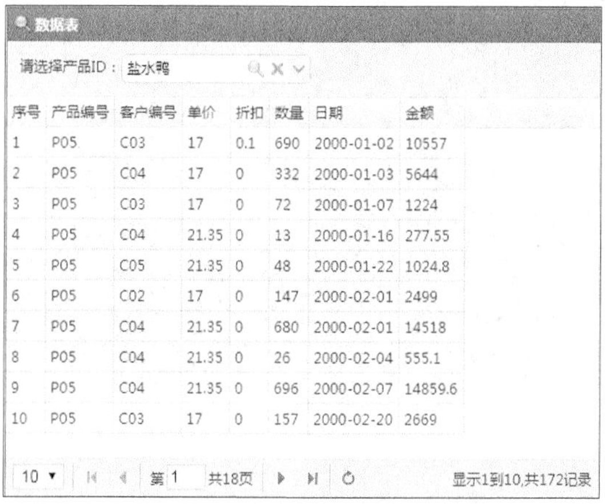

序号	产品编号	客户编号	单价	折扣	数量	日期	金额
1	P05	C03	17	0.1	690	2000-01-02	10557
2	P05	C04	17	0	332	2000-01-03	5644
3	P05	C03	17	0	72	2000-01-07	1224
4	P05	C04	21.35	0	13	2000-01-16	277.55
5	P05	C05	21.35	0	48	2000-01-22	1024.8
6	P05	C02	17	0	147	2000-02-01	2499
7	P05	C04	21.35	0	680	2000-02-01	14518
8	P05	C04	21.35	0	26	2000-02-04	555.1
9	P05	C04	21.35	0	696	2000-02-07	14859.6
10	P05	C03	17	0	157	2000-02-20	2669

9.5 将项目应用于移动端

截至目前，本实例项目已经完全开发完成。其中，页面文件table.html共17行代码，如下图所示。

```html
<!DOCTYPE html>
<html lang="zh-cn">
<head>
    <meta charset="UTF-8">
    <title>数据表格测试页面</title>
    <script src="easyui/jquery.min.js"></script>
    <script src="easyui/jquery.easyui.min.js"></script>
    <script src="easyui/locale/easyui-lang-zh_cn.js"></script>
    <link rel="stylesheet" href="easyui/themes/bootstrap/easyui.css">
    <link rel="stylesheet" href="easyui/themes/icon.css">
    <link rel="stylesheet" href="easyui/themes/color.css">
</head>
<body>
    <div id="t1"></div>
    <script src="table.js"></script>
</body>
</html>
```

table.js文件共60行代码，如下图所示。

```javascript
$(function () {
    // 动态添加元素，用于表格的工具栏
    var obj = $('<div></div>').css('padding','10px');
    $('#t1').after(obj);
    obj.append('请选择产品ID：').append('<select id="sl"></select>');
    // 给页面中的id为t1的div元素应用datagrid组件效果，并设置相关属性
    $('#t1').datagrid({
        title:'数据表',
        iconCls:'icon-search',
        width:500,
        height:400,
        collapsible:true,
        cls:'c1',
        columns:[[
            {field:'id',title:'序号'},
            {field:'产品ID',title:'产品编号'},
            {field:'客户ID',title:'客户编号'},
            {field:'单价',title:'单价'},
            {field:'折扣',title:'折扣'},
            {field:'数量',title:'数量'},
            {field:'日期',title:'日期'},
            {field:'金额',title:'金额'}
        ]],
        url:'TableData',
        pagination:true,
        toolbar:obj
    });
    // 给动态添加的id为sl的select元素应用combobox组件效果，并设置相关属性
    $('#sl').combobox({
        width:160,
        url:'sldata',
        valueField:'产品ID',
        textField:'产品名称',
        formatter:function (row) {
            var s = '<span style="color:red">' + row.产品ID + '</span><br>';
            s += '<span style="color:silver">' + row.产品名称 + '</span>';
            return s;
        },
        // buttonText:'点我查询',
        // buttonIcon:'icon-search',
        // onClickButton:function () {
        //  $('#t1').datagrid('load',{
        //      keyword:$(this).combobox('getValue')
        //  })
        // },
        icons:[{
            iconCls:'icon-search',
            handler:function (e) {
                $('#t1').datagrid('load',{
                    keyword:$(e.data.target).combobox('getValue')
                })
            }
        },{
            iconCls:'icon-clear',
            handler:function (e) {
                $(e.data.target).combobox('clear')
            }
        }]
    })
})
```

Foxtable服务端项目代码在上一节中已经完整贴出，全部共66行。其中，HttpRequest事件代码为8行，异步函数GetData为37行，异步函数GetSlData为21行。

也就是说，本项目用到的全部代码总共才143行就实现了这样一个既能分页、又能按条件查询、界面非常专业、服务端还能多线程处理用户请求的B/S项目，吃不吃惊？高不高效？其实，本项目仅仅只是用到了Foxtable中的极少功能以及EasyUI框架中的两个组件而已，如果再加上其他数十个常用组件，一个功能完备的企业信息化管理系统就可轻松搭建完成。

本章一直强调的是PC端的项目开发。事实上，只要你的Foxtable服务端项目开放了局域网内或网外的访问，那么，移动端浏览器同样可以访问。只是，用移动端打开时，所有字体会显得非常小。要解决这个问题也不复杂，只需在页面的head中给meta标签元素添加一些属性即可。例如，将table.html中的第4行改为：

```
<meta charset="UTF-8" name="viewport" content="width=device-width,initial-scale=1">
```

这样当移动端访问时，该元素就会通知浏览器使用移动设备的宽度作为可视区的宽度。

其中，新增加的name属性值为viewport，表示在移动端浏览器虚拟出一个名为viewport的显示窗口。在不同的设备中这一显示窗口的大小也不同。新增的第2个属性content，其作用更加重要，它能对viewport专门进行设置："width=device-width"表示窗口宽度要等于设备的宽度，也就是说，如果viewport的宽度是980像素，而设备只有320像素，那么viewport的宽度就要改为屏幕实际的320像素；"initial-scale=1"则限定viewport窗口默认打开时不要缩放，以便以1:1的比例为用户提供最佳的移动页面浏览体验。

当然，为了让页面自动填满整个屏幕，最好同时去掉table.js中为datagrid设置的固定宽、高，改用以下属性代替：

```
fit:true
```

移动端浏览效果如下图所示。

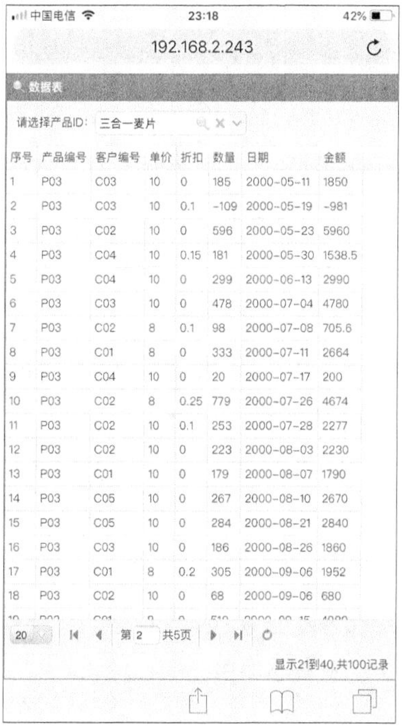

由于本项目所使用的框架并不是专门针对移动端的，因而显示效果并不是非常完美。其实，有了第8章封装的WeUI已经足够在移动端使用了。如果你希望将同一个项目完美地运行于PC及移动端，那就应该考虑使用具有响应式布局功能的框架（如近几年大热的Bootstrap）。

后　记

1993年，我从西安交大毕业，来到广东一家电子企业工作，不久公司给我配置了一台80386电脑，这是我的第一台电脑。因为工作关系，我经常要收集和处理各种各样的数据，当时用的是Excel。但Excel作为电子表格，在数据管理方面有先天不足，于是我用Foxpro编制了一些程序供自己使用。其他部门的同事看到这样能大幅提高工作效率，纷纷找我为他们编程，就这样我为公司各部门开发了不少用于数据统计及打印方面的软件。由于公司各部门的数据类型不同，统计和打印需求也经常变化，所以我又经常需要修改这些程序，有时不胜其烦。

尽管这些软件花费了我大量的心血和时间，而且看起来能满足不同部门和业务的需要，但其实有很大的共性。经过一段时间的思考，我开始着手将其中的共性部分提炼出来，以开发一个介于电子表格和数据库软件之间的、既能拥有和电子表格相似的界面而且又能像数据库软件那样具备报表设计、表间关联、窗口设计以及强大的查询和统计分析功能的软件。这就是易表的由来。

1999年，易表问世，其受欢迎的程度大大出乎我的预料。时至今日，快20年过去了，依然有众多企业在使用易表，或基于易表开发自己的管理系统。也许是因为当年作为开发者的我，一开始就是个用户，而且在企业摸爬滚打了多年，经常和一些没有任何电脑知识的用户打交道，让我清楚地了解到大多数普通用户的使用习惯。同时，作为企业管理层，我也充分理解众多企业在数据管理方面的需要和痛处，使得开发出来的易表非常契合大家在当时的需求。

易表的成功，也让我正式转行进入了软件开发行业。

随着使用的深入，用户和我都慢慢地觉察到易表的种种问题。例如，无法表述复杂逻辑，网络和大容量数据管理上的先天不足，还有复杂的报表制作等，都制约了易表在更高层级上的应用。为此，我组织团队在2005年开始策划开发新一代数据管理软件，经过3年的紧张开发和反复测试，终于在2008年正式推出了新一代产品——Foxtable（狐表）。

Foxtable是一个应用软件，也是一个开发平台。作为应用软件，Foxtable将数据库电子表格化，内建了一个小型数据库，还可以链接Access、SQL Server和Oracel等外部数据库，支持海量数据的管理，可以单机用，也可以轻松搭建基于局域网和互联网的管理系统；无论是数据输入、查询、统计还是报表生成，Foxtable都前所未有的强大和易用，普通用户无需编写任何代码，即可轻松完成复杂的数据管理工作，真正做到拿来即用。零基础的普通用户只需一周左右的时间学习，即可成为一个数据管理方面的“大咖”。

作为二次开发工具，Foxtable专门针对数据管理软件的开发作了大量的优化和封装，使得用户在开发过程中只需关注商业逻辑，无需纠缠于具体功能的实现，这样Foxtable不仅开发效率数倍于其他专业开发工具，而且更加易用，几乎人人都能掌握。让普通人开发出专业水准的管理软件，以前是一个不可思议的想法，而Foxtable的出现，让这成为现实。10年来，我亲眼目睹大量的行业职场精英甚至于刚入职场的“小白”们，他们在接触Foxtable之前并没有任何的编程知识，却使用Foxtable开发出了让资深程序员也目瞪口呆的管理软件，为自己的企业节省了数以十万甚至百万元计的费用，也因此提高了自己在职场的竞争实力，成为企业离不开的人才，不少用户甚至因此改变了职场规划或人生。

在Foxtable出现之前，企业要寻找一个合适的管理软件，只有两个途径：购买现成的商业软件或者找软件公司量身定做。但企业的需求是千变万化的，现成的商业软件很难完全契合企业的实际需求。例如，我们不少用户使用Foxtable的理由之一，就是因为之前花费巨资购买的商业软件在实际使用时处处掣肘，不得不用Foxtable连接其数据库进行二次开发。而找软件公司定做，不仅周期长、费用高，后期维护也不可预期，更重要的是，用于实际开发软件的程序员不懂企业的业务逻辑，懂业务逻辑的企业管理人员又不懂软件开发，两者之间有一堵无形的墙，往往双方精疲力尽之后，最终的产品却不尽如人意，骑虎难下，甚至不了了之。

而Foxtable的出现，等于推倒了这堵墙，大幅降低软件开发的门槛，让熟知业务的企业管理人员经过一个月左右的学习，就能逐步开发管理软件。由于开发者本人熟知企业或行业的实际需求，所以其开发出来的项目往往比软件公司做出来的系统更受欢迎。例如，早在2008年，Foxtable还处于测试阶段时，作为本书作者之一的周菁先生就基于Foxtable开发出了一套广告管理系统，并在短短的两三年内推广使用到南方都市报、广州日报、羊城晚报、新快报及东莞、佛山、中山、惠州等珠三角主流报社；再例如，上海蓝光科技有限公司几个并非专业程序员的员工，基于Foxtable开发的项目在2011年还获得了上海市的科技成果奖。曾有个服装企业的财务总监非常感慨地对我说，他们之前每年支付给软件公司的维护费用相当于开过去一台宝马750，自从使用了自己通过Foxtable开发的企业整套ERP系统后，不仅为企业节省了大量费用，而且比软件公司定做的软件更顺手，还能随时根据业务逻辑的变化自行调整需求。

随着移动互联网的发展，Foxtable也与时俱进，2016年内置了即时通信功能，可以零成本快速搭建企业内部的通信系统。和采购的第三方IM软件不同，Foxtable内置的IM功能能与现有的管理系统紧密结合起来。2017年内置了HTTP服务和手机网页生成功能，用户不需要任何专业知识，甚至可以完全不懂网页设计，也能快速开发出手机端的管理软件，此外还提供了微信和钉钉接入功能。2018年开始提供三层架构和异步编程功能，性能和灵活性都更上一个台阶，可以更具效率地让众多Foxtable用户，顺利完成从职场小白、到数据大咖、到职场程序员、再到网页后端工程师的蜕变。

经过10年的发展，Foxtable已经成为一个全能平台：从C/S到B/S、从手机到PC、从客户端到服务器端都能开发，Foxtable论坛也成为国内二次开发平台中最为活跃的社区。数万企业用户在论坛中相互交流和帮助，也为Foxtable提供了大量的创意和想法，促进着Foxtable的提高。我这里要由衷地感谢他们。例如，一个叫做尹渊的客户，由于他坚持不懈地据理力争，Foxtable才有了Excel报表功能，让大家能直接使用Excel设计报表模板；本书作者周菁，在Foxtable开发初期给了很多的意见和建议，筛选树和加载树等核心功能的想法正来自于他；还有论坛老版主曹志友，全程参与了Foxtable的测试，并以他的细心和耐心，找出了Foxtable大量的bug，让Foxtable变得更加完美……Foxtable数百处的改进和创意都来自于用户，很抱歉我无法一一记住并列出，在这里一并表示感谢。

Foxtable虽然针对的是非专业人士，但考虑到入门和参考的需要，官方文档的内容仍然显得很庞杂，一些新手学习起来会感到吃力。特别感谢本书作者周菁先生，正是因为他大量时间与精力的无私付出，才会有了这本面向初学者的专业书籍，才可以让更多的用户熟悉和掌握Foxtable。本书虽然面对初学者，但也重新梳理了一遍Foxtable的重点与难点，还包括一些官方文档并未出现的知识点，因此，对于Foxtable的老用户来说，这也是一本不可多得的好书，细读下来定有更多收获。

Foxtable已经走过了10年。未来，我们还将陪伴着广大用户一起继续成长！

2018年7月

贺辉